U0158610

轻质材料环境适应性数据手册
——铝合金、钛合金及防护工艺

Environmental Worthiness Data Handbook of Light Materials: Aluminium Alloys, Titanium Alloys and Protection Technologies

吴护林　张伦武　苏艳　等著

国防工業出版社

·北京·

内 容 简 介

本手册知识性与工具性并重，采用大量可视化图表和曲线多维度展示材料的腐蚀形态和性能演变规律，收录铝合金牌号25种，钛合金牌号6种，防护工艺26种，汇集各类材料工艺数据信息35000余个。本手册分为三篇，第一篇绪论，介绍了轻质材料的分类及应用、大气环境类型及影响、大气腐蚀理论，列举了典型金属轻质材料环境适应性案例，总结提出了设计选材指南。第二篇铝合金及其防护工艺环境适应性数据，总结了铝合金大气腐蚀特征、规律及主要影响因素，按牌号介绍了材料工艺基本信息、试验背景信息以及详实的性能时间历程退化数据及部分预测/表征模型。第三篇钛合金及其防护工艺环境适应性数据，总结了钛合金大气腐蚀特征及规律，按牌号介绍了材料工艺基本信息、试验背景信息以及详实的性能时间历程退化数据及部分表征模型。

本手册是装备产品环境适应性设计的重要工具书，工程实用价值高，适用于装备产品论证、设计、使用维护与管理等相关工程技术人员，对于材料研发人员也有重要参考价值。

图书在版编目（CIP）数据

轻质材料环境适应性数据手册—铝合金、钛合金及防护工艺/吴护林等著. —北京：国防工业出版社，2020.5

ISBN 978-7-118-12014-1

Ⅰ.①轻… Ⅱ.①吴… Ⅲ.①轻质材料—合金—腐蚀—适应性—手册 Ⅳ.①TG178-62

中国版本图书馆CIP数据核字（2020）第019116号

※

国防工業出版社出版发行

（北京市海淀区紫竹院南路23号　邮政编码100048）

天津嘉恒印务有限公司印刷

新华书店经售

*

开本 889×1194　1/16　**印张** 24½　**字数** 703千字

2020年5月第1版第1次印刷　**印数** 1—1000册　**定价** 280.00元

（本书如有印装错误，我社负责调换）

国防书店：（010）88540777　　发行邮购：（010）88540776

发行传真：（010）88540755　　发行业务：（010）88540717

编写委员会

主　编　吴护林

副主编　张伦武　苏　艳

委　员（按姓氏笔画排序）

王成章　王浩伟　甘学东　朱　蕾　朱玉琴　孙祚东

李军念　李海涛　肖　勇　吴　帅　张小明　陈群志

罗来正　周　堃　孟嘉琳　钟　勇　龚海波　崔常京

董　冰　舒　畅　滕俊鹏

编写说明

1. 总体结构设置说明

本手册由第一篇绪论、第二篇铝合金及其防护工艺环境适应性数据、第三篇钛合金及其防护工艺环境适应性数据和附录环境试验构成。

第一篇绪论，介绍了轻质材料的定义、分类及应用，大气环境类型、特征及其影响、大气腐蚀理论；同时列举了因材料腐蚀、防护措施不当等引起的装备典型环境适应性案例；总结提出了“六步法”设计选材指南，可为装备产品合理选材提供重要指导。

第二篇和第三篇以引导设计选材，促进环境适应性数据应用为目标，知识性与工具性并重。①总结了铝合金、钛合金的大气腐蚀特征、腐蚀形态以及关键性能演变规律，便于工程技术人员了解、掌握所选材料可能存在的腐蚀问题和倾向大小。②采用材料基本要素、试验背景要素、腐蚀数据要素的分层结构，面向装备论证、研制、使用维护和管理等人员提供各种材料工艺信息，确保数据的实用性。③融合了可视化图表曲线和文字说明的优点，灵活多样地展现材料工艺的腐蚀/老化形态和性能退化历程。④收录的铝合金、钛合金牌号典型，基本反映了各行业轻质材料的应用趋势。

附录环境试验，介绍了采集获取材料环境适应性数据的相关实验室环境试验、自然环境试验和自然环境加速试验方法，以便选材时参考。

2 数据编排说明

本手册收录了铝合金牌号 25 种，钛合金牌号 6 种，防护工艺 26 种，以大量的图表和曲线，列出了不同“材料工艺-环境”组合的关键性能时间历程数据或演变趋势，汇集各类材料工艺数据信息 35000 余个。手册中的数据经过严格核查，除了提供平均腐蚀速率、常规拉伸性能数据外，部分关键材料还提供了断裂韧度、裂纹扩展速率、应力腐蚀开裂、腐蚀疲劳等数据。

(1) 取材原则

纳入本手册的材料条件如下：

①《中国军工材料体系》中优先选用或可以选用的材料牌号；

② 通过鉴定，已在装备上正式使用或准备推广应用的材料；

③ 材料环境试验验证充分，具有较为齐全的环境适应性数据；

④ 材料通过多年工程应用，具有较为齐全的使用验证数据。

(2) 数据来源

本手册录入的数据主要来源于以下几个途径。

① 材料基本要素信息来源于国内相关材料手册和标准，如《中国航空材料手册》等，包括相近牌号、生产单位、化学成分、热处理状态等。

② 试验背景要素和腐蚀数据要素信息主要来源于国家自然科学基金、国防技术基础、国防基

础科研、装备技术基础等科研项目研究成果，包括各类试验报告、研究报告、数据汇编等，数据真实可靠。

(3) 编排内容

本手册中铝合金和钛合金材料以一个牌号为一个独立编写单元；防护工艺以一种表处工艺或一种涂层体系为一个独立编写单元。

本手册中铝合金和钛合金各牌号的编排内容主要包括：

1. 概述

(1) 材料牌号　　(2) 国外相近牌号

(3) 生产单位　　(4) 化学成分

(5) 热处理状态

2. 试验与检测

(1) 试验材料　　(2) 试验条件

(3) 检测标准

3. 腐蚀形态

(1) 宏观形貌　　(2) 微观形貌

4. 平均腐蚀速率

5. 腐蚀对力学性能的影响

(1) 技术标准规定的力学性能　　(2) 拉伸性能

(3) 应力腐蚀性能　　(4) 断裂性能

(5) 疲劳性能

6. 电偶腐蚀性能

7. 防护措施建议

本手册中防护工艺的编排内容主要包括：

1. 概述

(1) 工艺名称　　(2) 基本组成

(3) 制备工艺　　(4) 配套性

(5) 生产单位

2. 试验与检测

(1) 试验材料　　(2) 试验条件

(3) 检测标准

3. 腐蚀特征

4. 环境腐蚀性能

(1) 保护/外观评级（单项/综合评级）　　(2) 附着力

(3) 对基材力学性能的影响

5. 使用建议

（4）名词术语

本手册规范采用了 GJB 6117—2007《装备环境工程术语》中的有关术语。

（5）材料要素

材料要素是指各材料牌号包含的材料信息。本手册中的材料要素分为材料基本要素、材料试验背景要素和材料腐蚀性能要素三类，强调信息的完整，突出与环境累积效应相关的材料性能时间历程数据和演变规律信息。

材料特征要素：主要包括材料牌号、国外相近牌号、生产单位、化学成分、热处理状态、重要本征性能等。

材料试验背景要素：主要包括试验材料的规格尺寸、取样方向，试验环境与试验方式，性能检测标准等。

材料腐蚀性能要素：主要包括材料腐蚀形态、平均腐蚀速率或腐蚀深度，腐蚀对力学性能的影响、电偶腐蚀性能、防护措施建议等。

（6）数据统计与修约说明

本手册中编入的各类腐蚀数据是参照 JB/T 10579—2006《腐蚀数据统计分析标准方法》经恰当统计处理得到的，各种测量值或统计值的修约按照 GB/T 8170—2008《数值修约规则与极限数据的表示和判定》执行，轻质金属材料力学性能实测数据的修约分别参照了 GB/T 228.1—2010《金属材料　拉伸试验　第 1 部分：室温试验方法》、GB/T 229—2007《金属材料　夏比摆锤冲击试验方法》、GB/T 4161—2007《金属材料　平面应变断裂韧度 K_{IC} 试验方法》的相关规定。

本手册中的数据以下列方式表示：

① 铝合金、钛合金力学性能时间历程数据一般给出了实测值范围、平均值、标准差、保持率，对于试验数据分散性较大的逐一给出了五件平行样的实测值；

② 材料 S-N 曲线一般给出 50%、95%、99%三种存活率下的条件疲劳极限值；

③ 防护工艺等级评定以三块平行样中最严重的等级表示，如果三块平行样中有两块的等级保持一致，则以此作为最终评级结果；

④ 当曲线图中没有给出具体数据点时，只反映性能变化趋势。

（7）数据选用说明

本手册收录了铝合金、钛合金及其防护工艺三类材料在我国典型自然环境中的大量环境适应性数据，并按户外、棚下或库房等试验类型分别列出，部分材料还给出了实验室模拟加速试验数据，这些试验类型的具体概念与特点见附录。由于材料的环境适应性与具体使用环境密切相关，因此，针对不同使用环境合理选用材料非常重要。工程设计人员应根据自己的选材目标，如装备预期使用环境、材料在装备上的使用部位和状态、环境腐蚀严酷度等信息来查找、选用数据。本手册根据不同装备用材使用特点，按我国润湿时间和大气腐蚀介质分布将使用环境划分为良好、一般（有遮蔽条件和无遮蔽条件）、严酷三类，见第一篇第五章设计选材指南。原则上，良好环境使用的材料宜选用环境腐蚀性较小地区的库房暴露/贮存数据；一般环境使用的材料宜选用环境腐蚀性较小地区的棚下或户外暴露数据；严酷环境使用的材料宜选用空气潮湿、大气腐蚀介质（如 Cl^-、SO_2等）浓度较高地区的棚下或户外暴露数据，适用于内陆湿热酸雨、沿海/岛礁及海上环境使用的装备。

由于“材料-环境”的组合非常庞大，工程上不可能对所有的“材料-环境”组合开展试验，获取对应的环境适应性数据，因此，本手册只包含对装备服役存在较大腐蚀隐患的典型或极端自然环境条件及部分模拟加速试验条件。当选材的特定环境与本手册所载有所差别时，原则上可参考腐蚀性相近的环境试验数据或借鉴同类材料的数据，如需要了解装备材料耐南海岛礁环境能力，可查阅具有相似环境特征的海南万宁试验站数据；对于库存条件下材料腐蚀特性预示，可参考棚下试验数据。需要强调的是，在采用相似数据推断拟选材料的环境适应性时，选材者应根据相关理论知识和经验谨慎决策。

3. 图表序号

本手册中的图号、表号是按篇-章顺序编写的，格式如×-×-××。

本手册中的常用量符号、名称及单位表

符号	名　称	单位
a	裂纹长度	mm
A	断后伸长率	%
ΔA	断后伸长率保持率	%
A_{50mm}	标距为 50mm 的断后伸长率	%
B	试样厚度	mm
C	腐蚀失重	g/m^2
D	平均腐蚀速率换算得到的腐蚀深度	μm
d	试验样品（原材料）直径	mm
da/dN	疲劳裂纹扩展速率	mm/周
da/dt	裂纹扩展速率	mm/周 或 m/s
E	弹性模量	GPa
f	试验频率	Hz
F_m	最大力	N 或 kN
F_Q	特定的力值	kN
h	小时	—
HBS	布氏硬度	MPa
K_I	张开型（Ⅰ型）应力强度因子	$MPa \cdot m^{1/2}$
K_{IC}	平面应变断裂韧度	$MPa \cdot m^{1/2}$
K_{ISCC}	应力腐蚀开裂界限应力强度因子	$MPa \cdot m^{1/2}$
K_Q	条件断裂韧度	$MPa \cdot m^{1/2}$
K_t	应力集中系数	—
ΔK	应力强度因子范围	$MPa \cdot m^{1/2}$
L	纵向	—
L	试样长度	mm
LT	长横向	—
L-T	含裂纹试样的取样方向，试样裂纹面的法向为板材的纵向，裂纹预期沿横向扩展	—
N	疲劳次数	周
pH	氢离子浓度指数	—

（续）

符号	名 称	单位
R	应力比	—
R_A	外观等级	—
R_m	抗拉强度	MPa
ΔR_m	抗拉强度保持率	%
R_P	保护等级	—
$R_{p0.2}$	规定非比例延伸强度	MPa
RH	相对湿度	%
SCE	饱和甘汞电极	—
SHE	标准氢电极	—
S-L	含裂纹试样的取样方向，试样裂纹面的法向为板材的高向，裂纹预期沿纵向扩展	—
ST	短横向	—
t	试验时间	年
T	横向	—
T-L	含裂纹试样的取样方向，试样裂纹面的法向为板材的横向，裂纹预期沿纵向扩展	—
W	试样宽度	mm
Z	断面收缩率	%
δ	试验样品（原材料）厚度	mm
σ	应力	MPa
σ_{max}	最大应力	MPa
ε	应变	mm/mm
θ	试验温度	℃
2θ	X 射线入射光束偏转角度	(°)

前言 PREFACE

材料作为武器装备的基本构成，是决定武器装备性能优劣的关键因素之一，也是加快武器装备升级换代、确保实战适用性和降低全寿命期总费用的重要物质基础。随着武器装备的轻量化发展，高性能轻质材料的研发力度和应用需求持续增强，一系列铝合金、钛合金、铝锂合金、镁合金以及先进复合材料等轻质材料在型号上的应用比例不断提升，如我国新一代飞机轻质材料用量占机体总重量的2/3以上。可以说，轻质材料的工程应用水平反映了一个国家材料科学发展的综合水平，也是实现装备结构轻量化、高机动性、高生存力的重要保证。

材料在使用过程中由于各种严酷自然环境和局部诱发环境的长期累积作用，会发生不可逆的物理化学变化，引起装备关重结构性能或功能下降，严重时甚至影响到武器装备的战技性能及安全可靠服役，因此，全面掌握材料的环境适应性底数并作为装备设计依据，是研制“好用、管用、耐用、实用”装备的重要前提。过去由于缺少材料的环境适应性数据，对材料的环境损伤行为、演变规律与失效机理了解不充分，导致武器装备环境适应性一体化设计依据不足，通过鉴定定型的装备列装部队后仍然暴露出一系列环境适应性问题，严重影响装备作战效能的正常发挥，并造成巨大的经济损失。据公开报道，美国总审计局在2003年向国会提交的报告（GAO-03-753）中指出，美军装备及基础设施因环境不适应产生的直接损失每年约为200亿美元。中国工程院重大咨询项目“我国腐蚀状况及控制战略研究”的研究报告表明，2014年我国因腐蚀直接损失和防腐蚀投入产生的总成本约占当年GDP的3.34%，总额超过2.1万亿元人民币。正是这些高昂的代价和教训促使人们不断提高对材料乃至装备环境适应性的重视程度，逐步将材料环境适应性数据资源建设作为一项长期的基础工作来抓。

材料的环境适应性是其固有的内在因素在一定外在使用条件下的综合反映，不同材料因成分、组织、制造工艺的差异会表现出不同的环境损伤行为，加之结构设计因素复杂，可能出现多种损伤模式、多种损伤机制并存的情况，给设计选材、结构细节设计、表面防护和使用维护带来很大困扰，而环境适应性数据是解决这些困扰的重要基础。为了获得充足的环境适应性数据，“十五”期间以来，国防科技工业自然环境试验研究中心（以下简称中心）在相关科研项目和型号项目支持下，利用覆盖我国典型/极端气候环境和海域的自然环境试验站网体系，通过统一试样加工要求、试验要求、测试标准方法，力求数据采集规范化、数据格式标准化、数据处理可视化，从多个维度真实反映了材料性能参数时间历程变化态势和动力学规律，并利用大数据分析方法，进一步挖掘、揭示蕴藏在海量数据中的环境作用机理及数据间的因果关系，提升了数据的科学价值和工程应用价值。

长期以来，虽然相关单位陆续开展了部分材料、工艺、结构的环境适应性研究，采集积累了材料平均腐蚀速率、抗拉强度、冲击强度、断裂韧度等基本性能变化数据，但这些数据大多分散于各个单位，数据系统性、完整性有待提高，尚未得到有效共享应用。目前，我国装备科研生产日益增长的环境适应性数据需求与现有基础数据资源建设不足之间的矛盾较为突出，为此，中心集中力量对数十年积累的轻质材料环境适应性数据进行了全面梳理整合、总结提炼，历经两年编制了《轻质材料环境适应性数据手册——铝合金、钛合金及防护工艺》，以期对材料研发人员，装备论证、设计、制造、使用维护等人员有所裨益。

本手册收录铝合金牌号25种、钛合金牌号6种、防护工艺26种，覆盖了各行业具有广泛应用前景的材料牌号，并纳入了部分具有推广价值的新研材料。手册的编制反映了我国装备产品长期环境适应性研究评价的经验和最新成果，是中心及相关单位数十年孜孜不倦潜心研究的结晶。

本手册具有以下三方面特点：

（1）本手册以引导设计选材为目标，按照材料基本要素、试验背景要素、腐蚀数据要素分层递进展示。材料基本要素主要包括材料牌号、生产单位、化学成分、热处理状态、应用情况等信息；试验背景要素提供了材料的试验环境、试验方式、规格尺寸、取样方向，性能检测标准等信息；腐蚀数据要素既给出了材料组织结构、宏/微观腐蚀特征、性能演变规律的简洁文字描述，又以可视化图表展示了设计用材料力学性能退化数据与规律趋势，改进了现有数据手册只简单列举数据或耐腐蚀等级的不足，有利于型号设计人员全面了解、掌握材料在不同环境中的腐蚀倾向性和腐蚀发展过程，指导合理选材和使用维护。

（2）本手册收录了我国近30年来成功研制或应用的新型轻质材料工艺，如防弹铝合金、铝锂合金、损伤容限型钛合金、新型纳米涂层等，一定程度上体现了我国材料的研发水平。对一些重要结构材料除提供常规拉伸性能数据外，还给出了不同环境、时间下的S-N曲线、应力腐蚀开裂界限应力强度因子、疲劳裂纹扩展速率、断裂韧度等设计关键性能参数，可为装备结构设计、寿命指标确定和评估提供科学依据。针对环境-材料-工艺一体化设计需要，本手册还提供了部分金属裸材及带防护涂层试样的对比性能数据，便于合理确定使用维护周期。

（3）本手册不仅介绍了合理选材应掌握的基础知识信息，如大气环境类型及特征、大气腐蚀理论、典型环境适应性案例，总结了铝合金、钛合金及防护工艺的腐蚀（老化）特征与规律，同时提供了详实的环境适应性数据，充分体现了手册知识性和工具性有机融合的特色。另外，本手册还提出了基于环境适应性数据的“六步法”设计选材流程，建立了良好、一般、严酷三类使用环境与试验环境的对应关系，针对不同使用环境提出了铝合金的优选原则，可供型号设计人员选择材料时参考。

本手册编撰过程中得到了国防科技工业以及装备主管部门、装备论证与研制单位的鼎力支持，牟献良、邹洪庆、杨红亚、张帏、钱建才、王辉、梅华生、王长朋、刘聪等提供了部分材料工艺力学/老化数据和金相图片，在此一并表示诚挚的谢意。

由于轻质材料正处于蓬勃发展之中，加之著者水平所限，不足之处在所难免，恳请读者批评指正。

编写委员会
2019年8月

第一篇 绪 论

第二篇 铝合金及其防护工艺环境适应性数据

第三篇 钛合金及其防护工艺环境适应性数据

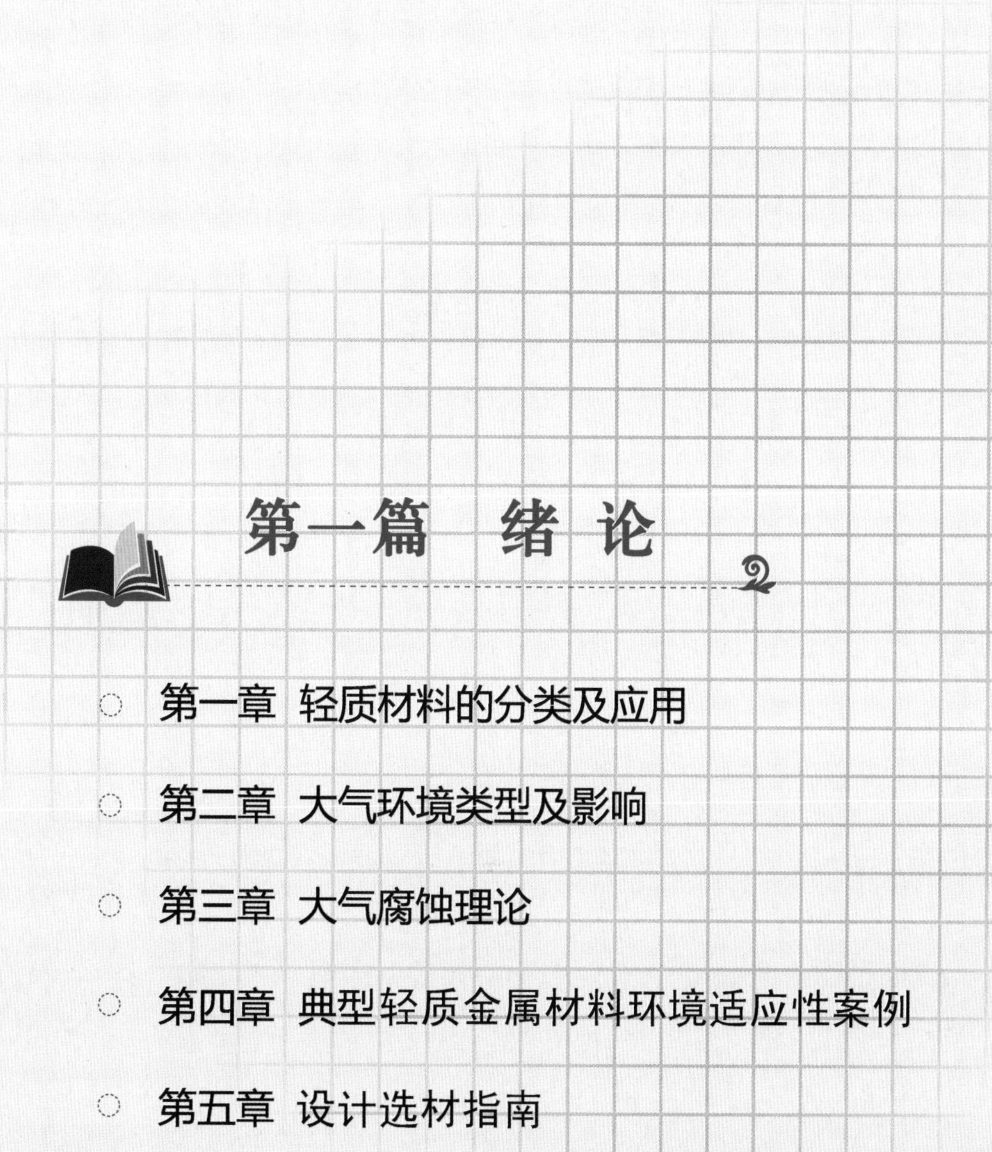

第一篇　绪论

- 第一章　轻质材料的分类及应用
- 第二章　大气环境类型及影响
- 第三章　大气腐蚀理论
- 第四章　典型轻质金属材料环境适应性案例
- 第五章　设计选材指南

第一章 轻质材料的分类及应用

第一节 轻质材料的定义和分类

目前,轻质材料尚无公认的定义。一般认为,密度不大于 5.0g/cm^3,用以制造武器装备主体结构和工程结构的材料为轻质材料。轻质材料是武器装备轻质化发展、满足不断增加的有效载荷质量和空间余度的重要物质基础。近 20 年来,在不断提高武器装备各项性能的大背景下,轻质材料的研究和应用已进入一个蓬勃发展的阶段,对轻质材料的综合性能提出了更高的要求。武器平台轻质化要求材料具有更高的比强度、比模量;日趋复杂严酷的服役环境要求材料具有良好的环境适应性;为了满足高机动和高可靠性要求材料应有足够的损伤容限;为了满足(高)超声速技术要求材料应具有可靠的抗过载能力和高温性能;为便于制造和维修要求材料有良好的工艺性能;为了满足经济可承受性要求材料具有低的成本。

按照物理化学属性以及在武器装备结构上的使用特点,轻质材料主要分为铝合金、钛合金、镁合金和复合材料四大类。本手册为铝合金、钛合金及其防护工艺分册。

(1) 铝合金

铝合金是在纯铝中添加不同的合金元素形成的合金,是武器装备中应用最广泛的轻金属材料。其密度约 2.8g/cm^3,具有比强度和比刚度高,力学性能和加工性能优良等特点,应用范围几乎遍及航空、航天、兵器、船舶、电子等全行业武器装备,尤其在航空、航天领域仍占据主导地位。近年来由于在改善铝合金应力腐蚀性能、断裂韧性以及疲劳性能等方面有了新的突破,通过提高合金纯度,采用阶段时效等热处理方法,发展超塑成形等制造技术,加之第二代、第三代铝锂合金的研发,使铝合金的工程化应用呈现新的增长趋势。

本手册涉及的铝合金主要包括高强度铝合金、中强度铝合金、防锈铝合金、铸造铝合金和铝锂合金。

(2) 钛合金

钛合金是在纯钛中加入一种或几种其他合金元素形成的合金,在武器装备中具有广泛的应用前景。其密度约为 4.5~5.0g/cm^3,具有比强度高、室温性能好和耐腐蚀性能优良三大显著优点,还具有生物相容性好、导热率低、无毒无磁和高阻尼等特殊性能。目前,在武器装备上应用最多的是 α-β 型钛合金。随着装备高机动和结构轻质化的不断发展,钛合金应用范围将进一步扩大。

本手册涉及的钛合金主要包括 α 钛合金和 α-β 钛合金。

(3) 镁合金

镁合金是最轻的金属结构材料之一,其密度约为1.75~1.90g/cm^3。镁合金的强度和弹性模量虽然比铝合金、钛合金低,但由于密度仅为铝合金的2/3,钛合金的2/5,其比强度和比刚度高。镁合金吸收冲击和振动波的能力较强,即具有很高的阻尼容量和减振性能,而且切削加工性能好,电磁屏蔽作用优良。目前,我国武器装备上应用的镁合金以铸造合金居多,主要用于航空、航天和兵器等领域。

(4) 复合材料

复合材料是由有机高分子材料、无机非金属材料或金属材料等几种不同材料通过复合工艺组合而成的新型材料。结构复合材料具有高的比强度和比模量,良好的抗疲劳性能,耐环境腐蚀能力优于镁合金和部分铝合金。正是由于复合材料优异的综合性能以及在结构/功能一体化和多功能方面的优越性,使其在武器装备上的应用前景越来越广阔。目前,树脂基、金属基、C/C复合材料已成功应用于航空、航天和兵器领域,并逐步由次承力结构扩展到主承力结构应用。

第二节 轻质材料的地位和应用

轻质材料,同时也是武器装备重要结构材料,其中铝合金、钛合金和复合材料已成为除钢以外的第二、第三、第四大结构材料。在武器装备机械化、信息化复合发展中,轻质材料的应用是实现武器装备结构轻质化以及高可靠性的基本保障,对于武器装备速度与机动性、生存与突防等性能具有重要影响。总的来说,轻质材料的发展与武器装备的性能提高是相辅相成、相互促进的。

(1) 在航天装备上的应用

新一代航天装备提出了飞得"更远、更高、更快",兼具突防能力的要求,促使轻质材料的应用范围进一步扩大。铝合金、钛合金主要应用于导弹的高强度结构零件和结构复杂的零部件等,如整流罩、弹体结构、弹头壳体、蒙皮、加速度计、陀螺表等;一些低载荷结构部件,以及气体涡轮发动机的压缩翼片、涡轮、散热片等构件。树脂基复合材料主要用于导弹发射筒、仪器舱、固体发动机壳体、舵翼、尾翼等。C/C复合材料已成功应用于导弹弹头端头帽,火箭发动机喉衬、扩散段、延伸锥等。镁合金ZM5、ZM10已在卫星中得到应用。

(2) 在航空装备上的应用

航空装备结构复杂、载荷水平高、工作环境严酷,对高可靠和长寿命有很高的要求,因此,机体结构材料要求轻质、高强、高韧且耐腐蚀。随着新一代飞机战技术性能的提高以及损伤容限设计思想的发展,新型铝合金、钛合金和先进复合材料等轻质高强材料的应用范围和应用比例不断扩大。我国三代机机体结构以金属材料为主,铝合金约占飞机结构重量的55%,碳纤维增强树脂基复合材料已由次承力结构发展到主承力结构,钢仅占结构重量的10%。运输机主体结构中铝合金仍居主导地位,复合材料和钛合金用量相对较少。新一代飞机机体结构向以铝合金、钛合金、复合材料为主的金属与非金属材料相结合的混合结构发展,铝合金用量明显减少,先进复合材料(T700)和钛合金用量大幅提升,机体轻质材料应用比例高达85%左右。

(3) 在兵器装备上的应用

随着兵器装备的轻量化发展,新型轻质材料不断得到应用。7A52铝合金已用于坦克装甲车辆车体、炮塔、负重轮和舱门等部位，抗弹性能优异，减重显著；7050铝合金用于装甲车辆炮塔座圈。SiC颗粒增强铝基复合材料已应用于两栖车辆行动系统履带板；WSFC-017、WSFC-2036、WSFZ-201等树脂基复合材料相继用于复合装甲、舱门/舱盖以及车体/炮塔内衬。铝合金、钛合金已在火炮炮架、轻武器机匣等构件上得到应用，但用量较少。

（4）在舰船装备上的应用

舰船装备上，铝合金主要用于特种舰船船体及鱼雷构件，如高速巡逻艇、登陆艇、鱼雷壳体等，也部分应用于潜艇的潜水泵；钛合金主要用于潜艇通气管排气外舌阀、鱼雷发射装置、主冷凝器、排烟管道紧固件和各种声呐导流罩，水面舰船球鼻艏、舷侧阵等。3200SGRP玻璃纤维增强树脂基透声复合材料已用于舰艏声呐导流罩。

（5）在其他装备上的应用

在其他行业装备上，轻质材料也得到广泛应用，如雷达结构中的机箱、机柜、雷达天线、天线座结构，波导、功分器、电桥等雷达馈线结构，以及通信系统主体结构等均广泛应用了铝合金材料；雷达罩则应用了玻璃纤维复合材料。部分有较高防腐和减重要求的电子装备应用了钛合金，如舰船雷达的桅杆和天线骨架。

第二章 大气环境类型及影响

装备的使用环境几乎遍及各种大气自然环境，并向南北极极寒气候拓展，而装备用材料的大气腐蚀行为与腐蚀程度往往随不同环境类型而表现出较大的差异。预先了解、掌握装备寿命期内可能遇到的环境类型及其气候特点，是做好装备环境适应性设计的重要前提和保证。

第一节 大气环境类型

一、全球气候环境分类

（1）美、英气候环境分类及标准

目前，美国军用标准 MIL-HDBK-310《军用产品研制用全球气候数据》、MIL-STD-810H《环境工程考虑和实验室试验》第三部分“世界气候区指南”、美军条例 AR 70-38《军用装备在严酷气候条件下的研究、开发、试验以及评估》以及英国国防部标准 DEF STAN 00-35《国防装备环境手册》第四部分“自然环境”按照温度和湿度的变化特征，分别对全球气候进行了分类，但在气候类型细分方面略有差别。

以英国国防部标准 DEF STAN 00-35 为例，该标准按照所属地区的温度与湿度特征，将全世界划分为 A、B、C、M 四类 14 种气候类型。各种气候类型特点和适用地区见表 1-2-1。

表 1-2-1　各种气候类型特点与适用地区

气候类型		主要划分依据	气候特点	适用地区
A（暖气候）	A1（极干热）	温度（最高 58℃）	温度很高，太阳辐射强	北非、澳洲西部、中东和包括印度次大陆亚洲中部的部分地区、美国/墨西哥西南部部分干热沙漠地区
	A2（干热）	温度（最高 53℃）	温度高，太阳辐射强、中低湿度	欧洲最南部、澳洲大部、中东和亚洲中部、印度次大陆大部、北非大部和南非部分地区、美国西南部、墨西哥北部、南美部分地区
	A3（中等干热）	温度（最高 42℃）	每年有部分时间处于中高温与中低湿度	欧洲（不含最南部）、加拿大、美国北部和澳洲大陆南部

（续）

气候类型		主要划分依据	气候特点	适用地区
B（潮湿气候）	B1（温湿）	温度、湿度	中高温度与持续的高相对湿度，常见雨林及热带地区的持续多云天气	刚果和亚马逊平原、东南亚（包括东印度群岛）、马达加斯加北海岸和加勒比群岛
	B2（湿热）	温度、湿度	中高温、高湿度、强太阳辐射	常见热带潮湿地区，如墨西哥湾沿岸地区、澳洲北部和中国东部
	B3（湿热海岸沙漠）	温度、湿度	中高温、地表水汽含量高、太阳辐射强	常见波斯湾与红海等广阔水域附近的高温地区
C（寒冷气候）	C0（微寒）	温度（最低-26℃）	温度稍低	严格来说，仅为西欧海岸、澳洲东南部、新西兰。在本标准中泛指C1~C4以外的大陆地区
	C1（中寒）	温度（最低-42℃）	中低温度	中欧、日本与美国中部
	C2（寒）	温度（最低-56℃）	较寒冷	北欧、加拿大大草原各省、西藏与俄罗斯大部分地区
	C3（严寒）	温度	寒冷	北美洲大陆最寒冷的地区
	C4（极寒）	温度（最低-68℃）	极寒	格陵兰与西伯利亚最寒冷的地区
M（海洋气候）	M1（海上高温）	温度（最高51℃）	环境空气温度高	热带海洋大部分海域
	M2（海上中温）	温度、湿度	高湿度和中高温	比较温暖的中纬度海洋地区
	M3（海上寒冷）	温度（最低-38℃）	环境空气温度低	比较寒冷的海洋地区，尤其是北极带

对A、B、C三类11个大陆性气候类型而言，由于其划分的依据不同，例如，A1~A3和C0~C4以温度为主进行分类，而B1~B3则以高湿和暖温为主要气候特征，因此在具体的地域划分上随季节变化存在一定的交叉重合。

另外，该标准还规定了在上述四大气候类型内预期服役装备应考虑的其他气候环境因素。一般来说，大气压力、风、臭氧、冰雹适用于所有气候类型；扬沙、扬尘、雨适用于A1、A2、A3、B1、B2、B3、M1与M2气候类型；积冰与雪负荷适用于C0、C1、C2、C3、C4和M3气候类型；海水温度与海况适用于M1、M2与M3气候类型。

美国军用标准MIL-STD-810H《环境工程考虑和实验室试验》第三部分引用了美军条例AR 70-38相关内容，将全球大陆气候划分为热（A1和B3）、基本（B1、B2、A2、A3和C1）、冷（C2）和极冷（C3）四大类九种类型。表1-2-2给出了MIL-STD-810H划分的气候类型与英国DEF STAN 00-35的对照关系。两者的划分标准基本一致，但DEF STAN 00-35分类更细，针对寒冷气候还规定了C0（微寒)、C4(极寒)类别。

表 1-2-2 MIL-STD-810H 与 DEF STAN 00-35 气候划分对照关系

MIL-STD-810H 气候类型		气候特点		DEF STAN 00-35 对应气候类型
		温度/℃	相对湿度/%	
热	A1(干热)	32~49	8~3	A1(极干热)
	B3(湿热)	31~41	88~59	B3(湿热海岸沙漠)
基本	B1(恒定高湿)	24	100~95	B1(温湿)
	B2(交变高湿)	26~35	100~74	B2(湿热)
	A2(基本热)	30~43	44~14	A2(干热)
	A3(中等)	28~39	78~43	A3(中等干热)
	C1(基本冷)	-32~-21	接近 100	C1(中寒)
冷	C2(冷)	-46~-37	接近 100	C2(寒)
极冷	C3(极冷)	-51	接近 100	C3(严寒)

(2)IEC 气候环境分类及标准

国际电工委员会标准 IEC 60721-2-1:2013《环境条件分类 第 2-1 部分:自然环境条件温度和湿度》根据世界范围的温度和湿度条件,把全球大陆气候划分为热带、干旱、温带、寒带和极地五种基本类型,如图 1-2-1 所示。

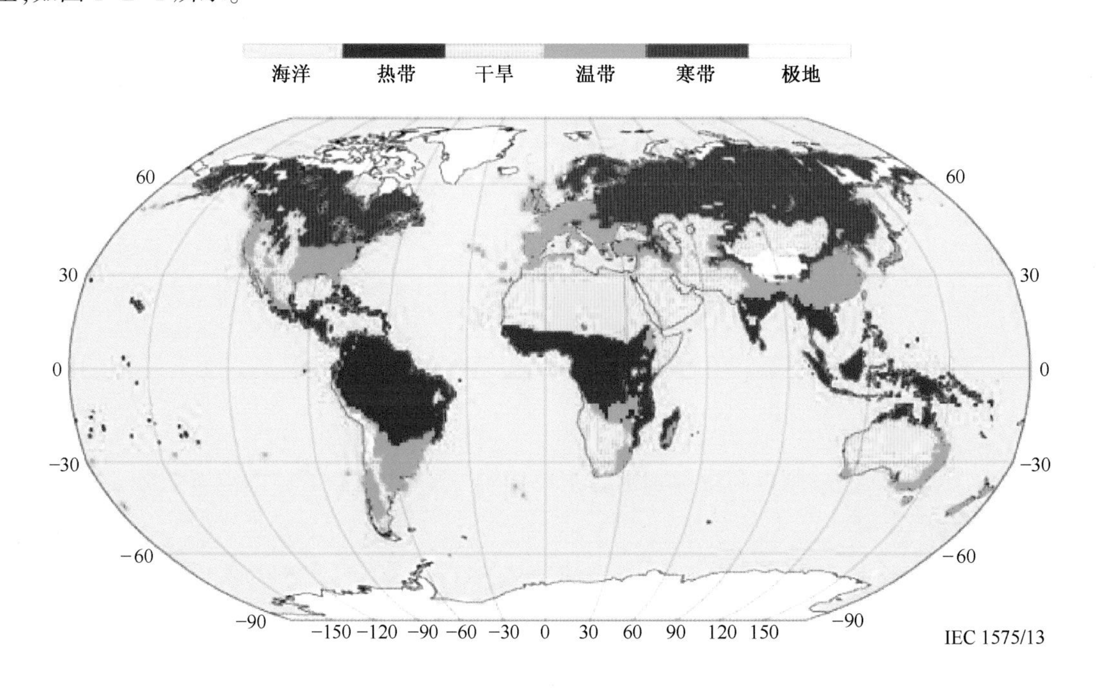

图 1-2-1 IEC 60721-2-1:2013 划分的世界气候类型分布图

国际电工委员会还针对产品使用将气候条件分为有气候防护场所和无气候防护场所两大类,前者适用于室内使用和户外有各种遮蔽条件下的产品,后者适用于直接露天使用的产品。这种划分方法有助于产品的研制单位有效控制产品成本,因而得到了广泛的应用。

二、我国气候环境分类

(1) 按温湿度气候条件分类

我国东临太平洋,西接欧亚大陆,幅员辽阔。地势上,我国西部多以山地、高原和盆地为主,东部则以平原和丘陵为主,呈西部高、东部低的特征,形成从高原、沙漠到丘陵、岛礁,从热带到寒带等各种地形地貌和气候条件。

根据1971—2000年全国各地的气象数据统计结果,以温度和湿度日平均值的年极值的平均值为依据,GB/T 4797.1—2018《环境条件分类　自然环境条件　温度和湿度》将我国气候划分为寒冷、寒温Ⅰ、寒温Ⅱ、暖温、干热、亚湿热、湿热七种气候类型,见表1-2-3。表1-2-4给出了我国七种气候类型的温度和湿度年极值的平均值。

表1-2-3　按日平均值极值划分的各种气候类型

气候类型	温度和湿度的日平均值的年极值的平均值		
	低温/℃	高温/℃	最大绝对湿度/(g/m^3)
湿热	9	35	26
亚湿热	-5	34	26
干热	-15	36	15
暖温	-16	33	25
寒温Ⅰ	-29	31	11
寒温Ⅱ	-24	23	21
寒冷	-40	28	18

表1-2-4　按年极值划分的各种气候类型

气候类型	温度和湿度的年极值的平均值		
	低温/℃	高温/℃	最大绝对湿度/(g/m^3)
湿热	3	40	31
亚湿热	-10	40	28
干热	-21	45	21
暖温	-20	40	27
寒温Ⅰ	-35	40	15
寒温Ⅱ	-32	31	23
寒冷	-45	35	20

与英国DEF STAN 00-35对比可知,我国低温地区记录极值为-52.3℃,大致相当于DET STAN 00-35的C2(寒冷);而高温全国记录极值为50.6℃,超出DEF STAN 00-35提出的A3(中等干热)范围,但又不及A1(极干热)、A2(干热)气候严酷。由于两者分类标准不完全一致,表1-2-5仅反映大致的对应关系,可能存在交叉现象。综上所述,在全球11种大陆气候类型中,我国只占其中的6种,即A3、B1、B2、C0、C1、C2。

表 1-2-5　GB/T 4797.1—2018 气候类型与 DEF STAN 00-35 气候类型的对照关系

DEF STAN 00-35 气候类型		GB/T 4797.1—2018 气候类型
暖气候	A1(极干热)	—
	A2(干热)	—
	A3(中等干热)	干热
潮湿气候	B1(温湿)	亚湿热
	B2(湿热)	湿热
	B3(湿热海岸沙漠)	—
寒冷气候	C0(微寒)	暖温
	C1(中寒)	寒温Ⅰ、寒温Ⅱ
	C2(寒)	寒冷
	C3(严寒)	—
	C4(极寒)	—

显而易见,我国的气候环境仅覆盖全球气候类型的 1/2 左右。一些热点地区,如南北极地区代表的 C4(极寒)、M3(海上寒冷),“一带一路”沿线的 A2(干热)、B3(湿热海岸沙漠)等气候环境,我国对其环境效应还一无所知。

(2) 按大气腐蚀性分类

按照大气腐蚀性分类,可将我国大气环境分为如下四种类型[1]:

① 海洋大气环境:一般指沿海地区大气中氯离子沉积速率大于 3mg/(m^2·天)的环境。这类大气具有高腐蚀性,并且其腐蚀性非常依赖于风向、风速、地面植被和离海岸的距离。

② 工业大气环境:这类大气与重工业工厂有关,可能含有不同浓度的二氧化硫、氯化物、磷酸盐、硝酸盐、煤灰等,具有较高腐蚀性。

③ 乡村大气环境:通常腐蚀性很小,且正常情况下不含化学污染物,只包含少量无机物微粒,主要腐蚀介质是水、氧气和较小浓度的二氧化碳。干旱或热带大气是乡村大气的极端情况。

④ 城市大气环境:一般指人类居住密集地区的大气环境条件,与乡村大气类似,几乎没有工业污染,但额外含有来自于机动车辆和民用燃料排放物的 SO_x 和 NO_x。

(3) 按地理特征分类

按照地理特征分类,可将我国内陆大气环境分为如下五种类型:

① 高原大气环境:具有海拔高、气压低、空气稀薄、太阳辐射强等特点;

② 沙漠大气环境:具有风沙大、干旱少雨、空气湿度低等特点;

③ 丘陵大气环境:具有海拔较低、地形起伏、潮湿多雨、雾和露日数多等特点;

④ 平原大气环境:具有海拔较低、地势平坦、气候比较温和等特点;

⑤ 雨林大气环境:具有高温、高湿、降水强度大、雨热同季、植被茂盛、霉菌活动频繁等特点。

按照环境温度湿度极值、大气腐蚀性和地理特征划分的环境类型及其组合,可以代表我国所有地区的气候条件。从我国大气腐蚀性等级分布特点来看,湿热海洋环境(含岛礁环境)、湿热雨林环境、亚湿热工业环境、寒温高原环境、暖温半乡村环境、干热沙漠环境、寒冷乡村环境是装备产品存在环境故障隐患的七种典型大气环境。目前,我国已在上述有代表性的气候区域建立了自然环境试验场

（站），可提供若干典型或极端的试验环境条件，见图 1-2-2。

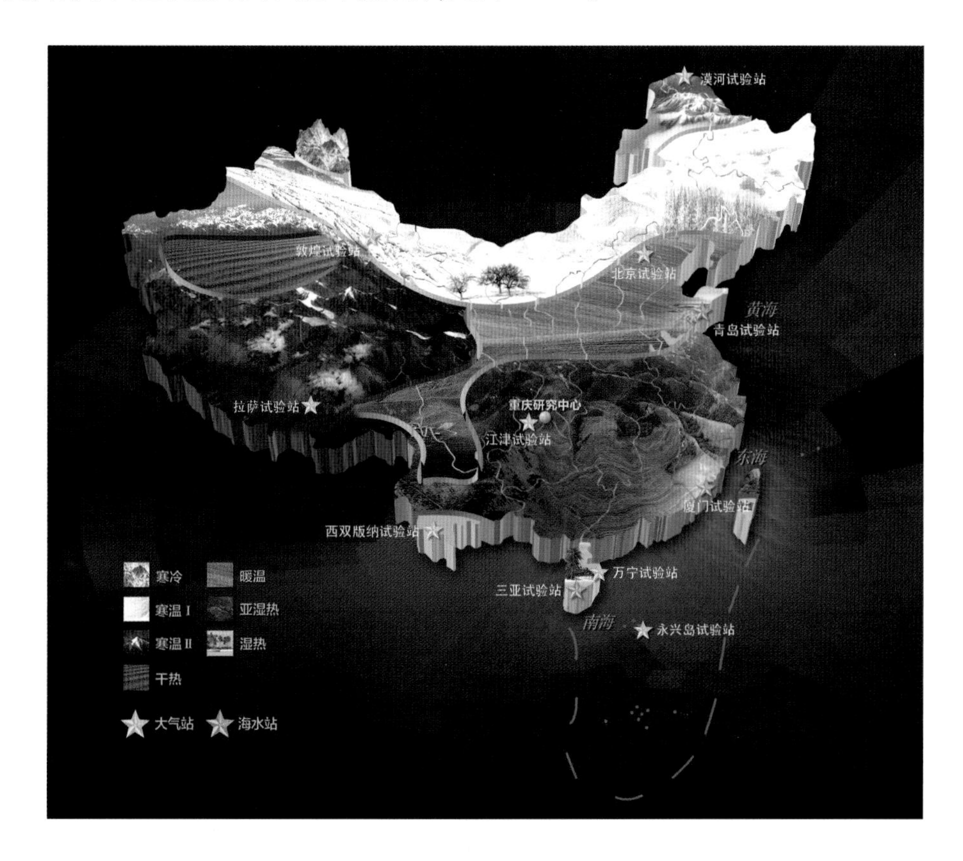

图 1-2-2　我国气候类型及试验站分布

第二节　我国典型大气环境特征及影响

一、湿热海洋（岛礁）环境

（1）环境特征

我国海岸线跨越了温带、亚热带、热带三个气候带，拥有渤海、黄海、东海、南海四大海域，其中东南沿海及南海岛礁是装备产品服役最为严酷的地区，具有高温、高湿、高盐雾、强太阳辐射的“三高一强”的湿热海洋环境特征[2]，与其他海域相比，年均气温高 10%~50%，相对湿度超过 80%的时间延长 10%~40%，氯离子含量高一个数量级以上，年总辐射量高 30%左右。以海南万宁试验站为例，全年日照时间长，年均气温 24.6℃，且降雨充沛、蒸发旺盛，一年四季的绝对湿度很大，年均相对湿度 86%，相对湿度超过 80%的时数全年达 6000h 以上。2012 年 6 月国务院批准设立的三沙市市政府所在地永兴岛，是西沙群岛中面积最大的岛屿，年均气温 27.0℃，年均相对湿度 82%，属热带海洋（季风）气候。典型湿热海洋大气环境参数量值见表 1-2-6。

表 1-2-6 典型湿热海洋大气环境参数量值

试验站	环境类型	主要环境特征参数										
		空气温度/℃	相对湿度/%	年降水量/mm	降水pH值	年降水时数/h	太阳辐射/(MJ/m^2)	年日照时数/h	大气压力/hPa	NO_x浓度/(mg/m^3)	Cl^-沉积速率/(g/(m^2·天))	SO_2沉积速率/(g/(m^2·天))
万宁	湿热海洋大气环境	8.5~36.9	25~100	1484~2619	3.2~6.4	139~390	4403~5358	1719~2001	978~1037	0.01~0.34	0.006~0.331	0.001~0.025
西沙		19.4~33.4	47~100	1294~1940	5.4~7.0	—	5687~7107	2532~2720	1013~1017	—	—	—
注：表中所列环境特征参数来源于2006—2011年的统计数据，“—”表示无或未检测(余同)。												

盐雾是海洋(岛礁)环境所独有的环境特征。盐雾的形成、扩散及沉降受海浪大小、风速风向、离海距离、海岸形貌和地形等多种因素的综合影响。空气中Cl^-浓度和Cl^-沉积速率是表征盐雾对产品腐蚀破坏作用的主要指标，其中Cl^-沉积速率反映了盐雾颗粒在产品表面的沉积速率和大小，对于腐蚀损伤分析评估更为重要。图 1-2-3 为大气中Cl^-沉积速率随离海距离的变化曲线[3]，可以看出，Cl^-沉积速率随离海距离(1000m 范围内)呈指数下降规律。海南万宁试验站不同离海距离试验场连续六年(2010—2015 年)的统计年均值表明，海面平台、濒海试验场(距海岸 100m)，近海岸试验场(距海岸 350m 左右)的Cl^-沉积速率比值约为 7∶5∶1。

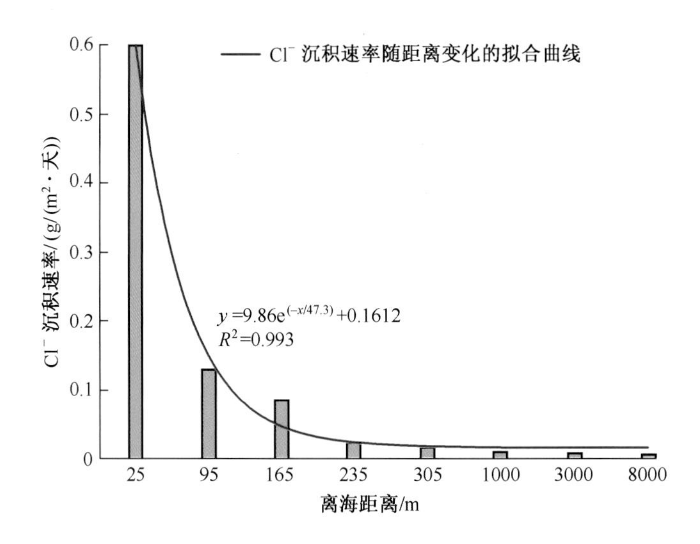

图 1-2-3 万宁试验站 Cl^- 沉积速率随离海距离的变化曲线

x—离海距离；y—Cl^-沉积速率；R—相关系数。

(2) 对材料腐蚀/老化的影响

湿热海洋大气环境是绝大部分金属材料面临的最严酷环境。由于相对湿度大，润湿时间长，金属表面容易形成一层连续的薄液膜，且停留时间较长，增加金属材料的电化学腐蚀时间。同时，大气中的Cl^-含量高，穿透力很强，易溶解于金属表面的液膜中，加速对金属氧化膜的腐蚀破坏作用，还可能直接参与电化学腐蚀，产生不同类型的腐蚀损伤[4]。例如，常用的 30CrMnSiA、30CrMnSiNi2A 合金钢表现为均匀腐蚀特征，平均腐蚀速率高达 200~300μm/年。铝合金因成分组织的差异可能发生点蚀、晶间腐蚀、剥蚀、应力腐蚀开裂等局部腐蚀，镁合金在湿热海洋大气环境中腐蚀严重，需采用重防腐工艺隔绝或减缓含盐潮湿气氛的侵蚀作用，典型腐蚀形貌如图 1-2-4 所示。

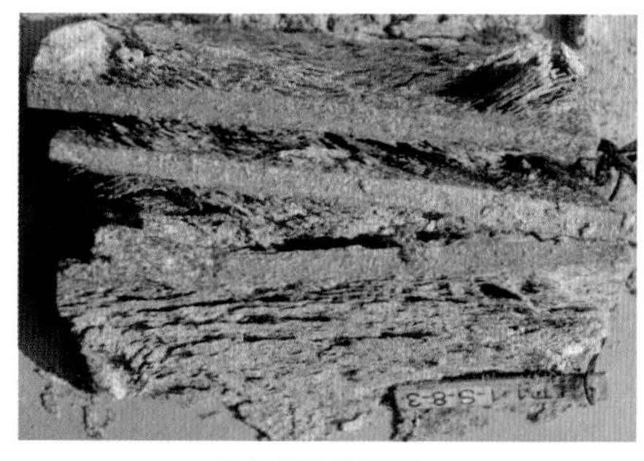
（a）铝合金剥蚀

（b）合金钢全面腐蚀

图 1-2-4　金属材料湿热海洋大气环境中的腐蚀形貌

湿热海洋大气环境对有机涂层、橡胶、工程塑料等非金属材料老化作用明显。由于日照时间长，太阳辐射强，平均湿度高，容易使高分子材料发生不可逆的物理反应和化学反应，导致物理机械性能下降。一方面，H_2O、Cl^- 等环境介质会逐步渗透扩散到材料内部，引起高分子材料溶胀或溶解。另一方面，光、氧、热等环境因素会诱发高分子材料产生一系列复杂的化学反应，使分子链降解断裂或交联，老化使高分子材料变软发黏或变硬变脆，强度和模量降低，如涂层开裂脱落、橡胶硬化龟裂等。

二、湿热雨林环境

(1) 环境特征

我国的湿热雨林主要分布于台湾南部、海南岛、西双版纳等地，属热带气候区。其中西双版纳与缅甸接壤，是我国装备服役环境较为严酷的地区之一，具有常年气温较高、季节差异不明显、雨水充沛、植被茂盛和适于霉菌生长等热带雨林环境特征。以云南西双版纳试验站为例，历年最高温度在 34~38.3℃之间，年均温度 21.6℃，年均相对湿度 84%，霉菌活动频繁，基本无污染。典型湿热雨林大气环境参数量值见表 1-2-7。

表 1-2-7　典型湿热雨林大气环境参数量值

试验站	环境类型	主要环境特征参数										
		空气温度/℃	相对湿度/%	年降水量/mm	降水pH值	年降水时数/h	太阳辐射/(MJ/m^2)	年日照时数/h	大气压力/hPa	NO_x 浓度/(mg/m^3)	Cl^-沉积速率/(g/(m^2·天))	SO_2 沉积速率/(g/(m^2·天))
西双版纳试验站	湿热雨林大气环境	5.4~37.3	7~100	1011~1544	5.4~6.8	35~750	5086~5866	1398~1910	923~965	—	0.001~0.004	0.0001~0.0030
注：表中所列环境特征参数来源于 2006—2011 年的统计数据。												

(2) 对材料腐蚀/老化的影响

湿热雨林大气环境对金属材料的腐蚀作用明显低于湿热海洋环境。虽然温度高、相对湿度大，润湿时间长,但由于无污染,空气中 Cl^-、SO_2 等腐蚀介质含量极低,对金属材料腐蚀的影响相对较小。例如,30CrMnSiA 合金钢在湿热雨林环境中的平均腐蚀速率约为 9μm/年,远低于湿热海洋环境中的 300μm/年。

湿热雨林大气环境是非金属材料老化、霉蛀较为严酷的环境。由于环境潮湿且温度高,霉菌生长旺盛,不仅易引起高分子材料、涂料、油脂材料等非金属材料老化,还会使光学仪器,如望远镜镜头长霉起雾,严重影响观测精度与使用寿命,典型老化霉变形貌如图 1-2-5 所示。

(a) 望远镜皮套老化霉变

(b) 镜头生霉

图 1-2-5 光学仪器湿热雨林环境中的老化霉变形貌

三、亚湿热工业环境

(1) 环境特征

我国内陆亚湿热地区是装备服役存在较多环境适应性问题的地区,尤其是近年来随着经济的高速发展,工业污染日趋严重,大气中 SO_2 污染程度高,构成了材料腐蚀破坏的隐患。该类环境特征突出表现在全年气温较高,空气污染严重,潮湿,雾、露日数及酸雨时数多。以重庆江津试验站为例,年均气温 18.5℃,年均相对湿度 81%,一年中相对湿度超过 80%的时数达 5000h 以上,雨水 pH 值低至 4.6,硫酸根离子占阴离子总量的 60%~90%,属典型硫酸型酸雨。典型亚湿热工业大气环境参数量值见表 1-2-8。

表 1-2-8 典型亚湿热工业大气环境参数量值

试验站	环境类型	主要环境特征参数										
		空气温度/℃	相对湿度/%	年降水量/mm	降水pH值	年降水时数/h	太阳辐射/(MJ/m^2)	年日照时数/h	大气压力/hPa	NO_x 浓度/(mg/m^3)	Cl^-沉积速率/(g/(m^2·天))	SO_2 沉积速率/(g/(m^2·天))
江津试验站	亚湿热工业大气环境	0.7~44.0	14~100	512~1200	3.9~7.0	433~746	2729~3604	1009~1645	894~1024	—	0.001~0.010	0.0001~0.0020
注:表中所列环境特征参数来源于 2006—2011 年的统计数据。												

(2) 对材料腐蚀/老化的影响

亚湿热工业大气环境对金属材料的腐蚀破坏作用非常明显。由于湿润时间长,且空气中 SO_2 可通过催化氧化作用生成 H_2SO_4,加重金属材料的腐蚀。研究发现,碳钢 Q235、纯锌、纯铜等三种金属材料在江津亚湿热工业环境中的平均腐蚀速率(69.0μm/年、3.0μm/年、4.1μm/年)明显高于其他内陆地区,甚至高于万宁湿热海洋环境(43.0μm/年、1.2μm/年、2.2μm/年)。其中,碳钢Q235在万宁湿热海洋环境中暴露4年后腐蚀速率快速上升,表现出明显"反转"现象,腐蚀速率逐步大于亚湿热工业环境。金属材料及镀覆层典型腐蚀形貌如图1-2-6所示。

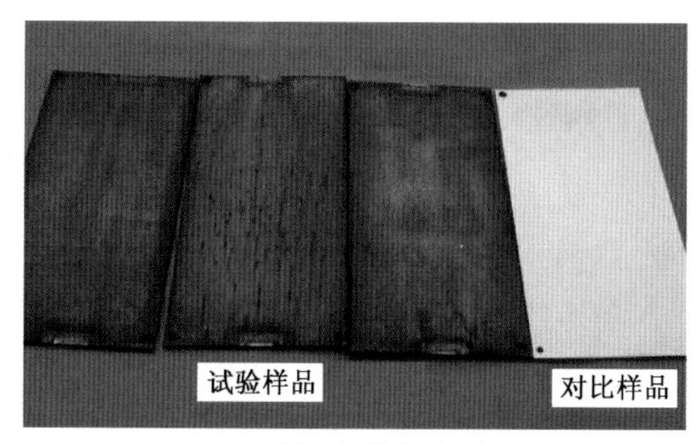

(a) 2A12+镀双层镍腐蚀(6个月)

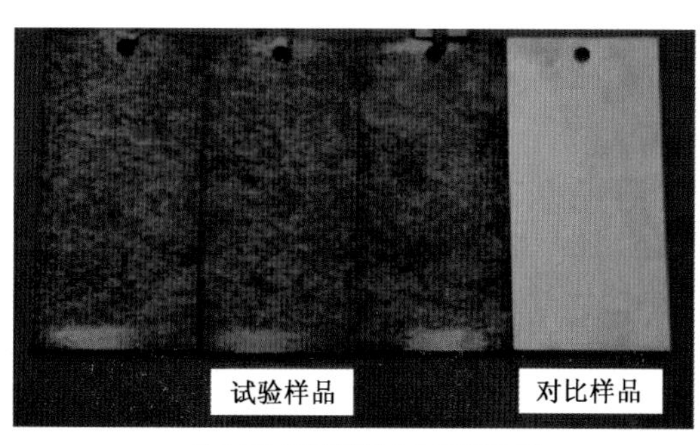

(b) 7A09高强铝合金剥蚀(4年)

图1-2-6 金属材料及镀覆层亚湿热工业大气环境中的腐蚀形貌

亚湿热工业环境对材料表面镀覆层,特别是金属镀覆层的侵蚀破坏较快。镀30μm双层镍产品在江津亚湿热工业环境中暴露仅6个月,即出现严重点蚀,综合等级降为8/0xA,xE。光照和酸雨的综合作用对有机涂层的光泽、颜色影响较大,导致涂层粉化较快。

四、寒温高原环境

(1) 环境特征

我国寒温高原环境主要分布于青海、西藏等地区,其中西藏与印度接壤,战略位置十分重要,具有海拔高、气压低、含氧量低、太阳辐射强等高原环境特征,是装备非金属材料老化极端严酷的地区之一。以西藏拉萨试验站为例,全年平均温度4.5℃,年均相对湿度55%,年日照时数超过3000h,辐射总量高达7598MJ/m^2;空气稀薄,年均气压小于700hPa,含氧量仅相当于海平面的60%~65%,甚至更低。典型寒温高原大气环境参数量值见表1-2-9。

表1-2-9 典型寒温高原大气环境参数量值

试验站	环境类型	主要环境特征参数										
		空气温度/℃	相对湿度/%	年降水量/mm	降水pH值	年降水时数/h	太阳辐射/(MJ/m^2)	年日照时数/h	大气压力/hPa	NO_x浓度/(mg/m^3)	Cl^-沉积速率/($g/(m^2·天)$)	SO_2沉积速率/($g/(m^2·天)$)
拉萨试验站	寒温高原大气环境	-17.2~30.0	2~99	266~598	6.3~6.8	36.6~410	7353~8309	1611~3138	631~663	—	0.001~0.007	0.0001~0.0009
注:表中所列环境特征参数来源于2006—2011年的统计数据。												

(2) 对材料腐蚀/老化的影响

寒温高原大气环境由于降水少,相对湿度低,空气基本无污染,对金属材料的腐蚀作用不明显。试验发现,大多数金属长期暴露主要表现为光泽降低、发暗或极轻微腐蚀点,对其力学性能影响很小。

高原地区的强紫外线辐射(拉萨约56W/m^2)会对高分子材料老化产生强烈影响,是橡胶、工程塑料、电缆护套、有机涂层等光老化试验考核的理想环境。聚酰胺 1010 塑料在拉萨(海拔 3685m)户外暴露 1 年,拉伸强度和断裂拉伸应变就下降了 48%和 99%;PS 塑料暴露仅 1 个月,冲击强度即下降 22%,微观下可见少量细小裂纹。树脂基复合材料老化降解严重,暴露 1 年纤维外露。有机涂层失光、变色、粉化速度较快,但由于空气干燥,平均气温较低,聚氨酯等系列涂层老化速度明显低于湿热海洋环境。典型腐蚀形貌如图 1-2-7 所示。

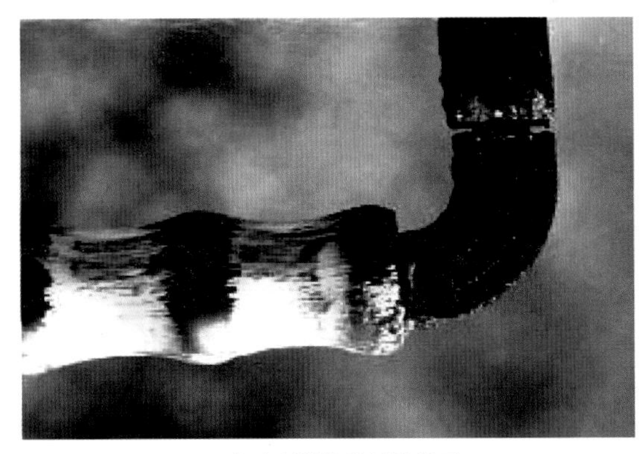
(a) 复合材料构件纤维外露

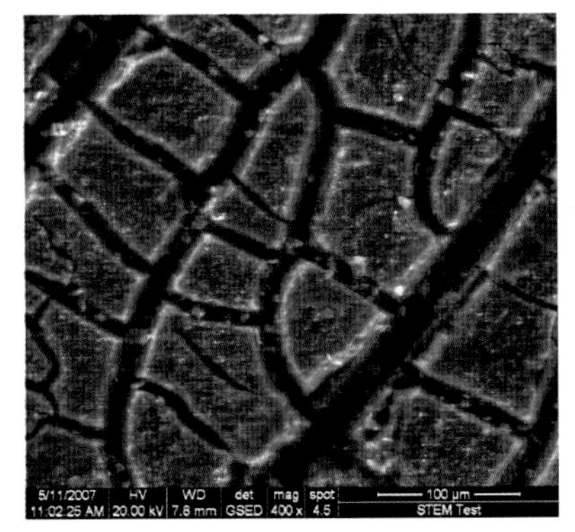

(b) PS塑料龟裂(6个月)

图 1-2-7 非金属材料在寒温高原大气环境中的典型老化形貌

五、暖温半乡村环境

(1) 环境特征

我国华北、华南、西南约 20%的领土属于暖温气候类型,大多为人类居住密集地区,具有温度适中、亚湿润、氮氧化物含量较高等气候环境特征。以北京试验站为例,年均气温 11.8℃,年均相对湿度 60%,气候较干燥,由于纬度较高,太阳辐射强度偏弱。典型暖温半乡村大气环境参数量值见表1-2-10。

表 1-2-10 典型暖温半乡村大气环境参数量值

试验站	环境类型	主要环境特征参数										
		空气温度/℃	相对湿度/%	年降水量/mm	降水pH值	年降水时数/h	太阳辐射/(MJ/m^2)	年日照时数/h	大气压力/hPa	NO_x 浓度/(mg/m^3)	Cl^-沉积速率/($g/(m^2 \cdot 天)$)	SO_2 沉积速率/($g/(m^2 \cdot 天)$)
北京试验站	暖温半乡村大气环境	-18.9~37.6	3~99	513~599	4.4~7.6	42~75	4807~5549	509~2047	984~1037	0~8	0.003~0.023	0.0002~0.019
注:表中所列环境特征参数来源于 2006—2011 年的统计数据。												

(2) 对材料腐蚀/老化影响

暖温半乡村环境大气腐蚀性较小,由于温度、太阳辐射强度适中,工业污染相对轻微,对金属和非金属的腐蚀/老化影响明显低于内陆亚湿热和湿热海洋地区。例如,7A04 高强铝合金在北京地区的平均腐蚀速率约为 0.17μm/年,仅为江津工业环境和万宁近海岸环境的 23%和 18%。镀锌层在北京的平均腐蚀速率仅为 0.3μm/年,远低于江津工业环境的 2.0μm/年。

六、干热沙漠环境

（1）环境特征

我国是世界上沙漠较多的国家之一，沙漠主要分布在新疆、甘肃、内蒙古、青海等地区，具有昼夜温差大、低湿、太阳辐射强、沙尘暴频发等气候环境特征。以甘肃敦煌试验站为例，全年平均温度10.8℃，年均相对湿度41%，气候干燥，年降雨量不足50mm；日照时间长，年日照时数高达3000h，辐射总量6560MJ/m^2。典型干热沙漠大气环境参数量值见表1-2-11。

表1-2-11　典型干热沙漠大气环境参数量值

试验站	环境类型	主要环境特征参数										
		空气温度/℃	相对湿度/%	年降水量/(mm)	降水pH值	年降水时数/h	太阳辐射/(MJ/m^2)	年日照时数/h	大气压力/hPa	NO_x浓度/(mg/m^3)	Cl^-沉积速率/(g/(m^2·天))	SO_2沉积速率/(g/(m^2·天))
敦煌试验站	干热沙漠大气环境	-29.5~41.8	6~99	16~64	6.7~7.9	2~120	6327~7627	2611~3317	857~958	—	0.001~0.017	0.0006~0.091
注：表中所列环境特征参数来源于2006—2011年的统计数据。												

（2）对材料腐蚀/老化的影响

干热沙漠大气环境由于降水稀少，相对湿度低，空气污染小，对金属材料的腐蚀作用不明显。需要注意的是，新疆库尔勒、甘肃敦煌等周边地区分布着不少盐渍地，其土壤中含有大量盐类化合物。这些含盐尘土一旦沾污金属表面，会大大增加金属表面的吸湿性，即使在相对湿度低于60%的条件下，也可能在金属表面形成目视不可见水膜，引起金属电化学腐蚀。调查发现，大多数结构钢、铝合金在敦煌地区仍然存在腐蚀现象。

沙漠地区的紫外线辐射强（敦煌约40.65 W/m^2），对高分子材料老化破坏较为严重。由于风沙的冲刷作用，会导致涂层表面质量受损，出现凹凸不平的刷痕，甚至产生机械损伤脱落，影响对基材的防护效果。另外，沙尘如进入、沉积于装备内部结构，会造成活动部件受阻，进而磨蚀断裂；电路短路、电子控制系统失效；过滤器堵塞，加速制动系统卡死、损坏等。干热沙漠地区典型装备环境适应性问题如图1-2-8所示。

（a）地面车辆车体涂层脱落/锈蚀

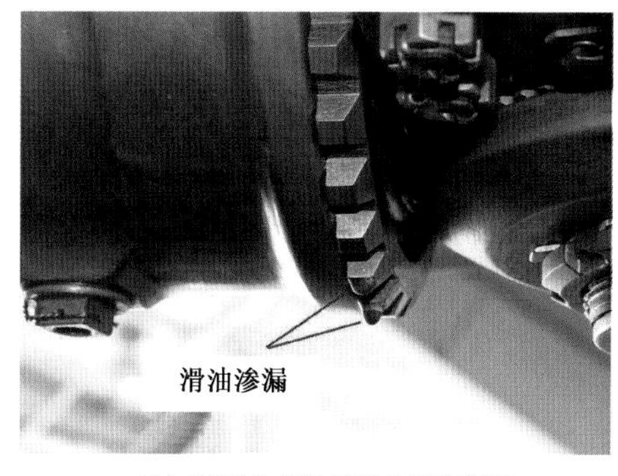

（b）旋翼关节轴承沙尘磨损漏油

图1-2-8　干热沙漠地区典型装备环境适应性问题

七、寒冷乡村环境

(1) 环境特征

我国寒冷气候类型主要分布于东北北部和新疆最北端地区，具有低温、日照时间长、降水少、无污染等气候环境特征。以黑龙江漠河试验站为例，年均温度仅-1.8℃，历年最低温度低至-52.3℃，且低温持续时间长，-30℃温度天数平均每年在2个月以上，平均年温差高达76.4℃；空气较湿润，年相对湿度66%。典型寒冷乡村大气环境参数量值见表1-2-12。

表1-2-12 典型寒冷乡村大气环境参数量值

试验站	环境类型	主要环境特征参数										
		空气温度/℃	相对湿度/%	年降水量/mm	降水pH值	年降水时数/h	太阳辐射/(MJ/m²)	年日照时数/h	大气压力/hPa	NO_x浓度/(mg/m³)	Cl^-沉积速率/(g/(m²·天))	SO_2沉积速率/(g/(m²·天))
漠河试验站	寒冷乡村大气环境	-40.0~39.1	8~99	219~495	6.8~7.3	23~843	2007~4461	1024~2244	914~968	—	0.0001~0.0007	0.0001~0.0010

注：表中所列环境特征参数来源于2006—2011年的统计数据。

(2) 对材料腐蚀/老化的影响

寒冷乡村大气环境由于温度低且持续时间长、降水量较少、日照时间长，材料表面不易形成水膜，加之基本无污染，对金属材料的电化学腐蚀作用不明显。但由于温度极低且持续时间长，钢材存在低温脆化隐患，可能在低温状态下由韧性转变为脆性而发生破坏。

另外，由于日照时间长、温度低、年温差大，且存在温度冲击作用，高分子材料会出现粉化、变色、变硬、变脆、皲裂等老化现象，但老化速度明显低于寒温高原和湿热海洋环境。例如，聚酰胺1010塑料在漠河寒冷环境中暴露1年，冲击性能即下降30%，低于万宁海洋环境和拉萨高原环境的89%和90%。工程塑料在寒冷低温大气环境中的典型老化形貌如图1-2-9所示。

图1-2-9 PS塑料寒冷乡村大气环境中暴露0.5年老化开裂

参考文献

[1] 汪学华,等. 自然环境试验技术[M]. 北京:航空工业出版社,2003.
[2] 宣卫芳,胥泽奇,肖敏,等. 装备与自然环境试验——基础篇[M]. 北京:航空工业出版社,2009.
[3] 秦晓洲,等. 自然环境试验站典型环境特征及腐蚀图谱[M]. 北京:航空工业出版社,2010.
[4] 宣卫芳,等. 装备与自然环境试验——提高篇[M]. 北京:航空工业出版社,2011.

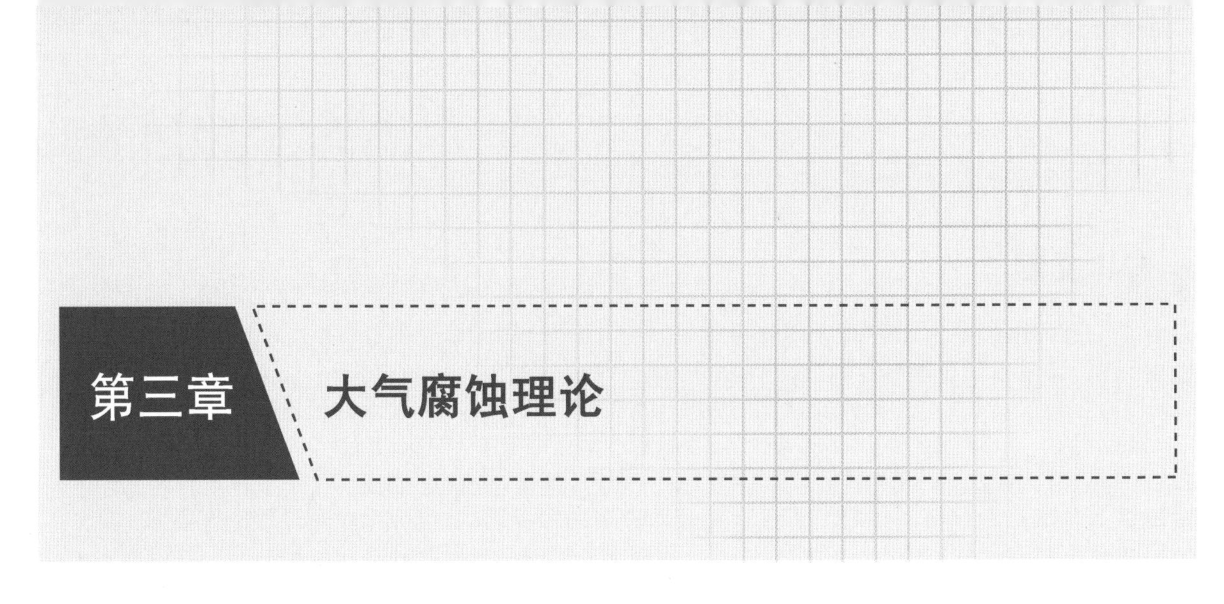

第三章 大气腐蚀理论

装备的制造、运输、贮存和使用都离不开环境,环境中的物理、化学、生物等因素及其综合作用是导致材料、结构件腐蚀损伤的根本原因。据报道,大气腐蚀引起的经济损失和故障数量均大于其他任何环境腐蚀,是总腐蚀损失的主要贡献者[1]。大气腐蚀一般定义为环境温度下以地球大气作为腐蚀环境的腐蚀[2],腐蚀机制不同于浸于溶液中的腐蚀。我国不同地域的大气环境因素千差万别,可能导致材料的腐蚀速率相差几倍至数十倍。

第一节 大气腐蚀类型

根据金属材料表面潮湿程度或大气的相对湿度,可将大气腐蚀分成以下三类[3-4]:

(1) 干大气腐蚀

干大气腐蚀是指金属表面不存在水膜的大气腐蚀。在干燥无水分的大气环境中,金属表面的腐蚀过程主要是纯化学作用,会生成一层薄氧化膜,表现为金属失泽。干大气腐蚀破坏性小,非大气腐蚀的主要类型。

(2) 潮大气腐蚀

潮大气腐蚀是指当大气相对湿度高于某一临界值而低于100%,金属表面存在一层肉眼不可见的薄水膜(约1μm以下)所发生的大气腐蚀。潮大气腐蚀的腐蚀速率较大,一般没有雨淋和冰雪覆盖的情况多属此类。

(3) 湿大气腐蚀

湿大气腐蚀是指当相对湿度接近100%或降雨降雪,水分在金属表面上凝结成液滴而形成肉眼可见的水膜(1μm~1mm)时发生的大气腐蚀。这种大气腐蚀与金属全浸于水溶液中相当。

通常所说的大气腐蚀是指潮、湿空气中的腐蚀。随着大气环境因素的变化,腐蚀可以从一种形式转换成另一种形式,因而存在腐蚀形式交替进行的可能性,这就增加了大气腐蚀机理的复杂性。

第二节 大气腐蚀机理

铝合金、钛合金等金属材料的大气腐蚀主要是薄液膜下的电化学腐蚀,它既有电化学腐蚀的一般规律,也有其本身的电极过程特征。大气腐蚀开始时受很薄、致密的氧化膜(金属暴露于干燥空气中表面形成的膜)性质的影响,一旦金属处于“湿态”,即当金属表面形成连续的电解质液膜时,就开始氧去极化为主的电化学腐蚀过程。此时“湿态”氧腐蚀的电解机理催化了金属与氧之间本来(干燥时)就缓慢进行着的反应,而薄的腐蚀产物层下氧的去极化作用是大气腐蚀的主要影响因素。这是因为薄腐蚀产物层如同一个惰性多孔表面膜,它几乎不影响阳极金属的溶解,而仅仅通过增强扩散阻滞作用影响阴极氧还原过程。

大气腐蚀经平衡阳极反应和阴极反应而得以进行。阳极反应涉及金属的溶解,而阴极反应通常是氧的还原反应,反应机制如图 1-3-1 所示。

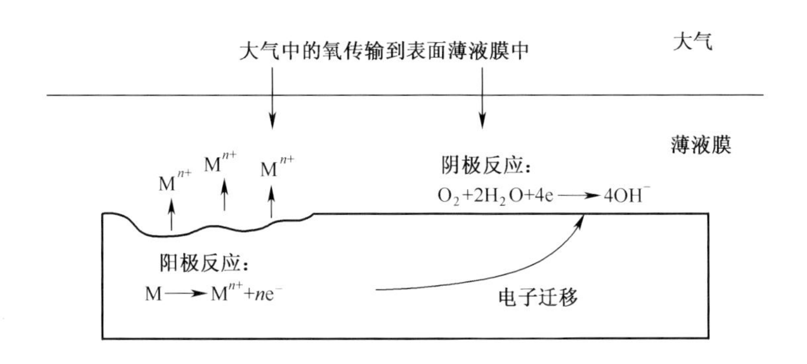

图 1-3-1　大气腐蚀机制

(1) 阴极过程

当金属发生大气腐蚀时,由于表面液膜很薄,氧气易于扩散到达金属表面,而氧的平衡电位又较氢正,所以大气腐蚀的阴极过程主要是氧的去极化。除非在工业大气环境下,由于凝结水膜严重酸化,pH 值很低,才会发生氢的去极化反应[5-6]。

在中性或碱性溶液中:

$$O_2 + 2H_2O + 4e \longrightarrow 4OH \tag{1-3-1}$$

在酸性介质(如酸雨)中:

$$O_2 + 4H^+ + 4e \longrightarrow 2H_2O \tag{1-3-2}$$

在大气腐蚀条件下,氧通过薄液膜到达金属表面的速度很快,并得到不断补充。液膜越薄,氧扩散速度越快,则阴极上氧去极化过程越有效。但当金属表面未形成连续的薄液膜时,氧的阴极去极化过程会受到阻滞。

(2) 阳极过程

大气腐蚀的阳极过程就是金属的氧化溶解过程,其简化的阳极反应方程为[7]

$$M + XH_2O \longrightarrow M^{n+} \cdot XH_2O + ne^- \tag{1-3-3}$$

式中:M 为金属;M^{n+}为 n 价金属离子;$M^{n+} \cdot XH_2O$ 为金属离子化水合物。

腐蚀产物(金属氧化物和氢氧化物)的形成、腐蚀产物在表面电解质液膜中的溶解性以及钝化膜的形成都会影响金属阳极溶解过程[8]。易钝化金属的大气腐蚀通常表现为局部腐蚀特征,如铝合金、不锈钢等。随着金属表面水膜的减薄,水膜中氧离子的水化作用发生困难,使得阳极过程受到阻滞。当相对湿度低于 100%且腐蚀产物的吸水性又很小时,水分供应不足以维持阳极过程的需要,阳极过程阻滞行为特别明显。

影响金属材料大气腐蚀的因素极其复杂,从上述腐蚀机理考虑,包括外因(环境因素)和内因(材料化学成分、微观组织因素)。材料大气腐蚀的多样性和特殊性正是材料固有的内在因素在一定外界环境条件下的综合反映。

第三节 影响大气腐蚀的环境因素

GB/T 24516.1—2009《金属和合金的腐蚀　大气腐蚀　地面气象因素观测方法》和 GJB 8894.1—2017《自然环境因素测定方法　第 1 部分:大气环境因素》规定了大气温度、相对湿度、太阳辐射、日照时数、气压、风向风速、降水、天气现象等 8 种气象因素,以及氨、二氧化氮、氯离子、氯化氢、硫化氢、二氧化硫、降水组分、降尘量等 8 种环境介质的监检测方法,其中温度、相对湿度、润湿时间、太阳辐射和氯离子、二氧化硫等环境因素对材料大气腐蚀影响显著。

一、气象因素

(1) 相对湿度

相对湿度是影响金属大气腐蚀最主要的因素之一。当空气中相对湿度达到某一临界值时,腐蚀速率会迅速上升。金属的临界相对湿度大约在 65%~70%之间,并随表面粗糙度的增大而下降,如金属表面上沾有易于吸潮的盐类或灰尘时,其临界值会降低。

(2) 润湿时间

润湿时间是指能引起大气腐蚀的电解质液膜,以吸附或凝结形式覆盖在金属表面上的时间。它决定着金属表面发生电化学腐蚀的时间长短,时间越长,腐蚀程度越大[9]。

(3) 温度

大气温度的变化会影响腐蚀反应速率和金属表面的润湿时间。一般来说,在金属临界相对湿度以下,温度对大气腐蚀的影响很小;在金属临界相对湿度以上,温度越高,腐蚀反应速率越快,按一般化学反应,温度每升高 10℃,反应速率约提高 2 倍[10]。

(4) 太阳辐射

太阳辐射能够显著影响高分子材料和有机涂层的大气腐蚀。太阳辐射中的紫外线能诱发光氧化反应,使分子链产生降解、断裂或交联。

(5) 降雨

降雨对金属大气腐蚀具有双重作用:一方面,降雨延长了金属表面的润湿时间,还会因冲刷作用破坏腐蚀产物的保护性,从而加速金属大气腐蚀过程;另一方面,降雨也会冲刷掉金属表面的污染物和灰尘,降低液膜的腐蚀性,而减缓金属腐蚀过程[11]。需要强调的是,降雨 pH 值对金属腐蚀影响较大,pH 值越小,腐蚀速度越快。

对非金属材料而言,雨水可能渗入材料内部,引起溶胀,或溶解某些水溶性物质、增塑剂和含亲水性基团(如羟基、羧基)的物质,从而改变材料组合比例,引起外观和物理机械性能的变化。

(6) 降尘

固体降尘对腐蚀的影响一般有三种情况[12]:①尘粒本身具有可溶性和腐蚀性,可溶解于液膜中形成腐蚀性介质,加速腐蚀;②尘粒本身无腐蚀性,也不溶解,但能吸附水分和大气污染物,促进腐蚀过程;③本身无腐蚀性和吸附性,但沉降于金属表面与金属之间形成缝隙,易于水分凝聚,诱发局部腐蚀。

二、大气腐蚀介质

(1) Cl^-

Cl^-被认为是一种腐蚀加速剂,对金属材料大气腐蚀有重要影响。Cl^-半径很小,只有 1.81 Å,具有很强的穿透能力,对金属表面的氧化层破坏作用强烈。同时,Cl^-含有小的水合能,容易吸附在金属表面的孔隙、裂缝、夹杂物等部位,排挤并取代氧化层中的氧,致使不溶性的氧化层变成可溶性的氯化物,钝化态的表面变为活泼的表面[13]。

(2) SO_2

工业大气中的硫污染,特别是 SO_2 污染对一些金属材料腐蚀的影响非常显著,是除 Cl^-外对金属大气腐蚀影响最大的污染物。Evans[14]关于酸的再生循环机理和 Wood 等[15]关于阴极去极化机理都认为硫化物有加速腐蚀的作用。大气中的 SO_2 可被空气中的氧进一步氧化为 SO_3,溶解在金属表面的凝结水膜中成为 H_2SO_4 或 H_2SO_3,参与阴极的去极化作用,从而加剧金属的腐蚀。

(3) NO_x

工业大气中另一种主要污染物是 NO_x。氮的污染物是以 NO 的形式被排放到大气中,在大气的传输过程中,NO 很容易被氧化为 NO_2,然后进一步被氧化为 HNO_3。一般认为单独的 NO_2 并不会促进腐蚀,但在潮湿空气中,NO_2 会与其他污染物如 Cl^-、SO_2 反应,发生协同作用从而加速金属的腐蚀[16]。

(4) CO_2

随着全球工业的发展,大气中的 CO_2 含量迅速增加,且每年仍以 0.5%的速度递增,对金属材料腐蚀的影响不容忽视。CO_2 同 SO_2 一样能够进入并溶解在金属表面形成的薄液膜中,并发生水化反应,以促进金属腐蚀:

$$CO_2(g) \longrightarrow CO_2(ads) + H_2O \rightleftharpoons HCO_{3^-}(ads) + H^+ \quad (1-3-4)$$

另外,CO_2 的存在还有利于不溶性腐蚀产物的生成[17],可在一定程度上抑制腐蚀。

第四节 大气腐蚀性分类分级

工程研制阶段,了解、掌握预期使用环境的大气腐蚀性,对于合理选择材料,确定相应的腐蚀防护措施具有十分重要的意义。由大气腐蚀机理可知,润湿时间(相对湿度大于 80%且温度高于 0℃的时间)决定了金属材料电化学腐蚀的持续时间,是表征大气腐蚀性的一个重要参数。根据我国低污染内陆地区 651 个台站的润湿时间统计数据绘制的大气腐蚀性等级分布图[18],初步反映了大气对金属材料腐蚀影响程度的宏观变化,见图 1-3-2。在不考虑 SO_2、Cl^-等腐蚀介质影响前提下,根据 ISO 9225 得到润湿时间等级与腐蚀等级的对应关系,见表 1-3-1。

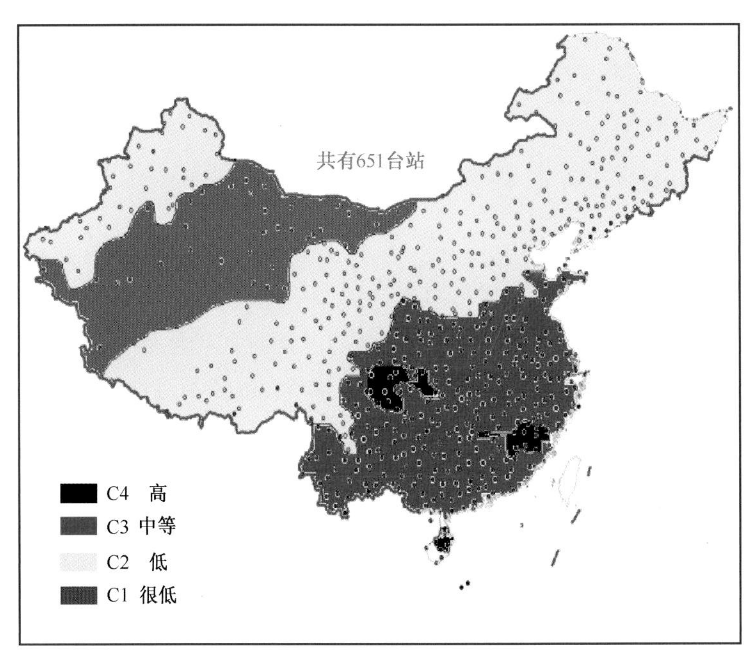

图 1-3-2 我国低污染内陆地区大气腐蚀性等级分布图

表 1-3-1 润湿时间等级

润湿时间等级	润湿时间 t/(h/年)	对应腐蚀等级(不考虑腐蚀介质影响)
τ_1	$t\leqslant10$	C1
τ_2	$10<t\leqslant250$	C1
τ_3	$250<t\leqslant2500$	C2
τ_4	$2500<t\leqslant5500$	C3
τ_5	$t>5500$	C4

ISO 9223 提供了一种基于钢、铜、锌和铝四种标准金属暴露 1 年的腐蚀失重数据进行大气腐蚀性分类的方法。Dean[19]经过 5 个地点 4 年的暴露试验研究表明,采用环境数据获得的 ISO 腐蚀等级,与直接由标准金属暴露试验得到的腐蚀等级进行比较,有 58%的情况两者基本一致,有 22%的情况前者低于后者,20%的情况则为环境数据得到的腐蚀等级较高。应当指出,基于环境数据和标准金属一年期腐蚀失重数据的大气腐蚀性分类方法各有优缺点,可以用作预估装备预期使用环境严酷性的通用指南。

一旦确定了腐蚀等级,就可应用 ISO 指南[20]或国家标准[21]大致评估不同材料的腐蚀速率。表1-3-2列出了不同腐蚀等级对应的铝的 1 年期腐蚀速率(假设为均匀腐蚀)。然而,金属材料的腐蚀速率与时间并非呈线性关系,在暴露初期腐蚀速率通常较高,随时间推移可能存在减小或增大的趋势,因此,长期稳定的腐蚀速率对于选材更为有用。

表 1-3-2 不同腐蚀等级与铝的腐蚀速率的对应关系[22]

腐蚀等级	铝的腐蚀速率 /g·m^{-2}·年$^{-1}$	腐蚀等级	铝的腐蚀速率 /g·m^{-2}·年$^{-1}$	腐蚀等级	铝的腐蚀速率 /g·m^{-2}·年$^{-1}$
C1	可忽略	C3	0.6~2	C5	5~10
C2	<0.6	C4	2~5	—	—

参考文献

[1] Shreir L L,Jarman R A,Burstein G T. Corrosion: Vol. 1 Metal/Environment Reactions[M]. Oxford: Butterworth-Heinemann,1994.

[2] 中国人民解放军总装备部. 装备环境工程术语:GJB 6117—2007[S]. 2007.

[3] 柯伟,杨武. 腐蚀科学技术的应用和失效案例[M]. 北京:化学工业出版社,2006.

[4] 王光雍,王海江,李光濂,等. 自然环境的腐蚀与防护大气、海水、土壤[M]. 北京:化学工业出版社,1997.

[5] 朱日彰. 金属腐蚀学[M]. 北京:冶金工业出版社,1985.

[6] 刘明. 大气腐蚀模拟加速试验及相关性研究[D]. 北京:北京航空材料研究院,2003.

[7] 刘道新. 材料的腐蚀与防护[M]. 西安:西北工业大学出版社,2006.

[8] Revie R W. Uhlig's Corrosion Handbook[M]. 北京:化学工业出版社,2005.

[9] 施彦彦. 典型金属材料大气腐蚀的模拟电化学研究[D]. 杭州:浙江大学,2008.

[10] 李家柱. 大气环境及腐蚀性[J]. 装备环境工程,2005,2(1):70-74.

[11] 王成章. 热带海洋大气环境中钢腐蚀异常原因研究[D]. 重庆:重庆大学,2006.

[12] 曹楚南. 中国材料的自然环境腐蚀[M]. 北京:化学工业出版社,2004.

[13] 李晓纲,姜同敏. 大气腐蚀对产品影响的研究[J]. 环境技术,1996(5):10-15.

[14] Evans U R. Mechanism of rusting[J]. Corrosion Science,1969,9: 813-821.

[15] Skerry B S,Johnson J B,Wood G C. Corrosion in smoke,hydrocarbon and SO_2 polluted atmospHeres-Ⅲ[J]. Corrosion Science,1998,28(7):697-719.

[16] Svensson J E,Johansson L G. A laboratory study of the initial stages of the atmospheric corrosion of zinc in the presence of NaCl; Influence of SO_2 and NO_2[J]. Corrosion Science,1993,34 (5):721-740.

[17] Lindstrom R,Svensson J E,Johansson L G. The atmospheric corrosion of zinc in the presence of NaCl-the influence of carbon dioxide and temperature[J]. Journal of the Electrochemical Society,2000,147(5):1751-1757.

[18] 唐其环,万军,易平. 我国大陆润湿时间的分布规律[J]. 环境技术,2004(5):1-2,6.

[19] Dean S W. Analyses of Four Years of Exposure Data from the USA Contribution to the ISO CORRAG Program[R]. PHiladelphia,1995.

[20] 国际标准化组织. 金属和合金的腐蚀　大气腐蚀性分类、测定与评估:ISO 9223:2012[S]. 2012.

[21] 国家市场监督管理总局,中国国家标准化管理委员会. 金属和合金的腐蚀　大气腐蚀性　第1部分:分类、测定和评估:GB/T 19292. 1—2018[S]. 2018.

[22] King G A,Duncan J R. Corros[J]. Mater,1998,23(1):8-24.

第四章 典型轻质金属材料环境适应性案例

不同行业装备因其结构特点、技术性能和使用环境等的差异,在用材方面有其自身的特点,为了满足不断提高的性能要求,不仅延续使用传统结构材料,也大量使用新型高性能轻质材料,不仅大量使用金属材料,也使用非金属材料和先进复合材料。随着装备的轻量化发展,轻质材料在航空、航天、兵器、船舶、电子等行业中的应用比例持续扩大,以铝合金、钛合金为代表的轻质金属材料已成为主/次承力结构的重要材料。调查发现,装备上使用的所有材料在使用环境下几乎都会发生腐蚀/老化,尤其是关重结构上使用的铝合金、钛合金等轻质金属材料腐蚀引起的装备环境适应性问题不容忽视。

第一节 典型铝合金环境适应性案例

一、铝合金 42 框剥蚀断裂

2001 年 1 架×4 型飞机在例行检修中发现 42 框下半框腹板发生腐蚀断裂而报废,如图 1-4-1 所示。42 框是该型飞机关键承力结构,如果该腐蚀故障没有被及时发现,飞机将会发生空中解体的重大事故。后续检查又发现 100 多架飞机同部位有不同程度的腐蚀问题,造成大批飞机停飞[1]。

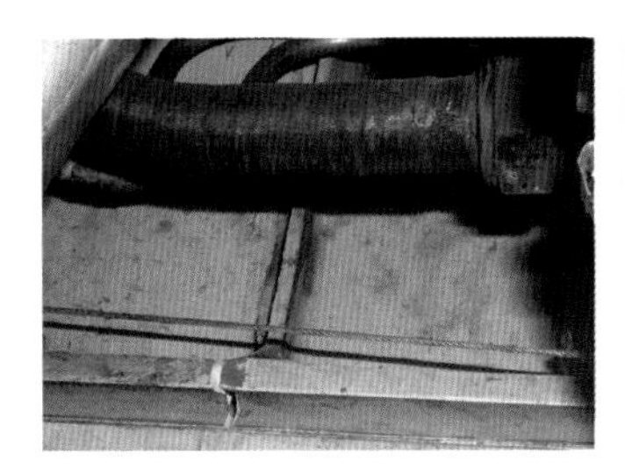
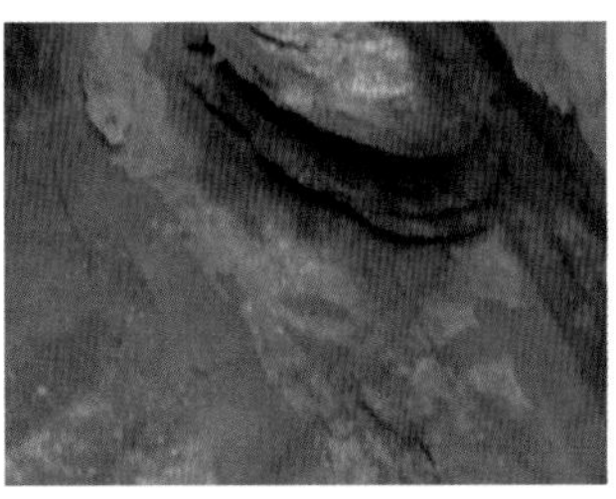

图 1-4-1　42 框下半框断裂部位腐蚀现象

42 框材料为 LC4 高强度铝合金,宏观检查发现:中部与油箱接触部位存在严重腐蚀现象,基体表面有 4 处分层鼓泡;裂纹断面呈现约 45°剪切特征,靠上横梁附近(约 50mm)处有长约 30mm 的断面呈陈旧性颜色,可见明显层状剥蚀(图 1-4-2);腹板上的其他断面呈现金属的银灰色。可以确定,层状剥蚀部位即为裂纹源区(图 1-4-3),其表面的防护涂层已局部脱落,剥蚀现象明显(图 1-4-4)。扫描电镜分析表明,断口源区微观呈现剥落表面形貌和泥纹状,未见机械开裂的韧窝和准解理等形貌。

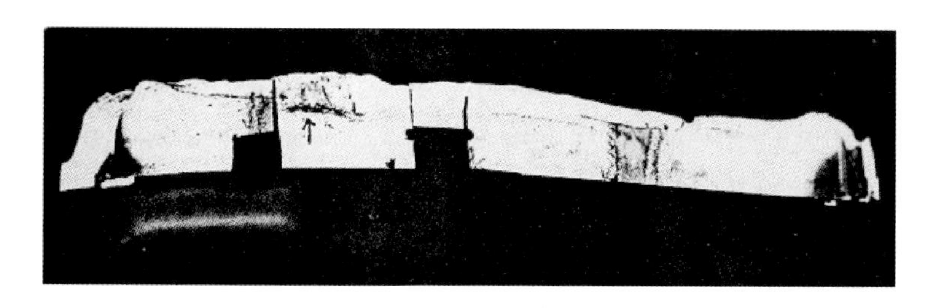

图 1-4-2　大裂纹断口宏观形貌(箭头所示为层状剥蚀区域)

图 1-4-3　裂纹断口源区

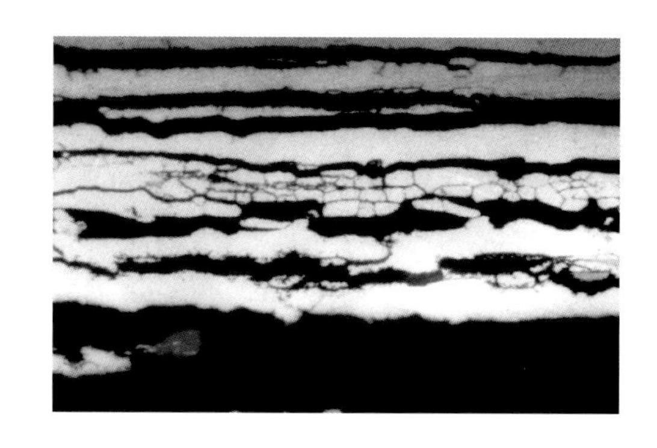

图 1-4-4　剥蚀部位典型的沿晶分离形貌

在剥蚀部位随机进行 3 点的 X 射线能谱分析,结果见表 1-4-1。在腐蚀与无明显腐蚀区域分别取拉伸试样(1#~4#),按 HB 5143—1996 进行拉伸强度测试,结果见表 1-4-2。

表 1-4-1　剥落层的能谱成分分析结果　(单位:%(质量分数))

元素	C	Mg	Al	S	Zn
第 1 点	20.09	5.73	63.91	0.62	9.32
第 2 点	49.17	0.79	47.42	0.43	1.99
第 3 点	19.38	1.18	72.67	0.73	5.98
注:表面氧含量很高;对 Cl 元素进行了分析,剥蚀部位及断面上均未发现。					

表 1-4-2　拉伸强度试验结果　(单位:MPa)

试样状态	1#,横向带局部腐蚀鼓泡	2#,纵向无腐蚀	3#,横向无明显腐蚀	4#,纵向无腐蚀
拉伸强度	497	530	578	536

利用上述宏观检查和能谱分析等试验结果,分析确定 42 框断裂原因:①腐蚀主要发生在与油箱接触部位,主要腐蚀形态为点蚀和剥蚀;②能谱成分分析表明腐蚀部位 C、S 含量较高,而橡胶油箱含较高的 C 元素和一定量的 S 元素,说明腐蚀与油箱有关;③断口扩展区的 45°剪切面和剪切韧窝表明裂纹为典型的剪切断裂;④拉伸强度测试结果表明,材料经长期使用后,产生腐蚀的 42 框腹板拉伸强度随腐蚀深度的增大会有不同程度的下降。⑤LC4 高强铝合金对晶间腐蚀敏感,尤其是在含 Cl^- 的潮湿环境中。而×4 型飞机的密封性较差,由于腐蚀介质渗入或外界温差变化易引起凝露和积水现象,42 框所在的 6 号软油箱部位通风又不好,与其他部位相比,局部环境更恶劣,导致 LC4 高强铝合金腐蚀严重。

因此可以得出结论：含 Cl^- 雨水渗入并长期积聚以及潮湿空气凝露是造成 42 框和机翼前梁腹板腐蚀的主要原因，腐蚀的发展使腹板截面的有效厚度下降，继而导致开裂。疲劳不是该断裂故障的主要原因。

二、铝合金机体结构腐蚀

×5 型飞机大修检查中发现[1]，机体结构腐蚀问题十分突出，主要集中在机翼翼梁铝合金缘条、垂尾方向舵和平尾升降舵悬挂支架等结构部位，特别是搭铁线连接部位的腐蚀更为严重，如图 1-4-5 所示。进一步检查发现，×2 型飞机的起落架舱中央翼 1 墙、外翼前墙、外翼下壁板、进气道调节板等重要承力结构亦存在较严重的腐蚀问题，如图 1-4-6 和图 1-4-7 所示。

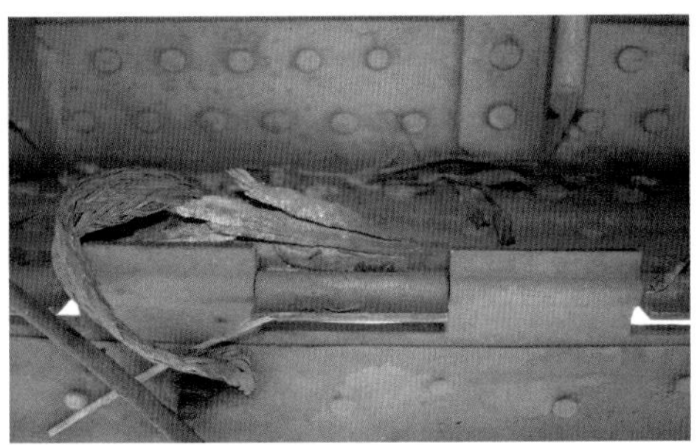

图 1-4-5　机翼下缘条腐蚀

图 1-4-6　中央翼 1 号大梁下缘、壁板和加筋框剥落腐蚀

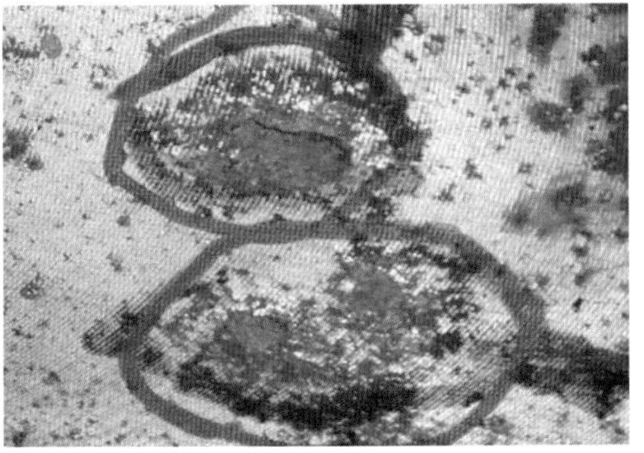

图 1-4-7　外翼前墙和下壁板腐蚀

中央翼1墙、外翼前墙、外翼下壁板、进气道调节板、机翼翼梁铝合金缘条、垂尾方向舵和平尾升降舵悬挂支架等都属于半封闭式或密封较差的结构部位，雨水容易渗漏，昼夜温度变化将会导致含氯离子和硫化物的潮湿空气形成凝露。腐蚀介质渗透到致密性较差的漆膜或阳极氧化膜下与铝合金基体接触进而引发腐蚀。漆膜下局部环境较闭塞导致腐蚀介质酸化，又进一步加速了腐蚀。由于搭铁线与铝合金之间电位差较大，电偶腐蚀易于发生，造成搭铁线连接部位的腐蚀情况更为严重。

三、铸铝合金底座应力腐蚀开裂

某光电探测组件上舰使用不到4年发生底座开裂故障。经现场检查，底座裂纹主要位于底板前部和后部的螺栓、螺钉过孔及定位销连接处，从过孔向外沿扩展，并在孔间贯通，见图1-4-8。拆卸后目视检查发现，底座底面由大量白色粉末状腐蚀产物覆盖，伴有鼓泡及腐蚀产物脱落现象，局部区域可见腐蚀凹坑。

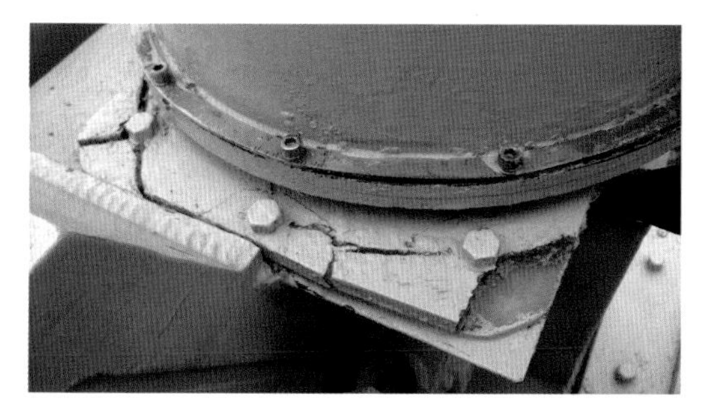
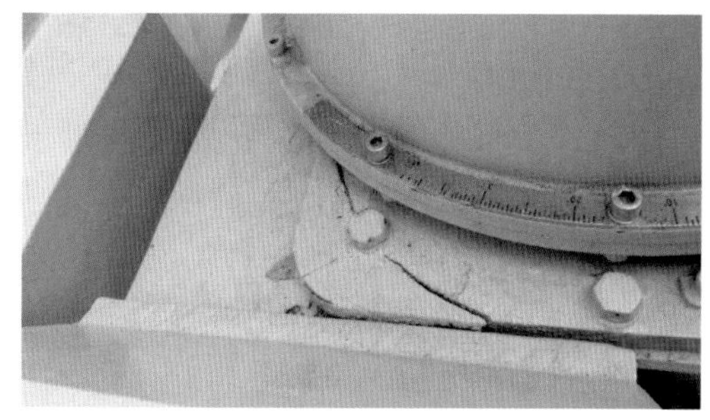

图1-4-8　底座裂纹形貌

为了探查故障原因，在故障件底座分别取样进行金相、能谱分析和拉伸性能检测。金相分析结果表明，故障件底座反面呈沿晶腐蚀开裂形貌，部分区域晶粒发生腐蚀脱落现象，见图1-4-9。采用能谱分析可知材料析出相主要为Al_2Cu相。

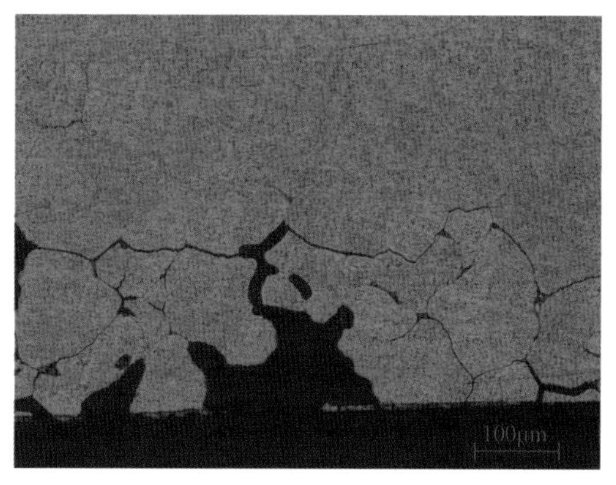

图1-4-9　故障件底座沿晶腐蚀形貌

拉伸性能检测结果见表1-4-3，可以看出，故障件抗拉强度低于标准要求，说明腐蚀损伤已造成材料力学性能下降。

表 1-4-3　拉伸性能检测结果

类别	R_m/MPa	$R_{p0.2}$/MPa	A/%
故障件	243	179	4.3
标准规定值(GB/T 1173—1995)	≥470	—	≥3

综合外观检查、材料成分分析、金相及能谱分析、力学性能检测等结果,可以确定光电探测组件底座开裂故障原因如下:

(1) 底座材料选择不当

底座材料选用的高强度铸造铝合金 ZL205A-T6,虽然具有强度高、加工性好的特点,但在海洋环境中具有高度晶间腐蚀敏感性,耐蚀性很差。一方面严重的晶间腐蚀会降低晶粒间结合力,引起材料强度下降;另一方面,在冲击振动作用下,容易产生沿晶裂纹,当达到某一临界值就会产生宏观上的应力腐蚀开裂现象,使底座瞬间断裂。

(2) 防护设计不到位

由于对预期使用环境严酷度考虑不充分,光电探测组件底座防护设计延续了以往的设计思路,底座底面仅采用导电氧化,未进行涂漆处理,底面与尼龙垫板间以及螺栓和定位销连接处等薄弱环节未采取有效防腐、密封、隔离措施,整体防护设计强度严重不足,当底座持续暴露于高湿、高盐雾、海水飞溅等恶劣环境中,防腐措施会很快失效,引起底座腐蚀,进而产生应力腐蚀开裂。

(3) 缺乏科学有效的考核评价体系

现有产品环境适应性考核验证不充分,大多按照 GJB 150A—2009《军用装备实验室环境试验方法》进行盐雾试验、湿热试验和霉菌试验等三防性能考核,对长期环境累积损伤和多因素耦合效应验证不足,不能有效暴露产品可能存在的问题缺陷,往往使产品带“病”投入使用。

四、铝合金叶片剥蚀损伤折断[2]

据外场统计,在沿海地区使用的某型涡喷发动机压气机产生剥蚀损伤的叶片约占叶片总数的1/3,叶片失效模式为剥蚀→疲劳损伤→折断,最终导致发动机喘振和功率不足。该发动机第二级至第五级转子叶片和静止叶片均采用 LY2 耐热硬铝合金制造,其正常热处理工艺为 495±5℃加热 2h,水冷,再在 170±5℃时效 12h,叶片表面涂 H04-1 环氧磁漆防护。

外观检查发现,凡出现剥蚀的叶片,表面漆层都有不同程度的鼓泡和脱落现象,脱落处金属外露并呈层片状;因剥蚀损伤导致疲劳失效的叶片,多在叶片一弯、二弯、一扭、二扭等节点部位出现折断。

断口分析发现,叶片断口附近无宏观变形,断口表面可分为平断口区和斜断口区两个断裂区。平断口区,裂纹从进气边开始,垂直于应力轴方向向排气边扩展,由于裂纹扩展较慢,断面平滑细腻。斜断口区,是疲劳裂纹扩展到临界尺寸,由平面应变状态转向平面应力状态失稳瞬断而产生的,与应力呈 45°角。

扫描电镜观察发现,断口呈现沿晶分离形貌,且剥蚀均沿拉长的晶粒边界发展;金相分析发现,不经任何侵蚀即可看出表层金属呈剥层状,且沿着被拉长的晶粒边界扩展;X 射线能谱分析发现,裂纹源区有氯元素。

综合上述试验分析结果,可以确定叶片折断是因为剥蚀损伤导致的疲劳失效。

为了提高叶片的剥蚀抗力,防止和延缓疲劳失效过程,采用过时效工艺处理叶片,即 495±5℃保温 2h,水冷+190±5℃保温 24h,空冷。采用高压透射电镜观察正常时效和过时效两种处理叶片,发现过时效处理叶片晶内和晶界上都有大量的沉淀相析出,且均匀分布,而正常处理叶片沉淀相主要在晶界析出,且呈链状分布。采用 3%NaCl 水溶液进行循环喷雾腐蚀试验,100h 试验后,发现过时效处理叶片主要为点蚀损伤,没有发生剥蚀,其剥蚀抗力远优于正常处理叶片。取在沿海地区使用了 100h 的正常时效叶片、过时效叶片,以及正常时效未经使用的新叶片,在相同交变应力 108MPa 和相同频率 561Hz 下进行振动疲劳试验,试验结果见表 1-4-4。可以看出,新叶片未受腐蚀影响,疲劳寿命最长;正常时效叶片因发生剥蚀损伤,疲劳寿命最短;过时效叶片提高了剥蚀抗力,疲劳寿命约为正常时效叶片的 8 倍。

表 1-4-4　叶片振动疲劳试验结果

叶片状态	至断裂的循环周次 N_f	叶片状态	至断裂的循环周次 N_f
使用 100h 的正常时效叶片	0.7×10^6	未经使用的正常时效叶片	8.0×10^6
使用 100h 的过时效叶片	5.6×10^6		

结论:硬铝合金叶片断裂原因是剥蚀损伤导致的疲劳失效。由于叶片振型和剥蚀损伤部位的不同,叶片断裂部位也不同。因为叶片进气边首先遭受腐蚀气流的冲刷,剥蚀最严重,所以裂纹都起始于进气边,然后向排气边扩展直至断裂。过时效处理可提高铝合金叶片的剥蚀抗力,起到延迟和预防叶片出现早期疲劳失效的作用。

五、铝合金机匣变色

某型枪是我国自行设计研制的新一代小口径枪械,为了提高便携性、勤务处理方便性与使用效能,采用了我国枪械史上尚未使用过的新型非金属材料与新型防护工艺。在使用过程中,出现了铝合金机匣表面防护层变色、塑料零部件贮存长霉和钢铁件锈蚀问题,见图 1-4-10 和图 1-4-11。

图 1-4-10　铝合金机匣变色

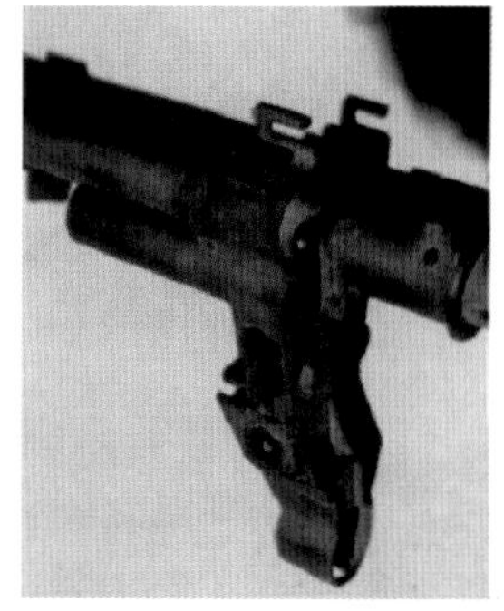

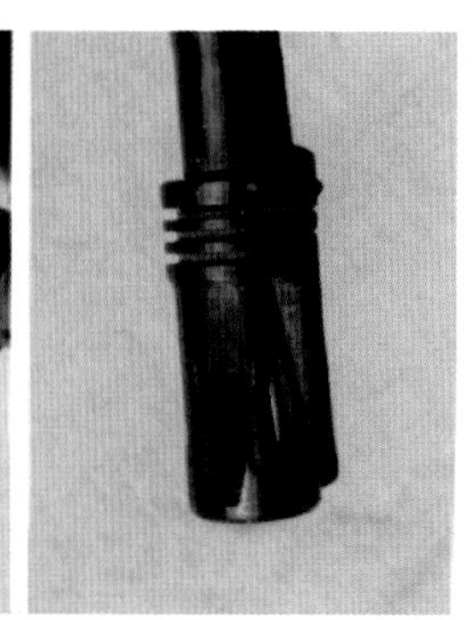

图 1-4-11　磷化件生锈

该型枪在使用中出现上述问题后,通过专业环境试验研究机构和型号研制单位的联合研究,先后开展了 2000 多件枪械材料工艺和部件的自然环境试验及模拟环境试验,分析确定了腐蚀故障原因,提出了一系列改进措施,使外观质量和抗腐蚀等性能得到大幅提升。

(1) 铝合金机匣表面防护层变色

铝合金机匣采用了当前比较先进的阳极氧化有机着色工艺,但该工艺形成的氧化膜在实际服役环境中易出现变色问题。据此对原工艺进行了改进,改进后的金属盐染料着色阳极氧化工艺有效解决了铝合金机匣变色问题。

(2) 塑料零部件霉变

该型枪现行封存包装体系采用气相缓蚀技术,其长期贮存相容性良好,可有效确保枪械在贮存过程中不发生锈蚀,但其抗潮能力差,从而导致霉菌生长发生,难以满足枪械在高温高湿地区的长贮防霉要求。为此重新设计了防潮、防霉包装工艺,改进后的铝塑复合薄膜干燥包装及铝塑复合薄膜综合包装有效杜绝了长霉现象。

(3) 钢铁件锈蚀

枪管钢铁件采用了磷化处理工艺,但该工艺形成的磷化膜在潮湿等腐蚀环境中会产生严重腐蚀。针对这一问题,通过加强定期涂油保养,有效防止了锈蚀发生。

第二节 典型钛合金环境适应性案例

下面以钛合金支臂梁腐蚀疲劳断裂为例进行介绍。

在对某型老龄飞机进行例行检查时发现,一架飞机左后减速板连接部位有异常晃动,进一步拆卸分解检查时发现,两根 TC4 钛合金支臂梁中的一根完全断裂,减速板支臂梁有 3 个连接孔,断口穿过 3 个销钉,断裂故障情况如图 1-4-12 所示。

图 1-4-12 左后减速板 TC4 钛合金支臂梁完全断裂

该型飞机主要服役环境为高温、高湿、高盐雾、强太阳辐射的严酷海洋环境,环境腐蚀作用强。后减速板为双曲面壳体结构,主要由内外蒙皮、不锈钢连接螺栓、不锈钢铆钉和钛合金支臂梁等组成。钛合金支臂梁的 3/4 封闭在内外蒙皮之间,属于内部封闭结构。实际使用过程中,由于壳体变形和边缘蒙皮破损,降雨、潮湿空气或气温的交替变化会引起凝露、积水,导致腐蚀介质容易渗入减速板内部而难以排出,从而使钛合金支臂梁长期处于比外界环境更为恶劣的腐蚀环境中。对该结构进行分解检查发现,减速板内部有潮湿的腐蚀介质滞留。

断口宏观分析发现,断裂发生在三个螺栓连接孔 A、B 和 C 所在平面,见图 1-4-13。3 个螺栓孔基本位于支臂梁的同一个横断面上,应力集中严重,在疲劳载荷作用下会引起结构应力水平明显增加,导致疲劳寿命大幅度降低。可见,结构细节设计严重不合理是导致破坏的重要原因之一。断裂部位防护涂层完全失效,已起不到防腐作用,断口表面大量的腐蚀产物表明该结构破坏与腐蚀有关。断口呈多源疲劳断裂特征,每个裂纹源均起始于螺栓孔周围的点蚀坑。根据断口宏观形貌和腐蚀情况判断,该结构破坏与点蚀坑、应力集中有直接关系。

采用扫描电镜能谱仪对失效结构未腐蚀部位的材料成分进行半定量分析,结果见表 1-4-5。可以确定该结构所用材料为 TC4 钛合金,符合结构设计图纸技术要求。

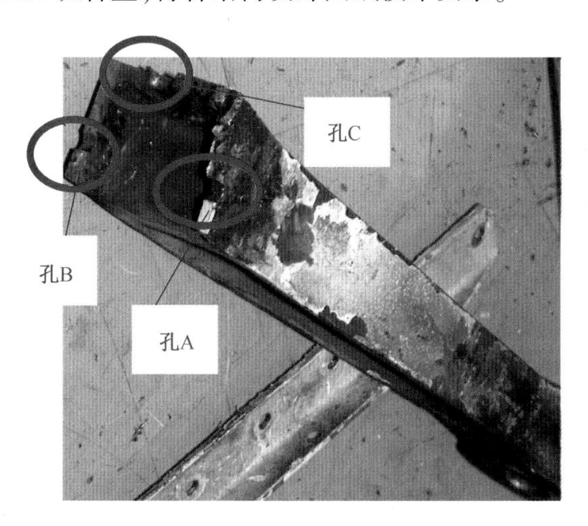

图 1-4-13　钛合金支臂梁断口宏观形貌

表 1-4-5　TC4 钛合金支臂梁材料成分能谱分析结果

成分	Al	Ti	V
质量分数/%	5.33	90.35	4.32
原子分数/%	9.11	86.98	3.91

图 1-4-14 和图 1-4-15 列出了裂纹源区腐蚀产物清洗前后形貌及成分能谱分析结果,可以看出,断口表面腐蚀产物中含有较高的 Na^+ 和 Cl^-,清洗后,在疲劳裂纹源区仍然存在一定量的 Na^+ 和 Cl^-。

(a) 断口形貌

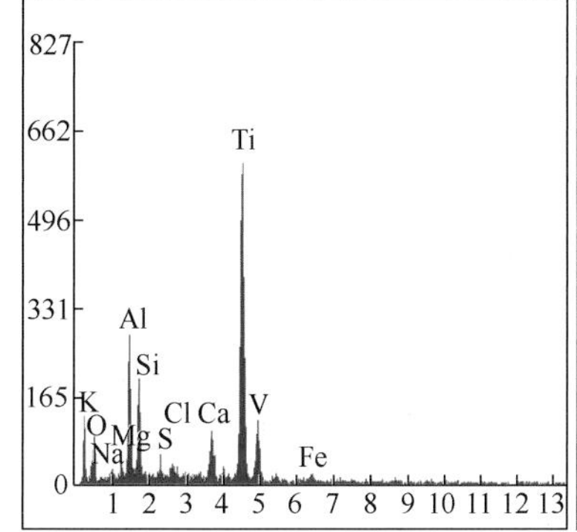

成分	质量分数/%	原子分数/%
O K	31.52	50.68
NaK	02.30	02.57
MgK	02.89	03.06
AlK	13.37	12.75
SiK	09.14	08.38
S K	00.91	00.73
ClK	01.02	00.74
CaK	03.51	02.26
TiK	32.86	17.65
V K	01.07	00.54
FeK	01.41	00.65

(b) 能谱分析结果

图 1-4-14　清洗前螺栓孔 B 断口形貌和能谱分析结果

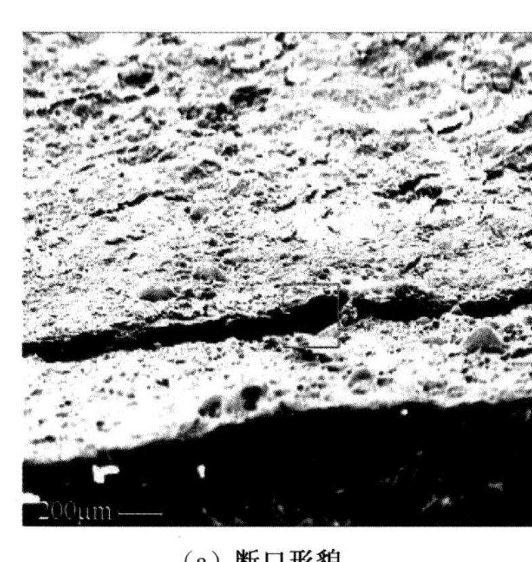

（a）断口形貌

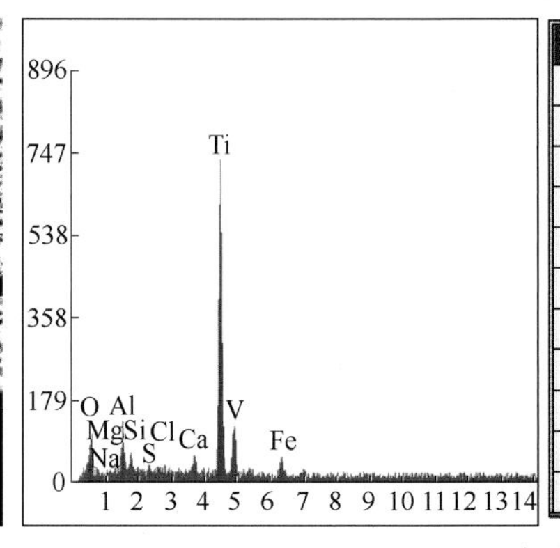

成分	质量分数/%	原子分数/%
O K	41.06	63.35
NaK	02.79	02.99
MgK	02.08	02.11
AlK	06.92	06.33
SiK	02.62	02.30
S K	00.36	00.28
ClK	00.33	00.23
CaK	01.59	00.98
TiK	36.71	18.92
V K	01.37	00.66
FeK	04.17	01.84

（b）能谱分析结果

图 1-4-15　清洗后螺栓孔 B 断口形貌和能谱分析结果

采用 XL30 场发射环境扫描电镜观察清洗后断口微观形貌，如图 1-4-16 所示。钛合金支臂梁的断口裂纹源均起始于螺栓孔壁的腐蚀坑，断口为明显的贝壳线形貌，呈现出疲劳断裂的典型特征。

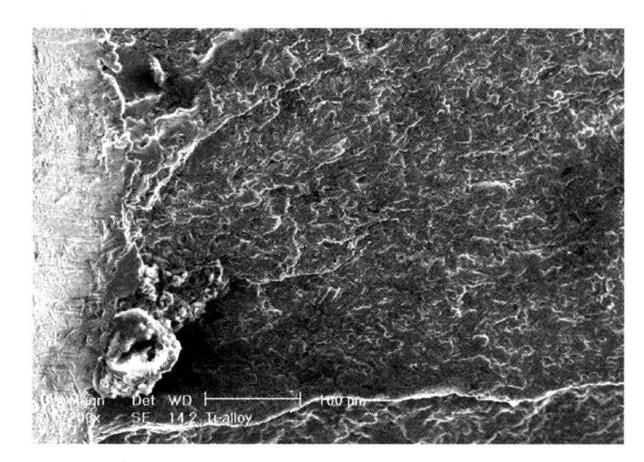

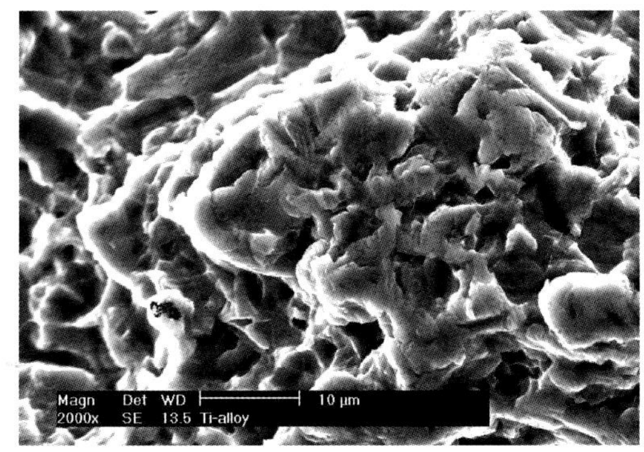

图 1-4-16　螺栓孔 B 裂纹源区断口微观形貌

综合上述试验分析结果，可以认为钛合金支臂梁的故障原因是环境与载荷作用下螺栓孔壁产生蚀坑造成的腐蚀疲劳断裂，具体如下：

（1）结构细节设计不合理，应力集中严重，会引起疲劳强度大幅下降；

（2）防护涂层破坏失效，在腐蚀环境和疲劳载荷的交互作用下，螺栓孔周围逐渐形成点蚀坑；

（3）由于点蚀坑与螺栓孔的叠加，应力集中更趋严重，极易从蚀坑处萌生疲劳裂纹，在疲劳载荷作用下裂纹不断扩展，当裂纹长度达到临界裂纹尺寸时就会发生失稳断裂。

第三节　装备环境适应性案例引发的启示

因材料腐蚀/老化导致的装备环境适应性问题比比皆是，产生的后果触目惊心，轻则造成装备性能下降、功能变化，重则引发灾难性事故，造成数千万、数亿计的经济损失。大量环境适应性案例说明，装备抗环境能力高低虽然在使用中暴露，但源于设计、制造阶段，即选材、表面防护设计、结构细节设计、工序间防腐等环节。2000年颁布的MIL-STD-810F《环境工程考虑和实验室试验》首次提出了环境适应性的概念,并明确指出,环境工程工作必须编制寿命期环境剖面、使用环境文件、环境问题/准则清单等技术文件,强调通过环境分析、环境设计、试验剪裁等基础工作,全面提升装备环境适应性水平。

分析近20年来装备典型环境适应性案例,可以得到如下启示:

(1) 装备全寿命周期必将经历自然环境、贮存环境或工况环境的单独或综合作用,环境适应性问题始终存在,因此,从型号论证之初就应系统考虑装备应达到的环境适应性水平,从环境条件、耐受时间和性能阈值三维度提出明确有效的环境适应性指标,进行全方位、全过程的环境适应性设计,为装备质量提升提供重要源头保证。

(2) 正确选材是环境适应性设计的第一步,也是最简便而行之有效的方法。在进行材料选取时应充分考虑材料的环境适应性,特别是在直接影响产品性能指标的关键元器件的选材过程中,更应充分考虑材料对环境的敏感程度和使用环境的特殊性。

(3) 充分的环境适应性数据和信息是正确选材的关键,应尽量选择通过环境适应性考核的材料,建立材料准入机制。

(4) 应结合选材优化防护工艺以提高产品的抗环境能力。考虑防护工艺时,应根据基材本身的耐蚀性、所处的部位、局部环境严酷度等进行防护工艺种类和厚度的匹配性设计,以充分发挥材料与防护工艺相互配合的性能优势。

参考文献

[1] 陈群志,房振乾. 飞机结构日历寿命及腐蚀防护研究应关注的问题[J]. 装备环境工程,2012,9(6):72-77.
[2] 李金桂. 腐蚀控制设计手册[M]. 北京:化学工业出版社,2006.

第五章 设计选材指南

第一节 设计选材原则

几乎所有的材料在使用或贮存过程中都会产生不同程度的腐蚀损伤，导致由其构成的装备结构破坏，性能下降或功能失效。在装备设计之初，合理地选择材料，并采取恰当的表面防护措施，是有效控制腐蚀，保证装备安全、可靠服役最重要也是最基本的方法。由于材料在装备上的使用部位和工况条件不同，对某一具体材料的力学性能、疲劳性能、耐腐蚀性能和工艺性能等的要求也不相同，因此，选择材料应全面考虑材料的综合性能，包括：

① 耐腐蚀性能满足预期的使用要求；

② 物理、力学和加工工艺性能等满足设计要求；

③ 经济可承受性或高的效费比。

需要指出的是，材料的耐腐蚀性能与使用环境的腐蚀严酷性密切相关，不同的环境对构成装备的材料会产生不同程度的影响。因此，选择材料应首先考虑环境因素。另外，为了满足装备强度和刚度等设计要求，工程技术人员还应结合设计因素来考虑选材。

材料的腐蚀作用复杂，加之材料品种繁多，性能千差万别，给设计阶段的选材工作带来较大的难度。本手册为选材提供了我国典型环境下常用材料或部分具有应用前景的新研材料的环境适应性数据，选材者在充分考虑各种环境因素和设计因素的基础上，结合必要的腐蚀基础知识和工程实践经验，总能从众多的材料中甄选出合适的材料，以高的效费比保证装备或结构具有合理的使用寿命和良好的环境适应性。

第二节 设计选材流程

如何从一系列候选材料中选择一种力学性能与耐腐蚀性能最为匹配的材料是一项相对困难的工作。选择材料不仅仅是基于装备某些关键性能选择所需材料的过程，还需考虑寿命周期内材料的耐腐蚀性能、腐蚀防护与控制方法、可维护性、成本等多种因素。图 1-5-1 给出了“六步法”设计选材流程，它可以帮助工程设计人员在设计阶段早期建立初始候选材料列表，并通过全面的腐蚀分析确定最佳材料体系和热处理状态，尽可能将与腐蚀有关的维护工作最小化，从而降低全寿命期总费用。下面几节主要涉及“腐蚀分析”的内容,与图 1-5-1 所示的流程基本一致。

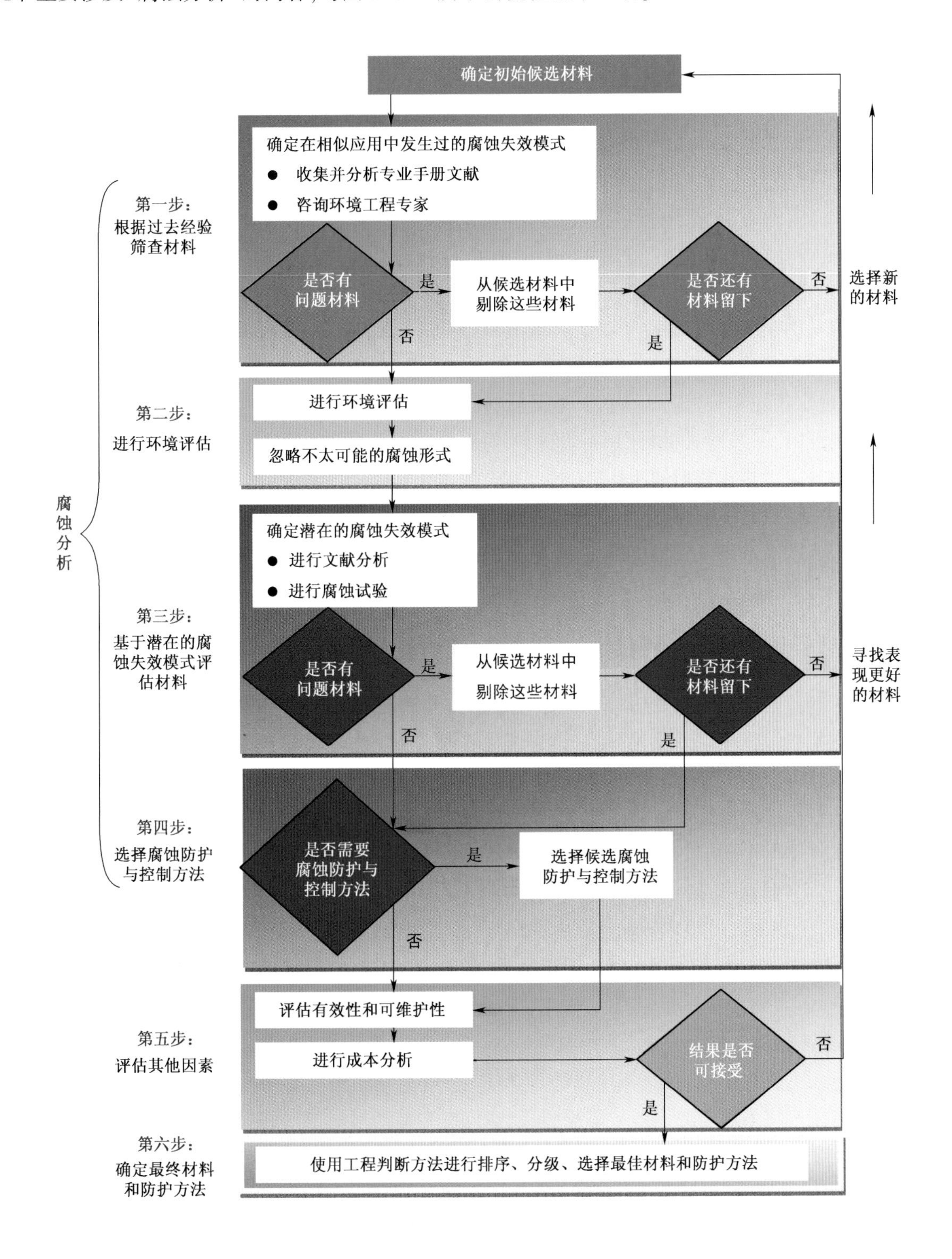

图 1-5-1　“六步法”设计选材流程[1]

一、基于经验甄选材料

选材的第一步是基于过去使用经验或教训甄选初始候选材料并淘汰那些可能存在严重腐蚀问题的材料。从全寿命期费用控制出发,应尽可能避免考虑任何在过去类似应用中具有较高腐蚀敏感性的材料,尤其是在经济可承受基础上实施表防设计和相关维护程序,腐蚀问题仍然无法有效控制的材料。工程设计人员可通过检索分析相关手册、数据库、研究报告等提供的环境适应性数据信息,或者咨询专业环境试验研究机构的专家,以充分了解、掌握和确定材料和环境的特定组合是否存在腐蚀问题。

另外,分析相似装备在选材方面的经验或教训对于腐蚀防护设计非常重要。通过搜索装备腐蚀故障案例和成功的实践经验,有助于确定类似应用中抗环境腐蚀性能表现不好的材料,也有助于确定具有良好耐腐蚀性能的材料。这些信息可作为材料选择的重要依据,用于剔除候选材料列表中的不良选择,或者确定添加到候选列表中的其他新材料。

在某些情况下,一些候选材料(如新研材料、材料数据缺失等)的腐蚀敏感性数据可能无处可查。为了摸清这些候选材料在预期使用环境中的表现,就需要安排环境适应性验证试验,结合装备研制进度测试、确定关键腐蚀性能及其影响因素。过去,设计人员要么完全忽略候选材料的腐蚀分析,要么以型号为牵引低水平重复开展环境试验,大量宝贵的存量环境适应性数据没有得到有效应用,都是一种浪费、不当的选材策略。

二、进行环境分析与评估

选材的第二步是进行环境评估。工程设计人员应开展装备寿命期环境剖面分析,全面了解候选材料可能遭遇的各种环境因素及其影响,作为选材的依据。这些环境既包括装备所处的外部环境,主要为自然环境,如高原高寒环境、湿热海洋环境、干热沙漠环境等,导弹产品主要指库房贮存环境,也包括装备不同结构部位所形成的局部环境,如飞机、舰船、车辆等舱内环境,或者产品工作时可能经受的特殊环境条件。本手册结合装备结构材料的使用特点,根据相对湿度和 Cl^-、SO_2 等腐蚀介质条件将使用环境划分为良好、一般、严酷三种类型,见表 1-5-1。“良好”是指空气干燥,基本无 Cl^-、SO_2 等腐蚀介质影响,暴露于室内或装备全封闭内部环境,环境腐蚀性温和,相当于内陆地区库房暴露/贮存条件;“一般”是指空气较干燥,Cl^-、SO_2 等腐蚀介质浓度较低,直接暴露于外界自然环境中或装备半封闭内部环境(不直接接受日照、雨雪等作用,但与外界大气相通的环境),环境腐蚀性中等,相当于内陆地区户外/棚下暴露条件;“严酷”是指空气潮湿,Cl^-、SO_2 等腐蚀介质浓度高,可能遭遇工业污染、饱和海雾或海水飞溅作用的环境,环境腐蚀性严酷,相当于工业酸雨或沿海岛礁地区户外/棚下暴露条件。对于使用环境不确定或多地域服役装备,建议按寿命期可能遭遇的最严酷环境进行选材。

表 1-5-1 装备用材料使用环境分类

序号	环境类别	主要环境特征	装备应用举例	对应的试验环境
1	良好	平均相对湿度不大于70%,不直接暴露于外界大气环境中,基本无 Cl^-、SO_2 等腐蚀介质	充氮气包装的弹箭产品,密封仪表的内部,室内使用的设备等	干热沙漠、寒温高原、寒冷乡村等气候区的库房环境

（续）

序号	环境类别		主要环境特征	装备应用举例	对应的试验环境
2	一般	有遮蔽条件	年均相对湿度不大于70%，不直接遭受太阳辐射、雨水、冰雪等作用，但含有少量Cl^-、SO_2、燃料废气等腐蚀介质	飞机半封闭舱、导弹非密封仪器舱、装甲车辆驾驶舱内等	干热沙漠、寒温高原、寒冷乡村等气候区的棚下环境
		无遮蔽条件	年均相对湿度不大于70%，受太阳辐射、雨水、冰雪、风沙等直接作用，含有少量Cl^-、SO_2、燃料废气等腐蚀介质	直接暴露于外界自然环境中的任何装备的外表面，如飞机蒙皮、雷达天线等；或虽未直接暴露于外界环境中，但能受到自然环境因素直接作用的内表面，如飞机起落架舱等	干热沙漠、寒温高原、寒冷乡村等气候区的户外露天环境
3	严酷	工业环境	年均相对湿度70%~80%左右，空气潮湿，SO_2、NO_x等工业污染较为严重	内陆亚湿热工业污染地区使用的装备产品	工业酸雨气候的户外/棚下暴露环境
		海洋环境	年均相对湿度大于70%，会遭受太阳辐射、工业气氛、盐雾或饱合海雾等环境因素的直接/间接作用，亦可能受海水直接或飞溅作用	直接在工业污染、沿海、岛礁或舰载环境使用的装备，如舰船上层建筑及甲板、水上飞机外部等	近海岸、濒海或海面平台户外/棚下暴露环境

武器装备寿命期(运输、贮存/后勤供应、执行任务/作战使用等)可能遇到的环境因素非常复杂，所有可能经历的环境条件都不应忽视。例如，通过海上运输的地面车辆需考虑盐雾的侵蚀作用，多地域作战装备应考虑环境叠加效应。接头、垫圈、紧固孔等结构细节容易产生缝隙，滞留水分或电解液，可形成引起特殊腐蚀形式的微环境，如电偶腐蚀、缝隙腐蚀等，选材时也应予以考虑。一旦对预期使用环境有了较为清晰的了解和认识，可通过回答表1-5-2所列的环境问题来剔除不相干的腐蚀形式。

表1-5-2 排除无关腐蚀失效模式[1]

腐蚀形式	环境问题 (如果回答：①否，这种腐蚀形式不太可能发生；②是，应作为可能的腐蚀形式进行调查。)
冲刷腐蚀	系统、零部件或材料是否暴露于流动的腐蚀性流体中？
高温腐蚀	系统、零部件或材料是否遭遇高温气体环境？
熔盐腐蚀	系统、零部件或材料是否遭遇熔化或熔融的盐？
液体/固体金属脆变	系统、零部件或材料是否遭遇某种液态金属(如水银)？
应力腐蚀开裂	系统、零部件或材料是否遭受恒定应力？
腐蚀疲劳	系统、零部件或材料是否遭受循环应力？

本手册主要收录了我国典型或极端自然环境条件下的材料环境适应性数据，覆盖GB/T 4797.1—2018[2]规定的寒冷、寒温Ⅰ、寒温Ⅱ、暖温、干热、亚湿热、湿热七大气候类型，具有广泛的代表性。当选材的特定环境与手册所载有所差别时，原则上可参考环境腐蚀性相近的试验数据。

三、基于潜在腐蚀模式评估材料

选材的第三步是基于可能存在的腐蚀失效模式评估候选材料的耐腐蚀性。由于设计人员对材料可能出现的各种腐蚀形式缺乏直观明确的认识和理解，如何确定设计选材需考虑的腐蚀形式并不是件容易的事情。推荐优先采用经环境试验验证或经多年工程应用证明可靠的材料，但应考虑材料热处理或使用环境的改变可能导致其他形式的腐蚀。

大多数材料应用会受到一种或多种主要或次要腐蚀形式的影响,如表1-5-3所列。原则上,应首先评估可能引发灾难性故障的腐蚀形式,以便在早期剔除某些候选材料。这些腐蚀形式主要包括与开裂有关的腐蚀,如应力腐蚀开裂、腐蚀疲劳和氢致开裂等。其次,评估剩余候选材料对预计可能发生的腐蚀形式的敏感性。对预期的使用环境来说,任何一个对于已知腐蚀形式具有高度敏感性的材料都应排除在候选材料外。

表1-5-3 腐蚀形式[1]

腐蚀类型		定 义	考虑因素
主要形式	均匀(全面腐蚀)	一种均匀发生在整个金属暴露表面的腐蚀形式	敏感合金
	点蚀	腐蚀介质侵蚀金属表面上特定的点或区域从而导致金属出现深孔状蚀坑的一种局部腐蚀形式	敏感合金
	缝隙腐蚀	当电解质在诸如接头间隙、转角处、碎片下等特定位置滞留、闭塞所产生的一种腐蚀形式	接头、转角处以及碎片可能聚集的地方
	电偶腐蚀	暴露在电解液中的不同金属(具有不同电位)电偶对形成原电池所产生的一种腐蚀形式	两种异种金属直接接触或者电连接
	冲刷腐蚀	由于腐蚀和周围环境反复移动的共同作用,导致材料损失和性能退化的一种腐蚀形式	流动的腐蚀性或侵蚀性流体
	晶间腐蚀	沿着材料晶界侵蚀的一种腐蚀形式。这可能是由于材料内部不同相之间的电化学性质差异产生的	敏感合金/热处理状态
	选择性/脱成分腐蚀	材料内某种元素优化腐蚀而从材料中脱出的一种局部腐蚀形式	敏感合金/热处理状态
	应力腐蚀开裂	材料在腐蚀环境和持续拉应力的共同作用下产生断裂的一种腐蚀形式	静态应力
次要形式	磨蚀	暴露于腐蚀环境中的两个相对滑动表面之间反复摩擦产生的一种腐蚀形式	存在由振动或反复的热胀冷缩循环引起的两种金属间小的相对运动
	腐蚀疲劳	由于腐蚀和疲劳(循环应力)的共同作用产生的材料失效模式	循环应力
	氢损伤	无论是在周围环境还是材料内部存在的氢导致的材料损伤	在加工或服役过程中可能直接或间接产生氢
	高温腐蚀	一种发生于气体而非液体电解质中的腐蚀形式	高温环境
	剥蚀	沿着金属内部平行于表面的晶界发展的一种腐蚀形式,生成的腐蚀产物会使金属呈层状剥落。通常认为剥蚀是晶间腐蚀的一种特殊形式,易发生于沿机械加工方向形成拉长晶粒结构的金属	具有晶间腐蚀敏感性的轧制或挤压成形的合金
	微生物腐蚀	由于存在于金属表面的微生物代谢活动而产生的一种腐蚀形式	特殊的金属/环境/应用
	液体金属脆变	材料与液态金属接触,并承受拉应力时产生的脆化失效现象	极端高温(熔点)
	固体金属脆变	一种金属与另一种熔点略低的金属接触时产生的脆化现象	极端高温(接近熔点)

（续）

腐蚀类型		定　义	考虑因素
次要形式	熔盐腐蚀	由于存在熔化或溶融的盐而发生的一种腐蚀形式	高温/含盐化合物
	丝状腐蚀	发生在金属表面的有机和金属涂层下的一种腐蚀形式，使涂层鼓泡，具有类似于细丝线状的特征	金属表面可渗透薄有机涂层
	杂散电流腐蚀	由非预期的产生于外部环境的电流流过金属引起的一种腐蚀	导电结构附近的环境
	沟槽腐蚀	暴露于腐蚀环境中的焊接碳钢管道发生的一种特殊腐蚀形式。焊接过程导致沿焊缝处的硫化物重新分布，使焊接区优先腐蚀，产生凹槽	含水环境中的焊接碳钢管道

通过上述腐蚀分析淘汰存在严重腐蚀问题的候选材料后，还应平衡材料的耐腐蚀性能与其他性能的关系。一般来说，金属材料的耐腐蚀性能可用平均腐蚀速率（失重法）、腐蚀深度（金相法）、抗拉强度保持率、断后伸长率保持率、断裂韧度保持率、应力腐蚀破裂临界应力强度因子 K_{ISCC}、疲劳强度（寿命）等来表征。由于材料在装备上的使用部位和经受的工况条件不同，选材中对材料强度、刚度、腐蚀疲劳、应力腐蚀、断裂韧性等指标的要求也不同。既不能片面追求单一性能的优越，也不能不分主次所有性能一视同仁，应认识到没有面面俱到的材料，通常强度越高，材料对环境作用往往越敏感。为了使材料耐腐蚀性能满足装备使用要求，应根据具体结构功能、构型、受力特点和维修难易，对材料各种耐腐蚀性能指标进行综合考虑，灵活选材。非承力结构和次承力结构用材，建议重点考虑材料的平均腐蚀速率、腐蚀深度、静强度等指标，承力结构用材还应考虑应力腐蚀破裂、腐蚀疲劳等问题。对于腐蚀关键部位和不易维修的部位，原则上应选择高耐蚀的材料以及腐蚀倾向小的热处理状态。

本手册在统计分析基础上，总结提炼出铝合金优选原则，供工程设计人员选择材料时参考。铝合金等结构材料的特征要素是强度，推荐选择抗拉强度保持率、断后伸长率保持率和晶间腐蚀等级作为选材指标。优选标准以一定的环境条件和暴露时间下指标应达到的合格判据表示，优选原则是三个指标须全部达到合格判据，只要有一个指标不满足则不通过。一般来说，严酷环境下使用的材料耐腐蚀性等级应高于良好、一般环境下使用的材料。铝合金的优选原则参见表 1-5-4。

表 1-5-4　铝合金优选原则

使用环境类别		选材指标		
		自然环境暴露 5 年 抗拉强度保持率	自然环境暴露 5 年 断后伸长率保持率	实验室晶间腐蚀等级 （GB/T 7998—2005）
良好		≥95%	≥90%	≤4 级
一般		≥90%	≥80%	≤4 级
严酷	工业环境	≥90%	≥60%	≤3 级
	海洋环境	≥85%	≥50%	≤2 级
注：良好、一般、严酷环境对应的试验环境见表 1-5-1。				

四、考虑结构设计因素

选材的第四步是考虑结构设计因素的影响。型号设计人员不仅要掌握候选材料的环境腐蚀特性，还应运用腐蚀观点来考虑结构设计。有时装备结构选用的材料单独来看都是满足耐蚀要求的，组合在一起却发生严重的腐蚀问题，甚至在远小于设计应力作用下发生断裂故障，究其原因就是设计因素考虑不足导致的选材不当。下面主要从电偶连接、缝隙、应力等设计因素讨论对选材的要求。

（1）电偶腐蚀因素

异种材料连接在装备结构上随处可见，一般来说当相互接触的两种材料电位差超过 250mV 就会产生明显的电偶腐蚀[3]。因此，选材时不应孤立考虑材料的耐腐蚀性，而应将与其接触的其他材料视为一体来考虑。设计人员可参考各种材料在海水中的电偶序或本手册提供的自腐蚀电位，从电位差、阴阳极面积比等方面筛选合适材料。如果无法避免两种电位相差较大的材料连接，如铝-钢、铝-钛、铝-碳纤维复合材料、钢-钛等，就应采取有效的隔绝措施。

（2）缝隙腐蚀因素

紧固件连接（如螺接、铆接、销接等）和焊接产生的缝隙在装备上极为普遍，为缝隙腐蚀提供了条件。结构设计上应尽可能避免狭缝结构，采用无缝隙连接技术，如焊接代替螺铆连接，用连续焊、胶接点焊代替点焊，尽量采用湿装配和密封剂消除缝隙，装配完成后建议喷涂面漆进一步填补缝隙。由于缝隙腐蚀对结构安全危害大，在选材时应重点考虑，优先选用钛合金、耐点蚀好的铝合金、高铬钢等。

（3）应力因素

装备结构大多会承受一定的工作应力，同时热处理、加工制造和装配过程还会产生程度不同的残余应力，在腐蚀环境中存在发生应力腐蚀破裂和腐蚀疲劳的隐患。应力腐蚀破裂只在特定的材料-环境体系中发生，潮湿工业大气和海洋大气环境是引起应力腐蚀的敏感环境。结构选材中应尽量避免所选材料与使用环境构成应力腐蚀的特定体系，如果综合权衡后仍然要选择这种材料，应根据材料的 K_{ISCC} 合理确定设计许用应力。另外，由于材料的腐蚀疲劳极限往往低于机械疲劳极限，并随使用时间的延长大大下降，因而选材时应参考腐蚀疲劳极限选择适用材料，充分考虑环境的影响。

五、选择腐蚀防护方法

选材的下一个步骤是选择恰当的腐蚀防护方法，确保材料的良好表现。特殊情况下，某些高耐蚀材料不需要专门的表面防护方法，如钛合金、不锈钢等。然而，大多数金属材料及非金属材料都需要进行表面防护以隔绝外界（使用）环境的侵蚀作用。一般严酷环境使用的材料往往需要综合多种腐蚀防护方法来提供足够的抗环境腐蚀能力，例如，铝合金通常采用阳极化+底漆+（中间漆）+面漆的多层防护体系（阳极氧化简称阳极化）。

图 1-5-2 提供了全寿命周期避免或减缓材料腐蚀的腐蚀控制策略[1]，这些策略对于有效控制腐蚀都是必要的。①在材料表面施加有效屏蔽层，以防止腐蚀环境与材料直接接触，如前面提到的铝合金涂层。涂层体系的选择取决于与基材的相容性、零部件的可达性、表面加工质量等，对于不可达区域，应该使用更耐用或更持久的涂层。②微环境抑制技术。温度、湿度是影响材料腐蚀速率的重要参数，在工程许可范围内，采取密封、降温、放置干燥剂、定期通干燥空气排除湿气等措施，可以降低内部微环境的腐蚀性。利用缓蚀剂来改善材料所处的环境也是一种通用的方法。另外，有计划的维护保养和清洗作业将延长材料的使用寿命。

六、有计划开展腐蚀验证试验

为了满足装备日趋复杂严酷的使用环境，新材料、新工艺不断涌现，工程上几乎不可能对所有的材料-环境组合进行试验获取环境适应性数据，结果导致装备研制过程中一些关键材料缺乏直接与预期使用环境相关的数据来支撑腐蚀控制策略的制定，如新材料、新结构首次应用，这就需要结合装备研制进度合理安排环境腐蚀验证试验，掌握材料在预期环境中的耐腐蚀性能。

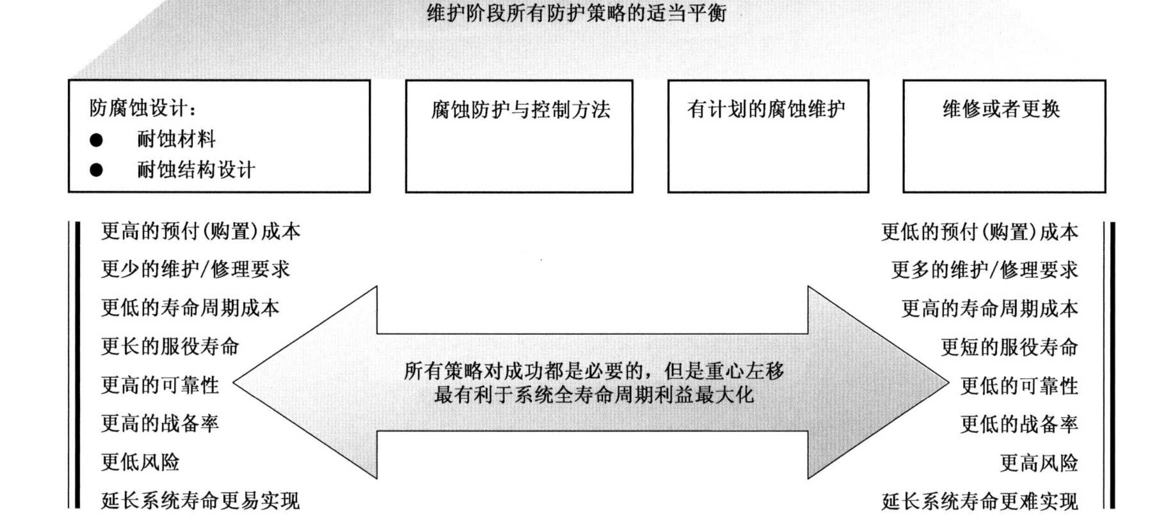

图 1-5-2　全寿命周期腐蚀控制策略

材料的腐蚀损伤是一个慢作用时间累积过程，而自然环境试验是真实可靠验证考核材料环境腐蚀行为规律最基础的试验。传统的实验室加速环境试验虽然试验周期短，但对多重环境因素的耦合效应模拟不足，对环境的长期累积作用考核不充分，试验结果的有效性需要自然环境试验数据来佐证、评估。因此，考虑装备研制进度，综合采用实验室加速环境试验和自然环境试验手段，快速准确掌握新材料、新工艺、新结构环境损伤特征及关键性能退化规律，是支撑装备全寿命环境适应性设计/改进的重要方法。下面推荐在实验室综合/组合试验的基础上，开展基于标杆样品的短期自然环境试验，外推预测长期自然环境试验结果的一种方法路径，其实施步骤如下：

(1) 至少选择两种与待试新材料具有相似组成结构的标杆样品，一种具有相对较好的环境适应性，一种具有相对较差的环境适应性。标杆样品是指能够代表某一类材料的性能特点，在给定环境条件下腐蚀特性已知，用于辅助评估新材料环境适应性的基准材料。

(2) 针对预评估环境特征，分析确定要考虑的环境因素，如温度、湿度、太阳辐射、腐蚀介质种类及干湿交替等，基于环境当量等效转化技术设计多因素综合/组合加速试验谱，尽可能体现材料主要环境影响因素的耦合作用。

(3) 将选取的标杆样品与新材料同时开展实验室多因素模拟加速试验研究，每个循环周期后取样(标杆样品和新材料)在相同的试验条件下进行性能测试，试验直至任意标杆样品或新材料失效，或达到规定的腐蚀损伤程度，或性能发生明显变化时为止。

(4) 将选取的标杆样品与新材料同时开展 1~2 年的自然环境试验，按周期取样(标杆样品和新材料)在相同的试验条件下进行性能测试，绘制性能-时间历程变化曲线，用于验证实验室加速试验结果的有效性。

(5) 对比实验室加速试验和自然环境试验下标杆样品与新材料的耐蚀性能优劣顺序是否一致、腐蚀损伤模式及变化规律是否一致或相似；利用标杆样品的标尺刻度作用，预判新材料耐蚀性能区间。

(6) 在标杆样品与新材料腐蚀损伤规律和耐蚀性能优劣顺序基本一致的前提条件下,采用适宜的概率统计分析方法对新材料耐蚀性能进行一定置信度下的容差下限(上限)估计,实现对新材料环境适应性的预测评估。否则,实验室加速试验结果不可接受,需要重新设计试验。

参考文献

[1] Craig B D,Lane R A,Rose D H,et al. Corrosion Prevention and Control:A Program Managment Guide for Selecting Materials[Z]. 2006.

[2] 国家市场监督管理总局,中国国家标准化管理委员会,环境条件分类 自然环境条件 温度和湿度:GB/T 4797.1—2018[S]. 2018.

[3] 柯伟,杨武. 腐蚀科学技术的应用和失效案例[M]. 北京:化学工业出版社,2006.

第二篇　铝合金及其防护工艺环境适应性数据

第一章　铝合金的大气腐蚀类型与规律

铝是一种化学性质很活泼的金属，在水溶液中的平衡电极电位为-1.67V。图2-1-1为25℃时Al/H_2O体系的电位-pH值图[1]，当pH值处于4~9范围内时，铝会处于钝态，在表面生成一层致密氧化膜，将标准电位提高到-0.5V。常温下，铝在水和大气中形成的保护性氧化膜只有几个纳米厚，且是非晶态的($Al_2O_3 \cdot 3H_2O$)[1]。铝及铝合金的耐腐蚀性主要取决于这层氧化膜的完好程度和破裂后的自修复能力。大气暴露试验发现，几乎所有的铝合金都会发生腐蚀，主要腐蚀类型为局部腐蚀，包括点蚀、晶间腐蚀、剥蚀、电偶腐蚀、缝隙腐蚀、应力腐蚀、腐蚀疲劳、氢脆等。与全面腐蚀相比，局部腐蚀造成的金属质量损失较小，因发生的部位、时间具有随机性而较难预测和控制，对结构的危害性往往是突发性和灾难性的。

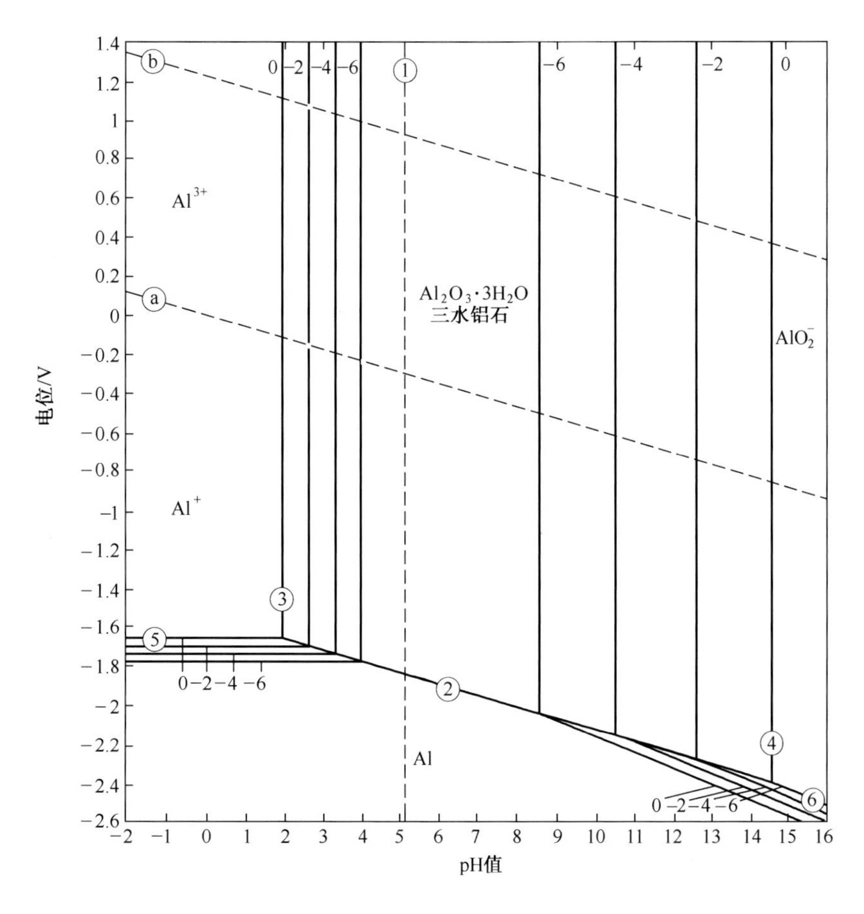

图2-1-1　25℃时Al/H_2O体系的电位-pH值图

铝及铝合金在大气中具有较高的耐腐蚀性。1×××系列纯铝具有优良的耐腐蚀性,随着纯度的提高,其耐腐蚀能力会得到明显改善。但即使是最纯的铝,表面生成的氧化膜也会存在缺陷,从而在缺陷处发生轻微腐蚀。铝中添加合金元素形成的铝合金,其耐腐蚀性与基体中析出的第二相电化学性质密切相关。第二相的电极电位、数量和分布都会对铝合金的耐腐蚀性能产生影响。以铜、锌作为主要合金元素的铝合金(2×××系列和7×××系列),具有晶间腐蚀、剥蚀倾向,通常比不含这些元素的铝合金耐腐蚀性要差。Al-Mn系、Al-Mg系铝合金(3×××系列和5×××系列)属防锈铝合金,在大气中具有较好的耐腐蚀性,与1×××系列纯铝相近,大多只会发生点蚀,极少产生沿晶界的选择性腐蚀。Al-Mg-Si系铝合金(6×××系列)具有中等强度,耐腐蚀性优于2×××系列和7×××系列铝合金,无应力腐蚀破裂倾向,在固溶人工时效状态下对晶间腐蚀有一定的敏感性[2],如6061-T6。Al-Mg-Li系铝锂合金,如5A90,由于含有较高含量的锂元素,一般耐腐蚀性低于2×××系铝合金,可能产生晶界和晶粒内部同时腐蚀的现象,在表面以下形成大的腐蚀空洞,对力学性能产生较大影响。铸造铝合金中,Al-Cu系,如ZL205,在海洋大气环境中耐腐蚀性很差,存在应力腐蚀破裂倾向;Al-Mg系具有优良的抗大气和海水腐蚀性能,多在较苛刻的环境下使用;Al-Si系由于密度小,铸造工艺性好,抗大气腐蚀性较好,在海洋环境中略差[2],如ZL101A、ZL114A,因而在武器装备上得到广泛应用。

第一节 铝合金的大气腐蚀特征与类型

一、大气腐蚀特征

由于材料成分、热处理状态和试验环境的不同,不同铝合金的腐蚀特征表现出较大的差异。长期暴露于户外大气中,铝合金外观逐渐失去金属光泽,表面布满灰白色或灰黑色腐蚀产物。在高温、高湿、高盐雾的海洋大气环境下,空气中的Cl^-对氧化膜的破坏作用强烈,短短几天就可产生点蚀或斑点状腐蚀产物,随后腐蚀深度和腐蚀面积迅速扩大。大部分铝合金在数天至1个月时间内相继出现大小不等的点蚀,并伴有灰白色腐蚀产物。如7A09-T6暴露9天,每平方厘米约有30个针尖至针头大点蚀,3A21-H24每平方厘米约1~5个针尖大点蚀;7A85、7B04等高强铝合金暴露1年后部分样品出现表面鼓泡、翘起等剥蚀特征。在含硫工业大气环境下,铝合金表面会发暗、发黑,并伴有均匀分布的黑色斑点,逐渐演变为点蚀,对于敏感材质还会诱发晶间腐蚀、剥蚀等,但腐蚀程度普遍轻于海洋大气环境。干热沙漠环境(附近有盐碱地),空气中Cl^-含量达到0.0538g/(m^2·天)(2011年),略低于离海岸385m的近海岸暴露场监测值0.0940g/(m^2·天)(2011年),对铝合金腐蚀作用较明显,尤其是高强铝合金,如7050合金、7A85合金等,暴露2~3个月外观光泽降低,出现少量灰白色腐蚀斑点或肉眼难以辨识的点蚀。干燥低温环境和高原低气压环境,平均湿度仅为55%~66%,且污染物少,对铝合金腐蚀影响很小,大多数表现为外观颜色的改变,或失去光泽,随着暴露时间延长,个别铝合金也会出现轻微腐蚀现象。图2-1-2对比了几种典型铝合金的显微组织及不同环境微观腐蚀特征。

如图2-1-3所示,暴露于大气环境中的铝合金正面腐蚀产物层致密呈龟裂状,反面较为疏松,龟裂程度更明显。通常反面(背阳的一面)比正面腐蚀严重,棚下遮蔽暴露比户外露天暴露腐蚀严重。这是因为铝合金大气腐蚀是薄液膜下的电化学腐蚀,而反面朝下,一方面会减缓雨水的冲刷作用,使腐蚀产物更好地沉积附着于试样表面，腐蚀产物的沉积加强了对空气中水分的吸附，延长了表面液膜留存时间，即增加了电化学腐蚀时间；另一方面，反面接受的太阳照射时间短，空气流动性相对较差，表面凝聚的水汽蒸发慢，导致反面比正面液膜保留时间长，这两种因素的综合作用，造成反面比正面腐蚀严重，同理也解释了棚下遮蔽腐蚀比户外无遮蔽腐蚀严重的原因。

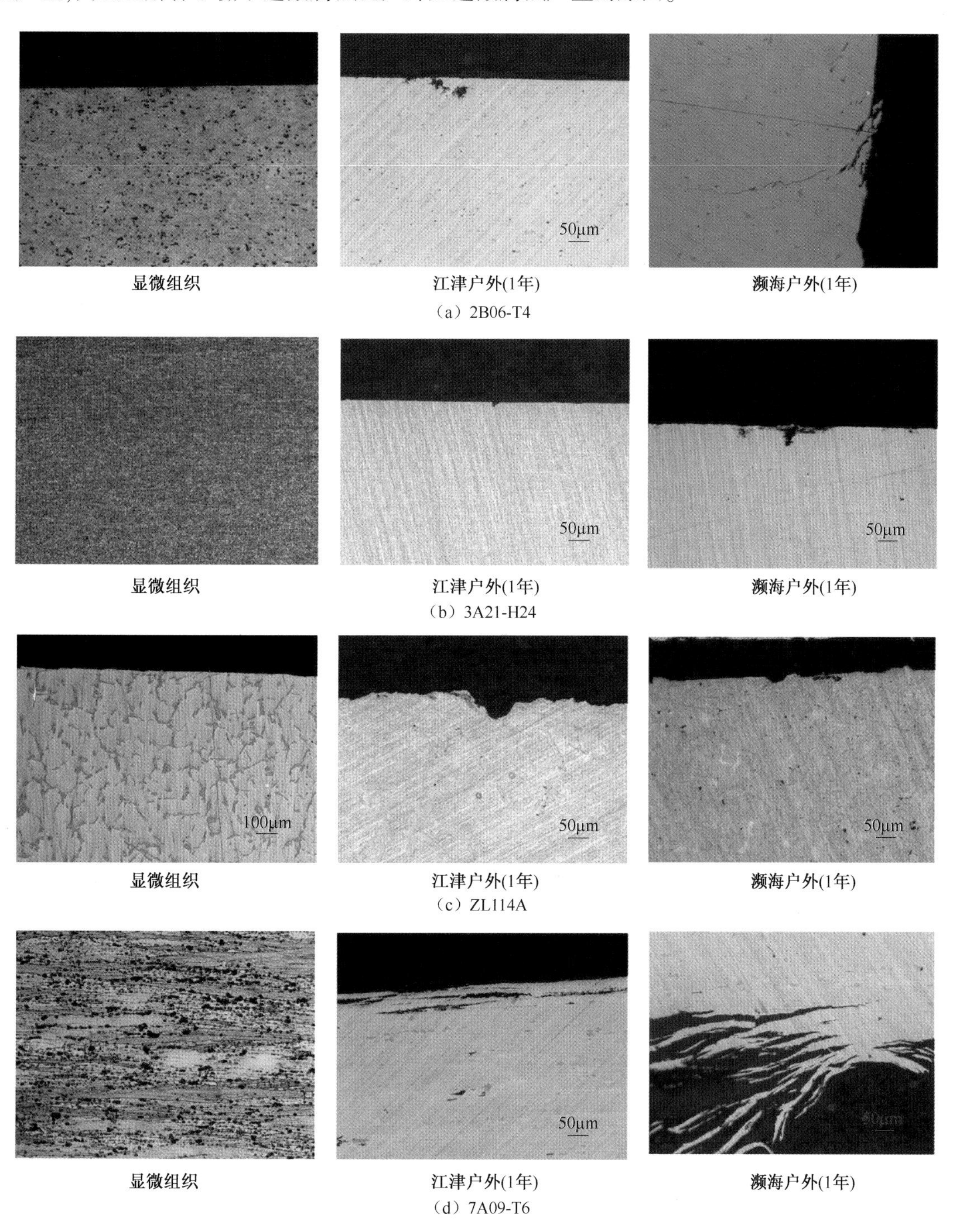

图 2-1-2 四种典型铝合金的显微组织和微观腐蚀特征

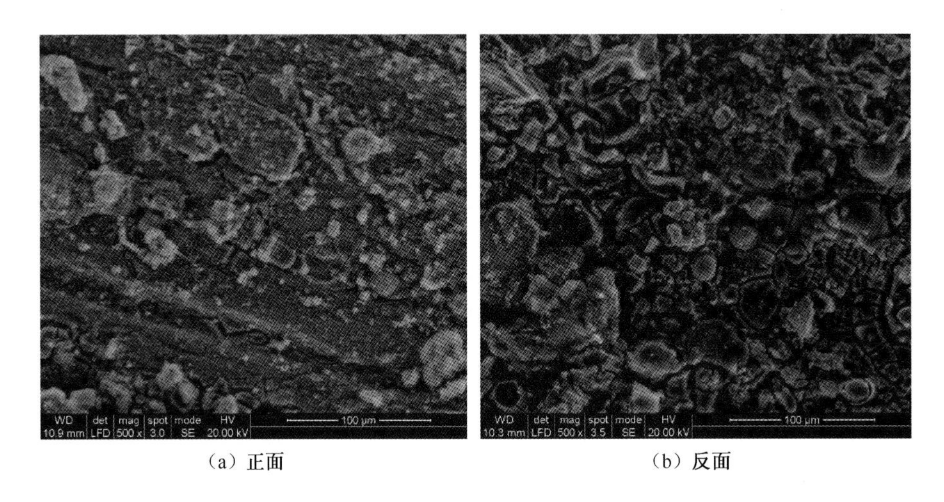

（a）正面　　（b）反面

图 2-1-3　7A09 濒海户外暴露 3 年的正反面微观形貌

铝及铝合金的大气腐蚀产物通常为 $Al_2O_3 \cdot 3H_2O$ 或 $Al(OH)_3$，如图 2-1-4 所示。在海洋大气环境中，铝合金表面凝结水膜中含有 Cl^-，Cl^- 通过竞争吸附，将逐渐取代 $Al(OH)_3$ 中的 OH^- 生成 $AlCl_3$。由于铝的氯化物具有可溶性，在户外暴露的铝合金表面腐蚀产物层中并没有大量的氯化物存在，只有少量的 Cl^- 进入到腐蚀产物层[3]。在含硫工业大气环境中，还会生成硫酸铝化合物。

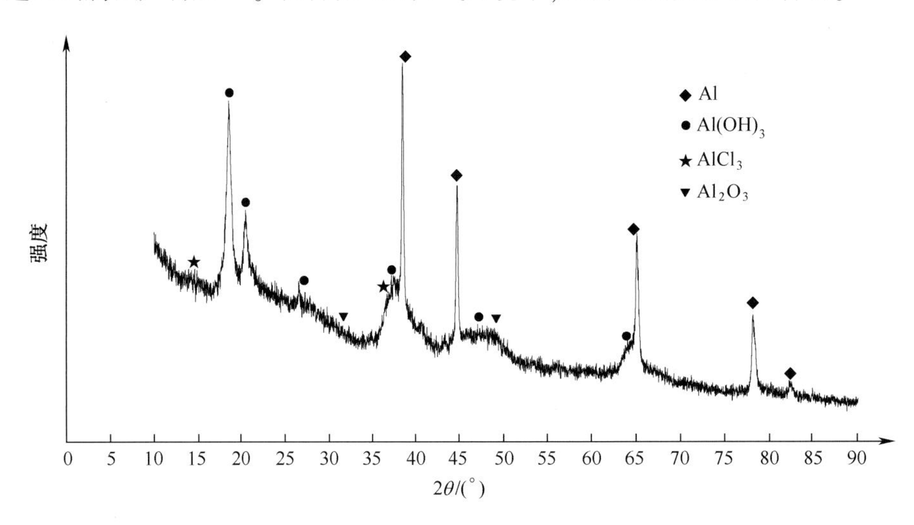

图 2-1-4　7A09 合金在海洋大气环境中的腐蚀产物 XRD 图谱

二、大气腐蚀类型

（1）点蚀

点蚀是铝及铝合金大气腐蚀的主要形式，是一种隐蔽性强、破坏性大的局部腐蚀形态。研究发现，铝合金在大多数含有 Cl^-、SO_2 等腐蚀介质的环境中都会发生点蚀，如海洋大气环境和工业酸雨环境，在干热沙漠（敦煌试验站）和寒冷乡村环境（漠河试验站）也存在程度不一的点蚀现象。由于蚀孔口常常被腐蚀产物所覆盖，目视观察很难检查出并判断点蚀造成的危害性。点蚀的剖面形状多种多样，有的表现为小而深的盲孔，甚至贯穿整个铝板；有的表现为宽而浅的碟形浅孔；有的在表面以下横向发展形成底切型蚀孔;有的相互连接呈密密麻麻的分布态势,典型的点蚀形态如图 2-1-5 所示。点蚀在很多情况下可成为应力腐蚀破裂、腐蚀疲劳的裂纹源,直接影响结构完整性,是一种危害性较大的腐蚀类型。

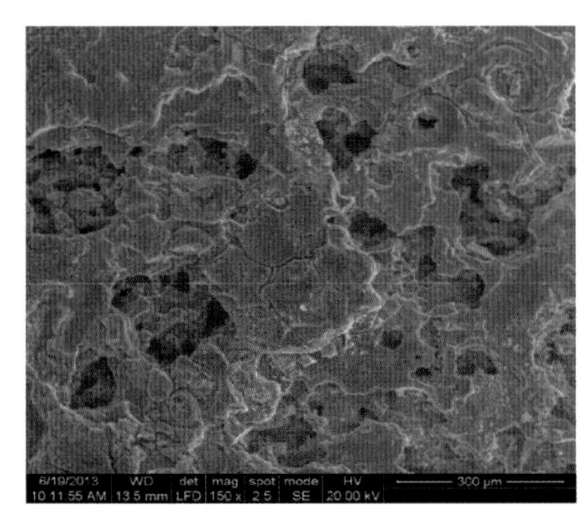

(a) 2024合金在NaCl溶液中浸泡24h

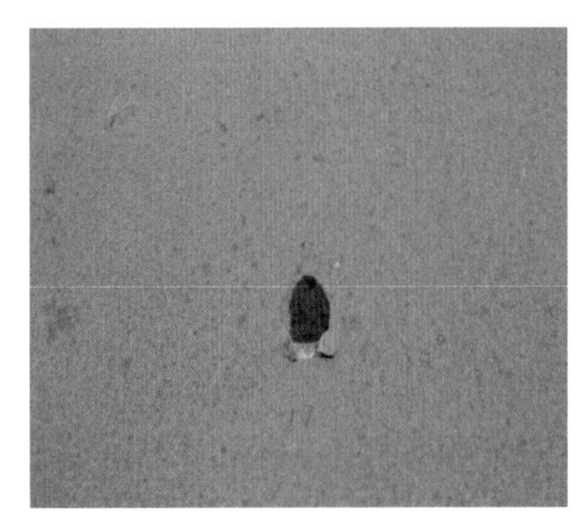

(b) 7B04-T6518 18框腐蚀穿孔

图 2-1-5　铝合金典型点蚀形貌

目前,点蚀的形成机理主要有穿透模型、吸附模型和钝化膜局部破裂模型等,但尚无普遍接受的理论。有文献报道[4],铝合金的点蚀与分布在 α 铝基体中的金属间化合物颗粒有关,通过金属间化合物颗粒之间或与 α 铝基体形成电偶对,发生阳极溶解。对于 Al-Zn-Mg-Cu 系高强铝合金,点蚀优先在 $MgZn_2$ 颗粒周围发生,而 Al-Cu-Mg 系铝合金则在 Al_2CuMg(S 相)附近。金属间化合物不仅引发点蚀,而且最终是作为阴极,加速阳极反应[4-5]。点蚀的发展遵循以下反应:

$$Al = Al^{3+} + 3e \quad (2-1-1)$$

$$Al^{3+} + 3H_2O = Al(OH)_3 + 3H^+ \quad (2-1-2)$$

而在金属间化合物上发生析氢和耗氧还原反应,如下:

$$2H^+ + 2e = H_2 \quad (2-1-3)$$

$$O_2 + 2H_2O + 4e = 4OH^- \quad (2-1-4)$$

随着点蚀的发展,蚀孔内环境逐渐酸化。反应(2-1-1)会导致蚀孔内金属离子 Al^{3+} 不断增加,而反应(2-1-2)会导致 pH 值下降。上述反应的后果使蚀孔内正电荷密度显著增加,为了保持电中性,大气中的 Cl^- 将向蚀孔内迁移,形成高浓度的金属氯化物的水解溶液,并加速点蚀的发展。另外,金属间化合物上发生的还原反应,会引起局部碱化,而铝合金的表面氧化膜在这样的环境下(pH>9)不稳定,致使金属间化合物颗粒周围的铝合金溶解,形成碱性点蚀。铝合金在海洋大气环境下的点蚀发展示意图如图 2-1-6 所示。

(2) 晶间腐蚀/剥蚀

铝合金的晶间腐蚀是发生在晶界区域的一种选择性腐蚀,而在晶粒本身或基体上腐蚀很轻微。晶间腐蚀的电化学机制是沿晶析出的第二相与邻近固溶体之间的电位差,从而形成局部腐蚀电池作用的结果。发生晶间腐蚀后,金属晶粒间结合力明显降低,严重时可使力学强度完全丧失,且铝合金的应力腐蚀破裂也涉及晶间腐蚀,因此晶间腐蚀比点蚀的危害性更大。晶间腐蚀在金相显微镜下呈现出沿晶界的网状微裂纹,如图 2-1-7 所示。

热处理状态会影响第二相金属间化合物沉淀的数量、尺寸和分布,从而影响铝合金晶间腐蚀的敏

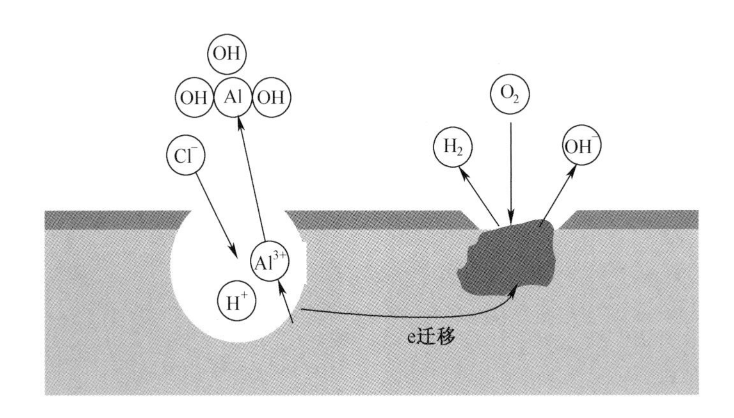

图 2-1-6 铝合金在海洋大气环境下的点蚀发展示意图

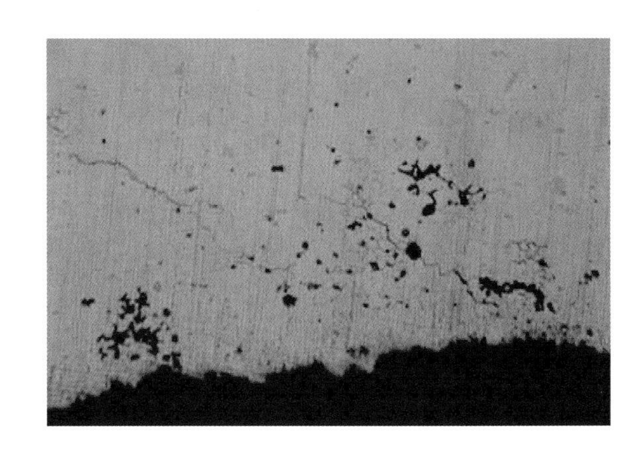

图 2-1-7 2D12 合金在海面平台暴露 1 年的典型晶间腐蚀特征

感性。那些在晶界不形成第二相的合金及析出相(如 $MnAl_6$)的腐蚀电位与基体腐蚀电位相似的合金,都不容易发生晶间腐蚀[1]。含铜量为 1.8%~7.0%的 2×××系铝合金经固溶时效处理后,θ 相(Al_2Cu)会沿晶界选择性析出,使晶界附近区域形成贫铜区,其电位较负充当阳极,从而形成沿晶界的阳极溶解通道。含镁量小于 3%的 5×××系铝-镁合金的晶间腐蚀敏感性较小,当镁含量大于 3%时,析出的 β 相(Mg_2Al_3)数量增多,会因为电位负优先溶解而发生晶间腐蚀。该系合金的晶间腐蚀敏感性随镁含量、温度和冷加工量的增大而升高。6×××系铝-镁-硅锻造合金通常具有一定的晶间腐蚀敏感性,如 6061 在海洋大气环境下微观形貌具有典型晶间腐蚀特征。7×××系铝合金的主要析出相为 η 相($MgZn_2$),其电位很负(NaCl 溶液中约为-1.05V[6-7]),若 η 相沿晶界连续析出,将导致合金严重的晶间腐蚀以及剥蚀。

剥蚀是晶间腐蚀的一种特殊形式。Kelly 和 Robinson[8-9]研究认为,产生剥蚀需要两个条件:拉长的晶粒和晶界电偶腐蚀形成的腐蚀通道。另外一个不容忽视的因素是腐蚀产物产生的外推力。外推力与晶粒形状有关,晶粒被拉长得越严重,产生的外推力越大。经轧制或锻压成形的铝合金型材和板材,在一定的腐蚀介质下,腐蚀会沿着平行轧制方向被拉长的晶粒界面延伸,由于生成的 $Al(OH)_3$ 或 $Al_2O_3 \cdot 3H_2O$ 等不溶性腐蚀产物的体积大于所消耗的金属体积,从而产生"楔入效应",撑起上面没有腐蚀的金属,引起分层剥落。对于 2×××系和 7×××系铝合金而言,剥蚀一般仅发生于经高度加工、具有伸长晶粒结构的薄板中,而不存在方向性组织的板材却不会发生剥蚀。含铜的 Al-Zn-Mg 合金,如

7A09,其抗剥蚀能力可通过时效处理得到明显改善。图 2-1-8 展示了 7B04-T6 在海面平台户外暴露 2 年的宏观和微观剥蚀特征。

（a）宏观剥蚀　　（b）微观剥蚀

图 2-1-8　7B04-T6 在海面平台户外暴露 2 年的宏观和微观剥蚀特征

（3）应力腐蚀破裂

应力腐蚀破裂（SCC）是指金属材料在拉应力和特定腐蚀介质的共同作用下产生破裂的现象。SCC 可使结构在工作应力远小于许用应力的情况下突然断裂,对武器装备安全可靠使用来说是最危险的腐蚀形态之一。含铜、镁、硅、锌等可溶性合金元素的铝合金易于发生应力腐蚀破裂,根据电化学理论,易于发生应力腐蚀破裂的前提条件是材料对晶间腐蚀很敏感。因此,选择能避免在晶界形成沉淀,或使沉淀尽可能均匀分布在晶粒内部的热处理条件,就能提高应力腐蚀抗力。大多数情况下,铝合金的 SCC 断口形貌主要表现为沿晶特征,见图 2-1-9。

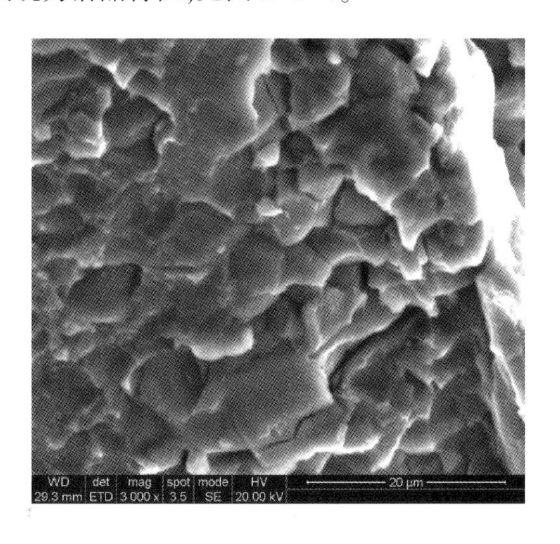

图 2-1-9　亚湿热工业酸雨环境下 7A09-T6 C 型环试样断口形貌

产生 SCC 必须同时满足三个条件:①足够大的拉应力。一般认为压引力不引起应力腐蚀破裂。拉应力的来源有工作应力,加工、焊接、热处理、装配等引入的残余应力,以及腐蚀产物体积效应引起的扩张应力。当拉应力或应力强度因子降至某一临界值（K_{ISCC}）后,理论上不发生应力腐蚀破裂。②敏感的材质。指具有特定合金成分和组织结构的金属本身对应力腐蚀破裂具有敏感性。一般来说,合金比纯金属更易发生应力腐蚀破裂,并且强度越高往往应力腐蚀敏感性越大。③特定的环境介质。应力腐蚀破裂只发生在特定的环境-材料组合中,对某一敏感材质而言,只有在特定的环境介质中才能产生 SCC。潮湿的工业大气环境和海洋大气环境是高强钢和铝合金应力腐蚀破裂的敏感环境,其中 Cl^- 的影响比 SO_3^{-2} 更为明显。

腐蚀环境下铝合金应力腐蚀裂纹的扩展过程可分为三个阶段,见图 2-1-10。第Ⅰ阶段是力学因素起主导作用的裂纹低速扩展期,此时 $K_I>K_{ISCC}$,da/dt 与 K_I 成正比关系;第Ⅱ阶段是电化学过程起控制作用的裂纹扩展速率稳定期,此时 da/dt 与 K_I 无关;第Ⅲ阶段是力学因素起主导作用的裂纹扩展接近临界尺寸期,此时 da/dt 与 K_I 成正比关系。对于特定的腐蚀环境,铝合金的 K_{ISCC} 越高,稳定扩展速率 $(da/dt)_{Ⅱ}$ 越低,说明其应力腐蚀敏感性越小。

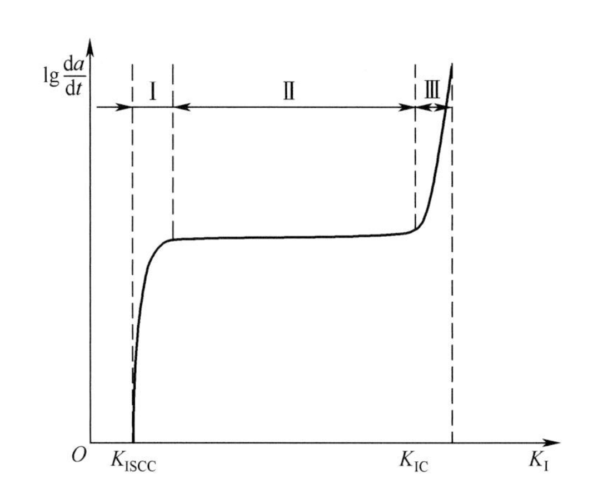

图 2-1-10 裂纹扩展速率 da/dt 与 K_I 之间的关系

(4) 电偶腐蚀

两种电位不同的金属或金属与导电非金属在腐蚀介质中电连接而引起电位较负的金属加速腐蚀的现象称为电偶腐蚀。对于常用结构材料来说,铝合金的电极电位更负,当其与异种金属连接,并暴露于户外或潮湿局部环境时,接近连接区域的铝合金就可能发生电偶腐蚀。由于铝合金在航空、航天装备上应用广泛,如大型运输机机体结构中铝合金用量高达 65%,与其他结构材料,如结构钢、钛合金和碳纤维复合材料等的偶接较为普遍,发生电偶腐蚀的隐患很大。

铝合金与电位较正的钛合金和纤维增强复合材料接触,会导致显著的电偶腐蚀效应,在海洋大气环境中往往比内陆湿热和工业酸雨地区更为明显。铝合金阳极化与结构钢接触,在干热沙漠、高原低气压环境中能有效屏蔽电偶腐蚀,但在沿海地区铝合金腐蚀会轻微加速。6061 阳极化与钛合金裸材、钛合金阳极化偶接,濒海暴露 3~9 个月,6061 铝合金连接部位边缘出现加速腐蚀现象,点蚀程度明显大于远离连接部位的区域,有较多白色腐蚀产物堆积,见图 2-1-11。在严酷腐蚀环境中使用的铝/钛结构、铝/复合材料结构推荐采用表面处理+涂层+密封的综合防护方法。

为了预防和控制电偶腐蚀,应了解产生电偶腐蚀需具备的三个基本条件[10]:

① 存在腐蚀电解质,且必须连续存在于不同的金属或非金属之间,构成腐蚀电池的离子导电支路,主要是指凝结在表面上的、含有某些腐蚀介质(如氯化物、硫酸盐等)的水膜和海水。

② 存在两种或两种以上不同金属或非金属,它们在所处腐蚀介质中的稳定电位应有一定电位差。

③ 两种金属或金属与非金属直接接触或通过其他导体连接,构成腐蚀电池的电子导电支路。

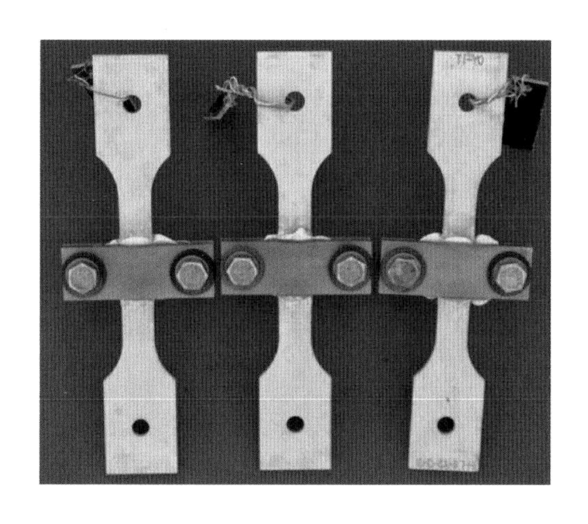

图 2-1-11　6061 阳极化-TC21 电偶连接件的腐蚀形貌
(在海洋大气环境中暴露 2 年)

工程设计中只要针对上述三个基本条件采取措施进行控制或排除,就可有效控制电偶腐蚀,例如:尽量采用电偶序中位置相近的材料连接;采用恰当的表面防护技术进行隔离;避免大阴极小阳极结构、电绝缘处理等。

(5) 缝隙腐蚀

如果在铝与铝、铝与其他金属/非金属材料接触表面形成特别小的缝隙,使缝隙内的腐蚀介质处于滞流状态,就会引起铝的缝隙腐蚀。由于武器装备广泛采用螺铆连接、搭接、对接结构,会产生大量的缝隙,同时零部件表面沉积的灰尘、砂粒、腐蚀产物等亦可形成滞留电解液的小缝隙,因此,几乎所有金属和合金都会产生缝隙腐蚀,对易钝化的铝合金而言更易遭受缝隙腐蚀。

缝隙腐蚀通常发生在宽度为 0.025~0.1mm 的缝隙内。Rosenfeld[11] 研究发现,在 0.5mol/L NaCl 溶液中,铝-镁系合金的腐蚀速率随缝隙宽度从 0.14mm 减小到 0.04mm 而呈现逐渐增加趋势。铝合金的缝隙腐蚀以点蚀和蚀斑的形式发生,导致合金表面粗糙不平。在狭小的空间内,腐蚀产物体积约为所消耗金属体积的 5 倍,产生的楔入力可能非常大,甚至能使厚截面金属发生扭曲[12]。更重要的是缝隙所处的位置大多是承载细节结构,如搭接缝、焊缝、铆钉头、紧固孔壁、法兰连接面等,一旦损伤将削弱承载结构强度,对装备影响很大。

缝隙腐蚀过程类似于点蚀的自催化闭塞电池作用过程。首先,缝隙内外同时进行着金属的阳极溶解和氧的阴极还原。随着反应不断进行,缝隙内的氧很快消耗完又得不到及时补充,在缝内外形成氧浓差电池。于是阴极耗氧反应转移到缝外,缝内只进行阳极溶解反应,导致缝内金属离子越聚越多。为了保持电中性,缝外 Cl^- 迁移到缝内,同时金属离子水解,使溶液 pH 值下降(可低至 2~3),进一步加速缝内金属腐蚀。这就是缝隙腐蚀不易发现,往往要在分解拆卸后才能检查出的原因。

根据缝隙腐蚀的原理,可采用填充密封剂、涂覆缓蚀涂料等措施来防止或减缓缝隙腐蚀。

(6) 腐蚀疲劳

铝合金在交变循环应力和腐蚀介质的联合作用下会产生腐蚀疲劳破坏。腐蚀疲劳引起的破坏比单纯由腐蚀和机械疲劳分别作用引起的破坏总和严重得多,与应力腐蚀破裂需要特定的环境-材料组合不一样,任何金属材料都可能发生腐蚀疲劳,是航天、航空、船舶、兵器、石油、化工、海洋开发等工程结构的主要安全隐患。

铝合金暴露于大气自然环境中的疲劳属于腐蚀疲劳,其腐蚀疲劳裂纹多为穿晶发展,与通常发生沿晶开裂的应力腐蚀不同。铝合金表面产生的局部腐蚀,如点蚀、晶间腐蚀,会引起应力集中从而大大缩短材料疲劳寿命。一般相同应力水平下的腐蚀疲劳 S-N 曲线总是位于实验室空气中的 S-N 曲线以下,见图 2-1-12。腐蚀疲劳不存在疲劳极限,工程上通常规定在 10^7 循环次数下不发生疲劳断裂的应力值为条件疲劳极限。

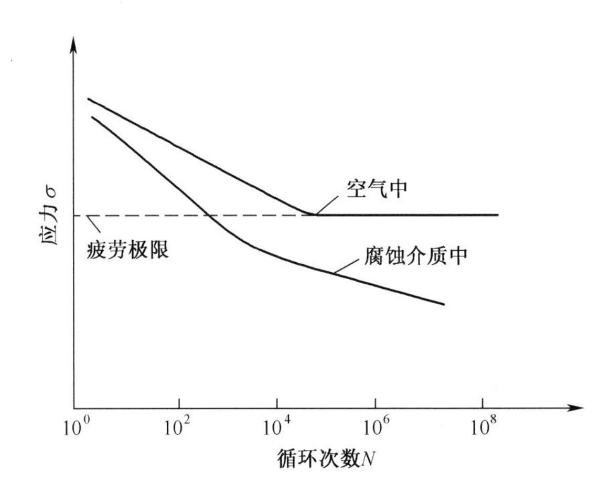

图 2-1-12 机械疲劳和腐蚀疲劳关系示意图

腐蚀疲劳裂纹多起源于表面腐蚀坑或表面缺陷,裂纹随腐蚀发展而变宽。其断口形貌具有典型的脆性断裂特征,断口上可观察到与裂纹扩展方向垂直的疲劳辉纹,裂纹源区和裂纹扩展区往往覆盖着腐蚀产物,有时也可观察到点蚀坑等腐蚀特征。研究发现[13],腐蚀环境对 5××× 和 6××× 系列高耐蚀合金疲劳强度的影响比对 2××× 和 7××× 系列低耐蚀合金的影响要小。对铝合金表面进行喷丸处理有助于延长材料的疲劳寿命。采用表面涂层防护也会延长腐蚀疲劳寿命。

(7) 微振磨损腐蚀

微振磨损是两个相接触的表面在极小幅度的周期运动下所产生的磨粒磨损。微振磨损腐蚀的危害很大,由于新鲜的磨损表面反复受到腐蚀和氧化的作用,加之表面之间磨损腐蚀产物的聚集,不仅破坏精密的金属部件,使接触面超过容许公差,产生的腐蚀产物还能锈死部件,表面蚀孔还会诱发疲劳破裂。工程结构中,诸如铝-铝、铝-钢等形成的偶合,其抗微振磨损腐蚀能力较低,而银板与铝板的偶合具有较高微振磨损抗力。

(8) 氢损伤

在特定氢环境中进行的试验表明,铝具有氢损伤敏感性。铝合金的氢损伤形式可能是沿晶破裂、穿晶破裂或气泡。气泡大多是在铝熔化或热处理时,与水蒸气反应生成氢而造成的。铝合金中形成的气泡与钢不同,钢通常会在表面附近形成大量空隙,进而聚合成气泡。而铝合金在退火处理或固溶处理过程中,氢气通常会扩散到晶格内,并在内部缺陷处聚集。干燥氢气对铝合金基本无影响,但随着湿气增加,亚稳态的裂纹扩展速率就会急剧增大。室温下在潮湿氢环境中,铝合金发生应力腐蚀破裂的临界应力强度因子就会大大降低[14]。

第二节 铝合金的大气腐蚀规律

铝合金经受长期的大气腐蚀作用后,其外观形貌、重量、厚度、组织结构和力学性能等都会发生变化,这些物理性能或力学性能的变化率可用于表征铝合金的腐蚀速率和程度。目前,一般采用年腐蚀失重、最大腐蚀深度(包括点蚀、晶间腐蚀和剥蚀的总深度)和力学性能损失(如抗拉强度、屈服强度、断后伸长率、断裂韧度、疲劳寿命等下降率)等多种方法评估铝合金的耐腐蚀性。

一、平均腐蚀速率

铝合金的大气腐蚀主要表现为局部腐蚀,腐蚀失重及其换算得到的平均腐蚀速率(单位为 g/m^2 或 μm/年)仅能反映表面腐蚀产物和点蚀造成的质量损失,不能提供表面以下的金属损失和晶间腐蚀情况。因此,腐蚀失重和平均腐蚀速率不能准确地表征腐蚀的破坏性,只宜作为铝合金耐腐蚀性评估的参考。

通过对大气暴露试验数据的回归分析发现,在相当广泛的自然环境中,铝及铝合金的腐蚀过程可以用幂函数来描述:

$$C = At^n \tag{2-1-5}$$

式中:C 为腐蚀失重(g/m^2)或腐蚀深度(μm);t 为试验时间(年);A、n 为常数。

曹楚南[15]研究得到了九种铝及铝合金在我国典型自然环境中的 A 值和 n 值,其中 n 值大多处于 0.4~1.0 之间,表明腐蚀产物对基材具有较好的保护性。表 2-1-1 列出了三种 2×××系列铝合金在海南万宁海洋大气环境试验站暴露四年的腐蚀失重数据以及回归得到的 A 值和 n 值。采用双对数坐标作图,即 $\log C=\log A+n\log t$,发现三种铝合金腐蚀失重与试验时间之间具有良好的双对数线性关系,相关系数均在 0.98 以上,见图 2-1-13。根据双对数线性规律,可以对长期腐蚀情况进行预测。应注意的是,并非所有的铝合金与环境的组合都遵循该规律。

表 2-1-1 不同铝合金海洋大气环境腐蚀失重、A 值和 n 值

牌号	腐蚀失重/(g/m^2)					A	n
	0.5 年	1 年	2 年	3 年	4 年		
2A12	—	4.899	7.327	10.864	—	4.782	0.709
2D12	3.806	5.557	9.007	9.483	14.979	5.862	0.612
2B06	2.881	5.727	6.342	9.315	15.997	2.722	1.304

由腐蚀失重换算得到的平均腐蚀速率(单位为 μm/年)通常与试验时间之间并非为线性关系。大多数情况下,铝及铝合金的平均腐蚀速率随时间延长而逐渐下降,并最终趋于稳定。一般试验 5 年(或以上),平均腐蚀速率变化就已趋于平缓,所得结果能够较为充分地反映铝及铝合金的腐蚀演变规律。研究发现,一些铝合金存在腐蚀反转现象,如 2A12 合金在亚湿热工业环境、湿热海洋环境中腐蚀速率呈现先降后升的趋势[15]。

二、力学性能损失

腐蚀的累积作用会对铝及铝合金的力学性能产生明显影响。试验初期,腐蚀多发生在较浅的表

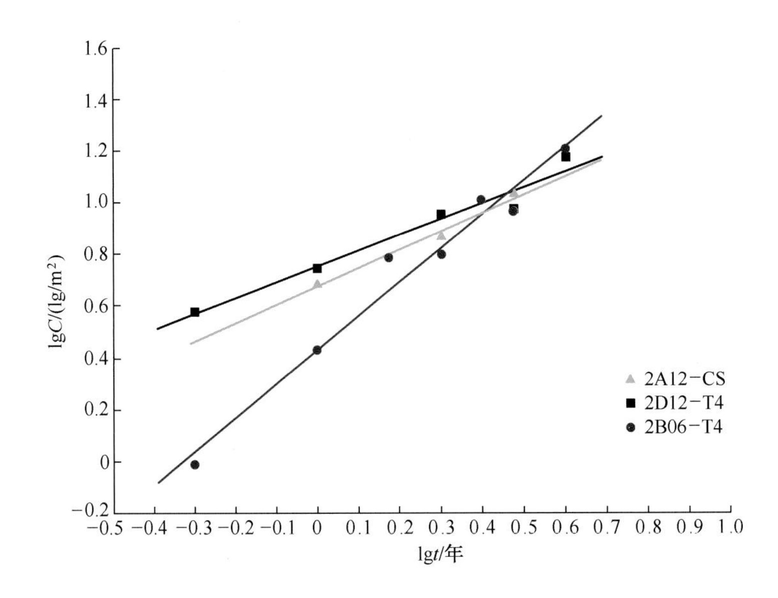

图 2-1-13　三种 2×××系列铝合金腐蚀失重与时间的双对数曲线

面，对大多数铝合金的力学性能影响较小，见表 2-1-2。根据铝合金和环境严酷度的不同，头两年合金抗拉强度的下降率一般在 10%以下。3×××系列和 5×××系列防锈铝合金抗拉强度损失率通常在 1%~3%；具有一定晶间腐蚀和剥蚀倾向性的高强铝合金对 Cl^-、SO_2 等腐蚀介质较为敏感，可能造成抗拉强度的明显损失。而包覆纯铝可有效提高高强铝合金的耐腐蚀性，使力学损失很小。另外，采用自然时效处理的铝合金，由于暴露初期时效作用相比腐蚀作用处于主导地位，部分材料抗拉强度存在小幅上升趋势。

表 2-1-2　12 种铝合金在典型自然环境下暴露 2 年的力学性能损失

牌号	ΔR_m/%								ΔA/%							
	万宁户外	万宁棚下	江津户外	江津棚下	拉萨户外	拉萨棚下	漠河户外	漠河棚下	万宁户外	万宁棚下	江津户外	江津棚下	拉萨户外	拉萨棚下	漠河户外	漠河棚下
3A12-H24	1.8	-0.6	-0.6	0.6	—	—	-1.8	-3.0	0	0	0	0	—	—	0	0
5A05-O①	3.0	2.7	2.1	4.3	—	—	1.2	1.5	0	0	0	0	—	—	0	0
2A12-T4①	—	3.5	—	—	—	-1.3	—	-1.3	—	26.2	—	—	—	0	—	0
2A12-T6①	—	1.4	—	—	—	-4.4	—	-4.4	—	0	—	—	—	0	—	0
2024-T42①	0	—	—	—	-2.3	—	-2.3	—	0	—	—	—	6.6	—	0	—
2024-T62①	0.5	—	—	—	-4.3	—	-3.4	—	35.5	—	—	—	0	—	0	—
2B06-T4	0	3.8	6.7	9.2	—	—	5.5	5.9	35.5	28.5	0	22.0	—	—	0	0
2D12-T4	8.5	9.4	4.5	8.4	—	—	3.9	3.5	28.2	26.2	0	27.5	—	—	0	0
7A09-T6	2.9	2.5	-2.1	1.9	—	—	-1.9	-0.6	65.2	56.5	26.1	39.1	—	—	4.3	17.4
7B04-T6	0.7	—	0.9	1.2	—	—	-0.2	-0.3	10.0	—	0	16.7	—	—	0	0
ZL101A	5.7	—	3.9	—	—	—	7.8	—	30.0	—	20.0	—	—	—	30.0	—
ZL114A	-3.8	—	3.1	—	—	—	4.4	—	50.0	—	50.0	—	—	—	25.0	—

①表示带包铝层。

环境腐蚀作用对大多数铝合金抗拉强度的影响明显小于断后伸长率。这是因为局部腐蚀损伤往往对材料有效截面尺寸的影响较小,除非发生严重的晶间腐蚀和剥蚀,但表面形成的大量点蚀坑却增大了应力集中的概率,造成材料在较小塑性变形的情况下就产生瞬断。例如,2D12 合金和 2B06 合金在海面大气环境暴露 4 年的抗拉强度保持率仍然高达 91%,而断后伸长率保持率却不足 50%(图 2-1-14),这在设计时应引起足够的重视。

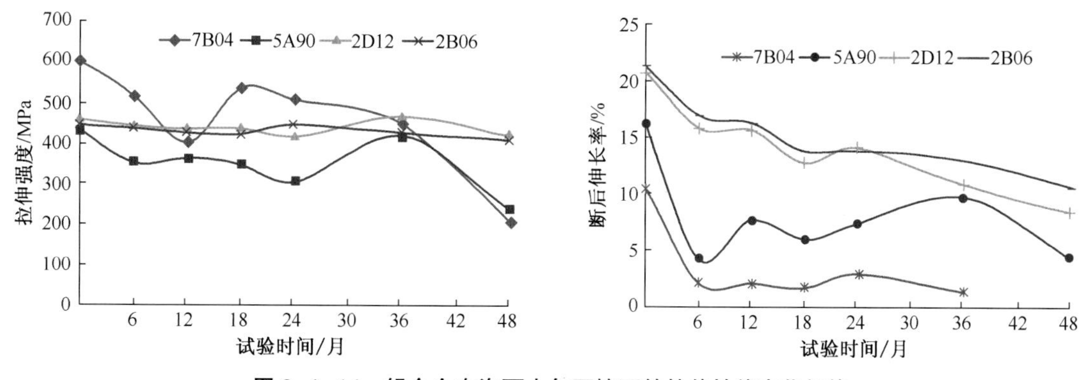

图 2-1-14　铝合金在海面大气环境下的拉伸性能变化规律

第三节　铝合金大气腐蚀的主要影响因素

铝合金腐蚀形态的多样性、复杂性和特殊性,正是其固有性质在一定外界环境条件下综合反映的结果,换言之影响铝合金腐蚀及发展过程的因素包括外在因素(外因)和内在因素(内因)两方面。外因是指铝合金可能暴露的外界环境条件,内因则主要指铝合金材料本身的化学成分和组织结构。

一、外界环境因素

与大多数金属材料一样,影响铝合金腐蚀速率的主要环境因素是空气温度、相对湿度和污染物成分。一般潮湿大气环境相比干燥大气环境更容易引起铝合金腐蚀,这是因为在潮湿大气环境中,铝合金表面更易形成连续的薄液膜且停留时间长使腐蚀加重。铝合金腐蚀行为取决于大气中存在的腐蚀介质种类和含量,如 Cl^-、SO_2 等,它们对铝合金表面氧化膜的破坏作用强烈,从而在破损处发生局部腐蚀,主要是点蚀,有时还会出现晶间腐蚀和剥蚀。因此,海洋和工业大气环境会显著提高铝合金的腐蚀速率。另一个值得重视的因素是干-湿交替(频率)。研究发现,金属表面从润湿状态向干燥状态转变过程中,腐蚀速率更高。因合金和大气腐蚀性的不同,其腐蚀速率从每年零点几微米、几微米到几百微米不等。

根据国防科技工业七大自然环境试验场站长期的环境因素监测数据和外场暴露试验结果,金属材料的环境腐蚀严酷性顺序为:海洋大气环境>亚湿热工业环境>干热沙漠环境>寒冷乡村环境、寒温高原环境。

二、材料化学成分

化学成分对铝合金的耐腐蚀性能具有明显影响。铝合金的大气腐蚀是一种电化学腐蚀,其耐腐蚀性一般取决于组成合金的一种、两种或多种相的电化学均匀性,而化学成分会影响合金固溶体和析出相的腐蚀电位。一般情况下,纯铝、单相的铝镁合金或单相的铝硅合金的耐腐蚀性相对较高;以铜和锌作为主要合金元素的铝合金,如2×××系列、7×××系列,因为析出的 $CuAl_2$ 或 $MgZn_2$ 沉淀相的电位与 α-Al 基体的电位明显不同,容易发生腐蚀,耐腐蚀性通常比不含这些元素的铝合金要差;3×××系列 Al-Mn 合金的耐腐蚀性好,这是因为分散的 $MnAl_6$ 相的电位与 α-Al 基体电位十分接近的缘故。表 2-1-3 列出了部分铝合金及其主要析出相在 NaCl 溶液中的电位。

表 2-1-3 铝合金及其主要析出相在 NaCl 溶液中的电位[2,16-17]

合金系列	主成组成相	腐蚀电位/ V
2×××铝-铜系	αAl	-0.81~-0.86
	$CuAl_2$	-0.621
	Al_2CuMg	-0.94
3×××铝-锰系	α(Al-Mn)	-0.85
	$MnAl_6$	-0.85
7×××铝-锌-镁-铜系	αAl	-0.73
	$MgZn_2$	-1.05

三、材料组织结构

组织结构是控制铝合金耐腐蚀性能的另一个重要内在因素。相同化学成分的同一种铝合金牌号,由于热处理状态的不同,其抗环境腐蚀能力可能在一个相当大的范围内发生变化。例如,2×××系列铝合金经过固溶处理后,快速淬火,可将铜保留在固溶体中,因而耐腐蚀性较高;但同种合金,如果采取的热处理能使铜以 $CuAl_2$ 的形式沉淀出来,就会增大晶间腐蚀倾向。这种性能上的差异实质上是材料组织结构不同的一种表现。有时微观组织上的一些细微差别就可能导致宏观性能上的显著变化。图 2-1-15 为 7B04-T6 和 7B04-T74 两种热处理状态透视电镜下的微观组织,可以看出,7B04-T6 热处理状态 η 相($MgZn_2$)沿晶界呈链状析出,具有较高的晶间腐蚀倾向,高度加工板材在海洋大气环境和亚湿热工业环境中极易发生剥蚀,对材料力学性能造成严重影响[18]。而 7B04-T74 过时效处理,η 相($MgZn_2$)沿晶界断续析出,抗剥蚀能力得到明显改善。

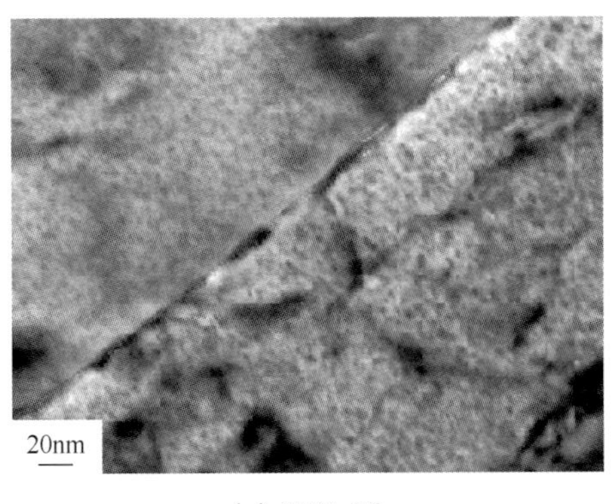

(a) TB04-T6

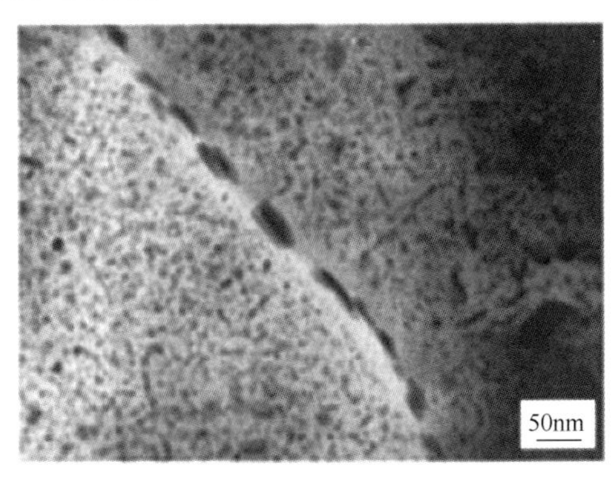

(b) TB04-T74

图 2-1-15 7B04-T6 和 TB04-T74 两种热处理状态透射电镜下的微观组织

参考文献

[1] 温斯顿．里维 R. 尤利格腐蚀手册[M]．杨武,等译．北京:化学工业出版社,2005.
[2] 电子科学研究院．电子设备三防技术手册[M]．北京:兵器工业出版社,2000.
[3] 马腾,王振尧,韩薇．铝和铝合金的大气腐蚀[J]．腐蚀科学与防护技术,2004,16(3):156.
[4] 邵敏华,林昌健．铝合金点腐蚀及研究方法[J]．腐蚀科学与防护技术,2002,14(3):147-151.
[5] Buchheit R G,Martinez M A,Montes L P. Evidence for Cu ion formation by dissolution and dealloying the Al_2CuMg intermetallic compound in rotating ring-dish collection experiments[J]. J. Electrochem. Soc. ,2000,147:119.
[6] 朱立群,谷岸,刘慧丛,等．典型高强铝合金材料的点腐蚀坑前缘特征的研究[J]．航空材料学报,2008,28(6):64.
[7] Cheng Y L,Zhang Z,Cao F H,et al. Study of the potential electrochemical noise during corrosion process of aluminum alloys 2024,7075 and pure aluminum[J]. Materials and Corrosion,2003,54:601.
[8] Kelly D J,Robinson M J. Influence of heat treatment and grain shape on exfoliation corrosion of Al-Lialby 8090 [J]. Corrosion,1993,49(10):787-795.
[9] Robinson M J,Jackson N C. Exfoliation corrosion of high strength Al-Cu-Mg alloys effect of grain structure[J]. Br. Corros J. ,1999,34(1):45-49.
[10] 刘道新．材料的腐蚀与防护[M]．西安：西北工业大学出版社,2006.
[11] Rosenfeld I L. Localized corrosion,national association of corrosion engineers[M]. Houston:NACE International,1974.
[12] Hatch J E. Aluminum:Properties and physical metallurgy[M],Metals Park:ASM International,1984.
[13] Hollingsworth E H,Hunsicker H Y,Corrosion of Alminum and Alminum alloys,metals handbook[M]. 9th ed. ,Metals Park:ASM International,1987.
[14] Spiedel M O. Hydrogen Embrittlement of Aluminum Alloys[M]//Bernstein I M,Thomson A W(Eds.). Hydrogen in Metals. Metals Park:ASM International,1974.
[15] 曹楚南．中国材料的自然环境腐蚀[M]．北京:化学工业出版社,2005.
[16] 李劲风,郑子樵,任文达．第二相在铝合金局部腐蚀中的作用机制[J]．材料导报,2005,19(2):81-82.
[17] 王祝堂,田荣璋．铝合金及其加工手册[M]．长沙:中南大学出版社,2000.
[18] 苏艳,肖勇,苏虹,等．7B04-T6 铝合金微观组织及其对腐蚀行为的影响[J]．腐蚀科学与防护技术,2012,24(6):458-462.

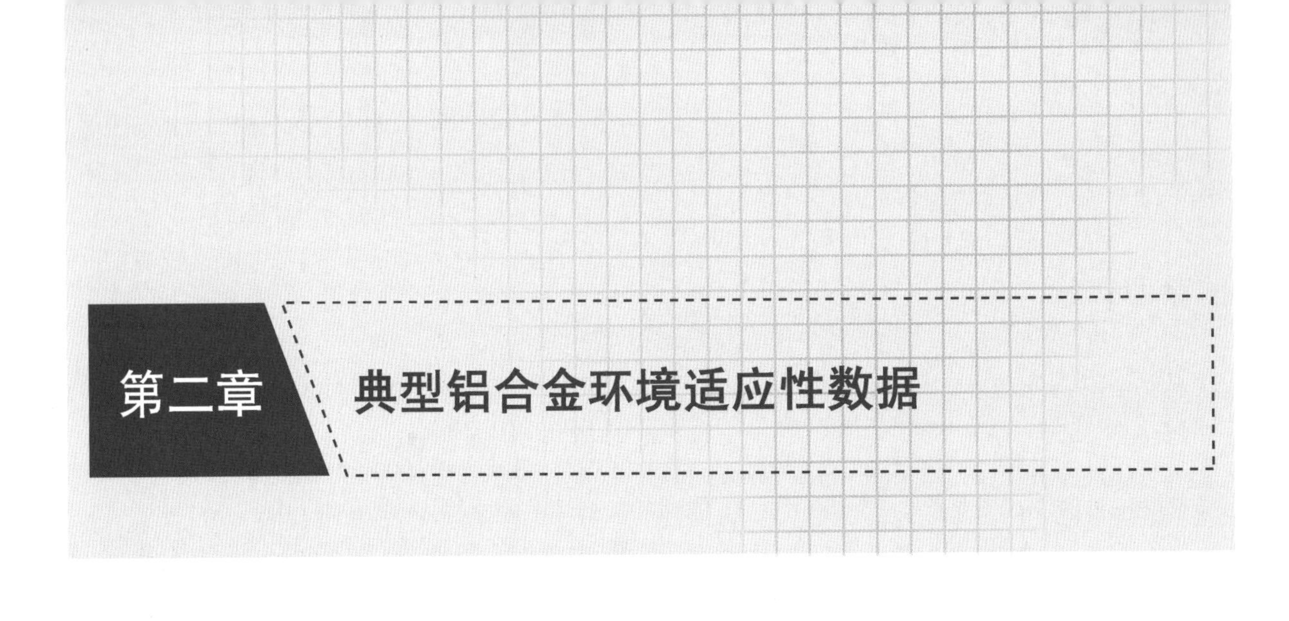

第一节 铝合金的分类

铝合金的密度约为 2.8g/m^3,仅为钢铁的 1/3,具有较高的比强度、比刚度和优良的加工性能,是我国武器装备广泛使用的结构材料。

铝合金分为变形铝合金和铸造铝合金两大类。为了突出铝合金在武器装备上使用的特点,结合《中国军工材料体系》的分类法将其分为中强度铝合金、高强度铝合金、防锈铝合金、铸造铝合金和铝锂合金。

(1) 中强度铝合金

中强度铝合金是指材料抗拉强度等于或小于 450MPa 的铝合金,一般包括 2×××系(Al-Cu)合金、6×××系(Al-Mg-Si)合金等。2×××系合金具有较高的强度,可进行热处理强化,但耐腐蚀性能通常较差,容易发生晶间腐蚀,在受力条件下还会导致应力腐蚀破裂。

(2) 高强度铝合金

高强度铝合金是指材料抗拉强度大于 450MPa 的铝合金,一般包括 7×××系(Al-Zn-Mg-Cu)合金等。合金热处理状态主要有 T6、T73、T76、T74,其中 T6 状态强度最高,抗拉强度典型值可达 600MPa 左右。经高度压延加工后耐腐蚀性能相比中强度铝合金更差,具有较高的剥蚀和应力腐蚀敏感性。

(3) 防锈铝合金

防锈铝合金是指材料室温条件下抗拉强度不大于中强度铝合金,但耐腐蚀性能良好的铝合金,一般包括不能热处理强化的 3×××系(Al-Mn)合金,如 3A21 合金等,以及 5×××系(Al-Mg)合金,如 5A02 合金、5A03 合金、5A05 合金、5A06 合金等。此外,防锈铝合金还包括一个可热处理强化的 7A33(Al-Zn-Mg-Cu)合金,其强度在防锈铝合金中最高。

(4) 铸造铝合金

铸造铝合金是指采用铸造成形的铝合金,主要包括 Al-Si 合金、Al-Cu 合金、Al-Mg 合金、Al-Zn 合金四类。铸造铝合金的强化途径为变质处理、固溶强化或淬火时效。

(5) 铝锂合金

铝锂合金是指以锂为主要添加元素的铝合金。与一般铝合金相比,在强度相当的情况下,铝锂合金密度下降 10%,弹性模量提高 10%。我国第一代产业化铝锂合金 5A90(1420)合金已在飞机多个部位上成功应用,新一代铝锂合金 2A97 合金已完成批生产试制,转入工程应用阶段。

第二节　铝合金的耐腐蚀性能指标

铝合金遭受各种腐蚀环境作用后，其质量、腐蚀电位和力学性能等都会产生变化，变化的幅度和快慢反映了铝合金耐腐蚀性能的好坏。在工程设计上全面考虑所有性能指标的变化影响，既不现实也没必要。根据铝合金不同性能指标的环境敏感性，以及对使用性能的贡献大小，提出了铝合金耐腐蚀性能表征指标体系，作为设计选材和寿命评估的重要参考指标，见表 2-2-1。

表 2-2-1　铝合金耐腐蚀性能表征指标

指标种类	腐蚀类型指标					
指标名称	点蚀		晶间腐蚀		剥离腐蚀	应力腐蚀（C 型环、DCB、拉伸等）
指标种类	力学性能指标					
指标名称	拉伸强度 R_m	屈服强度 $R_{p0.2}$	断后伸长率 A	断裂韧度 K_{IC}	疲劳裂纹扩展速率 da/dN	腐蚀疲劳极限 σ_N

第三节　本章收录的铝合金牌号

本章收录的铝合金牌号及主要应用范围参见表 2-2-2。

表 2-2-2　铝合金材料一览表

序号	材料分类	材料牌号	主要（预期）应用范围
1	中强铝合金	2024	飞机蒙皮、隔框等，火箭整流罩对接桁等
2	中强铝合金	2A11	常温下工作的骨架、锻件的固定接头和螺旋桨桨叶等
3	中强铝合金	2A12	蒙皮翼肋等主要承力构件
4	中强铝合金	2A50	坦克装甲车辆形状复杂的中等强度零件，坦克负重轮，火箭壳体、发射架构件，导弹方向阻尼器板轴等
5	中强铝合金	2B06	飞机次承力部件的蒙皮、桁条等
6	中强铝合金	2D12	飞机前机身、后机身、中央翼前段、垂尾等
7	中强铝合金	6061	飞机油路管件等
8	中强铝合金	6A02	飞机和发动机零件、直升机的桨叶和复杂形状的型材和锻件
9	中强（装甲）铝合金	7A52	坦克装甲车辆车体、炮塔等
10	高强铝合金	7050	飞机壁板、框、梁、接头等，坦克装甲车辆炮塔座圈等
11	高强铝合金	7475	飞机蒙皮、梁、接头、壁板等

（续）

序号	材料分类	材料牌号	主要（预期）应用范围
12	高强铝合金	7A04	导弹弹体结构、弹头、动力系统等，卫星回收分系统、动力系统等，坦克装甲车辆、火炮、轻武器机匣体
13	高强铝合金	7A09	飞机机翼前梁、大梁、前起落架、支柱、隔板、肋板、主梁接头、平尾上下壁板等
14	高强铝合金	7A85	飞机厚大截面整体框梁结构
15	高强铝合金	7B04	飞机机翼、机身等
16	高强铝合金	7B50	飞机主承力结构件，如框、梁、长桁等
17	防锈铝合金	3A21	飞机航空油箱等、导弹、卫星控制系统、弹体结构等
18	防锈铝合金	5A02	油箱、燃油和滑油导管、支架、套管、孔口法兰盘等受载轻的零件
19	防锈铝合金	5A03	导弹弹体结构、弹头等，卫星回收分系统、测控分系统等
20	防锈铝合金	5A05	承受中等载荷的焊制管道、液体容器等零件
21	铸造铝合金	ZL101A	飞机衬盘、泵体、壳体、支架等，装甲车辆水上传动箱箱体和箱盖等
22	铸造铝合金	ZL114A	飞机进气口唇框等，导弹弹体结构壳体、级间段、尾段、过渡段，航弹舱体、翼片等
23	铸造铝合金	ZL205A	飞机挂梁、框、肋、支臂、支座，导弹联接框，火箭发动机前裙、后裙等承力铸件
24	铝锂合金	2A97	飞机蒙皮等
25	铝锂合金	5A90	飞机蒙皮、口框、口盖以及受力不大的隔框、组合梁等

第四节 材料牌号

一、中强铝合金

2024

1. 概述

2024 合金是一种可热处理强化的铝-铜-镁系合金。该合金具有优良的压力加工和机械加工性能，可获得各种类型的制品，是航空工业中应用最广泛的铝合金。其性能随热处理状态不同有显著差异，合金经固溶热处理后，自然时效状态抗拉强度和韧度较高，人工时效状态屈服强度和耐腐蚀性能较高。该合金具有优良的综合性能和高温抗蠕变能力，高温软化倾向小，可在较高温度（150℃）下长期使用。

对于自然时效状态下使用的薄板、耐腐蚀性能要求严格的零件应采用包铝。该合金点焊性能良好，熔焊性能较差[1]。

（1）材料牌号　2024。

（2）相近牌号　英 DTD5090、俄 Д16、法 A-U4G1。

（3）生产单位　西南铝业（集团）有限责任公司、东北轻合金有限责任公司等。

（4）化学成分　GB/T 3190—2008 规定的化学成分见表 2-2-3。

表 2-2-3　化学成分

化学成分	Si	Fe	Cu	Mn	Mg	Cr	Zn	Ti	其他		Al
									单个	合计	
质量分数/%	0.50	0.50	3.8~4.9	0.30~0.9	1.2~1.8	0.10	0.25	0.15	0.05	0.15	余量

(5) 热处理状态　2024 合金的主要热处理状态包括 O、T3、T351、T4、T42、T6、T62、T72、T851 等。

2. 试验与检测

(1) 试验材料　见表 2-2-4。

表 2-2-4　试验材料

材料牌号与热处理状态	表面状态	品种	δ/mm	生产单位
2024-T42、2024-T62	有包铝层	薄板	3.0	加拿大铝业公司
2024-T3	无	薄板	1.8	美国 KAISAR 铝业公司

(2) 试验条件

① 实验室环境试验条件见表 2-2-5。

表 2-2-5　实验室环境试验条件

试验项目		试验标准
晶间腐蚀试验	ASTM G110—2009	《氯化钠和过氧化氢溶液中可热处理铝合金抗晶间腐蚀能力评价的标准方法》
剥离腐蚀试验	ASTM G34—2001	《2 系和 7 系铝合金剥离腐蚀敏感性的标准测试方法(EXCO 试验)》
循环酸性盐雾试验	ASTM G85—2011	《改进盐雾试验方法:附录 A2　循环酸性盐雾试验》

② 自然环境试验条件见表 2-2-6。

表 2-2-6　自然环境试验条件

试验环境	对应试验站	试验方式
湿热海洋大气环境	海南万宁	海面平台户外、海面平台棚下、濒海户外
寒温高原大气环境	西藏拉萨	户外、棚下
亚湿热工业大气环境	重庆江津	户外
寒冷乡村大气环境	黑龙江漠河	户外、棚下
注:试验标准为 GB/T 14165—2008《金属和合金　大气腐蚀试验　现场试验的一般要求》。		

(3) 检测项目及标准　见表 2-2-7。

表 2-2-7　检测项目及标准

检测项目	标准
平均腐蚀速率	HB 5257—1983《腐蚀试验结果的重量损失测定和腐蚀产物的清除》
微观形貌	GB/T 13298—2015《金属显微组织检验方法》
拉伸强度	GB/T 228.1—2010《金属材料　拉伸试验　第 1 部分:室温试验方法》
自腐蚀电位	ASTM G69—2003《铝合金腐蚀电位测试的标准试验方法》

3. 腐蚀形态

(1) 实验室试验

2024-T3 剥离腐蚀试验 96h 的宏观和微观形貌见图 2-2-1。宏观:表面轻微鼓泡、翘起,剥蚀等级 EA 级。微观:典型剥蚀、晶间腐蚀特点。

(a) 宏观形貌

(b) 微观形貌

图 2-2-1 2024-T3 剥离腐蚀试验 96h 的宏观和微观形貌

2024-T3 循环酸性盐雾试验 28 天的宏/微观形貌见图 2-2-2。宏观:表面严重鼓起,有腐蚀产物脱落现象。微观:主要为点蚀,局部有晶间腐蚀特征。

(a) 宏观形貌

(b) 微观形貌

图 2-2-2 2024-T3 循环酸性盐雾试验 28 天的宏观和微观形貌

2024-T3 晶间腐蚀试验 24h 的宏观形貌见图 2-2-3。宏观:表面覆盖大量白色腐蚀产物。微观:主要为点蚀,局部有晶间腐蚀特征。

(2) 自然环境试验

2024 合金在湿热海洋大气环境中主要表现为点蚀,伴随灰白色腐蚀产物,2024-T42、2024-T62(有包铝层)微观下可见宽浅型点蚀坑,2024-T3 微观下主要为点蚀,局部有晶间腐蚀特征,见图 2-2-4。在寒温高原和寒冷乡村环境中腐蚀不明显。

4. 平均腐蚀速率

试样尺寸 100.0mm×50.0mm×3.0mm(有包铝层)、100.0mm×50.0mm×1.8mm。通过失重法得到的平均腐蚀速率以及腐蚀深度幂函数回归模型见表 2-2-8。

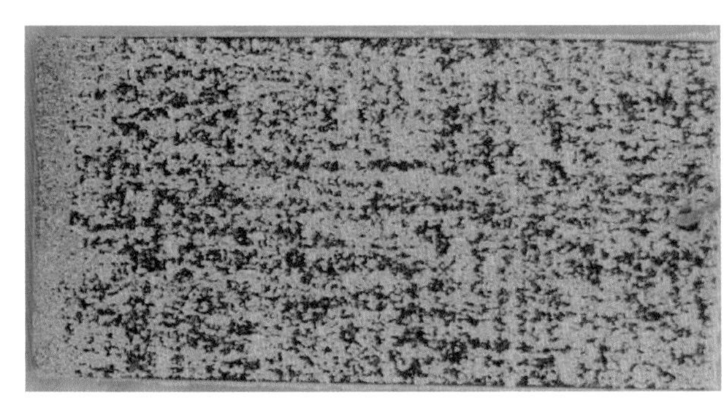

(a) 宏观形貌

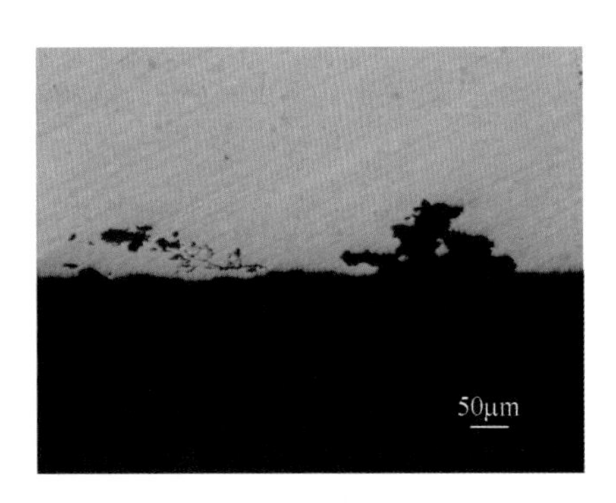

(b) 微观形貌

图 2-2-3　2024-T3 晶间腐蚀试验 24h 的宏观和微观形貌

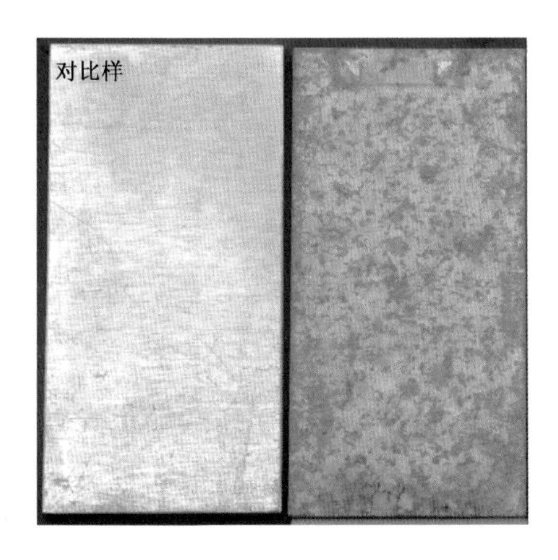

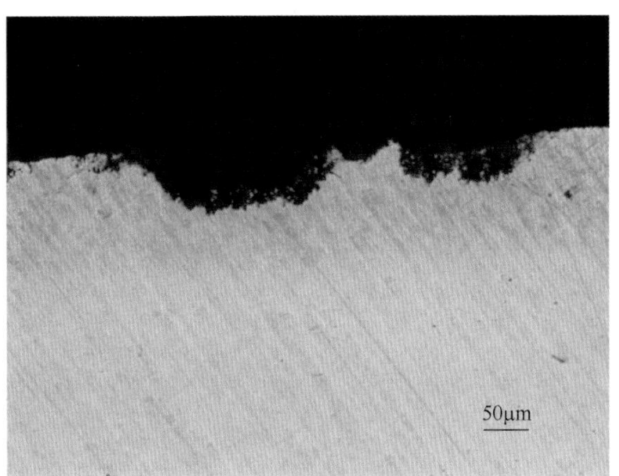

(a) 2024-T42(有包铝层)海面平台

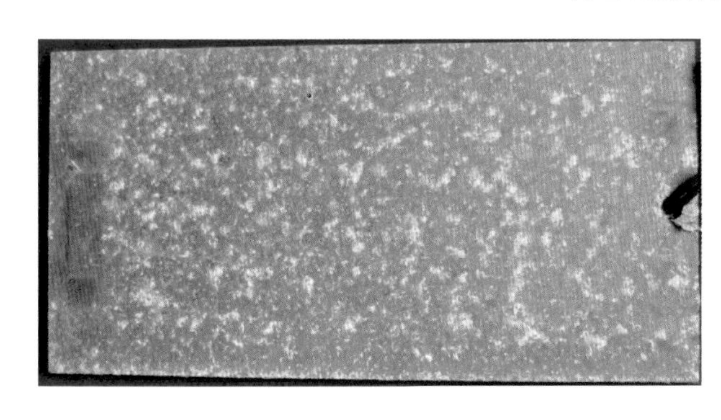

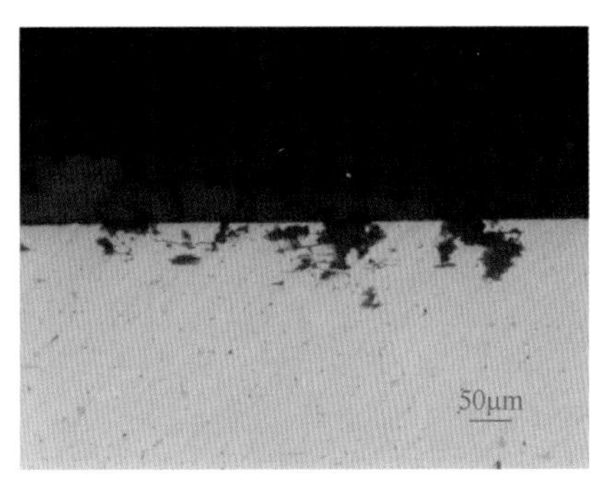

(b) 2024-T3濒海户外

图 2-2-4　2024 合金在湿热海洋环境户外暴露 1 年的腐蚀形貌

表 2-2-8　平均腐蚀速率及腐蚀深度幂函数回归模型　　(单位:μm/年)

品种	热处理状态	试验方式	暴露时间					幂函数回归模型
			1年	2年	3年	4年	5年	
薄板(有包铝层,δ3.0mm)	T42	海面平台户外	3.354	1.583	1.471	—	1.338	$D=2.909t^{0.434}, R^2=0.746$
		拉萨户外	0.018	0.029	0.029	—	0.028	—
		漠河户外	0.037	0.023	0.044	—	0.026	—
薄板(有包铝层,δ3.0mm)	T62	海面平台户外	1.449	1.299	1.337	—	0.959	$D=1.513t^{0.771}, R^2=0.969$
		拉萨户外	0.011	0.006	0.027	—	0.034	—
		漠河户外	0.011	0.026	0.106	—	0.030	—
薄板(δ1.8mm)	T3	万宁濒海户外	4.492	3.655	3.109	2.965	—	$D=4.489t^{0.689}, R^2=0.998$
		漠河户外	0.033	0.030	0.055	0.045	—	—
		江津户外	0.129	0.131	0.131	0.125	—	—

注:D 为平均腐蚀速率换算得到的腐蚀深度(μm);t 为试验时间(年);R 为相关系数。

5. 腐蚀对力学性能的影响

(1) 技术标准规定的力学性能　见表 2-2-9。

表 2-2-9　技术标准规定的力学性能

技术标准	品种	包铝类型	热处理状态	厚度/mm	R_m/MPa	$R_{p0.2}$/MPa	A/%
					大于等于		
GB/T 3880.2—2012	板材	工艺包铝或不包铝	T3	>1.50~3.00	435	290	14
				>3.00~6.00	435	290	12
				>6.00~12.50	440	290	13
			T4	>0.40~1.50	425	275	12
				>1.50~6.00	425	275	14
		正常包铝	T3	>1.60~3.20	420	275	15
				>3.20~6.00	420	275	15
			T4	>0.50~1.60	400	245	15
				>1.60~3.20	420	260	15
GJB 2053A—2008	板材	正常包铝	T4	>0.5~1.6	400	245	15
				>1.6~3.2	420	260	15
	薄板	不包铝	T4	>0.5~6.0	425	275	15
GJB 2662A—2008	厚板	正常包铝	T3	>6.0~10.0	420	275	15
			T4	>6.0~10.0	420	260	15

(2) 拉伸性能　2024-T42、2024-T62(有包铝层)和 2024-T3 在湿热海洋、寒温高原、亚湿热工业和寒冷乡村等大气环境中的拉伸性能变化数据见表 2-2-10。典型拉伸应力-应变曲线见图 2-2-5。

表 2-2-10 拉伸性能变化数据

试样	取向	暴露时间/年	试验方式	R_m				A				$R_{p0.2}$				E			
				实测值/MPa	平均值/MPa	标准差/MPa	保持率/%	实测值/%	平均值/%	标准差/%	保持率/%	实测值/MPa	平均值/MPa	标准差/MPa	保持率/%	实测值/GPa	平均值/GPa	标准差/GPa	保持率/%
2024-T42(包铝,δ3.0mm)	T	0	原始	430~435	433	1.9	—	23.0~24.5	24.0	0.5	—	267~271	269	1.5	—	66.3~72.3	69.7	2.6	—
		1	海面平台户外	438~447	442	3.6	102	24.0~25.0	24.5	0.3	102	276~282	279	2.5	104	67.6~70.4	68.7	1.2	99
		2		432~439	433	4.7	100	27.0~28.5	27.5	0.7	116	273~280	276	2.9	103	66.6~69.4	68.0	1.0	98
		3		430~438	435	3.0	100	23.0~26.0	25.0	1.6	104	272~275	274	1.1	102	65.2~68.4	66.4	1.3	95
		4		417~429	423	4.8	98	21.5~24.0	23.5	1.0	98	263~276	270	4.8	100	65.4~69.8	67.7	2.1	97
		5		417~433	424	7.3	98	22.5~25.0	24.0	0.9	100	262~276	268	5.7	100	64.7~68.7	66.0	2.0	95
		1	拉萨户外	445~452	448	2.7	103	25.0~27.5	25.5	1.1	106	280~286	282	2.2	105	69.4~69.7	69.5	0.2	100
		2		439~447	443	3.2	102	20.5~27.0	24.5	3.4	102	279~284	281	2.4	104	67.7~71.1	69.2	1.3	99
		3		443~446	445	1.2	103	24.0~27.0	25.0	1.3	104	279~282	281	1.3	104	69.1~71.2	70.4	0.8	101
		5		439~442	441	1.3	102	23.0~25.5	24.0	1.6	100	276~285	280	3.3	104	64.5~71.4	68.4	2.7	98
		1	漠河户外	444~447	446	1.1	103	24.0~25.0	24.5	0.5	102	280~283	281	1.3	104	67.7~70.8	69.3	1.1	99
		2①		443	443	—	102	26.0	26.0	—	108	282	282	—	105	67.8	67.8	—	97
		3		442~456	445	6.0	103	22.5~26.5	24.0	1.6	100	276~284	280	3.6	104	65.7~74.0	69.0	3.6	99
		5		436~440	438	1.6	101	22.0~25.0	23.5	1.3	98	274~281	277	2.5	103	66.6~69.2	67.6	1.0	97
2024-T62(包铝,δ3.0mm)	T	0	原始	433~449	440	6.7	—	9.0~11.5	10.5	1.0	—	350~358	355	3.0	—	64.0~69.8	69.1	2.3	—
		1	海面平台户外	453~465	458	4.8	104	5.5~10.0	7.5	1.7	71	372~379	374	3.0	105	68.4~70.6	69.2	0.9	100
		2		423~450	438	9.7	100	6.5~9.5	8.0	1.4	76	359~369	365	5.0	103	67.5~69.4	68.6	0.8	99
		3		438~447	444	3.6	101	7.0~8.5	7.5	0.6	71	367~371	369	1.8	104	65.1~69.6	67.6	1.8	98
		4		427~436	431	3.9	98	4.5~7.5	6.0	1.1	57	355~361	359	2.3	101	66.4~69.9	67.7	1.7	98
		5		431~437	434	1.9	99	6.0~7.5	6.5	0.7	62	370~373	372	1.5	105	64.4~67.9	66.1	1.3	96
		1	拉萨户外	456~469	463	5.3	105	12.0~12.5	12.5	0.4	119	368~379	374	4.7	105	68.8~69.9	69.2	0.4	100
		2		453~471	459	7.2	104	11.5~14.0	13.0	1.1	124	369~378	373	3.5	105	68.8~69.9	69.4	0.4	100
		3		459~467	463	3.5	105	10.0~13.5	12.0	1.4	114	372~379	376	3.0	106	69.2~76.1	71.3	2.7	103
		5		451~460	455	3.3	103	9.5~12.5	11.5	1.3	110	370~373	372	1.5	105	66.0~76.8	71.2	4.8	103
		1	漠河户外	450~465	456	6.6	104	9.0~12.0	10.5	1.3	100	369~373	371	1.5	105	68.4~70.2	69.2	0.7	100
		2		454~460	455	3.0	103	12.0~13.0	13.0	0.4	124	367~373	371	2.9	105	68.3~71.4	69.2	1.4	100
		3		456~463	459	2.9	104	8.0~12.5	11.0	1.9	105	372~377	375	2.2	106	66.7~69.0	67.8	0.9	98
		5①		455	455	—	103	11.0	11.0	—	105	372	372	—	105	69.4	69.4	—	100

（续）

试样	取向	暴露时间/年	试验方式	R_m				A				$R_{p0.2}$				E			
				实测值/MPa	平均值/MPa	标准差/MPa	保持率/%	实测值/%	平均值/%	标准差/%	保持率/%	实测值/MPa	平均值/MPa	标准差/MPa	保持率/%	实测值/GPa	平均值/GPa	标准差/GPa	保持率/%
2024-T3 (δ1.8mm)	T	0	原始	461~465	463	1.5	—	22.0~24.5	24.0	1.2	—	315~324	318	3.7	—	70.1~71.6	70.8	0.5	—
		1	濒海户外	448~463	455	5.3	98	12.5~17.5	15.5	2.1	65	314~319	317	1.9	100	69.4~72.3	70.5	1.2	100
		2		441~450	447	3.8	97	14.0~20.0	18.0	2.3	75	307~313	309	2.3	97	70.3~74.6	71.7	1.7	101
		3		419~443	430	9.9	93	11.5~18.0	14.5	2.7	60	300~310	305	3.7	96	63.6~68.1	66.2	1.8	94
		1	江津户外	459~468	464	3.4	100	23.5~25.0	24.0	0.8	100	317~324	319	2.9	100	69.4~71.8	70.5	0.8	100
		2		457~467	462	3.6	100	22.0~23.5	23.0	0.7	96	315~318	317	1.2	100	71.6~73.7	72.4	0.8	102
		3		459~466	461	3.2	100	21.0~24.5	23.0	1.5	96	314~318	316	1.7	99	69.2~75.2	70.7	2.5	100
		1	漠河户外	460~468	465	3.1	100	22.0~25.5	23.5	1.4	98	314~318	316	1.5	99	70.3~71.7	71.0	0.6	100
		2		463~467	465	1.5	100	22.0~26.0	24.5	1.6	102	317~321	320	1.6	101	71.9~74.7	72.9	1.1	103
		3		463~475	467	4.6	101	22.5~25.0	24.0	1.2	100	318~326	321	3.5	101	70.5~75.5	72.7	1.8	103

注：1. 上标①表示该组仅有一个有效数据；

2. 2024-T42、2024-T62 平行段原始截面尺寸为 15.0mm×3.0mm；2024-T3 平行段原始截面尺寸为 12.5mm×1.8mm。

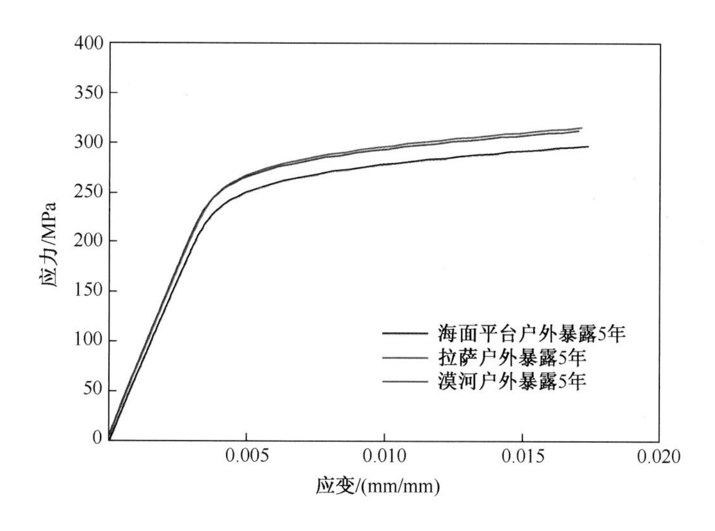

图 2-2-5　2024-T42 在 3 种环境中暴露 5 年的应力-应变曲线

(3) 应力腐蚀性能　见表 2-2-11。

表 2-2-11　C 环应力腐蚀性能[1]

品种	热处理状态	取样方向	试验应力		断裂时间/天
			$R_{p0.2}$百分比	应力值/ MPa	
厚板	T351	SL	50	155	7.75,3.75,>45,>45,>45
			40	124	均大于 45
			30	93	均大于 45
厚板	T851	SL	80	288	43,43,43,42,39.8
			70	252	42,>45,>45,>45,>45
			60	216	均大于 45
			50	180	均大于 45
			40	144	均大于 45
挤压矩形棒材	T3510	—	—	215	1.92,1.92,1.92,2.92,1.92
			—	137	>53,4.88,4.88,>53
			—	117	>32,29,>32,>32,>32
			—	98	均大于 53
挤压矩形棒材	T8510	—	—	333	均大于 53
			—	356	均大于 40
			—	400	均大于 36

6. 电偶腐蚀性能

2024-T3 的自腐蚀电位为-0.585V(SCE),2024-T42 的自腐蚀电位为-0.607V(SCE),2024-T62 的自腐蚀电位为-0.713V(SCE),三者的自腐蚀电位曲线见图 2-2-6。2024 电位较负,与结构钢、钛合金、复合材料等偶接具有电偶腐蚀倾向。

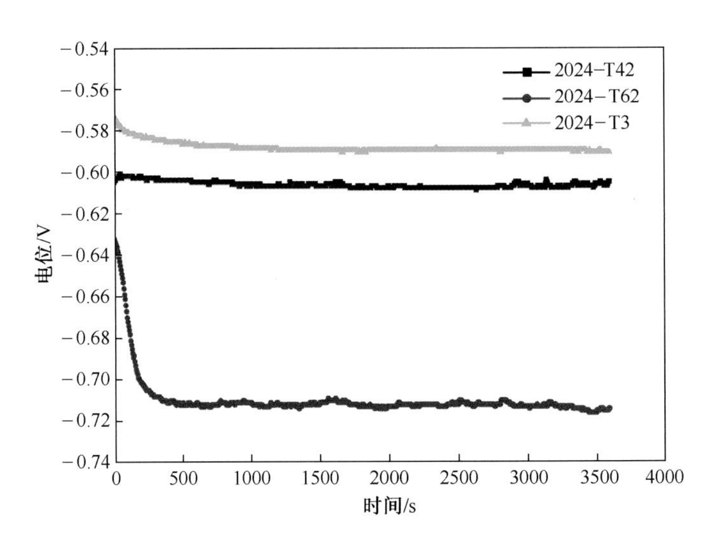

图 2-2-6　2024 合金不同热处理状态的自腐蚀电位曲线

7. 防护措施建议

2024 合金具有晶间腐蚀倾向,在海洋和潮湿大气环境中的耐腐蚀性能较差。T4 状态包铝板具有良好的腐蚀稳定性,T6 状态包铝板略差,推荐配合阳极氧化+底漆+面漆涂层体系进行防护。

2A11

1. 概述

2A11 合金是铝-铜-镁系可热处理强化铝合金。在固溶热处理加自然时效后具有较高强度和中等塑性。该合金的点焊焊接性能较好,T4 状态包铝板材具有良好的腐蚀稳定性,不包铝零件的耐腐蚀性不高[1]。

(1) 材料牌号　2A11。

(2) 相近牌号　美 2017、英 DTD150A、俄 Д1。

(3) 生产单位　东北轻合金有限责任公司、西南铝业(集团)有限责任公司。

(4) 化学成分　GB/T 3190—2008 规定的化学成分见表 2-2-12。

表 2-2-12　化学成分

化学成分	Si	Fe	Cu	Mn	Mg	Ni	Zn	Fe+Ni	Ti	Al	其他	
											单个	合计
质量分数/%	0.70	0.70	3.8~4.8	0.40~0.8	0.40~0.8	0.10	0.30	0.7	0.15	余量	0.05	0.15

(5) 热处理状态　2A11 合金的主要热处理状态包括 T6、O、H112、T9、F 等。

2. 试验与检测

(1) 试验材料　见表 2-2-13。

表 2-2-13　试验材料

材料牌号与热处理状态	表面状态	品种规格	生产单位
2A11-T4	—	—	—

(2) 试验条件 见表 2-2-14。

表 2-2-14 试验条件

试验环境	对应试验站	试验方式
温带海洋环境	山东青岛	海水全浸、海水飞溅、海水潮差
亚热带海洋环境	福建厦门	海水全浸、海水飞溅、海水潮差
热带海洋环境	海南三亚	海水全浸、海水飞溅、海水潮差
注:试验标准为 GB/T 5776—2005《金属和合金的腐蚀 金属和合金在表层海水中暴露和评定的导则》和 WJ 2358—1995《兵器产品自然环境试验方法 海面环境试验》。		

(3) 检测项目及标准 见表 2-2-15。

表 2-2-15 检测项目及标准

检测项目	标 准
平均腐蚀速率	HB 5257—1983《腐蚀试验结果的重量损失测定和腐蚀产物的清除》

3. 平均腐蚀速率

2A11-T4 在海水环境中的平均腐蚀速率及腐蚀深度见表 2-2-16。

表 2-2-16 平均腐蚀速率及腐蚀深度[2]

品种	热处理状态	暴露地点	试验方式	暴露时间/年	平均腐蚀速率/(mm/年)	局部平均腐蚀深度/mm	局部最大腐蚀深度/mm	最大缝隙腐蚀深度/mm
板材	T4	青岛	海水全浸	1	0.036	0.20	0.30	0.15
				4	0.012	0.19	0.42	0.24
				8	0.008	0.16	0.30	0.50
			海水潮差	1	0.006	—	—	—
				4	0.002	0.08	0.10	0.08
				8	0.002	0.12	0.28	0.08
			海水飞溅	1	0.005	0.09	0.17	0.10
				4	0.004	0.17	0.28	0.18
				8	0.004	0.19	0.25	0.18
		厦门	海水全浸	1	0.019	0.18	0.29	0.29
				2	0.011	0.08	0.13	0.20
				4	0.012	0.18	0.36	0.33
				8	0.008	0.24	0.44	0.22
			海水潮差	1	0.006	0.13	0.29	0.14
				2	0.004	0.15	0.26	0.19
				4	0.003	0.21	0.37	0.43
				8	0.002	0.21	0.43	0.30
			海水飞溅	1	0.002	0.09	0.14	—
				2	0.001	0.06	0.09	—
				4	0.003	—	—	0.10

（续）

品种	热处理状态	暴露地点	试验方式	暴露时间/年	平均腐蚀速率/(mm/年)	局部平均腐蚀深度/mm	局部最大腐蚀深度/mm	最大缝隙腐蚀深度/mm
板材	T4	三亚	海水全浸	1	0.005	0.12	0.63	—
				2	0.003	0.11	0.20	0.20
				4	0.002	0.17	0.46	0.38
				8	0.002	0.23	0.55	0.55
			海水潮差	1	0.002	0.03	0.14	0.18
				2	0.001	0.11	0.25	0.16
				4	0.001	0.08	0.10	0.10
				8	0.000	0.11	0.25	0.3
			海水飞溅	1	0.001	—	—	—
				2	0.001	0.08	0.11	0.07
				4	0.000	0.08	0.10	0.07
				8	0.000	0.07	0.10	0.12

4. 腐蚀对力学性能的影响

技术标准规定的力学性能见表 2-2-17。

表 2-2-17 技术标准规定的力学性能

技术标准	品种	包铝类型	热处理状态	厚度/mm	R_m/MPa	$R_{p0.2}$/MPa	A/%
GB/T 3880.2—2012	板材	正常包铝或工艺包铝	T4	0.50~3.00	≥360	≥185	15
				>3.00~10.00	≥370	≥195	15
GJB 2053A—2008	板材	正常包铝	T4	0.3~2.5	≥360	≥185	≥15
				>2.5~6.0	≥370	≥195	≥15
GJB 2662A—2008	厚板	正常包铝	T4	>6.0~10.5	≥370	≥195	≥15

2A12

1. 概述

2A12 合金是铝-铜-镁系可热处理强化铝合金，经固溶热处理、自然时效或人工时效后具有较高的强度。该合金具有良好的塑性成形能力和机械加工性能，能够获得各种类型的制品，是航空工业中使用最广泛的铝合金之一。该合金在高温下的软化倾向小，可作受热部件。合金的点焊性能良好而熔焊性能较差。

2A12 合金的抗环境腐蚀能力较差，对耐腐蚀性能要求较严格的零件，应采用包铝的薄板、条材和厚板。该合金大多在自然时效状态下使用，当工作温度或在工艺过程中加热温度超过 100℃时，建议采用人工时效状态，以免过于降低耐腐蚀性能[1]。

(1) 材料牌号　2A12。

(2) 相近牌号　美 2024、英 DTD5090、俄 Д16。

(3) 生产单位　中国航发北京航空材料研究院，东北轻合金有限责任公司，西南铝业(集团)有限责任公司等。

(4) 化学成分　GB/T 3190—2008 规定的化学成分见表 2-2-18。

表 2-2-18　化学成分

化学成分	Si	Fe	Cu	Mn	Mg	Cr	Zn	Fe+Ni	Ti	其他		Al
										单个	合计	
质量分数/%	0.50	0.50	3.8~4.9	0.30~0.9	1.2~1.8	0.10	0.25	0.50	0.15	0.05	0.10	余量

(5) 热处理状态　2A12 合金的主要热处理状态包括 O、F、T3、T351、T4、T6、T62、H112 等。

2. 试验与检测标准

(1) 试验材料　见表 2-2-19。

表 2-2-19　试验材料

材料牌号与热处理状态	表面状态	品种	δ/mm	生产单位
2A12-T4、2A12-T6	有包铝层	薄板	3.0	西南铝业(集团)有限责任公司
2A12-T4	—	板材	—	—
2A12-T4	—	型材	—	—

(2) 试验条件　见表 2-2-20。

表 2-2-20　试验条件

试验环境	对应试验站	试验方式
湿热海洋大气环境	海南万宁	海面平台棚下、近海岸户外
	海南琼海	户外
寒温高原大气环境	西藏拉萨	棚下
寒冷乡村大气环境	黑龙江漠河	棚下
暖温半乡村大气环境	北京	户外
亚湿热城市大气环境	广东广州、湖北武汉	户外
亚湿热工业大气环境	重庆江津	户外
温带海洋环境	山东青岛	户外、海水全浸、海水飞溅、海水潮差
亚热带海洋环境	福建厦门	户外、海水全浸、海水飞溅、海水潮差
热带海洋环境	海南三亚	海水全浸、海水飞溅、海水潮差
注：试验标准为(GB/T 14165—2008《金属和合金　大气腐蚀试验　现场试验的一般要求》、GB/T 5776—2005《金属和合金的腐蚀　金属和合金在表层海水中暴露和评定的导则》和 WJ 2358—1995《兵器产品自然环境试验方法　海面环境试验》。		

(3) 检测项目及标准 见表 2-2-21。

表 2-2-21 检测项目及标准

检测项目	标准
平均腐蚀速度	HB 5257—1983《腐蚀试验结果的重量损失测定和腐蚀产物的清除》
微观形貌	GB/T 13298—2015《金属显微组织检验方法》
拉伸强度	GB/T 228.1—2010《金属材料 拉伸试验 第1部分:室温试验方法》
自腐蚀电位	ASTM G69—2003《铝合金腐蚀电位测试的标准试验方法》

3. 腐蚀形态

2A12-T4、2A12-T6(有包铝层)暴露于湿热海洋大气环境中主要表现为点蚀,伴随灰白色腐蚀产物,微观下可见宽浅型点蚀坑,见图 2-2-7。在寒温高原和寒冷乡村环境中腐蚀不明显。

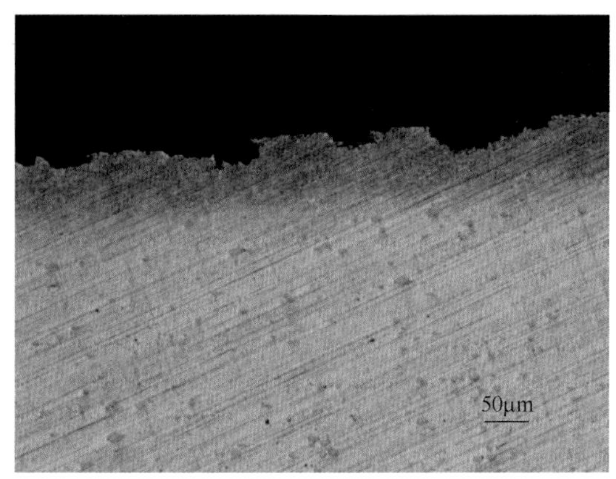

图 2-2-7 2A12-T6 在海面平台棚下暴露 1 年的腐蚀形貌

4. 平均腐蚀速率

试样尺寸 100.0mm×50.0mm×3.0mm。2A12-T4、2A12-T6(有包铝层)通过失重法得到的平均腐蚀速率以及腐蚀深度幂函数回归模型见表 2-2-22;不同批次 2A12-T4 型材与板材的平均腐蚀速率见表2-2-23;2A12-T4 在海水环境中的平均腐蚀速率见表 2-2-24。

表 2-2-22 平均腐蚀速率及腐蚀深度幂函数回归模型 (单位:μm/年)

品种	热处理状态	试验方式	暴露时间				幂函数回归模型
			1年	2年	3年	5年	
薄板(有包铝层,δ3.0mm)	T4	海面平台棚下	1.731	1.294	1.280	1.273	$D=1.623t^{0.810}, R^2=0.980$
		拉萨棚下	0.038	0.016	0.026	0.026	—
		漠河棚下	0.060	0.004	0.016	0.015	—
薄板(有包铝层,δ3.0mm)	T6	海面平台棚下	2.434	1.496	1.553	1.704	$D=2.125t^{0.779}, R^2=0.912$
		拉萨棚下	0.026	0.017	0.015	0.046	—
		漠河棚下	0.018	0.017	0.019	0.040	—

表 2-2-23　不同批次 2A12-T4 的平均腐蚀速率[3]　（单位：μm/年）

品种	热处理状态	试验方式	暴露时间			
			1 年	3 年	6 年	10 年
薄板	T4	广州户外	0.12	0.06	0.06	—
		北京户外	0.04	0.02	0.02	—
		青岛户外	0.27	0.24	0.19	—
		万宁近海岸户外	0.33	0.96	0.24	—
		琼海户外	0.37	0.10	0.063	—
		武汉户外	0.06	0.08	0.04	—
		江津户外	0.67	0.41	0.37	—
型材	—	广州户外	0.29	0.32	0.28	0.20~0.25
		北京户外	—	0.14	0.07	0.17
		青岛户外	1.55	0.89	0.42	0.80~0.90
		万宁近海岸户外	1.51	0.54	0.25	—
		琼海户外	0.35	0.27	0.21	剥蚀
		武汉户外	0.20	0.18	0.11	0.08~0.11
		江津户外	0.95	1.29	1.42	1.6

表 2-2-24　2A12-T4 在海水环境中的平均腐蚀速率[2]

品种	热处理状态	暴露地点	试验方式	暴露时间/年	平均腐蚀速率/(mm/年)	局部平均腐蚀深度/mm	局部最大腐蚀深度/mm	最大缝隙腐蚀深度/mm
薄板	T4	青岛	海水全浸	1	0.018	0.12	0.19	0.19
				4	0.0062	0.11	0.16	0.12
				8	0.0044	0.19	0.22	0.21
			海水潮差	1	0.0056	0.08	0.10	—
				4	0.002	0.1	0.13	0.16
				8	0.0021	0.1	0.14	0.10
			海水飞溅	1	0.005	0.09	0.11	0.09
				4	0.0044	0.14	0.20	0.18
				8	0.002	0.13	0.17	0.18
		厦门	海水全浸	1	0.014	0.12	0.17	0.13
				2	0.0084	0.1	0.18	0.30
				4	0.0047	0.14	0.30	0.25
				8	0.0041	0.16	0.43	0.50
			海水潮差	1	0.005	0.1	0.16	0.11
				2	0.0046	0.1	0.20	0.26
				4	0.0041	0.34	0.79	0.49
				8	0.0037	0.56	0.90	0.74
			海水飞溅	1	0.0012	0.04	0.04	0.06
				2	0.0022	—	—	—
				4	0.001	0.13	0.19	—

（续）

品种	热处理状态	暴露地点	试验方式	暴露时间/年	平均腐蚀速率/(mm/年)	局部平均腐蚀深度/mm	局部最大腐蚀深度/mm	最大缝隙腐蚀深度/mm
薄板	T4	三亚	海水全浸	1	0.0077	0.14	0.18	0.15
				2	0.0038	0.08	0.20	0.21
				4	0.0028	0.19	0.38	0.19
				8	0.00046	0.35	0.58	0.68
			海水潮差	1	0.0023	—	—	0.15
				2	0.0013	0.06	0.15	0.21
				4	0.00075	0.09	0.18	0.19
				8	0.00052	0.09	0.13	0.64
			海水飞溅	1	0.00058	—	—	—
				2	0.00045	—	—	—
				4	0.00023	0.08	0.09	0.11
				8	0.00014	0.07	0.10	0.08

5. 腐蚀对力学性能的影响

（1）技术标准规定的力学性能 见表2-2-25。

表2-2-25 技术标准规定的力学性能

技术标准	品种	包铝类型	热处理状态	厚度/mm	R_m/MPa	$R_{p0.2}$/MPa	A/%
					不小于		
GB/T 3880.2—2012	板材	正常包铝或工艺包铝	T4	>0.50~3.00	405	270	13
				>3.00~4.50	425	275	12
				>4.50~10.00	425	275	12
GJB 2053A—2008	板材	正常包铝	T4	0.3~2.5	405	270	13
				>2.5~6.0	425	275	11
		不包铝		0.3~1.5	440	290	13
				>1.5~6.0	440	290	11
		加厚包铝		0.5~4.0	365	230	13
GJB 2662A—2008	厚板	正常包铝或工艺包铝	T4	>6.0~12.5	425	275	10

（2）拉伸性能 2A12-T4、2A12-T6（有包铝层）在湿热海洋、寒温高原和寒冷乡村3种大气环境中的拉伸性能变化数据见表2-2-26。不同批次2A12-T4型材与板材的拉伸性能变化数据见表2-2-27。典型拉伸应力-应变曲线见图2-2-8。

表 2-2-26　2A12-T4、2A12-T6(有包铝层)在不同大气环境下的拉伸性能变化数据

试样	取向	暴露时间/年	试验方式	R_m				A				$R_{p0.2}$				E			
				实测值/MPa	平均值/MPa	标准差/MPa	保持率/%	实测值/%	平均值/%	标准差/%	保持率/%	实测值/MPa	平均值/MPa	标准差/MPa	保持率/%	实测值/GPa	平均值/GPa	标准差/GPa	保持率/%
2A12-T4(包铝,δ3.0mm)	T	0	原始	452~456	453	2.2	—	19.5~22.0	21.0	1.0	—	307~315	310	3.4	—	71.5~74.1	73.0	1.2	—
		1	海面平台棚下	450~464	459	5.4	101	17.5~17.5	17.5	—	83	318~323	321	1.9	104	70.1~71.8	70.9	0.8	97
		2		433~442	437	4.3	97	12.0~18.0	15.5	3.0	74	300~312	308	5.2	99	67.3~70.5	68.5	1.4	94
		3		425~440	432	7.2	95	10.5~15.0	12.5	1.8	60	303~310	306	2.9	99	66.2~69.1	67.0	1.2	92
		4		418~441	431	10.0	95	13.0~17.0	14.5	1.8	69	295~310	303	6.2	95	65.8~73.0	68.8	2.7	94
		5		405~415	409	4.2	90	10.7~13.0	12.0	0.9	57	288~293	290	1.8	94	62.5~66.4	64.2	1.5	88
		1	拉萨棚下	461~467	464	2.8	102	22.0~23.5	23.0	0.7	110	318~324	320	2.4	103	69.6~70.8	70.2	0.6	96
		2		457~462	459	2.5	101	20.5~27.5	24.0	2.6	114	316/~324	319	3.1	103	69.2~71.4	70.4	1.0	97
		3		457~463	459	2.8	101	22.5~25.0	24.0	0.9	114	315~318	316	1.3	102	67.6~74.1	70.6	2.5	97
		5		454~459	457	2.2	101	20.5~23.0	22.0	1.1	105	313~315	315	1.1	102	67.6~70.2	69.4	1.0	95
		1	漠河棚下	465~470	467	2.1	103	21.5~26.5	23.5	2.1	112	317~324	321	3.2	104	69.7~71.2	70.6	0.7	97
		2		455~464	459	3.4	101	23.0~25.5	24.0	0.9	114	314~320	317	3.0	102	69.7~71.0	70.3	0.5	96
		3		460~464	462	1.8	102	21.0~23.5	22.0	1.0	105	316~322	319	2.4	103	68.6~70.8	69.8	0.9	96
		5		455~462	460	2.9	102	21.0~23.5	22.5	0.7	107	314~320	317	3.5	102	69.7~70.6	70.1	0.4	96
2A12-T6(包铝,δ3.0mm)	T	0	原始	422~438	431	5.9	—	8.0~10.5	9.5	1.0	—	339~344	342	3.3	—	67.1~69.0	68.1	0.8	—
		1	海面平台棚下	448~460	453	5.4	105	8.0~11.5	9.5	1.2	100	361~367	363	2.8	106	70.3~71.1	70.6	0.5	104
		2		422~429	425	2.6	99	9.5~11.5	10.5	0.8	111	338~348	343	3.8	100	64.1~68.2	66.3	1.5	97
		3		429~449	438	8.0	102	8.0~10.0	9.5	0.8	100	352~361	356	3.7	104	65.9~68.3	67.4	1.0	99
		4		421~434	431	7.7	100	8.5~10.5	9.5	0.8	100	346~356	351	3.7	103	68.5~70.1	69.2	0.6	102
		5		418~426	421	3.1	98	8.5~10.0	9.0	0.8	95	336~343	340	2.4	99	66.2~71.4	69.1	2.2	101
		1	拉萨棚下	448~462	455	6.2	106	11.0~12.5	11.5	0.6	121	358~366	362	3.0	106	69.5~71.0	70.3	0.5	103
		2		440~459	450	7.0	104	10.0~14.0	12.0	1.6	126	360~366	363	2.2	106	68.5~72.9	70.6	1.7	104
		3		445~454	449	3.4	104	10.0~11.5	10.5	0.6	111	360~365	363	1.9	106	69.9~71.9	71.1	0.8	104
		5		442~449	445	2.5	103	9.0~12.0	10.5	1.3	111	358~364	360	2.3	105	69.5~71.2	71.7	2.7	105
		1	漠河棚下	448~454	453	3.3	105	8.5~12.0	10.0	1.3	105	361~364	363	1.3	106	69.4~71.3	70.6	0.8	104
		2		447~455	450	3.2	104	11.5~11.5	11.5	0	121	358~362	360	1.7	105	68.4~70.9	69.1	1.0	101
		3		446~449	448	1.3	104	9.5~11.0	10.5	0.7	111	361~366	363	2.1	106	68.9~70.2	69.5	0.6	102
		5		442~458	447	6.3	104	8.5~13.5	10.0	2.1	105	360~364	361	1.9	106	68.9~70.8	69.4	0.9	102

注:2A12-T4、2A12-T6 平行段原始截面尺寸为 15.0mm×3.0mm。

表 2-2-27　不同批次 2A12-T4 的拉伸性能变化数据[3]

试样	取向	暴露时间/年	试验方式	R_m		A	
				平均值/MPa	保持率/%	平均值/%	保持率/%
2A12-T4（板材）	—	0	原始	445	—	21.5	—
		1	广州户外	422	95	26.0	121
		3		448	101	23.0	107
		6		441	99	25.0	116
		1	北京户外	419	94	24.0	112
		3		455	102	24.5	114
		6		440	99	24.0	112
		1	青岛户外	436	98	23.5	109
		3		452	102	23.5	109
		6		455	102	25.0	116
		1	万宁濒海户外	419	94	22.0	102
		3		443	100	23.0	107
		6		450	101	25.0	116
		1	琼海户外	414	93	22.5	105
		3		442	99	23.0	107
		6		453	102	24.0	112
		1	武汉户外	419	94	23.5	109
		3		455	102	19.5	90
		6		455	102	24.0	112
		1	江津户外	411	92	23.0	107
		3		446	100	22.0	102
		6		451	101	25.0	116
2A12（型材）	—	原始	—	513	—	15.5	—
		1	广州户外	524	102	18.5	119
		3		526	103	16.5	106
		6		488	95	18.0	116
		10		510	99	—	—
		1	北京户外	501	98	16.0	103
		3		500	97	14.5	94
		1	青岛户外	499	97	14.0	90
		3		521	102	14.0	90
		6		515	100	15.0	97
		1	万宁濒海户外	485	95	14.5	94
		3		489	95	13.5	87
		6		510	99	11.0	65
		1	琼海户外	522	102	15.5	100
		3		508	99	15.0	97
		6		496	97	14.0	90

（续）

试样	取向	暴露时间/年	试验方式	R_m		A	
				平均值/MPa	保持率/%	平均值/%	保持率/%
2A12（型材）	—	1	武汉户外	512	100	17.0	110
		3		529	103	17.0	110
		6		515	100	18.0	106
		10		512	100	—	—
		1	江津户外	514	100	16.0	103
		3		506	99	15.5	100
		6		500	97	17.0	110
		10		510	99	14.5	94

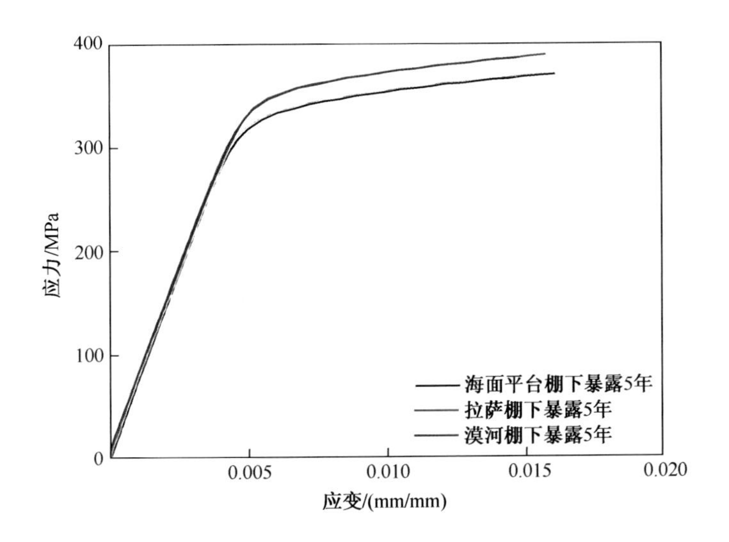

图 2-2-8 2A12-T6 在 3 种环境中暴露 5 年的应力-应变曲线

（3）应力腐蚀性能 见表 2-2-28。

表 2-2-28 应力腐蚀性能[1]

品种	失效制度	试验条件	拉伸应力腐蚀
薄板（不包铝，δ1.0mm）	自然时效	3% NaCl 溶液中交替浸入	>90 天
	人工时效	3% NaCl 溶液中交替浸入	>90 天

6. 电偶腐蚀性能

2A12-T4 的自腐蚀电位为-0.577V(SCE)，2A12-T6 的自腐蚀电位为-0.680V(SCE)，两者的自腐蚀电位曲线见图 2-2-9。2A12 合金电位较负，与结构钢、钛合金、复合材料等偶接具有电偶腐蚀倾向。

7. 防护措施建议

2A12 合金对应力腐蚀、晶间腐蚀和剥蚀都比较敏感[1]，在海洋和潮湿大气环境中耐腐蚀性能较差。包覆纯铝可提高基材抗环境腐蚀能力，推荐配合阳极氧化+底漆+面漆涂层体系进行防护。

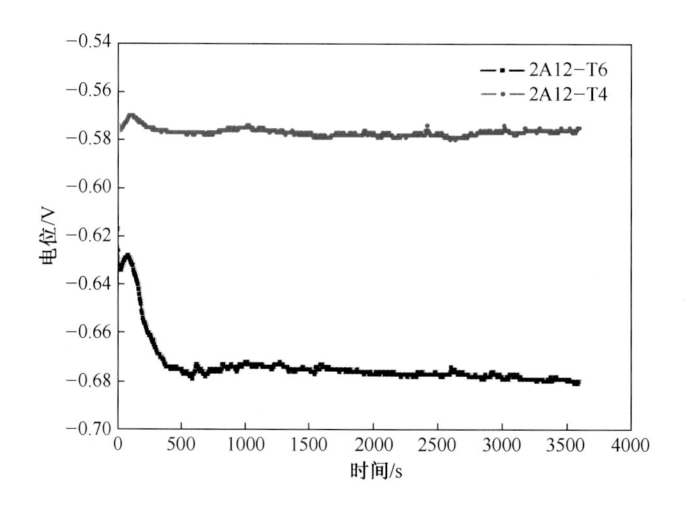

图 2-2-9 2A12 合金不同热处理状态的自腐蚀电位曲线

2A50

1. 概述

2A50 合金是铝-铜-镁-锰系可热处理强化铝合金。固溶热处理加人工时效后具有较高的强度和塑性。热加工工艺塑性良好，适于制造形状复杂及承受中等载荷的锻件。该合金的接触焊、点焊、滚焊性能较好，但电弧焊和气焊性能差[1]。

(1) 材料牌号 2A50。

(2) 相近牌号 俄 AK6。

(3) 生产单位 中国航发北京航空材料研究院、东北轻合金有限责任公司、西南铝业(集团)有限责任公司、中国兵器工业集团第五二研究所。

(4) 化学成分 GB/T 3190—2008 规定的化学成分见表 2-2-29。

表 2-2-29 化学成分

化学成分	Si	Fe	Cu	Mn	Mg	Ni	Zn	Fe+Ni	Ti	Al	其他	
											单个	合计
质量分数/%	0.7~1.2	0.7	1.8~2.6	0.40~0.8	0.40~0.8	0.10	0.30	0.7	0.15	余量	0.05	0.15

(5) 热处理状态 2A50 合金的主要热处理状态包括 T6、T62、H112、F 等。

2. 试验与检测

(1) 试验材料 见表 2-2-30。

表 2-2-30 试验材料

材料牌号	表面状态	品种规格	生产单位
2A50	无	*d*120mm 棒材	—

（2）试验条件　见表 2-2-31。

表 2-2-31　试验条件

试验环境	对应试验站	试验方式
湿热海洋大气环境	海南万宁	近海岸户外
热带雨林大气环境	云南西双版纳	户外
亚热带海洋环境	福建厦门	海水全浸
注:试验标准为 GB/T 14165—2008《金属和合金　大气腐蚀试验　现场试验的一般要求》和 GB/T 5776—2005《金属和合金的腐蚀　金属和合金　在表层海水中暴露和评定的导则》。		

（3）检测项目及标准　见表 2-2-32。

表 2-2-32　检测项目及标准

检测项目	标　准
平均腐蚀速率	HB 5257—1983《腐蚀试验结果的重量损失测定和腐蚀产物的清除》
拉伸性能	GB/T 228.1—1995《金属材料　拉伸试验　第 1 部分:室温试验方法》

3. 腐蚀形态

2A50 合金暴露于湿热海洋大气环境中主要表现为点蚀,伴随灰白色腐蚀产物,局部区域有黄绿色腐蚀产物;暴露于热带雨林大气环境主要表现为点蚀,伴随白色腐蚀产物;暴露于亚热带海水环境表现为均匀腐蚀,表面覆盖一层灰土色腐蚀产物。典型腐蚀形貌见图 2-2-10。

（a）近海岸户外暴露5年

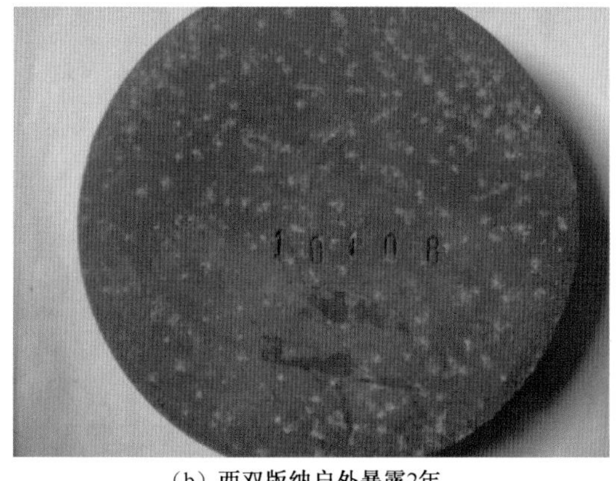

（b）西双版纳户外暴露2年

（c）厦门全浸试验3年

图 2-2-10　2A50 合金的典型腐蚀形貌

4. 平均腐蚀速率

试样尺寸 d120.0mm×18.0mm。通过失重法得到的平均腐蚀速率见表 2-2-33。

表 2-2-33 平均腐蚀速率[2] (单位:μm/年)

品种	热处理状态	试验方式	暴露时间			
			0.5 年	1 年	2 年	3 年
棒材	—	西双版纳户外	1.0	5.1	0.7	1.0
		厦门海水全浸	96.2	75.2	35.0	37.7

5. 腐蚀对力学性能的影响

(1) 技术标准规定的力学性能 见表 2-2-34。

表 2-2-34 技术标准规定的力学性能

技术标准	品种	热处理状态	d/mm	R_m/MPa	A/%
GB/T 3191—2010	挤压棒材	T6、T62	≤150	≥355	≥12
	高强棒材	T6、T62	20~120	≥380	≥10
GJB 2054—1994	挤压棒材	T6	5~150	≥350	≥12
	高强棒材	T6	>150~250	≥350	≥8
			20~150	≥380	≥10

(2) 拉伸性能 2A50 合金棒材在两种环境下暴露不同时间的拉伸性能变化数据见表2-2-35。

表 2-2-35 2A50 合金的位伸性能变化数据[2]

试样牌号	试验地点	试验方式	试验时间/年	R_m/MPa	A/%
2A50	西双版纳	户外	0.5	350	6.5
			2	350	5.0
			3	350	5.0
	厦门	全浸	0.5	335	5.5
			2	330	4.0
			3	360	3.5
注:表中数据来源于 d120.0mm×18.0mm 棒材试样失重检测后,按比例加工成板状哑铃试样的拉伸试验。					

6. 防护措施建议

为了提高 2A50 合金在海水和严酷大气中的耐腐蚀性,可采用包覆纯铝,或阳极氧化+底漆+面漆涂层体系进行防护。表 2-2-36 列出了 2A50 合金棒材涂漆试样暴露于不同环境中的拉伸性能变化数据。

表 2-2-36　2A50 合金涂漆试样的拉伸性能变化数据[2]

试样牌号	试验地点	试验方式	试验时间/年	R_m/MPa	A/%
2A50	西双版纳	户外	0.5	355	7.5
			1	360	8.5
			2	355	9.5
			3	360	8.5
	厦门	全浸	0.5	355	6.5
			1	350	4.5
			2	340	8.5
			3	340	5.5
注：表中数据来源于 d120.0mm×18.0mm 棒材涂漆试样经不同时间环境暴露后，按比例加工成板状哑铃试样的拉伸试验。					

2B06

1. 概述

2B06 合金属于铝-铜-镁系可热处理强化中强度铝合金，是在 2A06 合金基础上提高纯度发展起来的。该合金具有较好的塑性和断裂韧性，在退火状态下主要相组成为 α、θ($CuAl_2$)、S(Al_2CuMg)等。该合金在高温下的软化倾向较小，热强性比 2D12 合金好，可用于 125℃下长时间工作的机体主要受力构件。

2B06 合金不包铝半成品具有较低的耐腐蚀性，其抗应力腐蚀破裂、晶间腐蚀和剥蚀能力取决于淬火时的冷却速度及半成品的品种和厚度。

(1) 材料牌号　2B06。

(2) 相近牌号　俄 Д19Ч。

(3) 生产单位　中国航发北京航空材料研究院、东北轻合金有限责任公司、西南铝业(集团)有限责任公司等。

(4) 化学成分　GB/T 3190—2008 规定的化学成分见表 2-2-37。

表 2-2-37　化学成分

化学成分	Cu	Mg	Mn	Be	Zn	Fe	Si	Ti	Al	杂质含量	
										单个	合计
质量分数/%	3.8~4.3	1.7~2.3	0.4~0.9	0.0002~0.005	≤0.10	≤0.3	≤0.2	≤0.05	余量	≤0.05	≤0.1

(5) 热处理状态　2B06 合金的主要热处理状态包括 O、T4、T4B、H112 等。

2. 试验与检测

(1) 试验材料　见表 2-2-38。

表 2-2-38 试验材料

材料牌号与热处理状态	表面状态	品种	δ/mm	生产单位
2B06-T4	无	薄板	3.0	东北轻合金有限责任公司
2B06-T4	无	薄板	6.0	东北轻合金有限责任公司
	硫酸阳极化+涂层			
2B06-T4	—	薄板	3.5	—

（2）试验条件 见表 2-2-39。

表 2-2-39 试验条件

试验环境	对应试验站	试验方式
湿热海洋大气环境	海南万宁	海面平台户外、海面平台棚下、近海岸户外
暖温海洋大气环境	山东青岛团岛	户外
亚湿热工业大气环境	重庆江津	户外、棚下
寒冷乡村大气环境	黑龙江漠河	户外、棚下
暖温半乡村大气环境	北京	户外
注：试验标准为 GB/T 14165—2008《金属和合金 大气腐蚀试验 现场试验的一般要求》		

（3）检测项目及标准 见表 2-2-40。

表 2-2-40 检测项目及标准

检测项目	标 准
平均腐蚀速率	HB 5257—1983《腐蚀试验结果的重量损失测定和腐蚀产物的清除》
微观形貌	GB/T 13298—2015《金属显微组织检验方法》
拉伸性能	GB/T 228.1—2010《金属材料 拉伸试验 第 1 部分：室温试验方法》
自腐蚀电位	ASTM G69—2003《铝合金腐蚀电位测试的标准试验方法》

3. 腐蚀形态

2B06-T4 暴露于湿热海洋大气环境中主要表现为点蚀，伴随着灰白色腐蚀产物，微观下可见晶间腐蚀特征，见图 2-2-11。

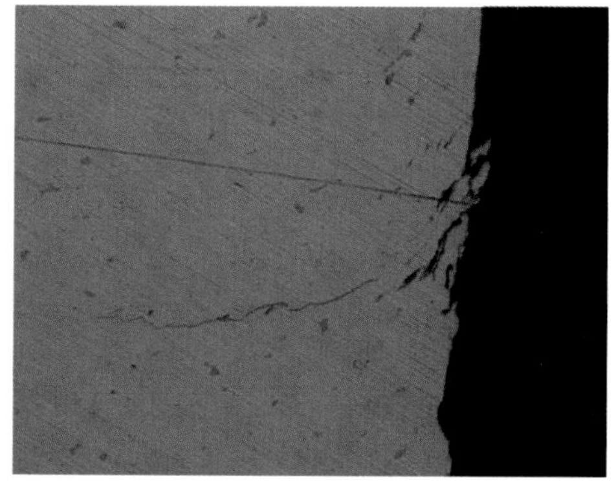

图 2-2-11 2B06-T4 在海面平台户外暴露 1 年的腐蚀形貌

2B06-T4 暴露于亚湿热工业大气环境中主要表现为灰黑色腐蚀斑,微观下可见点蚀坑及晶间腐蚀特征,见图 2-2-12。在寒冷乡村环境中腐蚀不明显。

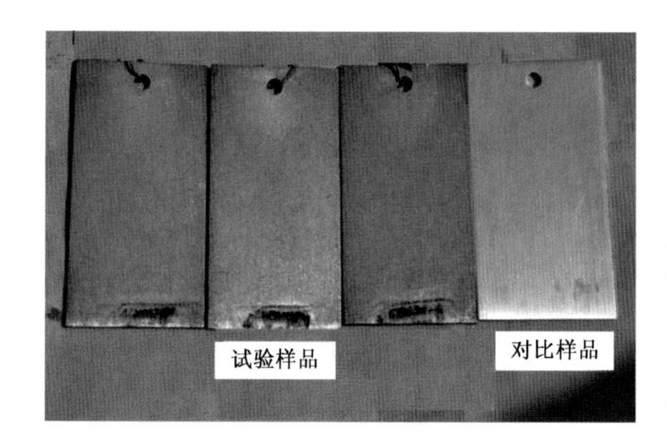

图 2-2-12 2B06-T4 在江津户外暴露 2 年的腐蚀形貌

4. 平均腐蚀速率

试样尺寸为 100. 0mm×50. 0mm×6. 0mm、100. 0mm×50. 0mm×3. 0mm。通过失重法得到的平均腐蚀速率以及腐蚀深度幂函数回归模型见表 2-2-41。

表 2-2-41 平均腐蚀速率以及腐蚀深度幂函数回归模型 (单位:μm/年)

品种规格	热处理状态	试验方式	暴露时间								幂函数回归模型
			0. 5 年	1 年	1. 5 年	2 年	2. 5 年	3 年	4 年	5 年	
薄板(δ6. 0mm)	T4	海面平台户外	0. 712	2. 075	1. 478	1. 149	1. 493	1. 125	1. 449	—	$D=0.986t^{1.304}$, $R^2=0.966$
		海面平台棚下	2. 088	3. 254	2. 318	2. 129	2. 083	1. 848	2. 137	—	$D=2.127t^{0.976}$, $R^2=0.990$
薄板(δ3. 0mm)	T4	江津户外	—	0. 508	—	0. 284	—	0. 389	—	0. 220	—
		江津棚下	—	0. 030	—	0. 386	—	0. 562	—	0. 375	—
		漠河户外	—	0. 000	—	0. 018	—	0. 061	—	0. 084	—
		漠河棚下	—	0. 000	—	0. 167	—	0. 012	—	0. 023	—
薄板(δ3. 5mm)	T4	万宁近海岸户外	—	2. 170	—	1. 673	—	1. 620	—	—	$D=2.203t^{0.637}$, $R^2=0.979$
		北京户外	—	0. 340	—	0. 165	—	0. 109	—	—	—
		团岛户外	—	2. 541	—	1. 479	—	1. 189	—	—	$D=2.503t^{0.299}$, $R^2=0.956$
		江津户外	—	0. 477	—	0. 260	—	0. 179	—	—	$D=0.478t^{0.109}$, $R^2=0.988$

5. 腐蚀对力学性能的影响

(1) 技术标准规定的力学性能 见表 2-2-42。

表 2-2-42 技术标准规定的力学性能

技术标准	品种	厚度/mm	热处理状态	取向	R_m/MPa	$R_{p0.2}$/MPa
GJB 2662A—2008	板材	>6.0~10.5	T4	纵向	≥415	≥265
	板材	>6.0~10.5	T6	横向	≥425	≥275

(2) 拉伸性能 2B06-T4 在湿热海洋大气环境下的拉伸性能变化数据见表 2-2-3,2B06-T4 不同批次在暖温半乡村、湿热海洋、暖温海洋和亚湿热工业等大气环境下的拉伸性能变化数据见表 2-2-44,2B06-T4 不同批次在亚湿热工业和寒冷乡村大气环境下的拉伸性能变化数据见表 2-2-45。典型拉伸应力-应变曲线见图 2-2-13。

表 2-2-43 2B06-T4 在湿热海洋大气环境下的拉伸性能变化数据

试样	取向	暴露时间/年	试验方式	R_m				A			
				实测值/MPa	平均值/MPa	标准差/MPa	保持率/%	实测值/%	平均值/%	标准差/%	保持率/%
2B06-T4 (δ6.0mm)	L	0	原始	435~455	444	8.9	—	20.5~22.0	21.5	0.8	—
		0.5	海面平台户外	425~450	437	12.0	98	15.5~19.5	17.0	1.7	79
		1		425~435	428	8.4	96	13.5~16.5	14.5	1.2	67
		1.5		410~430	423	8.4	95	11.0~17.0	14.0	2.3	65
		2		435~455	444	8.2	100	12.0~17.0	14.0	1.9	65
		3		420~440	425	8.7	96	9.5~15.5	13.0	2.5	60
		4		376~423	408	19.0	92	8.0~14.0	10.5	2.8	49
		0.5	海面平台棚下	410~425	418	5.7	94	12.0~14.5	13.5	0.9	63
		1		420~430	424	5.5	95	13.5~16.5	14.5	1.2	67
		1.5		410~440	429	11.9	97	9.5~16.0	13.0	2.6	60
		2		415~435	427	9.1	96	13.0~17.0	15.5	1.9	72
		3		425~440	431	6.5	97	7.0~16.5	13.5	3.7	63

注:2B06-T4 平行段原始截面尺寸为 20.0mm×6.0mm。

表 2-2-44 2B06-T4 不同批次在不同大气环境下的拉伸性能变化数据[4]

试样	取向	暴露时间/年	试验方式	R_m/MPa		
				实测值	平均值	标准差
2B06-T4 (δ3.5mm)	—	1	北京户外	427~433	430	2.3
		2		428~431	430	1.4
		1	万宁近海岸户外	424~429	427	2.3
		2		417~432	426	6.7
		1	团岛户外	417~427	421	4.5
		2		415~422	419	2.6
		1	江津户外	426~431	428	2.0
		2		405~430	422	11.6

注:2B06-T4 平行段截面尺寸为 15.0mm×3.5mm。

表 2-2-45 2B06-T4 不同批次在亚湿工业和寒冷乡村大气环境下的拉伸性能变化数据

试样	取向	暴露时间/年	试验方式	R_m				A				$R_{p0.2}$				E			
				实测值/MPa	平均值/MPa	标准差/MPa	保持率/%	实测值/%	平均值/%	标准差/%	保持率/%	实测值/MPa	平均值/MPa	标准差/MPa	保持率/%	实测值/GPa	平均值/GPa	标准差/GPa	保持率/%
2B06-T4 (δ3.0mm)	T	0	原始	485~501	491	7.7	—	18.5~23.0	20.5	1.6	—	332~344	338	4.6	—	75.3~77.5	76.6	0.9	—
		1	江津户外	469~474	472	1.9	96	20.0~22.0	21.0	0.7	102	323~330	326	2.7	96	72.1~74.3	73.1	1.0	95
		2		455~466	458	4.8	93	18.0~24.0	21.5	2.3	105	311~335	320	9.2	95	69.9~75.0	71.4	2.1	93
		3		460~464	462	1.5	94	18.5~23.5	21.5	2.0	105	318~324	320	3.0	95	70.4~70.9	70.7	0.2	92
		5		451~458	455	2.9	93	16.5~23.0	20.5	2.4	100	313~321	317	3.6	94	69.8~70.9	70.3	0.5	92
		1	江津棚下	470~478	475	3.7	97	15.5~20.0	18.5	2.0	90	317~334	327	6.2	97	70.3~74.5	72.8	1.6	95
		2		429~455	446	11.0	91	9.5~19.5	16.0	4.7	78	313~322	317	4.1	94	68.4~71.5	70.0	1.1	91
		3		414~455	429	15.5	87	8.0~17.0	10.5	3.7	51	310~319	314	3.2	93	69.5~70.8	70.0	0.5	92
		5		404~429	419	9.6	85	6.0~11.0	8.5	2.3	41	307~323	315	7.5	93	68.1~72.8	69.8	1.8	91
		1	漠河户外	455~463	460	3.0	94	22.0~23.5	22.5	0.7	110	317~323	320	2.4	95	70.2~71.3	70.8	0.4	92
		2		460~467	464	3.0	94	20.5~22.0	21.5	0.6	105	326~338	329	5.2	97	71.4~72.4	72.0	0.4	94
		3		462~467	465	2.2	95	22.5~23.5	23.0	0.4	112	322~329	325	2.9	96	69.6~71.2	70.4	0.6	92
		5		451~456	454	2.1	92	22.5~24.5	23.5	0.8	115	312~322	317	4.3	94	69.3~78.8	73.7	3.8	96
		1	漠河棚下	458~464	460	2.5	94	15.5~20.5	17.0	2.0	83	319~328	324	4.0	96	70.2~82.1	73.1	5.1	95
		2		455~465	462	4.3	94	20.0~22.0	21.5	1.0	105	318~322	320	2.1	95	70.9~71.5	71.3	0.3	93
		3		462~469	465	2.5	95	21.0~25.0	23.0	1.7	112	321~333	326	4.8	96	70.2~71.8	71.0	0.7	93
		5		454~459	456	2.2	93	18.0~22.5	21.0	1.7	102	316~325	321	3.7	95	71.8~77.2	73.3	2.2	96

注：2B06-T4 平行段原始截面尺寸为 15.0mm×3.0mm。

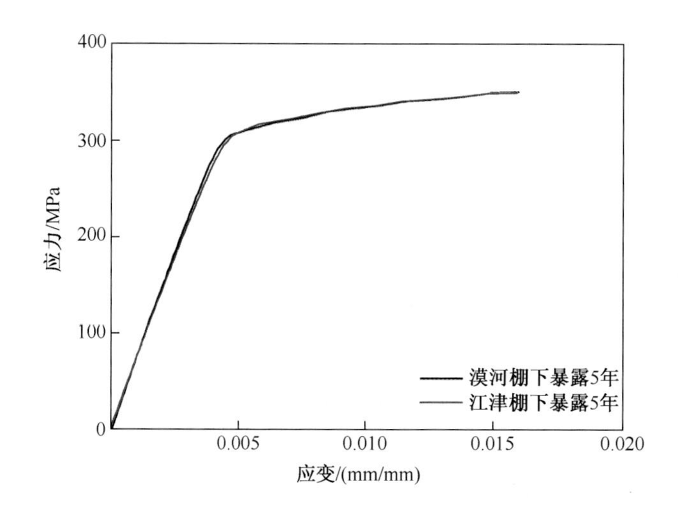

图 2-2-13　2B06-T4 在两种环境暴露 5 年的拉伸应力-应变曲线

6. 电偶腐蚀性能

2B06-T4 的自腐蚀电位为-0.691V(SCE),其自腐蚀电位曲线见图 2-2-14。2B06 合金电位较负,与结构钢、钛合金、复合材料等偶接具有电偶腐蚀倾向。

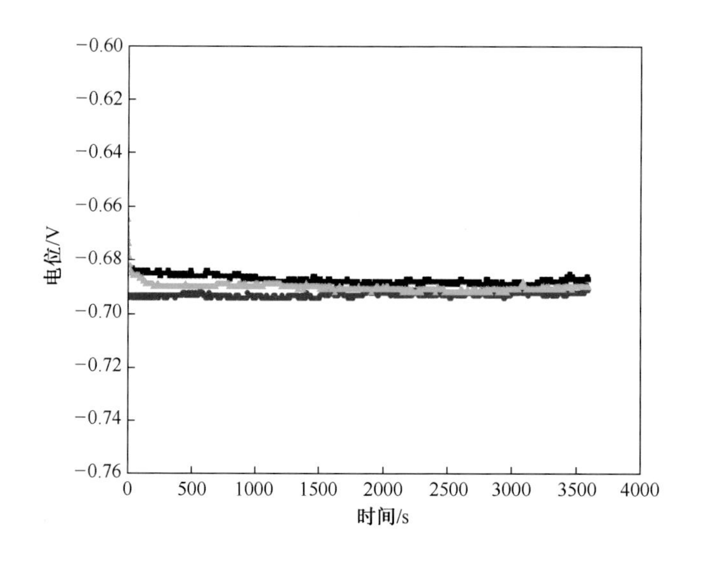

图 2-2-14　2B06-T4 的自腐蚀电位曲线

7. 防护措施建议

2B06 合金具有晶间腐蚀倾向,在海洋和潮湿大气环境中的耐腐蚀性略优于 2A12 合金,可采用包覆纯铝,或阳极氧化+底漆+面漆涂层体系进行防护。2B06-T4 采用涂层体系防护后在湿热海洋大气环境下的拉伸性能变化数据见表 2-2-46。

表 2-2-46　2B06-T4 采用涂层体系防护后的拉伸性能变化数据

涂层体系	取向	暴露时间/年	试验方式	F_m 实测值/kN	F_m 平均值/kN	F_m 标准差/kN	F_m 保持率/%	A 实测值/%	A 平均值/%	A 标准差/%	A 保持率/%
2B06-T4+硫酸阳极化+TB06-9+TS70-1（涂层厚约110μm）	L	0	原始	51.00~51.32	51.60	0.92	—	20.0~22.5	21.5	1.1	—
		1	海面平台户外	49.80~54.00	51.08	1.84	99	17.5~19.0	18.5	0.7	86
		2		49.20~54.00	50.74	1.91	98	11.0~20.5	16.0	3.8	74
		3		47.00~50.00	48.60	1.52	94	9.5~16.0	12.0	2.7	56
		4		49.60~50.66	50.18	0.47	97	13.0~21.0	18.5	3.3	86
		5		50.56~51.76	51.02	0.52	99	19.5~22.5	21.5	1.1	100
		6		50.34~51.35	50.95	0.46	99	20.0~24.0	21.5	1.6	100
		8		50.34~51.31	50.92	0.38	99	17.5~23.0	21.0	2.1	98
		1	海面平台棚下	49.60~51.00	50.48	0.59	98	19.0~21.0	20.5	0.8	95
		2		49.40~50.20	49.72	0.29	96	18.0~21.5	20.5	1.5	95
		3		49.00~50.00	49.40	0.55	96	19.5~21.5	20.5	0.7	95
		4		49.90~51.30	50.51	0.55	98	13.5~21.5	18.5	3.3	86
		6		50.63~51.49	51.13	0.31	99	20.5~24.0	22.0	1.4	102
		8		49.89~51.18	50.77	0.51	98	20.5~23.0	22.0	1.0	102
2B06-T4+硫酸阳极化+2层TB06-9（涂层厚约100μm）	L	0	原始	50.00~52.40	51.44	1.00	—	20.0~21.5	20.5	0.6	—
		1	海面平台户外	49.80~51.00	50.36	0.54	98	15.0~20.5	18.5	2.2	90
		2		50.40~51.80	51.00	0.53	99	5.0~20.5	13.5	6.4	66
		3		48.00~49.00	48.80	0.45	95	13.0~20.5	17.5	3.2	85
		4		46.78~51.48	49.89	2.11	95	10.5~21.5	17.5	4.8	85
		5		49.84~51.48	50.83	0.61	99	15.5~22.0	18.5	2.8	90
		6		50.52~51.25	50.89	0.33	99	20.0~22.5	21.0	1.1	102
		8		50.10~51.47	50.62	0.55	98	19.0~21.0	20.0	0.7	98
		1	海面平台棚下	49.80~51.60	50.52	0.78	98	20.0~22.0	21.0	0.8	102
		2		49.50~50.50	50.10	0.44	97	19.0~22.5	20.0	1.4	98
		3		48.00~49.00	48.60	0.55	94	17.5~21.0	19.5	1.4	95
		4		49.55~51.70	50.79	0.84	99	17.5~21.5	19.5	1.6	95
		6		50.74~51.70	51.23	0.34	100	20.5~23.5	22.0	1.3	107
		8		49.78~51.27	50.40	0.61	98	17.0~21.5	20.5	2.0	100

注：2B06-T4 基材平行段截面尺寸为 20.0mm×6.0mm。

2D12

1. 概述

2D12 合金属于铝-铜-镁系可热处理强化铝合金，是在 2A12 合金基础上严格控制和降低铁、硅杂质含量的高纯合金。其强度、塑性和疲劳性能与 2A12 合金相近，而断裂韧度比 2A12 合金高 10%~15%，疲劳裂纹扩展特性比 2A12 合金好。2D12 合金具有良好的切削加工和成形性能，耐热性能较好，T4 热处理状态可用于制造壁板、大梁、横梁、隔框等受力构件。

2D12 合金抗应力腐蚀性能优于 2A12 合金，抗剥蚀、点蚀等常规腐蚀性能与 2A12 合金相当。

（1）材料牌号 2D12。

（2）相近牌号 美 2024、俄 Д16Ч。

（3）生产单位 东北轻合金有限责任公司、西南铝业（集团）有限责任公司、中国航发北京航空材料研究院等。

（4）化学成分 GB/T 3190—2008 规定的化学成分见表 2-2-47。

表 2-2-47 化学成分

化学成分	Si	Fe	Cu	Mn	Mg	Ni	Zn	Ti	其他		Al
									单个	合计	
质量分数/%	0.20	0.30	3.8~4.9	0.30~0.9	1.2~1.8	0.05	0.10	0.10	0.05	0.10	余量

（5）热处理状态 2D12 合金的主要热处理状态包括 O、T351、T4、T6、H112 等。

2. 试验与检测

（1）试验材料 见表 2-2-48。

表 2-2-48 试验材料

材料牌号与热处理状态	表面状态	品种	δ/mm	生产单位
2D12-T4	无	薄板	2.0	东北轻合金有限责任公司
	硫酸阳极化+涂层			
2D12-T4	无	薄板	3.0	东北轻合金有限责任公司

（2）试验条件 见表 2-2-49。

表 2-2-49 试验条件

试验环境	对应试验站	试验方式
湿热海洋大气环境	海南万宁	海面平台户外、海面平台棚下
亚湿热工业大气环境	重庆江津	户外、棚下
寒冷乡村大气环境	黑龙江漠河	户外、棚下
注：试验标准为 GB/T 14165—2008《金属和合金 大气腐蚀试验 现场试验的一般要求》。		

（3）检测项目及标准　见表 2-2-50。

表 2-2-50　检测项目及标准

检测项目	标　　准
平均腐蚀速度	HB 5257—1983《腐蚀试验结果的重量损失测定和腐蚀产物的清除》
微观形貌	GB/T 13298—2015《金属显微组织检验方法》
拉伸性能	GB/T 228.1—2010《金属材料　拉伸试验　第 1 部分：室温试验方法》
自腐蚀电位	ASTM G69—2003《铝合金腐蚀电位测试的标准试验方法》

3. 腐蚀形态

2D12-T4 暴露于湿热海洋大气环境中主要表现为点蚀，伴随着灰白色腐蚀产物，微观下可见晶间腐蚀特征，见图 2-2-15。

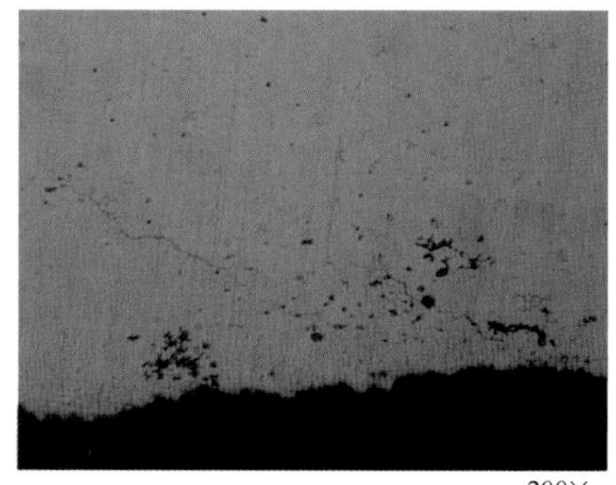

200×

图 2-2-15　2D12-T4 在海面平台户外暴露 1 年的腐蚀形貌

2D12-T4 暴露于亚湿热工业大气环境中主要表现为点蚀，伴随着灰黑色斑点，微观下可见椭圆形点蚀坑，见图 2-2-16。在寒温高原和寒冷乡村环境中腐蚀不明显。

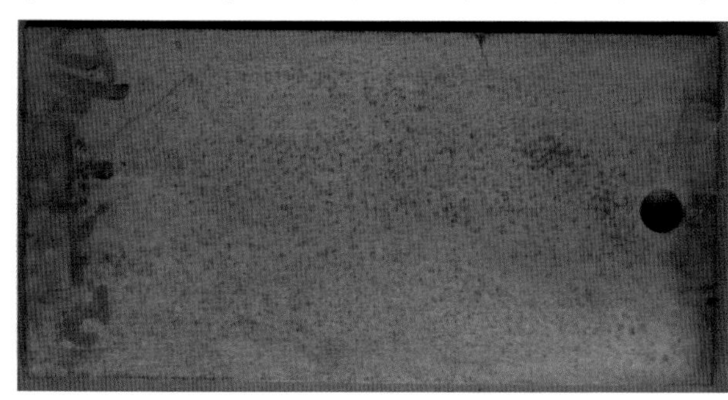

200×

图 2-2-16　2D12-T4 在亚湿热工业环境户外暴露 1 年的腐蚀形貌

4. 平均腐蚀速率

试样尺寸为 100.0mm×50.0mm×2.0mm 和 100.0mm×50.0mm×3.0mm。通过失重法得到的平均腐蚀速率以及腐蚀深度幂函数回归模型见表 2-2-51。

5. 腐蚀对力学性能的影响

（1）技术标准规定的力学性能　见表 2-2-52。

（2）拉伸性能　2D12-T4 在湿热海洋大气环境下的拉伸性能变化数据见表 2-2-53，不同批次在亚湿热工业和寒冷乡村大气环境下的拉伸性能变化数据见表 2-2-54。典型拉伸应力-应变曲线见图 2-2-17。

表 2-2-51 平均腐蚀速率及腐蚀深度幂函数回归模型 (单位:μm/年)

品种规格	热处理状态	试验方式	暴露时间						幂函数回归模型
			0.5年	1年	2年	3年	4年	5年	
薄板(δ2.0mm)	T4	海面平台户外	2.737	1.999	1.620	1.137	1.347	—	$D=2.042t^{0.612}, R^2=0.961$
		海面平台棚下	2.694	2.213	1.792	1.307	1.639	—	$D=2.172t^{0.699}, R^2=0.965$
薄板(δ3.0mm)		江津户外	—	0.967	0.197	0.416	—	0.208	—
		江津棚下	—	1.208	0.185	0.420	—	0.225	—
		漠河户外	—	0.141	0.021	0.029	—	0.105	—
		漠河棚下	—	0.068	0.005	0.046	—	—	—

表 2-2-52 技术标准规定的力学性能

技术标准	品种	包铝类型	热处理状态	厚度/mm	R_m/MPa	$R_{p0.2}$/MPa	A/%
GJB 2662A—2008	板材	正常包铝或工艺包铝	T3	>6.0~10.5	≥420	≥275	≥15
			T4	>6.0~10.5	≥415	≥265	≥10
GJB 2053A—2008	板材	正常包铝	T4	0.3、0.4	≥400	≥265	≥13.0
				0.5~1.9	≥405	≥270	≥13.0
				>1.9~6.0	≥425	≥275	≥10.0

表 2-2-53 2D12-T4 在湿热海洋大气环境下的拉伸性能变化数据

试样	取向	暴露时间/年	试验方式	R_m				A			
				实测值/MPa	平均值/MPa	标准差/MPa	保持率/%	实测值/%	平均值/%	标准差/%	保持率/%
2D12-T4(δ2.0mm)	L	0	原始	435~480	457	20.8	—	18.5~22.5	19.5	1.7	—
		0.5	海面平台户外	415~450	439	14.8	96	10.5~19.0	16.0	3.3	82
		1		425~440	433	5.7	95	12.5~20.0	15.5	3.0	80
		1.5		420~455	434	17.1	95	11.0~14.5	12.5	1.7	64
		2		375~440	418	25.9	92	11.5~16.5	14.0	2.0	72
		3		455~473	461	6.8	101	10.0~13.0	11.0	1.5	56
		4		411~428	417	7.0	91	6.5~10.5	8.5	1.6	44
2D12-T4(δ2.0mm)	L	0.5	海面平台棚下	430~460	444	10.8	97	14.0~17.0	15.5	1.3	80
		1		405~435	426	11.9	93	13.0~15.0	14.5	0.8	74
		1.5		430~450	444	8.9	97	10.0~16.0	13.5	2.4	69
		2		395~425	414	15.2	91	12.5~18.0	14.5	2.2	74
		3		459~480	471	15.8	103	10.5~18.0	15.0	3.5	77

注:2D12-T4 平行段原始截面尺寸为 15.0mm×2.0mm。

表 2-2-54　2D12-T4 不同批次在亚湿热工业和寒冷乡村大气环境下的拉伸性能变化数据

试样	取向	暴露时间/年	试验方式	R_m 实测值/MPa	R_m 平均值/MPa	R_m 标准差/MPa	R_m 保持率/%	A 实测值/%	A 平均值/%	A 标准差/%	A 保持率/%	$R_{p0.2}$ 实测值/MPa	$R_{p0.2}$ 平均值/MPa	$R_{p0.2}$ 标准差/MPa	$R_{p0.2}$ 保持率/%	E 实测值/GPa	E 平均值/GPa	E 标准差/GPa	E 保持率/%
2D12-T4 (δ3.0mm)	T	0	原始	481~491	486	3.6	—	19.0~21.0	20.0	0.9	—	337~349	341	5.3	—	71.4~75.9	73.9	1.6	—
		1	江津户外	471~482	480	4.8	99	18.0~21.0	19.5	1.1	98	332~340	338	3.3	99	69.8~74.5	72.0	1.9	97
		2		461~468	464	2.6	96	20.5~22.5	21.5	0.8	108	324~330	325	2.8	95	69.5~70.0	69.8	0.2	95
		3		464~470	468	2.4	96	19.5~23.0	21.5	1.4	108	327~333	330	2.4	97	69.7~70.2	69.9	0.2	95
		5		461~465	463	1.9	95	20.0~25.5	22.5	2.1	112	327~335	331	3.2	97	69.5~71.1	70.2	0.7	95
		1	江津棚下	468~481	476	5.2	98	14.5~23.0	19.0	3.7	95	330~339	336	3.8	99	71.0~73.4	72.4	1.1	98
		2		447~451	445	10.4	91	14.0~19.5	14.5	3.8	73	315~326	322	4.3	94	67.7~69.9	68.8	0.8	93
		3		433~453	439	8.2	90	9.5~11.0	10.0	0.5	50	321~332	325	4.2	95	69.1~74.1	70.8	2.0	96
		5		420~452	434	11.8	89	8.0~16.5	10.5	3.5	53	317~326	323	3.9	95	69.2~75.7	72.5	2.8	98
		1	漠河户外	461~465	463	1.6	95	19.0~23.0	21.0	1.7	105	319~328	325	4.1	95	69.2~69.7	69.5	0.2	94
		2		461~470	467	3.5	96	20.5~25.5	21.5	4.2	108	329~335	331	2.9	97	70.1~72.4	71.0	1.0	96
		3		466~471	469	2.6	97	21.0~25.5	23.0	1.7	115	324~330	327	2.6	96	69.3~70.2	69.7	0.4	94
		5		459~465	462	2.8	95	21.5~25.5	23.0	1.8	115	324~332	329	3.4	96	70.6~76.0	72.8	2.1	99
		1	漠河棚下	463~468	465	2.1	96	17.5~20.5	19.0	1.1	94	324~331	326	3.1	96	68.1~72.3	69.7	1.6	94
		2		467~471	469	1.7	97	21.0~25.0	23.5	2.1	118	322~337	329	7.8	97	69.7~71.3	70.3	0.6	95
		3		465~471	468	2.7	96	21.5~25.5	23.5	1.4	118	325~354	334	11.4	98	69.7~70.7	70.1	0.4	95
		5		461~467	464	2.2	95	20.5~22.5	22.0	0.8	110	327~333	330	2.8	97	70.2~72.5	71.3	1.0	96

注：2D12-T4 平行段原始截面尺寸为 15.0mm×3.0mm。

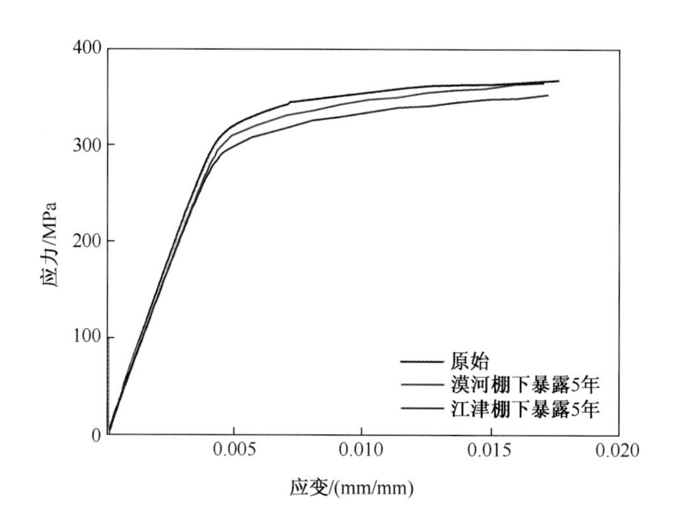

图 2-2-17 2D12-T4 在两种环境暴露 5 年的拉伸应力-应变曲线

6. 电偶腐蚀性能

2D12-T4 的自腐蚀电位为-0. 666V(SCE),其自腐蚀电位曲线见图 2-2-18。2D12-T4 电位较负,与结构钢、钛合金、复合材料等偶接具有电偶腐蚀倾向。

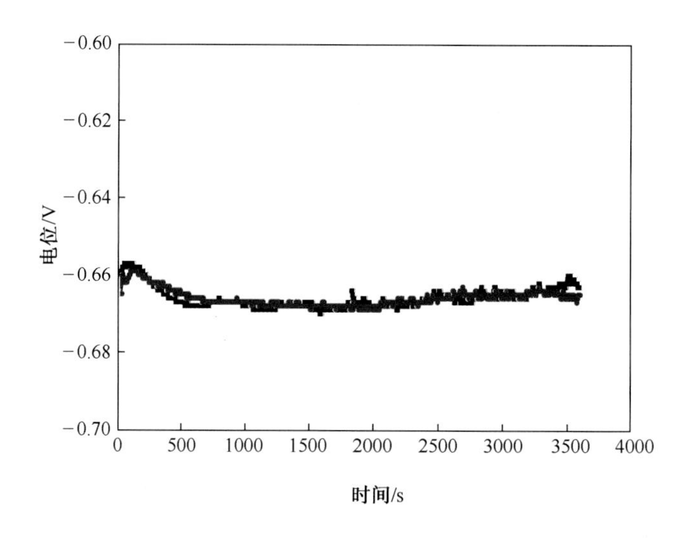

图 2-2-18 2D12-T4 的自腐蚀电位曲线

7. 防护措施建议

2D12 合金在海洋大气环境中具有晶间腐蚀倾向,耐腐蚀性略优于 2A12 合金,可采用包覆纯铝,或阳极氧化+底漆+面漆涂层体系进行防护。表 2-2-55 列出了 2D12+硫酸阳极化+TB06-9+TS70-60(外用)、2D12+硫酸阳极化+2 层 S06-0215(内用)的拉伸性能变化数据。

表 2-2-55 2D12 合金采用防护涂层体系后的拉伸性能变化数据

涂层体系	取向	暴露时间/年	试验方式	F_m				A			
				实测值/kN	平均值/kN	标准差/kN	保持率/%	实测值/%	平均值/%	标准差/%	保持率/%
2D12-T4+硫酸阳极化+TB06-9+TS70-60(干膜厚度约120μm)	L	0	原始	13.60~14.80	14.08	0.57	—	18.0~21.5	20.0	1.4	—
		1	海面平台户外	13.20~13.45	13.31	0.10	95	18.5~21.0	20.5	1.0	102
		2		12.50~12.70	12.60	0.07	89	20.0~23.5	21.0	1.5	105
		3		13.60~13.70	13.64	0.05	97	22.0~23.5	22.5	0.5	112
		4		13.24~13.82	13.63	0.23	97	12.5~20.5	18.0	3.2	90
		5		13.02~13.78	13.52	0.31	96	9.0~22.0	18.5	5.7	93
		8		13.58~13.64	13.62	0.02	97	14.0~21.5	19.0	2.8	95
		1	海面平台棚下	13.35~13.80	13.48	0.19	96	20.0~26.0	21.5	2.6	108
		2		12.70~13.00	12.84	0.11	91	20.5~23.0	21.5	1.2	108
		3		13.50~13.70	13.60	0.10	97	20.0~22.0	21.0	0.9	105
		4		13.62~13.84	13.73	0.08	98	14.0~22.5	20.5	3.5	102
		6		13.64~13.90	13.82	0.10	98	19.5~21.0	20.0	0.7	100
		8		13.54~13.77	13.64	0.09	97	19.5~21.0	20.5	0.8	102
2D12-T4+硫酸阳极化+2层S06-0215(干膜厚度约100μm)	L	0	原始	13.70~14.80	14.50	0.45	—	20.5~22.0	21.0	0.6	—
		1	海面平台户外	13.05~13.65	13.38	0.23	92	21.0~22.5	22.0	0.7	105
		2		12.50~12.70	12.60	0.07	87	18.5~22.5	21.0	1.5	100
		3		13.50~13.60	13.56	0.05	94	22.5~22.5	22.5	0.0	107
		4		13.46~13.70	13.59	0.10	94	13.0~21.5	19.0	3.8	90
		5		13.22~13.72	13.60	0.22	94	13.0~22.0	20.0	4.0	95
		8		13.37~13.62	13.52	0.09	93	19.0~27.0	22.5	3.2	107
		1	海面平台棚下	13.30~13.65	13.45	0.15	93	18.0~21.5	20.0	1.3	95
		2		12.50~12.60	12.58	0.04	87	18.5~22.0	20.5	1.3	98
		3		13.50~13.60	13.56	0.05	94	16.5~17.5	17.0	0.5	81
		4		13.66~13.88	13.77	0.10	95	16.5~23.5	20.0	2.9	95
		6		13.54~13.72	13.64	0.07	94	19.5~22.0	20.5	0.9	98
		8		13.49~13.62	13.56	0.09	94	22.0~22.5	22.5	0.4	107

注:2D12-T4 基材平行段截面尺寸为 15.0mm×2.0mm。

6061

1. 概述

6061 合金属于铝-镁-硅系可热处理强化铝合金,是该系列中主要合金之一。其主要合金元素是镁和硅,自然时效或人工时效后具有中等强度,良好的塑性成形、机械加工及焊接性能。6061-T651 状态韧性高、加工后不易变形,同时具有易于抛光、上色容易、氧化效果极佳等优良特点,但 T651 状态下合金对晶间腐蚀有一定的敏感性。

6061合金高温下软化倾向小,适用于需要焊接或受热的部位,或者传送媒介压力大的导管,是飞机燃油环控等系统用主要合金。

(1)材料牌号 6061。

(2)相近牌号 美6061。

(3)生产单位 东北轻合金有限责任公司、西南铝业(集团)有限责任公司。

(4)化学成分 GB/T 3190—2008规定的化学成分见表2-2-56。

表2-2-56 化学成分

化学成分	Si	Fe	Cu	Mn	Mg	Cr	Zn	Ti	Al	其他	
										单个	合计
质量分数/%	0.40~0.8	0.7	0.15~0.40	0.15	0.8~1.2	0.04~0.35	0.25	0.15	余量	0.05	0.15

(5)热处理状态 6061合金的主要热处理状态包括T4、T6、T651等。

2. 试验与检测

(1)试验材料 见表2-2-57。

表2-2-57 试验材料

材料牌号与热处理状态	表面状态	品种	δ/mm	生产单位
6061-T651	无	厚板	250	西南铝业(集团)有限责任公司
	硫酸/硼硫酸阳极氧化	轧制棒材	—	

(2)试验条件 见表2-2-58。

表2-2-58 试验条件

试验环境	对应试验站	试验方式
湿热海洋大气环境	海南万宁	濒海户外
寒温高原大气环境	西藏拉萨	户外
干热沙漠大气环境	甘肃敦煌	户外
寒冷乡村大气环境	黑龙江漠河	户外
注:试验标准为GB/T 14165—2008《金属和合金 大气腐蚀试验 现场试验的一般要求》。		

(3)检测项目及标准 见表2-2-59。

表2-2-59 检测项目及标准

检测项目	标准
平均腐蚀速率	HB 5257—1983《腐蚀试验结果的重量损失测定和腐蚀产物的清除》
微观形貌/腐蚀深度	GB/T 13298—2015《金属显微组织检验方法》
拉伸性能	GB/T 228.1—2010《金属材料 拉伸试验 第1部分:室温试验方法》

3. 腐蚀形态

6061-T651 在湿热海洋大气环境中主要表现为密集点蚀,伴随灰白色腐蚀产物,微观下可见沿晶微裂纹和剥蚀特征,见图 2-2-19;在干热沙漠大气环境中有轻微点蚀,微观下局部有晶间腐蚀特征,见图 2-2-20。而在寒冷乡村和寒温高原环境中腐蚀不明显。

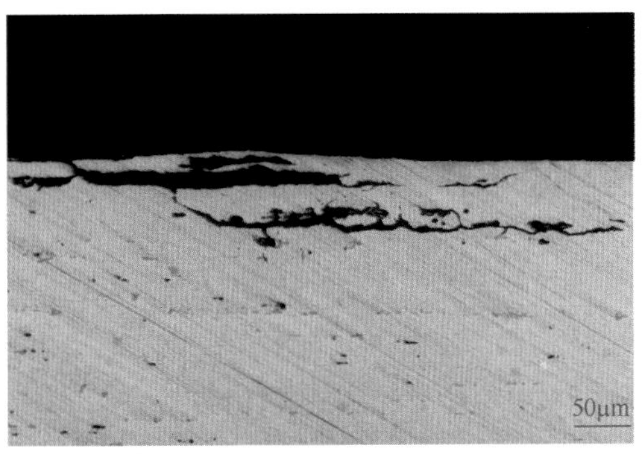

图 2-2-19 6061-T651 在濒海户外暴露 3 年的腐蚀形貌

图 2-2-20 6061-T651 在敦煌户外暴露 5 年的腐蚀形貌

4. 平均腐蚀速率

试样尺寸 100.0mm×50.0mm×3.0mm。通过失重法得到的 6061-T651 的平均腐蚀速率见表 2-2-60。通过金相检测法得到的局部最大腐蚀深度见表 2-2-61。

表 2-2-60 平均腐蚀速率 (单位:μm/年)

品种	热处理状态	试验方式	暴露时间		
			1 年	2 年	5 年
厚板	T651	万宁濒海户外	1.470	0.661	0.410
		拉萨户外	0.176	0.014	0.012
		敦煌户外	0.184	0.016	0.018
		漠河户外	0.152	0.015	0.012

表 2-2-61 局部最大腐蚀深度 （单位：μm）

品种	热处理状态	试验方式	暴露时间				
			0.5 年	1 年	2 年	3 年	5 年
厚板	T651	万宁濒海户外	170	129	183	80	135
		拉萨户外	0	0	0	0	0
		敦煌户外	0	0	0	0	53
		漠河户外	0	0	0	0	0

5. 腐蚀对力学性能的影响

（1）技术标准规定的力学性能 见表 2-2-62。

表 2-2-62 技术标准规定的力学性能

标准	品种	包铝类型	热处理状态	厚度或直径/mm	R_m/MPa	$R_{p0.2}$/MPa	A/%
GB/T 3880.2—2012	板材	不包铝	T6	>1.50~3.00	290	240	7
				>3.00~6.00	290	240	10
				>6.00~12.50	290	240	9
				>12.50~40.00	290	240	8
GB/T 3191—2010	棒材	—	T6	≤150	260	240	9
			T4	≤150	180	110	14

（2）拉伸性能 6061-T651 棒材哑铃试样在湿热海洋、干热沙漠、寒温高原和寒冷乡村 4 种大气环境中的拉伸性能变化数据见表 2-2-63，典型拉伸应力-应变曲线见图 2-2-21。

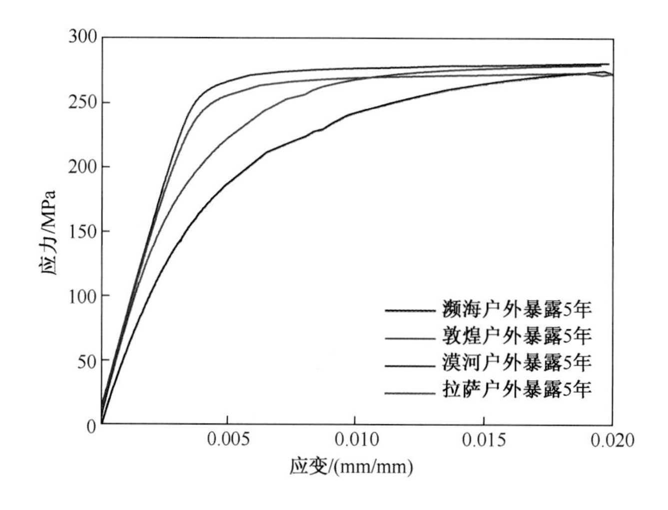

图 2-2-21 6061-T651 在 4 种环境中暴露 5 年的拉伸应力-应变曲线

表 2-2-63 6061—T651 的拉伸性能变化数据

试样	取向	暴露时间/年	试验方式	R_m 实测值/MPa	R_m 平均值/MPa	R_m 标准差/MPa	R_m 保持率/%	A 实测值/%	A 平均值/%	A 标准差/%	A 保持率/%	$R_{p0.2}$ 实测值/MPa	$R_{p0.2}$ 平均值/MPa	$R_{p0.2}$ 标准差/MPa	$R_{p0.2}$ 保持率/%	E 实测值/GPa	E 平均值/GPa	E 标准差/GPa	E 保持率/%
6061-T651 (d=5.0mm)	L	0①	原始	311,311	311	0.0	—	16.5,16.5	16.5	0.0	—	263,263	263	0.0	—	—	—	—	—
		0.5	万宁濒海户外	306~314	311	3.1	100	18.0~20.5	19.0	1.1	115	270~278	274	3.0	104	66.6~84.8	74.6	6.8	—
		1		280~301	294	8.4	95	14.5~18.0	17.0	1.5	103	254~271	265	7.0	101	69.6~73.7	71.4	1.5	—
		2		285~298	291	5.5	94	15.5~19.5	17.0	1.6	103	251~265	258	6.1	98	62.2~72.9	69.2	4.2	—
		3		289~293	291	1.6	94	13.5~19.5	17.0	2.3	103	253~260	256	3.1	97	54.0~74.7	64.2	7.9	—
		5		289~300	295	4.0	95	12.5~16.0	14.5	1.4	88	168~216	199	18.5	76	55.4~63.7	60.7	3.3	—
		0.5	敦煌户外	309~316	313	2.8	101	17.5~21.5	19.5	1.9	118	271~280	276	3.6	105	75.1~92.8	83.1	6.9	—
		1		297~306	301	3.4	97	19.5~21.0	21.0	0.7	127	253~273	265	7.6	101	49.5~82.3	61.9	14.6	—
		2		297~299	298	1.1	96	18.0~22.0	20.0	1.8	121	252~266	260	5.5	99	52.9~63.4	59.4	4.2	—
		3		295~299	297	1.6	95	20.0~21.5	21.0	0.8	127	259~365	262	2.4	100	60.6~87.0	69.1	10.6	—
		5		297~302	300	2.1	96	17.0~19.5	18.5	1.1	112	210~244	228	15.0	87	63.4~72.1	66.7	3.3	—
		0.5	拉萨户外	310~314	312	1.8	100	17.0~19.5	18.5	0.9	112	275~280	276	3.0	105	55.5~119.5	79.1	25.0	—
		1		296~305	300	3.7	96	18.0~19.0	18.5	0.4	112	257~267	260	4.1	99	49.6~116.6	66.6	28.2	—
		2		292~296	294	1.5	95	19.0~23.5	22.0	1.8	133	258~262	260	1.8	99	67.4~82.3	72.4	5.9	—
		3		295~299	296	1.7	95	19.5~23.0	21.5	1.3	130	261~264	263	1.4	100	56.5~74.6	65.0	6.6	—
		5		295~306	300	4.6	96	19.0~21.0	19.5	1.0	118	219~264	236	21.0	90	65.7~77.5	69.9	5.3	—
		0.5	漠河户外	308~314	312	2.5	100	17.5~20.5	18.5	1.2	112	271~278	275	2.7	105	64.4~80.5	70.7	6.2	—
		1		293~305	300	4.5	96	18.0~20.0	19.5	0.8	118	255~270	262	5.4	100	54.4~73.3	59.9	9.9	—
		2		299~302	300	1.1	96	18.0~24.0	21.0	2.2	127	259~266	262	2.9	100	64.1~69.7	66.4	2.3	—
		3		291~298	295	2.8	95	20.0~24.0	21.2	1.6	128	259~264	262	2.0	100	58.7~60.4	59.1	0.8	—
		5		297~305	301	3.3	97	17.0~20.0	19.0	1.3	115	266~274	270	3.2	103	68.6~73.1	70.5	1.8	—

注：1. 上标①表示该组仅有两个有效数据，数据来源于航空工业第一飞机设计研究院；

2. 6061-T651 棒状哑铃试样原始截面直径为 5.0mm。

6. 电偶腐蚀性能

6061合金电位较负,与结构钢、钛合金、复合材料等偶接具有电偶腐蚀倾向。6061合金表面阳极化分别与钛合金裸材、钛合金阳极化、结构钢镀镉钛等偶接,在湿热海洋大气环境中会发生明显电偶腐蚀,见表2-2-64。建议结构设计时,综合应用表面处理、涂层、密封、电绝缘等多种防护方法,以有效控制电偶腐蚀。

表2-2-64 电偶腐蚀性能

偶对		电偶腐蚀出现时间			
阳极	阴极	万宁濒海户外	漠河户外	敦煌户外	拉萨户外
6061-T651 硼硫酸阳极化	TC21	6月	>5年	>5年	>5年
	TC21阳极化	6月	>5年	>5年	>5年
	TC21阳极化+聚氨酯底漆+聚氨酯面漆	15月	>5年	>5年	>5年
	TC18	3月	>5年	>5年	>5年
	TC18阳极化	9月	>5年	>5年	>5年
	TC18阳极化+聚氨酯底漆+聚氨酯面漆	4月	>5年	>5年	>5年
	TC4	3月	>5年	>5年	>5年
	TC4阳极化	9月	>5年	>5年	>5年
	TC4阳极化+聚氨酯底漆+聚氨酯面漆	—	>5年	>5年	>5年
	30CrMnSiA镀镉	>5年	>5年	>5年	>5年
	30CrMnSiA镀镉+聚氨酯底漆+聚氨酯面漆	4年	>5年	>5年	>5年
	30CrMnSiNi2A镀镉钛	>5年	>5年	>5年	>5年
	30CrMnSiNi2A镀镉钛+聚氨酯底漆+聚氨酯面漆	4年	>5年	>5年	>5年
	300M镀镉钛	15月	>33月	>33月	>33月
	300M镀镉钛+聚氨酯底漆+聚氨酯面漆	27月	>33月	>33月	>33月
6061-T651硼硫酸阳极化+聚氨酯底漆+聚氨酯面漆	TC4	>5年	>5年	>5年	>5年
	TC4阳极化	>5年	>5年	>5年	>5年
	30CrMnSiA镀镉	>5年	>5年	>5年	>5年
	30CrMnSiA镀镉+聚氨酯底漆+聚氨酯面漆	>5年	>5年	>5年	>5年

7. 防护措施建议

6061合金在海洋大气环境中对晶间腐蚀有一定的敏感性,表面阳极化处理长期防护效果不明显,严酷环境下使用建议采用阳极氧化+底漆+面漆的涂层体系进行防护。表2-2-65列出了6061-T651采用硫酸阳极化和硼硫酸阳极化防护后在4种环境中的拉伸性能变化数据。

表 2-2-65　6061-T651 阳极化的拉伸性能变化数据

试样	取向	暴露时间/年	试验方式	R_m				A				$R_{p0.2}$				E			
				实测值/MPa	平均值/MPa	标准差/MPa	保持率/%	实测值/%	平均值/%	标准差/%	保持率/%	实测值/MPa	平均值/MPa	标准差/MPa	保持率/%	实测值/GPa	平均值/GPa	标准差/GPa	保持率/%
6061-T651硫酸阳极化（d=5.0mm）	L	0	—	311,311	311	0.0	—	16.5,16.5	16.5	0.0	—	263,263	263	0.0	—	—	—	—	—
		1	濒海户外	296~304	299	3.1	96	17.5~19.5	18.5	0.8	112	266~273	269	3.0	102	69.1~78.5	72.6	3.5	—
		2		292~296	295	1.5	95	18.5~19.5	19.0	0.6	115	255~261	258	2.4	98	64.9~70.8	66.5	2.4	—
		5		292~298	295	2.4	95	15.0~18.0	17.0	1.3	103	198~227	208	11.5	79	61.6~79.0	69.8	7.2	—
		1	敦煌户外	298~310	303	5.0	97	16.5~20.0	18.5	1.3	112	252~267	261	6.3	99	49.6~82.7	64.8	12.7	—
		2		297~299	298	0.8	96	19.0~21.5	20.0	1.0	121	254~263	261	4.0	99	50.0~67.5	60.5	7.0	—
		5		295~303	301	3.4	97	17.0~19.5	19.0	1.1	115	212~227	221	6.1	84	57.8~71.3	64.8	5.3	—
		1	拉萨户外	294~301	298	3.7	96	17.5~20.0	19.0	1.1	115	256~267	261	4.5	99	54.3~79.1	63.4	9.8	—
		2		294~295	295	0.5	95	17.0~21.5	20.0	1.9	121	250~261	255	4.1	97	59.6~78.0	65.7	7.7	—
		5		298~301	299	1.1	96	18.5~19.5	19.0	0.4	115	219~248	232	13.1	88	65.6~79.3	75.3	5.6	—
		1	漠河户外	298~302	299	1.5	96	17.5~19.0	18.5	0.8	112	254~267	262	5.0	100	50.2~73.3	60.4	11.8	—
		2		296~300	298	1.5	96	19.5~22.0	21.0	1.1	127	234~267	258	13.8	98	67.6~71.9	69.2	1.9	—
		5		298~302	300	1.6	96	17.5~19.5	19.0	0.8	115	262~272	267	4.7	102	65.7~70.3	67.9	1.7	—
6061-T651硼硫酸阳极化（d=5.0mm）	L	0	—	311,311	311	0.0	—	16.5,16.5	16.5	0.0	—	263,263	263	0.0	—	—	—	—	—
		1	濒海户外	289~298	295	3.6	95	17.0~19.0	18.0	0.8	109	261~267	264	2.3	100	70.0~81.8	75.2	4.4	—
		2		294~295	295	0.5	95	16.5~21.0	18.0	1.9	109	249~262	258	5.4	98	60.5~73.8	65.8	5.2	—
		5		293~299	295	2.3	95	13.0~18.0	15.5	2.0	94	190~244	219	22.8	83	60.6~97.3	72.8	14.4	—
		1	敦煌户外	293~301	299	3.3	96	13.0~15.0	14.0	0.8	85	245~264	258	7.5	98	47.1~62.2	54.8	6.2	—
		2		298~299	298	0.5	96	19.5~21.5	21.0	0.8	127	253~264	261	4.5	99	51.9~66.4	60.6	5.6	—
		5		299~301	300	1.1	96	18.0~19.5	18.5	0.7	112	204~240	227	14.2	86	59.4~61.6	60.5	0.8	—
		1	拉萨户外	295~301	299	3.7	96	17.0~20.5	19.0	1.3	115	256~268	263	4.5	100	53.6~60.5	58.3	4.6	—
		2		294~296	295	0.8	95	20.0~22.5	21.0	1.0	127	256~260	258	2.0	98	61.1~86.7	70.5	9.6	—
		5		298~302	299	1.6	96	17.5~19.0	18.0	0.6	109	217~233	226	7.7	86	62.3~74.5	69.2	4.6	—
		1	漠河户外	294~303	300	3.4	96	13.0~15.0	14.0	0.8	85	252~266	259	5.2	98	59.2~80.8	68.3	8.5	—
		2		296~299	298	1.1	96	19.0~22.5	21.0	1.3	127	251~263	258	4.9	98	59.4~94.2	70.0	13.9	—
		5		292~301	298	3.7	96	16.5~18.5	17.5	0.8	106	254~271	266	7.6	101	66.8~69.3	68.0	1.1	—

注：表中原始拉伸性能数据来源于 6061-T651 裸材。

6A02

1. 概述

6A02 合金是铝-镁-硅系可热处理强化铝合金,含有少量铜合金元素。固溶热处理和时效(自然时效或人工时效)后,具有中等强度和较高的塑性。

6A02 合金具有较好的耐腐蚀性,无应力腐蚀破裂倾向。固溶热处理加自然时效状态下的耐腐蚀性可和 3A21 合金、5A02 合金等相媲美。人工时效状态的合金有一定的晶间腐蚀倾向,而且随着硅的过剩(硅在 Mg_2Si 相中的比例)而增加[1]。

(1) 材料牌号 6A02。

(2) 相近牌号 俄 AB,美 6151。

(3) 化学成分 GB/T 3190—2008 规定的化学成分见表 2-2-66。

表 2-2-66 化学成分

化学成分	Si	Fe	Cu	Mn 或 Cr	Mg	Zn	Ti	Al	其他	
									单个	合计
质量分数/%	0.50~1.2	0.50	0.20~0.6	0.15~0.35	0.45~0.9	0.20	0.15	余量	0.05	0.15

(4) 热处理状态 6A02 合金的主要热处理状态包括 O、T4、T6、H112 等。

2. 试验与检测

(1) 试验条件 见表 2-2-67。

表 2-2-67 试验条件

试验环境	对应试验站	试验方式
湿热海洋大气环境	海南万宁	近海岸户外
	海南琼海	户外
暖温半乡村大气环境	北京	户外
亚湿热城市大气环境	广东广州、湖北武汉	户外
亚湿热工业大气环境	重庆江津	户外
温带海洋环境	山东青岛	户外、海水全浸、海水飞溅、海水潮差
亚热带海洋环境	福建厦门	海水全浸、海水飞溅、海水潮差
热带海洋环境	海南三亚	海水全浸、海水飞溅、海水潮差
注:试验标准 GB/T 14165—2008《金属和合金 大气腐蚀试验 现场试验的一般要求》和 GB/T 5776—2005《金属和合金的腐蚀 金属和合金在表层海水中暴露和评定的导则》。		

(2) 检测项目及标准 见表 2-2-68。

表 2-2-68 检测项目及标准

检测项目	标 准
平均腐蚀速率	HB 5257—1983《腐蚀试验结果的重量损失测定和腐蚀产物的清除》

3. 平均腐蚀速率

6A02-T6 在不同大气环境中的平均腐蚀速率见表 2-2-69，6A02-T6 在海水环境中的平均腐蚀速率与腐蚀深度数据见表 2-2-70。

表 2-2-69　6A02-T6 在不同大气环境中的平均腐蚀速率[3]　（单位：μm/年）

品种	热处理状态	试验方式	暴露时间		
			1 年	3 年	6 年
板材	T6	广州户外	0.080	0.030	0.060
		北京户外	0.054	0.019	0.030
		青岛户外	0.840	0.450	0.350
		万宁近海岸户外	0.500	0.130	0.270
		琼海户外	0.240	0.120	0.081
		武汉户外	0.110	0.089	0.039
		江津户外	0.700	0.700	0.400

表 2-2-70　6A02-T6 在海水环境中的平均腐蚀速率与腐蚀深度数据[2]

品种	热处理状态	暴露地点	试验方式	暴露时间/年	平均腐蚀速率/(mm/年)	局部平均腐蚀深度/mm	局部最大腐蚀深度/mm	最大缝隙腐蚀深度/mm
板材	T6	青岛	海水全浸	1	0.029	0.58	0.85	0.70
				4	0.015	0.97	1.34	1.34
				8	0.008	1.11	1.60	1.48
			海水潮差	1	0.005	0.14	0.17	0.45
				4	0.002	0.26	0.75	0.43
				8	0.002	0.44	0.64	0.75
			海水飞溅	1	0.010	0.17	0.30	0.50
				4	0.004	0.11	0.14	0.45
				8	0.005	0.14	0.18	1.75
		厦门	海水全浸	1	0.039	0.44	1.44	0.57
				2	0.027	0.52	0.87	0.34
				4	0.016	1.15	1.93	—
				8	0.011	1.37	—	—
			海水潮差	1	0.007	0.27	0.40	0.50
				2	0.005	0.44	0.82	0.70
				4	0.004	0.71	1.41	1.25
				8	0.004	1.07	1.55	—
			海水飞溅	1	0.001	0.02	0.02	—
				2	0.001	0.01	0.01	—
				4	0.001	—	—	0.13
				8	0.001	0.27	0.76	0.92

（续）

品种	热处理状态	暴露地点	试验方式	暴露时间/年	平均腐蚀速率/(mm/年)	局部平均腐蚀深度/mm	局部最大腐蚀深度/mm	最大缝隙腐蚀深度/mm
板材	T6	三亚	海水全浸	1	0.019	0.70	1.20	0.77
				2	0.011	0.77	1.53	2.38
				4	0.007	—	2.40	2.40
				8	0.005	—	2.39	2.39
			海水潮差	1	0.004	0.24	0.57	0.44
				2	0.002	0.34	0.88	0.71
				4	0.001	0.30	0.64	0.96
				8	0.006	0.25	0.57	0.50
			海水飞溅	1	0.001	0.06	0.06	0.06
				2	0.000	0.10	0.16	—
				4	0.000	0.06	0.09	0.15
				8	0.000	0.13	0.23	0.18

4. 腐蚀对力学性能的影响

技术标准规定的力学性能见表 2-2-71。

表 2-2-71 技术标准规定的力学性能

技术标准	品种	热处理状态	厚度/mm	R_m/MPa	A/%
				大于等于	
GB/T 3880.2—2012	板材	T6	>0.50~4.50	295	11
			>4.50~10.00	295	8
GJB 2053A—2008	薄板	T6	0.3~5.0	295	10
			>5.0~6.0	295	8
GJB 2662A—2008	厚板	T6	>6.0~10.5	295	8

7A52

1. 概述

（1）材料牌号　7A52。

（2）相近牌号　英 7017、美 7039。

（3）生产单位　中国兵器工业集团第五二研究所、西南铝业（集团）有限责任公司。

（4）化学成分　GB/T 3190—2008 规定的化学成分见表 2-2-72。

表 2-2-72 化学成分

化学成分	Si	Fe	Cu	Mn	Mg	Cr	Zn	Ti	Zr	Al	其他	
											单个	合计
质量分数/%	0.25	0.30	0.05~0.20	0.20~0.50	2.0~2.8	0.15~0.25	4.0~4.8	0.05~0.18	0.05~0.15	余量	0.05	0.15

(5) 热处理状态 7A52 合金的主要热处理状态包括 T6 等。

2. 试验与检测

(1) 试验材料 见表 2-2-73。

表 2-2-73 试验材料

材料牌号	表面状态	品种规格	生产单位
7A52	—	—	中国兵器工业集团第五二研究所

(2) 试验条件 见表 2-2-74。

表 2-2-74 试验条件

试验环境	对应试验站	试验方式
湿热海洋大气环境	海南万宁	近海岸户外
热带雨林大气环境	云南西双版纳	户外
寒冷乡村大气环境	黑龙江漠河	户外
干热沙漠大气环境	甘肃敦煌	户外
寒温高原大气环境	西藏拉萨	户外
注:试验标准为 GB/T 14165—2008《金属和合金 大气腐蚀试验 现场试验的一般要求》。		

(3) 检测项目及标准 见表 2-2-75。

表 2-2-75 检测项目及标准

检测项目	标 准
平均腐蚀速率	HB 5257—1983《腐蚀试验结果的重量损失测定和腐蚀产物的清除》

3. 平均腐蚀速率

通过失重法得到的平均腐蚀速率见表 2-2-76。

表 2-2-76 平均腐蚀速率 (单位:μm/年)

试验方式	暴露时间			
	3 个月	6 个月	9 个月	12 个月
漠河户外	1.326	1.312	1.217	0.840
敦煌户外	0.585	0.741	0.616	0.614
西双版纳户外	1.613	1.492	1.240	1.042
拉萨户外	1.133	1.119	0.933	0.807
万宁近海岸户外	4.422	4.023	4.056	4.332

4. 腐蚀对力学性能的影响

应力腐蚀性能见表2-2-77。

表2-2-77　应力腐蚀性能

环　境	试样及载荷	试验结果
室温 介质:3%NaCl+0.5H_2O_2	图形拉伸试样 拉伸载荷:80%$R_{p0.2}$	720h试样未断
	(熔化极氩弧焊)焊接接头 拉伸载荷:240MPa	720h试样未断

二、高强铝合金

7050

1. 概述

7050合金是铝-锌-镁-铜系可热处理强化的高强度变形铝合金,相对7075合金增加了锌、铜含量,增大了锌镁比,并用锆取代铬作晶粒细化剂,大大减少了铁、硅杂质含量。采用过时效处理,7050合金具有强度高、韧性好、疲劳性能和抗应力腐蚀性能好等优良综合性能。该合金淬透性好,适用于制造厚大截面的零件,主要用于要求高强度、高应力腐蚀和剥落腐蚀抗力及良好断裂韧性的主承力结构,如机身框、隔板、机翼壁板、翼梁、翼肋、起落架支撑零件和铆钉等。

温度升高时7050合金的强度降低,长期使用温度一般不超过125℃[1]。

(1) 材料牌号　7050。

(2) 相近牌号　美7050、英7010。

(3) 生产单位　中国航发北京航空材料研究院、东北轻合金有限责任公司、西南铝业(集团)有限责任公司。

(4) 化学成分　GB/T 3190—2008规定的化学成分见表2-2-78。

表2-2-78　化学成分

化学成分	Si	Fe	Cu	Mn	Mg	Cr	Zn	Ti	Zr	Al	其他	
											单个	合计
质量分数/%	0.12	0.15	2.0~2.6	0.10	1.9~2.6	0.04	5.7~6.7	0.06	0.08~0.15	余量	0.05	0.15

(5) 热处理状态　7050合金的主要热处理状态包括T73、T74、T7451、T74511、T7452、T7651等。

2. 试验与检测

(1) 试验材料　见表2-2-79。

表 2-2-79　试验材料

材料牌号与热处理状态	表面状态	品种规格	生产单位
7050-T7451	—	轧制板材 δ160mm×750mm×800mm	西南铝业(集团)有限责任公司
	硫酸/硼硫酸阳极氧化	轧制棒材	
7050-T74511	—	挤压型材	西南铝业(集团)有限责任公司

(2) 试验条件　见表 2-2-80。

表 2-2-80　试验条件

试验环境	对应试验站	试验方式
湿热海洋大气环境	海南万宁	濒海户外
寒温高原大气环境	西藏拉萨	户外
干热沙漠大气环境	甘肃敦煌	户外
寒冷乡村大气环境	黑龙江漠河	户外
注:试验标准为 GB/T 14165—2008《金属和合金　大气腐蚀试验　现场试验的一般要求》。		

(3) 检测项目及标准　见表 2-2-81。

表 2-2-81　检测项目及标准

检测项目	标　准
微观形貌/腐蚀深度	GB/T 13298—2015《金属显微组织检验方法》
平均腐蚀速率	HB 5257—1983《腐蚀试验结果的重量损失测定和腐蚀产物的清除》
拉伸性能	GB/T 228.1—2010《金属材料　拉伸试验　第 1 部分:室温试验方法》

3. 腐蚀形态

7050-T7451 暴露于湿热海洋大气环境中主要表现为重度点蚀,伴随着灰白色腐蚀产物,微观下可见晶间腐蚀特征,见图 2-2-22;在干热沙漠环境中表现为轻微点蚀,微观下局部有晶间腐蚀特征,见图 2-2-23;在寒温高原和寒冷乡村环境中腐蚀不明显。

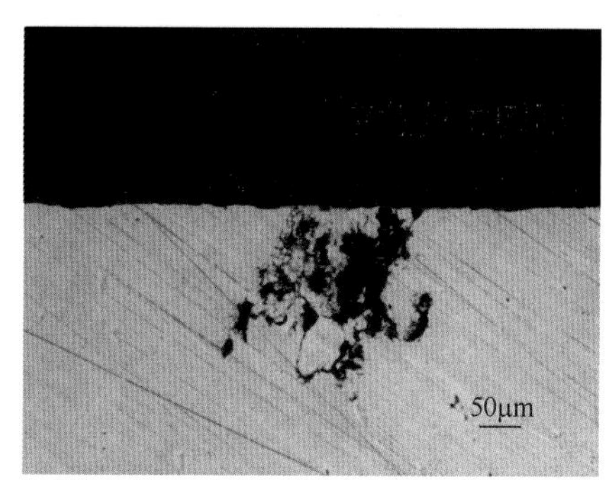

图 2-2-22　7050-T7451 在濒海户外暴露 1 年的腐蚀形貌

7050-T74511 暴露于湿热海洋大气环境中主要表现为重度点蚀,伴随着灰白色腐蚀产物,微观下可见晶间腐蚀和剥蚀特征,见图 2-2-24;在干热沙漠环境中表现为轻度点蚀,微观下局部有晶间腐蚀特征,见图 2-2-25;在寒温高原和寒冷乡村环境中腐蚀不明显。

图 2-2-23　7050-T7451 在敦煌户外暴露 5 年的腐蚀形貌

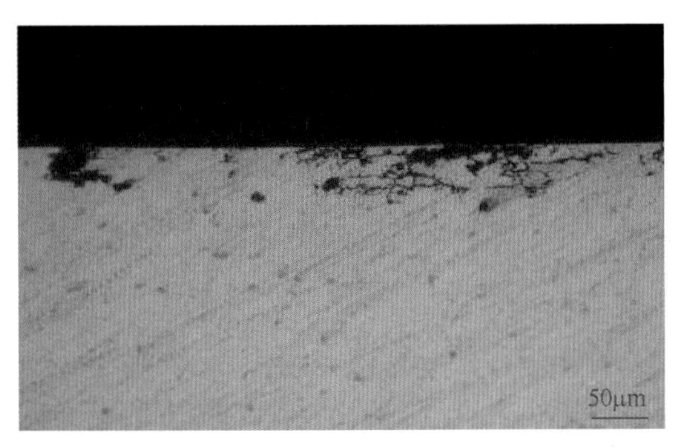

图 2-2-24　7050-T74511 在濒海户外暴露 1 年的腐蚀形貌

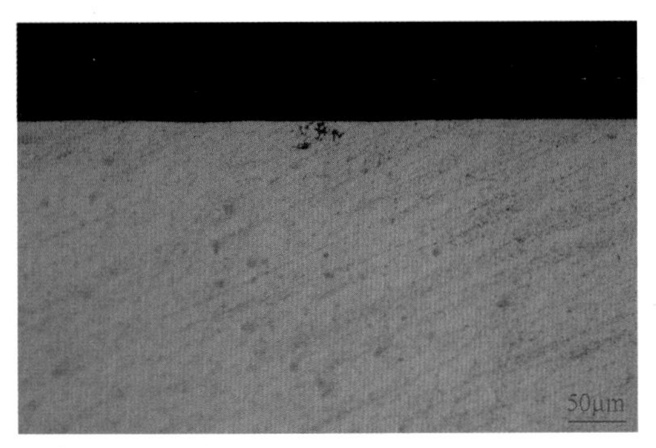

图 2-2-25　7050-T74511 在敦煌户外暴露 1 年的腐蚀形貌

4. 平均腐蚀速率

7050-T7451 轧制板材试样尺寸 100.0mm×50.0mm×3.0mm，7050-T74511 挤压型材试样尺寸 100.0mm×50.0mm×(2.0~3.0)mm。通过失重法得到的平均腐蚀速率见表 2-2-82。通过金相检测法得到的局部最大腐蚀深度见表 2-2-83。

表 2-2-82　平均腐蚀速率　（单位：μm/年）

品　种	热处理状态	试验方式	暴露时间		
			1 年	2 年	5 年
轧制板材	T7451	万宁濒海户外	17.607	2.759	1.563
		拉萨户外	0.267	0.020	0.016
		敦煌户外	0.497	0.009	0.079
		漠河户外	0.707	0.002	0.011

（续）

品　种	热处理状态	试验方式	暴露时间		
			1年	2年	5年
挤压型材	T74511	万宁濒海户外	0.554	0.706	—
		拉萨户外	0.012	0.000	—
		敦煌户外	0.029	0.009	—
		漠河户外	0.000	0.000	—

表 2-2-83　局部最大腐蚀深度　（单位：μm）

品　种	热处理状态	试验方式	暴露时间				
			0.5年	1年	2年	3年	5年
轧制板材	T7451	万宁濒海户外	148	205	210	222	200
		拉萨户外	0	0	0	0	0
		敦煌户外	30	29	33	28	62
		漠河户外	0	0	0	0	0
挤压型材	T74511	万宁濒海户外	—	55	102	—	—
		拉萨户外	—	0	0	—	—
		敦煌户外	—	23	87	—	—
		漠河户外	—	0	0	—	—

5. 腐蚀对力学性能的影响

（1）技术标准规定的力学性能　见表 2-2-84。

表 2-2-84　技术标准规定的力学性能[1]

技术标准	品种	厚度/mm	热处理状态	取样方向	R_m/MPa	$\sigma_{0.2}$/MPa	A/%
Q/S 142—1995	厚板	≤40.0	T7451	L	≥510	≥440	≥9
				LT	≥510	≥440	≥8
		25.0～37.5	T7651	L	≥530	≥460	≥9
				LT	≥530	≥460	≥8
		37.5～40.0	T7651	L	≥525	≥455	≥9
				LT	≥525	≥455	≥8
Q/6S 851—1990，Q/S 825—1995	自由锻件	≤50.0	T74 T7452	L	≥495	≥435	≥8
				LT	≥490	≥420	≥5
		50.0～75.0		L	≥495	≥425	≥8
				LT	≥485	≥415	≥5
				ST	≥460	≥380	≥4
		50.0～100.0		L	≥490	≥420	≥6
				LT	≥460	≥380	≥4

（2）拉伸性能　7050-T7451 棒材哑铃试样在湿热海洋、干热沙漠、寒温高原和寒冷乡村 4 种大气环境中的拉伸性能变化数据见表 2-2-85。典型拉伸应力-应变曲线见图 2-2-26。

表 2-2-85　7050-T745 的拉伸性能变化数据

试样	取向	暴露时间/年	试验方式	R_m				A				$R_{p0.2}$				E			
				实测值/MPa	平均值/MPa	标准差/MPa	保持率/%	实测值/%	平均值/%	标准差/%	保持率/%	实测值/MPa	平均值/MPa	标准差/MPa	保持率/%	实测值/GPa	平均值/GPa	标准差/GPa	保持率/%
7050-T7451 (*d*=5.0mm)	L	0①	原始	499,521	510	15.6	—	8.0,9.0	8.5	0.7	—	445,472	459	19.1	—	—	—	—	—
		0.5	濒海户外	507~539	523	11.4	103	5.0~8.0	7.0	1.1	82	448~487	464	14.1	101	66.9~75.3	70.9	3.0	—
		1		484~507	495	9.0	97	4.5~8.0	6.0	1.4	71	431~465	448	12.5	98	65.9~75.6	70.2	4.0	—
		2		468~496	487	11.4	95	3.0~8.0	6.0	2.1	71	396~427	416	17.6	91	60.2~72.6	63.3	5.9	—
		3		446~497	478	22.0	94	6.0~9.5	8.0	1.8	94	416~441	427	11.9	93	51.8~68.3	59.4	7.4	—
		5		455~471	462	6.1	91	3.5~6.5	5.0	1.4	59	213~260	241	21.5	53	61.4~89.7	69.7	16.4	—
		0.5	敦煌户外	540~556	548	6.0	107	9.0~12.0	10.5	1.1	124	454~499	481	19.9	105	63.3~128.7	89.1	28.5	—
		1		515~539	528	10.3	104	9.5~12.5	10.5	1.3	124	441~457	446	7.1	97	56.1~153.0	100.4	34.5	—
		2		516~531	524	5.4	103	10.5~12.5	11.5	1.1	135	447~467	457	8.3	100	55.4~78.5	67.5	11.0	—
		3		518~527	522	3.7	102	11.0~13.5	13.0	1.0	153	441~474	457	12.8	100	62.1~83.1	68.9	8.3	—
		5		508~527	517	7.5	101	9.5~12.0	10.5	1.3	124	449~479	462	13.5	101	68.3~80.6	73.5	4.8	—
		0.5	拉萨户外	532~562	544	11.2	107	9.0~11.5	11.0	0.9	129	448~500	471	21.3	103	59.2~69.6	65.1	3.8	—
		1		518~542	529	10.0	104	9.0~11.5	10.5	1.0	124	438~470	452	13.9	98	54.1~107.2	77.8	22.8	—
		2		505~515	510	4.8	100	11.5~12.0	11.5	0.3	135	440~451	444	4.2	97	64.3~75.8	70.7	4.8	—
		3		515~541	523	10.6	103	10.0~14.0	11.5	1.5	135	430~483	453	24.3	99	63.0~73.3	68.1	3.7	—
		5②		539	539	—	106	10.5	10.5	—	124	492	492	—	107	69.1	69.1	—	—
		0.5	漠河户外	536~557	547	8.6	107	9.5~12.0	11.0	1.0	129	430~499	468	31.8	102	62.8~84.5	71.1	8.5	—
		1		523~544	537	8.3	105	9.0~11.5	10.5	1.2	124	453~482	468	12.7	102	54.2~111.2	83.7	24.9	—
		2		515~539	526	8.9	103	10.0~15.5	12.5	2.3	147	436~476	448	16.4	98	64.0~71.1	68.0	2.9	—
		3		515~541	526	9.8	103	10.5~13.0	12.0	0.9	141	449~477	462	12.7	101	60.7~67.1	64.0	2.5	—
		5		515~520	518	1.9	102	5.5~9.5	8.5	1.7	100	460~467	463	2.9	101	73.2~81.1	77.1	3.7	—

①表示该组仅有两个有效数据，数据来源于航空工业第一飞机设计研究院；
②表示该组仅有一个有效数据。

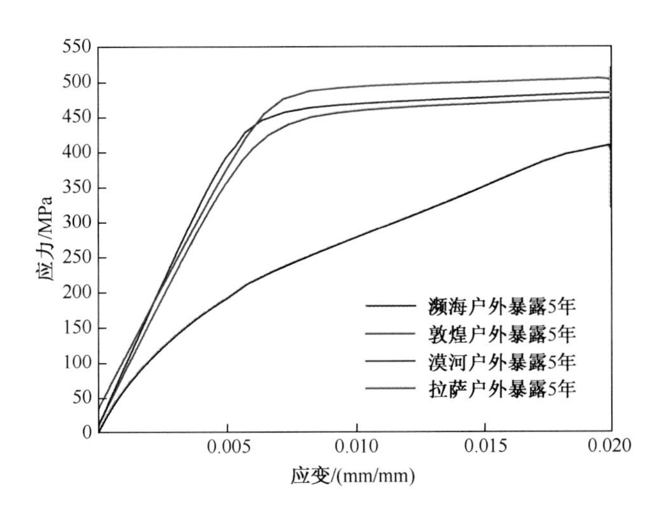

图 2-2-26　7050-T7451 在 4 种环境中暴露 5 年的拉伸应力-应变曲线

(3) 应力腐蚀性能　见表 2-2-86~表 2-2-88。

表 2-2-86　C 环应力腐蚀性能[1]

品种	热处理状态	厚度/mm	取样方向	试验应力/MPa	C 环应力腐蚀断裂时间/天
自由锻件 模锻件	T74	50~60	S-L①	240	均大于 84
				286	
				330	
				374	
				418	
厚板	T7451	40		240	均大于 124
	T7651			170	

①表示 C 型环试样的加载方向为 S 向(高向),裂纹扩展方向为 L 向(纵向)。

表 2-2-87　DCB 应力腐蚀性能

品种	热处理状态	厚度/mm	取样方向	试验环境	应力腐蚀断裂韧度 K_{ISCC} /MPa·$m^{1/2}$
模锻件	T74	50~60	S-L	3.5% NaCl 水溶液中	22.2

表 2-2-88　不同批次应力腐蚀性能

品种	热处理状态	规格 /mm×mm×mm	取样方向	试验应力 /MPa	试验环境	C 环应力腐蚀断裂时间/天
轧制板材	T7451	160×750×800	S-T①	344	湿热海洋	大于 1300
					寒温高原	均大于 1060
					干热沙漠	
					寒冷乡村	大于 1000

①表示 C 型环试样的加载方向为 S 向(高向),裂纹扩展方向为 T 向(横向)。

6. 电偶腐蚀性能

7050 合金电位较负，与结构钢、钛合金、复合材料等偶接具有电偶腐蚀倾向。7050 合金表面阳极化分别与钛合金裸材、钛合金阳极化及结构钢镀镉、镀镉钛等偶接，在湿热海洋大气环境中会发生明显电偶腐蚀，见表 2-2-89。建议结构设计时，综合应用表面处理、涂层、密封、电绝缘等多种防护方法进行控制。

表 2-2-89 电偶腐蚀性能

偶对		电偶腐蚀出现时间			
阳极	阴极	万宁濒海户外	漠河户外	敦煌户外	拉萨户外
7050-T7451 硼硫酸阳极化	TC21	9 个月	>5 年	>5 年	>5 年
	TC21 阳极化	9 个月	>5 年	>5 年	>5 年
	TC21 阳极化+聚氨酯底漆+聚氨酯面漆	>5 年	>5 年	>5 年	>5 年
	TC18	9 个月	>5 年	>5 年	>5 年
	TC18 阳极化	9 个月	>5 年	>5 年	>5 年
	TC18 阳极化+聚氨酯底漆+聚氨酯面漆	4 年	>5 年	>5 年	>5 年
	TC4	9 个月	>5 年	>5 年	>5 年
	TC4 阳极化	9 个月	>5 年	>5 年	>5 年
	TC4 阳极化+聚氨酯底漆+聚氨酯面漆	4 年	>5 年	>5 年	>5 年
	30CrMnSiA 镀镉	4 年	>5 年	>5 年	>5 年
	30CrMnSiA 镀镉+聚氨酯底漆+聚氨酯面漆	4 年	>5 年	>5 年	>5 年
	30CrMnSiNi2A 镀镉钛	4 年	>5 年	>5 年	>5 年
	30CrMnSiNi2A 镀镉钛+聚氨酯底漆+聚氨酯面漆	>5 年	>5 年	>5 年	>5 年
	300M 镀镉钛	>2 年	>33 个月	>33 个月	>33 个月
	300M 镀镉钛+聚氨酯底漆+聚氨酯面漆	15 个月	>33 个月	>33 个月	>33 个月
7050-T7451 硼硫酸阳极化+聚氨酯底漆+聚氨酯面漆	TC4	>5 年	>5 年	>5 年	>5 年
	TC4 阳极化	>5 年	>5 年	>5 年	>5 年
	30CrMnSiA 镀镉	>5 年	>5 年	>5 年	>5 年
	30CrMnSiA 镀镉+聚氨酯底漆+聚氨酯面漆	>5 年	>5 年	>5 年	>5 年

7. 防护措施建议

7050-T7451 在海洋和潮湿大气环境中具有晶间腐蚀倾向，耐腐蚀性相对较差；7050-T74511 耐腐蚀性略优于 7050-T7451。海洋等严酷环境下使用，表面阳极化处理长期防护效果不明显，建议采用包覆纯铝，配合阳极氧化+底漆+面漆涂层体系进行防护。表 2-2-90 列出了 7050-T7451 采用硫酸阳极化和硼硫酸阳极化防护后在 4 种环境中的拉伸性能变化数据。

表 2-2-90　7050-T7451 阳极化的拉伸性能变化数据

试样	取向	暴露时间/年	试验方式	R_m 实测值/MPa	R_m 平均值/MPa	R_m 标准差/MPa	R_m 保持率/%	A 实测值/%	A 平均值/%	A 标准差/%	A 保持率/%	$R_{p0.2}$ 实测值/MPa	$R_{p0.2}$ 平均值/MPa	$R_{p0.2}$ 标准差/MPa	$R_{p0.2}$ 保持率/%	E 实测值/GPa	E 平均值/GPa	E 标准差/GPa	E 保持率/%
7050-T7451 硫酸阳极化 (d=5.0mm)	L	0①	原始	499,521	510	15.6	—	8.0,9.0	8.5	0.7	—	445,472	459	19.1	—	—	—	—	—
		1	濒海户外	523~538	529	6.9	104	7.5~11.5	10.0	1.5	118	458~489	472	13.2	103	68.7~74.5	70.9	2.2	—
		2		519~538	526	9.1	103	7.5~14.0	10.0	3.2	118	427~460	441	13.0	96	59.2~69.6	64.8	4.2	—
		5		508~528	516	7.5	101	5.0~9.0	7.5	1.5	88	260~429	325	72.1	71	53.3~68.7	61.4	6.0	—
		1	敦煌户外	519~550	532	13.7	104	7.0~10.0	8.5	1.3	100	464~501	477	16.3	104	69.4~70.5	69.9	0.5	—
		2		509~534	522	9.3	102	10.5~14.5	12.0	1.5	141	434~467	450	13.9	98	65.8~74.3	70.6	4.0	—
		5		517~535	525	7.1	103	8.5~11.0	10.0	0.9	118	461~491	471	12.9	103	71.4~82.4	74.4	4.5	—
		1	拉萨户外	520~534	528	5.0	104	9.0~11.0	9.5	0.8	112	440~458	450	7.0	98	65.8~109.1	87.6	19.6	—
		2		514~536	522	8.5	102	10~12.5	11.0	1.0	129	442~479	455	15.0	99	73.3~81.3	77.0	3.4	—
		5		—	—	—	—	—	—	—	—	—	—	—	—	—	—	—	—
		1	漠河户外	516~530	522	5.0	102	7.0~10.0	9.0	1.1	106	427~447	438	8.2	95	88.9~126.7	112.4	15.2	—
		2		517~543	529	11.1	104	9.5~14.0	12.0	1.8	141	431~462	449	11.5	98	62.3~67.3	64.9	2.4	—
		5		517~537	526	8.2	103	8.0~10.5	9.0	1.2	106	462~484	471	8.3	103	73.5~79.8	76.7	2.3	—
7050-T7451 硼硫酸阳极化 (d=5.0mm)		0	原始	499,521	510	15.6	—	8.0,9.0	8.5	0.7	—	445,472	459	19.1	—	—	—	—	—
		1	濒海户外	503~530	517	10.4	101	5.5~10.5	8.0	2.4	94	442~476	461	13.3	100	68.9~70.7	69.5	0.7	—
		2		499~515	508	6.5	100	4.5~8.5	6.0	1.6	71	416~452	435	12.8	95	62.0~69.0	65.4	3.3	—
		5		489~507	499	9.0	98	4.5~6.0	5.5	0.6	65	257~454	314	80.8	68	51.7~67.4	59.6	6.8	—
		1	敦煌户外	511~523	517	4.6	101	8.5~11.0	9.5	1.0	112	425~443	435	7.0	95	55.7~103.9	81.2	23.5	—
		2		523~539	528	6.5	104	11.0~14.0	12.0	1.4	141	459~478	463	8.2	101	67.7~75.3	72.1	3.3	—
		5		512~540	522	10.9	102	9.5~12.5	10.5	1.1	124	455~490	469	14.1	102	70.3~76.5	72.9	2.5	—
		1	拉萨户外	504~534	526	12.3	103	10.0~13.0	11.0	1.3	129	429~472	454	18.8	99	44.1~102.6	70.9	22.7	—
		2		502~529	517	12.6	101	9.5~13.0	11.0	1.3	129	428~473	451	20.0	98	67.3~103.0	78.8	14.5	—
		5		—	—	—	—	—	—	—	—	—	—	—	—	—	—	—	—
		1	漠河户外	502~544	519	17.9	102	9.0~11.5	10.5	1.0	124	431~473	447	20.3	97	83.6~103.6	94.2	9.5	—
		2		513~522	517	4.1	101	10.0~11.5	11.0	0.6	129	424~454	441	11.2	96	67.3~72.6	70.0	2.1	—
		5		515~540	529	10	104	8.5~11.0	9.5	1.1	112	461~494	479	14.5	104	69.9~83.7	73.1	5.9	—

①表示表中原始拉伸性能数据来源于 7050-T7451 裸材。

7475

1. 概述

7475 合金属于铝-锌-镁-铜系可处理强化高强铝合金，是在 7050 合金基础上降低铁和硅杂质含量，进一步纯化发展而成的，在保持高强度和低密度前提下提高了合金的断裂韧度和疲劳性能。

7475 合金 T76 和 T6 状态相比，环境腐蚀性能特别是抗剥蚀性能得到改善，断裂韧度提高 16%~33%，但强度降低了 4%~6%。与 T651 状态相比，T7651 状态抗剥蚀和抗应力腐蚀能力明显提高，且断裂韧度提高 7%~10%，但强度降低了 10%左右；T7351 状态抗应力腐蚀性能显著提高，且断裂韧度提高 13%~27%，但强度降低了 12%左右。

7475 合金具有良好的工艺塑性和超塑性，薄板在退火和固溶热处理（W）状态下具有良好成形性能[1]，主要应用于要求高强度、高断裂韧度和中等疲劳强度的承力结构，长期使用温度一般不超过 125℃。

（1）材料牌号 7475。

（2）相近牌号 俄罗斯 B95OЧ。

（3）生产单位 中国航发北京航空材料研究院、东北轻合金有限责任公司、西南铝业（集团）有限责任公司等。

（4）化学成分 GB/T 3190—2008 规定的化学成分见表 2-2-91。

表 2-2-91 化学成分

化学成分	Si	Fe	Cu	Mn	Mg	Cr	Zn	Ti	Al	其他	
										单个	合计
质量分数/%	0.10	0.12	1.2~1.9	0.06	1.9~2.6	0.18~0.25	5.2~6.2	0.06	余量	0.05	0.15

（5）热处理状态 7475 合金的主要热处理状态包括 O、T6、T76、T651、T7351、T761、T7651 等。

2. 试验与检测标准

（1）试验材料 见表 2-2-92。

表 2-2-92 试验材料

材料牌号与热处理状态	表面状态	品种	δ/mm	生产单位
7475-T761	包铝	轧制薄板	1.8	西南铝业（集团）有限责任公司

（2）试验条件 见表 2-2-93。

表 2-2-93 试验条件

试验环境	对应试验站	试验方式
湿热海洋大气环境	海南万宁	濒海户外
寒温高原大气环境	西藏拉萨	户外
寒冷乡村大气环境	黑龙江漠河	户外
干热沙漠大气环境	甘肃敦煌	户外
注：试验标准为 GB/T 14165—2008《金属和合金 大气腐蚀试验 现场试验的一般要求》。		

(3) **检测项目及标准** 见表 2-2-94。

表 2-2-94 检测项目及标准

检测项目	标准
平均腐蚀速率	HB 5257—1983《腐蚀试验结果的重量损失测定和腐蚀产物的清除》
微观形貌/腐蚀深度	GB/T 13298—2015《金属显微组织检验方法》

3. 腐蚀形态

7475-T761(包铝)暴露于湿热海洋大气环境中主要表现为中度点蚀,伴随灰白色腐蚀产物,微观下可见宽浅型蚀坑,见图 2-2-27;在干热沙漠环境中表现为轻度黑色腐蚀斑,见图 2-2-28;在寒温高原和寒冷乡村环境中腐蚀不明显。

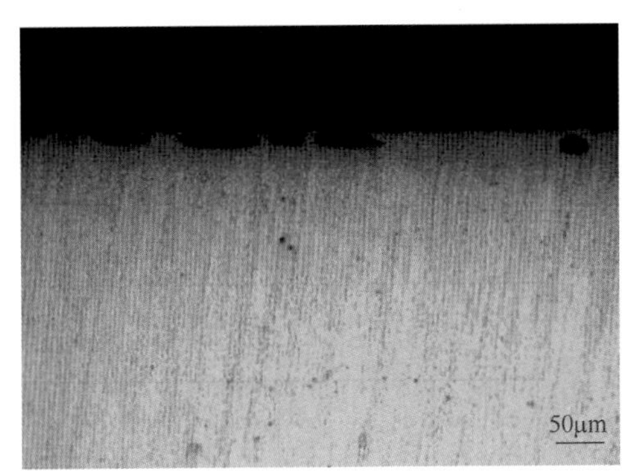

图 2-2-27 7475-T761 在濒海户外暴露 1 年的腐蚀形貌

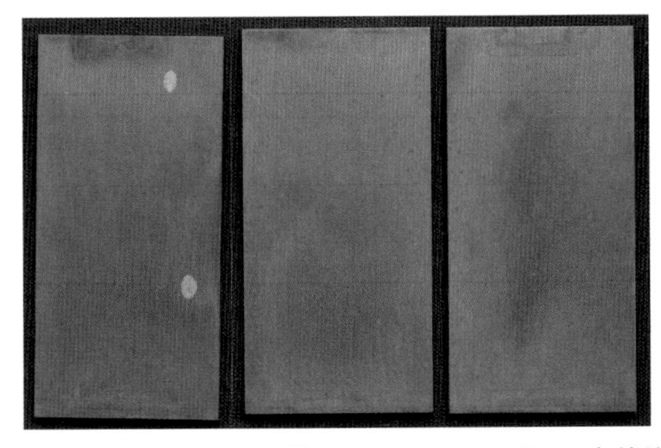
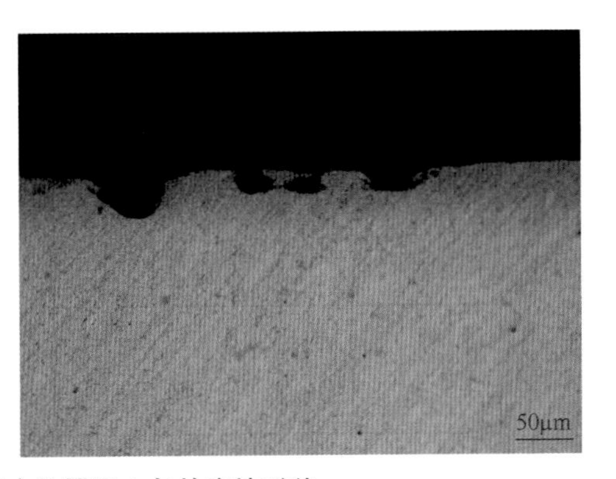

图 2-2-28 7475-T761 在敦煌户外暴露 1 年的腐蚀形貌

4. 平均腐蚀速率

试样尺寸 100.0mm×50.0mm×1.7mm。通过失重法得到 7475-T761 的平均腐蚀速率见表 2-2-95。通过金相检测法得到 7475-T761 的局部最大腐蚀深度见表 2-2-96。

表 2-2-95 平均腐蚀速率 (单位:μm/年)

品种	热处理状态	试验方式	暴露时间	
			1年	2年
轧制板材	T761	万宁濒海户外	1.344	0.852
		拉萨户外	0.067	0.052
		敦煌户外	0.150	0.089
		漠河户外	0.103	0.063

表 2-2-96 局部最大腐蚀深度 (单位:μm)

品种	热处理状态	试验方式	暴露时间			
			0.5年	1年	2年	3年
轧制板材	T761	万宁濒海户外	17	27	28	43
		拉萨户外	0	0	0	0
		敦煌户外	0	35	11	19
		漠河户外	0	0	0	0

5. 腐蚀对力学性能的影响

(1) 技术标准规定的力学性能 见表 2-2-97。

表 2-2-97 技术标准规定的力学性能

技术标准	品种	包铝类型	热处理状态	厚度/mm		R_m/MPa	$R_{p0.2}$/MPa	A_{50mm}/%
						大于等于		
GB/T 3880.2—2012	板材	正常包铝	T761	1.0~1.6		455	379	9
				>1.6~2.3		469	393	9
				>2.3~3.2		469	393	9
				>3.2~4.8		469	393	9
				>4.8~6.5		483	414	9
		工艺包铝或不包铝	T76 T761	1.0~1.6	纵向	490	420	9
					横向	490	415	9
				>1.6~2.3	纵向	490	420	9
					横向	490	415	9
				>2.3~3.2	纵向	490	420	9
					横向	490	415	9
				>3.2~4.8	纵向	490	420	9
					横向	490	415	9
				>4.8~6.5	纵向	490	420	9
					横向	490	415	9

(2) 应力腐蚀性能 见表2-2-98~表2-2-100。

表2-2-98 C环应力腐蚀性能[1]

品种	热处理状态	厚度/mm	取样方向	试验应力		C环应力腐蚀断裂时间/天
				$R_{p0.2}$%	应力值/MPa	
厚板	T7351	8.0	S-L①	70	276	>84
				75	295	>84
				80	314	>84
				85	334	>84
				90	354	>84
				95	373	>84
	T7651			42	170	>84
				80	326	>84
				85	346	>84
				90	366	>84
				95	387	>84

注:1. 试验标准为HB 5259—1983《铝合金C环试样应力腐蚀试验方法》;
2. 上标①表示C型环试样的加载方向为S向(高向),裂纹扩展方向为L向(纵向)。

表2-2-99 拉伸应力腐蚀性能[1]

品种	热处理状态	厚度/mm	取样方向	试验应力		断裂时间/天
				$R_{p0.2}$/%	应力值/MPa	
薄板	T76	2.0	LT	99	380	>30,>30,>30,>29.7,23.9
				94	360	>30,>30,>30,>30,21.5
				86	332	>30,>30,>30
				85	330	>30,>30,>30,>30
	T6			90	375	>30,>30,16.8
				85	352	>30,>30,>30
				84	350	>30,>30,23.9
				78	325	>30,>30,6.4
				75	311	>30,>30,>30
				72	300	>30,>30,>30

注:试验标准为HB 5254—1983《变形铝合金拉伸应力腐蚀试验方法》。

表2-2-100 DCB应力腐蚀性能[1]

品种	热处理状态	厚度/mm	取样方向	裂纹扩展速率/(m/s)	应力腐蚀断裂韧度 K_{ISCC} /MPa·m$^{1/2}$	da/dt /(m/s)
厚板	T651	38	S-L	$<10^{-9}$	9.9	2.15×10^{-8}
	T7651			极慢无法测出	25.5	极慢无法测出
	T7351			—	25.7	1.15×10^{-8}

6. 电偶腐蚀性能

7475合金电位较负,与结构钢、钛合金等偶接具有电偶腐蚀倾向。7475合金表面阳极化分别与钛合金裸材、钛合金阳极化及结构钢镀镉、镀镉钛等偶接,在湿热海洋大气环境中会发生明显电偶腐蚀,见表 2-2-101。结构设计时,应综合考虑表面处理、涂层、密封、电绝缘等多种防护方法,以有效控制电偶腐蚀。

表 2-2-101 电偶腐蚀性能

偶对		电偶腐蚀出现时间			
阳极	阴极	万宁濒海户外	漠河户外	敦煌户外	拉萨户外
7475-T761 硼硫酸阳极化	TC21	1.5 年	>3.5 年	>3.5 年	>3.5 年
	TC21 阳极化	10 个月	>3.5 年	>3.5 年	>3.5 年
	TC21 阳极化+聚氨酯底漆+聚氨酯面漆	1.5 个月	>3.5 年	>3.5 年	>3.5 年
	TC18	1.5 年	>3.5 年	>3.5 年	>3.5 年
	TC18 阳极化	10 个月	>3.5 年	>3.5 年	>3.5 年
	TC18 阳极化+聚氨酯底漆+聚氨酯面漆	1.5 年	>3.5 年	>3.5 年	>3.5 年
	TC4	10 个月	>3.5 年	>3.5 年	>3.5 年
	TC4 阳极化	10 个月	>3.5 年	>3.5 年	>3.5 年
	TC4 阳极化+聚氨酯底漆+聚氨酯面漆	1.5 年	>3.5 年	>3.5 年	>3.5 年
	30CrMnSiA 镀镉	10 个月	>3.5 年	>3.5 年	>3.5 年
	30CrMnSiA 镀镉+聚氨酯底漆+聚氨酯面漆	1.5 年	>3.5 年	>3.5 年	>3.5 年
	30CrMnSiNi2A 镀镉钛	1 年	>2.5 年	>2.5 年	>2.5 年
	30CrMnSiNi2A 镀镉钛+聚氨酯底漆+聚氨酯面漆	1 年	>2.5 年	>2.5 年	>2.5 年
	300M 镀镉钛	1 年	>2.5 年	>2.5 年	>2.5 年
	300M 镀镉钛+聚氨酯底漆+聚氨酯面漆	1 年	>2.5 年	>2.5 年	>2.5 年
7475-T761 硼硫酸阳极化+聚氨酯底漆+聚氨酯面漆	TC4	>3.5 年	>3.5 年	>3.5 年	>3.5 年
	TC4 阳极化	>3.5 年	>3.5 年	>3.5 年	>3.5 年
	30CrMnSiA 镀镉	>3.5 年	>3.5 年	>3.5 年	>3.5 年
	30CrMnSiA 镀镉+聚氨酯底漆+聚氨酯面漆	>3.5 年	>3.5 年	>3.5 年	>3.5 年

7. 防护措施建议

7475-T761 包覆纯铝后提高了抗环境腐蚀能力,在湿热海洋大气环境中主要发生包铝层的点腐蚀,建议配合阳极氧化+底漆+面漆涂层体系进行防护。

7A04

1. 概述

7A04 合金是铝-锌-镁-铜系可热处理强化铝合金,合金的强度高于硬铝。该合金的特点是屈服强度接近于拉伸强度,塑性较低;对应力集中敏感,特别是在承受振动载荷和重复静载荷的情况下更为明显。该合金的耐热性较差,使用温度高于125℃时会急剧软化。该合金的粗厚零件,短横向上的抗应力腐蚀性能较差[1]。

(1) 材料牌号 7A04。

(2) 相近牌号 美7075、俄B95。

(3) 生产单位 东北轻合金有限责任公司、西南铝业(集团)有限责任公司。

(4) 化学成分 GB/T 3190—2008规定的化学成分见表2-2-102。

表2-2-102 化学成分

化学成分	Si	Fe	Cu	Mn	Mg	Cr	Zn	Ti	Al	其他	
										单个	合计
质量分数/%	0.50	0.50	1.4~2.0	0.20~0.6	1.8~2.8	0.10~0.25	5.0~7.0	0.10	余量	0.05	0.15

(5) 热处理状态 7A04合金的主要热处理状态包括T6、O、H112、T9、F等。

2. 试验与检测

(1) 试验条件 见表2-2-103。

表2-2-103 试验条件

试验环境	对应试验站	试验方式
湿热海洋大气环境	海南万宁	近海岸户外
	海南琼海	户外
亚湿热城市大气环境	广东广州	户外
	湖北武汉	户外
亚湿热工业大气环境	重庆江津	户外
温带海洋环境	山东青岛	户外、海水全浸、海水飞溅、海水潮差
亚热带海洋环境	福建厦门	户外、海水全浸、海水飞溅、海水潮差
热带海洋环境	海南三亚	海水全浸、海水飞溅、海水潮差
注:试验标准为GB/T 14165—2008《金属和合金 大气腐蚀试验 现场试验的一般要求》和GB/T 5776—2005《金属和合金的腐蚀 金属和合金在表层海水中暴露和评定的导则》。		

(2) 检测项目及标准 见表2-2-104。

表2-2-104 检测项目及标准

检测项目	标 准
平均腐蚀速率	HB 5257—1983《腐蚀试验结果的重量损失测定和腐蚀产物的清除》

3. 平均腐蚀速率

7A04合金在不同大气环境下的平均腐蚀速率见表2-2-105,在海水环境中的平均腐蚀速率与腐蚀深度数据见表2-2-106。

表 2-2-105 7A04 合金在大气环境下的平均腐蚀速率[3] (单位:μm/年)

品种	热处理状态	试验方式	暴露时间		
			1 年	3 年	6 年
型材	—	广州户外	0.36	0.25	0.15
		北京户外	0.17	0.079	0.051
		青岛户外	2.35	1.14	0.70
		万宁近海岸户外	0.97	0.64	0.37
		琼海户外	0.59	0.36	—
		武汉户外	0.13	0.13	0.08
		江津户外	0.73	0.78	0.67

表 2-2-106 7A04 合金在海水环境中的平均腐蚀速率与腐蚀深度数据[2]

品种	热处理状态	暴露地点	试验方式	暴露时间/年	平均腐蚀速率/(mm/年)	局部平均腐蚀深度/mm	局部最大腐蚀深度/mm	最大缝隙腐蚀深度/mm
板材	T6	青岛	海水全浸	1	0.019	0.04	0.06	0.06
				4	0.006	0.06	0.13	0.07
				8	0.004	0.05	0.06	0.06
			海水潮差	1	0.006	0.04	0.06	0.07
				4	0.003	0.06	0.10	0.08
				8	0.002	0.05	0.07	0.04
			海水飞溅	1	0.007	0.08	0.20	0.20
				4	0.005	0.07	0.08	0.10
				8	0.002	0.08	0.10	0.10
		厦门	海水全浸	1	0.014	0.10	0.22	0.11
				2	0.010	0.04	0.05	0.05
				4	0.006	0.02	0.03	0.06
				8	0.003	0.07	0.19	0.12
			海水潮差	1	0.008	0.05	0.06	0.06
				2	0.006	0.10	0.22	0.10
				4	0.004	0.03	0.04	0.06
				8	0.003	0.07	0.16	0.10
			海水飞溅	1	0.002	0.04	0.07	—
				2	0.001	0.02	0.04	0.05
				4	0.001	—	—	0.10
				8	0.001	0.09	0.37	0.08

（续）

品种	热处理状态	暴露地点	试验方式	暴露时间/年	平均腐蚀速率/(mm/年)	局部平均腐蚀深度/mm	局部最大腐蚀深度/mm	最大缝隙腐蚀深度/mm
板材	T6	三亚	海水全浸	1	0.008	0.04	0.05	0.07
				2	0.004	0.03	0.07	0.10
				4	0.004	0.05	0.07	0.07
				8	0.006	0.23	0.73	1.22
			海水潮差	1	0.002	0.03	0.04	0.05
				2	0.001	0.04	0.05	0.07
				4	0.001	0.04	0.07	0.06
				8	0.001	0.04	0.06	0.09
			海水飞溅	1	0.001	—	—	—
				2	0.000	—	—	—
				4	0.000	0.05	0.06	0.04
				8	0.000	0.08	0.15	0.23

4. 腐蚀对力学性能的影响

技术标准规定的力学性能见表2-2-107。

表2-2-107 技术标准规定的力学性能

技术标准	品种	包铝类型	热处理状态	厚度或直径/mm	R_m/MPa	$R_{p0.2}$/MPa	A/%
					大于等于		
GB/T 3880.2—2012	板材	正常包铝或工艺包铝	T6	0.5~2.9	480	400	7
				>2.9~10.0	490	410	7
GJB 2053A—2008	板材	正常包铝	T6	0.5~2.5	480	400	7
				>2.5~6.0	490	410	7
GJB 2662A—2008	板材	正常包铝	T6	>6.0~10.5	490	410	6
GB/T 3191—2010	棒材	—	T6	≤22.00	490	370	7
		—	T6	>22.00~150.00	530	400	6

7A09

1. 概述

7A09合金是铝-锌-镁-铜系可热处理强化的高强度变形铝合金。7A09合金在T6状态的强度最高，且具有较高的断裂韧度；在T73过时效状态下的强度及屈服强度均较T6状态低，但具有优良的耐应力腐蚀性能及较高的断裂韧度；在T76状态下，具有较好的抗剥蚀性能；在CGS3状态，具有较高的强度和耐应力腐蚀性能。

7A09合金的抗拉强度比2A12和2A14铝合金高，且耐应力腐蚀性能比后两个合金好，可生产供应各种规格的板材、棒材、型材、厚壁管材及锻件[1]。

（1）材料牌号 7A09。

（2）相近牌号 美7075、俄B95。

（3）生产单位 中国航发北京航空材料研究院、东北轻合金有限责任公司、西南铝业（集团）有限责任公司。

（4）化学成分 GB/T 3190—2008 规定的化学成分见表 2-2-108。

表 2-2-108 化学成分

化学成分	Si	Fe	Cu	Mn	Mg	Cr	Zn	Ti	Al	其他	
										单个	合计
质量分数/%	0.5	0.5	1.2~2.0	0.15	2.0~3.0	0.16~0.30	5.1~6.1	0.10	余量	≤0.05	≤0.10

（5）热处理状态 7A09 合金的主要热处理状态包括 O、T6、T62、T73、T7351、T74、T76、H112、CGS3 等。

2. 试验与检测

（1）试验材料 见表 2-2-109。

表 2-2-109 试验材料

材料牌号与热处理状态	表面状态	品种	δ/mm	生产单位
7A09-T6	无	厚板	70	西南铝业（集团）有限公司

（2）试验条件 见表 2-2-110。

表 2-2-110 试验条件

试验环境	对应试验站	试验方式
湿热海洋大气环境	海南万宁	濒海户外和近海岸棚下
亚湿热工业大气环境	重庆江津	户外、棚下
寒冷乡村大气环境	黑龙江漠河	户外、棚下
注：试验标准为 GB/T 14165—2008《金属和合金 大气腐蚀试验 现场试验的一般要求》。		

（3）检测项目及标准 见表 2-2-111。

表 2-2-111 检测项目及标准

检测项目	标 准
平均腐蚀速率	HB 5257—1983《腐蚀试验结果的质量损失测定和腐蚀产物的清除》
微观形貌	GB/T 13298—2015《金属显微组织检验方法》
拉伸性能	GB/T 228.1—2010《金属材料 拉伸试验 第 1 部分：室温试验方法》
自腐蚀电位	ASTM G69—2003《铝合金腐蚀电位测试的标准试验方法》
断裂韧度	GB/T 4161—2007《金属材料平面应变断裂韧度 K_{IC} 试验方法》
疲劳裂纹扩展速率	GB/T 6398—2000《金属材料疲劳裂纹扩展速率试验方法》
抗应力腐蚀性能	HB 5259—1983《铝合金 C 环试样应力腐蚀试验方法》

3. 腐蚀形态

7A09-T6 在湿热海洋大气环境中宏观和微观形貌均表现为典型的剥蚀特征，见图 2-2-29；在亚湿热工业环境中主要表现为点蚀，微观下可见剥蚀特征，见图 2-2-30；在寒冷乡村环境中主要表现为点蚀，微观下可见宽浅型蚀坑，见图 2-2-31。

4. 平均腐蚀速率

试样尺寸 100.0mm×50.0mm×3.0mm。通过失重法得到的平均腐蚀速率见表 2-2-112。

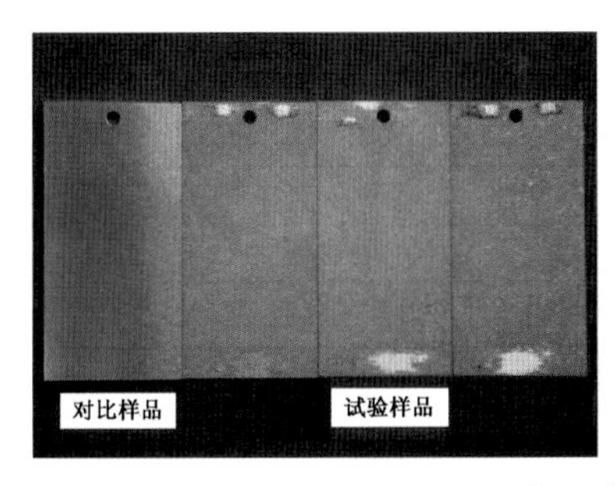

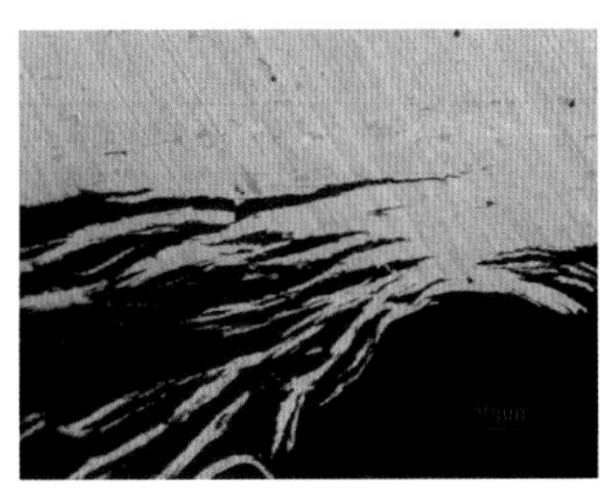

图 2-2-29　7A09-T6 在近海岸棚下暴露 1 年的腐蚀形貌

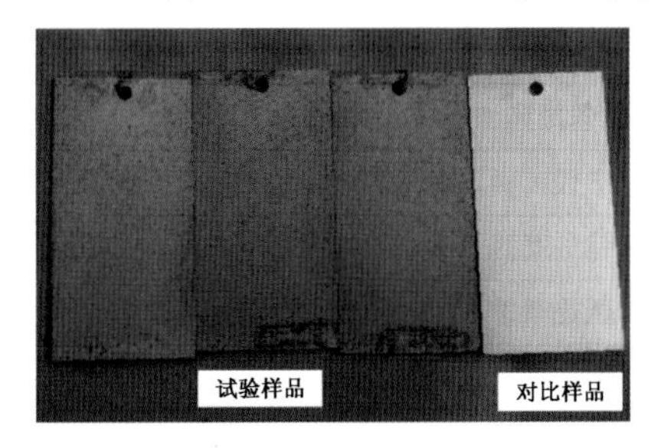

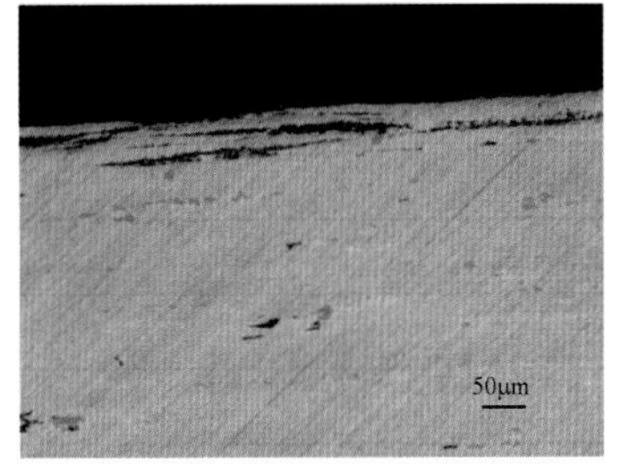

图 2-2-30　7A09-T6 在江津户外暴露 1 年的腐蚀形貌

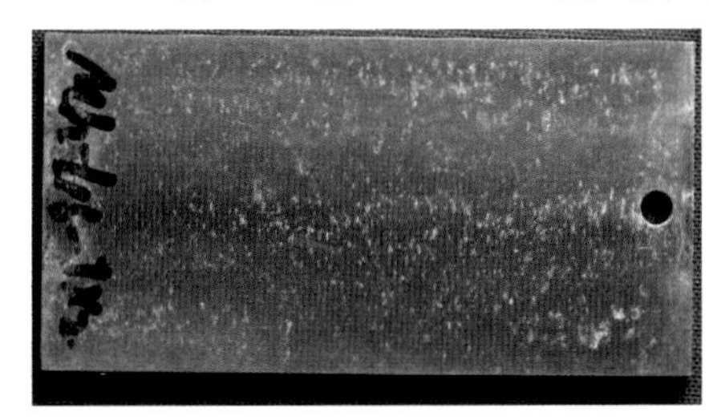
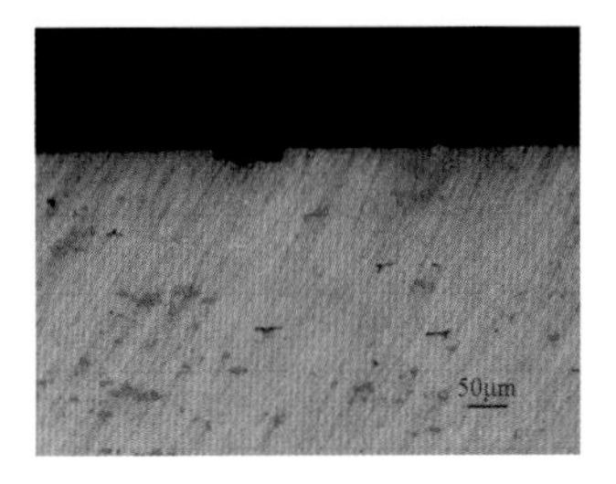

图 2-2-31　7A09-T6 在漠河户外暴露 2 年的腐蚀形貌

表 2-2-112　平均腐蚀速率　（单位：μm/年）

品种规格	热处理状态	试验方式	暴露时间				
			1 年	2 年	3 年	4 年	5 年
厚板 δ70mm	T6	濒海户外	15.417	6.734	5.034	6.327	5.667
		近海岸棚下	17.526	8.268	6.534	12.672	17.728
		江津户外	2.115	0.643	0.389	—	0.508
		江津棚下	3.903	1.889	1.100	—	1.296
		漠河户外	0.126	0.062	0.045	—	0.050
		漠河棚下	0.066	—	0.028	—	0.055

5. 腐蚀对力学性能的影响

(1) 技术标准规定的力学性能　见表 2-2-113。

表 2-2-113　技术标准规定的力学性能

技术标准	品种	包铝类型	热处理状态	厚度/mm	R_m/MPa	$R_{p0.2}$/MPa	A/%
GJB 2662A—2008	厚板	正常包铝或工艺包铝	T6	>6.0~10.5	≥490	≥410	≥6
GJB 2053A—2008	板材	正常包铝	T6	0.5~2.5	≥480	≥410	≥7
				>2.5~6.0	≥490	≥420	≥7
GB/T 3880.2—2012	板材	正常包铝或工艺包铝	T6	0.50~2.90	≥480	≥400	≥7
				>2.90~10.00	≥490	≥410	≥7

(2) 拉伸性能　7A09-T6 棒状哑铃试样暴露于湿热海洋、亚湿热工业和寒冷乡村等 3 种大气环境下的拉伸性能变化数据见表 2-2-114。典型拉伸应力-应变曲线见图 2-2-32。

表 2-2-114　拉伸性能变化数据

试样	取向	暴露时间/年	试验方式	R_m 实测值/MPa	R_m 平均值/MPa	R_m 标准差/MPa	R_m 保持率/%	A 实测值/%	A 平均值/%	A 标准差/%	A 保持率/%	$R_{p0.2}$ 实测值/MPa	$R_{p0.2}$ 平均值/MPa	$R_{p0.2}$ 标准差/MPa	$R_{p0.2}$ 保持率/%	E 实测值/GPa	E 平均值/GPa	E 标准差/GPa	E 保持率/%
7A09-T6（d=12.5mm）	T	0	原始	490~535	521	9.5	—	11.0~12.0	11.5	0.5	—	445~470	458	12.0	—	66.1~72.3	68.9	2.6	—
		1	江津户外	515~540	530	9.3	102	7.0~10.5	8.0	1.7	70	464~474	469	3.7	102	69.3~73.7	72.0	2.2	104
		2		520~545	532	10.0	102	6.5~9.5	8.5	1.2	74	463~488	475	9.3	104	70.7~74.3	71.6	1.5	104
		3		508~540	523	12.4	100	6.0~11.0	8.5	1.8	74	452~474	460	10.5	100	68.0~78.5	71.8	4.1	104
		5		510~532	517	9.4	99	4.5~8.0	6.5	1.5	57	451~469	461	8.7	101	61.5~72.9	69.8	4.7	101
		1	江津棚下	529~537	533	3.4	102	9.5~11.0	10.5	0.6	91	459~473	468	3.4	102	71.6~75.4	73.3	1.4	106
		2		487~535	511	18.7	98	5.0~8.5	7.0	1.5	61	445~473	462	12.1	101	66.8~80.4	71.9	5.1	104
		3		502~532	519	13.2	100	5.0~7.0	6.5	0.8	57	444~474	461	12.3	101	67.2~82.4	74.3	6.8	108
		5		486~524	506	14.6	97	4.0~7.5	5.5	1.2	48	437~463	452	11.2	99	64.8~84.2	84.2	72.6	122
		1	漠河户外	522~545	533	10.5	102	8.0~10.0	9.0	0.9	78	449~484	466	16.7	102	70.7~90.4	77.0	8.6	112
		2		517~544	531	10.5	102	9.5~12.0	11.0	1.1	96	449~479	465	11.4	102	67.3~73.6	70.9	4.1	103
		3		495~538	526	17.5	101	9.5~10.5	10.0	0.5	87	452~475	467	8.9	102	73.2~87.4	79.9	6.1	116
		5		504~531	515	11.2	99	8.0~10.0	9.0	1.2	78	435~465	444	12.4	97	68.3~71.2	69.5	1.2	101
		1	漠河棚下	507~527	517	7.1	99	5.0~9.0	7.5	1.7	65	440~460	450	7.2	98	67.2~91.2	80.1	11.5	116
		2		517~535	524	8.6	101	8.0~11.0	9.5	1.2	83	454~471	459	10.2	100	67.3~68.4	66.7	2.7	97
		3		513~530	522	6.7	100	8.5~9.5	9.5	0.5	83	447~473	459	11.1	100	70.0~84.0	77.3	5.0	112
		5		511~533	524	8.6	101	8.0~11.0	9.0	1.2	78	444~470	460	9.9	100	61.7~74.6	67.9	5.1	99
		1	万宁濒海户外	504~526	515	8.4	99	2.5~6.0	4.5	1.4	39	450~474	461	10.7	101	68.5~72.0	70.7	1.4	103
		2		481~518	506	15.0	97	3.0~6.0	4.0	1.3	35	449~472	463	9.2	101	66.5~77.2	70.9	4.7	103
		3		480~509	496	12.7	95	2.5~3.5	3.0	0.5	26	444~476	459	12.8	100	65.4~69.5	68.1	1.7	99
		4		484~509	501	10.2	96	3.0~6.5	5.0	1.3	44	431~463	451	12.6	98	65.9~71.7	69.1	2.3	100
		5		473~486	477	5.3	92	2.5~4.5	3.5	0.7	30	425~444	437	7.2	95	61.7~83.4	68.9	9.0	100
		1	万宁近海岸棚下	520~545	529	9.6	102	4.5~8.0	6.0	1.4	52	458~481	472	9.7	103	70.5~75.4	71.9	2.0	104
		2		489~518	508	12.4	98	4.5~6.0	5.0	0.5	44	446~473	461	11.4	101	65.6~68.6	66.6	1.3	97
		3		506~513	510	3.4	98	3.5~5.5	4.0	0.8	35	445~474	464	11.5	101	65.6~72.2	71.3	4.0	103
		4		492~509	500	7.4	96	4.0~5.5	4.5	0.7	39	431~461	441	12.1	96	70.1~78.6	72.9	3.4	106
		5		488~500	494	4.9	95	3.0~6.0	4.0	1.3	35	424~456	445	12.2	97	69.7~78.9	73.7	3.5	107

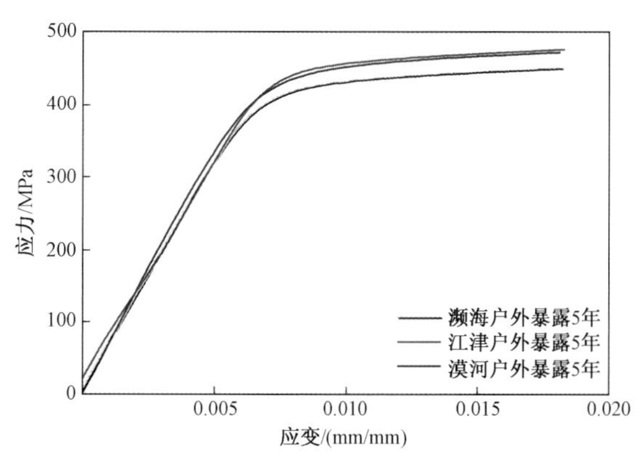

图 2-2-32　7A09-T6 在 3 种环境暴露 5 年的应力-应变曲线

(3) 断裂韧度　7A09-T6 在湿热海洋、亚湿热工业和寒冷乡村等大气环境下的断裂韧度变化数据见表 2-2-115，典型断口形貌见图 2-2-33。

表 2-2-115　断裂韧度变化数据

材料牌号	取样方向	试验时间/年	试验方式	K_{IC}				备注
				实测值/MPa·m$^{1/2}$	均值/MPa·m$^{1/2}$	标准差/MPa·m$^{1/2}$	保持率/%	
7A09-T6	L-T	0	—	26.7~28.4	27.4	0.6	—	紧凑拉伸试样 B=25mm W=50mm
		1	万宁濒海户外	26.0~28.0	27.0	0.8	99	
		2		26.8~27.8	27.2	0.4	99	
		3		25.3~26.8	26.0	0.6	95	
		4		26.6~27.7	27.3	0.4	100	
		5		26.8~30.7	27.8	1.6	101	
		1	江津户外	26.2~27.5	26.8	0.5	98	
		2		27.3~27.9	27.6	0.3	101	
		3		27.0~27.5	27.1	0.2	99	
		5		26.5~27.7	27.3	0.5	100	
		1	漠河户外	25.1~27.0	26.4	0.8	96	
		2		26.3~27.4	26.9	0.4	98	
		3		25.5~26.9	26.0	0.6	95	
		5		27.3~28.9	27.9	0.6	102	

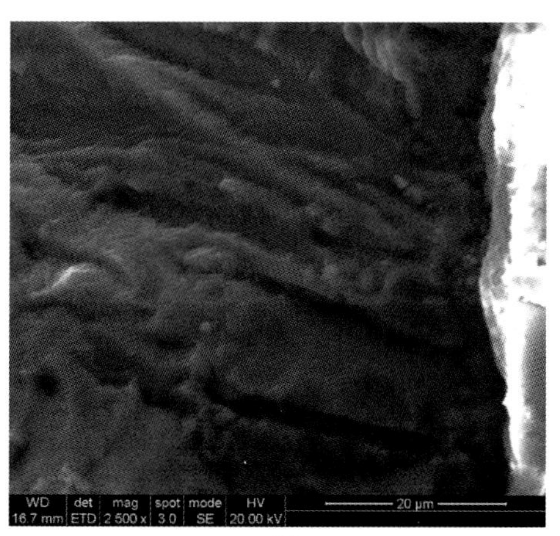
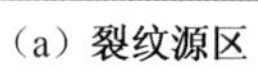

(a) 裂纹源区

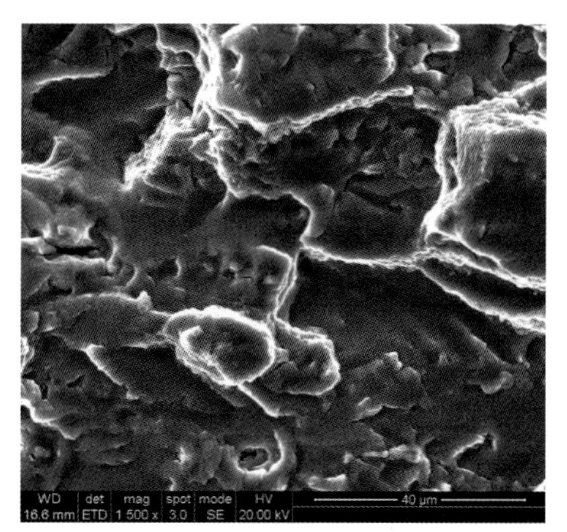

(b) 裂纹扩展区

图 2-2-33　7A09-T6 在濒海户外暴露 3 年的断口形貌

（4）疲劳裂纹扩展速率　7A09-T6 在湿热海洋、亚湿热工业和寒冷乡村等大气环境下暴露不同时间的 $da/dN-\Delta K$ 曲线见图 2-2-34～图 2-2-46。

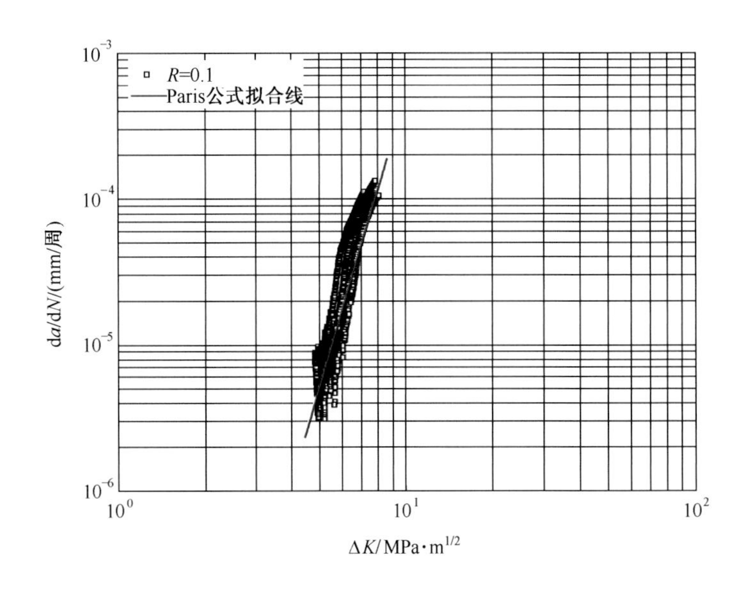

材料品种：δ70mm厚板

取　　向：L－T

材料强度：R_m=521MPa

$R_{p0.2}$=458MPa

试样类型：CT，B=12.5mm

W=50mm

加载方式：恒载法

应力比：0.1

试验频率：20Hz

试验环境：室温

试样个数：5个

拟合公式：$da/dN=C(\Delta K)^n$

$C=1.15\times10^{-10}$

$n=6.67$

图 2-2-34　7A09-T6 原始 $da/dN-\Delta K$ 曲线

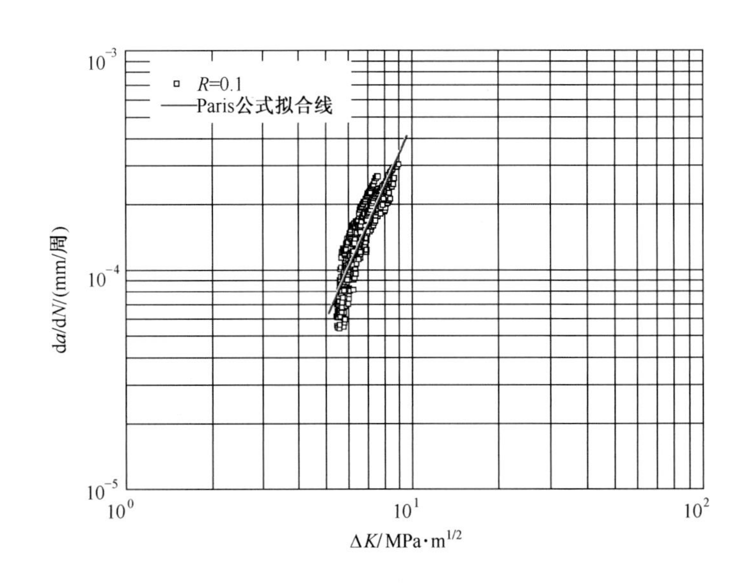

材料品种：δ70mm厚板

取　　向：L－T

材料强度：R_m=515MPa

$R_{p0.2}$=461MPa

试样类型：CT，B=12.5mm

W=50mm

加载方式：恒载法

应力比：0.1

试验频率：20Hz

试验环境：室温

试样个数：5个

拟合公式：$da/dN=C(\Delta K)^n$

$C=5.23\times10^{-7}$

$n=2.96$

图 2-2-35　7A09-T6 在濒海户外暴露 1 年的 $da/dN-\Delta K$ 曲线

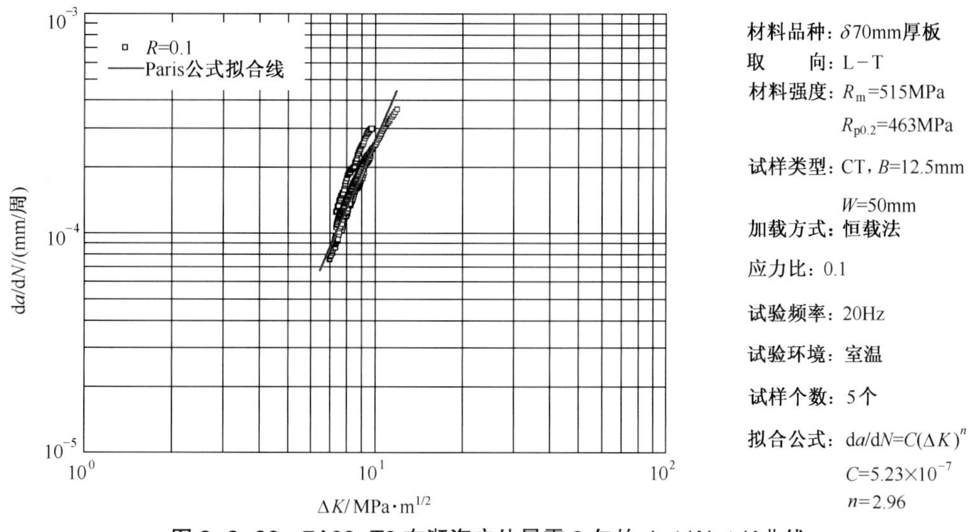

图 2-2-36　7A09-T6 在濒海户外暴露 2 年的 da/dN-ΔK 曲线

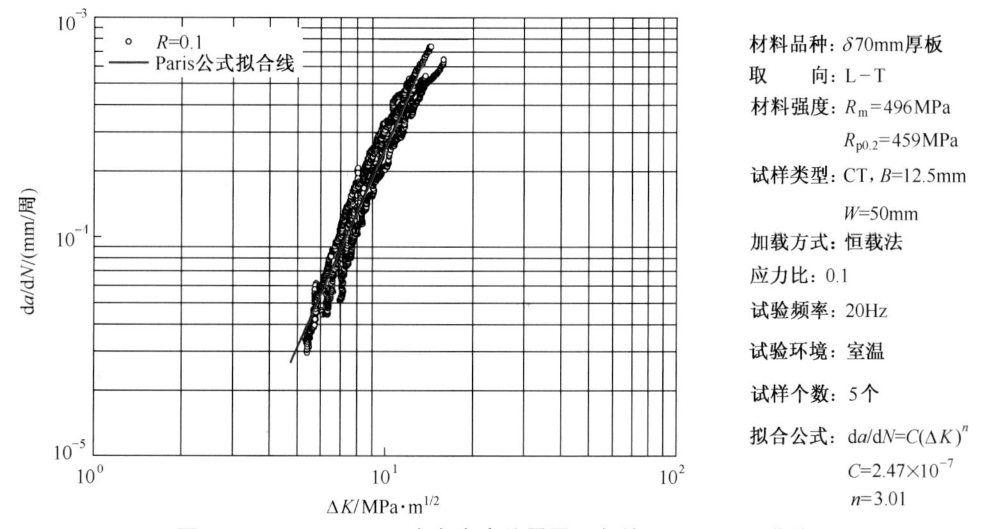

图 2-2-37　7A09-T6 在濒海户外暴露 3 年的 da/dN-ΔK 曲线

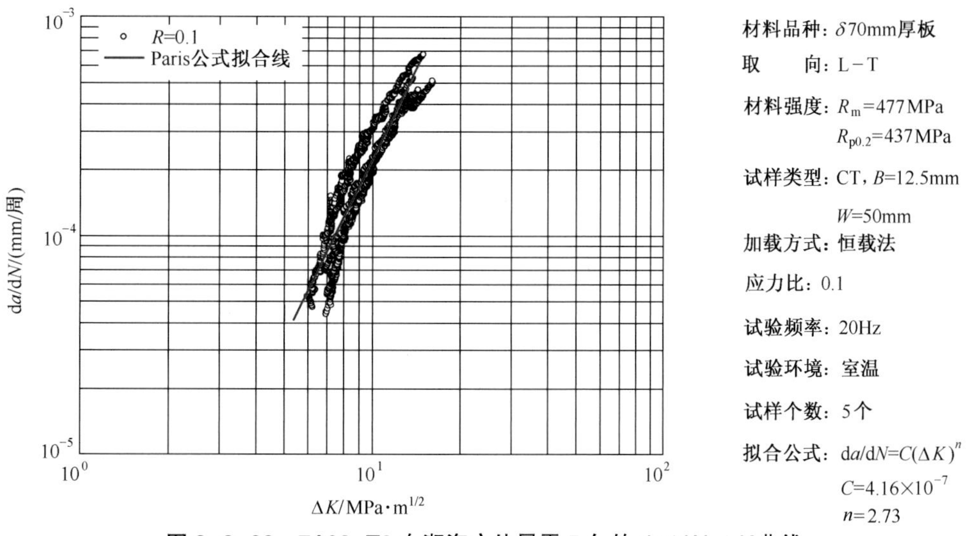

图 2-2-38　7A09-T6 在濒海户外暴露 5 年的 da/dN-ΔK 曲线

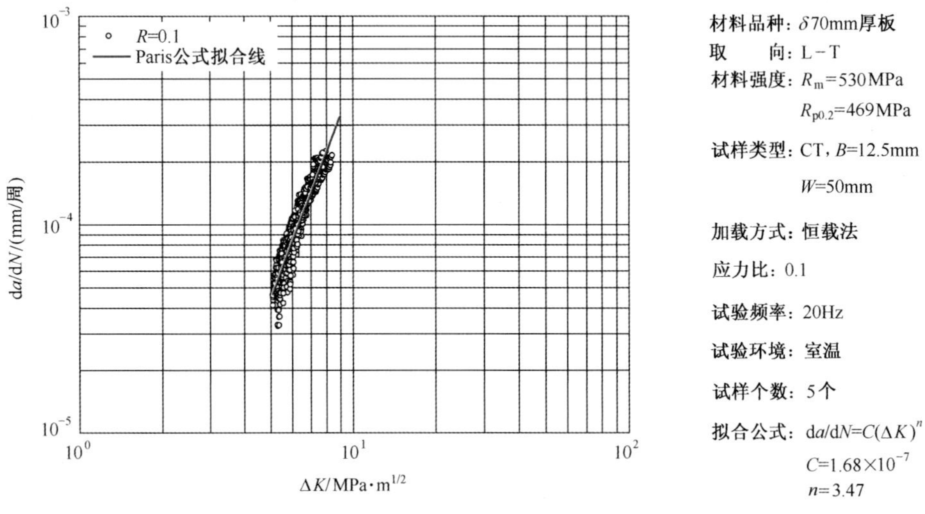

图 2-2-39　7A09-T6 在江津户外暴露 1 年的 da/dN-ΔK 曲线

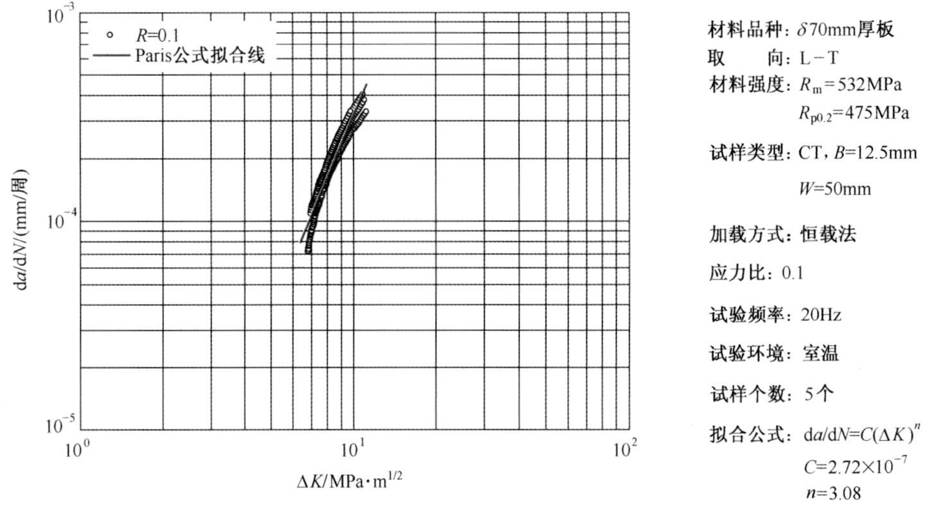

图 2-2-40　7A09-T6 在江津户外暴露 2 年的 da/dN-ΔK 曲线

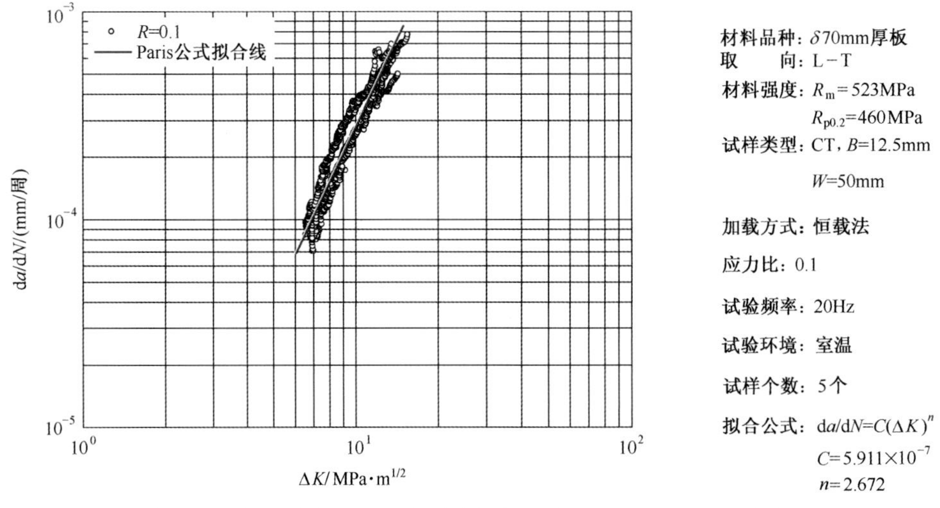

图 2-2-41　7A09-T6 在江津户外暴露 3 年的 da/dN-ΔK 曲线

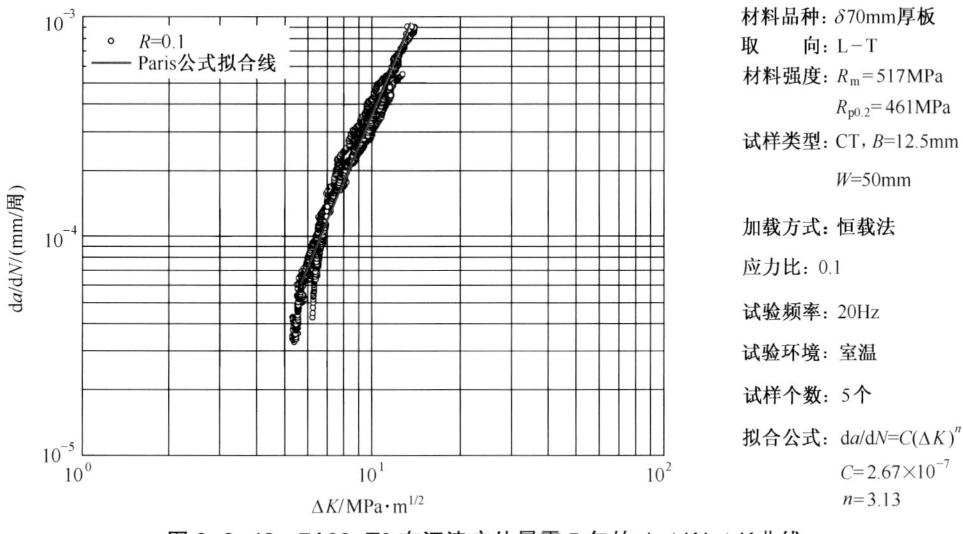

图 2-2-42　7A09-T6 在江津户外暴露 5 年的 $da/dN-\Delta K$ 曲线

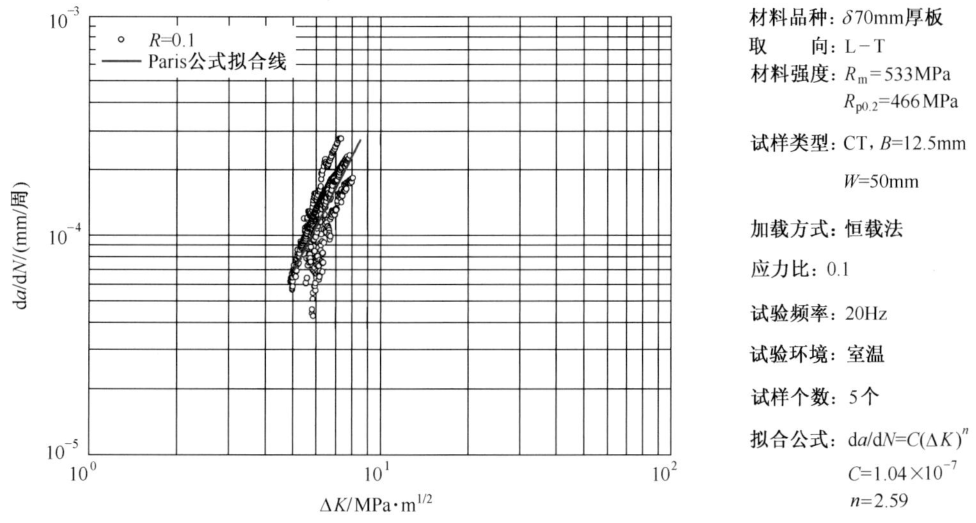

图 2-2-43　7A09-T6 在漠河户外暴露 1 年的 $da/dN-\Delta K$ 曲线

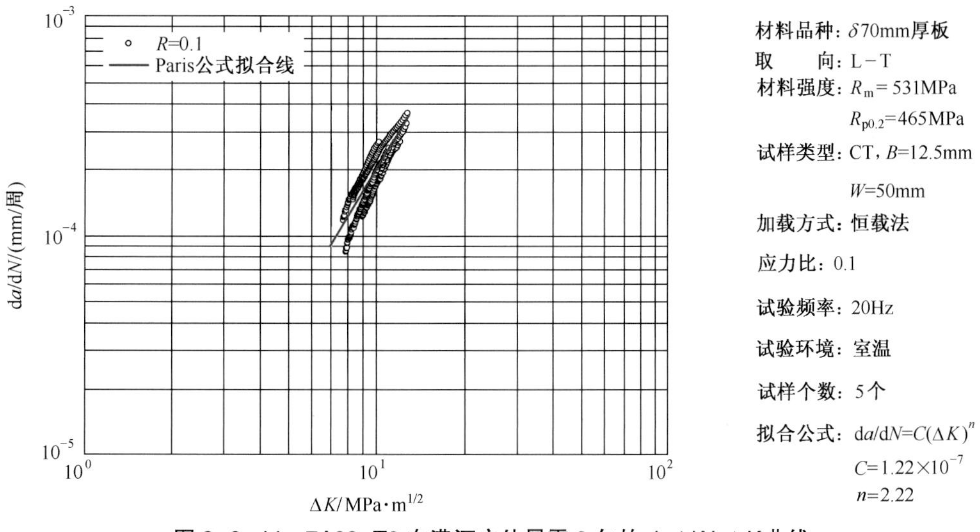

图 2-2-44　7A09-T6 在漠河户外暴露 2 年的 $da/dN-\Delta K$ 曲线

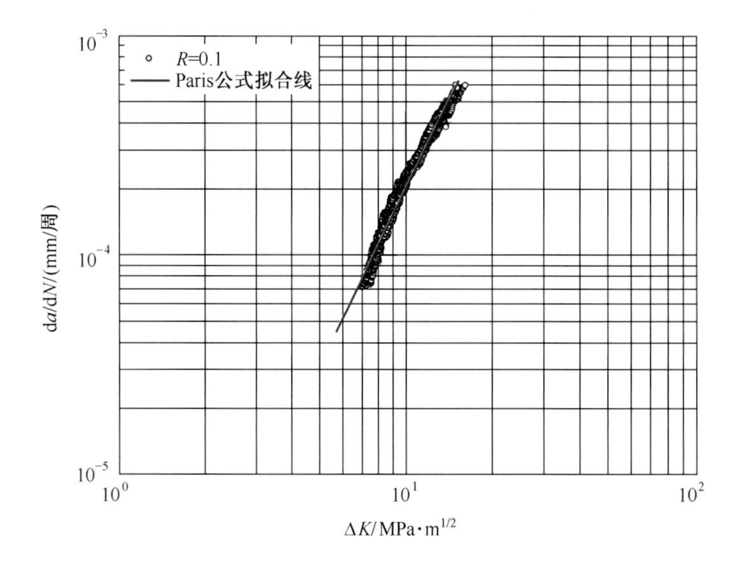

材料品种：δ70mm厚板
取　　向：L－T
材料强度：R_m=526MPa
$R_{p0.2}$=467MPa
试样类型：CT，B=12.5mm
W=50mm
加载方式：恒载法
应力比：0.1
试验频率：20Hz
试验环境：室温
试样个数：5个
拟合公式：$da/dN=C(\Delta K)^n$
$C=4.30\times10^{-7}$
$n=2.62$

图 2-2-45　7A09-T6 在漠河户外暴露 3 年的 da/dN-ΔK 曲线

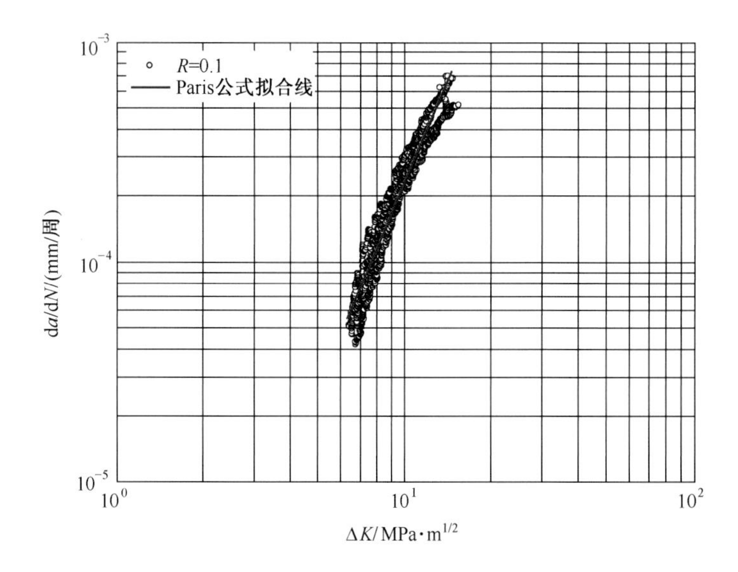

材料品种：δ70mm厚板
取　　向：L－T
材料强度：R_m=515MPa
$R_{p0.2}$=444MPa
试样类型：CT，B=12.5mm
W=50mm
加载方式：恒载法
应力比：0.1
试验频率：20Hz
试验环境：室温
试样个数：5个
拟合公式：$da/dN=C(\Delta K)^n$
$C=1.87\times10^{-7}$
$n=3.09$

图 2-2-46　7A09-T6 在漠河户外暴露 5 年的 da/dN-ΔK 曲线

(5) 应力腐蚀性能　见表 2-2-116 和表 2-2-117。

表 2-2-116　C 环应力腐蚀性能[1]

试　样	试验环境	试验应力/MPa	C 环应力腐蚀断裂时间/天
7A09-T73 (φ100mm 棒材)	3.5%NaCl 溶液交替浸泡	300	>67,>67,>67,>67,>67
		310	>45,>45,>45,>45,>45
		340	>67,>67,>67,>67,>67
		380	>67,>67,>67,>67,>67
		420	>67,>67,>67,>67,>67
		440	>67,>67,>67,>67,>67

（续）

试　样	试验环境	试验应力/MPa	C 环应力腐蚀断裂时间/天
7A09-T73 （ϕ65mm 棒材）	3.5%NaCl 溶液交替浸泡	310	>45，>45，>45，>45，>45
		340	>90，>90，>90，>90
		380	>90，>90，>90，>90
		420	>90，>90，>90，>90
		440	>90，>90，>90
7A09-T73	湿热海洋大气环境	390	全部>3652（约 10 年）
		345	
		305	

表 2-2-117　不同批次 C 环应力腐蚀性能

试样	取向	试验环境	试验应力/MPa	C 环应力腐蚀断裂时间/天
7A09-T6 （δ70mm）	L-T	湿热海洋	346	480，540，540，540，540，540，540，600，>730
		亚湿热工业	346	625，700，700，700，700，700，735，>735，>735
		寒冷乡村	346	全部>2555

6. 电偶腐蚀性能

7A09-T6 的自腐蚀电位为-0.781V（SCE），见图 2-2-47。7A09 电位较负，与结构钢、钛合金、复合材料等偶接具有电偶腐蚀倾向。

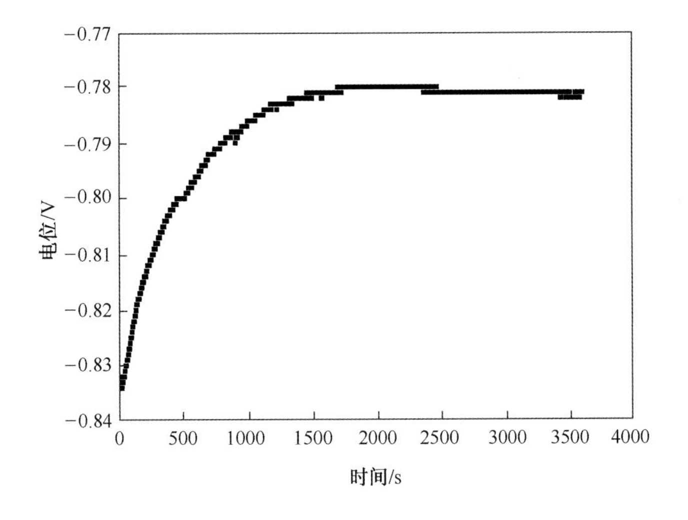

图 2-2-47　7A09-T6 的自腐蚀电位曲线

7. 防护措施建议

7A09-T6 状态下对剥蚀有较高的敏感性，在海洋和潮湿大气环境中的耐腐蚀性能较差，可采用包覆纯铝，配合阳极氧化+底漆+面漆涂层体系进行防护。

7A85

1. 概述

7A85合金是铝-锌-镁-铜系可热处理强化的高强度变形铝合金。由于其独特的淬透性能，成为航空工业大规格高强铝合金锻件主要用材，最大截面厚度可达305mm。相比7050合金，其静强度高6%，断裂韧度高15%以上，且纵、横、高三向性能差异较小，非常适用于制造厚大截面整体框梁结构。

（1）材料牌号 7A85。

（2）生产单位 西南铝业（集团）有限责任公司。

（3）化学成分 GB/T 3190—2008规定的化学成分见表2-2-118。

表2-2-118 化学成分

化学成分	Si	Fe	Cu	Mn	Mg	Cr	Zn	Ti	Zr	Al	其他	
											单个	合计
质量分数/%	0.05	0.08	1.2~2.0	0.10	1.2~2.0	0.05	7.0~8.2	0.05	0.08~0.16	余量	0.05	0.15

（4）热处理状态 7A85合金的主要热处理状态包括T7452等。

2. 试验与检测

（1）试验材料 见表2-2-119。

表2-2-119 试验材料

材料牌号与热处理状态	表面状态	品种规格	生产单位
7A85-T7452	无	锻件 δ220mm×610mm×900mm	西南铝业（集团）有限责任公司
	硫酸/硼硫酸阳极氧化	锻造棒材	

（2）试验条件 见表2-2-120。

表2-2-120 试验条件

试验环境	对应试验站	试验方式
湿热海洋大气环境	海南万宁	濒海户外
寒温高原大气环境	西藏拉萨	户外
干热沙漠大气环境	甘肃敦煌	户外
寒冷乡村大气环境	黑龙江漠河	户外
注：试验标准为GB/T 14165—2008《金属和合金 大气腐蚀试验 现场试验的一般要求》。		

（3）检测项目及标准 见表2-2-121。

表 2-2-121　检测项目及标准

检测项目	标　　准
平均腐蚀速率	HB 5257—1983《腐蚀试验结果的重量损失测定和腐蚀产物的清除》
微观形貌/腐蚀深度	GB/T 13298—2015《金属显微组织检验方法》
拉伸性能	GB/T 228.1—2010《金属材料　拉伸试验　第1部分:室温试验方法》

3. 腐蚀形态

7A85-T7452暴露于湿热海洋大气环境中主要表现为重度点蚀,伴随着大量灰白色腐蚀产物,微观下可见典型晶间腐蚀特征,见图2-2-48;暴露于干热沙漠环境、寒冷乡村和寒温高原环境中表现为轻微至中度点蚀,微观下均可见晶间腐蚀特征,见图2-2-49~图2-2-51。

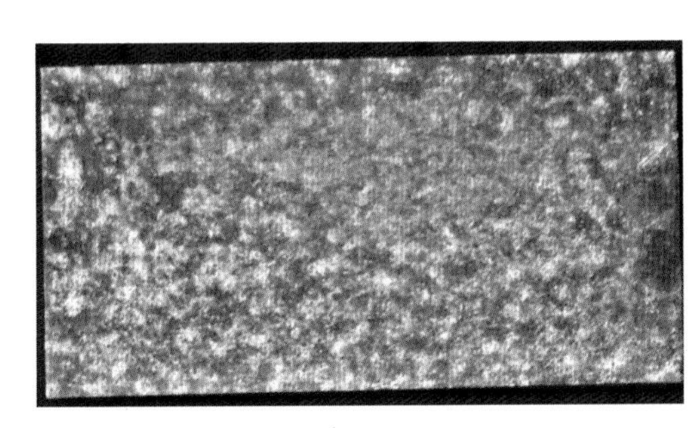
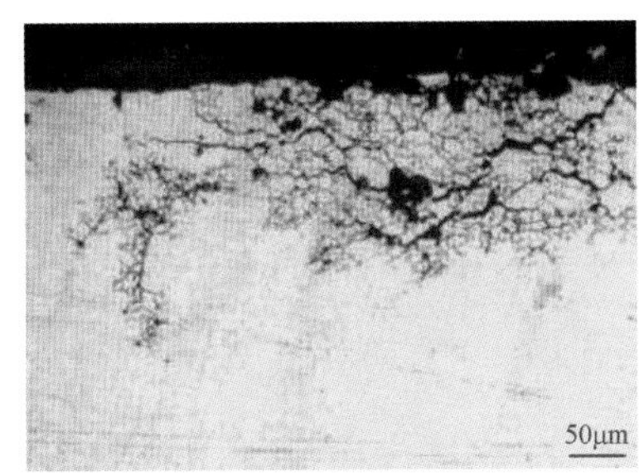

图2-2-48　7A85-T7452在濒海户外暴露1年的腐蚀形貌

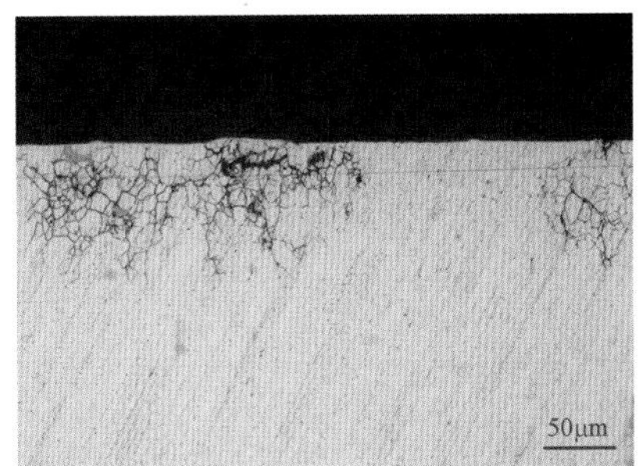

图2-2-49　7A85-T7452在敦煌户外暴露2年的腐蚀形貌

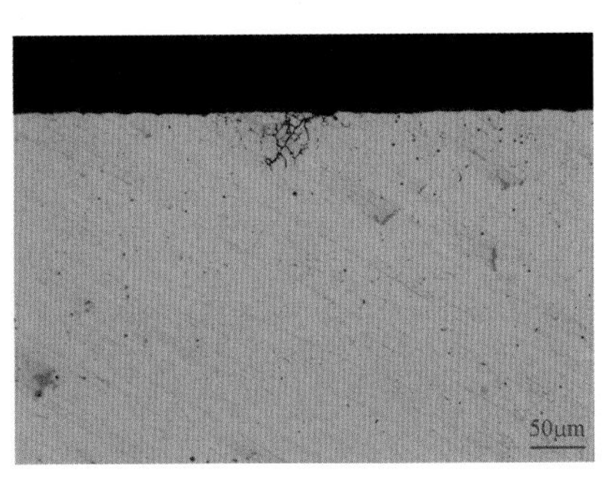

图2-2-50　7A85-T7452在漠河户外暴露2年的腐蚀形貌

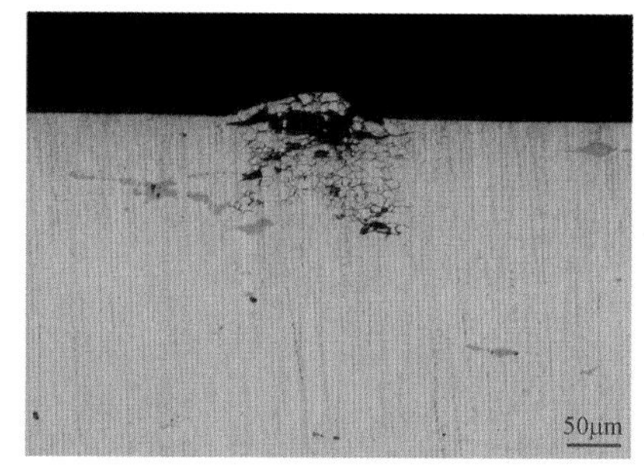

图 2-2-51 7A85-T7452 在拉萨户外暴露 2 年的腐蚀形貌

4. 平均腐蚀速率

试样尺寸 100.0mm×50.0mm×3.0mm。通过失重法得到的平均腐蚀速率见表 2-2-122。通过金相检测法得到的局部最大腐蚀深度见表 2-2-123。

表 2-2-122 平均腐蚀速率 (单位:μm/年)

品种	热处理状态	试验方式	暴露时间		
			1 年	2 年	5 年
锻件	T7452	濒海户外	14.777	4.487	2.053
		拉萨户外	0.223	0.008	0.011
		敦煌户外	0.251	0.106	0.075
		漠河户外	0.212	0.008	0.020

表 2-2-123 局部最大腐蚀深度 (单位:μm)

品种	热处理状态	试验方式	暴露时间				
			0.5 年	1 年	2 年	3 年	5 年
锻件	T7452	万宁濒海户外	221	231	240	254	259
		拉萨户外	0	0	119	0	40
		敦煌户外	0	95	93	90	109
		漠河户外	0	40	49	18	49

5. 腐蚀对力学性能的影响

(1) 拉伸性能 7A85-T7452 棒材哑铃试样在湿热海洋、干热沙漠、寒温高原和寒冷乡村 4 种大气环境中拉伸性能变化数据见表 2-2-124,典型拉伸应力-应变曲线见图 2-2-52。

表 2-2-124　7A85-T7452 的拉伸性能变化数据

试样	取向	暴露时间/年	试验方式	R_m				A				$R_{p0.2}$				E			
				实测值/MPa	平均值/MPa	标准差/MPa	保持率/%	实测值/%	平均值/%	标准差/%	保持率/%	实测值/MPa	平均值/MPa	标准差/MPa	保持率/%	实测值/GPa	平均值/GPa	标准差/GPa	保持率/%
7A85-T7452 (d=5.0mm)	L	0①	原始	—	530	—	—	—	11.5	—	—	—	460	—	—	—	—	—	—
		0.5	濒海户外	457~496	485	16.4	92	2.0~4.0	3.5	0.8	30	394~436	418	16.0	91	57.4~65.2	61.9	3.1	—
		1		434~480	460	16.6	87	1.0~3.5	2.5	1.0	22	379~423	410	17.4	89	61.5~70.3	67.4	3.6	—
		2		439~470	456	11.1	86	2.0~4.5	3.0	1.0	26	395~417	406	9.9	88	58.2~65.7	63.1	2.9	—
		3		419~447	435	13.2	82	1.0~4.0	3.0	1.2	26	369~415	392	19.4	85	60.4~75.9	65.0	6.3	—
		5		409~469	429	23.9	81	2.0~3.0	2.5	0.4	22	379~436	398	22.2	87	58.2~64.7	60.0	2.8	—
		0.5	敦煌户外	521~537	530	6.5	100	5.0~9.5	7.5	1.8	65	452~456	454	1.6	99	64.7~74.5	67.5	4.0	—
		1		493~519	505	10.0	95	5.5~8.5	7.0	1.2	61	444~464	454	7.3	99	64.1~69.7	67.5	2.2	—
		2		499~506	502	2.9	95	5.5~8.5	7.0	1.4	61	425~443	436	7.2	95	65.1~76.7	74.5	5.6	—
		3		503~507	505	1.4	95	5.0~11.0	9.0	2.5	78	433~450	442	7.8	96	67.0~71.0	68.5	1.7	—
		5		499~511	503	4.6	95	5.5~6.5	6.0	0.4	52	447~457	451	4.1	98	68.4~73.4	71.4	1.8	—
		0.5	拉萨户外	521~549	529	11.2	100	2.5~5.0	3.5	1.1	30	422~472	447	19.8	97	62.9~85.5	70.5	9.0	—
		1		496~518	502	9.0	95	3.0~7.0	5.5	1.7	48	404~457	431	19.2	94	44.8~82.6	64.7	15.7	—
		2		493~502	497	4.0	94	4.5~7.0	6.5	1.1	57	410~429	421	7.6	92	69.3~88.5	77.9	9.1	—
		3		501~507	503	2.5	95	6.5~9.0	8.0	1.0	70	434~444	439	4.9	95	59.5~71.3	65.1	5.2	—
		5		496~515	504	7.6	95	5.0~6.0	5.5	0.4	48	442~465	451	9.0	98	68.1~78.6	72.7	4.8	—
		0.5	漠河户外	528~537	531	4.1	100	4.5~9.0	6.5	1.9	57	404~466	431	23.6	94	59.5~72.8	68.7	5.4	—
		1		487~500	496	5.5	94	3.5~7.0	5.5	1.3	48	406~428	419	9.2	91	49.3~100.1	85.8	20.9	—
		2		491~503	495	4.9	93	4.0~7.0	6.0	1.3	52	413~433	427	7.9	93	63.2~65.6	64.2	1.0	—
		3		495~514	504	8.1	95	3.0~9.0	6.5	2.3	57	443~460	450	7.5	98	61.3~66.8	64.3	2.1	—
		5		494~501	497	3.2	94	3.5~4.5	4.0	0.4	35	444~461	450	7.1	98	64.9~69.6	67.3	1.9	—

①表示该组仅有平均值数据,数据来源于航空工业第一飞机设计研究院。

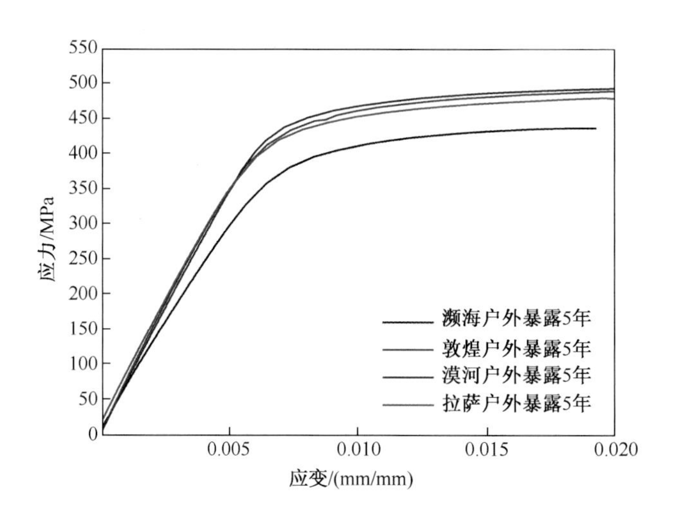

图 2-2-52 7A85-T7452 在 4 种环境中暴露 5 年的拉伸应力-应变曲线

(2) 应力腐蚀性能 见表 2-2-125。

表 2-2-125 应力腐蚀性能

品种	热处理状态	规格/mm×mm×mm	取样方向	加载应力	试验环境	C 环应力腐蚀断裂时间/天
锻件	T7452	δ220×610×900	S-T①	338MPa	湿热海洋	>1825
					干热沙漠	
					寒温高原	
①表示 C 型环试样的加载方向为 S 向(高向,也称短横向),裂纹扩展方向为 T 向(横向,也称长横向)。						

6. 电偶腐蚀性能

7A85 合金电位较负,与结构钢、钛合金、复合材料等偶接具有电偶腐蚀倾向。建议结构设计时,综合应用表面处理、涂层、密封、电绝缘等多种防护方法,以有效控制电偶腐蚀。

7. 防护措施建议

7A85-T7452 在大多数气候环境中均具有晶间腐蚀敏感性,耐腐蚀性差,尤其在湿热海洋环境中会造成拉伸性能的明显变化,推荐采用包覆纯铝,再配合阳极氧化+底漆+面漆多层涂层体系进行防护。表 2-2-126 列出了 7A85-T7452 采用硫酸阳极化和硼硫酸阳极化防护后在 4 种环境中的拉伸性能变化数据。

表 2-2-126　7A85-T7452 阳极化的拉伸性能变化数据

试样	取向	暴露时间/年	试验方式	R_m 实测值/MPa	R_m 平均值/MPa	R_m 标准差/MPa	R_m 保持率/%	A 实测值/%	A 平均值/%	A 标准差/%	A 保持率/%	$R_{p0.2}$ 实测值/MPa	$R_{p0.2}$ 平均值/MPa	$R_{p0.2}$ 标准差/MPa	$R_{p0.2}$ 保持率/%	E 实测值/GPa	E 平均值/GPa	E 标准差/GPa	E 保持率/%
7A85-T7452 硫酸阳极化（d=5.0mm）	L	0	原始	—	530	—	—	—	11.5	—	—	—	460	—	—	—	—	—	—
		1	濒海户外	464~494	478	11.6	90	2.5~5.5	3.5	1.2	30	419~445	431	9.5	94	66.5~73.6	69.2	2.9	—
		2		449~487	468	14.0	88	0.5~3.0	2.0	1.0	17	394~440	414	18.0	90	61.9~66.8	63.9	2.0	—
		5		453~474	461	8.4	87	1.0~3.0	2.0	0.9	17	416~442	430	9.4	93	62.6~66.7	64.8	1.5	—
		1	敦煌户外	494~514	506	8.4	95	4.5~7.0	5.5	1.0	48	424~443	435	8.5	95	66.1~106.2	82.7	15.5	—
		2		496~511	503	6.7	95	4.0~9.0	7.0	1.9	61	426~448	433	9.0	94	65.7~75.5	68.8	4.5	—
		5		503~518	510	5.6	96	5.5~8.5	7.0	1.2	61	447~474	457	11.2	99	66.4~70.2	68.0	1.8	—
		1	拉萨户外	483~506	497	9.5	94	3.5~6.5	5.0	1.1	43	404~431	418	12.4	91	46.2~92.6	70.7	19.3	—
		2		496~502	500	2.6	94	5.0~8.0	7.0	1.3	61	431~445	436	6.4	95	75.6~114.1	86.3	18.6	—
		5		496~512	504	5.8	95	3.0~7.0	5.4	1.6	47	444~455	451	4.7	98	66.4~74.6	70.0	2.9	—
		1	漠河户外	498~517	510	7.4	96	4.5~6.0	5.0	0.8	43	426~438	431	4.4	94	60.7~87.3	77.1	11.5	—
		2		497~505	501	3.6	95	7.5~8.5	8.0	0.5	70	425~435	431	4.7	94	64.5~69.3	67.1	1.9	—
		5		487~510	503	9.6	95	4.5~7.0	6.0	0.9	52	426~459	450	13.4	98	67.1~71.0	69.3	1.6	—
7A85-T7452 硼硫酸阳极化（d=5.0mm）		0	原始	—	530	—	—	—	11.5	—	—	—	460	—	—	—	—	—	—
		1	濒海户外	447~482	468	14.3	88	0.5~3.5	2.0	1.1	17	409~434	423	9.3	92	64.2~86.0	71.7	8.9	—
		2		461~502	482	16.3	91	1.0~5.0	3.0	1.7	26	411~434	418	9.4	91	60.5~70.9	66.0	3.7	—
		5		444~483	464	14.0	88	2.0~4.0	2.5	0.9	22	421~449	433	12.0	94	63.4~68.1	65.7	2.0	—
		1	敦煌户外	495~510	505	6.7	95	5.0~6.0	6.0	0.5	52	444~451	448	3.3	97	65.5~69.6	67.2	1.7	—
		2		500~506	503	2.3	95	6.5~9.0	7.0	1.5	61	417~458	435	15.1	95	71.9~76.5	73.9	1.7	—
		5		497~505	500	3.4	94	4.5~8.0	6.5	1.3	57	431~462	446	11.3	97	66.8~70.9	68.2	1.6	—
		1	拉萨户外	483~506	498	8.9	94	4.0~6.5	5.0	1.2	43	401~441	426	16.1	93	56.1~79.4	71.9	10.2	—
		2		492~500	497	3.4	94	6.0~8.0	7.0	0.8	61	418~439	429	8.1	93	62.3~80.1	74.5	7.3	—
		5		497~503	500	2.6	94	5.0~6.5	6.0	0.7	52	431~445	438	6.0	95	64.7~79.8	69.6	6.3	—
		1	漠河户外	495~510	501	6.1	95	5.0~7.0	5.5	0.8	48	419~438	427	7.7	93	67.8~113.8	89.3	17.4	—
		2		493~507	503	5.8	95	6.0~8.0	7.0	0.9	61	422~440	430	6.5	93	65.1~71.4	67.8	2.6	—
		5		494~512	500	7.3	94	3.0~7.0	5.0	1.8	43	436~475	449	15.2	98	66.1~69.6	67.6	1.4	—

注：表中原始拉伸性能数据来源于 7A85-T7452 裸材。

7B04

1. 概述

7B04合金是铝-锌-镁-铜系高强铝合金，是在7A04合金基础上通过控制铁和硅杂质含量，进一步纯化发展而成的。该合金的断裂韧度相比7A04合金提高了10%~15%。

7B04合金主要有T6、T74、T73三种时效状态，T6状态为传统的峰值时效状态，强度高，但耐腐蚀性能较差；T74、T73状态为过时效处理，T73状态具有良好的抗应力腐蚀性能，T74状态具有良好的抗剥蚀性能。7B04合金适合于热态成形，如轧制、挤压、锻造等，可生产供应各种规格的板材、棒材、型材、挤压壁板、预拉伸厚板和锻件。该合金具有良好的切削加工性能，可用于制造梁、框、壁板、蒙皮及接头等承力结构件。

(1) 材料牌号 7B04。

(2) 相近牌号 美7175、美7475、俄B95。

(3) 生产单位 中国航发北京航空材料研究院、东北轻合金有限责任公司、西南铝业(集团)有限责任公司。

(4) 化学成分 GB/T 3190—2008规定的化学成分见表2-2-127。

表2-2-127 化学成分

化学成分	Si	Cu	Fe	Mn	Mg	Cr	Ni	Zn	Ti	Al	杂质含量	
											单个	合计
质量分数/%	≤0.10	1.4~2.0	0.05~0.25	0.2~0.6	1.8~2.8	0.10~0.25	≤0.10	5.0~6.5	≤0.05	余量	≤0.05	≤0.1

(5) 热处理状态 7B04合金的主要热处理状态包括O、H112、T6、T651、T73、T7351、T74、T7451等。

2. 试验与检测

(1) 试验材料 见表2-2-128。

表2-2-128 试验材料

材料牌号与热处理状态	表面状态	品种	δ/mm	生产单位
7B04-T6	无	薄板	4.0	东北轻合金有限责任公司
	无	薄板	6.5	
	硫酸阳极化+涂层			
	无	厚板	50.0	
7B04-T6	—	薄板	4.0	—
7B04-T74	—	薄板	2.5	—

(2) 环境条件 见表2-2-129。

表2-2-129 环境条件

试验环境	对应试验站	试验方式
湿热海洋大气环境	海南万宁	海面平台户外、海面平台棚下、濒海户外、近海岸户外
亚湿热工业大气环境	重庆江津	户外、棚下
寒冷乡村大气环境	黑龙江漠河	户外、棚下

（续）

试验环境	对应试验站	试验方式
暖温半乡村大气环境	北京	户外
暖温海洋大气环境	山东青岛市团岛	户外
注：试验标准 GB/T 14165—2008《金属和合金　大气腐蚀试验　现场试验的一般要求》。		

（3）检测项目及标准　见表 2-2-130。

表 2-2-130　检测项目及标准

检测项目	标　准
平均腐蚀速率	HB 5257—1983《腐蚀试验结果的质量损失测定和腐蚀产物的清除》
微观形貌	GB/T 13298—2015《金属显微组织检验方法》
拉伸性能	GB/T 228.1—2010《金属材料　拉伸试验　第 1 部分：室温试验方法》
自腐蚀电位	ASTM G69—2003《铝合金腐蚀电位测试的标准试验方法》
断裂韧度	GB/T 4161—2007《金属材料平面应变断裂韧度 K_{IC} 试验方法》
疲劳裂纹扩展速率	GB/T 6398—2000《金属材料疲劳裂纹扩展速率试验方法》
抗应力腐蚀性能	HB 5294—1983《高强度铝合金双悬臂（DCB）试样应力腐蚀试验方法》

3. 腐蚀形态

7B04-T6 在湿热海洋大气环境中表现为典型的剥蚀特征，见图 2-2-53；在亚湿热工业环境下主要表现为点蚀，微观下局部可见晶间腐蚀特征，见图 2-2-54；在寒冷乡村环境中腐蚀不明显。

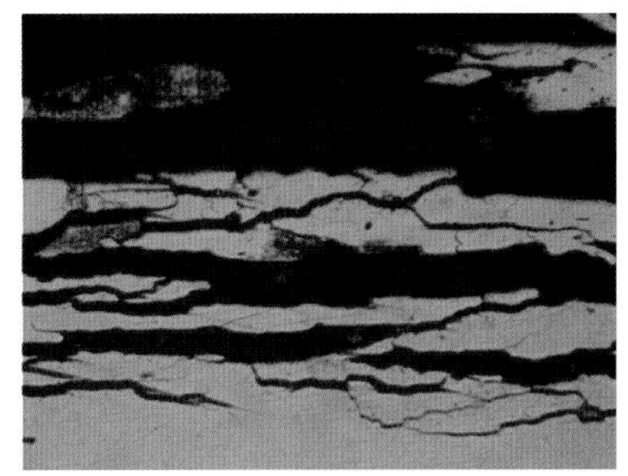

图 2-2-53　7B04-T6 在海面平台棚下暴露 1 年的腐蚀形貌

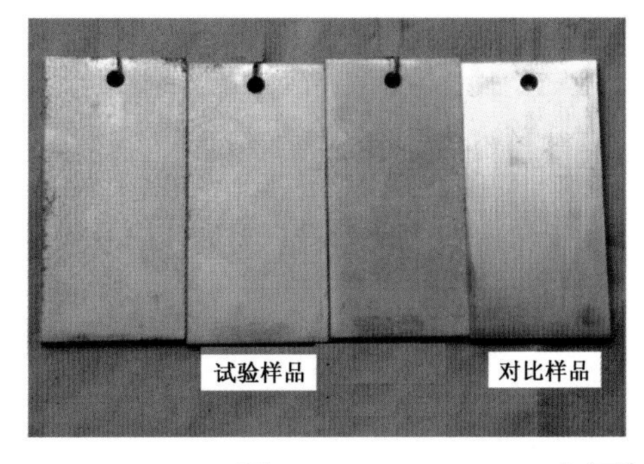

图 2-2-54　7B04-T6 在江津棚下暴露 2 年的腐蚀形貌

4. 平均腐蚀速率

试样尺寸为 100.0mm×50.0mm×4.0mm、100.0mm×50.0mm×2.5mm，无包铝层。通过失重法得到的不同批次平均腐蚀速率以及腐蚀深度幂函数回归模型见表 2-2-131。

表 2-2-131 平均腐蚀速率以及腐蚀深度幂函数回归模型 (单位:μm/年)

品种规格	热处理状态	试验方式	暴露时间				幂函数回归模型
			1年	2年	3年	5年	
薄板 δ4.0mm	T6	江津户外	0.295	0.179	0.176	0.073	$D=0.282t^{0.502}$, $R^2=0.888$
		江津棚下	0.139	0.149	0.189	0.136	$D=0.147t^{1.035}$, $R^2=0.957$
		漠河户外	0.090	0.014	0.025	0.050	—
		漠河棚下	0.022	0.026	0.045	0.026	—
薄板 δ4.0mm	T6	万宁近海岸户外	3.208	2.324	1.970	1.509	$D=3.219t^{0.536}$, $R^2=0.998$
		北京户外	0.333	0.126	0.114	—	—
		团岛户外	3.314	2.088	1.625	—	$D=3.304t^{0.349}$, $R^2=0.998$
薄板 δ2.5mm	T74	万宁近海岸户外	2.317	2.192	1.822	1.644	$D=2.390t^{0.775}$, $R^2=0.992$
		北京户外	0.243	0.096	0.104	—	—
		团岛户外	2.353	1.898	1.562	—	$D=2.377t^{0.633}$, $R^2=0.995$
		江津户外	0.358	0.206	0.160	—	$D=0.354t^{0.260}$, $R^2=0.970$

5. 腐蚀对力学性能的影响

(1) 技术标准规定的力学性能 见表 2-2-132。

表 2-2-132 技术标准规定的力学性能

技术标准	品种	包铝类型	热处理状态	厚度/mm	R_m/MPa	$R_{p0.2}$/MPa	A/%
GJB 2053A—2008	板材	正常包铝	T6	0.5~1.9	≥490	≥400	≥7.0
				>1.9~6.0	≥440	≥410	≥7.0
			T74	0.5~1.9	450~530	380~470	≥8.0
				>1.9~4.5	460~540	380~470	≥8.0
				>4.5~6.0	480~560	400~490	≥8.0
			T73	0.5~1.9	430~500	345~420	≥8.0
				>1.9~4.5	440~510	355~430	≥8.0
				>4.5~6.0	450~520	375~450	≥8.0
GJB 2662A—2008	厚板	正常包铝	T6	>6.0~10.5	≥490	≥410	≥6
			T74	>6.0~10.0	≥490	≥410	≥4
			T73	>6.0~10.0	≥480	≥400	≥3

(2) 拉伸性能 7B04-T6 暴露于湿热海洋环境中的拉伸性能变化数据见表 2-2-133,不同批次试样暴露于湿热海洋、亚湿热工业、寒冷乡村 3 种大气环境中的拉伸性能变化数据见表 2-2-134。7B04-T74 暴露于暖温半乡村、湿热海洋、暖温海洋和亚湿热工业 4 种大气环境中的拉伸性能变化数据见表 2-2-135。典型拉伸应力-应变曲线见图 2-2-55。

表 2-2-133 7B04-T6 的拉伸性能变化数据

试样	取向	暴露时间/年	试验方式	R_m				A			
				实测值/MPa	平均值/MPa	标准差/MPa	保持率/%	实测值/%	平均值/%	标准差/%	保持率/%
7B04-T6 (δ6.5mm)	L	0	原始	580~635	604	21.0	—	9.5~11.0	10.5	0.6	—
		0.5	海面平台户外	475~610	517	48.2	86	1.5~3.0	2.0	0.6	19
		1		250~600	402	165.0	67	0.5~3.0	2.0	0.9	19
		2		405~565	507	62.7	84	1.5~4.0	3.0	1.2	29
		3		355~555	451	98.6	75	0.5~2.5	1.5	1.0	14
		4		102~498	210	188	35	—	—	—	—
		0.5	海面平台棚下	260~525	418	89.1	69	1.0~1.0	1.0	0.0	10
		1		285~530	411	87.0	68	1.0~2.0	1.0	0.4	10
		2		290~505	437	84.8	69	0.5~2.0	1.5	0.6	14
		3		315~475	387	75.0	64	1.5~3.0	2.0	0.7	19
		4		184~527	367	142.0	61	—	—	—	—

注:7B04-T6 平行段原始截面尺寸为 20.0mm×6.5mm。

表 2-2-134 7B04-T6 不同批次试样的拉伸性能变化数据

试样	取向	暴露时间/年	试验方式	R_m				A				$R_{p0.2}$				E			
				实测值/MPa	平均值/MPa	标准差/MPa	保持率/%	实测值/%	平均值/%	标准差/%	保持率/%	实测值/MPa	平均值/MPa	标准差/MPa	保持率/%	实测值/GPa	平均值/GPa	标准差/GPa	保持率/%
7B04-T6(δ4.0mm)	T	0	原始	570~583	577	5.8	—	15.0~15.5	15.0	0.3	—	400~510	471	51.2	—	57.9~72.7	66.5	6.8	—
		1	江津户外	582~602	590	9.1	102	13.0~16.0	14.0	1.1	93	454~538	508	31.9	108	67.0~69.5	68.5	0.9	103
		2		569~576	572	3.3	99	14.5~17.0	16.0	0.8	107	506~519	511	5.2	108	66.6~67.6	67.2	0.4	101
		3		575~596	585	9.3	101	13.0~15.5	15.0	1.1	100	510~537	523	11.6	110	66.9~67.7	67.6	0.5	102
		5		569~584	575	5.8	100	13.5~15.5	14.5	0.8	97	511~527	519	6.1	110	59.2~74.0	69.5	6.0	105
		1	江津棚下	579~592	586	5.1	102	14.5~16.0	15.0	0.8	100	514~527	519	5.1	110	67.9~69.3	68.7	0.6	103
		2		557~584	570	12.0	99	11.0~15.0	12.5	1.6	83	497~523	509	12.1	108	64.8~68.4	66.9	1.5	101
		3		568~574	571	2.3	99	4.5~10.5	8.0	2.5	53	513~525	515	6.0	109	66.8~68.8	67.5	0.8	102
		5		542~567	555	9.2	96	5.0~9.0	7.5	1.9	50	488~514	503	9.8	107	67.6~74.4	69.7	2.8	105
		1	漠河户外	554~586	572	11.6	99	—	—	—	—	495~525	510	10.8	108	65.6~66.5	66.0	0.4	99
		2		573~582	578	3.5	100	13.5~18.5	16.5	1.9	110	511~521	515	4.1	109	67.3~68.6	68.0	0.7	102
		3		579~592	588	6.1	102	13.0~14.0	13.0	0.6	87	514~534	527	9.0	112	67.8~68.4	68.1	0.2	102
		5		563~576	571	5.1	99	13.5~16.0	14.5	1.0	97	503~518	512	5.6	109	67.7~69.6	68.3	0.9	103
		1	漠河棚下	557~581	570	12.0	99	12.0~14.0	13.0	0.7	87	493~522	510	15.1	108	66.9~68.3	67.4	0.5	101
		2		573~585	579	4.4	100	14.5~18.0	16.0	1.5	107	512~526	516	5.9	110	67.0~68.5	67.7	0.7	102
		3		580~594	587	6.3	102	11.5~15.0	13.5	1.3	90	515~531	524	7.0	111	67.4~68.7	68.3	0.6	103
		5		560~588	570	11.3	99	14.5~15.5	15.0	0.6	100	493~529	509	13.6	108	68.6~70.6	69.6	1.0	105
		1	濒海户外	561~568	564	2.6	98	8.0~15.5	12.0	3.3	80	495~508	503	5.4	107	66.1~68.0	66.8	1.1	100
		2		566~584	573	7.1	99	11.5~15.0	13.5	1.7	90	507~523	514	7.0	109	61.9~67.7	65.6	2.2	99
		3		545~580	568	13.7	98	6.5~14.0	11.5	3.0	77	487~526	511	15.3	108	65.6~67.1	66.4	0.6	100
		5		548~568	559	7.8	97	7.5~14.0	11.0	2.8	73	491~550	512	22.7	109	68.6~72.6	70.4	1.7	106

注:7B04-T6 平行段原始截面尺寸为 15.0mm×4.0mm。

表 2-2-135 7B04-T74 的拉伸性能变化数据[4]

试样	取向	暴露时间/年	试验方式	R_m/MPa		
				实测值	平均值	标准差
7B04-T74	—	1	北京户外	581~599	593	7.9
		2		592~596	595	1.9
		1	万宁近海岸户外	584~595	593	3.6
		2		592~595	593	1.3
		3		598~605	603	3.0
		1	团岛户外	590~595	594	2.4
		2		587~593	590	2.6
		1	江津户外	593~597	595	1.9
		2		590~598	595	3.5
注:7B04-T74 平行段截面尺寸为 15.0mm×2.5mm。						

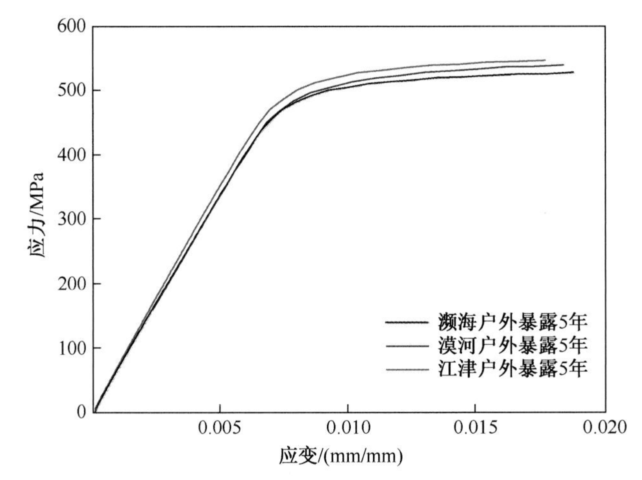

图 2-2-55 7B04-T6 在 3 种环境中暴露 5 年的拉伸应力-应变曲线

(3) 断裂韧度 7B04-T6 在湿热海洋、亚湿热工业和寒冷乡村等大气环境下的断裂韧度变化数据见表 2-2-136,典型断口形貌见图 2-2-56。

表 2-2-136 断裂韧度变化数据

试样	取向	试验时间/年	试验方式	K_Q				备注
				实测值/(MPa·m$^{1/2}$)	均值/(MPa·m$^{1/2}$)	标准差/(MPa·m$^{1/2}$)	保持率/%	
7B04-T6	L-T	0	—	26.9~29.7	28.2	1.3	—	紧凑拉伸试样 B=25mm W=50mm
		1	濒海户外	29.5~31.2	30.6	0.6	109	
		2		30.2~33.2	32.0	1.2	113	
		3		27.5~32.5	30.0	1.9	106	
		5		30.2~33.8	31.5	1.8	112	
		1	江津户外	29.4~30.1	29.8	0.3	106	
		2		30.8~34.7	32.2	1.6	114	
		3		27.8~32.6	30.7	1.8	109	
		5		30.0~32.7	31.7	1.2	112	
		1	漠河户外	28.7~32.7	30.2	1.6	107	
		2		30.3~34.3	31.9	1.5	113	
		3		28.8~32.6	30.7	1.5	109	
		5		31.4~32.3	31.6	0.4	112	
注:表中所有试样 P_{max}/P_q>1.1,仅测得条件 K_Q 值。								

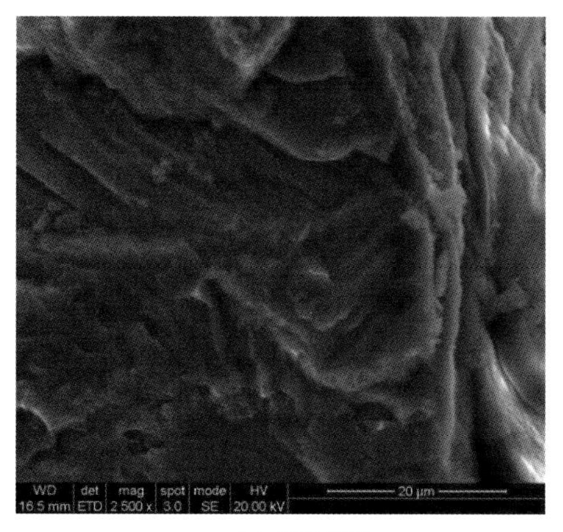

（a）裂纹源区

（b）裂纹扩展区

图 2-2-56　7B04-T6 在濒海户外暴露 3 年的断口形貌

（4）疲劳裂纹扩展速率　7B04-T6 在湿热海洋、亚湿热工业和寒冷乡村等大气环境下暴露不同时间的 da/dN-ΔK 曲线见图 2-2-57～图 2-2-69。

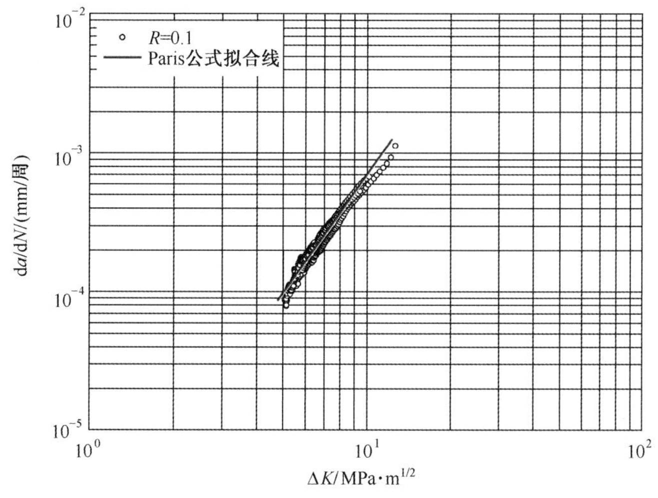

材料品种：δ50mm厚板
取　　向：L－T
材料强度：R_m=577MPa
$R_{p0.2}$=471MPa
试样类型：CT，B=12.5mm
W=50mm
加载方式：恒载法
应力比：0.1
试验频率：20Hz
试验环境：室温
试样个数：5个
拟合公式：da/dN=C(ΔK)^n
C=8.75×10^{-9}
n=2.83

图 2-2-57　7B04-T6 原始样的 da/dN-ΔK 曲线

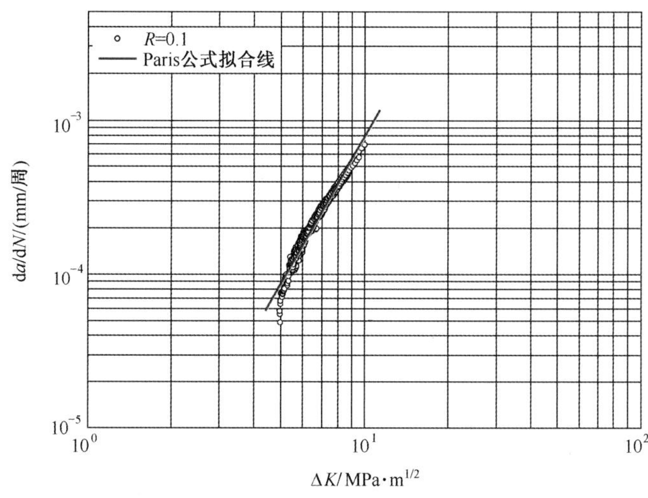

材料品种：δ50mm厚板
取　　向：L－T
材料强度：R_m=564MPa
$R_{p0.2}$=503MPa
试样类型：CT，B=12.5mm
W=50mm
加载方式：恒载法
应力比：0.1
试验频率：20Hz
试验环境：室温
试样个数：5个
拟合公式：da/dN=C(ΔK)^n
C=5.14×10^{-8}
n=3.17

图 2-2-58　7B04-T6 在濒海户外暴露 1 年的 da/dN-ΔK 曲线

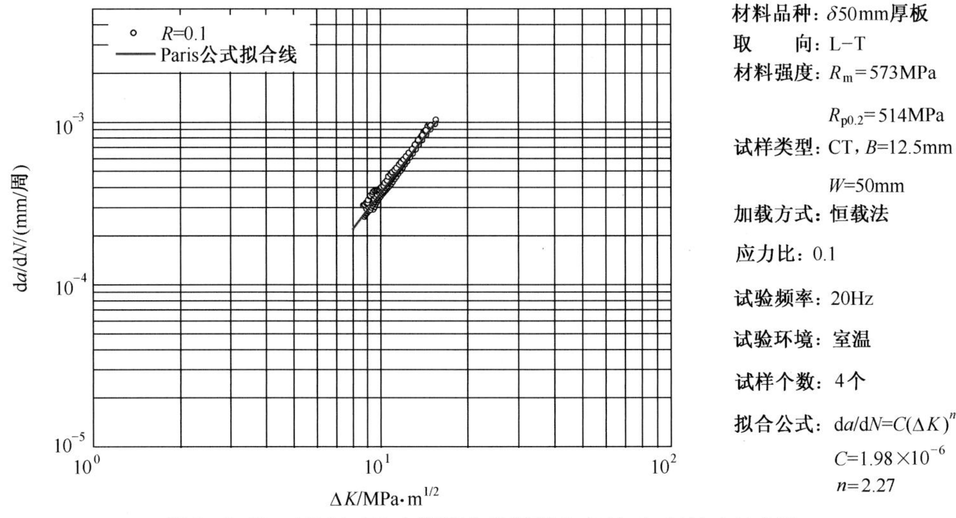

图 2-2-59　7B04-T6 在濒海户外暴露 2 年的 da/dN-ΔK 曲线

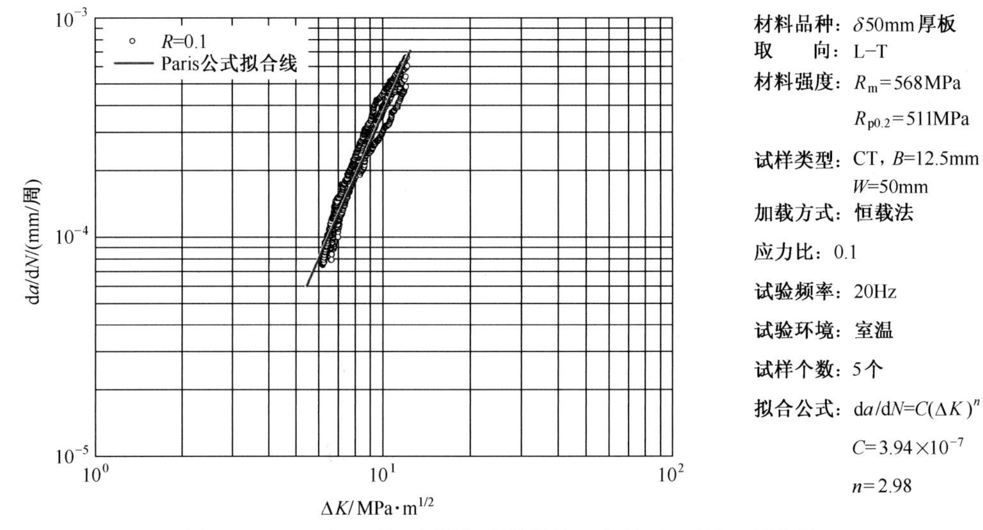

图 2-2-60　7B04-T6 在濒海户外暴露 3 年的 da/dN-ΔK 曲线

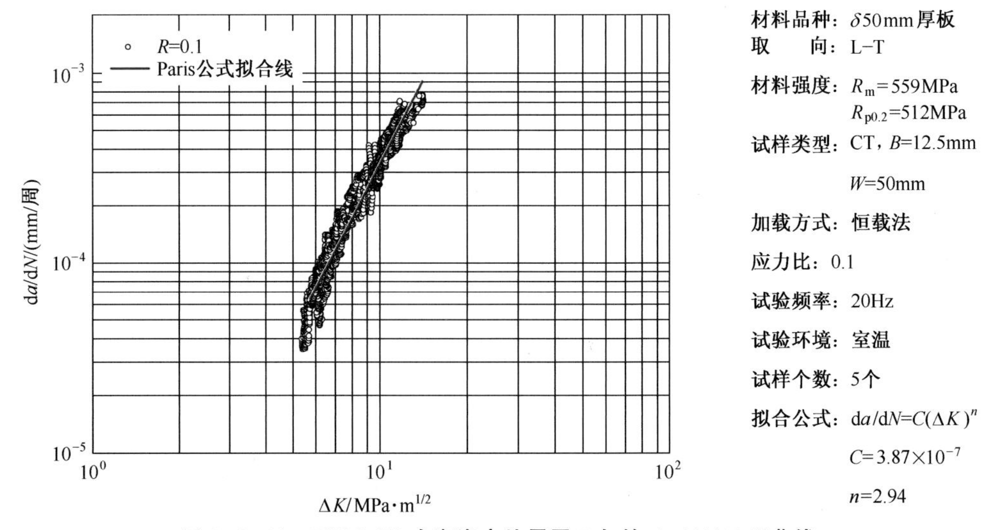

图 2-2-61　7B04-T6 在濒海户外暴露 5 年的 da/dN-ΔK 曲线

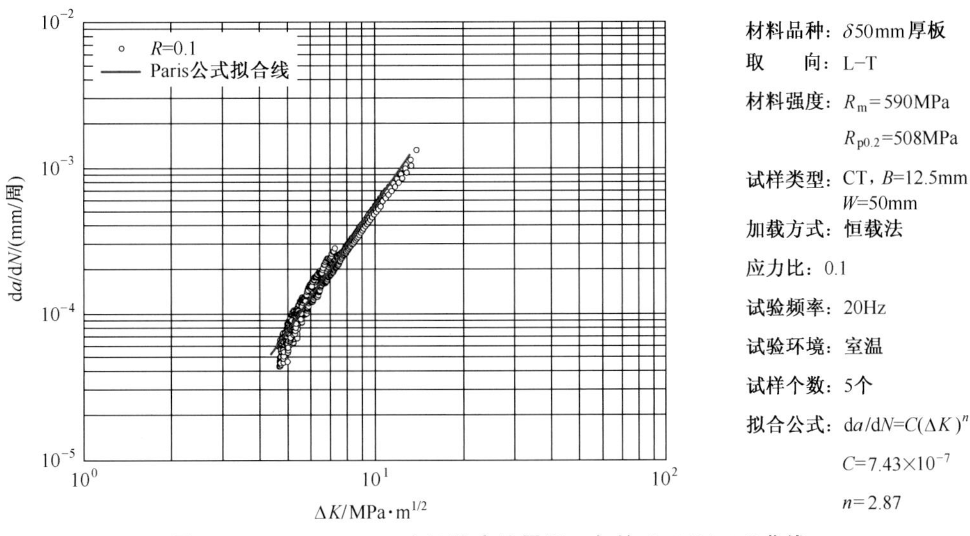

图 2-2-62　7B04-T6 在江津户外暴露 1 年的 da/dN-ΔK 曲线

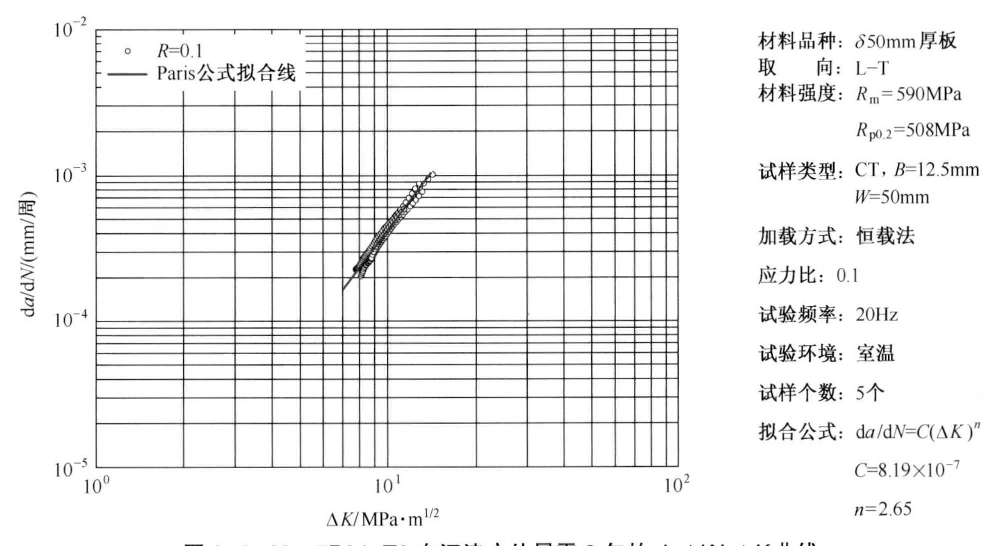

图 2-2-63　7B04-T6 在江津户外暴露 2 年的 da/dN-ΔK 曲线

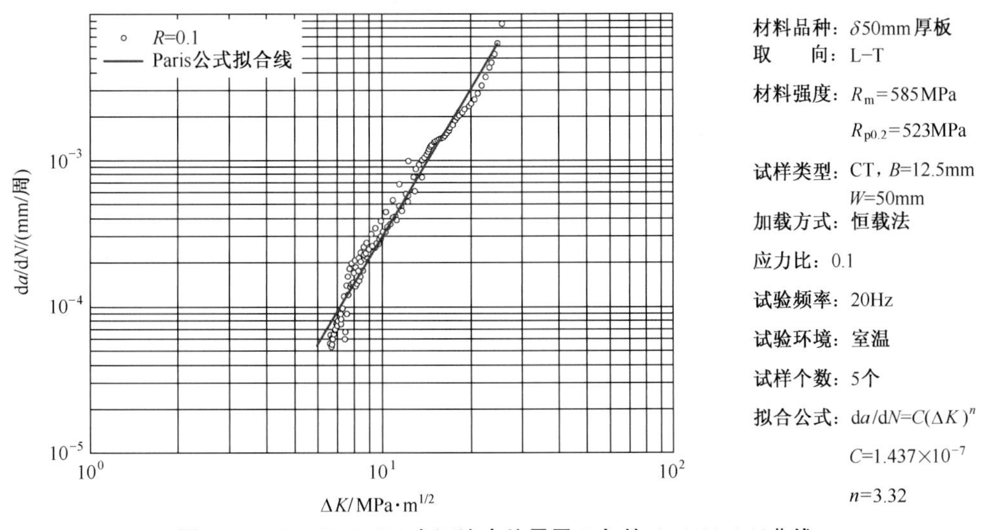

图 2-2-64　7B04-T6 在江津户外暴露 3 年的 da/dN-ΔK 曲线

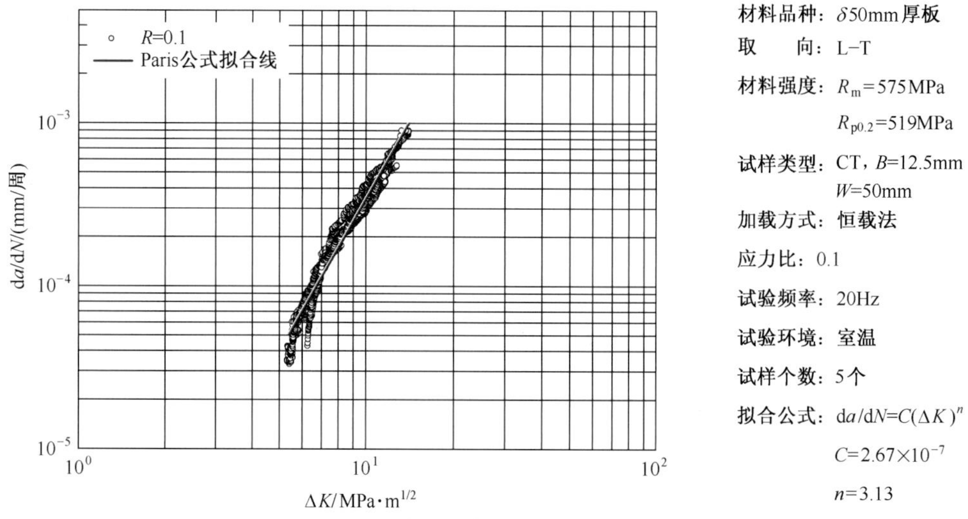

图 2-2-65　7B04-T6 在江津户外暴露 5 年的 $da/dN-\Delta K$ 曲线

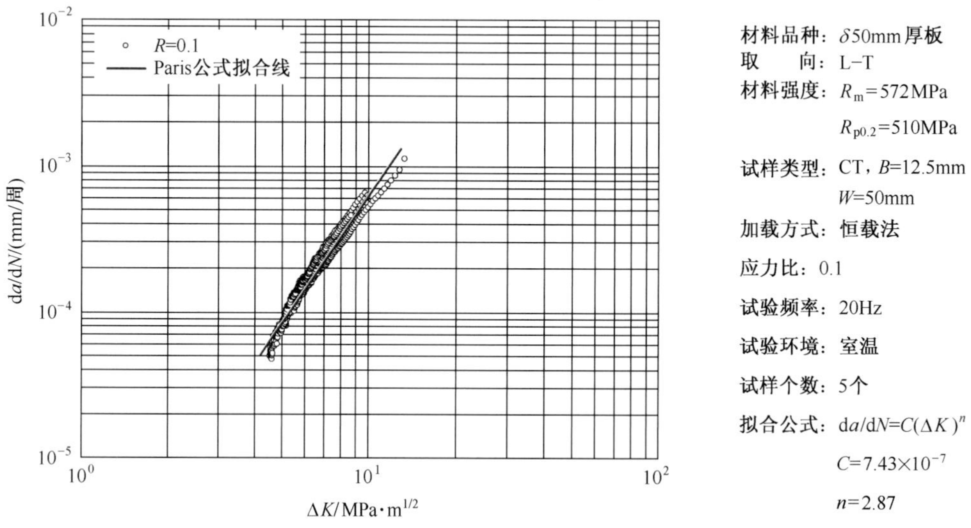

图 2-2-66　7B04-T6 在漠河户外暴露 1 年的 $da/dN-\Delta K$ 曲线

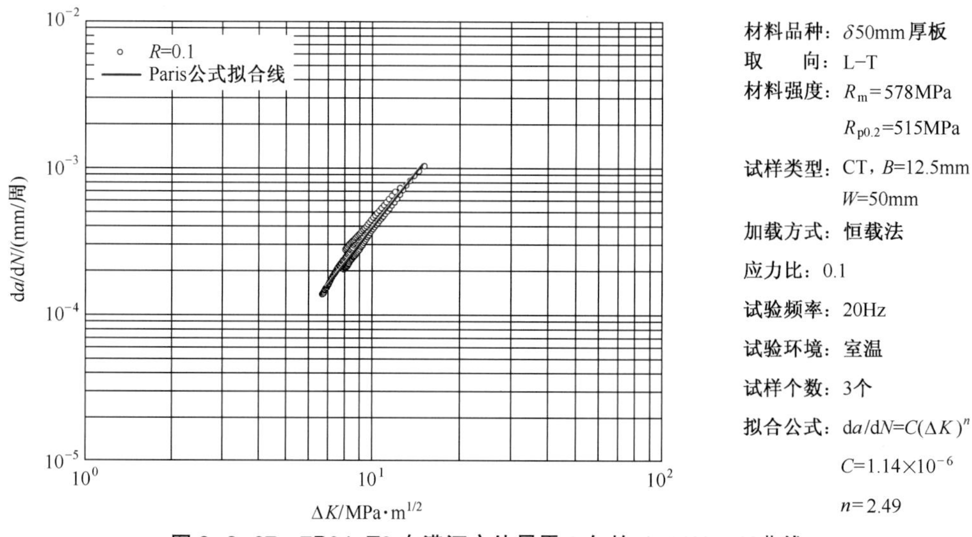

图 2-2-67　7B04-T6 在漠河户外暴露 2 年的 $da/dN-\Delta K$ 曲线

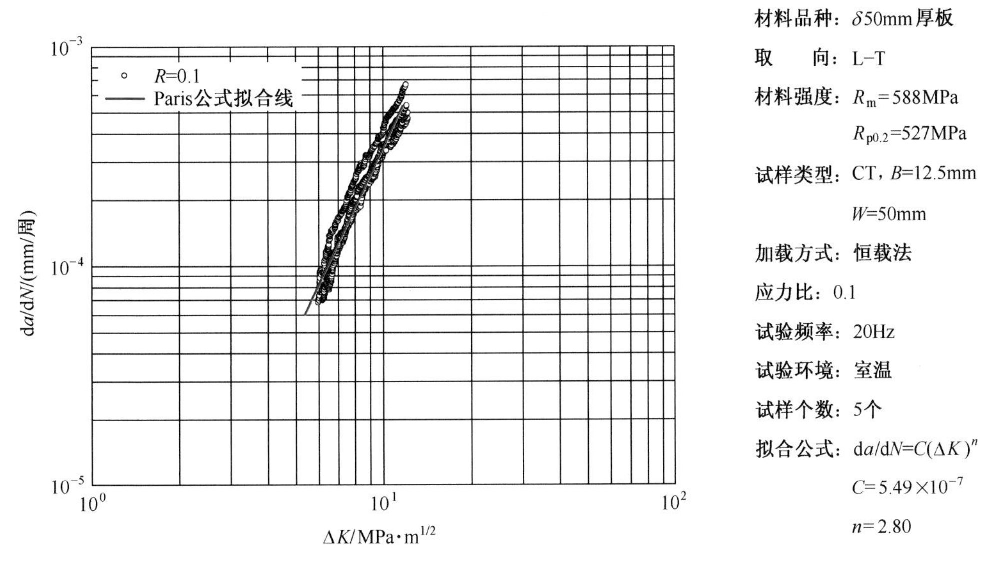

图 2-2-68 7B04-T6 在漠河户外暴露 3 年的 da/dN-ΔK 曲线

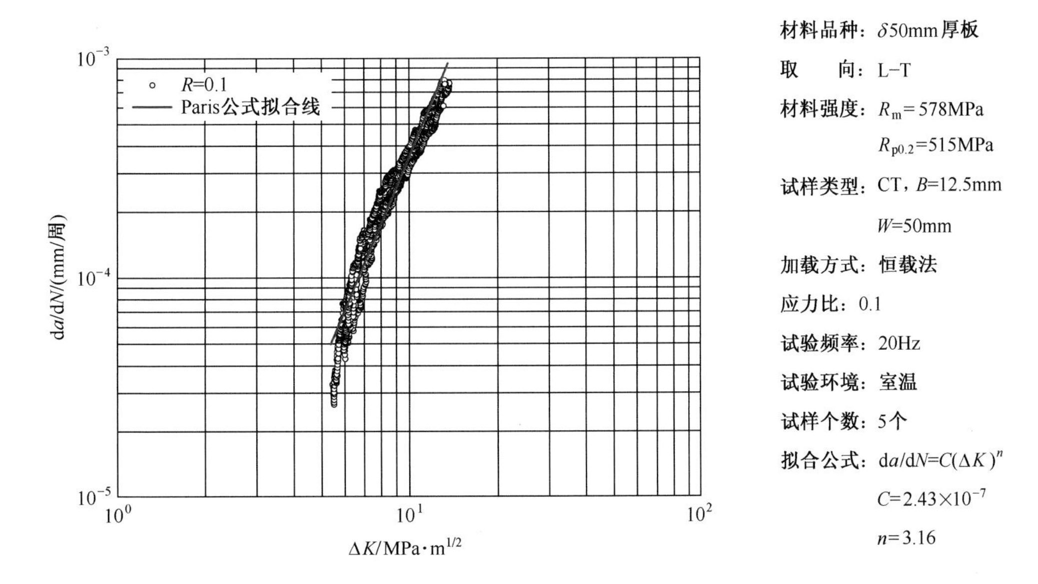

图 2-2-69 7B04-T6 在漠河户外暴露 5 年的 da/dN-ΔK 曲线

(5) 应力腐蚀性能 7B04-T6 和 7B04-T74[4] 在湿热海洋、亚湿热工业大气环境下的 K_{ISCC} 见表 2-2-137，7B04-T6 在湿热海洋和亚湿热工业大气环境中的 da/dt-K_I 曲线见图 2-2-70 和图2-2-71。

表 2-2-137 DCB 应力腐蚀性能

试样	试验环境	K_{ISCC}/MPa·m$^{1/2}$			K_{ISCC}/K_Q
		实测值	均值	标准差	
7B04-T6	亚湿热工业大气环境	3.85~6.44	4.90	1.06	0.17
	湿热海洋大气环境	0.62~1.17	0.86	0.18	0.03
7B04-T74	湿热海洋大气环境	—	11.08	—	—

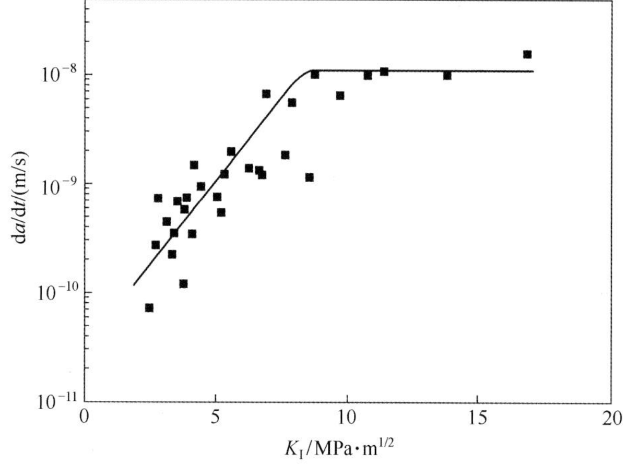

图 2-2-70　7B04-T6 在湿热海洋大气环境中的 da/dt-K_I 曲线

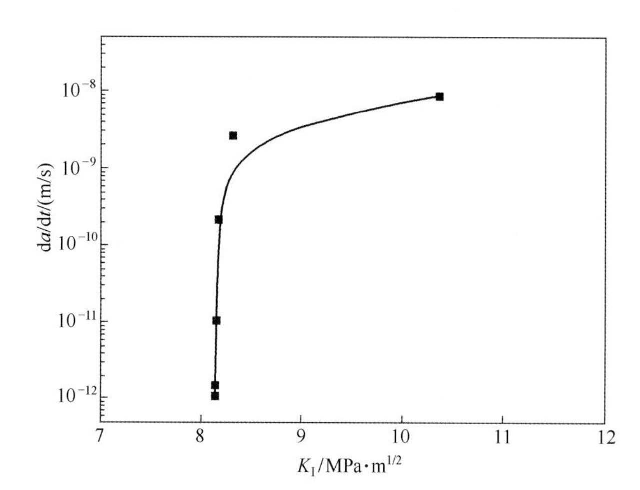

图 2-2-71　7B04-T6 在亚湿热工业大气环境中的 da/dt-K_I 曲线

6. 电偶腐蚀性能

7B04-T6 的自腐蚀电位为-0.729V(SCE)，见图 2-2-72。7B04 合金电位较负，与结构钢、钛合金、复合材料等偶接具有电偶腐蚀倾向。

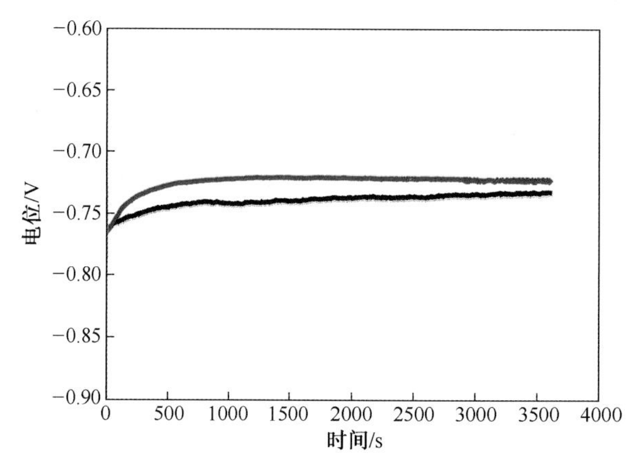

图 2-2-72　7B04-T6 的自腐蚀电位曲线

7. 防护措施建议

7B04-T6 具有较高的剥蚀和应力腐蚀敏感性,在海洋和潮湿大气环境中的耐腐蚀性较差,可采用包覆纯铝,配合阳极氧化+底漆+面漆涂层体系进行防护。表 2-2-138 列出了 7B04-T6 采用涂层体系防护后在湿热海洋大气环境下的拉伸性能变化数据。

表 2-2-138　7B04-T6 采用防护涂层体系后的拉伸性能变化数据

涂层体系	取向	暴露时间/年	试验方式	F_m 实测值/kN	F_m 平均值/kN	F_m 标准差/kN	F_m 保持率/%	A 实测值/%	A 平均值/%	A 标准差/%	A 保持率/%
7B04-T6+硫酸阳极化+TB06-9+TS70-60(干膜厚约160μm)	L	0	原始	16.30~16.40	16.38	0.04	—	12.5~14.5	13.5	0.8	—
		1	海面平台户外	16.00~16.65	16.38	0.25	100	13.5~15.0	14.0	0.7	104
		2		15.50~16.00	15.76	0.25	96	13.0~16.0	14.0	1.2	104
		3		16.70~18.00	17.00	0.56	104	13.0~15.0	14.0	0.9	104
		4		16.32~16.88	16.67	0.23	102	13.5~14.5	14.0	0.4	104
		5		16.50~16.94	16.72	0.16	102	8.5~14.0	12.0	2.0	89
		6		16.23~16.95	16.65	0.31	102	10.0~13.0	11.5	1.0	85
		8		16.17~16.95	16.56	0.32	101	13.0~15.5	14.5	0.9	107
		1	海面平台棚下	16.05~16.40	16.23	0.13	99	11.5~14.5	13.5	1.2	100
		2		15.60~16.00	15.72	0.16	96	13.5~14.5	14.0	0.4	104
		3		16.30~16.80	16.50	0.21	101	13.0~16.0	15.0	1.3	111
		4		16.26~17.02	16.68	0.28	102	10.5~15.0	13.5	1.7	100
		6		16.35~16.19	16.55	0.22	101	9.5~11.5	10.5	0.8	78
		8		16.25~16.80	16.64	0.23	102	14.0~16.0	15.5	0.8	115
7B04-T6+硫酸阳极化+2层TB06-9(干膜厚约100μm)	L	0	原始	16.30~16.70	16.58	0.19	—	13.0~15.5	14.5	1.0	—
		1	海面平台户外	16.20~16.70	16.44	0.20	99	12.0~15.5	14.5	1.4	100
		2		15.50~16.00	15.84	0.23	96	12.0~15.5	14.0	1.4	97
		3		16.30~17.40	16.60	0.46	100	15.0~15.5	15.5	0.3	107
		4		16.58~17.78	16.96	0.48	102	12.0~14.5	13.0	1.3	90
		5		16.36~16.78	16.57	0.17	100	12.5~13.5	13.0	0.6	90
		6		16.24~16.77	16.51	0.24	100	10.0~12.0	10.5	0.9	72
		8		15.89~16.81	16.52	0.36	100	4.5~16.0	12.5	4.8	86
		1	海面平台棚下	16.00~16.50	16.25	0.20	98	14.0~17.0	15.5	1.4	107
		2		15.30~15.80	15.58	0.19	94	14.0~16.5	15.0	1.0	103
		3		16.20~18.56	16.99	0.95	102	13.0~16.5	14.5	1.8	100
		4		16.58~17.06	16.81	0.20	101	8.5~14.5	13.0	2.4	90
		6		16.26~16.66	16.50	0.17	100	10.0~11.5	10.5	0.6	72
		8		16.26~16.68	16.44	0.19	99	13.5~17.0	15.5	1.3	107

注:7B04-T6 涂层板状哑铃试样基材平行段截面尺寸为 15.0mm×2.0mm。

7B50

1. 概述

7B50合金属于铝-锌-镁-铜系可热处理强化新型高性能铝合金，是在7050合金基础上提高合金中的铜元素含量及锌、镁比，优化合金元素含量研发出来的，具有较高的综合性能，已在航空航天领域得到工程应用。相比7050合金，其强度和断裂韧度的综合匹配更优，高向抗拉强度提高约5%，断裂韧度提高约10%。

7B50合金主要有T74、T77等时效状态，T74状态为过时效处理，具有良好的抗剥落腐蚀性能。该合金具有密度小、加工性能好、力学性能优良、耐腐蚀性较好等优点，可用于飞机整体框、梁、接头等主承力结构。

（1）材料牌号 7B50。

（2）相近牌号 美7150。

（3）生产单位 中国航发北京航空材料研究院、东北轻合金有限责任公司、西南铝业（集团）有限责任公司。

（4）化学成分 GB/T 3190—2008规定的化学成分见表2-2-139。

表2-2-139 化学成分

化学成分	Si	Fe	Cu	Mn	Mg	Cr	Zn	Be	Ti	Zr	Al	其他	
												单个	合计
质量分数/%	0.12	0.15	1.8~2.6	0.10	2.0~2.8	0.04	6.0~7.0	0.0002~0.002	0.10	0.08~0.16	余量	0.10	0.15

（5）热处理状态 7B50合金的主要热处理状态包括T74、T77、T7751、T77511等。

2. 试验与检测标准

（1）试验材料 见表2-2-140。

表2-2-140 试验材料

材料牌号与热处理状态	表面状态	品种	生产单位
7B50-T7751	无	轧制板材	西南铝业（集团）有限责任公司
	硫酸/硼硫酸阳极氧化		
7B50-T77511	无	挤压型材	西南铝业（集团）有限责任公司
	硫酸/硼硫酸阳极氧化		

（2）试验条件 见表2-2-141。

表2-2-141 试验条件

试验环境	对应试验站	试验方式
湿热海洋大气环境	海南万宁	濒海户外
寒温高原大气环境	西藏拉萨	户外

（续）

试验环境	对应试验站	试验方式
干热沙漠大气环境	甘肃敦煌	户外
寒冷乡村大气环境	黑龙江漠河	户外
注:试验标准 GB/T 14165—2008《金属和合金　大气腐蚀试验　现场试验的一般要求》。		

(3) 检测项目及标准　见表 2-2-142。

表 2-2-142　检测项目及标准

检测项目	标　　准
平均腐蚀速率	HB 5257—1983《腐蚀试验结果的重量损失测定和腐蚀产物的清除》
微观形貌/腐蚀深度	GB/T 13298—2015《金属显微组织检验方法》
拉伸性能	GB/T 228.1—2010《金属材料　拉伸试验　第 1 部分:室温试验方法》

3. 腐蚀形态

7B50-T7751 板材暴露于湿热海洋大气环境中主要表现为中度点蚀,伴随着灰白色腐蚀产物,微观下可见典型晶间腐蚀特征,见图 2-2-72;在干热沙漠环境中表现为大量密集黑色腐蚀斑,微观下局部可见晶间腐蚀特征,见图 2-2-73;在寒温高原和寒冷乡村环境中暴露腐蚀不明显。

图 2-2-72　7B50-T7751 在濒海户外暴露 2 年的腐蚀形貌

图 2-2-73　7B50-T7751 在敦煌户外暴露 2 年的腐蚀形貌

7B50-T77511 型材暴露于湿热海洋大气环境中主要表现为重度点蚀,伴随着灰白色腐蚀产物,微观下可见晶间腐蚀和剥蚀特征,见图 2-2-74;在干热沙漠环境中表现为大量密集黑色腐蚀斑,微观下可见晶间腐蚀特征，见图 2-2-75；在寒温高原和寒冷乡村环境中暴露有轻微点蚀和少量腐蚀黑斑，微观下可见晶间腐蚀特征，见图 2-2-76 和图 2-2-77。

图 2-2-74　7B50-T77511 在濒海户外暴露 1 年的腐蚀形貌

图 2-2-75　7B50-T77511 在敦煌户外暴露 2 年的腐蚀形貌

图 2-2-76　7B50-T77511 在漠河户外暴露 2 年的腐蚀形貌

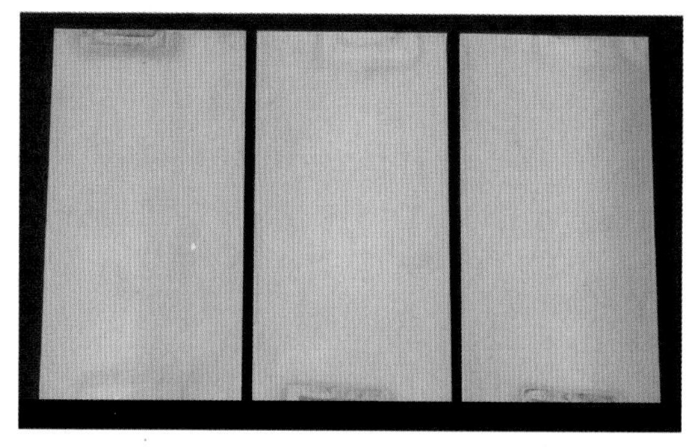

图 2-2-77　7B50-T77511 在拉萨户外暴露 2 年的腐蚀形貌

4. 平均腐蚀速率

7B50-T7751 轧制板材试样尺寸 100.0mm×50.0mm×(2.7~2.9)mm,7B50-T77511 挤压型材试样尺寸 100.0mm×50.0mm×3.0mm。通过失重法得到的平均腐蚀速率见表 2-2-143。通过金相检测法得到的局部最大腐蚀深度见表 2-2-144。

表 2-2-143 平均腐蚀速率 (单位:μm/年)

品种	热处理状态	试验方式	暴露时间	
			1 年	2 年
轧制板材	T7751	万宁濒海户外	4.897	3.557
		拉萨户外	0.112	0.002
		敦煌户外	0.345	0.106
		漠河户外	0.121	0.011
挤压型材	T77511	万宁濒海户外	4.472	2.449
		拉萨户外	0.000	0.002
		敦煌户外	0.158	0.155
		漠河户外	0.000	0.009

表 2-2-144 局部最大腐蚀深度 (单位:μm)

品种	热处理状态	试验方式	暴露时间			
			0.5 年	1 年	2 年	3 年
轧制板材	T7751	万宁濒海户外	53	61	79	166
		拉萨户外	0	0	0	0
		敦煌户外	0	32	46	44
		漠河户外	0	0	0	0
挤压型材	T77511	万宁濒海户外	72	128	132	—
		拉萨户外	0	0	24	—
		敦煌户外	32	44	94	—
		漠河户外	0	25	31	—

5. 腐蚀对力学性能的影响

(1) 技术标准规定的力学性能 见表 2-2-145。

表 2-2-145 技术标准规定的力学性能

品种	厚度或直径/mm	热处理状态	取向	R_m/MPa	$R_{p0.2}$/MPa	A/%
预拉伸厚板	≤80	T77	T	≥565	≥517	≥6
挤压棒材	≤50	T77	L	≥614	≥579	≥8

(2) 拉伸性能 7B50-T7751、7B50-T77511 棒状哑铃试样在湿热海洋、干热沙漠、寒温高原和寒冷乡村 4 种大气环境中的拉伸性能变化数据见表 2-2-146。典型拉伸应力-应变曲线见图 2-2-78。

表 2-2-146　7B50-T7751 和 7B50-T77511 试样的拉伸性能变化数据

试样	取向	暴露时间/年	试验方式	R_m 实测值/MPa	R_m 平均值/MPa	R_m 标准差/MPa	R_m 保持率/%	A 实测值/%	A 平均值/%	A 标准差/%	A 保持率/%	$R_{p0.2}$ 实测值/MPa	$R_{p0.2}$ 平均值/MPa	$R_{p0.2}$ 标准差/MPa	$R_{p0.2}$ 保持率/%	E 实测值/GPa	E 平均值/GPa	E 标准差/GPa	E 保持率/%
7B50-T7751 (*d*=5.0mm)	L	0①	原始	574,582	578	5.7	—	12.0,12.0	12.0	0.0	—	530,535	533	3.5	—	—	—	—	—
		0.5	濒海户外	564~607	583	17.9	101	9.5~13.0	10.5	1.4	88	502~533	522	12.9	98	66.8~73.9	70.3	3.3	—
		1		558~592	579	13.3	100	8.5~13.0	10.0	1.6	83	517~544	533	11.3	100	60.4~69.7	65.1	4.0	—
		2		534~560	545	11.4	94	6.5~9.0	8.0	0.9	67	505~520	509	8.0	95	66.3~73.3	69.0	2.7	—
		3		534~563	548	11.5	95	7.5~11.0	9.0	1.3	75	461~526	503	25.0	94	55.7~68.8	64.2	6.1	—
		0.5	敦煌户外	571~593	582	10.3	101	10.0~14.0	12.5	1.5	104	515~534	525	9.0	98	64.7~74.4	69.7	4.2	—
		1		580~596	588	6.3	102	11.5~14.0	13.0	1.2	108	523~546	535	9.2	100	61.2~72.2	64.7	4.4	—
		2		573~594	585	7.9	101	9.0~12.5	10.5	1.3	88	528~549	542	8.2	102	69.0~77.9	73.9	3.3	—
		3		563~595	574	12.3	99	9.5~11.0	10.0	0.6	83	534~549	539	6.0	101	69.1~81.1	72.5	5.0	—
		0.5	拉萨户外	576~591	586	6.0	101	12.0~14.5	13.5	1.0	113	526~543	536	6.2	101	60.0~71.5	66.7	4.6	—
		1		576~602	592	9.6	102	11.0~15.5	13.5	1.9	113	528~552	542	8.7	102	62.1~68.6	66.7	2.6	—
		2		567~586	574	7.3	99	9.0~12.5	10.5	1.3	88	526~549	536	9.1	101	72.1~78.2	74.7	2.8	—
		3②		567~587	580	9.3	100	12.0~13.0	12.5	0.5	104	532~554	541	9.0	102	72.5~76.5	74.7	2.1	—
		0.5	漠河户外	578~596	591	7.5	102	11.5~14.0	12.5	1.0	104	521~543	536	8.8	101	63.5~71.4	68.2	3.1	—
		1		576~605	590	12.3	102	11.5~14.0	13.0	1.0	108	531~547	538	6.5	101	62.0~68.3	64.9	2.8	—
		2		569~589	580	9.4	100	8.5~12.5	10.5	1.8	88	501~544	532	18.0	100	73.6~83.1	78.1	3.9	—
		3		560~598	576	16.3	100	8.5~12.0	10.5	1.5	88	523~558	540	13.9	101	71.3~82.8	76.2	5.1	—
		0	原始	611~617	615	2.6	—	9.0~11.0	10.0	0.9	—	569~575	571	2.6	—	—	—	—	—
		0.5	濒海户外	628~642	637	5.4	104	11.5~13.0	12.0	0.7	120	574~609	598	14.6	105	68.1~71.2	69.4	1.2	—
		1		607~642	619	13.5	101	5.0~9.0	7.5	1.6	75	582~617	591	15.0	104	67.5~78.9	70.9	4.6	—
		2		597~611	605	5.7	98	6.5~8.5	8.0	0.8	80	574~584	579	4.2	101	66.4~70.6	68.6	1.6	—
		0.5	敦煌户外	630~638	635	3.8	103	13.0~15.5	13.5	1.0	135	584~599	591	6.2	104	65.5~74.0	69.8	3.2	—
		1		630~641	636	4.8	103	11.5~13.5	12.0	0.8	120	598~613	606	5.8	106	69.1~76.6	72.9	3.3	—
		2		623~629	626	2.2	102	8.5~12.5	10.5	1.5	105	560~596	587	15.3	103	65.9~81.2	74.3	6.5	—
		0.5	拉萨户外	634~673	650	18.6	106	15.5~18.0	17.0	0.9	170	562~633	601	27.8	105	66.0~99.9	76.5	13.4	—
		1		629~666	639	17.9	104	13.5~14.0	14.0	0.3	140	558~638	600	32.7	105	63.5~77.0	71.7	5.8	—
		2		624~641	631	7.5	103	12.0~15.0	13.0	1.3	130	592~612	600	8.8	105	70.2~79.4	73.6	3.7	—
		0.5	漠河户外	631~665	643	13.3	105	14.5~17.5	16.0	1.1	160	585~626	599	15.9	105	68.4~74.6	70.9	2.6	—
		1		636~669	647	12.9	105	13.0~15.0	14.0	0.7	140	604~640	616	14.1	108	72.2~80.2	76.5	3.4	—
		2		624~653	634	11.7	103	11.5~14.5	12.5	1.2	125	592~625	605	13.3	106	70.8~81.8	75.9	4.2	—

注：1. 上标①表示该组仅有两个有效数据，上标②表示该组有 4 个有效数据；
2. 表中原始拉伸性能数据来源于航空工业第一飞机设计研究院。

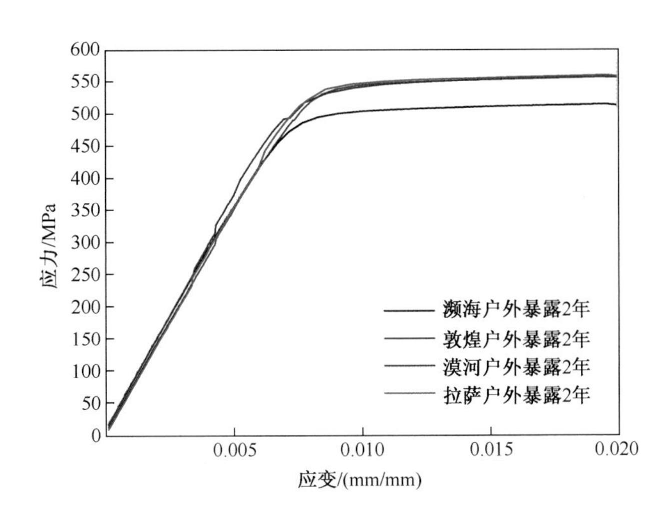

图 2-2-78　7B50-T7751 在 4 种环境中暴露 2 年的拉伸应力-应变曲线

(3) 应力腐蚀性能　见表 2-2-147。

表 2-2-147　应力腐蚀性能

品种规格	热处理状态	取样方向	试验应力/MPa	试验环境	C 环应力腐蚀断裂时间/天
轧制板材	T7751	S-T①	429	湿热海洋	240、455、455、455、455、455、455、>575(3 件)
				干热沙漠	485、780、840、990、>1060(6 件)
				寒温高原	>1060
				寒冷乡村	>1000

①表示 C 型环试样的加载方向为 S 向(高向),裂纹扩展方向为 T 向(横向)。

6. 电偶腐蚀性能

7B50 合金电位较负,与结构钢、钛合金、复合材料等偶接具有电偶腐蚀倾向。

7. 防护措施建议

7B50-T77 具有晶间腐蚀倾向性,在湿热海洋大气环境中的耐腐蚀性较差,7B50-T7751 的耐腐蚀性略优于 7B50-T77511,可采用包覆纯铝,配合阳极氧化+底漆+面漆涂层体系进行防护。表 2-2-148 列出了 7B50-T7751 和 7B50-T77511 采用硫酸阳极化和硼硫酸阳极化防护后在 4 种环境中的拉伸性能变化数据。

表 2-2-148　7B50-T7751 和 7B50-T77511 采用表面处理工艺后的拉伸性能变化数据

试样	取向	暴露时间/年	试验方式	R_m 实测值/MPa	R_m 平均值/MPa	R_m 标准差/MPa	R_m 保持率/%	A 实测值/%	A 平均值/%	A 标准差/%	A 保持率/%	$R_{p0.2}$ 实测值/MPa	$R_{p0.2}$ 平均值/MPa	$R_{p0.2}$ 标准差/MPa	$R_{p0.2}$ 保持率/%	E 实测值/GPa	E 平均值/GPa	E 标准差/GPa	E 保持率/%
7B50-T7751(硫酸阳极化，d=5.0mm)	L	0	原始	574,582	578	5.7	—	12.0,12.0	12.0	0.0	—	530,535	533	3.5	—	—	—	—	—
		1	濒海户外	577~606	591	12.3	102	11.0~15.5	13.0	1.7	108	520~549	536	10.7	101	64.8~70.3	67.0	2.4	—
		2		573~587	581	6.0	101	7.0~10.5	9.5	1.4	79	535~546	539	4.4	101	69.9~82.6	73.5	5.2	—
		1	敦煌户外	576~608	593	11.5	103	10.5~14.0	12.5	1.8	104	525~550	539	9.9	101	61.4~69.7	66.8	3.2	—
		2		563~590	578	11.3	100	10.0~12.0	11.0	0.8	92	529~548	537	8.8	101	71.9~80.3	75.1	3.7	—
		1	拉萨户外	577~596	583	8.2	101	12.0~14.5	13.0	1.0	108	526~542	533	7.0	100	65.5~74.5	69.4	4.3	—
		2		568~594	578	11.3	100	9.0~12.0	10.5	1.2	88	530~545	537	6.3	101	69.8~87.6	79.1	7.1	—
		1	漠河户外	574~616	598	16.2	103	9.5~14.0	11.5	1.8	96	524~561	540	14.1	101	69.2~84.3	73.3	6.3	—
		2		568~584	573	6.4	99	11.5~14.5	12.5	1.2	104	532~543	536	4.6	101	67.9~76.8	72.3	3.3	—
7B50-T7751(硼硫酸阳极化，d=5.0mm)	L	0	原始	574,582	578	5.7	—	12.0,12.0	12.0	0.0	—	530,535	533	3.5	—	—	—	—	—
		1	濒海户外	568~615	588	19.6	102	5.5~10.0	8.5	1.8	71	515~546	530	13.8	99	67.0~72.7	70.2	2.1	—
		2		564~596	577	12.7	100	6.0~10.0	8.0	1.8	67	527~547	536	7.3	101	68.5~75.9	71.5	2.8	—
		1	敦煌户外	574~606	586	13.4	101	9.0~14.5	12.0	2.2	100	518~537	526	8.6	99	68.0~78.6	70.6	4.5	—
		2		565~587	575	9.2	99	9.5~13.0	11.0	1.4	92	509~541	531	12.8	100	69.5~89.0	77.2	7.7	—
		1	拉萨户外	575~616	594	17.5	103	11.0~14.0	12.0	1.2	100	510~542	530	13.4	99	66.8~74.2	69.3	3.1	—
		2		569~607	584	14.8	101	6.0~13.0	10.0	2.7	83	536~558	545	8.6	102	71.6~78.1	74.6	2.5	—
		1	漠河户外	575~605	590	11.3	102	12.0~13.5	13.0	0.6	108	519~551	537	15.0	101	68.0~75.9	72.6	3.1	—
		2		565~599	583	12.3	101	10.0~11.5	10.5	0.7	88	530~552	540	8.1	101	70.8~79.8	75.1	3.2	—

（续）

试样	取向	暴露时间/年	试验方式	R_m				A				$R_{p0.2}$				E			
				实测值/MPa	平均值/MPa	标准差/MPa	保持率/%	实测值/%	平均值/%	标准差/%	保持率/%	实测值/MPa	平均值/MPa	标准差/MPa	保持率/%	实测值/GPa	平均值/GPa	标准差/GPa	保持率/%
7B50-T77511（硫酸阳极化，d=5.0mm）	L	0	原始	611~617	615	2.6	—	9.0~11.0	10.0	0.9	—	569~575	571	2.6	—	—	—	—	—
		1	濒海户外	623~638	630	7.4	102	8.0~10.0	9.0	0.8	90	583~607	593	8.8	104	71.2~79.3	74.7	3.0	—
		2	濒海户外	621~648	630	10.8	102	8.0~9.5	9.0	0.7	90	590~616	599	10.2	105	74.8~80.7	77.1	2.3	—
		1	敦煌户外	627~641	632	5.9	103	11.0~15.5	13.0	1.8	130	594~611	600	7.0	105	69.5~74.7	71.2	2.1	—
		2	敦煌户外	620~629	624	3.3	101	11.0~13.0	12.0	0.7	120	535~598	575	25.1	101	69.9~81.1	75.7	4.9	—
		1	拉萨户外	631~635	632	1.5	103	10.0~13.5	12.0	1.3	120	597~605	601	2.9	105	70.2~71.9	70.9	0.7	—
		2	拉萨户外	613~659	634	17.0	103	11.0~13.5	12.5	1.0	125	581~628	602	17.6	105	71.1~77.8	74.7	2.4	—
		1	漠河户外	624~640	633	6.6	103	13.0~14.0	13.5	0.4	135	591~605	599	6.3	105	71.3~77.8	74.5	3.0	—
		2	漠河户外	621~658	633	14.9	103	11.5~15.0	13.0	1.3	130	589~628	603	15.9	106	69.6~84.3	73.8	5.9	—
7B50-T77511（硼硫酸阳极化，d=5.0mm）	L	0	原始	611~617	615	2.6	—	9.0~11.0	10.0	0.9	—	569~575	571	2.6	—	—	—	—	—
		1	濒海户外	623~638	630	5.5	102	6.0~9.0	7.5	1.2	75	592~606	599	5.2	105	68.9~74.1	71.2	2.0	—
		2	濒海户外	610~634	624	9.8	101	6.5~9.5	8.5	1.3	85	580~602	593	8.6	104	69.9~79.2	76.0	3.6	—
		1	敦煌户外	627~660	641	14.0	104	11.0~14.5	12.5	1.3	125	595~631	611	15.4	107	70.3~75.2	73.2	2.0	—
		2	敦煌户外	622~629	626	2.7	102	12.0~14.0	13.0	1.0	130	547~599	586	22.1	103	75.7~91.5	83.0	6.5	—
		1	拉萨户外	627~659	636	13.1	103	11.5~13.5	12.5	0.7	125	596~627	608	12.5	106	71.7~79.6	74.5	3.1	—
		2	拉萨户外	624~631	628	2.8	102	11.5~14.0	13.0	1.1	130	591~599	596	3.2	104	72.4~79.9	76.8	3.5	—
		1	漠河户外	631~644	637	5.5	104	10.5~13.5	12.0	1.1	120	596~613	606	7.8	106	71.7~83.5	74.2	5.2	—
		2	漠河户外	625~659	633	14.7	103	12.0~14.5	13.0	1.2	130	591~630	601	16.2	105	72.8~94.2	78.5	8.8	—

注：1. 7B50-T77511 硫酸/硼硫酸阳极化棒状哑铃试样基材原始截面直径为 5.0mm；

2. 表中原始拉伸性能数据来源于 7B50-T77511 裸材。

三、防锈铝合金

3A21

1. 概述

3A21 合金属于铝-锰系不可热处理强化铝合金。该合金的强度低，但比纯铝高，冷变形可以提高合金的强度，在退火状态下有高的塑性。该合金的可焊性很好，易于气焊、氢原子焊和接触焊，切削加工性能不够好[1]。

3A21 合金在退火状态下，耐腐蚀性和纯铝相近。冷作硬化后，耐腐蚀性降低，具有剥蚀倾向，冷作硬化程度越大，剥蚀倾向越大。焊缝的腐蚀稳定性和基体金属一样[1]。

(1) 材料牌号 3A21。

(2) 相近牌号 美 3003、英 L61、俄 АМЦ。

(3) 生产单位 西南铝业(集团)有限责任公司、东北轻合金有限责任公司。

(4) 化学成分 GB/T 3190—2008 规定的化学成分见表 2-2-149。

表 2-2-149 化学成分

化学成分	Si	Fe	Cu	Mn	Mg	Zn	Ti	其他		Al
								单个	合计	
质量分数/%	0.6	0.7	0.2	1.0~1.6	0.05	0.10	0.15	0.05	0.10	余量

(5) 热处理状态 3A21 合金的主要热处理状态包括 O、HX4、HX8 等。

2. 试验与检测

(1) 试验材料 见表 2-2-150。

表 2-2-150 试验材料

材料牌号与热处理状态	表面状态	品种	δ/mm	生产单位
3A21-H24	无	薄板	3.0	西南铝业(集团)有限责任公司
3A21-O	—	—	—	—

(2) 试验条件 见表 2-2-151。

表 2-2-151 试验条件

试验环境	对应试验站	试验方式
湿热海洋大气环境	海南万宁	濒海户外、近海岸户外、近海岸棚下
	海南琼海	户外
亚湿热工业大气环境	重庆江津	户外、棚下
寒冷乡村大气环境	黑龙江漠河	户外、棚下
暖温半乡村大气环境	北京	户外
亚湿热城市大气环境	广东广州、湖北武汉	户外

（续）

试验环境	对应试验站	试验方式
温带海洋环境	山东青岛	户外、海水全浸、海水飞溅、海水潮差
亚热带海洋环境	福建厦门	户外、海水全浸、海水飞溅、海水潮差
热带海洋环境	海南三亚	海水全浸、海水飞溅、海水潮差
注：试验标准为 GB/T 14165—2008《金属和合金　大气腐蚀试验　现场试验的一般要求》和 GB/T 5776—2005《金属和合金的腐蚀　金属和合金在表层海水中暴露和评定的导则》。		

（3）检测项目及标准　见表 2-2-152。

表 2-2-152　检测项目及标准

检测项目	标　　准
平均腐蚀速率	HB 5257—1983《腐蚀试验结果的质量损失测定和腐蚀产物的清除》
微观形貌	GB/T 13298—2015《金属显微组织检验方法》
拉伸性能	GB/T 228.1—2010《金属材料　拉伸试验　第 1 部分：室温试验方法》
自腐蚀电位	ASTM G69—2003《铝合金腐蚀电位测试的标准试验方法》

3. 腐蚀形态

3A21-H24 暴露于湿热海洋和亚湿热工业大气环境中主要表现为点蚀，微观下可见宽浅型点蚀坑，前者腐蚀程度明显大于后者，见图 2-2-79。在寒冷乡村环境中腐蚀不明显。

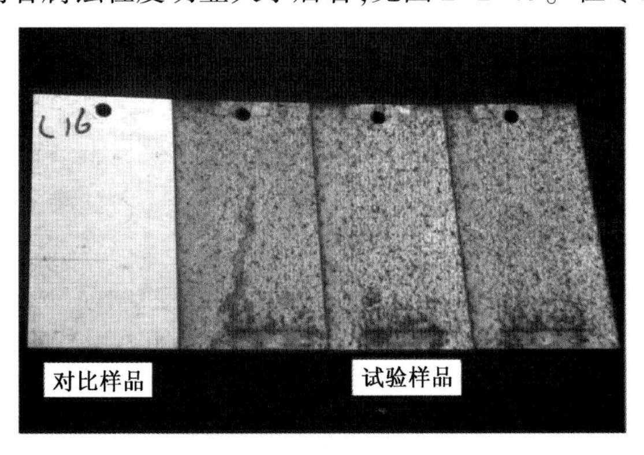

（a）万宁濒海户外暴露1年

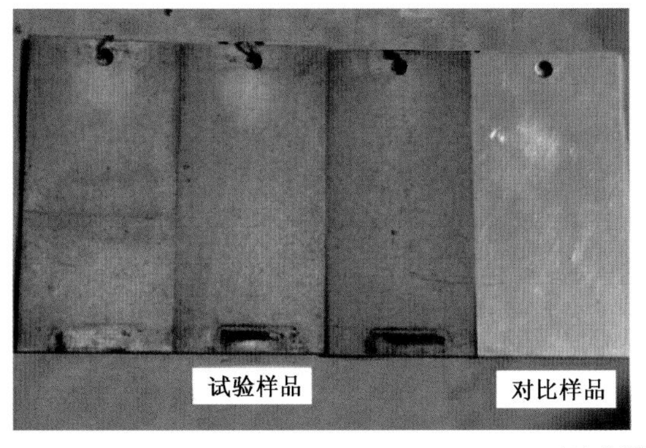

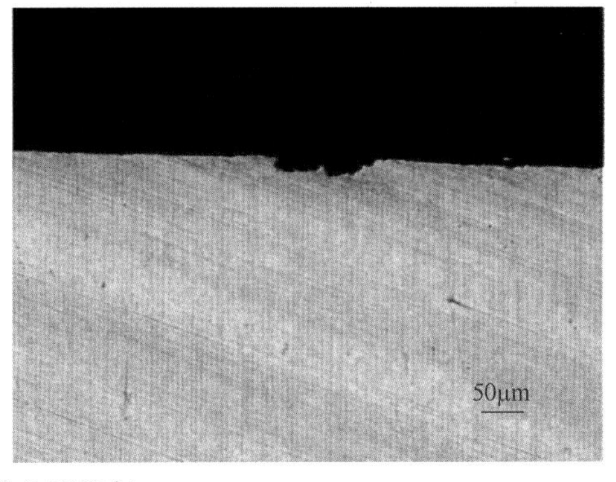

（b）江津户外暴露2年

图 2-2-79　3A21-H24 的宏微观腐蚀形貌

4. 平均腐蚀速率

3A21-H24 试样尺寸为 100.0mm×50.0mm×3.0mm，通过失重法得到的平均腐蚀速率以及腐蚀深度幂函数回归模型见表 2-2-153。不同批次 3A21-O 和 HX4 板材的平均腐蚀速率与腐蚀深度见表2-2-154。3A21-O 在海水环境中的平均腐蚀速率见表 2-2-155。

表 2-2-153 3A21-H24 的平均腐蚀速率以及腐蚀深度幂函数回归模型

（单位：μm/年）

品种	热处理状态	试验方式	暴露时间				幂函数回归模型
			1 年	2 年	3 年	5 年	
薄板（δ3.0mm）	H24	濒海户外	2.251	0.969	1.491	1.561	$D = 1.747t^{0.821}, R^2 = 0.749$
		近海岸棚下	0.419	0.656	0.951	1.008	$D = 0.438t^{1.577}, R^2 = 0.991$
		江津户外	0.522	0.135	0.646	0.453	$D = 0.531t^{1.096}, R^2 = 0.989$
		江津棚下	0.888	0.040	0.599	0.417	$D = 0.910t^{0.548}, R^2 = 0.977$
		漠河户外	—	0.026	0.041	0.304	—
		漠河棚下	—	0.039	0.043	0.247	—

表 2-2-154 不同批次 3A21-O 和 3A21-HX4 的平均腐蚀速率[3] （单位：μm/年）

品种	热处理状态	试验方式	暴露时间		
			1	3	6
板材	O	北京户外	0.17	0.07	0.06
		青岛户外	0.43	0.19	0.26
		武汉户外	0.18	0.13	0.07
		江津户外	0.54	0.58	0.55
		广州户外	0.11	0.07	0.12
		琼海户外	0.59	0.13	0.08
		万宁近海岸户外	0.33	0.12	0.23
板材	HX4	北京户外	0.06	0.03	0.03
		青岛户外	0.42	0.23	0.25
		武汉户外	0.07	0.09	0.06
		江津户外	0.51	0.54	0.53
		广州户外	0.07	0.04	0.06
		琼海户外	0.31	0.11	0.07
		万宁近海岸户外	0.53	0.12	0.24

表 2-2-155　3A21-O 在海水环境中的平均腐蚀速率与腐蚀深度[2]

品种	热处理状态	暴露地点	试验方式	暴露时间/年	平均腐蚀速率/(mm/年)	局部平均腐蚀深度/mm	局部最大腐蚀深度/mm	最大缝隙腐蚀深度/mm
板材	O	青岛	海水全浸	1	0.014	—	—	—
				4	0.004	0.13	0.32	—
				8	0.002	0.19	0.37	—
			海水潮差	4	0.002	—	—	—
				8	0.002	—	—	—
			海水飞溅	1	0.005	0.42	0.80	0.27
				4	0.004	0.28	0.52	1.25
				8	0.002	0.36	0.52	1.38
		厦门	海水全浸	1	0.012	—	—	—
				2	0.007	—	—	—
				4	0.005	0.32	0.53	—
				8	0.003	—	—	—
			海水潮差	1	0.004	0.21	0.43	—
				2	0.004	0.49	1.12	0.16
				4	0.004	0.80	1.15	0.81
				8	0.003	1.05	3.39	2.65
			海水飞溅	1	0.001	0.04	0.04	—
				2	0.001	—	—	—
				4	0.001	0.14	0.20	—
				8	0.001	0.13	0.33	0.36
		三亚	海水全浸	1	0.007	—	—	—
				2	0.005	0.52	0.85	1.16
				4	0.002	0.11	0.40	—
				8	0.001	0.30	3.13	0.45
			海水潮差	1	0.001	—	—	—
				2	0.001	—	—	0.32
				4	0.000	—	—	0.33
				8	0.000	0.10	0.20	0.13
			海水飞溅	1	0.000	—	—	—
				2	0.000	—	—	—
				4	0.000	0.03	0.03	—
				8	0.000	—	—	—

5. 腐蚀对力学性能的影响

(1) 技术标准规定的力学性能　见表 2-2-156。

表 2-2-156　技术标准规定的力学性能

技术标准	品种	包铝类型	热处理状态	厚度/mm	R_m/MPa	A/%
					大于等于	
GB/T 3880.2—2012	板材	不包铝	O	>0.20~0.80	100~150	19
				>0.80~4.50	100~150	23
				>4.50~10.00	100~150	21
			H24	>0.20~1.30	145	6
				>1.30~4.50	145	6
GJB 2053A—2008	板材	不包铝	O	0.3~3.0	100~150	22
				>3.0~6.0	100~150	20
			H24	0.3~6.0	145~215	6
GJB 2662A—2008	厚板	—	O	>6.0~10.5	100~150	21

(2) 拉伸性能　3A21-H24 板材试样在湿热海洋、亚湿热工业和寒冷乡村 3 种大气环境下的拉伸性能变化数据见表 2-2-157。典型拉伸应力-应变曲线见图 2-2-80。

表 2-2-157　拉伸性能变化数据

试样	取向	暴露时间/年	试验方式	R_m 实测值/MPa	R_m 平均值/MPa	R_m 标准差/MPa	R_m 保持率/%	A 实测值/%	A 平均值/%	A 标准差/%	A 保持率/%	$R_{p0.2}$ 实测值/MPa	$R_{p0.2}$ 平均值/MPa	$R_{p0.2}$ 标准差/MPa	$R_{p0.2}$ 保持率/%	E 实测值/GPa	E 平均值/GPa	E 标准差/GPa	E 保持率/%
3A21-H24 (δ3.0mm)	L	0	原始	167~170	169	1.1	—	18.0~20.0	19.0	0.7	—	131~136	133	2.0	—	—	—	—	—
		1	江津户外	166~171	169	1.8	100	23.0~25.5	24.0	1.1	126	128~133	130	1.9	98	63.4~71.6	66.9	3.2	—
		2		168~171	170	1.1	101	22.0~25.5	23.5	1.4	124	130~135	132	1.9	99	67.1~71.1	69.2	1.4	—
		3		172~174	173	0.9	102	25.0~26.5	25.5	0.6	134	135~138	137	1.3	103	61.2~64.4	63.0	1.3	—
		5		169~171	169	0.9	100	22.5~25.0	23.5	1.0	124	130~133	131	1.1	98	61.3~67.8	63.7	2.5	—
		1	江津棚下	170~173	172	1.5	102	21.5~24.0	22.2	1.1	117	128~134	131	2.2	98	68.9~77.1	72.7	3.0	—
		2		166~169	168	1.1	99	21.0~25.5	23.5	1.8	124	129~132	130	1.5	98	67.8~69.4	68.6	0.7	—
		3		168~171	169	1.1	100	22.5~24.0	23.5	0.8	124	129~136	132	3.3	99	60.0~63.5	61.7	1.6	—
		5		166~170	168	1.6	99	20.0~23.5	22.0	1.6	116	130~134	132	1.1	99	62.3~66.2	64.1	1.5	—
		1	漠河户外	170~172	171	0.9	101	20.0~23.5	22.0	1.2	116	132~136	134	1.5	101	67.8~69.9	68.8	0.8	—
		2		171~173	172	0.7	102	22.5~24.5	23.5	0.9	124	128~132	131	1.5	98	59.9~73.6	69.5	5.7	—
		3		172~174	173	0.8	102	20.5~22.5	21.5	1.0	113	133~137	135	1.5	102	61.7~63.7	62.9	0.9	—
		5		171~174	172	1.1	102	22.0~26.0	24.0	1.5	126	129~136	134	2.9	101	64.1~68.1	66.4	1.5	—
		1	漠河棚下	167~172	170	1.9	101	19.5~25.0	22.5	2.2	118	129~134	131	2.1	98	69.3~72.7	71.0	1.2	—
		2		172~174	174	0.9	103	23.5~26.5	25.0	1.1	132	132~136	134	1.8	101	71.9~73.4	72.7	0.7	—
		3		173~174	174	1.2	103	20.0~23.0	21.5	1.2	113	134~137	136	1.1	102	52.5~64.7	61.0	5.0	—
		5		169~173	171	1.5	101	20.5~25.0	23.0	1.7	121	131~134	133	1.3	100	63.2~65.9	64.4	1.8	—
		1	万宁濒海户外	162~165	164	1.3	97	18.5~22.0	20.5	1.8	108	127~130	128	2.5	96	68.4~69.3	69.0	0.4	—
		2		165~167	166	0.9	98	20.0~27.0	23.0	3.1	121	129~133	131	1.5	98	63.2~65.9	64.7	1.0	—
		3		163~166	164	1.1	97	18.5~24.0	21.0	2.4	111	126~131	129	2.4	97	66.5~69.3	68.0	1.3	—
		5		159~163	162	1.6	96	18.5~22.0	20.0	1.6	105	123~127	125	1.5	94	58.8~61.7	60.6	1.1	—
		1	万宁近海岸棚下	167~169	168	0.9	99	21.0~24.5	23.0	1.3	121	130~132	131	0.9	98	69.1~70.3	69.7	0.5	—
		2		169~171	170	1.0	101	22.0~27.5	24.5	2.0	129	129~134	131	2.2	98	68.2~70.7	69.6	0.9	—
		3		166~168	168	0.9	99	22.0~25.0	23.5	1.1	124	128~131	130	1.3	98	68.8~70.6	69.6	0.7	—
		5		164~169	167	2.2	99	19.5~22.5	21.0	1.3	111	127~132	130	1.9	98	62.8~70.2	64.5	3.2	—

注:3A21-H24 平行段原始截面尺寸为 15.0mm×3.0mm。

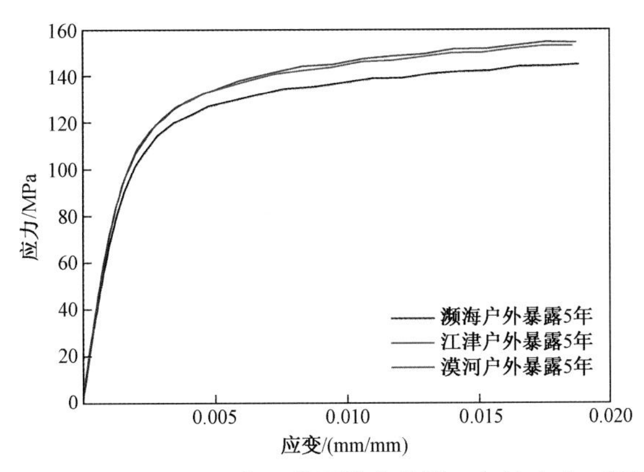

图 2-2-80 3A21-H24 在 3 种环境中暴露 5 年的应力-应变曲线

6. 电偶腐蚀性能

3A21-H24 的自腐蚀电位为-0.816V(SCE),见图 2-2-81。3A21-H24 的电位较负,与钛合金、复合材料等偶接具有电偶腐蚀倾向。

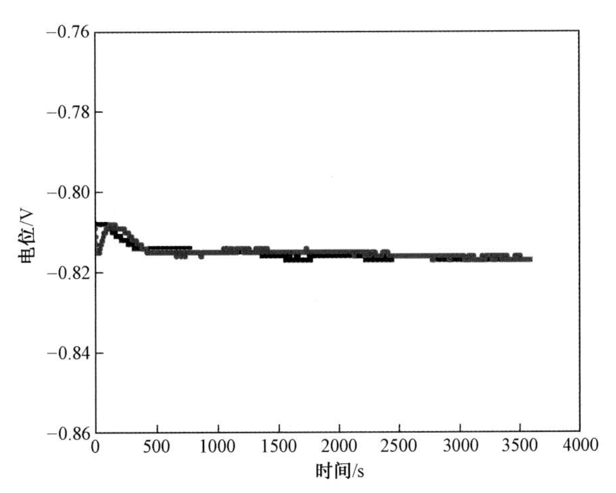

图 2-2-81 3A21-H24 的自腐蚀电位曲线

7. 防护措施建议

3A21 合金在海洋和潮湿大气环境中一般只发生点蚀,而不会产生沿晶界的选择性腐蚀,具有相对高的耐腐蚀性,一般环境可采用表面阳极氧化防护,严酷环境宜采用阳极氧化+底漆+面漆的涂层体系进行防护。

5A02

1. 概述

5A02 合金是铝-镁系中含镁量较低,不可热处理强化的铝合金。该合金强度较低,塑性较高。冷变形可以提高该合金的强度,但塑性降低。退火状态的 5A02 合金强度和冷作硬化状态的 3A21 合金相当。该合金具有优良的耐腐蚀性和可焊性,适宜在海洋大气环境中使用。冷作硬化不降低该合金的耐腐蚀性和可焊性。退火状态的切削加工性能差,而半冷作硬化状态则能满足切削加工的要求。

5A02 合金具有高的腐蚀稳定性,和 3A21 合金相似[1]。

(1) 材料牌号 5A02。

(2) 相近牌号 美 5052、英 L56、俄 Amr2。

(3) 化学成分 GB/T 3190—2008 规定的化学成分见表 2-2-158。

表 2-2-158 化学成分

化学成分	Si	Fe	Cu	Mn 或 Cr	Mg	Si+Fe	Ti	Al	其他	
									单个	合计
质量分数/%	0.40	0.40	0.10	0.15~0.40	2.0~2.8	0.6	0.15	余量	0.05	0.15

(4) 热处理状态 5A02 合金的主要热处理状态包括 O、H112、HX4、F、HX8 等。

2. 试验与检测

(1) 试验条件 见表 2-2-159。

表 2-2-159 试验条件

试验环境	对应试验站	试验方式
湿热海洋大气环境	海南万宁	近海岸户外
	海南琼海	户外
亚湿热工业大气环境	重庆江津	户外
暖温半乡村大气环境	北京	户外
亚湿热城市大气环境	广东广州、湖北武汉	户外
温带海洋环境	山东青岛	户外、海水全浸、海水飞溅、海水潮差
亚热带海洋环境	福建厦门	海水全浸、海水飞溅、海水潮差
热带海洋环境	海南三亚	海水全浸、海水飞溅、海水潮差
注:试验标准为 GB/T 14165—2008《金属和合金 大气腐蚀试验 现场试验的一般要求》和 GB/T 5776—2005《金属和合金的腐蚀 金属和合金在表层海水中暴露和评定的导则》。		

(2) 检测项目及标准 见表 2-2-160。

表 2-2-160 检测项目及标准

检测项目	标 准
平均腐蚀速率	HB 5257—1983《腐蚀试验结果的重量损失测定和腐蚀产物的清除》

3. 平均腐蚀速率

5A02-O 和 5A02-HX4 在大气环境中的平均腐蚀速率见表 2-2-161。5A02-HX4 在海水环境中的平均腐蚀速率与腐蚀深度见表 2-2-162。

表 2-2-161 5A02-O 和 5A02-HX4 在大气环境中的平均腐蚀速率[3]

(单位:μm/年)

品种	热处理状态	试验方式	暴露时间		
			1 年	3 年	6 年
板材	O	广州户外	0.12	0.06	0.08
		北京户外	0.09	0.31	0.04
		青岛户外	0.42	0.21	0.21
		万宁近海岸户外	0.33	0.13	0.25
		琼海户外	0.43	0.08	0.05
		武汉户外	0.15	0.09	0.05
		江津户外	0.56	0.48	0.46

（续）

品种	热处理状态	试验方式	暴露时间		
			1年	3年	6年
板材	HX4	广州户外	0.11	0.06	0.07
		北京户外	0.04	0.02	0.03
		青岛户外	0.42	0.30	0.22
		万宁近海岸户外	0.43	0.13	0.32
		琼海户外	0.27	0.09	0.05
		武汉户外	0.15	0.03	0.06
		江津户外	0.66	0.54	0.50

表 2-2-162　5A02-HX4 在海水环境中的平均腐蚀速率与腐蚀深度[2]

品种	热处理状态	暴露地点	试验方式	暴露时间/年	平均腐蚀速率/(mm/年)	局部平均腐蚀深度/mm	局部最大腐蚀深度/mm	最大缝隙腐蚀深度/mm
板材	HX4	青岛	海水全浸	1	0.017	—	—	—
				4	0.005	0.03	0.10	—
				8	0.003	0.08	0.18	—
			海水潮差	1	0.007	—	—	—
				4	0.002	—	—	—
				8	0.002	0.02	0.02	—
			海水飞溅	1	0.005	0.35	0.44	0.25
				4	0.005	0.29	0.45	1.30
				8	0.002	0.39	0.60	3.24
		厦门	海水全浸	1	0.013	—	—	—
				2	0.009	—	—	0.17
				4	0.006	0.40	0.57	1.19
				8	0.004	0.08	1.60	1.58
			海水潮差	1	0.004	0.21	0.35	0.32
				2	0.004	0.45	1.03	0.67
				4	0.004	0.75	1.33	2.65
				8	0.003	0.96	1.43	3.44
			海水飞溅	1	0.001	0.05	0.05	—
				2	0.001	—	—	—
				4	0.001	0.31	0.87	—
		三亚	海水全浸	1	0.008	0.06	0.28	0.19
				2	0.004	—	—	0.25
				4	0.002	0.12	0.35	0.30
				8	0.002	0.28	0.80	0.46
			海水潮差	1	0.002	—	—	0.09
				2	0.001	—	—	0.23
				4	0.001	—	—	0.55
				8	0.000	0.04	0.25	0.30
			海水飞溅	1	0.000	—	—	—
				2	0.000	—	—	—
				4	0.000	0.06	0.12	—
				8	0.000	0.09	0.19	0.15

4. 腐蚀对力学性能的影响

技术标准规定的力学性能见表 2-2-163。

表 2-2-163 技术标准规定的力学性能

技术标准	品种	包铝类型	热处理状态	厚度 δ/mm	R_m/MPa	A/%
GJB 2053A—2008	薄板	不包铝	O	0.3~1.0	165~225	≥17
				>1.0~6.0	165~225	≥19
			H14、H24	0.3~1.0	≥235	≥4
				>1.0~6.0	≥235	≥6
GJB 2662A—2008	厚板	不包铝	O	>6.0~10.5	165~225	≥19

5. 防护措施建议

5A02 合金的耐腐蚀性与 3A21 合金基本相当,适用于海洋和潮湿大气环境。一般环境可采用表面阳极氧化防护,严酷环境宜采用阳极氧化+底漆+面漆的涂层体系进行防护。

5A03

1. 概述

5A03 合金是铝-镁系中含镁量中等,不可热处理强化的铝合金。该合金强度较低,塑性较高。冷变形可提高该合金的强度,但会降低塑性。该合金的耐腐蚀性良好。退火状态的切削加工性能差,而冷作硬化状态时可切削加工[1]。

(1) 材料牌号 5A03。

(2) 相近牌号 美 5154、俄 Amr3。

(3) 生产单位 西南铝业(集团)有限责任公司。

(4) 化学成分 GB/T 3190—2008 规定的化学成分见表 2-2-164。

表 2-2-164 化学成分

化学成分	Si	Fe	Cu	Mn	Mg	Zn	Ti	Al	其他	
									单个	合计
质量分数/%	0.50~0.8	0.50	0.10	0.30~0.6	3.2~3.8	0.20	0.15	余量	0.05	0.15

(5) 热处理状态 5A03 合金的主要热处理状态包括 O、H112、HX4、F、HX8 等。

2. 试验与检测标准

(1) 试验条件 见表 2-2-165。

表 2-2-165 试验条件

试验环境	对应试验站	试验方式
温带海洋环境	山东青岛	海水全浸、海水飞溅、海水潮差
亚热带海洋环境	福建厦门	海水全浸、海水飞溅、海水潮差
热带海洋环境	海南三亚	海水全浸、海水飞溅、海水潮差
注:试验标准为 GB/T 5776—2005《金属和合金的腐蚀 金属和合金在表层海水中暴露和评定的导则》。		

(2) 检测项目及标准 见表 2-2-166。

表 2-2-166 检测项目及标准

检测项目	标 准
平均腐蚀速率	HB 5257—1983《腐蚀试验结果的重量损失测定和腐蚀产物的清除》

3. 平均腐蚀速率

5A03-O 在海水环境中的平均腐蚀速率与腐蚀深度见表 2-2-167。

表 2-2-167　5A03-O 的平均腐蚀速率与腐蚀深度[2]

品种	热处理状态	暴露地点	试验方式	暴露时间/年	平均腐蚀速率/(mm/年)	局部平均腐蚀深度/mm	局部最大腐蚀深度/mm	最大缝隙腐蚀深度/mm
板材	O	青岛	海水全浸	1	0.016	0.30	0.40	0.30
				4	0.005	0.23	0.35	0.20
				8	0.004	0.75	1.74	1.64
			海水潮差	1	0.006	—	—	—
				4	0.002	0.10	0.21	0.23
				8	0.002	0.16	0.59	0.10
			海水飞溅	1	0.006	0.20	0.40	0.70
				4	0.003	0.25	0.33	1.55
				8	0.003	0.29	0.48	1.40
		厦门	海水全浸	1	0.015	0.69	0.93	0.94
				2	0.010	0.80	1.62	1.48
				4	0.026	1.30	2.76	—
				8	0.006	1.03	1.50	—
			海水潮差	1	0.007	0.46	1.46	0.82
				2	0.006	0.79	1.36	1.25
				4	0.005	1.16	1.80	—
				8	0.004	1.30	2.22	—
			海水飞溅	1	0.002	0.12	0.19	0.18
				2	0.002	0.12	0.28	0.14
				4	0.001	—	—	0.14
				8	0.001	0.24	0.39	0.88
		三亚	海水全浸	1	0.008	0.39	1.03	1.22
				2	0.004	0.12	0.97	0.47
				4	0.001	0.14	0.78	0.51
				8	0.003	0.32	1.00	>3.14
			海水潮差	1	0.003	0.35	0.69	0.72
				2	0.002	0.34	1.20	0.91
				4	0.001	0.32	0.87	1.31
				8	0.001	0.27	1.07	>3.14
			海水飞溅	1	0.001	0.15	0.29	0.05
				4	0.000	0.22	0.42	0.36
				8	0.000	0.09	0.15	0.55

4. 腐蚀对力学性能的影响

技术标准规定的力学性能见表 2-2-168。

表 2-2-168　技术标准规定的力学性能

技术标准	品种	包铝类型	热处理状态	厚度/mm	R_m/MPa	$R_{p0.2}$/MPa	A/%
GJB 2053A—2008	薄板	不包铝	O	0.5~4.0	≤195	≥100	≥16
GJB 2662A—2008	厚板	不包铝	O	>6.0~10.5	175~240	—	≥15

5. 防护措施建议

5A03 合金的耐腐蚀性与 5A02 合金基本相当,适用于海洋和潮湿大气环境。一般环境可采用表面阳极氧化防护,严酷环境宜采用阳极氧化+底漆+面漆的涂层体系进行防护。

5A05

1. 概述

5A05合金是铝-镁系中含镁量较高,不可热处理强化的铝合金。冷变形可提高合金的强度,但塑性降低。退火状态时的塑性高,半冷作硬化状态时的塑性中等。该合金适于氢原子焊、点焊和气焊。该合金通常用于制造要求具有高工艺塑性和耐腐蚀性,承受中等载荷的焊制管道、液体容器等零件。

5A05合金的耐腐蚀性与第二相β(Mg_2Al_3)相的析出和分布密切相关。当第二相沿晶界连续析出,该合金的晶间腐蚀和应力腐蚀敏感性增大。而采用适当的退火制度,使β相在晶界和晶内均匀分布时,则该合金的耐腐蚀性显著提高[1]。

(1)材料牌号 5A05。

(2)相近牌号 美5056、俄АМГ5。

(3)生产单位 西南铝业(集团)有限责任公司。

(4)化学成分 GB/T 3190—2008规定的化学成分见表2-2-169。

表2-2-169 化学成分

化学成分	Si	Fe	Cu	Mn	Mg	Zn	其他		Al
							单个	合计	
质量分数/%	0.50	0.50	0.10	0.30~0.60	4.80~5.50	0.20	0.05	0.10	余量

(5)热处理状态 5A05合金的主要热处理状态包括O、H112、HX4等。

2. 试验与检测

(1)试验材料 见表2-2-170。

表2-2-170 试验材料

材料牌号与热处理状态	表面状态	品种	δ/mm	生产单位
5A05-O	无	薄板	3.0	西南铝业(集团)有限责任公司

(2)试验条件 见表2-2-171。

表2-2-171 试验条件

试验环境	对应试验站	试验方式
湿热海洋大气环境	海南万宁	濒海户外和近海岸棚下
亚湿热工业大气环境	重庆江津	户外、棚下
寒冷乡村大气环境	黑龙江漠河	户外、棚下
注:试验标准为GB/T 14165—2008《金属和合金 大气腐蚀试验 现场试验的一般要求》。		

(3)检测项目及标准 见表2-2-172。

表2-2-172 检测项目及标准

检测项目	标 准
平均腐蚀速率	HB 5257—1983《腐蚀试验结果的质量损失测定和腐蚀产物的清除》
微观形貌	GB/T 13298—2015《金属显微组织检验方法》
拉伸性能	GB/T 228.1—2010《金属材料 拉伸试验 第1部分:室温试验方法》
自腐蚀电位	ASTM G69—2003《铝合金腐蚀电位测试的标准试验方法》

3. 腐蚀形态

5A05-O 在湿热海洋和亚湿热工业大气环境中主要表现为点蚀，微观下可见晶间腐蚀特征，见图 2-2-82。在寒冷乡村环境中腐蚀不明显。

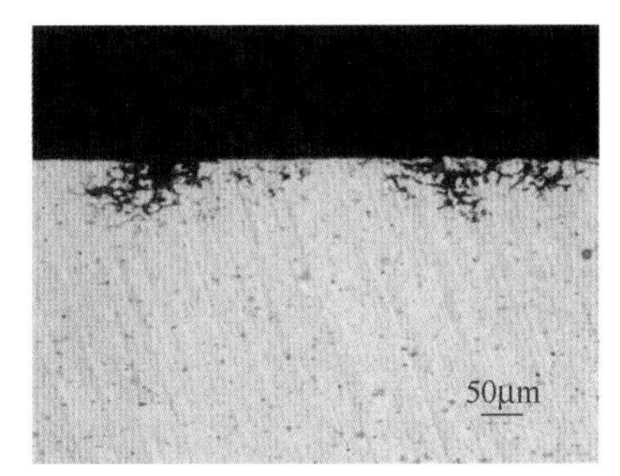

(a) 万宁近海岸棚下暴露1年

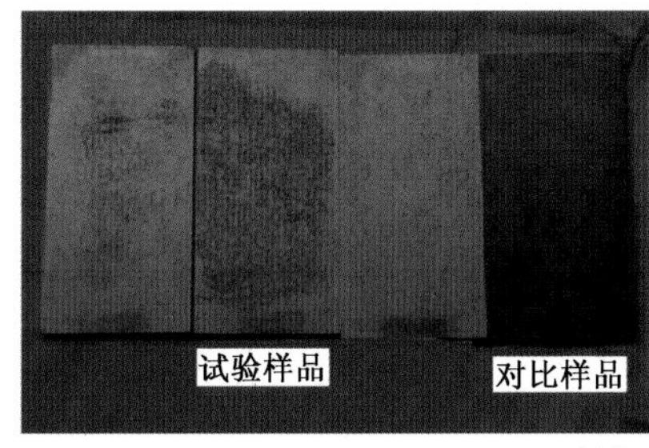

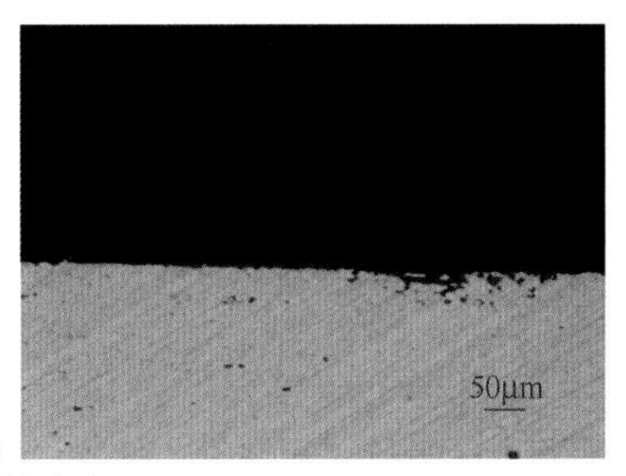

(b) 江津棚下暴露2年

图 2-2-82 5A05-O 的腐蚀形貌

4. 平均腐蚀速率

试样尺寸为 100.0mm×50.0mm×3.0mm。通过失重法得到的平均腐蚀速率以及腐蚀深度幂函数回归模型见表 2-2-173。

表 2-2-173 平均腐蚀速率以及腐蚀深度幂函数回归模型 (单位：μm/年)

品种	热处理状态	试验方式	暴露时间				幂函数回归模型
			1 年	2 年	3 年	5 年	
薄板 (δ3.0mm)	O	濒海户外	0.861	0.509	0.696	0.750	$D = 0.724t^{0.945}, R^2 = 0.895$
		近海岸棚下	0.345	0.289	0.498	0.541	$D = 0.305t^{1.332}, R^2 = 0.991$
		江津户外	0.479	0.359	0.414	0.223	$D = 0.504t^{0.587}, R^2 = 0.835$
		江津棚下	0.174	0.356	0.377	0.243	$D = 0.223t^{1.240}, R^2 = 0.872$
		漠河户外	0.441	0.244	0.181	0.088	—
		漠河棚下	0.118	0.237	0.085	0.060	—

5. 腐蚀对力学性能的影响

(1) 技术标准规定的力学性能 见表 2-2-174。

表 2-2-174 技术标准规定的力学性能

技术标准	品种	包铝类型	热处理状态	厚度/mm	R_m/MPa	$R_{p0.2}$/MPa	A/%
					大于等于		
GB/T 3880.2—2012	板材	不包铝	O	0.50~4.50	275	145	16
GB/T 2662A—2008	板材	不包铝	O	>6.0~10.5	265~350	125	16
GB/T 2053A—2008	板材	不包铝	O	0.5~4.5	275	145	16

(2) 拉伸性能 5A05-O 在湿热海洋、亚湿热工业和寒冷乡村 3 种大气环境中的拉伸性能变化数据见表 2-2-175。典型拉伸应力-应变曲线见图 2-2-83。

表 2-2-175　拉伸性能变化数据

试样	取向	暴露时间/年	试验方式	R_m				A				$R_{p0.2}$				E			
				实测值/MPa	平均值/MPa	标准差/MPa	保持率/%	实测值/%	平均值/%	标准差/%	保持率/%	实测值/MPa	平均值/MPa	标准差/MPa	保持率/%	实测值/GPa	平均值/GPa	标准差/GPa	保持率/%
5A05-O (δ3.0mm)	L	0	原始	315~335	328	8.7	—	24.0~25.0	24.5	0.6	—	165~168	166	1.7	—	68.4~73.3	70.1	2.1	—
		1	江津户外	326~332	329	2.2	100	24.5~27.5	26.5	1.4	108	162~165	163	1.3	98	70.1~73.3	71.8	1.2	102
		2		319~323	321	1.5	98	26.5~30.0	28.0	1.2	114	153~158	156	2.4	94	68.8~70.8	69.4	0.8	99
		3		315~321	318	2.5	97	25.5~26.5	26.0	0.4	106	160~166	164	2.5	99	65.8~67.5	66.7	0.8	95
		5		304~315	312	4.4	95	25.5~29.0	28.0	1.4	114	158~161	160	1.5	96	—	—	—	—
		1	江津棚下	327~332	328	2.2	100	25.0~25.5	25.5	0.2	104	163~167	164	1.0	99	68.1~72.3	70.3	1.8	100
		2		312~317	314	2.0	96	25.5~27.0	26.0	0.9	106	149~155	153	2.7	92	64.2~70.6	67.5	3.0	96
		3		307~315	311	3.0	95	22.5~26.0	24.5	1.5	100	158~161	159	1.3	96	66.3~69.3	67.5	1.2	96
		5		296~304	301	2.9	92	24.5~27.5	25.5	1.2	104	152~158	156	1.7	94	—	—	—	—
		1	漠河户外	320~322	321	0.8	98	25.5~27.0	26.5	0.7	108	155~159	157	2.1	95	69.0~69.7	69.3	0.3	99
		2		322~324	324	0.9	99	26.0~28.5	27.0	0.9	110	156~161	159	1.9	96	69.5~72.6	71.1	1.2	101
		3		320~324	322	1.6	98	25.5~26.5	26.0	0.5	106	158~160	159	0.8	96	69.9~71.1	70.5	0.5	101
		5		313~315	315	1.2	96	26.5~29.5	28.0	1.2	114	160~166	163	3.2	98	—	—	—	—
		1	漠河棚下	319~323	321	1.5	98	22.0~25.0	23.0	1.5	94	153~161	159	0.5	96	69.6~70.8	70.2	0.5	100
		2		322~325	323	1.1	98	28.5~31.0	29.0	1.0	118	156~163	160	2.4	96	69.8~72.0	71.2	1.1	102
		3		318~322	320	1.5	98	22.0~26.0	24.5	1.6	100	159~160	159	0.6	96	69.9~71.0	70.5	0.4	101
		5		312~316	315	1.7	96	26.5~28.5	27.5	0.8	112	159~163	161	1.3	97	—	—	—	—
		1	万宁濒海户外	316~319	318	1.3	97	22.0~25.0	24.0	1.3	98	155~156	156	0.6	94	69.8~70.6	70.3	0.3	100
		2		314~319	318	2.1	97	24.0~28.5	26.5	1.6	108	154~157	156	1.4	94	69.8~70.2	69.7	0.7	99
		3		310~314	312	1.8	95	20.5~25.0	23.5	1.8	96	149~156	153	2.0	92	67.7~69.4	68.5	0.7	98
		5		299~308	304	3.6	93	24.0~28.0	25.5	1.7	104	151~161	157	1.6	95	—	—	—	—
		1	万宁近海岸棚下	317~320	319	1.1	97	25.0~27.5	26.0	1.1	106	156~158	157	0.8	95	68.9~71.5	69.8	1.1	100
		2		317~321	319	1.5	97	24.0~28.0	27.0	1.7	110	156~160	158	1.9	95	65.2~70.4	68.8	2.1	98
		3		310~316	313	2.2	95	24.5~28.0	26.0	1.5	106	153~158	155	2.2	93	68.2~70.4	69.4	0.9	99
		5		308~312	310	1.8	95	21.5~26.0	23.5	1.7	96	158~161	159	1.3	96	—	—	—	—

注:5A05-O 平行段原始截面尺寸为 15.0mm×3.0mm。

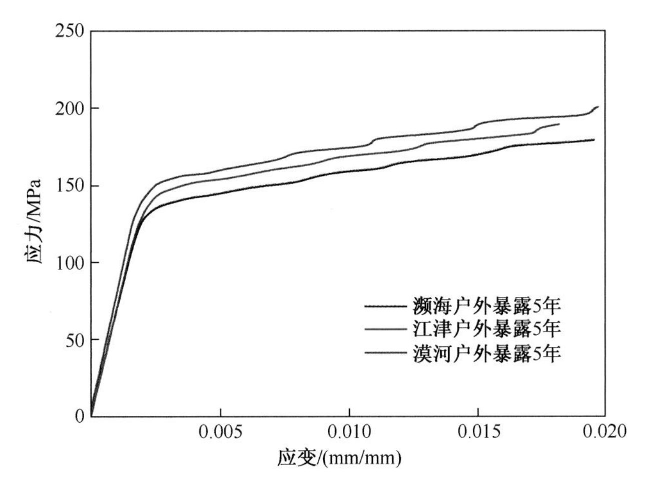

图 2-2-83 5A05-O 在 3 种环境中暴露 5 年的应力-应变曲线

6. 电偶腐蚀性能

5A05-O 的自腐蚀电位为-0.711V(SCE),见图 2-2-84。5A05-O 电位较负,与钛合金、复合材料等偶接易发生电偶腐蚀。

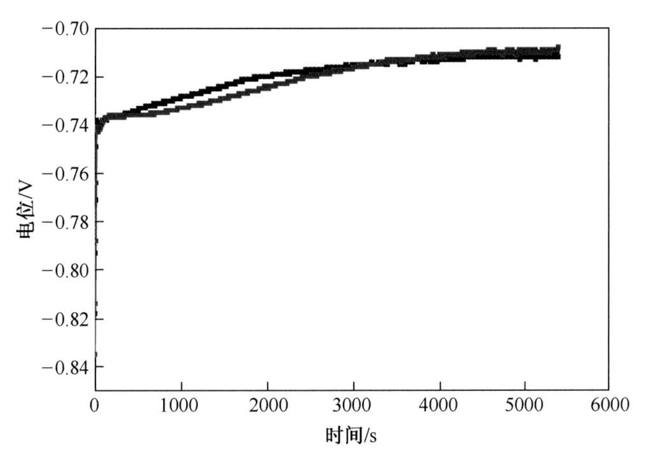

图 2-2-84 5A05-O 的自腐蚀电位曲线图

7. 防护措施建议

5A05 合金在海洋和潮湿大气环境中的耐腐蚀性较好,腐蚀可通过适当的热处理得到抑制。一般环境可采用阳极氧化防护,严酷环境宜采用阳极氧化+底漆+面漆的涂层体系进行防护。

四、铸造铝合金

ZL101A

1. 概述

ZL101A 合金是铝-硅-镁系可热处理强化的铸造铝合金。该合金是 ZL101 合金的改进型,通过采用高纯度原材料降低合金的各项杂质,添加微量细化元素和调整合金元素镁的含量,使合金具有更高的力学性能。该合金的铸造性能、焊接性能和抗腐蚀性能与 ZL101 合金大致相同[1]。

(1) 材料牌号 ZL101A(ZAlSi7MgA)。

(2) 相近牌号 Al-Si7Mg(ISO)、美 A356、法 A-S7G03、俄 АЛ9-1、日 AC4CH、德 G-AlSi7Mg。

(3) 生产单位 成都耶华科技有限公司。

(4) 化学成分 GB/T 1173—2013 规定的化学成分见表 2-2-176。

表 2-2-176 化学成分 (单位:%(质量分数))

主要元素				杂质											
Si	Mg	Ti	Al	Fe		Cu	Zn	Mn	Sn	Pb	Ni	杂质总和		其他	
				S	J							S	J	单个	总和
6.5~7.5	0.25~0.45	0.08~0.20	余量	≤0.2	≤0.2	≤0.1	≤0.1	≤0.1	≤0.05	≤0.05	—	≤0.7	≤0.7	—	—

(5) 热处理状态 ZL101A 的主要热处理状态包括 T4、T5、T6 等。

2. 试验与检测

(1) 试验材料 见表 2-2-177。

表 2-2-177 试验材料

材料牌号与热处理状态	表面状态	品种规格	生产单位
ZL101A-T5	无	—	成都耶华科技有限公司
	带涂层		

(2) 试验条件 见表 2-2-178。

表 2-2-178 试验条件

试验环境	对应试验站	试验方式
湿热海洋大气环境	海南万宁	濒海户外
亚湿热工业大气环境	重庆江津	户外
寒冷乡村大气环境	黑龙江漠河	户外
注:试验标准为 GB/T 14165—2008《金属和合金 大气腐蚀试验 现场试验的一般要求》。		

(3) 检测项目及标准 见表 2-2-179。

表 2-2-179 检测项目及标准

检测项目	标 准
微观形貌	GB/T 13298—2015《金属显微组织检验方法》
拉伸性能	GB/T 228.1—2010《金属材料 拉伸试验 第 1 部分:室温试验方法》
疲劳性能	GB/T 3075—2008《金属材料 疲劳试验 轴向力控制方法》
自腐蚀电位	ASTM G69—2003《铝合金腐蚀电位测试的标准试验方法》

3. 腐蚀形态

ZL101A 合金暴露于湿热海洋大气环境中主要表现为点蚀,微观下可见不规则蚀坑和枝晶间腐蚀,其宏微观形貌见图 2-2-85;在亚湿热工业大气环境中主要表现为灰黑色腐蚀点,微观下可见枝晶间腐蚀,其宏微观形貌见图 2-2-86;在寒冷乡村大气环境中腐蚀不明显。

图 2-2-85 ZL101A 合金在万宁濒海户外暴露 2 年的腐蚀形貌

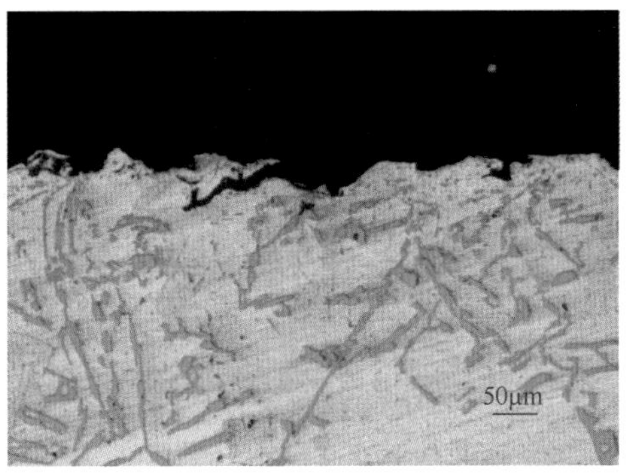

图 2-2-86 ZL101A 合金在江津户外暴露 2 年的腐蚀形貌

4. 腐蚀对力学性能的影响

(1) 技术标准规定的力学性能 见表 2-2-180。

表 2-2-180 技术标准规定的力学性能

技术标准	铸造方法	热处理状态	R_m/MPa	A/%	HBS
			大于等于		
GB/T 1173—2013	S、R、K	T4	195	5	60
	J、JB	T4	225	5	60
	S、R、K	T5	235	4	70
	SB、RB、KB	T5	235	4	70
	J、JB	T5	265	4	70
	SB、RB、KB	T6	275	2	80
	J、JB	T6	295	3	80

(2) 拉伸性能 ZL101A 合金(带涂层)棒状哑铃试样在海洋湿热、亚湿热工业和寒冷乡村 3 种大气环境中的拉伸性能变化数据见表 2-2-181。典型拉伸应力-应变曲线见图 2-2-87。

表 2-2-181　拉伸性能变化数据

试样	取向	暴露时间/年	试验方式	R_m				A				$R_{p0.2}$				E			
				实测值/MPa	平均值/MPa	标准差/MPa	保持率/%	实测值/%	平均值/%	标准差/%	保持率/%	实测值/MPa	平均值/MPa	标准差/MPa	保持率/%	实测值/GPa	平均值/GPa	标准差/GPa	保持率/%
ZL101A+耐海水漆（d=6.0mm）	—	0	原始	295~320	307	6.9	—	2.5~7.5	5.0	2.1	—	—	—	—	—	—	—	—	—
		1	江津户外	299~314	306	14.2	100	4.5~9.0	6.0	1.8	120	232~248	240	7.0	—	63.6~73.3	67.3	3.9	—
		2		222~318	295	41.1	96	1.0~6.0	4.0	1.9	80	239~249	244	4.2	—	60.7~79.9	70.3	6.8	—
		3		304~320	312	5.9	102	5.0~6.5	5.5	0.7	110	239~264	249	10.1	—	56.4~66.8	63.1	4.9	—
		5		235~316	293	41.8	96	1.5~6.5	3.5	2.3	70	229~266	252	14.9		51.2~70.0	62.2	8.8	
		1	万宁濒海户外	288~325	310	7.1	101	5.5~8.5	6.5	1.2	130	236~248	243	4.6	—	55.4~71.4	65.8	7.0	—
		2		241~313	289	28.6	94	0.5~6.5	3.5	2.1	70	238~246	242	3.6	—	62.3~67.5	64.9	2.2	—
		3		276~319	300	17.0	98	1.0~6.5	3.5	2.3	70	238~257	245	9.1	—	59.9~69.1	64.2	4.1	—
		5		204~325	288	25.8	94	2.0~8.0	6.0	2.7	120	204~250	234	17.7	—	60.4~77.2	68.5	6.2	—
		1	漠河户外	301~317	309	7.1	101	6.0~11.0	8.0	2.1	160	236~242	238	2.7	—	70.3~75.0	72.8	1.8	—
		2		236~319	283	30.2	92	1.5~8.0	3.5	2.6	70	234~246	241	5.0	—	56.3~69.0	61.5	5.5	—
		3		203~327	297	52.6	97	2.5~8.5	6.0	2.1	120	245~257	250	6.2	—	61.1~65.7	64.2	2.1	—
		5		287~342	307	31.4	100	3.0~8.5	5.5	2.4	110	237~278	251	18.7	—	61.5~68.5	66.5	2.9	—

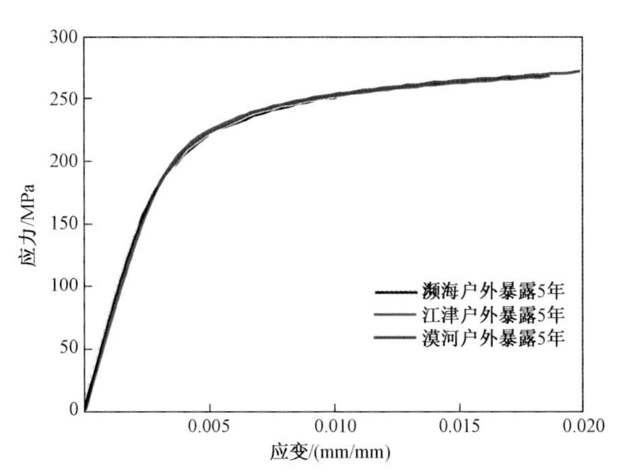

图 2-2-87　ZL101A 合金(带涂层)在 3 种环境中暴露 5 年的应力-应变曲线

(3) 疲劳性能

ZL101A 合金(带涂层)在湿热海洋、亚湿热工业和寒冷乡村 3 种大气环境中暴露不同时间的疲劳极限强度数据见表 2-2-182。典型 $S-N$ 曲线见图 2-2-88。

表 2-2-182　疲劳极限强度数据

试样	试验方式	试验时间/年	疲劳极限/MPa		
			50%存活率	95%存活率	99%存活率
ZL101A+耐海水漆(d=8.0mm)	—	原始	131.65	122.07	117.99
	万宁濒海户外	1	126.65	114.28	108.94
		2	124.47	111.37	105.61
		3	124.17	116.53	113.28
		5	117.85	104.90	99.29
	江津户外	1	129.70	116.96	111.47
		2	126.92	113.85	108.19
		3	130.88	122.23	118.76
		5	123.23	106.85	99.63
	漠河户外	1	125.23	117.94	114.86
		2	130.77	120.65	116.32
		3	131.72	126.94	124.93
		5	126.28	113.66	108.20

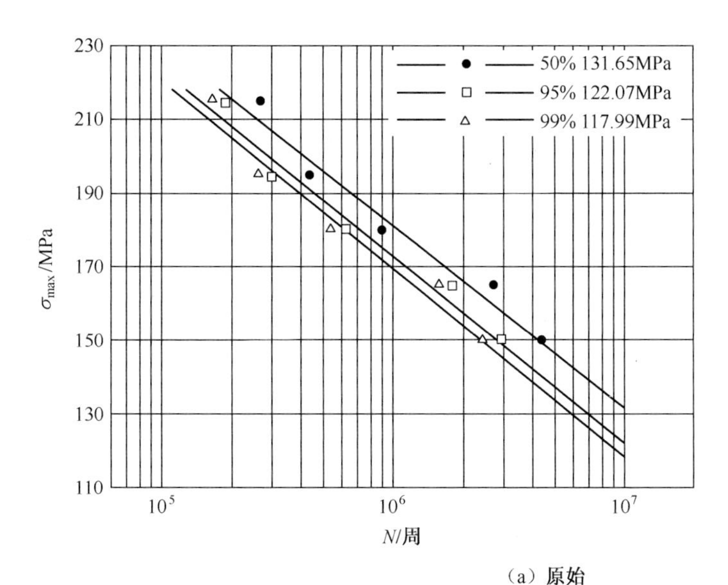

材料：ZL101A合金(带涂层)
热处理状态：T5
抗拉强度：R_m=307MPa
应力集中系数：K_t=1
加载方式：轴向
应力比：R=0.10
试验频率：f=(70～80)Hz
试验温度：室温
试样直径：d=8.0mm

(a) 原始

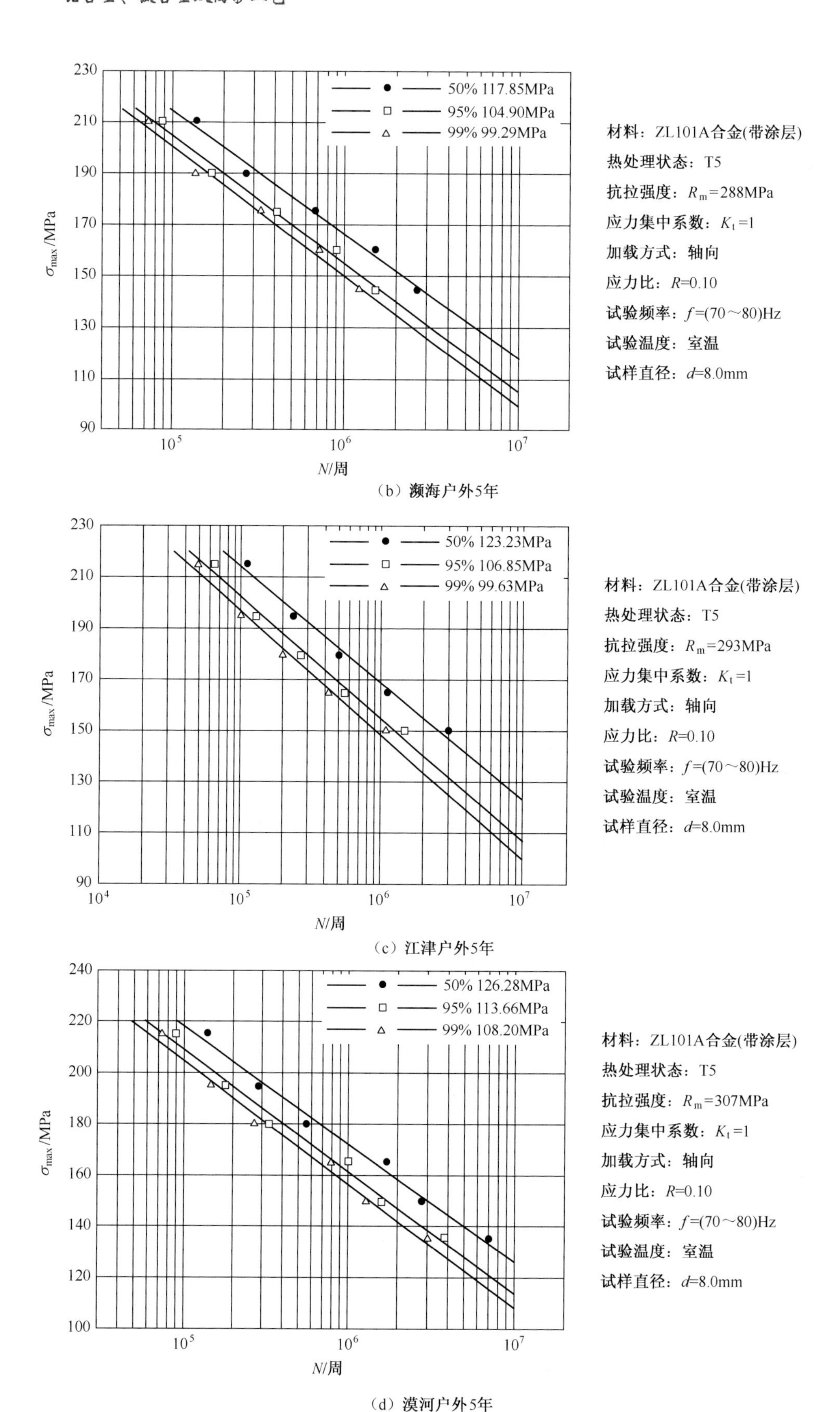

（b）濒海户外5年

（c）江津户外5年

（d）漠河户外5年

图 2-2-88　ZL101A 合金(带涂层)在 3 种环境中暴露 5 年前后的 S-N 曲线

5. 电偶腐蚀性能

ZL101A 合金的自腐蚀电位为 -0.776V (SCE)，其自腐蚀电位曲线见图 2-2-89。ZL101A 合金电位较负，与结构钢、钛合金、复合材料等偶接具有电偶腐蚀倾向。

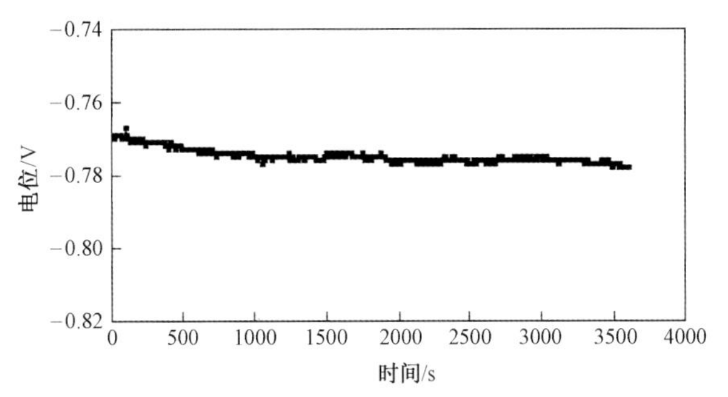

图 2-2-89　ZL101A 合金的自腐蚀电位曲线

6. 防护措施建议

ZL101A 合金的耐腐蚀性良好，接近纯铝，且具有良好的抗应力腐蚀能力，在实际使用和实验室 3.5%氯化钠溶液交替浸渍条件下均没有出现应力腐蚀破坏现象[1]。严酷环境下使用，如湿热海洋环境，可采用阳极氧化+底漆+面漆的涂层体系进行防护。

ZL114A

1. 概述

ZL114A 合金是在 ZL101A 合金基础上增加镁元素的含量发展起来的，属于铝-硅-镁系高强度铸造铝合金。它既具有优良的铸造工艺性能，又具有较 ZL101A 合金更高的力学性能。在航空制造业中，利用该合金的优越特性制造一些重要的大型薄壁结构件代替铝合金钣金结构组合件，具有较大的经济效益[1]，还可应用于航弹舱体、翼片，导弹战斗部内壳体等。

(1) 材料牌号　ZL114A(ZAlSi7MglA)。

(2) 相近牌号　美 A357、D357，法 A-S7G06。

(3) 生产单位　成都耶华科技有限公司。

(4) 化学成分　GB/T 1173—2013 规定的化学成分见表 2-2-183。

表 2-2-183　化学成分　(单位：%(质量分数))

主要元素					杂质						
Si	Mg	Ti	Be	Al	Fe		Cu	Zn	Mn	杂质总和	
					S	J				S	J
6.5~7.5	0.45~0.75	0.10~0.20	0~0.07	余量	≤0.2	≤0.2	≤0.2	≤0.1	≤0.1	≤0.75	≤0.75

(5) 热处理状态　ZL114A 合金的主要热处理状态包括 T5、T6 等。

2. 试验与检测

(1) 试验材料　见表 2-2-184。

表 2-2-184　试验材料

材料牌号与热处理状态	表面状态	品种规格	生产单位
ZL114A-T5	无	—	成都耶华科技有限公司
	带涂层		

(2) 试验条件　见表 2-2-185。

表 2-2-185　试验条件

试验环境	对应试验站	试验方式
湿热海洋大气环境	海南万宁	濒海户外

（续）

试验环境	对应试验站	试验方式
亚湿热工业大气环境	重庆江津	户外
寒冷乡村大气环境	黑龙江漠河	户外
注：试验标准为 GB/T 14165—2008《金属和合金　大气腐蚀试验　现场试验的一般要求》。		

（3）检测项目及标准　见表 2-2-186。

表 2-2-186　检测项目及标准

检测项目	标　准
微观形貌	GB/T 13298—2015《金属显微组织检验方法》
拉伸性能	GB/T 228.1—2010《金属材料　拉伸试验　第 1 部分：室温试验方法》
疲劳性能	GB/T 3075—2008《金属材料　疲劳试验　轴向力控制方法》
自腐蚀电位	ASTM G69 —2003《铝合金腐蚀电位测试的标准试验方法》

3. 腐蚀形态

ZL114A 合金暴露于湿热海洋大气环境中主要表现为点蚀，微观下可见明显枝晶间腐蚀特征，其宏观和微观形貌见图 2-2-90；在亚湿热工业大气环境中主要表现为灰黑色腐蚀点，微观下可见不规则点蚀坑，其宏观和微观形貌见图 2-2-91；在寒冷乡村大气环境中未见明显腐蚀。

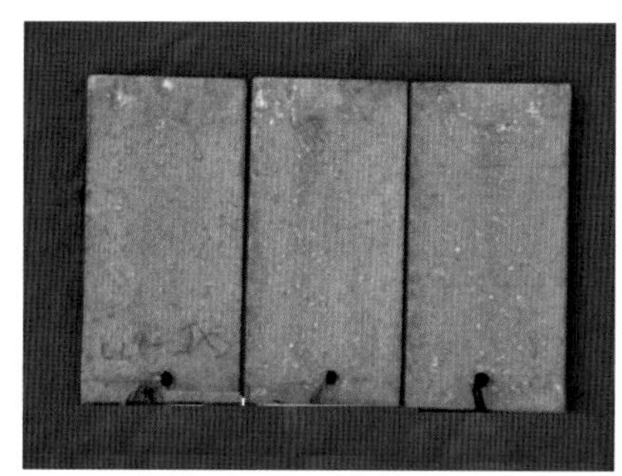

图 2-2-90　ZL114A 合金在濒海户外暴露 2 年的宏观和微观形貌

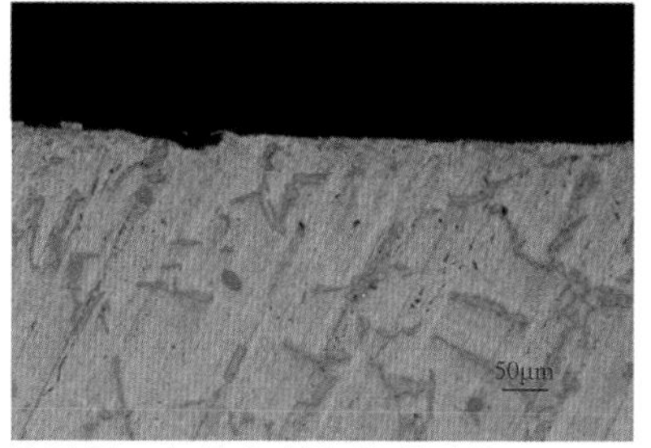

图 2-2-91　ZL114A 合金在江津户外暴露 2 年的宏观和微观形貌

4. 腐蚀对力学性能的影响

（1）技术标准规定的力学性能　见表 2-2-187。

表 2-2-187　技术标准规定的力学性能

技术标准	铸造方法	热处理状态	R_m/MPa	A/%	HBS
			大于等于		
GB/T 1173—2013	SB	T5	290	2	85
	J、JB	T5	310	3	90

（2）拉伸性能　ZL114A 合金（带涂层）棒状哑铃试样在湿热海洋、亚湿热工业和寒冷乡村 3 种大气环境中的拉伸性能变化数据见表 2-2-188。典型拉伸应力-应变曲线见图 2-2-92。

表 2-2-188 拉伸性能变化数据

试样	取向	暴露时间/年	试验方式	R_m				A				$R_{p0.2}$				E			
				范围/MPa	平均值/MPa	标准差/MPa	保持率/%	范围/%	平均值/%	标准差/%	保持率/%	范围/MPa	平均值/MPa	标准差/MPa	保持率/%	范围/GPa	平均值/GPa	标准差/GPa	保持率/%
ZL114A+耐海水漆(d=6.0mm)	—	0	—	295~355	318	25.4	—	2.5~5.5	4.0	2.4	—	—	—	—	—	—	—	—	—
		1	万宁濒海户外	295~340	322	17.5	101	2.6~5.3	4.0	1.3	100	261~280	272	7.0	—	61.6~72.4	67.9	4.3	—
		2		284~359	330	29.7	104	1.0~3.0	2.0	0.7	50	273~317	294	15.9	—	66.2~69.8	67.7	1.4	—
		3		280~344	325	25.5	102	0.0~4.5	2.5	1.9	63	268~308	288	20.4	—	59.9~66.7	63.5	2.8	—
		5		289~360	324	26.4	102	2.0~6.0	4.0	1.5	100	242~316	271	27.8	—	64.2~75.2	67.6	5.9	—
		1	江津户外	291~323	312	13.5	98	2.5~3.9	3.0	0.6	75	251~284	271	13.5	—	62.3~69.7	66.0	3.0	—
		2		294~320	308	10.0	97	1.0~5.5	2.0	2.0	50	250~284	266	15.4	—	58.6~74.5	65.4	5.5	—
		3		281~345	322	25.0	101	3.0~5.0	3.5	0.8	88	248~306	274	28.0	—	61.6~92.2	71.4	12.1	—
		5		288~331	304	20.8	96	3.0~5.0	4.0	0.8	100	247~282	258	17.9	—	53.7~68.4	63.1	5.9	—
		1	漠河户外	285~339	319	26.3	100	2.3~5.5	3.5	1.3	88	265~311	279	19.6	—	68.6~78.2	73.2	4.1	—
		2		277~338	304	22.2	96	1.0~5.0	3.0	1.9	75	235~295	263	25.1	—	58.3~81.0	68.5	9.1	—
		3		295~328	311	15.8	98	3.0~4.5	4.0	0.7	100	244~295	278	24.0	—	49.3~75.3	65.4	9.7	—
		5		297~353	327	22.3	103	3.0~6.5	5.0	1.4	125	273~303	292	11.3	—	67.5~71.1	68.5	1.5	

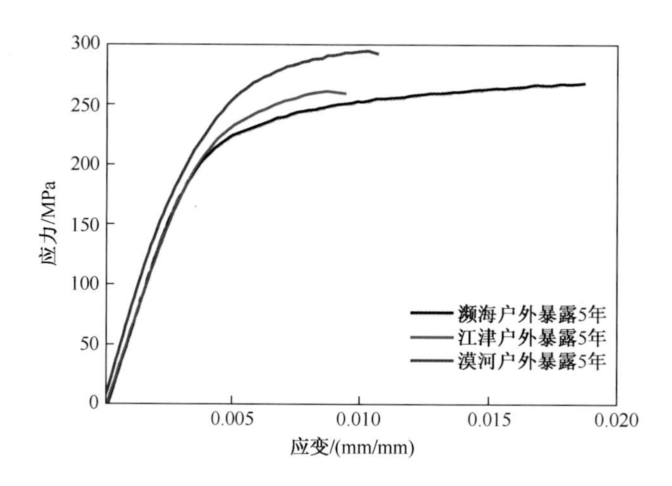

图 2-2-92 ZL114A 合金(带涂层)在 3 种环境中暴露 5 年的应力-应变曲线

(3) 疲劳性能 ZL114A 合金(带涂层)在海洋湿热、亚湿热工业和寒冷乡村 3 种大气环境中的疲劳性能变化数据见表 2-2-189。典型 $S-N$ 曲线见图 2-2-93。

表 2-2-189 疲劳性能变化数据

试样	试验方式	试验时间/年	疲劳极限/MPa		
			50%存活率	95%存活率	99%存活率
ZL114A+耐海水漆 (d=8.0mm)	—	0	140.49	134.48	131.95
	万宁濒海户外	1	139.73	130.72	126.88
		2	139.05	130.77	127.25
		3	138.83	129.65	125.72
		5	125.63	114.73	110.06
	江津户外	1	143.46	136.53	133.60
		2	142.69	137.47	135.28
		3	140.62	132.75	129.40
		5	133.09	125.47	122.23
	漠河户外	1	145.51	133.25	127.97
		2	145.19	130.63	124.27
		3	143.80	132.32	127.66
		5	125.67	115.49	111.16

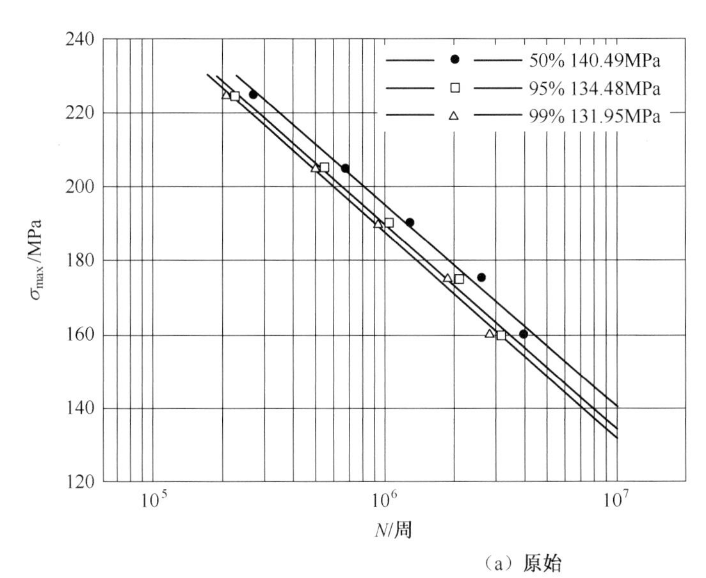

（a）原始

材料：ZL114A合金(带涂层)
热处理状态：T5
抗拉强度：R_m=318MPa
应力集中系数：K_t=1
加载方式：轴向
应力比：R=0.10
试验频率：f=(70～80)Hz
试验温度：室温
试样直径：d=8.0mm

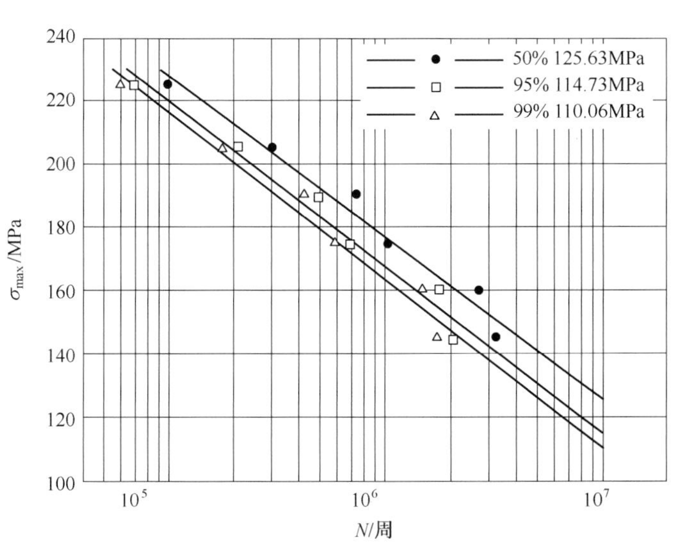

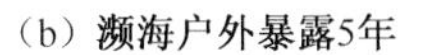
（b）濒海户外暴露5年

材料：ZL114A合金(带涂层)
热处理状态：T5
抗拉强度：R_m=324MPa
应力集中系数：K_t=1
加载方式：轴向
应力比：R=0.10
试验频率：f=(70～80)Hz
试验温度：室温
试样直径：d=8.0mm

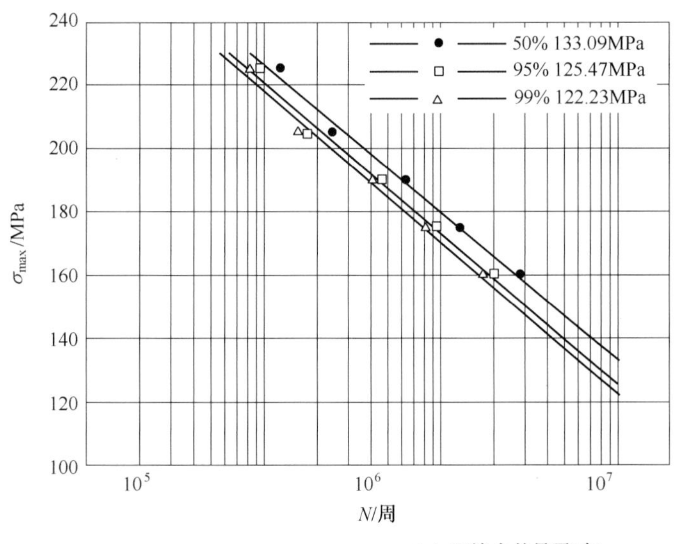

（c）江津户外暴露5年

材料：ZL114A合金(带涂层)
热处理状态：T5
抗拉强度：R_m=304MPa
应力集中系数：K_t=1
加载方式：轴向
应力比：R=0.10
试验频率：f=(70～80)Hz
试验温度：室温
试样直径：d=8.0mm

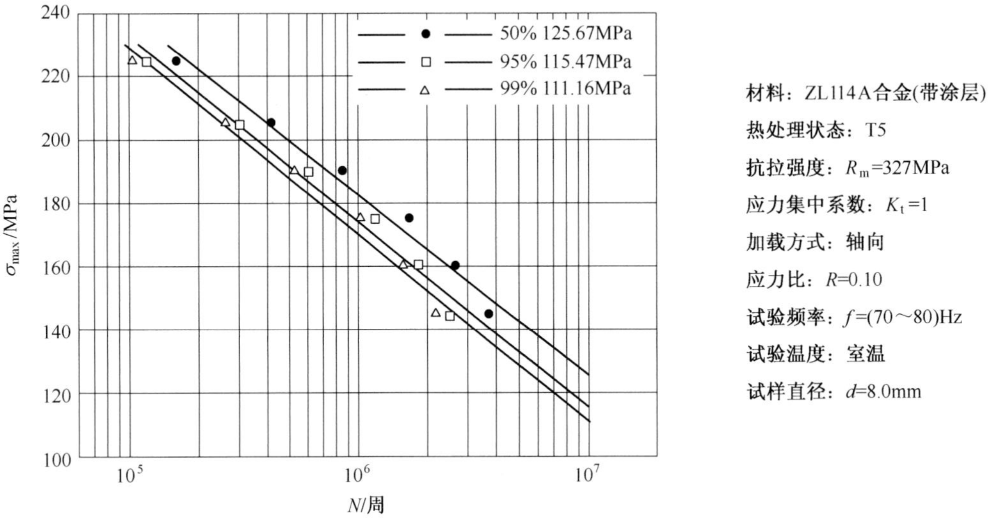

240
220
200
180
160
140
120
100
σ_{max}/MPa
10^5
10^6
10^7
N/周
50% 125.67MPa
95% 115.47MPa
99% 111.16MPa
材料：ZL114A合金(带涂层)
热处理状态：T5
抗拉强度：R_m=327MPa
应力集中系数：K_t=1
加载方式：轴向
应力比：R=0.10
试验频率：f=(70～80)Hz
试验温度：室温
试样直径：d=8.0mm

（d）漠河户外暴露5年

图 2-2-93 ZL114A 合金(带涂层)在 3 种环境中暴露 5 年前后的 S-N 曲线

5. 电偶腐蚀性能

ZL114A 合金的自腐蚀电位为-0.770V(SCE)，其自腐蚀电位曲线见图 2-2-94。ZL114A 合金电位较负，与结构钢、钛合金、复合材料等偶接具有电偶腐蚀倾向。

-0.74
-0.76
-0.78
-0.80
-0.82
-0.84
电位/V
0
1000
2000
3000
4000
5000
6000
时间/s

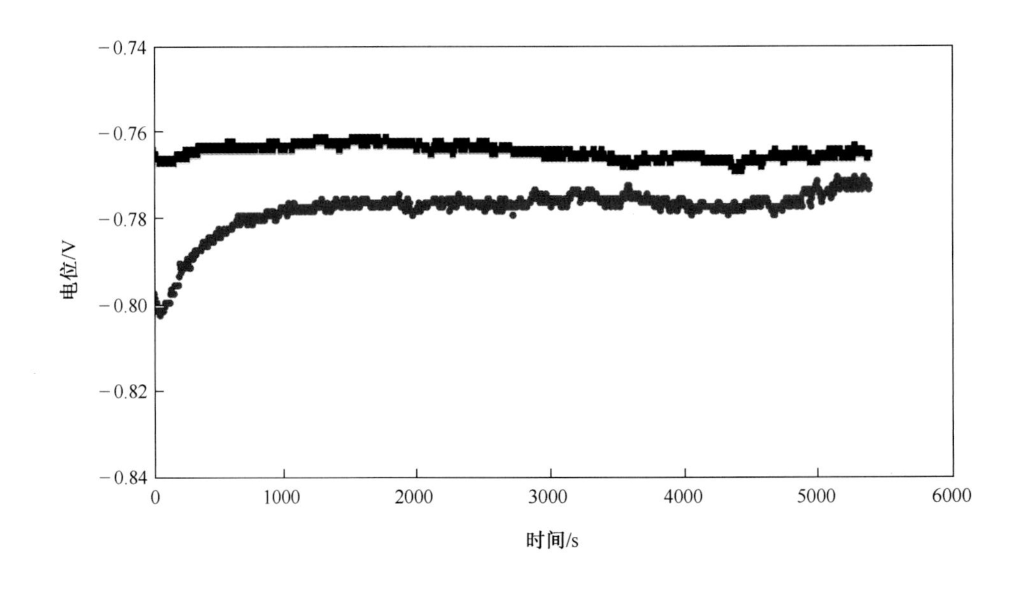

图 2-2-94 ZL114A 合金的自腐蚀电位曲线

6. 防护措施建议

ZL114A 合金的耐腐蚀性良好，接近于纯铝[1]，在海洋和潮湿大气环境中也具有较好的耐腐蚀性。严酷环境下使用，可采用阳极氧化+底漆+面漆的涂层体系进行防护。

ZL205A

1. 概述

ZL205A 合金属铝-铜-锰系高强度铸造铝合金,采用高纯原材料,添加钛、镉、锆、钒和硼等元素,并施以严格的热处理工艺,是目前抗拉强度最高的一种铸造铝合金,其力学性能达到某些黑色金属和锻造铝合金的水平。该合金主要采用砂型铸造和熔模铸造,简单零件可采用金属型铸造,合金热裂倾向和显微疏松倾向较大,但略优于 ZL201 合金。

ZL205A 合金的 T5 状态具有良好的综合力学性能,T6 状态有最高的抗拉强度,T7 状态有高的强度和较好的抗应力腐蚀性能。该合金可用于承受大载荷的铸件,如飞机挂梁、框、肋、支臂及导弹上联接框、火箭发动机上的前裙/后裙、火炮的托架/摇架/前支架等重要承力件[1]。

(1) 材料牌号 ZL205A(ZAlCu5MnCdVA)。

(2) 生产单位 成都富江机械制造有限公司。

(3) 化学成分 GB/T 1173—2013 规定的化学成分见表 2-2-190。

表 2-2-190 化学成分 (单位:%(质量分数))

合金元素								杂质					
Cu	Mn	Cd	Ti	Zr	V	B	Al	Fe		Si	Mg	其他	
								S	J			S	J
4.6~5.3	0.3~0.5	0.15~0.25	0.15~0.35	0.05~0.25	0.05~0.3	0.005~0.6	余量	≤0.15	≤0.16	≤0.06	≤0.05	≤0.3	≤0.3

(4) 热处理状态 ZL205A 的主要热处理状态包括 T5、T6、T7 等。

2. 试验与检测标准

(1) 试验材料 见表 2-2-191。

表 2-2-191 试验材料

材料牌号与热处理状态	表面状态	品种规格	生产单位
ZL205A-T5	无	—	成都富江机械制造有限公司
	导电氧化+涂层		

(2) 试验条件 见表 2-2-192。

表 2-2-192 试验条件

试验项目	标准	试验条件
盐雾试验	GJB 150.11A—2009《军用装备实验室环境试验方法 第 11 部分:盐雾试验》	24h 喷雾和 24h 干燥交替进行

(3) 检测项目及标准　见表2-2-193。

表2-2-193　检测项目及标准

检测项目	标　准
平均腐蚀速率	HB 5257—1983《腐蚀试验结果的重量损失测定和腐蚀产物的清除》
微观形貌	GB/T 13298—2015《金属显微组织检验方法》
拉伸性能	GB/T 228.1—2010《金属材料　拉伸试验　第1部分:室温试验方法》

3. 腐蚀形态

ZL205A合金盐雾试验30天,宏观:表面覆盖大量白色腐蚀产物;微观:明显晶间腐蚀特征,见图2-2-95。

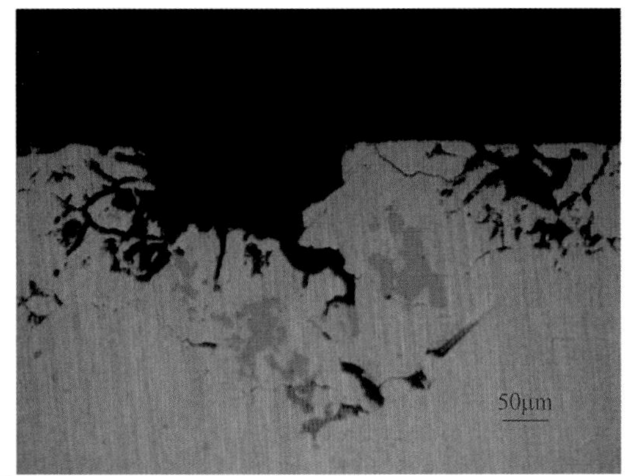

图2-2-95　ZL205A合金盐雾试验30天的宏观和微观形貌

4. 平均腐蚀速率

试样尺寸150.0mm×25.0mm×3.0mm。通过失重法得到的平均腐蚀速率见表2-2-194。

表2-2-194　平均腐蚀速率

热处理状态	试验方式	暴露时间/天	失重/mg	平均腐蚀速率/(μm/天)
T5	盐雾试验	30	254~305	0.389

5. 腐蚀对力学性能的影响

(1) 技术标准规定的力学性能　见表2-2-195。

表2-2-195　技术标准规定的力学性能

技术标准	铸造方法	热处理状态	R_m/MPa	A/%	HBS
			大于等于		
HB 962—2001	S	T5	440	7	100
	S	T6	490	3	120
	R	T6	470	3	120
	S	T7	470	2	110
GB/T 1173—2013	S	T5	440	7	100
	S	T6	470	3	120
	S	T7	460	2	110

(2) 拉伸性能　ZL205A 合金盐雾试验 30 天后的拉伸性能变化数据见表 2-2-196。典型拉伸应力-应变曲线见图 2-2-96。

表 2-2-196　ZL205A 合金的拉伸性能变化数据

试样牌号	取向	暴露时间/天	试验方式	R_m				A			
				实测值/MPa	平均值/MPa	标准差/MPa	保持率/%	实测值/%	平均值/%	标准差/%	保持率/%
ZL205A	—	0	原始	384~415	396	12	—	7.0~11.0	9.5	1.8	—
		30	盐雾试验	273~302	287	15	72	3.5~6.0	4.5	1.2	47
试样牌号	取向	暴露时间/天	试验方式	$R_{p0.2}$				E			
				实测值/MPa	平均值/MPa	标准差/MPa	保持率/%	实测值/GPa	平均值/GPa	标准差/GPa	保持率/%
ZL205A	—	0	原始	241~277	258	17	—	73.9~78.9	76.4	2.1	—
		30	盐雾试验	206~240	218	19	84	66.4~69.3	67.1	2.0	88
注:ZL205A 合金平行段原始截面尺寸为 25.0mm×3.0mm。											

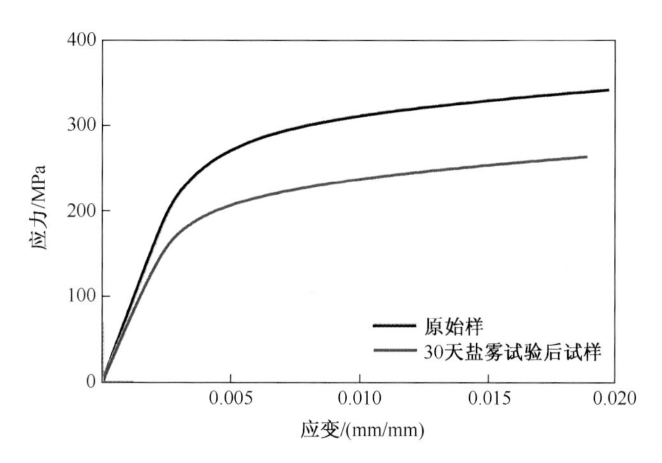

图 2-2-96　ZL205A 合金盐雾试验 30 天前后的应力-应变曲线

(3) 应力腐蚀性能　见表 2-2-197。

表 2-2-197　应力腐蚀性能[1]

热处理状态和表面状态	试验应力/MPa	断裂时间/h
T5	216	15
T6	245	85
T7	245	256
T5 喷漆	216	720,未断
T6 喷漆	275	720,未断
T7 喷漆	275	720,未断
注:表中所列数据为拉伸应力腐蚀性能数据。		

6. 电偶腐蚀性能

ZL205A 合金电位较负,与结构钢、钛合金、复合材料等偶接具有电偶腐蚀倾向。ZL205A 合金表面导电氧化与碳钢裸材偶接,经 30 天盐雾试验后,偶接面局部最大腐蚀深度范围为 606~885μm,约为未偶接试样的 5~7 倍,其宏观腐蚀形貌见图 2-2-97。结构设计时,应综合考虑表面处理、涂层、密封、电绝缘等多种防护方法,以有效控制电偶腐蚀。

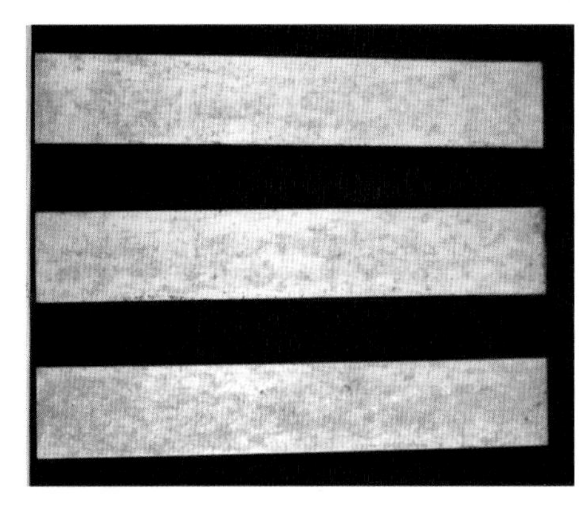

(a) ZL205A 合金导电氧化对比试样

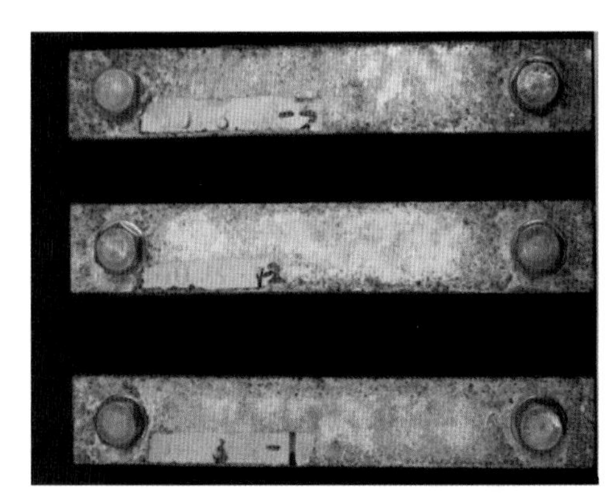

(b) ZL205A 合金导电氧化-碳钢偶接件

图 2-2-97 ZL205A 合金导电氧化-碳钢偶接件盐雾试验 30 天的宏观腐蚀形貌

7. 防护措施建议

ZL205A 合金的 T5 和 T6 状态具有高度晶间腐蚀倾向[1]。在湿热海洋大气等严酷环境下使用,耐腐蚀性差,慎用。一般环境下使用,可采用阳极氧化+底漆+面漆的涂层体系进行防护。表 2-2-198 列出了 ZL205A+导电氧化+耐海水漆经 30 天盐雾试验后的拉伸性能数据。

表 2-2-198 ZL205A 合金防护后的拉伸性能数据

涂层体系	取向	暴露时间/天	试验方式	R_m 实测值/MPa	R_m 平均值/MPa	R_m 标准差/MPa	R_m 保持率/%	A 实测值/%	A 平均值/%	A 标准差/%	A 保持率/%
ZL205A+导电氧化+耐海水漆	—	0	—	384~415	396	12	—	7.0~11.0	9.5	1.8	—
	—	30	盐雾试验	391~422	408	16	103	8.0~10.0	9.5	0.9	100
涂层体系	取向	暴露时间/天	试验方式	$R_{p0.2}$ 实测值/MPa	$R_{p0.2}$ 平均值/MPa	$R_{p0.2}$ 标准差/MPa	$R_{p0.2}$ 保持率/%	E 实测值/MPa	E 平均值/MPa	E 标准差/MPa	E 保持率/%
ZL205A+导电氧化+耐海水漆	—	0	—	241~277	258	17	—	73.9~78.9	76.4	2.1	—
	—	30	盐雾试验	258~277	268	9.6	104	74.0~83.1	77.2	5.1	101
注:表中原始拉伸性能数据来源于 ZL205A 裸材。											

五、铝锂合金

2A97

1. 概述

2A97 合金是铝-铜-锂系可时效强化新型铝锂合金,锂含量约为 1.35%~1.55%(质量分数)。通过在二元 Al-Li 合金基础上添加优化主要合金元素 Cu 和微合金化元素 Mg、Ag、Zr 等配比，提高合金的强度、塑性和耐腐蚀性能。2A97 合金具有较低的密度（$2.6g/cm^3$）、较高的强度和韧性、良好的焊接性以及优良的低温性能等优点，用其取代常规铝合金，可使构件质量降低 10%～15%，刚度提高 15%～20%。

2A97 合金主要供应状态为 T851 时效状态，适合于热态成形，可生产供应各种规格的预拉伸厚板。该合金具有良好的切削加工性能，可用于制造梁、框、壁板等结构受力件。

（1）材料牌号　2A97。

（2）相近牌号　Weldalite049。

（3）生产单位　西南铝业（集团）有限责任公司。

（4）化学成分　GB/T 3190—2008 规定的化学成分见表 2-2-199。

表 2-2-199　化学成分

化学成分	Si	Fe	Cu	Mn	Mg	Zn	Be	Ti	Li	Zr	其他杂质		Al
											单个	合计	
质量分数/%	0.15	0.15	2.0～3.2	0.20～0.6	0.25～0.5	0.17～1.0	0.001～0.10	0.001～0.10	0.8～2.3	0.08～0.20	≤0.05	≤0.15	余量

（5）热处理状态　2A97 合金的主要热处理状态包括 T3、T8 等。

2. 试验与检测标准

（1）试验材料　见表 2-2-200。

表 2-2-200　试验材料

材料牌号与热处理状态	表面状态	品种	δ/mm	生产单位
2A97-T3	无	板材	1.2	西南铝业（集团）有限责任公司
	硫酸/硼硫酸阳极氧化			

（2）试验条件　见表 2-2-201。

表 2-2-201　试验条件

试验环境	对应试验站	试验方式
湿热海洋大气环境	海南万宁	海面平台户外
注：试验标准为 GB/T 14165—2008《金属和合金　大气腐蚀试验　现场试验的一般要求》。		

（3）检测项目及标准　见表 2-2-202。

表 2-2-202　检测项目及标准

检测项目	标　准
平均腐蚀速率	HB 5257—1983《腐蚀试验结果的重量损失测定和腐蚀产物的清除》
微观形貌	GB/T 13298—2015《金属显微组织检验方法》
拉伸性能	GB/T 228.1—2010《金属材料　拉伸试验　第 1 部分：室温试验方法》
疲劳性能	GB/T 3075—2008《金属材料　疲劳试验　轴向力控制方法》
自腐蚀电位	ASTM G69—2003《铝合金腐蚀电位测试的标准试验方法》

3. 腐蚀形态

2A97-T3 暴露于湿热海洋大气环境中主要表现为点蚀，伴随灰白色腐蚀产物，微观下可见晶界和晶粒内部同时腐蚀的混合形貌,见图 2-2-98。

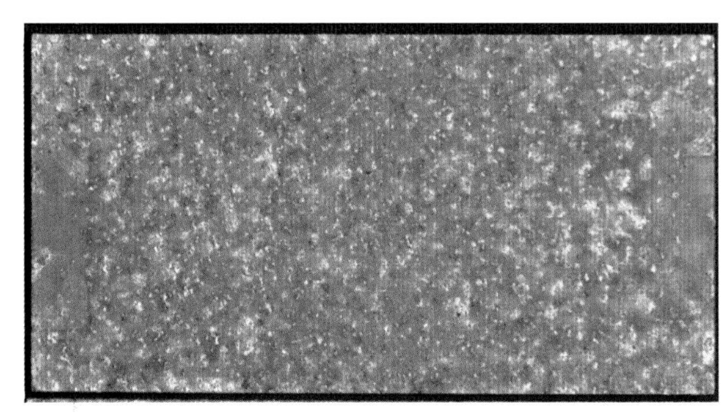

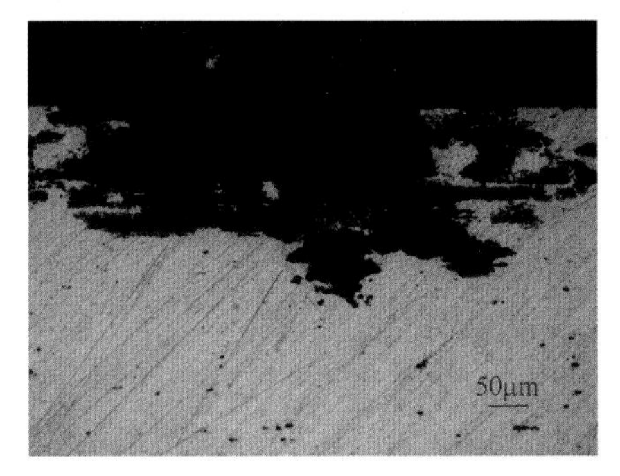

图 2-2-98 2A97-T3 在海面平台户外暴露 3 年的腐蚀形貌

4. 平均腐蚀速率

试样尺寸 100.0mm×50.0mm×1.2mm。通过失重法得到的平均腐蚀速率以及腐蚀深度幂函数回归模型见表 2-2-203。

表 2-2-203 平均腐蚀速率以及腐蚀深度幂函数回归模型 (单位:μm/年)

品种	热处理状态	试验方式	暴露时间				幂函数回归模型
			0.5 年	1 年	2 年	3 年	
板材(δ1.2mm)	T3	海面平台户外	2.666	3.011	2.113	1.313	$D=2.413t^{0.617}$, $R^2=0.846$

5. 腐蚀对力学性能的影响

(1) 拉伸性能 2A97-T3 裸材试样在湿热海洋大气环境中的拉伸性能变化数据见表 2-2-204。典型拉伸应力-应变曲线见图 2-2-99。

表 2-2-204 2A97-T3 裸材试样的拉伸性能变化数据

试样	取向	暴露时间/年	试验方式	R_m 实测值/MPa	R_m 平均值/MPa	R_m 标准差/MPa	R_m 保持率/%	A 实测值/%	A 平均值/%	A 标准差/%	A 保持率/%
2A97-T3(δ1.2mm)	T	0	原始	469~477	475	3.3	—	15.0~19.5	17.5	1.6	—
		1	海面平台户外	416~442	429	10.6	90	4.5~8.0	5.5	1.5	31
		2		425~446	435	7.8	92	4.5~7.5	6.0	1.1	34
		3		417~449	426	13.5	90	4.0~5.0	5.0	0.5	29
试样	取向	暴露时间/年	试验方式	$R_{p0.2}$ 实测值/MPa	$R_{p0.2}$ 平均值/MPa	$R_{p0.2}$ 标准差/MPa	$R_{p0.2}$ 保持率/%	E 实测值/GPa	E 平均值/GPa	E 标准差/GPa	E 保持率/%
2A97-T3(δ1.2mm)	T	0	原始	354~376	359	9.4	—	71.5~80.9	77.2	3.7	—
		1	海面平台户外	353~359	356	2.3	99	73.0~75.4	74.5	0.9	97
		2		353~360	356	3.1	99	73.2~78.8	75.9	2.1	98
		3		354~370	363	9.5	101	69.7~75.7	72.9	2.5	94

注:2A97-T3 平行段原始截面尺寸为 15.0mm×1.2mm。

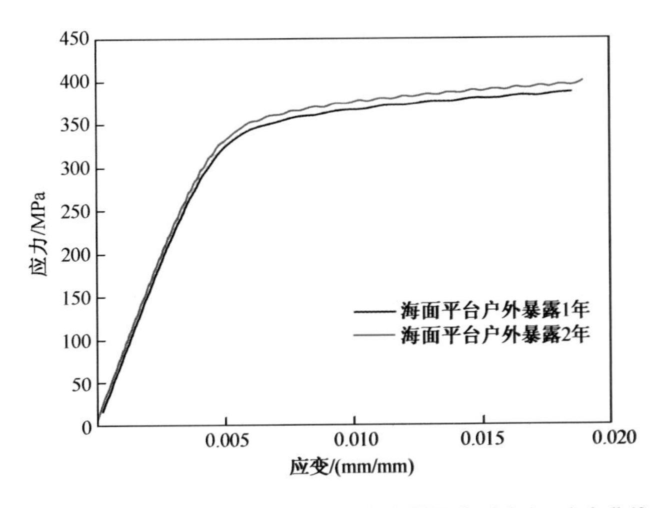

图 2-2-99　2A97-T3 在海面平台户外暴露典型应力-应变曲线

(2) 疲劳性能　见表 2-2-205。

表 2-2-205　疲劳性能

试验方式	表面状态	疲劳寿命/N				测试条件
		0 年	1 年	2 年	3 年	
海面平台户外	裸材	$(1.21\sim10.00)\times10^6$	$(2.87\sim7.59)\times10^4$	$(3.86\sim9.20)\times10^4$	$(3.07\sim7.34)\times10^4$	取样方向:T 最大应力:σ_{max}=200MPa 应力比:R=0.1 试验频率:70~90Hz 应力集中系数:K_t=1
	硫酸阳极化	$(6.67\sim10.00)\times10^6$	$(1.23\sim2.78)\times10^5$	$(0.62\sim3.65)\times10^5$	$(1.24\sim1.46)\times10^5$	
	硼硫酸阳极化	$(1.37\sim3.86)\times10^6$	$(6.44\sim13.8)\times10^4$	$(3.73\sim10.2)\times10^4$	$(2.34\sim9.92)\times10^4$	

6. 防护措施建议

2A97-T3 在湿热海洋大气环境中存在晶界和晶粒内部同时腐蚀的现象,耐腐蚀性相对较差,可采用包覆纯铝,配合阳极氧化+底漆+面漆涂层体系进行防护。表 2-2-206 列出了 2A97-T3 采用阳极氧化防护后在湿热海洋大气环境中的拉伸性能变化数据。

表 2-2-206　2A97-T3 阳极化的拉伸性能变化数据

试样	取向	暴露时间/年	试验方式	R_m				A			
				实测值/MPa	平均值/MPa	标准差/MPa	保持率/%	实测值/%	平均值/%	标准差/%	保持率/%
2A97-T3+硫酸阳极化(δ1.2mm)	T	0	原始	468~476	474	3.2	—	16.5~18.0	17.5	0.6	—
		1	海面平台户外	468~471	470	1.3	99	15.5~17.5	16.5	0.8	94
		2		478~484	482	2.6	101	14.0~18.5	15.5	1.9	89
		3		457~480	473	9.7	100	9.5~16.5	13.0	2.5	74
2A97-T3+硼硫酸阳极化(δ1.2mm)	T	0	原始	473~479	476	1.4	—	15.5~19.0	17.5	1.4	—
		1	海面平台户外	432~456	444	0.7	93	6.5~8.0	7.5	0.7	43
		2		420~453	437	1.4	92	3.5~7.0	5.0	1.4	29
		3		410~458	428	19.4	90	3.5~7.0	5.0	1.3	29

（续）

试样	取向	暴露时间/年	试验方式	$R_{p0.2}$ 实测值/MPa	平均值/MPa	标准差/MPa	保持率/%	E 实测值/GPa	平均值/GPa	标准差/GPa	保持率/%
2A97-T3+硫酸阳极化（δ1.2mm）	T	0	原始	347~353	352	2.5	—	73.7~81.4	77.0	3.4	—
		1	海面平台户外	352~357	354	1.8	101	73.9~75.7	74.9	0.7	97
		2		356~361	359	2.1	102	74.7~76.1	75.1	0.7	98
		3		360~368	363	3.0	103	72.0~73.9	72.9	0.7	95
2A97-T3+硼硫酸阳极化（δ1.2mm）	T	0	原始	351~354	353	1.6	—	75.9~79.5	77.7	1.6	—
		1	海面平台户外	351~365	357	5.7	101	73.4~74.3	73.8	0.4	95
		2		357~365	360	3.3	102	72.8~78.2	75.8	2.2	98
		3		365~368	366	1.5	104	70.9~75.0	73.8	1.7	95

5A90

1. 概述

5A90合金是铝-锂-镁-锆系可热处理强化铝锂合金，是在5A06合金基础上加入锂、锆元素进行轻质化和细化，降低铁、硅及过渡元素含量进一步纯化形成的轻质铝合金。5A90合金具有密度低（2.47g/cm^3），弹性模量高，用于铆接结构中可减重10%~12%。该合金通常在T3热处理状态下使用，可用于制造蒙皮、长桁、框缘、腹板等要求具备一定耐腐蚀性和良好断裂性能、疲劳性能的零件。

5A90合金在湿热海洋大气环境中耐腐蚀性较差，具有晶界和晶内同时腐蚀特征，单纯的晶间腐蚀倾向小。

（1）材料牌号 5A90。

（2）相近牌号 俄1420。

（3）生产单位 中国航发北京航空材料研究院、西南铝业（集团）有限责任公司、东北轻合金有限责任公司。

（4）化学成分 GB/T 3190—2008规定的化学成分见表2-2-207。

表2-2-207 化学成分

化学成分	Li	Mg	Zr	Si	Fe	Cu	Na	Ti	其他杂质 单个	其他杂质 合计	Al
质量分数/%	1.9~2.3	4.5~6.0	0.08~0.15	≤0.15	≤0.2	≤0.05	≤0.0015	≤0.1	≤0.05	≤0.15	余量

（5）热处理制度 5A90合金的主要热处理状态包括T3K、T3S等。

2. 试验与检测

（1）试验材料 见表2-2-208。

表 2-2-208　试验材料

材料牌号与热处理状态	表面状态	品种	δ/mm	生产单位
5A90-T3S	无	薄板	1.2	东北轻合金有限责任公司
	阳极氧化+涂层			
	无	薄板	2.0	

(2) 试验条件　见表 2-2-209。

表 2-2-209　试验条件

试验环境	对应试验站	试验方式
湿热海洋大气环境	海南万宁	海面平台户外、海面平台棚下
亚湿热工业大气环境	重庆江津	户外、棚下
寒冷乡村大气环境	黑龙江漠河	户外、棚下
注:试验标准为 GB/T 14165—2008《金属和合金　大气腐蚀试验　现场试验的一般要求》。		

(3) 检测项目及标准　见表 2-2-210。

表 2-2-210　检测项目及标准

检测项目	标　准
平均腐蚀速率	HB 5257—1983《腐蚀试验结果的质量损失测定和腐蚀产物的清除》
微观形貌	GB/T 13298—2015《金属显微组织检验方法》
拉伸性能	GB/T 228.1—2010《金属材料　拉伸试验　第 1 部分:室温试验方法》
自腐蚀电位	ASTM G69—2003《铝合金腐蚀电位测试的标准试验方法》

3. 腐蚀形态

5A90-T3S 暴露于湿热海洋大气环境中主要表现为点蚀,伴随灰白色腐蚀产物,微观下可见由表及里扩展的腐蚀空洞,见图 2-2-100。而暴露于亚湿热工业环境中主要表现为灰黑色腐蚀斑,微观下可见浅蚀坑,见图 2-2-101。

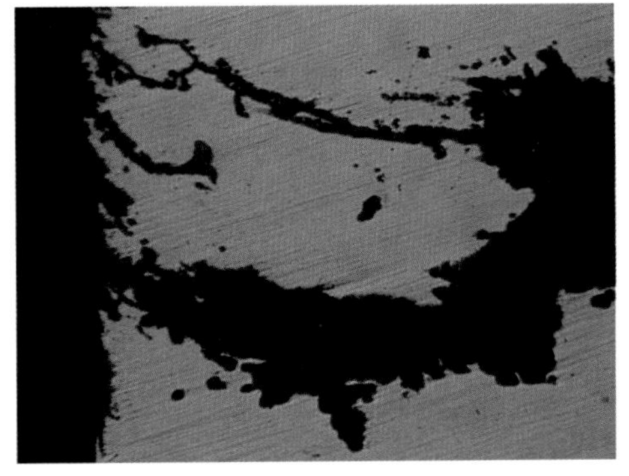

图 2-2-100　5A90-T3S 在海面平台户外暴露 1 年的腐蚀形貌

4. 平均腐蚀速率

试样尺寸为 100.0mm×50.0mm×1.2mm、100.0mm×50.0mm×2.0mm,通过失重法得到的平均腐蚀速率以及腐蚀深度幂函数回归模型见表 2-2-211。

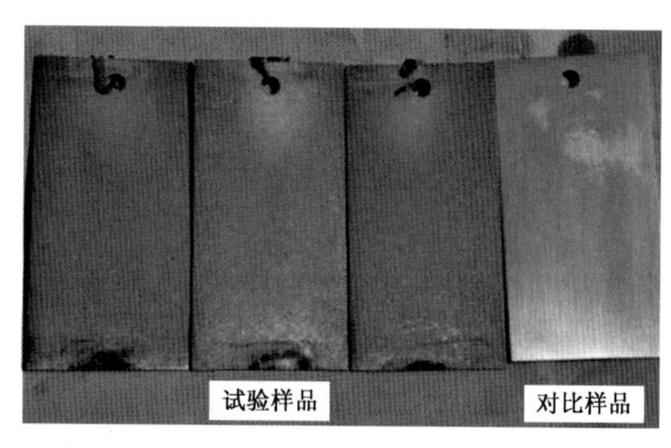

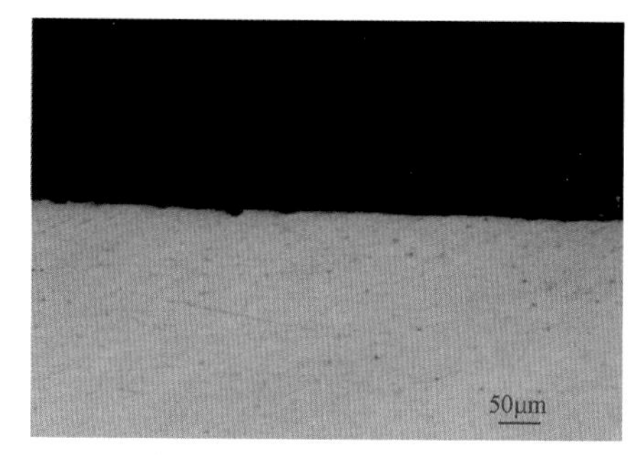

图 2-2-101 5A90-T3S 在江津户外暴露 2 年的腐蚀形貌

表 2-2-211 平均腐蚀速率以及腐蚀深度幂函数回归模型 (单位:μm/年)

品种	热处理状态	试验方式	暴露时间								幂函数回归模型
			0.5 年	1 年	1.5 年	2 年	2.5 年	3 年	4 年	5 年	
薄板 (δ1.2mm)	T3S	海面平台户外	0.648	0.865	1.250	0.846	1.030	—	0.670	—	$D=0.839t^{1.056}$, $R^2=0.906$
		海面平台棚下	0.660	0.940	1.130	0.940	1.770	—	0.700	—	$D=0.901t^{1.155}$, $R^2=0.860$
薄板 (δ2.0mm)	T3S	江津户外	—	0.099	—	0.163	—	0.112	—	0.142	$D=0.110t^{1.163}$, $R^2=0.941$
		江津棚下	—	0.018	—	0.049	—	0.147	—	0.117	$D=0.020t^{2.288}$, $R^2=0.943$
		漠河户外	—	0.000	—	0.031	—	0.064	—	0.044	—
		漠河棚下	—	0.000	—	0.018	—	0.104	—	0.073	—

5. 腐蚀对力学性能的影响

(1) 技术标准规定的力学性能

见表 2-2-212。

表 2-2-212 技术标准规定的力学性能[1]

环境条件	取向	R_m/MPa	$R_{p0.2}$/MPa
室温,T3S/T3K 薄板	L、T	≥410	≥410
室温,T3S/T3K 挤压型材	L	≥410	≥410

(2) 拉伸性能

5A90-T3S 在湿热海洋大气环境中的拉伸性能变化数据见表 2-2-213,在亚湿热工业环境和寒冷乡村环境中的拉伸性能变化数据见表 2-2-214,典型应力应变曲线见图 2-2-102。

表 2-2-213 5A90-T3S 在湿热海洋大气环境中的拉伸性能变化数据

试样	取向	暴露时间/年	试验方式	R_m				A			
				实测值/MPa	平均值/MPa	标准差/MPa	保持率/%	实测值/%	平均值/%	标准差/%	保持率/%
5A90-T3S (δ1.2mm)	L	0	原始	400~445	431	17.8	—	15.0~17.5	16.0	0.9	—
		0.5	海面平台户外	330~370	353	16.1	82	4.0~4.5	4.0	0.3	25
		1		325~395	364	35.8	84	6.5~9.5	7.5	1.5	47
		1.5		340~365	348	10.4	81	5.0~6.5	6.0	0.6	38
		2		285~325	307	16.1	71	6.5~8.5	7.5	0.8	47
		4		238~360	298	58.0	69	3.0~5.5	4.5	1.1	28
		6		182~357	266	77.1	62	1.0~5.0	3.0	—	19
		8		164~356	241	74.5	56	3.0~4.5	4.0	0.7	25
		0.5	海面平台棚下	320~395	365	30.2	85	2.0~5.0	4.0	1.3	25
		1		305~395	365	35.4	85	5.5~9.5	7.5	1.6	47
		1.5		305~370	344	25.1	80	2.5~6.5	5.0	1.5	31
		2		240~320	289	30.9	67	5.0~7.0	6.0	1.0	38
		4		216~334	248	50.0	58	2.0~5.0	3.0	1.1	19
		6		159~308	243	53.9	56	1.0~3.0	2.5	0.7	16

注:5A90-T3S 平行段原始截面尺寸为 15.0mm×1.2mm。

表 2-2-214　5A90-T3S 在亚湿热工业环境和寒冷乡村环境中的拉伸性能变化数据

试样	取向	暴露时间/年	试验方式	R_m 实测值/MPa	R_m 平均值/MPa	R_m 标准差/MPa	R_m 保持率/%	A 实测值/%	A 平均值/%	A 标准差/%	A 保持率/%	$R_{p0.2}$ 实测值/MPa	$R_{p0.2}$ 平均值/MPa	$R_{p0.2}$ 标准差/MPa	$R_{p0.2}$ 保持率/%	E 实测值/GPa	E 平均值/GPa	E 标准差/GPa	E 保持率/%
5A90-T3S (δ2.0mm)	T	0	原始	466~486	478	9.4	—	12.0~16.0	13.5	1.7	—	252~274	260	9.9	—	83.7~86.7	85.4	1.5	—
		1	江津户外	453~476	466	8.6	97	13.5~18.5	15.5	2.3	115	240~265	255	10.8	98	65.2~87.2	80.5	8.7	94
		2		442~451	445	3.7	93	12.0~15.0	13.5	2.1	100	239~251	246	6.1	95	76.6~78.7	78.1	0.9	91
		3		452~467	460	5.5	96	15.0~19.5	17.0	1.7	126	251~262	258	5.0	99	—	—	—	—
		5		455~461	458	2.9	96	13.0①	13.0	—	96	262~292	269	12.7	103	70.6~78.9	75.6	3.4	88
		1	江津棚下	449~461	454	4.3	95	13.0~17.5	14.5	1.7	107	246~250	249	1.7	96	70.8~92.3	80.5	7.7	94
		2		436~451	443	6.6	93	14.5~19.5	17.5	2.5	130	222~246	235	10.6	90	78.5~80.2	79.3	0.6	93
		3		443~452	448	3.8	94	11.0~17.0	14.0	2.3	104	246~266	256	8.9	98	64.7~76.7	73.1	4.8	86
		5		431~457	442	9.9	92	11.5~15.0	13.0	1.6	96	243~259	253	7.5	97	64.5~76.9	73.6	5.1	86
		1	漠河户外	446~453	450	3.1	94	15.0~19.0	16.0	1.8	119	241~256	245	6.1	94	73.8~79.4	77.4	2.3	91
		2		445~448	446	1.3	93	13.0~18.0	15.5	1.9	115	234~253	243	7.2	93	79.8~82.6	81.5	1.1	95
		3		443~452	446	3.4	93	14.0~19.5	17.0	2.5	126	244~249	245	3.8	94	42.4~80.4	61.1	14.0	72
		5		433~460	445	10.0	93	11.0~18.5	15.0	2.9	111	248~257	251	3.7	96	69.9~79.4	75.1	3.9	88
		1	漠河棚下	440~448	444	2.9	93	11.5~18.0	14.0	2.8	104	230~247	239	6.7	92	78.0~79.5	79.0	0.6	93
		2		439~458	451	8.1	94	14.0~20.5	17.0	2.6	126	227~255	244	13.4	94	79.8~81.5	80.7	0.7	94
		3		436~452	442	6.6	92	14.0~19.0	16.5	1.8	122	242~268	250	10.6	96	59.0~75.8	67.5	6.3	79
		5		427~452	442	9.0	92	14.0~18.5	16.5	1.9	122	240~253	247	5.0	95	66.4~78.0	72.1	4.9	84

注：1. 上标①表示该组仅有一个有效数据，其余均断在标距外；

2. 5A90-T3S 平行段原始截面尺寸为 15.0mm×2.0mm。

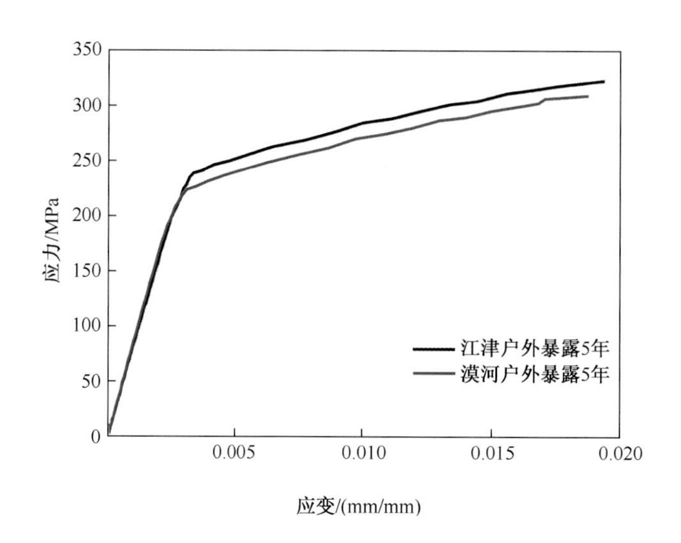

图 2-2-102 5A90-T3S 在 2 种环境中暴露 5 年的应力-应变曲线

6. 电偶腐蚀性能

5A90-T3S 的自腐蚀电位为-0.867V(SCE),其自腐蚀电位曲线见图 2-2-103。5A90-T3S 电位较负,与结构钢、钛合金、复合材料等偶接具有电偶腐蚀倾向。

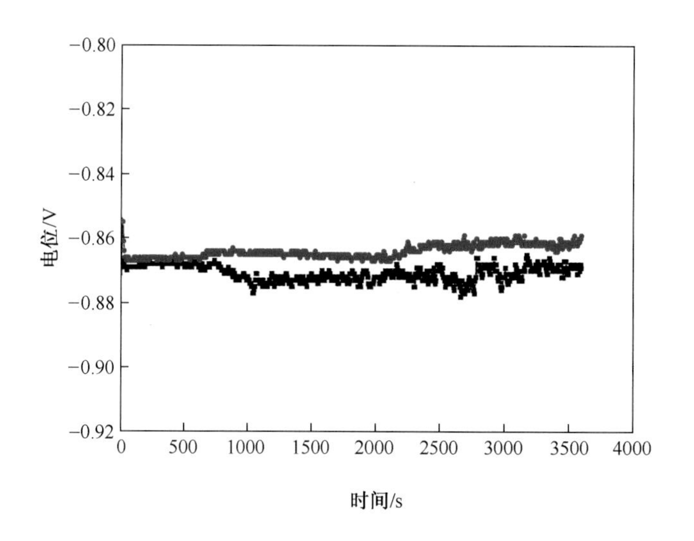

图 2-2-103 5A90-T3S 的自腐蚀电位曲线

7. 防护措施建议

5A90-T3 在湿热海洋大气环境中的耐腐蚀性较差,腐蚀作用对其拉伸性能产生明显影响。采用阳极氧化+底漆+面漆的多层涂层体系防护可显著提高 5A90-T3 的抗环境能力,见表 2-2-215。

表 2-2-215 5A90-T3S+涂层体系的拉伸性能变化数据

涂层体系	取向	暴露时间/年	试验方式	F_m 实测值/kN	F_m 平均值/kN	F_m 标准差/kN	F_m 保持率/%	A 实测值/%	A 平均值/%	A 标准差/%	A 保持率/%
5A90-T3S+硫酸阳极化+TB06-9+TS70-1(干膜厚度约110μm)	L	0	原始	6.90~7.40	7.24	0.21	—	14.5~16.5	15.5	0.9	—
		1	海面平台户外	7.40~7.95	7.56	0.27	104	17.5~18.5	18.0	0.4	116
		2		6.60~6.70	6.66	0.05	92	10.5~16.0	13.5	2.0	87
		3		7.50~7.80	7.64	0.15	106	15.5~17.5	16.5	0.9	106
		4		7.60~8.06	7.81	0.16	108	13.0~14.5	13.5	0.6	87
		5		6.22~8.04	7.62	0.79	105	9.5~14.5	12.5	2.2	81
		6		7.76~8.02	7.89	0.11	109	12.5~15.0	13.5	0.9	87
		8		7.39~8.02	7.77	0.28	107	6.0~15.5	11.5	3.8	74
		1	海面平台棚下	7.25~7.60	7.44	0.14	103	14.5~18.5	16.0	1.6	103
		2		6.40~6.70	6.56	0.11	91	17.0~18.5	17.5	0.8	113
		3		7.50~7.70	7.60	0.10	105	15.0~17.5	16.0	1.2	103
		4		7.56~7.86	7.74	0.13	107	11.5~16.0	14.5	1.8	94
		6		7.74~7.91	7.81	0.07	108	14.0~15.5	15.0	0.7	97
		8		7.59~7.95	7.75	0.15	107	13.5~16.0	15.5	1.0	100
5A90-T3S+硫酸阳极化+两层S06-0215(干膜厚度约100μm)	L	0	原始	6.80~7.40	7.16	0.23	—	13.0~17.5	15.5	1.6	—
		1	海面平台户外	6.90~7.80	7.41	0.32	103	4.5~15.5	10.5	5.0	68
		2		6.30~6.60	6.48	0.13	91	10.0~17.5	14.5	3.2	94
		3		5.60~8.00	7.18	0.92	100	6.5~12.5	11.0	2.8	71
		4		6.30~7.72	7.09	0.53	99	5.5~12.5	9.5	2.6	61
		5		7.34~7.62	7.48	0.10	104	8.0~8.5	8.5	0.3	55
		6		6.37~7.49	6.99	0.47	98	4.5~11.0	7.5	2.7	48
		8		4.34~7.17	6.34	1.14	89	2.5~8.5	6.0	2.2	39
		1	海面平台棚下	7.00~7.40	7.18	0.17	100	17.0~20.0	18.5	1.1	119
		2		6.30~6.60	6.46	0.15	90	15.5~20.0	18.0	1.9	116
		3		7.30~7.50	7.42	0.08	104	13.0~19.0	15.5	2.6	100
		4		5.04~7.84	7.02	1.33	98	3.5~17.0	11.0	6.2	71
		6		6.93~7.77	7.45	0.32	104	14.0~16.0	15.0	1.1	97
		8①		5.78~7.73	6.76	1.38	94	12.0	12.0	—	77

注:1. 5A90-T3S 基材平行段原始尺寸为 15.0mm×1.2mm;

2. 上标①表示该组只有两件平行样品,其中一件样品断后伸长率数据无效。

参考文献

[1]《中国航空材料手册》编辑委员会. 中国航空材料手册:第3卷[M]. 2版. 北京:中国标准出版社,2002.

[2] 中国兵器工业第五九研究所. 坦克装甲车辆常用材料自然环境试验数据手册[Z]. 2010.

[3] 国家自然科学基金重大项目(项目编号9587001)——材料大气腐蚀数据积累及腐蚀防护研究:有色金属大气腐蚀数据汇编(资料编号90-3-3)[Z].

[4] 中国兵器工业第五九研究所. 典型环境下主战装备常用材料环境适应性数据手册(上册)[Z]. 2012.

第三章 铝合金典型防护工艺环境适应性数据

第一节 铝合金防护工艺分类

合理选用材料应与使用环境和防护工艺同时考虑，利用表面防护技术对金属材料及结构进行腐蚀防护是提高装备环境适应性水平、延长使用寿命最行之有效且经济的方法。大气环境中，金属材料及结构所采用的表面防护工艺主要分为镀层、转化膜和非金属涂层三大类。为了进一步提高基体耐腐蚀性，金属和非金属相结合的复合防护体系得到越来越广泛的应用。

铝合金结构防护工艺一般分为表面处理、底漆、中间漆、面漆等类型。由于武器装备使用环境复杂多变，上述防护方式很少单独使用，而是几种方式配套使用，形成复合防护体系，以实现最佳保护效果。表面处理的目的是保护基体表面和提高底漆与基体的附着力，主要包括铬酸阳极化、硫酸阳极化、硼硫酸阳极化、硬质阳极氧化、化学氧化等。底漆应对涂装的表面有良好的润湿性，能充分浸润基体表面微孔，同时为下一道中间漆或面漆提供具有良好黏附作用的结合层，主要包括环氧(聚酰胺)系列、丙烯酸聚氨酯系列等。中间漆应具有较低的 H_2O 和 O_2 的渗透率，往往添加片状颜料，以增加防护体系的屏蔽作用，如环氧云母铁红防腐涂料等。面漆主要提供抗大气老化能力，尤其是耐光老化性能，它的耐腐蚀性好坏与整个涂层体系的防护和装饰效果息息相关，常用的面漆有脂肪族丙烯酸聚氨酯磁漆、含氟聚氨酯磁漆、有机硅聚氨酯磁漆等，以及近年来出现的新型纳米涂层。

涂层体系的防护性能除依赖于涂料本身的性能和多种涂料间的配套性外，还与前处理、施工工艺、施工环境控制等有很大关系。需要指出的是，本手册收录的部分防护工艺包含同种基材上不同批次制备的工艺或不同基材上同批次制备的工艺，由于存在基材表面状态和施工因素等方面的差异，可能表现出不同的防护效果，有时使用寿命会相差数倍。同时，由于环境侵蚀作用存在不确定性，导致同批试样的老化损伤程度不一，有的涂层完好无损，有的已局部鼓泡脱落破坏，使得基材力学性能存在较大分散性，如断后伸长率可能会在较大范围内变化，设计者在选择和参考时应酌情考虑余量。

一、铝合金表面处理

(1) 铬酸阳极氧化(简称铬酸阳极化)

铬酸阳极氧化膜呈灰色或深灰色，基本膜厚 2~15μm，膜层致密光滑，防护性能较好，且对铝合金疲劳性能影响很小。以保护等级 10 级为合格判据，3~5μm 的膜层在湿热海洋大气环境中的耐受时间约 6 个月。

（2）硫酸阳极氧化（简称硫酸阳极化）

硫酸阳极氧化膜无色、多孔，吸附性好，基本膜厚5～30μm，膜层硬度较高，封闭处理后，防护性能提高。阳极液对基体有腐蚀性，会明显降低铝合金疲劳强度。以保护等级10级为合格判据，不同厚度的膜层在湿热海洋大气环境中的耐受时间从20天左右到2年不等，在腐蚀相对温和的干热沙漠环境、寒温高原环境和寒冷乡村环境中的耐受时间一般大于5年。

（3）硼硫酸阳极氧化（简称硼硫酸阳极化）

硼硫酸阳极氧化膜多为无色，对基体疲劳强度的影响小于硫酸阳极氧化，耐腐蚀性略低于硫酸阳极氧化。以保护等级10级为合格判据，3～5μm的膜层在湿热海洋大气环境中的耐受时间不足1个月，在腐蚀相对温和的干热沙漠环境、寒温高原环境和寒冷乡村环境中的耐受时间一般大于5年。

（4）化学氧化

化学氧化是通过化学转化处理在金属表面生成不溶性氧化膜的工艺。化学氧化膜较薄，一般厚度约0.5～3μm，多孔，耐磨性低，能导电，对铝合金基体的疲劳性能基本无影响。由于化学转化膜比阳极氧化膜薄很多，其耐腐蚀性比阳极氧化膜差。以保护等级10级为合格判据，膜层在湿热海洋大气环境中的耐受时间不足1个月，在亚湿热工业酸雨环境中耐受时间约9个月。

二、铝合金涂层体系

目前，铝合金结构常用的涂层体系包括底漆-面漆配套，封闭漆-底漆-面漆配套，底漆-中间漆-面漆配套，底漆-二道底漆-面漆配套等，有时也采用两道底漆对内部结构进行防护。其中，底漆主要有：TB06-9丙烯酸聚氨酯底漆、H06-1012H环氧聚酰胺锶黄底漆、W06-Ⅱ有机硅聚氨酯底漆等；面漆主要有：13-2脂肪族丙烯酸聚氨酯磁漆、TS70-1脂肪族丙烯酸聚氨酯无光磁漆、TS96-71含氟聚氨酯无光磁漆、W04-Ⅰ有机硅聚氨酯磁漆等。表2-3-1给出了常用涂层体系环境试验考核结果。

表2-3-1　常用涂层体系环境腐蚀/老化性能

涂层体系	耐盐雾（水）性能	耐湿热性能	耐碱水性能	大气自然环境老化性能
TB06-9+TB06-9	3.5%氯化钠溶液浸泡192h，2%微小泡	湿热交变试验240h，无变化	0.5%氢氧化钠溶液浸泡192h，8%中小泡	TB06-9底漆与阳极氧化层结合力好，在湿热海洋大气环境中抗老化性能较差，暴露2年，严重变色失光，粉化5级
TB06-9+TS70-60	3.5%氯化钠溶液浸泡192h，1个中泡，浸泡至552h时新增2%微小泡	湿热交变试验240h，无变化	0.5%氢氧化钠溶液浸泡552h，3%中小微泡	TB06与TS70-60层间结合力好，在湿热海洋大气环境中抗老化性能中等，暴露2年，明显变色失光，粉化5级
TB06-9+TS70-1	3.5%氯化钠溶液浸泡192h，1个大泡	湿热交变试验240h，无变化	0.5%氢氧化钠溶液浸泡720h，无起泡、脱落等现象	TB06与TS70-1层间结合力好，面漆无光，在湿热海洋大气环境中抗老化性能较差，暴露18个月，明显变色，粉化5级
TB06-9+TS96-71	3.5%氯化钠溶液浸泡720h，无起泡、脱落等现象	湿热交变试验240h，无变化	0.5%氢氧化钠溶液浸泡720h，无起泡、脱落等现象	TB06-9与TS96-71层间结合力好，面漆无光，在湿热海洋大气环境中抗老化性能较好，暴露2年，轻微变色，粉化5级
TB06-9+TS96-51	—	—	—	TB06-9与TS96-51层间结合力好，在湿热海洋大气环境（濒海）中暴露2年，附着力1级，粉化5级，变色2级，失光5级

（续）

涂层体系	耐盐雾（水）性能	耐湿热性能	耐碱水性能	大气自然环境老化性能
TH52-85+TS55-80	盐雾试验 2160h，无起泡、脱落等现象；盐雾试验 3000h，密集小泡	湿热交变试验 960h，无变化	—	在湿热海洋大气环境（濒海）中暴露 2 年，变色 3 级，粉化 1 级
WST-206+WST-301	盐雾试验 2160h，无起泡、脱落等现象；盐雾试验 3000h，1~2 个大泡	湿热交变试验 960h，无变化	—	在湿热海洋大气环境（濒海）中暴露 2 年，变色 3 级，粉化 4 级

在海洋大气或其他高湿度环境条件下，涂漆铝合金表面容易发生丝状腐蚀。它以随机分布的细丝状形式存在于有机涂层下，由活性的头部和可通过裂纹/缝隙接收氧气、冷凝水蒸气的尾部组成[1]。腐蚀产物会引起涂层表面出现类似蚯蚓一样的凸起，见图 2-3-1。研究发现，当相对湿度增加到 85% 时，铝的丝状腐蚀速率最大。典型丝状腐蚀的平均生长速率为 0. 1mm/天。铝表面上使用的大多数涂层体系都容易产生丝状腐蚀，包括环氧、聚氨酯、醇酸树脂等系列。在飞机上涂覆聚氨酯涂层的 2024 和 7××× 系列铝合金都曾观察到丝状腐蚀的发生。对铝基体进行铬酸阳极化处理或铬酸盐-磷酸盐转化膜处理，可有效减缓丝状腐蚀的发生[2]。

（a）宏观形貌

（b）三维视频形貌

图 2-3-1　海洋大气环境中涂覆无机硅氧烷纳米涂料的 2024 合金丝状腐蚀形貌

第二节　防护工艺的耐腐蚀性能指标

防护工艺的耐腐蚀性能指标主要指防护工艺抵抗各种使用环境条件侵蚀，反映对基体材料保护能力的性能指标，是装备防腐蚀设计的重要参考指标，见表 2-3-2。

表 2-3-2　防护工艺耐腐蚀性能表征参数

指标种类	表面覆盖层性能指标								
指标名称	基体腐蚀面积/R_P				覆盖层破坏类型及面积/R_A				
指标种类	涂层体系性能指标								
指标名称	变色	粉化	厚度损失	开裂	起泡	生锈	剥落	长霉	附着力损失

涂层体系的防护性能因使用环境的不同而表现出较大的差别。一般来说,海洋大气环境和高原强辐射环境是导致涂层老化破坏的最严酷环境,使得涂层防护性能比内陆其他大气环境差1~3级;而棚下遮蔽暴露由于隔绝了太阳辐射的直接作用,相同涂层的抗老化性能明显优于户外露天暴露。为了便于设计选用,以暴露2年为基准,结合GB/T 1766—2008《色漆和清漆　涂层老化的评级方法》,对本手册列出的涂层体系防护性能进行优、良、中、可、差、劣的等级评定,评定标准见表2-3-3。

表2-3-3　涂层防护性能等级的评定

综合等级	防护等级	单项等级						
		变色	粉化	开裂	起泡	长霉	生锈	剥落
0	优	2	0	0	0	1(S2)	0	0
1	良	3	1	1(S1)	1(S1)	3(S2)或2(S3)	(S1)	0
2	中	4	2	3(S1)或2(S2)	5(S1)或2(S2)或1(S3)	2(S3)或2(S4)	1(S2)	1(S1)
3	可	5	3	3(S2)或2(S3)	3(S2)或2(S3)	3(S4)或2(S5)	2(S2)或1(S3)	2(S2)
4	差	5	4	3(S3)或2(S4)	4(S3)或3(S4)	4(S4)或3(S5)	3(S2)或2(S3)	3(S3)
5	劣	5	5	3(S4)	5(S3)或4(S4)	5(S4)或4(S5)	3(S3)或2(S4)	4(S4)

第三节　防护工艺种类

本章收录的防护工艺种类及主要应用范围参见表2-3-4。

表2-3-4　防护工艺一览表

序号	分类	工艺牌号	主要(预期)应用范围
1	表面处理	硫酸阳极氧化	铝合金结构表面防护
2	表面处理	硼硫酸阳极氧化	铝合金结构表面防护
3	表面处理	铬酸阳极氧化	铝合金结构表面防护
4	表面处理	化学氧化	铝合金结构表面防护
5	涂层体系	两层S06-0215	整体油箱内用防腐
6	涂层体系	两层TB06-9	铝合金内部结构防护
7	涂层体系	TB06-9+TS70-60	飞机外蒙皮
8	涂层体系	TB06-9+TS70-1	飞机外蒙皮,坦克装甲车辆的车体与炮塔内外表面防护
9	涂层体系	TB06-9+TS96-51	飞机面漆或非油箱区内表面漆
10	涂层体系	TB06-9+TS96-71	飞机外蒙皮
11	涂层体系	H06-D+13-2	飞机外蒙皮
12	涂层体系	H61-83+H61-1	飞机发动机舱等耐热部位

（续）

序号	分类	工艺牌号	主要(预期)应用范围
13	涂层体系	H06-27+S04-81	飞机蒙皮、组件等防护
14	涂层体系	BMS10-11	波音飞机
15	涂层体系	新型纳米涂层	飞机蒙皮等防护
16	涂层体系	TH52-85+TS55-80	运输车辆、坦克装甲车、两栖装备、舰载装备、仪器仪表等表面防护
17	涂层体系	WST-206+WST-301	坦克装甲车辆的车体与炮塔内外表面防护
18	涂层体系	TH06-27+S04-60	各类车辆、工程机械、高级仪器设备等表面防护
19	涂层体系	TH06-27+TS96-61	飞机蒙皮迷彩和防护以及钢结构、机车车辆等
20	涂层体系	TH52-82+TS04-97	金属结构防护，如风电、桥梁、海面平台等
21	涂层体系	S06-N-1+FS-60	各种车辆、飞机、雷达及其他装备表面防护
22	涂层体系	H06-2+G04-60	金属结构表面防护
23	涂层体系	H06-QC+H06-Q+B04	汽车、航空装备、工程机械的装饰防护
24	涂层体系	热红外丙烯酸聚氨酯	导弹发射车、坦克装甲车辆、各类火炮等地面装备隐身防护

第四节 工艺牌号

一、表面处理

硫酸阳极氧化

1. 概述

铝及铝合金在硫酸溶液中进行阳极氧化处理，在表面上所获得的一层耐腐蚀性能较高的氧化膜层，是铝合金广泛使用的防腐蚀膜层，也是一种与防护涂层配套使用的表面处理工艺。硫酸阳极化膜层厚度一般为3～10μm，具有透明度高、耐腐蚀性及耐磨性好、硬度高、着色性好、吸附能力好、成本低等特点，膜层多孔，封闭处理可提高耐蚀能力，化学染色后可得到各种颜色，电解着色可提高耐晒性。基材抛光后进行阳极化再着色，可得到光亮的装饰外观[3]。

(1) 工艺名称　硫酸阳极氧化。

(2) 基本组成　γ'-Al_2O_3。

(3) 制备工艺　预清洗→局部保护→装挂→预处理→硫酸阳极氧化→清洗→着色→清洗→封闭→清洗→干燥→检验→包装。

(4) 配套性　用于铝合金表面防护、装饰及标记，可与底漆+面漆等防护涂层配套使用。

2. 试验与检测

(1) 试验材料 见表 2-3-5。

表 2-3-5 试验材料

基材牌号与热处理状态	膜层厚度/μm	膜层外观
7A85-T7452	2~5	浅黄色
6061-T651	2~5	浅黄色
2A97-T3	6~9	黄绿色

(2) 试验条件 见表 2-3-6。

表 2-3-6 试验条件

试验环境	对应试验站	试验方式
湿热海洋大气环境	海南万宁	濒海户外、海面平台户外
干热沙漠大气环境	甘肃敦煌	户外
寒温高原大气环境	西藏拉萨	户外
寒冷乡村大气环境	黑龙江漠河	户外
注:试验标准为 GB/T 14165—2008《金属和合金 大气腐蚀试验 现场试验的一般要求》。		

(3) 检测项目及标准 见表 2-3-7。

表 2-3-7 检测项目及标准

检测项目	标 准
保护/外观评级	GB/T 6461—2002《金属基体上金属和其他无机覆盖层经腐蚀试验后的试样和试件的评级》
拉伸性能	GB/T 228.1—2010《金属材料 拉伸试验 第 1 部分:室温试验方法》
微观形貌	GB/T 13298—2015《金属显微组织检验方法》

3. 腐蚀特征

铝合金硫酸阳极氧化膜暴露于大气环境中,主要表现为膜层发暗、斑点,局部穿孔、基材腐蚀的过程。湿热海洋大气环境中不同厚度膜层的有效防护时间从 20 余天至 2 年不等,内陆干热沙漠、寒冷乡村和寒温高原等大气环境中暴露 5 年保护等级 10 级。典型腐蚀形貌见图 2-3-2。

4. 自然环境腐蚀性能

(1) 保护/外观等级 不同牌号铝合金硫酸阳极氧化处理,其防护性能存在一定差异,见表 2-3-8。

(2) 对基材力学性能的影响 6061-T651、7A85-T7452 和 2A97-T3 硫酸阳极氧化处理后在湿热海洋大气环境、干热沙漠大气环境、寒冷乡村大气环境和寒温高原大气环境中暴露不同时间的拉伸性能数据见表 2-3-9。

（a）6061+硫酸阳极化　　（b）7A85+硫酸阳极化

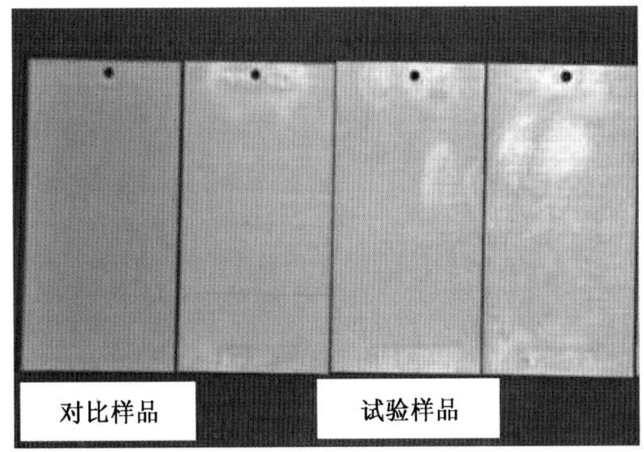

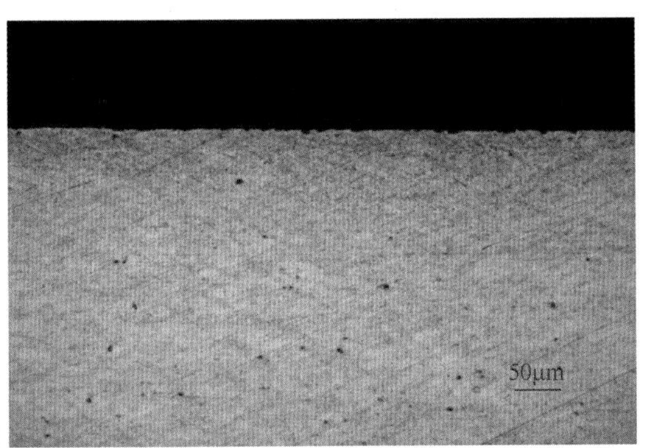

（c）2A97+硫酸阳极化

图 2-3-2　硫酸阳极氧化膜在湿热海洋大气环境暴露 2 年的典型腐蚀形貌

表 2-3-8　防护性能数据

基材	试验时间/月	湿热海洋环境 R_P/R_A	干热沙漠环境 R_P/R_A	寒冷乡村环境 R_P/R_A	寒温高原环境 R_P/R_A
6061-T651①	1	9/8 vs E	10/10	10/10	10/10
	6	7/6 s E	10/10	10/10	10/10
	12	7/6 s E	10/4 vsA	10/10	10/10
	24	7/6 mE	10/4 s A	10/0 vs A	10/8 s A
	36	7/6 m E	10/1 s A	10/1 s A	10/1 s A
	48	6/6 m E	10/1 s A	10/1 s A	10/1 s A
	60	6/6 m E	10/0 s A	10/0 s A	10/0 s A
7A85-T7452①	1	8/6 vs E	10/10	10/10	10/10
	6	7/6 s E	10/10	10/10	10/10
	12	7/6 s E	10/4 vsA	10/10	10/10
	24	6/5 m E	10/4 s A	10/0vs A	10/5 s A
	36	6/5 m E	10/4 s A	10/0 vsA	10/5 sA
	48	6/5 m E	10/0 s A	10/0 s A	10/3 s A
	60	6/5 m E	10/0 s A	10/0 s A	10/0 s A

（续）

基材	试验时间/月	湿热海洋环境 R_P/R_A	干热沙漠环境 R_P/R_A	寒冷乡村环境 R_P/R_A	寒温高原环境 R_P/R_A
2A97-T3②	1	10/0 vs A	—	—	—
	6	10/0 x A	—	—	—
	12	10/0 x A	—	—	—
	24	10/0 x A,9 vs E	—	—	—
	36	9/0 x A,8 vs E	—	—	—
①试验环境为万宁濒海户外；②试验环境为万宁海面平台户外。					

表 2-3-9 拉伸性能数据

基材	暴露时间/年	试验环境及方式	R_m				$R_{p0.2}$				A			
			实测值/MPa	平均值/MPa	标准差/MPa	保持率/%	实测值/MPa	平均值/MPa	标准差/MPa	保持率/%	实测值/%	平均值/%	标准差/%	保持率/%
6061-T651	0①	—	311,311	311	0.0	—	263,263	263	0.0	—	16.5,16.5	16.5	0.0	—
	1	濒海户外	296~304	299	3.1	96	266~273	269	3.0	102	17.5~19.5	18.5	0.8	112
	2		292~296	295	1.5	95	255~261	258	2.4	98	18.0~19.5	19.0	0.6	115
	5		292~298	295	2.4	95	198~227	208	11.5	79	15.0~18.0	17.0	1.3	103
	1	干热沙漠户外	298~310	303	5.0	97	252~267	261	6.3	99	16.5~20.0	18.5	1.3	112
	2		297~299	298	0.8	96	254~263	261	4.0	99	19.0~21.5	20.0	1.0	121
	5		295~303	301	3.4	97	212~227	221	6.1	84	17.0~19.5	19.0	1.1	115
	1	寒冷乡村户外	298~302	299	1.5	96	254~267	262	5.0	100	17.5~19.0	18.5	0.8	112
	2		296~300	298	1.5	96	234~267	258	13.8	98	19.5~22.0	21.0	1.1	127
	5		298~302	300	1.6	96	262~272	267	4.7	102	17.5~19.5	19.0	0.8	115
	1	寒温高原户外	294~301	298	3.7	96	256~267	261	4.5	99	17.5~20.0	19.0	1.1	115
	2		294~295	295	0.5	95	250~261	255	4.1	97	17.0~21.5	20.0	1.9	121
	5		298~301	299	1.1	96	219~248	232	13.1	88	18.5~19.5	19.0	0.4	115
7A85-T7452	0①	—	—	530	—	—	—	460	—	—	—	11.5	—	—
	1	濒海户外	464~494	478	11.6	90	419~445	431	9.5	94	2.5~5.5	3.5	1.2	30
	2		449~487	468	14.0	88	394~440	414	18.0	90	0.5~3.0	2.0	1.0	17
	5		453~474	461	8.4	87	416~442	430	9.4	93	1.0~3.0	2.0	0.9	17
	1	干热沙漠户外	494~514	506	8.4	95	424~443	435	8.5	95	4.5~7.0	5.5	1.0	48
	2		496~511	503	6.7	95	426~448	433	9.0	94	4.0~9.0	7.0	1.9	61
	5		503~518	510	5.6	96	447~474	457	11.2	99	5.5~8.5	7.0	1.2	61
	1	寒冷乡村户外	498~517	510	7.4	96	426~438	431	4.4	94	4.5~6.0	5.0	0.8	43
	2		497~505	501	3.6	95	425~435	431	4.7	94	7.5~8.5	8.0	0.5	70
	5		487~510	503	9.6	95	426~459	450	13.4	98	4.5~7.0	6.0	0.9	52
	1	寒温高原户外	483~506	497	9.5	94	404~431	418	12.4	91	3.5~6.5	5.0	1.1	43
	2		492~502	498	2.6	94	414~445	431	6.4	94	5.0~8.0	7.0	1.3	61
	5		496~512	504	5.8	95	444~455	451	4.7	98	3.0~7.0	5.5	1.6	47

（续）

基材	暴露时间/年	试验环境及方式	R_m				$R_{p0.2}$				A			
			实测值/MPa	平均值/MPa	标准差/MPa	保持率/%	实测值/MPa	平均值/MPa	标准差/MPa	保持率/%	实测值/%	平均值/%	标准差/%	保持率/%
2A97-T3	0	—	468~476	474	3.2	—	347~353	352	2.5	—	16.5~18.0	17.5	0.6	—
	1	海面平台户外	468~471	470	1.3	99	352~357	354	1.8	101	15.5~17.5	16.5	0.8	94
	2		478~484	482	2.6	101	356~361	359	2.1	102	14.0~18.5	15.5	1.9	89
	3		457~480	473	9.7	100	360~368	363	3.0	103	9.5~16.5	13.0	2.5	74

注：1. 上标①表示该组数据来源于裸材试样数据，由航空工业第一飞机设计研究院提供；
2. 6061、7A85 棒状哑铃试样原始截面直径为 5.0mm，2A97 板状哑铃试样平行段原始截面尺寸为 15.0mm×1.2mm。

5. 使用建议

① 硫酸阳极氧化可单独用于铝合金表面防护，对于服役环境恶劣（工业、海洋环境等）或要求耐腐蚀性较高的结构，还需要与防护涂层配套使用。

② 硫酸阳极氧化对铝合金基材的疲劳强度有影响，对于长期处于振动条件下有抗疲劳要求的零件不宜采用。

硼硫酸阳极氧化

1. 概述

铝及铝合金在硼酸-硫酸溶液中进行阳极氧化处理，在表面上所获得的一层耐腐蚀性较好的氧化膜层。膜层无色透明，膜厚约 2μm，耐腐蚀性略低于硫酸阳极氧化膜，与有机涂层结合力良好。硼硫酸阳极化作为取代铬酸阳极化的一种新工艺，除对基材疲劳性能的影响与铬酸阳极化相当外，还具有良好的吸附、遮盖能力，易于染色，可保持零件的高精度和低表面粗糙度等特性。

（1）工艺名称 硼硫酸阳极氧化。

（2）基本组成 Al_2O_3。

（3）制备工艺 预清洗→屏蔽→装挂→碱清洗和漂洗→脱氧和漂洗→硼硫酸阳极氧化→漂洗→封闭→干燥→检验→包装。

（4）配套性 用于铝合金表面防护、装饰及标记，可与底漆+面漆等防护涂层配套使用。

2. 试验与检测

（1）试验材料 见表 2-3-10。

表 2-3-10 试验材料

基材牌号与热处理状态	膜层厚度/μm	膜层外观
6061-T651	2~5	本色
7A85-T7452	2~5	本色
2024-T3	4~5	本色
2A97-T3	1~3	本色

(2) 试验条件 见表 2-3-11。

表 2-3-11 试验条件

试验环境	对应试验站	试验方式
湿热海洋大气环境	海南万宁	濒海户外,海面平台户外
干热沙漠大气环境	甘肃敦煌	户外
寒温高原大气环境	西藏拉萨	户外
寒冷乡村大气环境	黑龙江漠河	户外
注:试验标准为 GB/T 14165—2008《金属和合金 大气腐蚀试验 现场试验的一般要求》。		

(3) 检测项目及标准 见表 2-3-12。

表 2-3-12 检测项目及标准

检测项目	标 准
保护/外观评级	GB/T 6461—2002《金属基体上金属和其他无机覆盖层经腐蚀试验后的试样和试件的评级》
拉伸性能	GB/T 228.1—2010《金属材料拉伸试验 第 1 部分:室温试验方法》
微观形貌	GB/T 13298—2015《金属显微组织检验方法》

3. 腐蚀特征

铝合金硼硫酸阳极氧化膜暴露于大气环境中,主要表现为膜层发暗、斑点、局部穿孔、基材腐蚀的过程。湿热海洋大气环境中的有效防护时间一般不足 1 个月,即出现深达基材的细小点蚀;内陆干热沙漠、寒温高原、寒冷乡村大气环境中暴露 5 年保护等级 10 级。典型腐蚀形貌见图 2-3-3。

(a) 6061+硼硫酸阳极化

(b) 7A85+硼硫酸阳极化

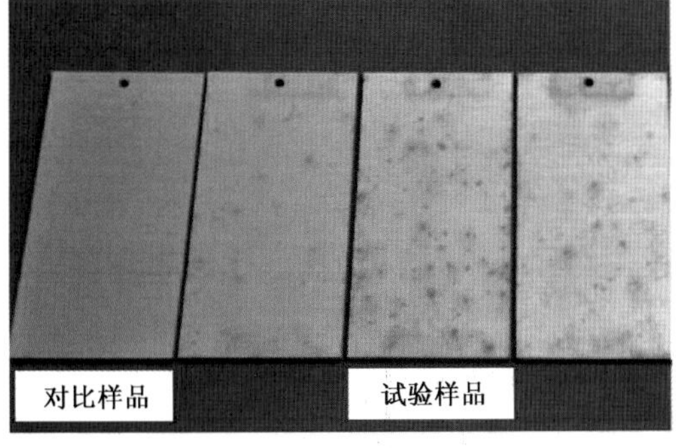

(c) 2A97+硼硫酸阳极化

图 2-3-3 硼硫酸阳极氧化膜在湿热海洋大气环境暴露 2 年的典型腐蚀形貌

4. 自然环境腐蚀性能

(1) 保护/外观等级 不同牌号铝合金硼硫酸阳极化处理，其防护性能存在一定差异，见表2-3-13。

表2-3-13 防护性能数据

基材	试验时间/月	湿热海洋环境 R_P/R_A	干热沙漠环境 R_P/R_A	寒冷乡村环境 R_P/R_A	寒温高原环境 R_P/R_A
6061-T651①	1	9/8 vs E	10/10	10/10	10/10
	6	7/6 m E	10/10	10/10	10/10
	12	7/6 m E,5 m A	10/4 vsA	10/10	10/10
	24	5/3 m E	10/3 s A	10/9 vs A	10/10
	36	5/3 m E	10/3 s A	10/0 vs A	10/10
	48	5/3 m E	10/0 s A	10/0 s A	10/3 s A
	60	5/3 m E	10/0 s A	10/0 s A	10/3 s A
7A85-T7452①	1	8/6 vs E	10/10	10/10	10/10
	6	7/6 vs E	10/10	10/10	10/10
	12	7/6 vs E	10/4 vs A	10/10	10/10
	24	5/3 m E	10/3 s A	10/9 vs A	10/10
	36	5/3 m E	10/3 s A	10/0 vs A	10/10
	48	5/3 m E	10/0 s A	10/0 s A	10/3 s A
	60	5/3 m E	10/0 s A	10/0 s A	10/3 s A
2024-T3①	1	10/10	—	—	—
	6	9/8 vs E	—	—	—
	12	8/7 s E	—	—	—
	24	8/7 s E	—	—	—
	36	5/4 m E	—	—	—
	48	4/3 x E	—	—	—
2A97-T3②	1	10/8 vs A	—	—	—
	6	8/7vsE,6sA,8vsB	—	—	—
	12	7/6 s E,8 vs B	—	—	—
	24	5/4 m E	—	—	—
	36	4/3 m E			

①试验环境为万宁濒海户外;②试验环境为万宁海面平台户外。

(2) 对基材力学性能的影响 6061-T651、7A85-T7452和2A97-T3硼硫酸阳极氧化处理后在湿热海洋大气环境、干热沙漠大气环境、寒冷乡村大气环境和寒温高原大气环境中暴露不同时间的拉伸性能数据见表2-3-14。

表 2-3-14 拉伸性能数据

基材	暴露时间/年	试验环境及方式	R_m				$R_{p0.2}$				A			
			实测值/MPa	平均值/MPa	标准差/MPa	保持率/%	实测值/MPa	平均值/MPa	标准差/MPa	保持率/%	实测值/%	平均值/%	标准差/%	保持率/%
6061-T651	0①	—	311,311	311	0.0	—	263,263	263	0.0	—	16.5,16.5	16.5	0.0	—
	1	濒海户外	289~298	295	3.6	95	261~267	264	2.3	100	17.0~19.0	18.0	0.8	109
	2		294~295	295	0.5	95	249~262	258	5.4	98	16.5~21.0	18.0	1.9	109
	5		293~299	295	2.3	95	190~244	219	22.8	83	13.0~18.0	15.5	2.0	94
	1	干热沙漠户外	293~301	299	3.3	96	245~264	258	7.5	98	13.0~15.0	14.0	0.8	85
	2		298~299	298	0.5	96	253~264	261	4.5	99	19.5~21.5	21.0	0.8	127
	5		299~301	300	1.1	96	204~240	227	14.2	86	18.0~19.5	18.5	0.7	112
	1	寒冷乡村户外	294~303	300	3.4	96	252~266	259	5.2	98	13.0~15.0	14.0	0.8	85
	2		296~299	298	1.1	96	251~263	258	4.9	98	19.0~22.5	21.0	1.3	127
	5		292~301	298	3.7	96	254~271	266	7.6	101	16.5~18.5	17.5	0.8	106
	1	寒温高原户外	295~304	299	3.7	96	256~268	263	4.5	100	17.0~20.5	19.0	1.3	115
	2		294~296	295	0.8	95	256~260	258	2.0	98	20.0~22.5	21.0	1.0	127
	5		298~302	299	1.6	96	217~233	226	7.7	86	17.5~19.0	18.0	0.6	109
7A85-T7452	0①	—	—	530	—	—	—	460	—	—	—	11.5	—	—
	1	濒海户外	447~482	468	14.3	88	409~434	423	9.3	92	0.5~3.5	2.0	1.1	17
	2		461~502	482	16.3	91	411~434	418	9.4	91	1.0~5.0	3.0	1.7	26
	5		444~483	464	14.0	88	421~449	433	12.0	94	2.0~4.0	2.5	0.9	22
	1	干热沙漠户外	495~510	505	6.7	95	444~451	448	3.3	97	5.0~6.0	5.8	0.5	50
	2		500~506	503	2.3	95	417~458	435	15.1	95	5.0~9.0	7.0	1.5	61
	5		497~505	500	3.4	94	431~462	446	11.3	97	4.5~8.0	6.5	1.3	57
	1	寒冷乡村户外	495~510	501	6.1	95	419~438	427	7.7	93	5.0~7.0	5.5	0.8	48
	2		493~507	503	5.8	95	422~440	430	6.5	93	6.0~8.0	7.0	0.9	61
	5		494~512	500	7.3	94	436~475	449	15.2	98	3.0~7.0	5.0	1.8	43
	1	寒温高原户外	483~506	498	8.9	94	401~441	426	16.1	93	4.0~6.5	5.0	1.2	43
	2		492~500	497	3.4	94	418~439	429	8.1	93	6.0~8.0	7.0	0.8	61
	5		497~503	500	2.6	94	431~445	438	6.0	95	5.0~6.5	6.0	0.7	52
2A97-T3	0	—	473~479	476	1.4	—	351~354	353	1.6	—	15.5~19.0	17.5	1.4	—
	1	海面平台户外	432~456	444	0.7	93	351~365	357	5.7	101	6.5~8.0	7.5	0.7	43
	2		420~453	437	1.4	92	357~365	360	3.3	102	3.5~7.0	5.0	1.4	29
	3		410~458	428	19.4	90	365~368	366	1.5	104	3.5~7.0	5.0	1.3	29

注:1. 上标①表示该组数据来源于裸材试样数据,由航空工业第一飞机设计研究院提供;

2. 6061、7A85 棒状哑铃试样原始截面直径为 5.0mm,2A97 板状哑铃试样平行段原始截面尺寸为 15.0mm×1.2mm。

5. 使用建议

① 硼硫酸阳极氧化可单独用于铝合金表面防护,对于服役环境恶劣(工业、海洋环境等)或要求耐腐蚀性较高的结构,还需要与防护涂层配套使用。

② 硼硫酸阳极氧化适用于对疲劳性能要求较高的零件。

铬酸阳极氧化

1. 概述

铝合金在铬酸溶液中进行阳极氧化，在表面上所获得的一层弹性较好的氧化膜层，既防腐蚀，又可以显现材料组织缺陷。铝合金铬酸氧化膜层不透明，颜色由浅灰色到深灰色或彩虹色，一般厚度约为2~5μm，不改变零件的表面精度和表面粗糙度[3]，不影响精密件的装配。铬酸氧化膜不易染色，几乎没有孔穴，不封闭也可使用，在同样厚度情况下它的耐蚀能力要比不封闭的硫酸氧化膜高，且膜层质软，弹性高，对基材的疲劳性能影响小，与有机物的结合力良好，是防护涂层的良好底层。

（1）工艺名称　铬酸阳极氧化。

（2）基本组成　Al_2O_3。

（3）制备工艺　接收检验→手工溶剂清洗→装挂→碱清洗→自来水清洗→三酸脱氧→自来水清洗→去离子水清洗→铬酸阳极氧化→自来水清洗→去离子水清洗→稀铬酸封闭→干燥→拆卸。

（4）配套性　用于铝合金表面防护，可以与底漆+面漆等防护涂层配套使用。

2. 试验与检测

（1）试验材料　见表2-3-15。

表2-3-15　试验材料

基材牌号与热处理状态	膜层厚度/μm	膜层外观
2024-T3	2~5	灰色

（2）试验条件　见表2-3-16。

表2-3-16　试验条件

试验环境	对应试验站	试验方式
湿热海洋大气环境	海南万宁	濒海户外
注：试验标准为GB/T 14165—2008《金属和合金　大气腐蚀试验　现场试验的一般要求》。		

（3）检测项目及标准　见表2-3-17。

表2-3-17　检测项目及标准

检测项目	标　准
保护/外观评级	GB/T 6461—2002《金属基体上金属和其他无机覆盖层经腐蚀试验后的试样和试件的评级》
微观形貌	GB/T 13298—2015《金属显微组织检验方法》

3. 腐蚀特征

铝合金铬酸阳极氧化膜在湿热海洋大气环境中主要表现为颜色变浅、斑点、局部穿孔、基材腐蚀的过程，膜层局部破损后微观下可见基材表面出现蚀坑。典型腐蚀形貌见图2-3-4。

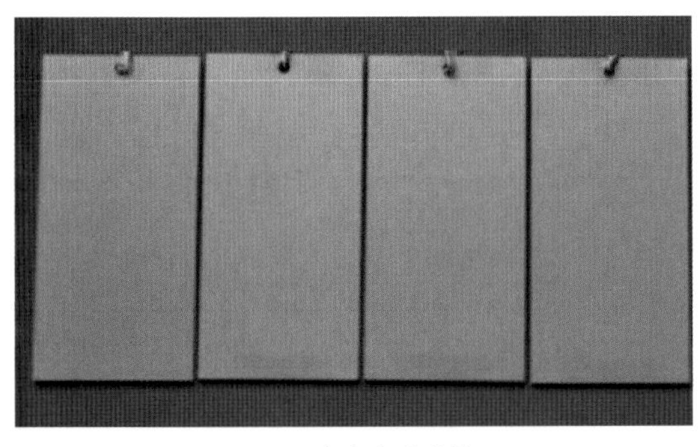

（a）2024合金宏观形貌

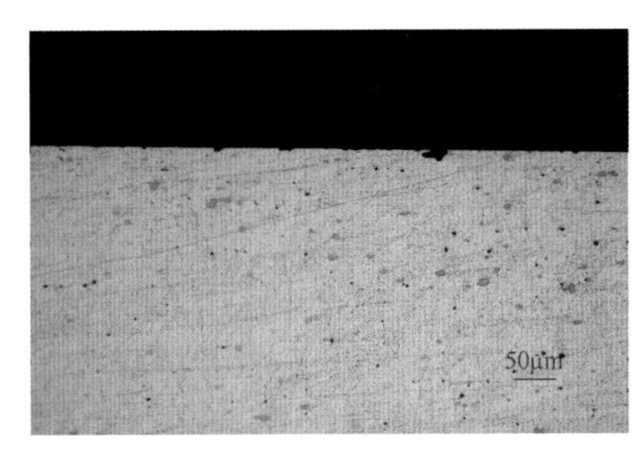

（b）2024合金微观形貌

图 2-3-4 铬酸阳极氧化膜在湿热海洋大气环境暴露 2 年的典型腐蚀形貌

4. 自然环境腐蚀性能

2024-T3 铬酸阳极氧化膜在湿热海洋大气环境中暴露不同时间的防护性能见表 2-3-18。

表 2-3-18 防护性能数据

基材	试验时间/月	湿热海洋环境 R_P/R_A
2024-T3	1	10/10
	6	10/8 s E,0 vs A
	12	8/7 s E,0 s A
	24	8/7 s E,0 s A
	36	8/7 s E
	48	8/7 s E

5. 使用建议

① 铬酸阳极氧化适用于硫酸阳极氧化难以加工的松孔度较大的铸件、铆接件、电焊件以及尺寸允差小和表面粗糙度低的铝制件[4]。可单独用于铝合金表面防护，多数情况下还需与防护涂层配套使用。

② 铬酸阳极氧化适用于对疲劳性能要求较高的零件。

③ 不适用于含铜或含硅量超过 5%的铝合金，或合金元素含量超过 7.5%的铝合金。

化学(导电)氧化

1. 概述

铝及铝合金在一定的溶液中经过处理所形成的化学氧化膜，膜层很薄，在碱性溶液中形成的化学氧化膜厚度为 0.5~4μm，在铬酸、磷酸溶液中形成的膜厚度为 0.5~3μm。膜层电阻小，能导电，与基材结合良好，通常耐腐蚀性能比阳极氧化膜差。化学氧化膜多孔，适用于铝合金涂漆前的表面预处理。

(1) 工艺名称 化学(导电)氧化。

(2) 基本组成 $Al_2O_3 \cdot H_2O$ 或 $Al_2O_3 \cdot 3H_2O$ 晶体结构，在碳酸钠与铬酸钠溶液中形成的膜

层由 75% $Al_2O_3 \cdot H_2O$ 和 25%$Cr_2O_3 \cdot H_2O$ 组成。

（3）制备工艺 脱脂→水洗→碱洗→水洗→酸洗出光→水洗→化学转化处理→水洗（或不水洗）→干燥→检验→包装。

（4）配套性 用于铝合金零件表面防护，可与底漆+面漆等防护涂层配套使用。

2. 试验与检测

（1）试验材料 见表 2-3-19。

表 2-3-19 试验材料

基材牌号	表面处理状态	膜层厚度/μm	膜层外观
2A12	导电氧化	—	金黄色
	铣去包铝层+导电氧化	—	金黄色
6063	铣表面+导电氧化	—	金黄色

（2）试验条件

① 实验室环境试验条件见表 2-3-20。

表 2-3-20 实验室环境试验条件

试验项目	试验标准
湿热试验	GJB 150.9—1986《军用设备环境试验方法 湿热试验》
霉菌试验	GJB 150.10—1986《军用设备环境试验方法 霉菌试验》
盐雾试验	GJB 150.11—1986《军用设备环境试验方法 盐雾试验》

② 自然环境试验条件见表 2-3-21。

表 2-3-21 自然环境试验条件

试验环境	对应试验站	试验方式
湿热海洋大气环境	海南万宁	濒海户外、近海岸棚下
亚湿热工业大气环境	重庆江津	户外、棚下
注：试验标准为 GB/T 14165—2008《金属和合金 大气腐蚀试验 现场试验的一般要求》。		

（3）检测项目及标准 见表 2-3-22。

表 2-3-22 检测项目及标准

检测项目	标 准
保护/外观评级	GB/T 6461—2002《金属基体上金属和其他无机覆盖层经腐蚀试验后的试样和试件的评级》

3. 腐蚀特征

铝合金导电氧化膜在湿热海洋大气环境中防护性能差，有效防护时间大多不足 1 个月；在亚湿热工业环境中则表现出较好的防护性能，暴露 6 个月保护等级 10 级。典型腐蚀形貌见图 2-3-5。

4. 环境腐蚀性能

（1）实验室环境腐蚀性能 2A12 合金和 6063 合金经导电氧化处理后，实验室条件下耐湿热、耐霉菌和耐盐雾试验结果见表 2-3-23。

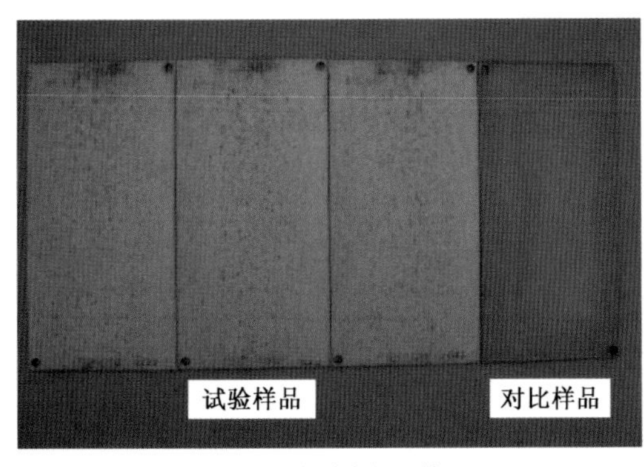

（a）湿热海洋大气环境

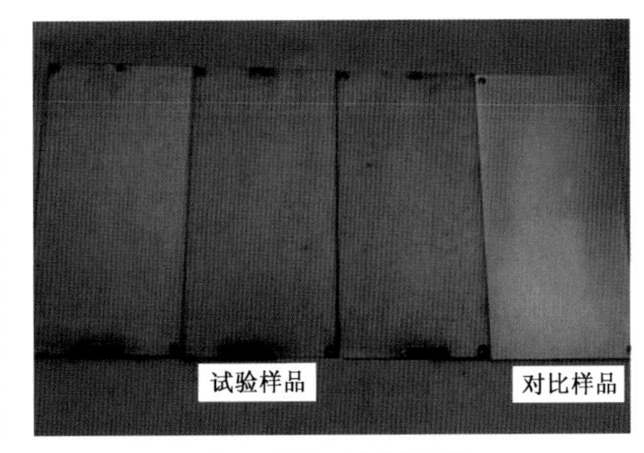

（b）亚湿热工业大气环境

图 2-3-5　2A12 合金导电氧化膜在户外暴露 2 年的典型腐蚀形貌

表 2-3-23　试验结果

性能	试验条件	基材牌号	表面状态	外观描述	评级
耐湿热	升温阶段：温度 30℃→60℃，湿度升至 95%，时间 2h。 高温高湿阶段：温度 60℃，湿度 95%，时间 6h。 降温阶段：温度 60℃→30℃，湿度>85%，时间 8h。 低温高湿阶段：温度 30℃，湿度 95%，时间 8h。 试验时间：45 个循环	2A12	导电氧化	明显变色，黑斑	10/5 x A
			铣去包铝层+导电氧化	轻微变色	10/7 vs A
		6063	铣表面+导电氧化	轻微变色	10/8 vs A
耐霉菌	试验菌种：黑曲霉、黄曲霉、杂色曲霉、绳状青霉、球毛壳霉。 试验温度与湿度：24h 为一周期，前 20h 保持温度 30±1℃，相对湿度 95%±5%，以后的 4h 中保持温度 25±1℃，相对湿度 95%至少 2h，用于温湿度变化的时间最长为 2h。 试验时间：28 天	2A12	导电氧化	霉菌生长和繁殖稀少，局部零星生长，基质很少被利用或被破坏	1
			铣去包铝层+导电氧化	未见霉菌生长	0
		6063	铣表面+导电氧化	霉菌生长和繁殖稀少，局部零星生长，基质很少被利用或被破坏	1
耐盐雾	盐溶液：（5%±1%）NaCl 溶液。 盐溶液 pH 值：6.5~7.2。 盐雾沉降率：（1~2）$mL/80cm^2 \cdot h$。 试验温度：35℃。 试验时间：48h	2A12	导电氧化	80%脱色（颜色变白）	10/0 x A
			铣去包铝层+导电氧化	50%脱色，20%黑斑，20%白色腐蚀产物	2/1 x A，2 x C
		6063	铣表面+导电氧化	50%脱色	10/1 x A

（2）自然环境腐蚀性能

同种铝合金包铝或不包铝导电氧化处理，不同牌号铝合金导电氧化处理，其防护性能存在一定差异，见表 2-3-24。

表 2-3-24　防护性能数据

基材牌号	表面状态	试验时间/月	濒海户外 R_P/R_A	近海岸棚下 R_P/R_A	江津户外 R_P/R_A	江津棚下 R_P/R_A
2A12	导电氧化	1	10/0 x A	10/10	10/8 vs A	10/10
		6	4/4 m E	9/9 m E,0 m A	10/0 x A	10/10
		12	2/2 x E	6/6 m E	10/0 x A	10/10
		24	—	4/4 m E	10/0 x A	10/7 vs A
		36	—	4/3 m E	10/0 x A	10/0 x A
	铣去包铝层+导电氧化	1	10/0 x A	10/10	10/7 vs A	10/10
		6	3/3 x E	9/9 m E	10/0 x A	0/0 x E ,0vs A
		12	2/2 x E	6/6 m E	8/8 s E ,0 x A	—
		24	—	4/4 m E	8/8 s E ,0 x A	—
		36	—	4/3 m E	8/8 s E ,0 x A	—
6063	铣表面+导电氧化	1	7/0 s A,7 s E	10/0 m A	10/10	10/10
		6	3/ 3 m E	8/8 m E	10/0 x A	10/10
		12	3/3 m E	7/7 m E	10/0 x A	0/0 x E
		24	—	4/4 m E	10/0 x A ,0 x B	—
		36	—	—	10/0 x A ,0 x B	—
		48	—	—	10/0 x A ,0 x B	—

5. 使用建议

化学氧化膜一般较薄、多孔,具有较好的导电性,广泛应用于电子工业或有导电要求的场合,在潮湿和海洋大气环境中的防护性能差,还需与防护涂层配套使用。

二、涂层体系

S06-0215+S06-0215

1. 概述

S06-0215 整体油箱内用防腐底漆是双组分环氧聚氨酯类防腐材料,由环氧聚氨酯树脂、溶剂、颜料和填料混合、研磨、过滤、分装而制得。该底漆具有优异的耐油性和耐微生物性能,同时具有良好的物理力学性能、耐湿热性能和防护性能。该底漆与密封胶具有良好的相容性,可作为铝合金、钛合金耐油、耐微生物防护底漆使用。其综合性能优于俄罗斯 ЭП-0215 底漆,达到美军标 MIL-C-27725B 的要求。

(1) 工艺名称　S06-0215 环氧聚氨酯底漆。

(2) 基本组成　见表 2-3-25。

表 2-3-25　基本组成

牌号	名称	组成
S06-0215	环氧聚氨酯底漆	环氧聚氨酯树脂、溶剂、颜料和填料

(3) 配套性　S06-0215 环氧聚氨酯底漆通常用作整体油箱内用防腐底漆,可与硫酸阳极化和铬酸阳极化等表面处理工艺配套使用,适用于铝合金和钛合金基材等。

2. 试验与检测

(1) 试验材料　见表 2-3-26。

表 2-3-26　试验材料

涂层体系	干膜厚度/μm	涂层外观
2D12-T4+硫酸阳极化+S06-0215+S06-0215	88~102	草绿色

(2) 试验条件

① 实验室环境试验条件见表 2-3-27。

表 2-3-27　实验室环境试验条件

试验项目	试验标准
耐碱性、耐盐水性试验	GB/T 1763—1979《漆膜耐化学试剂性测试法》
温度冲击试验	GJB 150.5—1986《军用设备环境试验方法　温度冲击试验》
湿热试验	MIL-STD-810F《方法 507.4　湿热》

② 自然环境试验条件见表 2-3-28。

表 2-3-28　自然环境试验条件

试验环境	对应试验站	试验方式
湿热海洋大气环境	海南万宁	海面平台户外、海面平台棚下
注:试验标准为 GB/T 9276—1996《涂层自然气候曝露试验方法》。		

(3) 检测项目及标准(或方法)　见表 2-3-29。

表 2-3-29　检测项目及标准(或方法)

检测项目	标准(或方法)
外观评级	GB/T 1766—2008《色漆和清漆　涂层老化的评级方法》
光泽	GB/T 9754—2007《色漆和清漆　不含金属颜料的色漆漆膜的 20°、60°、85°镜面光泽的测定》
色差	GB/T 11186.2—1989《涂膜颜色的测量方法　第 2 部分:颜色测量》
附着力	GB/T 5210—2006《色漆和清漆　拉开法附着力试验》
拉伸性能	GB/T 228.1—2010《金属材料　拉伸试验　第 1 部分:室温试验方法》
红外谱图	采用傅里叶变换红外光谱(FTIR)ATR 附件检测,红外光谱测试的光谱扫描范围是 4000~400cm^{-1},扫描精度为 4cm^{-1},扫描次数为 32 次

3. 环境腐蚀性能

(1) 实验室环境腐蚀性能　S06-0215+S06-0215 涂层体系实验室条件下耐碱性、耐盐水性、耐温度冲击和耐湿热试验结果见表 2-3-30。

表 2-3-30　试验结果

性能	试验条件	外观变化状况					
		192h	312h	432h	552h	672h	720h
耐碱性	0.5%NaOH 溶液,25±1℃	无变化	1 个中泡	1 个中泡	2%中小泡	4%中小泡	4%中小泡
耐盐水性	3.5%NaCl 溶液,40±1℃	无变化					
耐温度冲击	70℃×1h 高温→-55℃×1h 低温为 1 个循环周期,共 3 个周期	无变化					
耐湿热	60℃→30℃→20℃交变试验,相对湿度 95%,48h 为 1 个循环周期,共 5 个周期	无变化					

(2) 自然环境腐蚀性能

① 单项/综合评定等级。S06-0215+S06-0215 涂层体系在海面平台户外主要表现为严重失光、变色、粉化和基材腐蚀等现象,厚度损失约为 18.0~26.0μm/年;海面平台棚下暴露 5 年仅明显变色。涂层单项/综合评定等级见表 2-3-31,失光率变化曲线见图 2-3-6。

表 2-3-31 涂层单项/综合评定等级

试验时间/月	海面平台户外								海面平台棚下							
	单项等级							综合等级	单项等级							综合等级
	变色	粉化	开裂	起泡	长霉	生锈	脱落		变色	粉化	开裂	起泡	长霉	生锈	脱落	
3	3	5	0	0	0	0	0	5	0	0	0	0	0	0	0	0
6	3	5	0	0	0	0	0	5	0	0	0	0	0	0	0	0
9	4	5	0	0	0	0	0	5	1	0	0	0	0	0	0	0
12	4	5	0	0	0	0	0	5	1	0	0	0	0	0	0	0
18	3	5	0	0	0	0	0	5	1	0	0	0	0	0	0	0
24	4	5	0	0	0	0	0	5	1	0	0	0	0	0	0	0
30	4	5	0	0	0	1(S4)	0	5	1	0	0	0	0	0	0	0
36	5	5	0	0	0	1(S4)	0	5	2	0	0	0	0	0	0	0
48	5	5	0	0	0	5(S5)	0	5	3	0	0	0	0	0	0	1
60	5	5	0	0	0	5(S5)	0	5	3	0	0	0	0	0	0	1

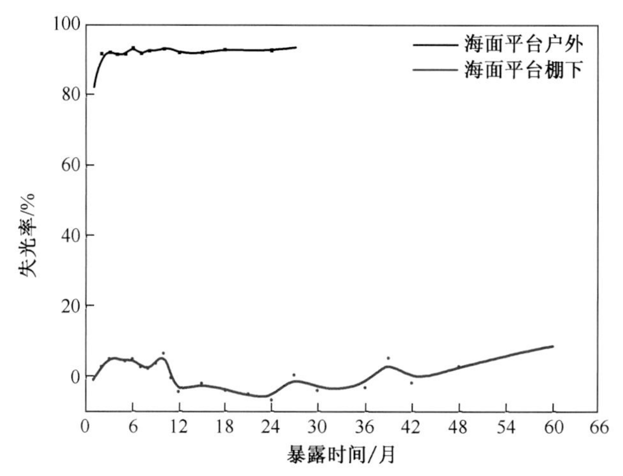

图 2-3-6 S06-0215+S06-0215 涂层体系失光率变化曲线

(注:S06-0215+S06-0215 涂层体系海面平台户外暴露 27 个月露底。)

② 附着力。S06-0215+S06-0215 涂层体系海面平台户外和海面平台棚下的附着力变化数据见表 2-3-32。

表 2-3-32 附着力变化数据

暴露时间/月	海面平台户外		海面平台棚下	
	附着力/MPa	破坏性质	附着力/MPa	破坏性质
0	27	70%Y-1	27	70%Y-1
12	27	6%Y-1	19	47%Y-1
24	28	100%Y-1	24	100%Y-1
36	—	—	26	100%Y
48	—	—	18	57%Y-1,25%Y-1/Y-2

注:破坏性质中的破坏面积为每次测量结果的平均值,破坏性质中的 Y 表示胶黏剂内聚破坏,Y-1 表示最外层漆膜内聚破坏,Y-1/Y-2 表示最外层和第二层漆膜间的附着破坏,破坏面积百分数未满 100 的部分为胶黏剂内聚破坏。

③ 对基材力学性能的影响。2D12-T4 基材及 2D12-T4+硫酸阳极化+S06-0215+S06-0215 涂层体系在海面平台户外和海面平台棚下的拉伸性能数据见表 2-3-33。

表 2-3-33　拉伸性能数据

暴露时间/年	试验方式	2D12-T4+硫酸阳极化+S06-0215+S06-0215								2D12-T4(δ2.0mm,取向为 L)							
		F_m				A				F_m				A			
		实测值/kN	平均值/kN	标准差/kN	保持率/%	实测值/%	平均值/%	标准差/%	保持率/%	实测值/kN	平均值/kN	标准差/kN	保持率/%	实测值/%	平均值/%	标准差/%	保持率/%
0	原始	13.70~14.80	14.50	0.5	—	20.5~22.0	21.0	0.6	—	13.40~13.60	13.52	0.1	—	18.5~22.5	19.5	1.7	—
1	海面平台户外	13.05~13.65	13.38	0.2	92	21.0~22.5	22.0	0.7	105	12.95~13.30	13.17	0.1	97	12.5~20.0	15.5	2.9	79
2		12.50~12.70	12.60	0.1	87	18.5~22.5	21.0	1.5	100	12.20~12.70	12.48	0.2	92	11.5~16.5	14.0	2.2	72
3		13.50~13.60	13.56	0.1	94	22.5~22.5	22.5	0.0	107	12.90~13.40	13.08	0.2	97	10.0~13.0	11.0	1.5	56
4		13.46~14.70	13.59	0.1	94	13.0~21.5	19.0	3.8	90	12.56~13.38	12.86	0.3	95	6.5~10.5	8.5	1.6	44
5		13.22~13.72	13.60	0.2	94	13.0~22.0	20.0	4.0	95	—	—	—	—	—	—	—	—
8		13.37~13.62	13.52	0.1	93	—	—	—	—	—	—	—	—	—	—	—	—
1	海面平台棚下	13.30~13.65	13.45	0.1	93	18.0~21.5	20.0	1.3	95	13.10~13.30	13.18	0.1	97	13.0~15.0	14.5	0.8	74
2		12.50~12.60	12.58	0.0	87	18.5~22.0	20.5	1.3	98	12.20~12.70	12.50	0.2	92	12.5~18.0	14.5	2.2	74
3		13.50~13.60	13.56	0.1	94	16.5~17.5	17.0	0.5	81	13.00~13.60	13.36	0.3	99	10.5~18.0	15.0	3.5	77
4		13.66~13.88	13.77	0.1	95	16.5~23.5	20.0	2.9	95	—	—	—	—	—	—	—	—
6		13.54~13.72	13.64	0.1	94	19.5~22.0	20.5	0.9	98	—	—	—	—	—	—	—	—
8		13.49~13.62	13.56	0.1	94	—	—	—	—	—	—	—	—	—	—	—	—

注:涂层哑铃试样基材平行段原始截面尺寸为 15.0mm×2.0mm。

④ 红外谱图。S06-0215+S06-0215 涂层体系暴露于海面平台户外和棚下的红外谱图如图 2-3-7 和图 2-3-8 所示。S06-0215 环氧聚氨酯底漆的特征峰出现在 1729cm^{-1}、1605cm^{-1}、1183cm^{-1}、881cm^{-1}和 829cm^{-1}附近，吸收峰强度随暴露时间延长呈减弱趋势，平台户外树脂老化降解程度明显大于棚下。

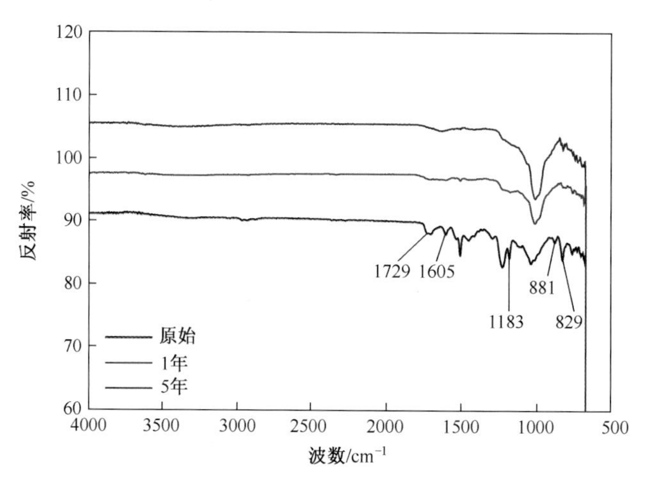

图 2-3-7　S06-0215+S06-0215 涂层体系暴露于海面平台户外的红外谱图

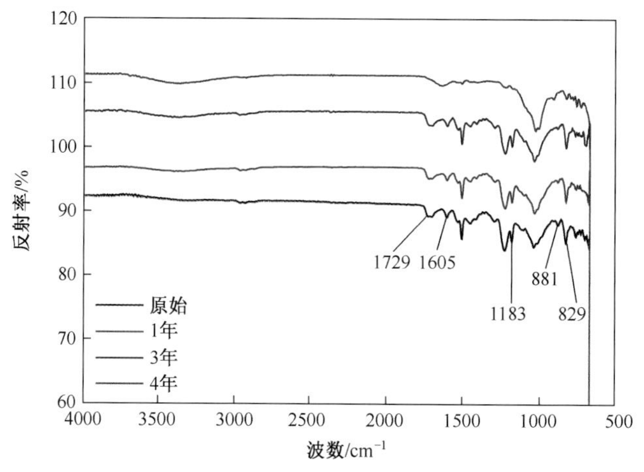

图 2-3-8　S06-0215+S06-0215 涂层体系暴露于海面平台棚下的红外谱图

4. 使用建议

① S06-0215+S06-0215 涂层体系一般用于装备内部结构防护，具有良好的耐湿热、耐盐水性。该涂层抗光老化能力极差，海洋露天防护性能差，不适合外露件防护。

② S06-0215+S06-0215 涂层体系用于金属表面防护时，应先对金属表面进行阳极氧化或化学氧化处理，提高底漆与金属间的结合力。

TB06-9+TB06-9

1. 概述

TB06-9 锌黄丙烯酸聚氨酯底漆为双组分涂料，可自干，也可烘干，漆膜具有优良的力学性能、耐水性、耐机用流体性、防霉性和优异的耐盐雾性,主要应用于铝合金表面,可在150℃以下使用[3]。

(1) 工艺名称　TB06-9锌黄丙烯酸聚氨酯底漆。

(2) 基本组成　见表2-3-34。

表2-3-34　基本组成

牌号	名称	组成
TB06-9	锌黄丙烯酸聚氨酯底漆	组分一:丙烯酸树脂、聚氨酯、助剂、有机溶剂等; 组分二:脂肪族异氰酸酯树脂

(3) 制备工艺　铝合金经阳极化或化学氧化处理后,彻底清洗至中性,充分干燥,于24h内喷涂TB06-9锌黄丙烯酸聚氨酯漆[3]。

(4) 配套性　TB06-9锌黄丙烯酸聚氨酯底漆与TS96-71氟聚氨酯磁漆、TS70-1各色聚氨酯无光磁漆、TS70-60磁漆具有较好的匹配性,适用于铝合金基材、碳纤维复合材料基材等。

(5) 生产单位　天津灯塔涂料有限公司。

2. 试验与检测

(1) 试验材料　见表2-3-35。

表2-3-35　试验材料

涂层体系	干膜厚度/μm	涂层外观
2B06-T4+硫酸阳极化+TB06-9+TB06-9	97~102	黄色

(2) 试验条件

① 实验室环境试验条件见表2-3-36。

表2-3-36　实验室环境试验条件

试验项目	试验标准
耐碱性、耐盐水性试验	GB 1763—1979《漆膜耐化学试剂性测试法》
温度冲击试验	GJB 150.5—1986《军用设备环境试验方法　温度冲击试验》
湿热试验	MIL-STD-810F《方法507.4　湿热》

② 自然环境试验条件见表2-3-37。

表2-3-37　自然环境试验条件

试验环境	对应试验站	试验方式
湿热海洋大气环境	海南万宁	海面平台户外、海面平台棚下
注:试验标准为GB/T 9276—1996《涂层自然气候曝露试验方法》。		

(3) 检测项目及标准(或方法)　见表2-3-38。

表2-3-38　检测项目及标准(或方法)

检测项目	标准(或方法)
外观评级	GB/T 1766—2008《色漆和清漆　涂层老化的评级方法》
光泽	GB/T 9754—2007《色漆和清漆　不含金属颜料的色漆漆膜的20°、60°、85°镜面光泽的测定》
色差	GB/T 11186.2—1989《涂膜颜色的测量方法　第2部分:颜色测量》
附着力	GB/T 5210—2006《色漆和清漆　拉开法附着力试验》
拉伸性能	GB/T 228.1—2010《金属材料　拉伸试验　第1部分:室温试验方法》
红外谱图	采用傅里叶变换红外光谱(FTIR)ATR附件检测,红外光谱测试的光谱扫描范围是4000~400cm^{-1},扫描精度为4cm^{-1},扫描次数为32次

3. 环境腐蚀性能

(1) 实验室环境腐蚀性能

① TB06-9+TB06-9 涂层体系实验室条件下的耐碱性、耐盐水性、耐温度冲击和耐湿热试验结果见表 2-3-39。

表 2-3-39　TB06-9+TB06-9 涂层体系试验结果

性能	试验条件	外观变化状况					
		192h	312h	432h	552h	672h	720h
耐碱性	0.5%NaOH 溶液,25±1℃	8%中小泡	10%中小泡	10%中小泡	12%中小泡	12%中小泡	15%中小泡
耐盐水性	3.5%NaCl 溶液,40±1℃	2%微小泡	2%微小泡	2%微小泡	2%微小泡	2%微小泡	2%微小泡
耐温度冲击	70℃×1h 高温→-55℃×1h 低温为 1 个循环周期,共 3 个周期	无变化					
耐湿热	60℃→30℃→20℃交变试验,相对湿度 95%,48h 为 1 个循环周期,共 5 个周期	无变化					

② TB06-9 涂层耐盐雾、耐湿热、耐霉菌、耐航空煤油、耐润滑油、耐机油、耐水性试验结果见表 2-3-40。

表 2-3-40　TB06-9 涂层试验结果

试验类型	试验条件	性　　能
耐盐雾试验	5%NaCl 溶液连续喷雾	≥1000h,1 级
耐湿热试验	49±1℃	≥720h,不起泡、不脱落,铅笔硬度下降≤2 级
耐航空煤油试验	23±2℃	30 天,不起泡、不脱落,铅笔硬度下降≤2 级
耐润滑油试验	120±2℃	1 天,不起泡、不脱落,铅笔硬度下降≤2 级
耐机油试验	66±2℃	1 天,不起泡、不脱落,铅笔硬度下降≤2 级
耐水性	49±1℃	4 天,不起泡、不脱落,铅笔硬度下降≤2 级

(2) 自然环境腐蚀性能

① 单项/综合评定等级。TB06-9+TB06-9 涂层体系在海面平台户外主要表现为失光、变色和粉化等老化现象,厚度损失约为 1.5~3.0μm/年;平台棚下仅出现轻微变色。涂层单项/综合评定等级见表 2-3-41,失光率变化曲线见图 2-3-9,色差变化曲线见图 2-3-10。

表 2-3-41　涂层单项/综合评定等级

试验时间/月	海面平台户外								海面平台棚下							
	单项等级							综合等级	单项等级							综合等级
	变色	粉化	开裂	起泡	长霉	生锈	脱落		变色	粉化	开裂	起泡	长霉	生锈	脱落	
3	2	0	0	0	0	0	0	0	0	0	0	0	0	0	0	0
6	3	0	0	0	0	0	0	1	0	0	0	0	0	0	0	0
9	5	0	0	0	0	0	0	3	1	0	0	0	0	0	0	0
12	5	0	0	0	0	0	0	3	1	0	0	0	0	0	0	0
18	5	3	0	0	0	0	0	3	1	0	0	0	0	0	0	0
24	5	5	0	0	0	0	0	5	1	0	0	0	0	0	0	0
30	5	5	0	0	0	0	0	5	1	0	0	0	0	0	0	0
36	5	5	0	0	0	0	0	5	2	0	0	0	0	0	0	0
48	5	5	0	0	0	0	0	5	2	0	0	0	0	0	0	0
60	5	5	0	0	0	0	0	5	2	0	0	0	0	0	0	0

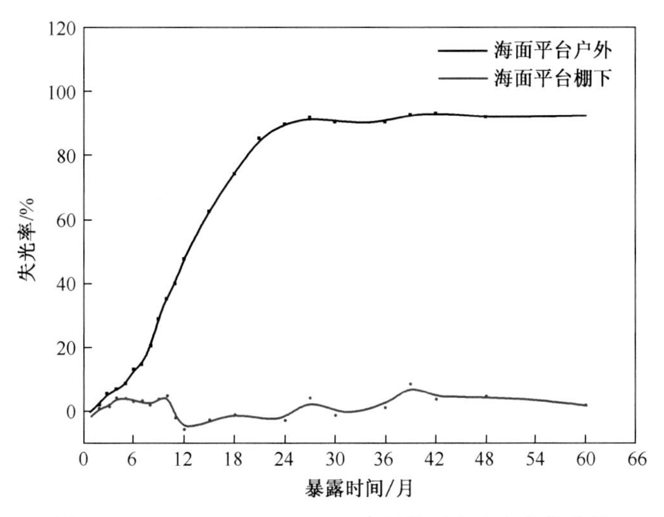

图 2-3-9　TB06-9+TB06-9 涂层体系失光率变化曲线

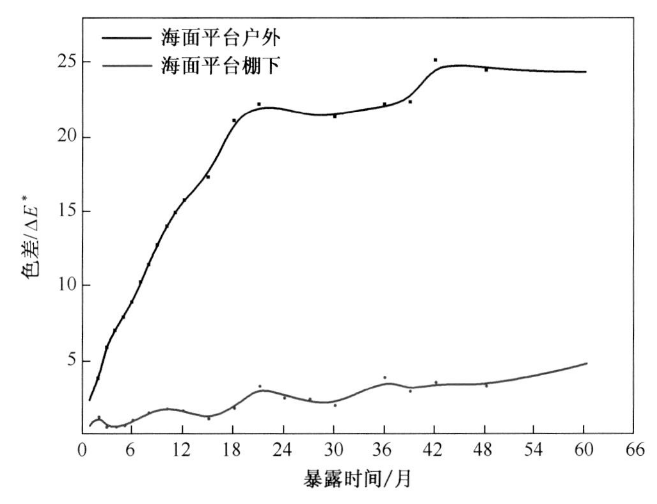

图 2-3-10　TB06-9+TB06-9 涂层体系色差变化曲线（ΔE^* 为总色差）

② 附着力。TB06-9+TB06-9 涂层体系在海面平台户外和海面平台棚下的附着力变化数据见表 2-3-42。

表 2-3-42　附着力变化数据

暴露时间	海面平台户外		海面平台棚下	
/月	附着力/MPa	破坏性质	附着力/MPa	破坏性质
0	26	83%Y-1	26	83%Y-1
12	19	70%Y-1	21	88%Y-1
24	26	100%Y-1	26	100%Y-1
36	21	100%Y-1	26	88%Y-1
42	—	—	23	77%Y-1
60	19	100%Y-1	—	—

注：破坏性质中的破坏面积为每次测量结果的平均值，破坏性质中的 Y 表示胶黏剂内聚破坏，Y-1 表示最外层漆膜内聚破坏。

③ 对基材力学性能的影响。2B06-T4 基材及 2B06-T4+硫酸阳极化+TB06-9+TB06-9 涂层体系在海面平台户外和海面平台棚下的拉伸性能数据见表 2-3-43。

表 2-3-43　拉伸性能数据

暴露时间/年	试验方式	2B06-T4+硫酸阳极化+TB06-9+TB06-9								2B06-T4(δ6.0mm,取向为L)							
		F_m				A				F_m				A			
		实测值/kN	平均值/kN	标准差/kN	保持率/%	实测值/%	平均值/%	标准差/%	保持率/%	实测值/kN	平均值/kN	标准差/kN	保持率/%	实测值/%	平均值/%	标准差/%	保持率/%
0	—	50.00~52.40	51.44	1.0	—	20.0~21.5	20.5	0.6	—	50.40~51.60	51.16	0.5	—	20.5~22.0	21.5	0.8	—
1	海面平台户外	49.80~51.00	50.36	0.5	98	15.0~20.5	18.5	2.2	90	49.00~51.20	50.48	0.9	99	13.0~19.0	16.0	2.4	74
2		50.40~51.80	51.00	0.5	99	5.0~20.5	13.5	6.4	66	50.20~51.60	50.84	0.6	99	12.0~17.0	14.0	1.9	65
3		48.00~49.00	48.80	0.4	95	13.0~20.5	17.5	3.2	85	48.00~50.00	48.80	0.8	95	9.5~15.5	13.0	2.5	60
4		46.78~51.48	49.89	2.1	97	10.5~21.5	17.5	4.8	85	45.30~49.80	48.68	2.0	95	8.0~14.0	10.5	2.8	49
5		49.84~51.48	50.83	0.6	99	15.5~22.0	18.5	2.8	90	—	—	—	—	—	—	—	—
6		50.52~51.25	50.89	0.3	99	20.0~22.5	21.0	1.1	102	—	—	—	—	—	—	—	—
8		50.10~51.47	50.62	0.5	98	—	—	—	—	—	—	—	—	—	—	—	—
1	海面平台棚下	49.80~51.60	50.52	0.8	98	20.0~22.0	21.0	0.8	102	49.80~50.20	50.00	0.2	98	13.5~16.5	14.5	1.2	67
2		49.50~50.50	50.10	0.4	97	19.0~22.5	20.0	1.4	98	48.40~50.20	49.32	0.7	96	13.0~17.0	15.5	1.9	72
3		48.00~49.00	48.60	0.5	94	17.5~21.0	19.5	1.4	95	48.00~49.00	48.40	0.5	95	7.0~16.5	13.5	3.7	63
4		49.55~51.70	50.79	0.8	99	17.5~21.5	19.5	1.6	95	—	—	—	—	—	—	—	—
6		50.74~51.70	51.23	0.3	100	20.5~23.5	22.0	1.3	107	—	—	—	—	—	—	—	—
8		49.78~51.27	50.40	0.6	98	—	—	—	—	—	—	—	—	—	—	—	—

注:涂层哑铃试样基材平行段原始截面尺寸为20.0mm×6.0mm。

④ 红外谱图。TB06-9+TB06-9 涂层体系暴露于海面平台户外和棚下的红外谱图如图 2-3-11 和图 2-3-12 所示。TB06-9 锌黄丙烯酸聚氨酯底漆的特征峰出现在 $1726cm^{-1}$、$1690cm^{-1}$、$1523cm^{-1}$ 和 $1178cm^{-1}$ 附近，吸收峰强度随暴露时间延长呈减弱趋势，海面平台户外树脂老化降解程度明显大于棚下。

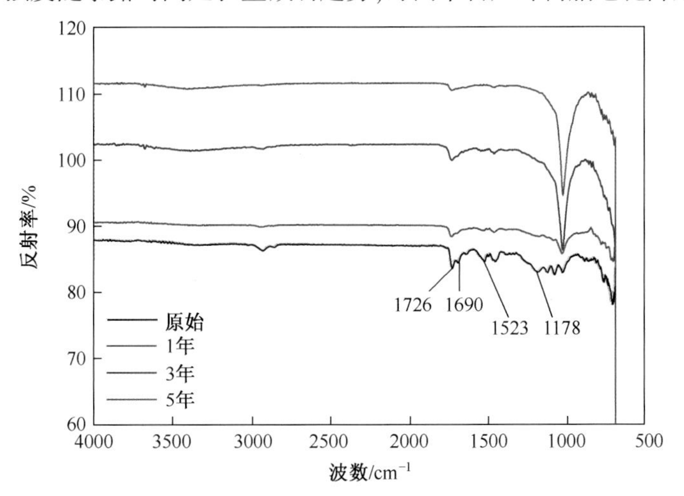

图 2-3-11　两层 TB06-9 涂层体系暴露于海面平台户外的红外谱图

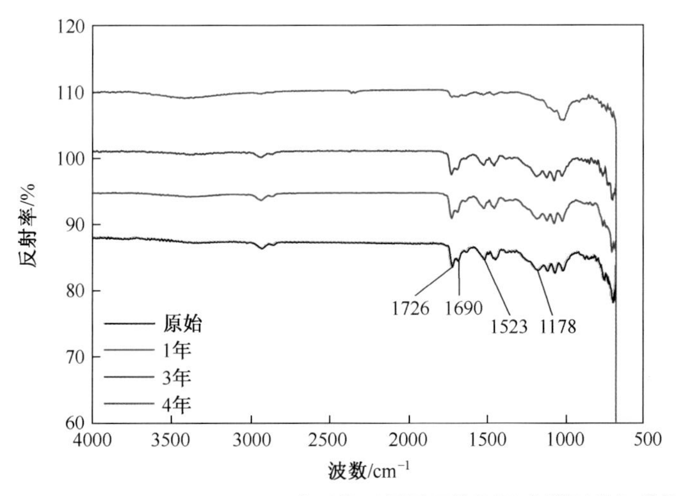

图 2-3-12　TB06-9+TB06-9 涂层体系暴露于海面平台棚下的红外谱图

4. 使用建议

① TB06-9+TB06-9 涂层体系一般用于装备内部结构防护，具有良好的附着力，耐碱性、耐盐水性劣于 S06-0215 涂层体系。该涂层海洋露天防护性能差，不适合外露件防护。

② TB06-9+TB06-9 涂层体系用于金属表面防护时，应先对金属表面进行阳极氧化或化学氧化处理，提高底漆与金属间的结合力。

TB06-9+TS70-60

1. 概述

TB06-9 锌黄丙烯酸聚氨酯底漆为双组分涂料，可自干，也可烘干，漆膜具有优良的力学性能、耐水性、耐机用流体性、防霉性和优异的耐盐雾性，主要应用于铝合金表面，可在150℃以下使用。

TS70-60 各色聚氨酯半光磁漆为双组分防护涂料及迷彩伪装涂料，材料本身具有优良的力学性能、耐各种液体介质性能及防护性能，主要应用于飞机、雷达等外表面的防护，可在150℃以下使用。

(1) 工艺名称 TB06-9 锌黄丙烯酸聚氨酯底漆+TS70-60 各色聚氨酯半光磁漆。

(2) 基本组成 见表 2-3-44。

表 2-3-44

牌号	名称	组成
TB06-9	锌黄丙烯酸聚氨酯底漆	组分一：丙烯酸树脂、聚氨酯、助剂、有机溶剂等； 组分二：脂肪族异氰酸酯树脂
TS70-60	各色聚氨酯半光磁漆	羟基丙烯酸树脂、脂肪族异氰酸酯树脂、颜料、助剂及有机溶剂等

(3) 配套性

TB06-9 锌黄丙烯酸聚氨酯底漆与硫酸阳极化、硼硫酸阳极化和铬酸阳极化等表面处理工艺，以及 TS70-60 各色聚氨酯半光磁漆均具有较好的相容性，可以配套使用。

TB06-9+TS70-60 涂层体系整体性能良好，适用于铝合金基材、碳纤维复合材料基材等。

(4) 生产单位 天津灯塔涂料有限公司。

2. 试验与检测

(1) 试验材料 见表 2-3-45。

表 2-3-45 试验材料

涂层体系	干膜厚度/μm	涂层外观
2D12-T4+硫酸阳极化+TB06-9+TS70-60	106～137	浅灰色

(2) 试验条件

① 实验室环境试验条件见表 2-3-46。

表 2-3-46 实验室环境试验条件

试验项目	试验标准
耐碱性、耐盐水性试验	GB/T 1763—1979《漆膜耐化学试剂性测试法》
温度冲击试验	GJB 150.5—1986《军用设备环境试验方法 温度冲击试验》
湿热试验	MIL-STD-810F《方法 507.4 湿热》

② 自然环境试验条件见表 2-3-47。

表 2-3-47 自然环境试验条件

试验环境	对应试验站	试验方式
湿热海洋大气环境	海南万宁	海面平台户外、海面平台棚下
注：试验标准为 GB/T 9276—1996《涂层自然气候曝露试验方法》。		

（3）检测项目及标准(或方法)　见表 2-3-48。

表 2-3-48　检测项目及标准(或方法)

检测项目	标准(或方法)
外观评级	GB/T 1766—2008《色漆和清漆　涂层老化的评级方法》
光泽	GB/T 9754—2007《色漆和清漆　不含金属颜料的色漆漆膜的 20°、60°、85°镜面光泽的测定》
色差	GB/T1 1186.2—1989《涂膜颜色的测量方法　第 2 部分:颜色测量》
附着力	GB/T 5210—2006《色漆和清漆　拉开法附着力试验》
拉伸性能	GB/T 228.1—2010《金属材料　拉伸试验　第 1 部分:室温试验方法》
红外谱图	采用傅里叶变换红外光谱(FTIR)ATR 附件检测,红外光谱测试的光谱扫描范围是 4000~400cm^{-1},扫描精度为 4cm^{-1},扫描次数为 32 次

3. 环境腐蚀性能

（1）实验室环境腐蚀性能　TB06-9+TS70-60 涂层体系实验室条件下的耐碱性、耐盐水性、耐温度冲击和耐湿热试验结果见表 2-3-49。

表 2-3-49　试验结果

性能	试验条件	外观变化状况					
		192h	312h	432h	552h	672h	720h
耐碱性	0.5%NaOH 溶液,25±1℃	无变化	1 个中泡	2%中小微泡	3%中小微泡	3%中小微泡	3%中小微泡
耐盐水性	3.5%NaCl 溶液,40±1℃	1 个中泡	1 个中泡	1 个中泡	1 个中泡、2%微小泡	1 个中泡、2%微小泡	1 个中泡、2%微小泡
耐温度冲击	70℃×1h 高温→-55℃×1h 低温为 1 个循环周期,共 3 个周期	无变化					
耐湿热	60℃→30℃→20℃交变试验,相对湿度 95%,48h 为 1 个循环周期,共 5 个周期	无变化					

（2）自然环境腐蚀性能

① 单项/综合评定等级。TB06-9+TS70-60 涂层体系在海面平台户外主要表现为失光、变色和粉化等老化现象,厚度损失约为 3.6~6.0μm/年;海面平台棚下暴露 5 年仅出现很轻微粉化。涂层单项/综合评定等级见表 2-3-50,失光率变化曲线见图 2-3-13,色差变化曲线见图 2-3-14。

表 2-3-50　涂层单项/综合评定等级

试验时间/月	海面平台户外								海面平台棚下							
	单项等级							综合等级	单项等级							综合等级
	变色	粉化	开裂	起泡	长霉	生锈	脱落		变色	粉化	开裂	起泡	长霉	生锈	脱落	
6	0	0	0	0	0	0	0	0	0	0	0	0	0	0	0	0
9	1	0	0	0	0	0	0	0	0	0	0	0	0	0	0	0
12	2	0	0	0	0	0	0	0	0	0	0	0	0	0	0	0
18	2	2	0	0	0	0	0	2	0	0	0	0	0	0	0	0
24	3	5	0	0	0	0	0	5	0	0	0	0	0	0	0	0
30	3	5	0	0	0	0	0	5	0	0	0	0	0	0	0	0
36	3	5	0	0	0	0	0	5	0	0	0	0	0	0	0	0
48	3	5	0	0	0	0	0	5	0	1	0	0	0	0	0	1
60	3	5	0	0	0	0	0	5	0	1	0	0	0	0	0	1

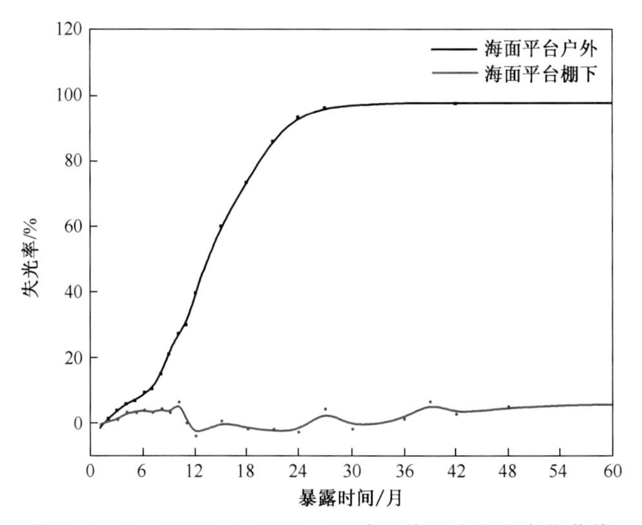

图 2-3-13　TB06-9+TS70-60 涂层体系失光率变化曲线

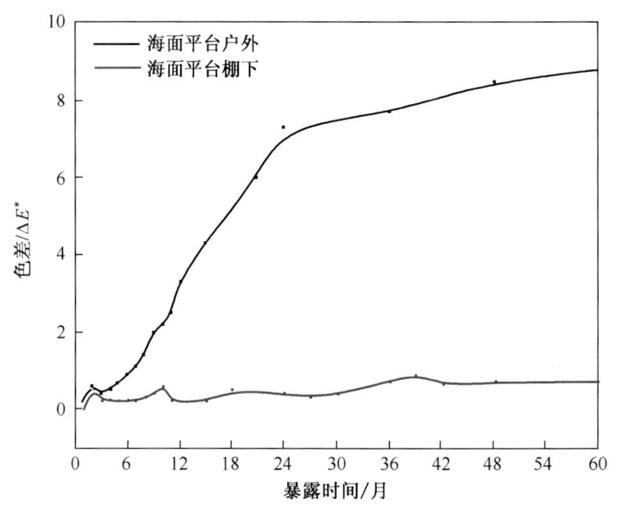

图 2-3-14　TB06-9+TS70-60 涂层体系色差变化曲线

② 附着力。TB06-9+TS70-60 涂层体系海面平台户外和海面平台棚下的附着力变化数据见表 2-3-51。

表 2-3-51　附着力变化数据

暴露时间/月	海面平台户外		海面平台棚下	
	附着力/MPa	破坏性质	附着力/MPa	破坏性质
0	27	53%Y-2	27	53%Y-2
12	28	6%Y-1,94%Y-2	25	20%Y-1,80%Y-2
24	25	100%Y-2	22	100%Y-2
36	17	28%Y-2/Y-1	24	3%Y-2
42	18	92%Y-1	25	80%Y-2
60	22	100%Y-1	—	—

注：破坏性质中的破坏面积为每次测量结果的平均值，破坏性质中的 Y-1 表示最外层漆膜内聚破坏，Y-2 表示第二层漆膜内聚破坏，Y-2/Y-1 表示第二层和最外层漆膜间的附着破坏，破坏面积百分数未满 100 的部分为胶黏剂的内聚破坏。

③ 对基材力学性能的影响。2D12-T4 基材及 2D12-T4+硫酸阳极化+TB06-9+TS70-60 涂层体系暴露于海面平台户外和海面平台棚下的拉伸性能数据见表 2-3-52。

表 2-3-52　拉伸性能数据

暴露时间/年	试验方式	2D12-T4+硫酸阳极化+TB06-9+TS70-60								2D12-T4(δ2.0mm,取向为 L)							
		F_m				A				F_m				A			
		实测值/kN	平均值/kN	标准差/kN	保持率/%	实测值/%	平均值/%	标准差/%	保持率/%	实测值/kN	平均值/kN	标准差/kN	保持率/%	实测值/%	平均值/%	标准差/%	保持率/%
0	原始	13.60~14.80	14.08	0.6	—	18.0~21.5	20.0	1.4	—	13.40~13.60	13.52	0.1	—	18.5~22.5	19.5	1.7	—
1	海面平台户外	13.20~13.45	13.31	0.1	95	18.5~21.0	20.5	1.0	103	12.95~13.30	13.17	0.1	97	12.5~20.0	15.5	2.9	79
2		12.50~12.70	12.60	0.1	89	20.0~23.5	21.0	1.5	105	12.20~12.70	12.48	0.2	92	11.5~16.5	14.0	2.2	72
3		13.60~13.70	13.64	0.1	97	22.0~23.5	22.5	0.5	113	12.90~13.40	13.08	0.2	97	10.0~13.0	11.0	1.5	55
4		13.24~13.82	13.63	0.2	97	12.5~20.5	18.0	3.2	90	12.56~13.38	12.86	0.3	95	6.5~10.5	8.5	1.6	44
5		13.02~13.78	13.52	0.3	96	9.0~22.0	18.5	5.7	93	—	—	—	—	—	—	—	—
8		13.58~13.64	13.62	0.0	97	—	—	—	—	—	—	—	—	—	—	—	—
1	海面平台棚下	13.35~13.80	13.48	0.2	96	20.0~26.0	21.5	2.6	108	13.10~13.30	13.18	0.1	97	13.0~15.0	14.5	0.8	74
2		12.70~13.00	12.84	0.1	91	20.5~23.0	21.5	1.2	108	12.20~12.70	12.50	0.2	92	12.5~18.0	14.5	2.2	74
3		13.50~13.70	13.60	0.1	97	20.0~22.0	21.0	0.9	105	13.00~13.60	13.36	0.3	99	10.5~18.0	15.0	3.5	78
4		13.62~13.84	13.73	0.1	98	14.0~22.5	20.5	3.5	103	—	—	—	—	—	—	—	—
6		13.64~13.90	13.82	0.1	98	19.5~21.0	20.0	0.7	100	—	—	—	—	—	—	—	—
8		13.54~13.77	13.64	0.1	97	—	—	—	—	—	—	—	—	—	—	—	—

注：涂层哑铃试样基材平行段原始截面尺寸为 15.0mm×2.0mm。

④ 红外谱图。TB06-9+TS70-60 涂层体系暴露于海面平台户外和棚下的红外谱图见图 2-3-15 和图 2-3-16。TS70-60 各色聚氨酯半光磁漆的特征峰出现在 $1726cm^{-1}$、$1688cm^{-1}$、$1521cm^{-1}$和 $1164cm^{-1}$附近,吸收峰强度随时间延长呈减弱趋势,平台户外树脂老化降解程度大于棚下。

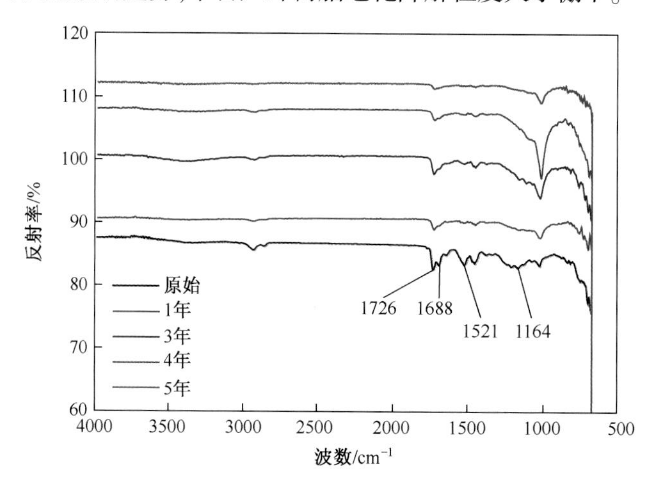

图 2-3-15 TB06-9+TS70-60 涂层体系暴露于海面平台户外的红外谱图

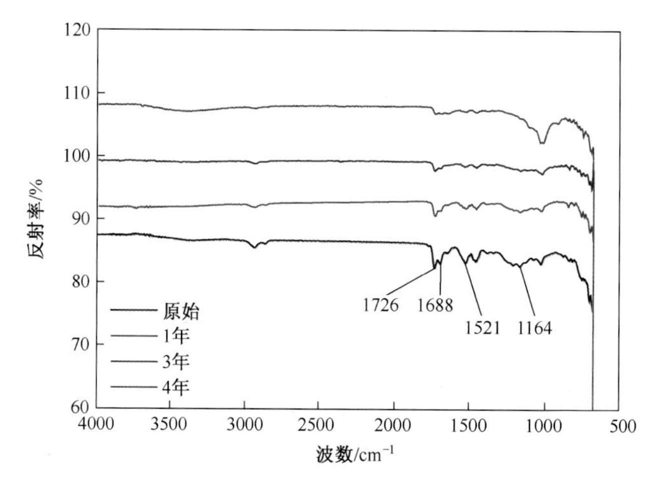

图 2-3-16 TB06-9+TS70-60 涂层体系暴露于海面平台棚下的红外谱图

4. 使用建议

① TB06-9+TS70-60 涂层体系既可用于装备的内部结构防护,也可用于装备的外部结构防护,具有良好的附着力。海面大气环境中易粉化,防护性能差。

② TB06-9+TS70-60 涂层体系用于金属表面防护时,应先对金属表面进行阳极氧化或化学氧化等表面处理,提高底漆与金属间的结合力。

TB06-9+TS70-1

1. 概述

TB06-9 锌黄丙烯酸聚氨酯底漆为双组分涂料,可自干,也可烘干,漆膜具有优良的力学性能、耐水性、耐机用流体性、防霉性和优异的耐盐雾性,主要应用于铝合金表面,可在150℃以下使用[3]。

TS70-1各色聚氨酯无光磁漆为双组分涂料,可自干,也可烘干。漆膜具有优良的力学性能、耐水性、耐机用流体性、防霉性、耐盐雾性和耐湿热性,可作为在150℃以下使用的防护涂层。该磁漆特点为无光,可作为可见光伪装涂料[3]。

(1) 工艺名称　TB06-9锌黄丙烯酸聚氨酯底漆+TS70-1各色聚氨酯无光磁漆。

(2) 基本组成　见表2-3-53。

表2-3-53　基本组成

牌号	名称	组成
TB06-9	锌黄丙烯酸聚氨酯底漆	组分一:丙烯酸树脂、聚氨酯、助剂、有机溶剂等; 组分二:脂肪族异氰酸酯树脂
TS70-1	各色聚氨酯无光磁漆	组分一:羟基丙烯酸树脂、颜料、助剂; 组分二:脂肪族异氰酸酯

(3) 制备工艺　金属表面经阳极氧化或化学氧化处理,喷涂TB06-9锌黄丙烯酸聚氨酯底漆,经彻底干燥后喷涂TS70-1各色聚氨酯无光磁漆[3]。

(4) 配套性

TB06-9锌黄丙烯酸聚氨酯底漆与硫酸阳极化、硼硫酸阳极化和铬酸阳极化等表面处理工艺,以及TS70-1各色聚氨酯无光磁漆均具有较好的相容性,可以配套使用。

TB06-9+TS70-1涂层体系整体性能良好,适用于铝合金基材、碳纤维复合材料基材等。

(5) 生产单位　天津灯塔涂料有限公司。

2. 试验与检测

(1) 试验材料　见表2-3-54。

表2-3-54　试验材料

涂层体系	干膜厚度/μm	涂层外观
5A90-T3+硫酸阳极化+TB06-9+TS70-1	99~113	浅灰色

(2) 试验条件

① 实验室环境试验条件见表2-3-55。

表2-3-55　实验室环境试验条件

试验项目	试验标准
耐碱性、耐盐水性试验	GB/T 1763—1979《漆膜耐化学试剂性测试法》
温度冲击试验	GJB 150.5—1986《军用设备环境试验方法　温度冲击试验》
湿热试验	MIL-STD-810F《方法507.4　湿热》

② 自然环境试验条件见表2-3-56。

表2-3-56　自然环境试验条件

试验环境	对应试验站	试验方式
湿热海洋大气环境	海南万宁	海面平台户外、海面平台棚下
注:试验标准为GB/T 9276—1996《涂层自然气候曝露试验方法》。		

(3) 检测项目及标准(或方法) 见表2-3-57。

表2-3-57 检测项目及标准(或方法)

检测项目	标准(或方法)
外观评级	GB/T 1766—2008《色漆和清漆 涂层老化的评级方法》
光泽	GB/T 9754—2007《色漆和清漆 不含金属颜料的色漆漆膜的20°、60°、85°镜面光泽的测定》
色差	GB/T 11186.2—1989《涂膜颜色的测量方法 第2部分:颜色测量》
附着力	GB/T 5210—2006《色漆和清漆 拉开法附着力试验》
拉伸性能	GB/T 228.1—2010《金属材料 拉伸试验 第1部分:室温试验方法》
红外谱图	采用傅里叶变换红外光谱(FTIR)ATR附件检测,红外光谱测试的光谱扫描范围是4000~400cm^{-1},扫描精度为4cm^{-1},扫描次数为32次

3. 环境腐蚀性能

(1) 实验室环境腐蚀性能

① TB06-9+TS70-1涂层体系实验室条件下的耐碱性、耐盐水性、耐温度冲击和耐湿热试验结果见表2-3-58。

表2-3-58 TB06-9+TS70-1涂层体系的试验结果

性能	试验条件	外观变化状况					
		192h	312h	432h	552h	672h	720h
耐碱性	0.5%NaOH溶液,25±1℃	无变化					
耐盐水性	3.5%NaCl溶液,40±1℃	1个大泡	1个大泡、2个微泡	1个大泡、2个微泡	1个大泡、2个微泡	1个大泡、2个微泡	1个大泡、2个微泡
耐温度冲击	70℃×1h高温→-55℃×1h低温为1个循环周期,共3个周期	无变化					
耐湿热	60℃→30℃→20℃交变试验,相对湿度95%,48h为1个循环周期,共5个周期	无变化					

② TS70-1涂层的耐盐雾试验、耐湿热试验、耐航空煤油试验、耐润滑油试验、耐机油试验的试验结果见表2-3-59。

表2-3-59 TS70-1涂层的试验结果

试验	试验条件	性 能
耐盐雾试验	GB/T 1771—1991《色漆和清漆 耐中性盐雾性能的测定》,35±1℃,5% NaCl溶液连续喷雾	≥500h,漆膜起泡不脱落
耐湿热试验	GB/T 1740—1979《漆膜耐湿热测定法》,49±1℃,相对湿度95%以上	≥720h,不软化,不起泡,附着力不下降
耐航空煤油试验	2号航空煤油,23±2℃	7天,不软化,不起泡,铅笔硬度下降1级
耐润滑油试验	4109润滑油,121±2℃	1天,不软化,不起泡,铅笔硬度下降2级
耐机油试验	12号液压油,23±2℃	7天,不软化,不起泡,铅笔硬度下降1级

(2) 自然环境腐蚀性能

① 单项/综合评定等级。TB06-9+TS70-1涂层体系在海面平台户外主要表现为失光、变色和粉化等老化现象,厚度损失约为1.0~2.6μm/年;海面平台棚下暴露5年基本无变化。涂层单项/综合评定等级见表2-3-60,失光率变化曲线见图2-3-17。

表 2-3-60 涂层单项/综合评定等级

试验时间/月	海面平台户外								海面平台棚下							
	单项等级							综合等级	单项等级							综合等级
	变色	粉化	开裂	起泡	长霉	生锈	脱落		变色	粉化	开裂	起泡	长霉	生锈	脱落	
3	0	0	0	0	0	0	0	0	0	0	0	0	0	0	0	0
6	1	0	0	0	0	0	0	0	0	0	0	0	0	0	0	0
9	2	1	0	0	0	0	0	1	0	0	0	0	0	0	0	0
12	3	4	0	0	0	0	0	4	0	0	0	0	0	0	0	0
18	2	5	0	0	0	0	0	5	0	0	0	0	0	0	0	0
24	3	5	0	0	0	0	0	5	0	0	0	0	0	0	0	0
30	2	5	0	0	0	0	0	5	0	0	0	0	0	0	0	0
36	3	5	0	0	0	0	0	5	1	0	0	0	0	0	0	0
48	2	5	0	0	0	0	0	5	0	0	0	0	0	0	0	0
60	2	5	0	0	0	0	0	5	0	0	0	0	0	0	0	0

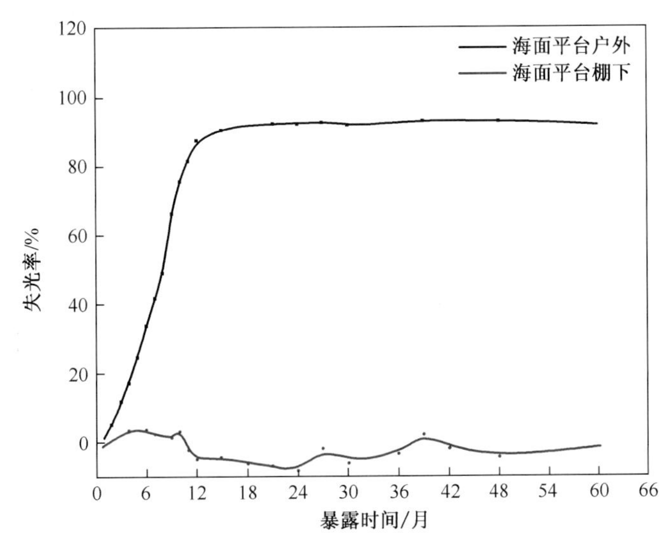

图 2-3-17 TB06-9+TS70-1 涂层体系失光率变化曲线

② 附着力。TB06-9+TS70-1 涂层体系海面平台户外和海面平台棚下的附着力变化数据见表 2-3-61。

表 2-3-61 附着力变化数据

暴露时间/月	海面平台户外		海面平台棚下	
	附着力/MPa	破坏性质	附着力/MPa	破坏性质
0	30	79%Y-1	30	79%Y-1
12	25	48%Y-1,51%Y-2	24	32%Y-1
24	22	30%Y-1,70%Y-2	26	100%Y-2
36	24	100%Y-1	23	27%Y-1
48	17	95%Y-1	19	97%Y-1
60	20	100%Y-1	—	—

注:破坏性质中的破坏面积为每次测量结果的平均值,破坏性质中的 Y 表示胶黏剂内聚破坏,Y-1 表示最外层漆膜内聚破坏,Y-2表示第二层漆膜内聚破坏。

③ 对基材力学性能的影响。5A09-T3 基材及 5A09-T3+硫酸阳极化+TB06-9+TS70-1 涂层体系海面平台户外和海面平台棚下的拉伸性能数据见表 2-3-62。

表 2-3-62　拉伸性能数据

暴露时间/年	试验方式	5A90-T3+硫酸阳极化+TB06-9+TS70-1								5A90-T3(δ1.2mm,取向为L)							
		F_m				A				F_m				A			
		实测值/kN	平均值/kN	标准差/kN	保持率/%	实测值/%	平均值/%	标准差/%	保持率/%	实测值/kN	平均值/kN	标准差/kN	保持率/%	实测值/%	平均值/%	标准差/%	保持率/%
0	原始	6.90~7.40	7.24	0.2	—	14.5~16.5	15.5	0.9	—	7.05~7.40	7.15	0.2	—	15.0~17.5	16.0	0.9	—
1	海面平台户外	7.25~7.95	7.56	0.3	104	17.5~18.5	18.0	0.5	116	6.30~7.00	6.79	0.3	95	6.5~9.5	7.5	1.5	47
2		6.60~6.70	6.66	0.1	92	10.5~16.0	13.5	2.0	87	4.80~5.60	5.34	0.3	75	6.5~8.5	7.5	0.8	47
3		7.50~7.80	7.64	0.2	106	15.5~17.5	16.5	0.9	106	6.00~6.80	6.40	0.3	90	8.5~11.0	9.5	1.3	60
4		7.60~8.06	7.81	0.2	108	13.0~14.5	13.5	0.6	87	4.68~6.38	5.50	0.8	77	3.0~5.5	4.5	1.1	28
5		6.22~8.04	7.62	1.0	105	9.5~14.5	12.5	2.2	80	—	—	—	—	—	—	—	—
6		7.76~8.02	7.89	0.1	109	12.5~15.0	13.5	0.9	87	3.44~6.35	4.80	1.2	67	1.0~5.0	3.0	2.9	19
8		7.39~8.02	7.77	0.3	107	6.0~15.5	11.5	3.8	74	2.84~5.97	4.27	1.2	60	3.0~4.5	4.0	0.7	25
1	海面平台棚下	7.25~7.60	7.44	0.1	103	14.5~18.5	16.0	1.6	103	5.20~7.30	6.61	0.9	92	5.5~9.5	7.5	1.6	47
2		6.40~6.70	6.56	0.1	91	17.0~18.5	17.5	0.8	113	4.00~5.20	4.82	0.5	67	5.0~7.0	6.0	1.0	38
3		7.50~7.70	7.60	0.1	105	15.0~17.5	16.0	1.2	103	5.10~6.60	5.74	0.7	80	0.5~14.0	4.0	6.8	25
4		7.56~7.86	7.74	0.1	107	11.5~16.0	14.5	1.8	94	2.22~5.80	4.04	1.3	57	2.0~5.0	3.0	1.1	19
6		7.73~7.91	7.81	0.1	108	14.5~15.5	15.0	0.7	97	3.30~5.88	4.63	0.9	65	1.0~3.0	2.5	0.7	16
8		7.59~7.95	7.75	0.2	107	13.5~16.0	15.5	1.0	100	—	—	—	—	—	—	—	—

注:涂层哑铃试样基材平行段原始截面尺寸为15.0mm×1.2mm。

④ 红外谱图。TB06-9+TS70-1 涂层体系暴露于海面平台户外和棚下的红外谱图如图 2-3-18 和图 2-3-19 所示。TS70-1 各色聚氨酯无光磁漆的特征峰出现在 $1726cm^{-1}$、$1690cm^{-1}$、$1520cm^{-1}$ 和 $1165cm^{-1}$ 附近,吸收峰强度随暴露时间延长呈减弱趋势,平台户外树脂老化降解程度明显大于棚下。

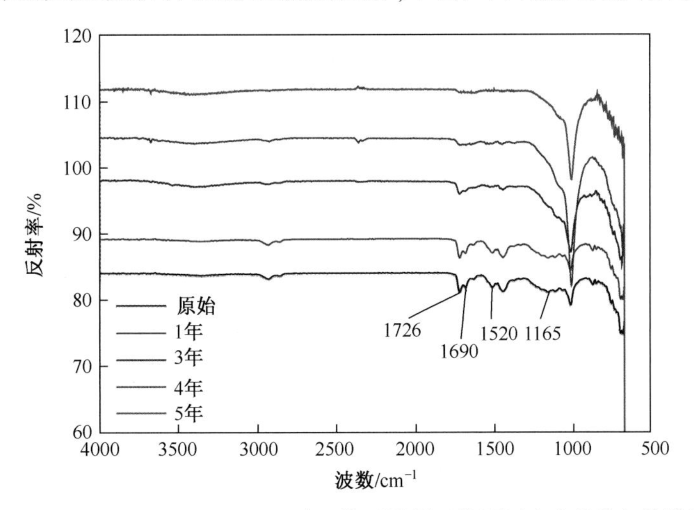

图 2-3-18 TB06-9+TS70-1 涂层体系暴露于海面平台户外的红外谱图

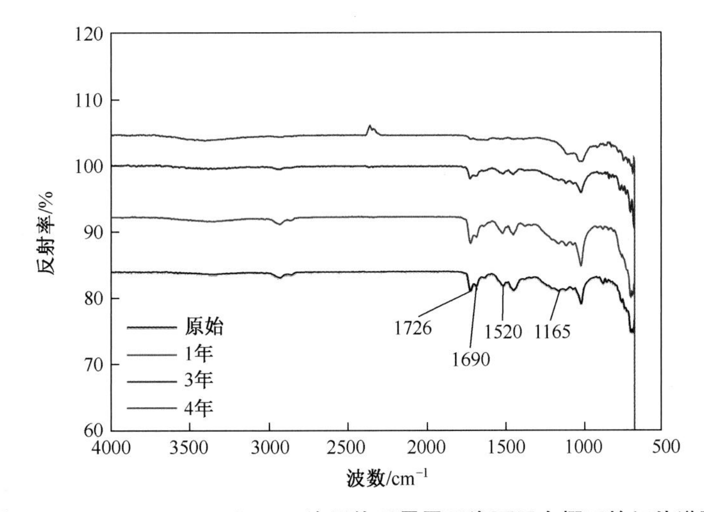

图 2-3-19 TB06-9+TS70-1 涂层体系暴露于海面平台棚下的红外谱图

4. 使用建议

① TB06-9+TS70-1 涂层体系既可用于装备的内部结构防护,也可用于装备的外部结构防护,具有良好的附着力。耐碱性、耐湿热性能好。海面大气环境中易粉化,防护性能差。

② TB06-9+TS70-1 涂层体系用于金属表面防护时,应先对金属表面进行阳极氧化或化学氧化等表面处理,提高底漆与金属间的结合力。

TB06-9+TS96-51

1. 概述

TB06-9 锌黄丙烯酸聚氨酯底漆为双组分涂料,可自干,也可烘干,漆膜具有优良的力学性能、耐水性、耐机用流体性、防霉性和优异的耐盐雾性,主要应用于铝合金表面,可在150℃以下使用[3]。

TS96-51各色氟聚氨酯无光磁漆具有良好的涂覆工艺性,可采用刷涂或喷涂,室温固化或加温固化。漆膜具有优良的物理性能、耐溶剂性、防霉性和优异的耐盐雾性,适用于装备外表面或非油区内表面防护。

(1)工艺名称 TB06-9锌黄丙烯酸聚氨酯底漆+TS96-51各色氟聚氨酯无光磁漆。

(2)基本组成 见表2-3-63。

表2-3-63 基本组成

牌号	名称	组成
TB06-9	锌黄丙烯酸聚氨酯底漆	组分一:丙烯酸树脂、聚氨酯、助剂、有机溶剂等; 组分二:脂肪族异氰酸酯树脂
TS96-51	各色氟聚氨酯无光磁漆	氟树脂、异氰酸酯固化剂、颜料、助剂、有机溶剂等

(3)配套性

TB06-9锌黄丙烯酸聚氨酯底漆与TS96-51、TS96-71各色氟聚氨酯磁漆,TS70-1、TS70-60各色聚氨酯磁漆具有较好的相容性。TS96-51各色氟聚氨酯磁漆与85-C环氧底漆等具有较好的相容性。

TB06-9+TS96-51涂层体系整体性能良好,可以与硫酸阳极化、硼硫酸阳极化和铬酸阳极化等表面处理工艺配套使用。

(4)生产单位 天津灯塔涂料有限公司。

2. 试验与检测

(1)试验材料 见表2-3-64。

表2-3-64 试验材料

涂层体系	干膜厚度/μm	涂层外观
2024+铬酸阳极化+TB06-9+TS96-51	51~69	灰色
30CrMnSiA+镀镉+TB06-9+TS96-51	96~117	灰色

(2)试验条件 见表2-3-65。

表2-3-65 试验条件

试验环境	对应试验站	试验方式
湿热海洋大气环境	海南万宁	濒海户外
注:试验标准为GB/T 9276—1996《涂层自然气候曝露试验方法》。		

(3)检测项目及标准(或方法) 见表2-3-66。

表2-3-66 检测项目及标准(或方法)

检测项目	标准(或方法)
外观评级	GB/T 1766—2008《色漆和清漆 涂层老化的评级方法》
光泽	GB/T 9754—2007《色漆和清漆 不含金属颜料的色漆漆膜的20°、60°、85°镜面光泽的测定》
色差	GB/T 11186.2—1989《涂膜颜色的测量方法 第2部分:颜色测量》
附着力	GB/T 9286—1998《色漆和清漆 漆膜的划格试验》
红外谱图	采用傅里叶变换红外光谱(FTIR)ATR附件检测,红外光谱测试的光谱扫描范围是4000~400cm^{-1},扫描精度为4cm^{-1},扫描次数为32次

3. 腐蚀特征

TB06-9+TS96-51 预划线试样在海洋大气环境暴露 3 年，以 30CrMnSiA 为基材的涂层划线处腐蚀严重，周边涂层起泡、翘起；以 2024 合金为基材的涂层划线处未见明显腐蚀，划线边缘涂层附着牢固。两种基材涂层预划线试样腐蚀评定结果见表 2-3-67，外观形貌见图 2-3-20。

表 2-3-67　两种基材涂层预划线试样腐蚀评定结果

涂层体系	试验时间/月	单向腐蚀宽度/mm			划线腐蚀评定等级
30CrMnSiA+镀镉 正面:TB06-9+TS96-51 反面:TB06-9	12	正面	纵向	0.65	8
			横向	0.70	8
		反面	纵向	1.50	7
			横向	0.50	9
	24	正面	纵向	0.60	8
			横向	0.70	8
		反面	纵向	3.00	6
			横向	1.10	7
	36	正面	纵向	0.8	8
			横向	0.7	8
		反面	纵向	1.8	7
			横向	1.3	7
2024+铬酸阳极化+ TB06-9+TS96-51	12	正面	纵向	0	10
			横向	0	10
		反面	纵向	0	10
			横向	0	10
	24	正面	纵向	0	10
			横向	0	10
		反面	纵向	0	10
			横向	0	10
	36	正面	纵向	0	10
			横向	0	10
		反面	纵向	0	10
			横向	0	10

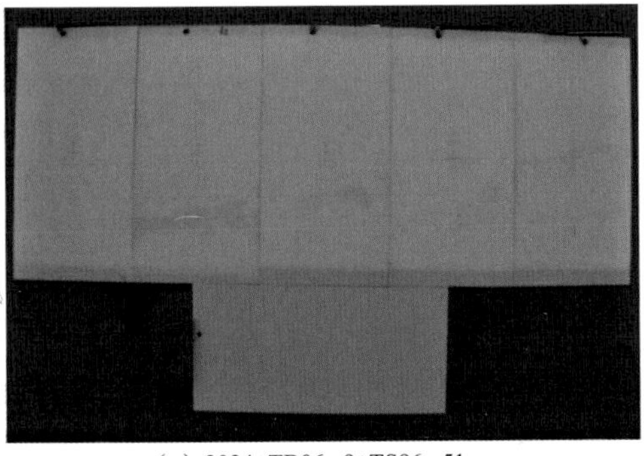

(a) 2024+TB06-9+TS96-51

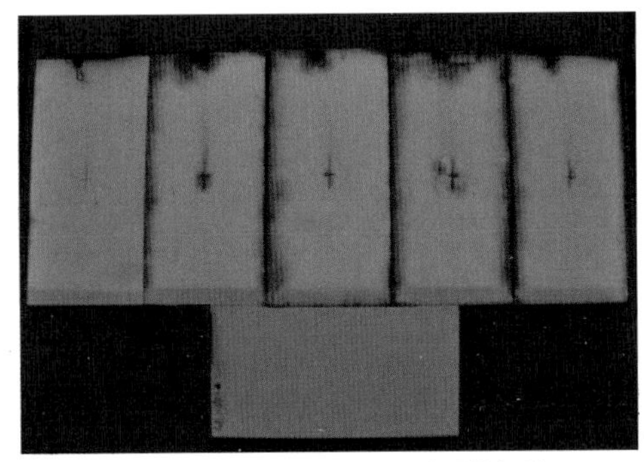

(b) 30CrMnSiA+TB06-9+TS96-51

图 2-3-20　两种基材涂层体系在海洋大气环境暴露 3 年的外观形貌

4. 自然环境腐蚀性能

(1) 单项/综合评定等级 TB06-9+TS96-51 涂层体系在濒海户外主要表现为失光、变色和粉化等老化现象,厚度损失约为 12.0μm/年。涂层单项/综合评定等级见表 2-3-68,失光率变化曲线见图 2-3-21,色差变化曲线见图 2-3-22。

表 2-3-68 涂层单项/综合评定等级

试验环境	试验时间/月	单项等级							综合等级
		变色	粉化	开裂	起泡	长霉	生锈	脱落	
万宁濒海户外	3	0	0	0	0	0	0	0	0
	6	1	0	0	0	0	0	0	0
	9	2	0	0	0	0	0	0	0
	12	2	5	0	0	0	0	0	5
	18	2	5	0	0	0	0	0	5
	24	2	5	0	0	0	0	0	5
	30	2	5	0	0	0	0	0	5
	36	2	5	0	0	0	0	0	5

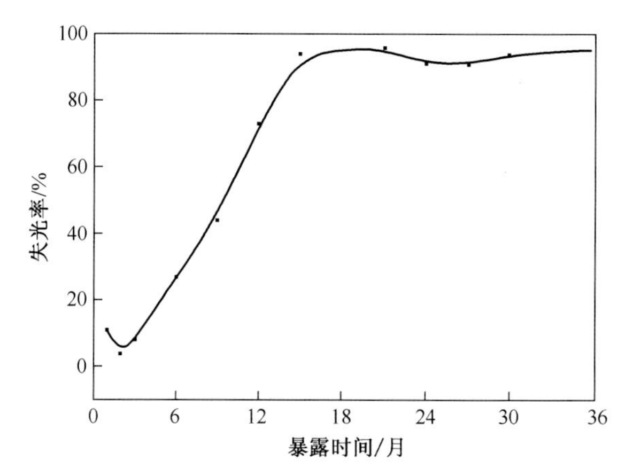

图 2-3-21 TB06-9+TS96-51 涂层体系在濒海户外的失光率变化曲线

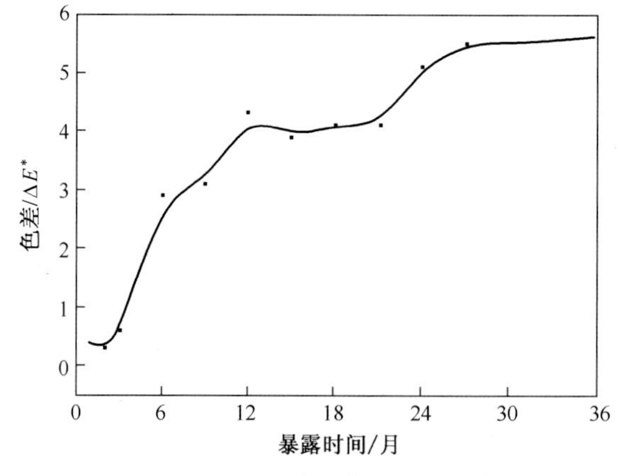

图 2-3-22 TB06-9+TS96-51 涂层体系在濒海户外的色差变化曲线

（2）附着力　TB06-9+TS96-51 涂层体系在万宁濒海户外暴露 3 年的附着力变化数据见表 2-3-69。

表 2-3-69　附着力变化数据

试验环境	涂层体系	暴露时间/月	附着力/级	破坏性质
万宁濒海户外	2024+铬酸阳极化+TB06-9+TS96-51	0	0	—
		6	1	涂层与基材间破坏
		12	2	涂层与基材间破坏
		18	1	面漆与底漆间破坏
		24	1	面漆内聚破坏
		36	1	面漆与底漆间破坏

（3）红外谱图　TB06-9+TS96-51 涂层体系暴露于濒海户外的红外谱图如图 2-3-23 所示。TS96-51 各色氟聚氨酯无光磁漆的特征峰出现在 1759cm^{-1}、1689cm^{-1}、1518cm^{-1}和 1217cm^{-1}附近，吸收峰强度随暴露时间延长呈减弱趋势。

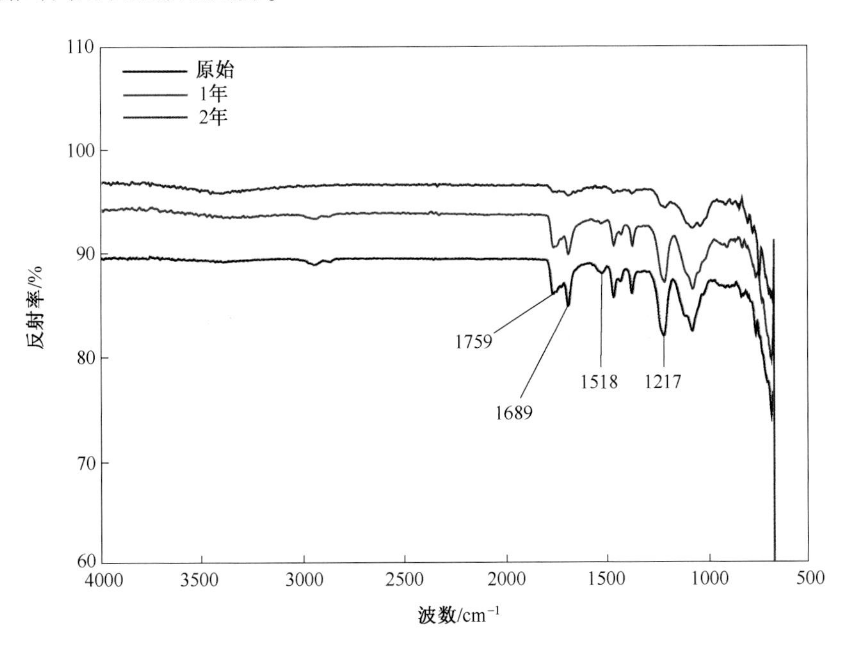

图 2-3-23　TB06-9+TS96-51 涂层体系暴露于濒海户外的红外谱图

5. 使用建议

① TB06-9+TS96-51 涂层体系一般用于装备的外部结构防护，或非油箱区的内部结构防护。该涂层在铝合金基材上具有良好的抗划痕腐蚀扩展能力，湿热海洋环境中易粉化，防护性能差。

② TB06-9+TS96-51 涂层体系用于金属表面防护时，应先对金属表面进行阳极氧化或化学氧化等表面处理，提高底漆与金属间的结合力。

TB06-9/H06-D+TS96-71

1. 概述

TB06-9 锌黄丙烯酸聚氨酯底漆为双组分涂料，可自干，也可烘干，漆膜具有优良的力学性能、耐水性、耐机用流体性、防霉性和优异的耐盐雾性，主要应用于铝合金表面，可在150℃以下使用[3]。

H06-D 环氧底漆，又称 H06-1012H 环氧聚酰胺底漆或8号锶黄环氧聚酰胺底漆，为双组分涂料，可自干，也可烘干。漆膜具有良好的物理力学性能、耐湿热性能和防护性能[3]。

TS96-71 各色氟聚氨酯无光磁漆为双组分各色无光磁漆，与传统13-2各色聚氨酯无光磁漆相比，该涂料在耐候性、耐热性、抗大气老化、抗氧化性等方面均具有优势，适合于海洋大气等恶劣环境条件下使用。该涂料树脂结构稳定，可在200℃以下正常使用，是目前飞机使用最广泛的一种蒙皮防护磁漆。

（1）工艺名称　TB06-9 锌黄丙烯酸聚氨酯底漆+TS96-71 各色氟聚氨酯无光磁漆、H06-D 环氧底漆+TS96-71 各色氟聚氨酯无光磁漆。

（2）基本组成　见表2-3-70。

表2-3-70　基本组成

牌号	名称	组　成
TB06-9	锌黄丙烯酸聚氨酯底漆	组分一：丙烯酸树脂、聚氨酯、助剂、有机溶剂等； 组分二：脂肪族异氰酸酯树脂
H06-D	环氧底漆	组分一：环氧树脂、颜料、填料、有机溶剂； 组分二：聚酰胺树脂、有机溶剂
TS96-71	各色氟聚氨酯无光磁漆	氟树脂、异氰酸酯固化剂、颜料、助剂、有机溶剂等

（3）配套性

TB06-9 锌黄丙烯酸聚氨酯底漆与 TS96-71 各色氟聚氨酯无光磁漆、TS70-1 各色聚氨酯无光磁漆、TS70-60 各色聚氨酯半光磁漆具有较好的相容性。

H06-D 环氧底漆与丙烯酸类磁漆、聚氨酯类磁漆具有良好的相容性，可用于钢铁、铝合金及复合材料等表面防护。

TS96-71 各色氟聚氨酯无光磁漆与 TB06-9 锌黄丙烯酸聚氨酯底漆、H06-D 环氧底漆、其他各型防护底漆及各种标志漆均具有较好的相容性。

TB06-9/H06-D+TS96-71 涂层体系整体性能良好，可以与硫酸阳极化、硼硫酸阳极化和铬酸阳极化等表面处理工艺配套使用。

（4）生产单位　天津灯塔涂料有限公司。

2. 试验与检测

（1）试验材料　见表2-3-71。

表2-3-71　试验材料

涂 层 体 系	干膜厚度/μm	涂层外观
2D12+硫酸阳极化+TB06-9+TS96-71	61~131	深灰色
7050+硫酸阳极化+H06-D+TS96-71	64~72	
2A12-T4+铬酸阳极化+TB06-9+TS96-71	44~76	

(2) 试验条件

① 实验室环境试验条件见表 2-3-72。

表 2-3-72 实验室环境试验条件

试验项目	试验标准
耐碱性、耐盐水性试验	GB/T 1763—1979《漆膜耐化学试剂性测试法》
温度冲击试验	GJB 150.5—1986《军用设备环境试验方法 温度冲击试验》
湿热试验	MIL-STD-810F《方法 507.4 湿热》

② 自然环境试验条件见表 2-3-73。

表 2-3-73 自然环境试验条件

试验环境	对应试验站	试验方式
湿热海洋大气环境	海南万宁	海面平台户外、濒海户外
寒冷乡村大气环境	黑龙江漠河	户外
寒温高原大气环境	西藏拉萨	户外
注:试验标准为 GB/T 9276《涂层自然气候曝露试验方法》。		

(3) 检测项目及标准(或方法) 见表 2-3-74。

表 2-3-74 检测项目及标准(或方法)

检测项目	标准(或方法)
外观评级	GB/T 1766—2008《色漆和清漆 涂层老化的评级方法》
光泽	GB/T 9754—2007《色漆和清漆 不含金属颜料的色漆漆膜的 20°、60°、85°镜面光泽的测定》
色差	GB/T 11186.2—1989《涂膜颜色的测量方法 第 2 部分:颜色测量》
附着力	GB/T 5210—2006《色漆和清漆 拉开法附着力试验》 GB/T 9286—1998《色漆和清漆 漆膜的划格试验》
拉伸性能	GB/T 228.1—2010《金属材料 拉伸试验 第 1 部分:室温试验方法》
红外谱图	采用傅里叶变换红外光谱(FTIR)ATR 附件检测,红外光谱测试的光谱扫描范围是 4000~400cm^{-1},扫描精度为 4cm^{-1},扫描次数为 32 次

3. 环境腐蚀性能

(1) 实验室环境腐蚀性能 TB06-9+TS96-71 涂层体系实验室条件下的耐碱性、耐盐水性、耐温度冲击和耐湿热试验结果见表 2-3-75。

表 2-3-75 试验结果

性能	试验条件	外观变化状况					
		192h	312h	432h	552h	672h	720h
耐碱性	0.5%NaOH 溶液,25±1℃	无变化					
耐盐水性	3.5%NaCl 溶液,40±1℃	无变化					
耐温度冲击	70℃×1h 高温→-55℃×1h 低温为 1 个循环周期,共 3 个周期	无变化					
耐湿热	60℃→30℃→20℃ 交变试验,相对湿度 95%,48h 为 1 个循环周期,共 5 个周期	无变化					

(2) 自然环境腐蚀性能

① 单项/综合评定等级。TB06-9+TS96-71 涂层体系和 H06-D+TS96-71 涂层体系在海面平台户

外、濒海户外、漠河户外和拉萨户外主要表现为失光、变色和粉化等老化现象，其中海面平台厚度损失约为1.5～2.6μm/年。两种涂层体系的单项/综合评定等级见表2-3-76，失光率变化曲线见图2-3-24。

表2-3-76 两种涂层体系的单项/综合评定等级

涂层体系	试验环境	试验时间/月	单项等级							综合等级
			变色	粉化	开裂	起泡	长霉	生锈	脱落	
2D12+硫酸阳极化+TB06-9+TS96-71	万宁海面平台户外	9	0	0	0	0	0	0	0	0
		12	1	0	0	0	0	0	0	0
		18	1	5	0	0	0	0	0	5
		24	2	5	0	0	0	0	0	5
		30	1	5	0	0	0	0	0	5
		36	2	5	0	0	0	0	0	5
		48	2	5	0	0	0	0	0	5
		60	2	5	0	0	0	0	0	5
7050+硫酸阳极化+H06-D+TS96-71	万宁濒海户外	6	0	0	0	0	0	0	0	0
		12	1	0	0	0	0	0	0	0
		18	1	0	0	0	0	0	0	0
		24	1	0	0	0	0	0	0	0
		30	2	0	0	0	0	0	0	0
		39	2	2	0	0	0	0	0	2
		48	2	3	0	0	0	0	0	3
		60	2	3	0	0	0	0	0	3
2A12-T4+铬酸阳极化+TB06-9+TS96-71	漠河户外	6	0	0	0	0	0	0	0	0
		9	1	0	0	0	0	0	0	0
		12	1	0	0	0	0	0	0	0
		18	1	0	0	0	0	0	0	0
		24	1	0	0	0	0	0	0	0
		30	1	0	0	0	0	0	0	0
		36	1	0	0	0	0	0	0	0
		48	1	0	0	0	0	0	0	0
		60	1	0	0	0	0	0	0	0
7050+硫酸阳极化+H06-D+TS96-71	漠河户外	12	0	0	0	0	0	0	0	0
		24	0	0	0	0	0	0	0	0
		27	1	0	0	0	0	0	0	0
		30	1	1	0	0	0	0	0	1
		36	1	1	0	0	0	0	0	1
		39	1	2	0	0	0	0	0	2
		42	2	2	0	0	0	0	0	2
		48	2	2	0	0	0	0	0	2
		51	2	3	0	0	0	0	0	3
		60	2	3	0	0	0	0	0	3

（续）

涂层体系	试验环境	试验时间/月	单项等级							综合等级
			变色	粉化	开裂	起泡	长霉	生锈	脱落	
2A12-T4+铬酸阳极化+TB06-9+TS96-71	拉萨户外	12	0	0	0	0	0	0	0	0
		18	0	0	0	0	0	0	0	0
		24	0	0	0	0	0	0	0	0
		30	1	0	0	0	0	0	0	0
		36	1	0	0	0	0	0	0	0
		48	2	0	0	0	0	0	0	0
		60	3	1	0	0	0	0	0	1
7050+硫酸阳极化+H06-D+TS96-71	拉萨户外	12	0	0	0	0	0	0	0	0
		24	0	0	0	0	0	0	0	0
		27	1	0	0	0	0	0	0	0
		36	2	0	0	0	0	0	0	0
		42	2	0	0	0	0	0	0	0
		48	2	0	0	0	0	0	0	0
		60	2	2	0	0	0	0	0	2

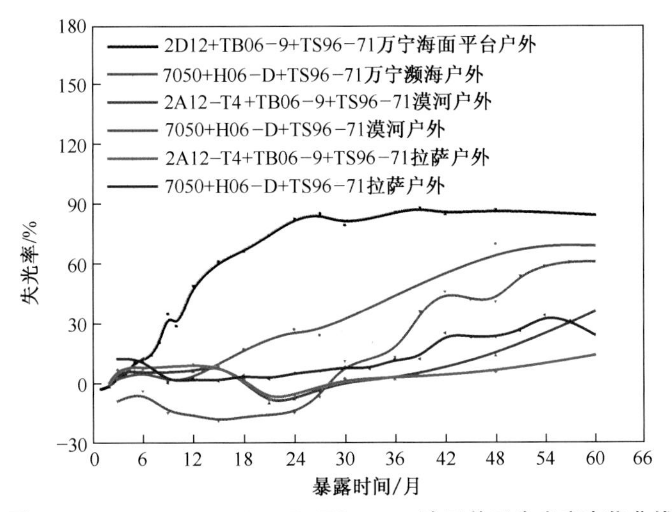

图 2-3-24 TB06-9/H06-D+TS96-71 涂层体系失光率变化曲线

② 附着力。TB06-9/H06-D+TS96-71 涂层体系暴露于万宁海面平台户外、万宁濒海户外、漠河户外、拉萨户外的附着力变化数据见表 2-3-77。

表 2-3-77 附着力变化数据

试验环境	涂层体系	暴露时间/年	附着力	破坏性质
万宁海面平台户外①	2D12+硫酸阳极化+TB06-9+TS96-71	0	24MPa	100%Y-1
		1	25MPa	65%Y-1
		2	16MPa	100%Y-1
		3	20MPa	100%Y-1
		4	20MPa	100%Y-1
		5	17MPa	100%Y-1

（续）

试验环境	涂层体系	暴露时间/年	附着力	破坏性质
万宁濒海户外②	7050+硫酸阳极化+H06-D+TS96-71	0	0 级	—
		0.5	1 级	面漆与底漆间破坏
		1	1 级	涂层与基材间破坏
		2	1 级	底漆内聚破坏
		3	1 级	面漆与底漆间破坏
		5	1 级	涂层与基材间破坏
漠河户外②	2A12-T4+铬酸阳极化+TB06-9+TS96-71	0	1 级	涂层与基材间破坏
		1	1 级	涂层与基材间破坏
		2	1 级	涂层与基材间破坏
		3	1 级	涂层与基材间破坏
		4	1 级	涂层与基材间破坏
		5	1 级	涂层与基材间破坏
漠河户外②	7050+硫酸阳极化+H06-D+TS96-71	0	0 级	—
		0.5	1 级	涂层与基材间破坏
		1	1 级	面漆与底漆间破坏
		2	1 级	底漆内聚破坏
		3	0 级	—
		5	1 级	面漆与底漆间破坏
拉萨户外②	2A12-T4+铬酸阳极化+TB06-9+TS96-71	0	1 级	涂层与基材间破坏
		1	1 级	涂层与基材间破坏
		2	1 级	涂层与基材间破坏
		3	1 级	涂层与基材间破坏
		4	1 级	涂层与基材间破坏
		5	1 级	涂层与基材间破坏
	7050+硫酸阳极化+H06-D+TS96-71	0	0 级	—
		0.5	0 级	—
		1	0 级	—
		2	0 级	—
		3	0 级	—
		5	0 级	—

注：1. 上标①表示采用的拉开法，上标②表示采用的划格法；
2. 破坏性质中的破坏面积为每次测量结果的平均值，破坏性质中的 Y-1 表示最外层的漆膜内聚破坏。

③ 对基材力学性能的影响。2A12-T4 基材及 2A12-T4+铬酸阳极化+TB06-9+TS96-71 暴露于漠河户外和拉萨户外的拉伸性能数据见表 2-3-78。

表 2-3-78 拉伸性能数据

暴露时间/年	试验方式	2A12-T4+铬酸阳极化+TB06-9+TS96-71								2A12-T4(δ3.0mm,带包铝层,取向为T)							
		F_m				A				F_m				A			
		实测值/kN	平均值/kN	标准差/kN	保持率/%	实测值/%	平均值/%	标准差/%	保持率/%	实测值/kN	平均值/kN	标准差/kN	保持率/%	实测值/%	平均值/%	标准差/%	保持率/%
0	原始	19.66~19.81	19.75	0.1	—	20.0~21.5	20.5	0.7	—	19.95~20.15	20.03	0.1	—	19.5~22.0	21.0	1.0	—
1	漠河户外	19.73~19.97	19.86	0.1	101	22.0~24.0	23.0	0.8	112	19.46~19.95	19.78	0.2	99	21.5~26.5	23.5	2.1	112
2		19.80~20.07	19.92	0.1	101	25.0~25.5	25.0	0.2	122	19.71~20.10	19.83	0.2	99	23.0~25.5	24.0	0.9	114
3		19.87~20.16	19.97	0.1	101	22.5~23.5	23.0	0.4	112	19.74~20.09	19.98	0.1	100	21.0~23.5	22.0	1.0	105
4		19.69~20.18	19.83	0.2	100	18.0~23.0	21.5	2.1	105	—	—	—	—	—	—	—	—
5		19.90~20.13	20.01	0.1	101	20.5~24.0	22.0	1.3	107	19.80~20.23	20.06	0.2	100	21.0~23.5	22.5	0.7	107
1	拉萨户外	19.86~20.11	19.98	0.1	101	21.5~24.0	23.0	1.0	112	19.68~20.07	19.91	0.1	99	22.0~23.5	23.0	0.7	110
2		19.84~19.97	19.93	0.1	101	24.0~26.0	25.0	0.7	122	19.74~20.09	19.92	0.1	99	20.5~27.5	24.0	2.6	114
3		19.87~20.16	19.97	0.1	101	23.0~24.0	23.0	0.4	112	19.75~20.13	19.91	0.1	99	22.5~25.0	24.0	0.9	114
4		19.65~19.94	19.82	0.1	100	20.5~23.0	22.0	0.9	107	—	—	—	—	—	—	—	—
5		19.72~20.01	19.87	0.1	101	21.5~23.0	22.0	0.6	107	19.73~20.04	19.93	0.1	100	20.5~23.0	22.0	1.0	105

注:涂层哑铃试样基材平行段原始截面尺寸为 15.0mm×3.0mm。

④ 红外谱图。TB06-9+TS96-71 涂层体系暴露于海面平台户外、漠河户外和拉萨户外的红外谱图如图 2-3-25～图 2-3-27 所示。TS96-71 各色氟聚氨酯无光磁漆的特征峰出现在 1750～1763cm^{-1}、1687～1689cm^{-1}、1463～1516cm^{-1}和 1216cm^{-1}附近，海面平台户外暴露过程中，吸收峰强度随暴露时间延长呈减弱趋势，漠河户外和拉萨户外暴露 3 年，吸收峰强度未见明显变化。

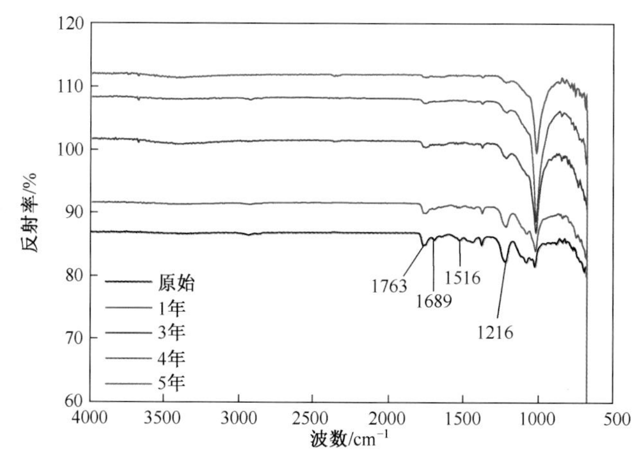

图 2-3-25 TB06-9+TS96-71 涂层体系暴露于海面平台户外的红外谱图

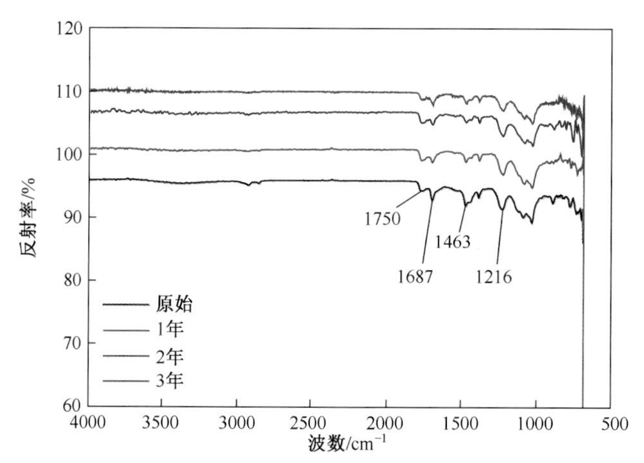

图 2-3-26 TB06-9+TS96-71 涂层体系暴露于漠河户外的红外谱图

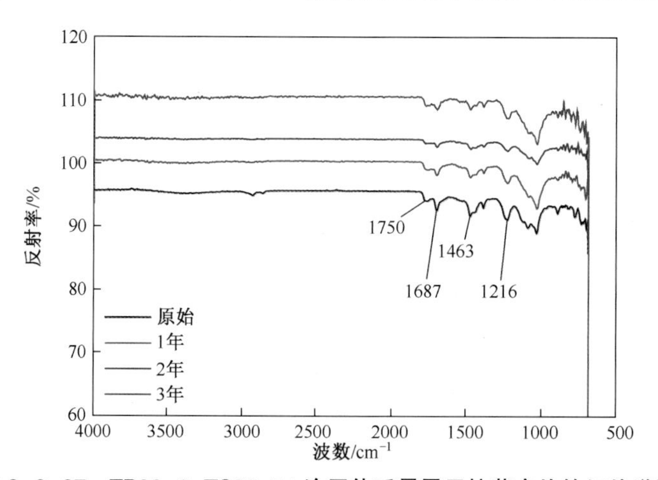

图 2-3-27 TB06-9+TS96-71 涂层体系暴露于拉萨户外的红外谱图

4. 使用建议

① TB06-9/H06-D+TS96-71 涂层体系一般用于装备的外部结构防护，具有优良的耐碱性、耐盐水性和耐湿热性，以及良好的抗大气老化性能，整体防护性能好。

② TB06-9/H06-D+TS96-71 涂层体系用于金属表面防护时，应先对金属表面进行阳极氧化或化学氧化等表面处理，提高底漆与金属间的结合力。

H06-D+13-2

1. 概述

H06-D 环氧底漆，又称 H06-1012H 环氧聚酰胺底漆或 8 号锶黄环氧聚酰胺底漆，为双组分涂料，可自干，也可烘干。漆膜具有良好的物理力学性能、耐湿热性能和防护性能[3]。

13-2 各色丙烯酸聚氨酯磁漆，又称 S04-101H 各色丙烯酸聚氨酯磁漆，为双组分涂料，可自干，也可烘干，适宜于 150℃以下使用，可作为高级工业产品的外部装饰涂层[3]。

H06-D+13-2 涂层体系已用于飞机蒙皮结构。

(1) 工艺名称 H06-D 环氧底漆+13-2 各色丙烯酸聚氨酯磁漆。

(2) 基本组成 见表 2-3-79。

表 2-3-79 基本组成

牌号	名称	组成
H06-D	环氧底漆	组分一：环氧树脂、颜料、填料、有机溶剂； 组分二：聚酰胺树脂、有机溶剂
13-2	各色丙烯酸聚氨酯磁漆	组分一：羟基丙烯酸树脂、颜料； 组分二：脂肪族异氰酸酯

(3) 制备工艺 涂漆前，铝合金经阳极化处理、涂覆磷化底漆或化学氧化处理，钢铁经磷化处理，钛合金经除油、清洗处理，复合材料经打磨或吹砂、除砂处理，喷涂 H06-D 环氧底漆，25±1℃干燥 7 天，或 60±2℃干燥 8h，或 120±2℃干燥 2h，再喷涂 13-2 各色丙烯酸聚氨酯磁漆，常温干燥 24h，或 50℃干燥 6h[3]。

(4) 配套性

H06-D 环氧底漆与丙烯酸类磁漆、聚氨酯类磁漆具有良好的相容性，可用于钢铁、铝合金及复合材料等表面防护。

H06-D 环氧底漆+13-2 涂层体系相容性良好，可以与阳极化、磷化、化学氧化等表面处理工艺配套使用。

(5) 生产单位 中国航发北京航空材料研究院、天津灯塔涂料有限公司。

2. 试验与检测

(1) 试验材料 见表 2-3-80。

表 2-3-80 试验材料

涂层体系	干膜厚度/μm	涂层外观
7A85+硫酸阳极化+H06-D +13-2	46~69	白色

(2)试验条件 见表2-3-81。

表2-3-81 试验条件

试验环境	对应试验站	试验方式
湿热海洋大气环境	海南万宁	濒海户外
寒冷乡村大气环境	黑龙江漠河	户外
寒温高原大气环境	西藏拉萨	户外
注:试验标准为GB/T 9276—1996《涂层自然气候曝露试验方法》。		

(3)检测项目及标准(或方法) 见表2-3-82。

表2-3-82 检测项目及标准(或方法)

检测项目	标准(或方法)
外观评级	GB/T 1766—2008《色漆和清漆 涂层老化的评级方法》
光泽	GB/T 9754—2007《色漆和清漆 不含金属颜料的色漆漆膜的20°、60°、85°镜面光泽的测定》
色差	GB/T 11186.2—1989《涂膜颜色的测量方法 第2部分:颜色测量》
附着力	GB/T 9286—1998《色漆和清漆 漆膜的划格试验》
红外谱图	采用傅里叶变换红外光谱(FTIR)ATR附件检测,红外光谱测试的光谱扫描范围是4000~400cm^{-1},扫描精度为4cm^{-1},扫描次数为32次

3. 自然环境腐蚀性能

(1)单项/综合评定等级 H06-D+13-2涂层体系在万宁濒海户外、漠河户外和拉萨户外均表现为失光、变色和粉化等老化现象,程度略有不同。涂层单项/综合评定等级见表2-3-83,失光率变化曲线见图2-3-28,色差变化曲线见图2-3-29。

表2-3-83 涂层单项/综合评定等级

试验环境	试验时间/月	单项等级							综合等级
		变色	粉化	开裂	起泡	长霉	生锈	脱落	
万宁濒海户外	9	0	0	0	0	0	0	0	0
	12	0	2	0	0	0	0	0	2
	18	1	2	0	0	0	0	0	2
	24	1	3	0	0	0	0	0	3
	30	1	5	0	0	0	0	0	5
	39	1	5	0	0	0	0	0	5
	48	1	5	0	0	0	0	0	5
	60	1	5	0	0	0	0	0	5
漠河户外	12	0	0	0	0	0	0	0	0
	18	0	1	0	0	0	0	0	1
	24	1	2	0	0	0	0	0	2
	30	1	4	0	0	0	0	0	4
	36	1	4	0	0	0	0	0	4
	48	1	4	0	0	0	0	0	4
	60	1	4	0	0	0	0	0	4

（续）

试验环境	试验时间/月	单项等级							综合等级
		变色	粉化	开裂	起泡	长霉	生锈	脱落	
拉萨户外	12	0	0	0	0	0	0	0	0
	18	0	0	0	0	0	0	0	0
	24	1	0	0	0	0	0	0	0
	30	1	3	0	0	0	0	0	3
	36	1	4	0	1	0	0	0	4
	48	1	4	0	1	0	0	0	4
	60	0	4	0	2	0	0	0	4

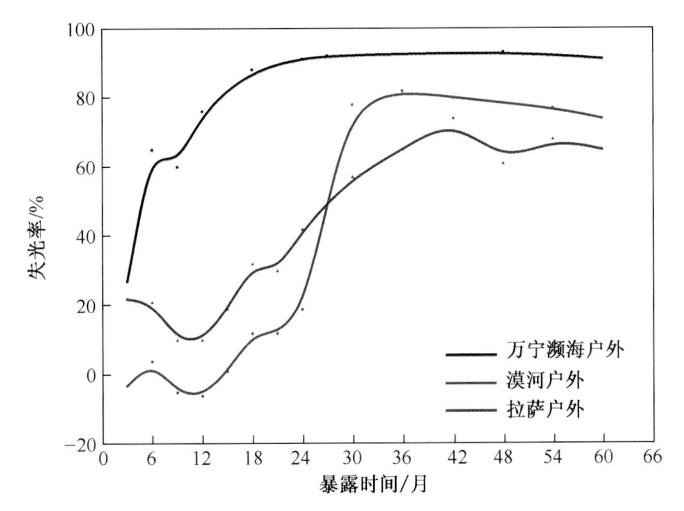

图 2-3-28　H06-D+13-2 涂层体系失光率变化曲线

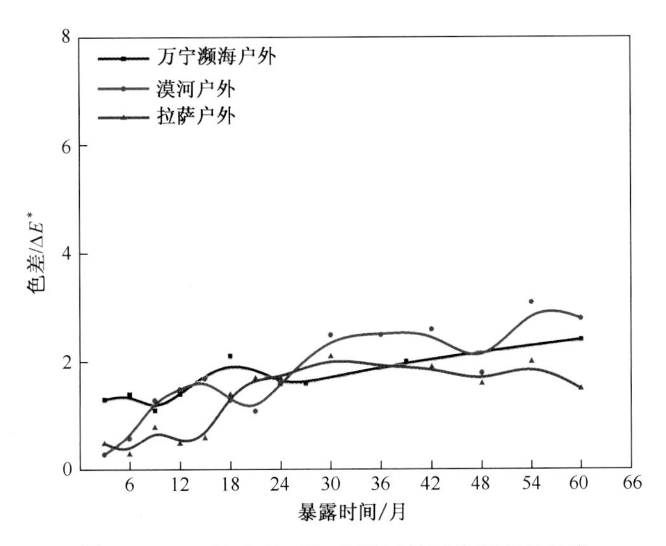

图 2-3-29　H06-D+13-2 涂层体系色差变化曲线

（2）附着力　H06-D+13-2 涂层体系在万宁濒海户外、漠河户外、拉萨户外暴露 5 年的附着力变化数据见表 2-3-84。

表 2-3-84 附着力变化数据

暴露时间/年	万宁濒海户外		漠河户外		拉萨户外	
	附着力/级	破坏性质	附着力/级	破坏性质	附着力/级	破坏性质
0	1	涂层与基材间破坏	1	涂层与基材间破坏	1	涂层与基材间破坏
0.5	1	面漆与底漆间破坏	1	涂层与基材间破坏	1	涂层与基材间破坏
1	1	涂层与基材间破坏	1	面漆与底漆间破坏	1	涂层与基材间破坏
2	1	底漆内聚破坏	1	底漆内聚破坏	1	涂层与基材间破坏
3	2	面漆与底漆间破坏	1	涂层与基材间破坏	1	涂层与基材间破坏
5	1	涂层与基材间破坏	1	面漆与底漆间破坏	1	面漆与底漆间破坏

(3) 红外谱图 H06-D+13-2 涂层体系在万宁濒海户外、漠河户外和拉萨户外的红外谱图如图 2-3-30~图 2-3-32 所示。13-2 各色丙烯酸聚氨酯磁漆的特征峰出现在 1725cm^{-1}、1690cm^{-1}、1521cm^{-1}、1234cm^{-1}附近，吸收峰强度随暴露时间延长呈减弱趋势，海洋大气环境中树脂老化降解程度明显大于寒冷乡村和寒温高原环境。

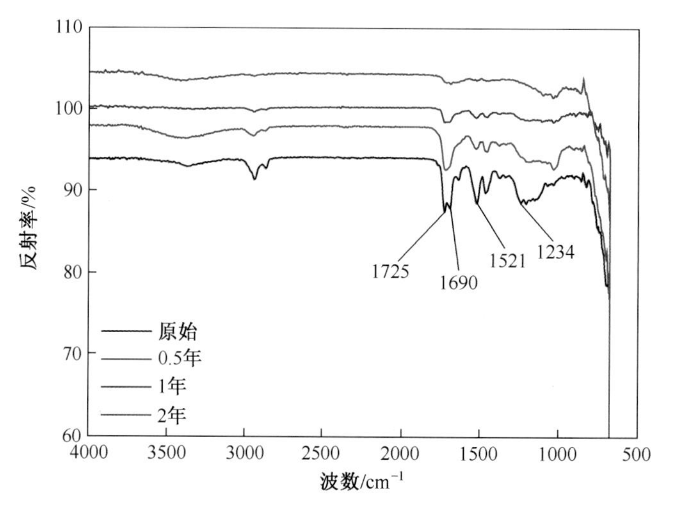

图 2-3-30 H06-D+13-2 涂层体系暴露于万宁濒海户外的红外谱图

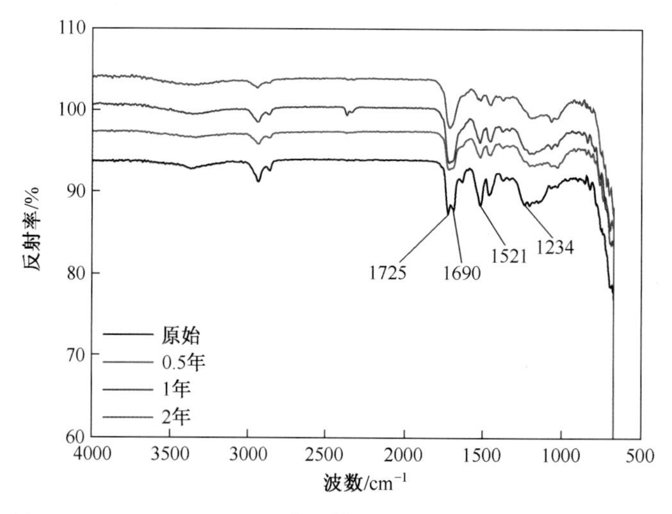

图 2-3-31 H06-D+13-2 涂层体系暴露于漠河户外的红外谱图

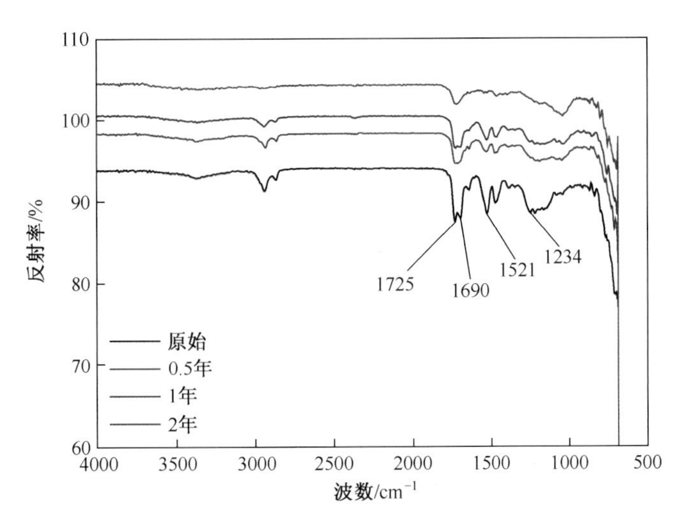

图 2-3-32　H06-D+13-2 涂层体系暴露于拉萨户外的红外谱图

4. 使用建议

① H06-D+13-2 涂层体系一般用于装备的外部结构防护，层间结合力较好，抗大气老化能力明显低于 TS96-71 氟聚氨酯无光磁漆，在海洋环境中防护性能尚可，寒冷环境中防护性能中等。

② H06-D+13-2 涂层体系用于金属表面防护时，应首先对金属表面进行阳极氧化或化学氧化等表面处理，提高底漆与金属间的结合力。

H61-83+H61-1

1. 概述

H61-83 环氧有机硅耐热底漆为双组分涂料，H61-1 铝粉环氧有机硅耐热漆为三组分涂料。两种漆均可常温干燥，也可烘干，漆膜具有较好的力学性能、耐高低温交变性能和良好的耐热性，可在 300℃长期使用，适用于耐热部位的铝、镁、钢和钛合金的表面防护[3]。

(1) 工艺名称　H61-83 环氧有机硅耐热底漆+H61-1 铝粉环氧有机硅耐热漆。

(2) 基本组成　见表 2-3-85。

表 2-3-85　基本组成

牌号	名称	组成
H61-83	环氧有机硅耐热底漆	组分一：环氧有机硅树脂、颜料； 组分二：聚酰胺树脂
H61-1	铝粉环氧有机硅耐热漆	组分一：环氧有机硅树脂； 组分二：聚酰胺树脂； 组分三：铝粉

(3) 配套性　H61-1 铝粉环氧有机硅耐热漆既可与 H61-83 环氧有机硅耐热底漆配套使用，也可以单独用于金属表面。

(4) 生产单位　天津灯塔涂料有限公司。

2. 试验与检测

(1) 试验材料 见表 2-3-86。

表 2-3-86 试验材料

涂层体系	干膜厚度/μm	涂层外观
2A12-T4+铬酸阳极化+H61-83+H61-1	61~89	灰色

(2) 试验条件 见表 2-3-87。

表 2-3-87 试验条件

试验环境	对应试验站	试验方式
湿热海洋大气环境	海南万宁	海面平台棚下
寒冷乡村大气环境	黑龙江漠河	棚下
寒温高原大气环境	西藏拉萨	棚下
注:试验标准为 GB/T 9276—1996《涂层自然气候曝露试验方法》。		

(3) 检测项目及标准(或方法) 见表 2-3-88。

表 2-3-88 检测项目及标准(或方法)

检测项目	标准(或方法)
外观评级	GB/T 1766—2008《色漆和清漆 涂层老化的评级方法》
光泽	GB/T 9754—2007《色漆和清漆 不含金属颜料的色漆漆膜的 20°、60°和 85°镜面光泽的测定》
色差	GB/T 11186.2—1989《涂膜颜色的测量方法 第 2 部分:颜色测量》
附着力	GB/T 9286—1998《色漆和清漆 漆膜的划格试验》
拉伸性能	GB/T 228.1—2010《金属材料 拉伸试验 第 1 部分:室温试验方法》
红外谱图	采用傅里叶变换红外光谱(FTIR)ATR 附件检测,红外光谱测试的光谱扫描范围是 4000~400cm^{-1},扫描精度为 4cm^{-1},扫描次数为 32 次

3. 自然环境腐蚀性能

(1) 单项/综合评定等级 H61-83+H61-1 涂层体系在万宁海面平台棚下、漠河棚下和拉萨棚下暴露主要表现为轻微失光、变色等老化现象。涂层单项/综合评定等级见表 2-3-89,色差变化曲线见图 2-3-33。

表 2-3-89 涂层单项/综合评定等级

试验环境	试验时间/月	单项等级							综合等级
		变色	粉化	开裂	起泡	长霉	生锈	脱落	
万宁海面平台棚下	12	0	0	0	0	0	0	0	0
	18	0	0	0	0	0	0	0	0
	24	1	0	0	0	0	0	0	0
	30	1	0	0	0	0	0	0	0
	36	1	0	0	0	0	0	0	0
	48	1	0	0	0	0	0	0	0
	60	1	0	0	0	0	0	0	0

（续）

试验环境	试验时间/月	单项等级							综合等级
		变色	粉化	开裂	起泡	长霉	生锈	脱落	
漠河棚下	12	0	0	0	0	0	0	0	0
	18	0	0	0	0	0	0	0	0
	24	1	0	0	0	0	0	0	0
	30	1	0	0	0	0	0	0	0
	36	1	0	0	0	0	0	0	0
	48	1	0	0	0	0	0	0	0
	60	1	0	0	0	0	0	0	0
拉萨棚下	12	0	0	0	0	0	0	0	0
	18	0	0	0	0	0	0	0	0
	24	0	0	0	0	0	0	0	0
	30	0	0	0	0	0	0	0	0
	36	1	0	0	0	0	0	0	0
	48	0	0	0	0	0	0	0	0
	60	2	0	0	0	0	0	0	0

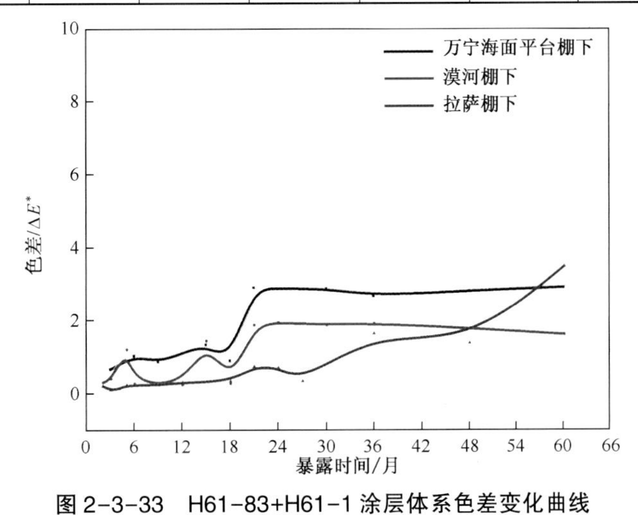

图 2-3-33　H61-83+H61-1 涂层体系色差变化曲线

（2）附着力　H61-83+H61-1 涂层体系在万宁海面平台棚下、漠河棚下和拉萨棚下的附着力变化数据见表 2-3-90。

表 2-3-90　附着力变化数据

暴露时间/年	万宁海面平台棚下		漠河棚下		拉萨棚下	
	附着力/级	破坏性质	附着力/级	破坏性质	附着力/级	破坏性质
0	0	—	0	—	0	—
1	0	—	0	—	0	—
2	1	涂层与基材间破坏	1	面漆与底漆间破坏	0	—
3	0	—	0	—	0	—
4	0	—	1	涂层与基材间破坏	0	—
5	0	—	1	面漆与底漆间破坏	0	—

（3）对基材力学性能的影响　2A12-T4 基材及 2A12-T4+铬酸阳极化+H61-83+H61-1 涂层体系在万宁海面平台棚下、漠河棚下和拉萨棚下暴露不同时间的拉伸性能数据见表 2-3-91。

表 2-3-91　拉伸性能数据

暴露时间/年	试验方式	2A12-T4+铬酸阳极化+H61-83+H61-1								2A12-T4(δ3.0mm,带包铝层,取向为T)							
		F_m				A				F_m				A			
		实测值/kN	平均值/kN	标准差/kN	保持率/%	实测值/%	平均值/%	标准差/%	保持率/%	实测值/kN	平均值/kN	标准差/kN	保持率/%	实测值/%	平均值/%	标准差/%	保持率/%
0	原始	19.47~19.87	19.67	0.2	—	19.0~21.5	20.0	1.1	—	19.95~20.15	20.03	0.1	—	19.5~22.0	21.0	1.0	—
1	万宁海面平台棚下	19.42~20.12	19.90	0.3	101	22.0~27.5	24.0	2.1	120	19.01~19.97	19.63	0.4	98	17.5~17.5	17.5	0.0	83
2		19.83~20.16	20.00	0.1	102	24.5~25.5	25.0	0.4	125	19.08~19.94	19.58	0.3	98	12.0~18.0	15.5	3.0	74
3		20.0~20.18	20.05	0.1	102	23.0~25.0	24.0	0.7	120	19.16~19.68	19.42	0.2	97	10.5~15.0	12.5	1.8	60
4		—	—	—	—	—	—	—	—	19.37~19.73	19.54	0.1	98	13.0~17.0	14.5	2.7	74
5		19.77~20.20	19.96	0.2	101	15.5~22.5	20.5	2.9	103	19.25~19.86	19.50	0.2	97	10.5~13.0	12.0	0.9	57
1	漠河棚下	19.76~19.94	19.84	0.1	101	21.5~26.0	23.5	1.9	118	19.46~19.95	19.78	0.2	99	21.5~26.5	23.5	2.1	112
2		19.58~20.06	19.85	0.2	101	24.0~27.0	25.5	1.2	128	19.71~20.10	19.83	0.2	99	23.0~25.5	24.0	0.9	114
3		19.68~19.96	19.81	0.1	101	22.0~23.0	22.5	0.5	113	19.74~20.09	19.98	0.1	100	21.0~23.5	22.0	1.0	105
5		19.70~20.01	19.87	0.2	101	18.5~26.5	22.0	2.9	110	19.80~20.23	20.06	0.2	100	21.0~23.5	22.5	0.7	107
1	拉萨棚下	19.84~20.25	20.01	0.2	102	22.0~23.0	22.5	0.5	113	19.68~20.07	19.91	0.1	99	22.0~23.5	23.0	0.7	110
2		19.55~20.12	19.89	0.2	101	22.0~27.0	24.5	1.9	123	19.74~20.09	19.92	0.1	99	20.5~27.5	24.0	2.6	114
3		19.66~20.16	19.92	0.2	101	21.5~24.5	23.0	1.2	115	19.75~20.13	19.91	0.1	99	22.5~25.0	24.0	0.9	114
4		19.61~19.88	19.73	0.1	100	20.5~24.5	23.0	1.6	115	—	—	—	—	—	—	—	—
5		19.90~20.15	19.92	0.2	101	14.5~24.0	21.0	3.8	105	19.73~20.04	19.93	0.1	100	20.5~23.0	22.0	1.0	105

注:涂层哑铃试样基材平行段原始截面尺寸为15.0mm×3.0mm。

(4) 红外谱图　H61-83+H61-1 涂层体系暴露于万宁海面平台棚下、漠河棚下和拉萨棚下的红外谱图如图 2-3-34~图 2-3-36 所示。H61-1 铝粉环氧有机硅耐热漆的特征峰出现在 1607cm^{-1}、1509cm^{-1}、1242cm^{-1}、942cm^{-1}和 827cm^{-1}附近，由于不直接接受太阳辐射的作用，三种环境中吸收峰强度随暴露时间延长变化不明显。

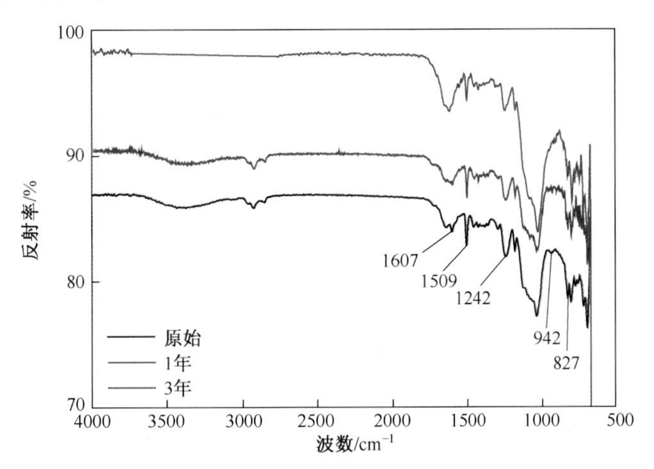

图 2-3-34　H61-83+H61-1 涂层体系暴露于万宁海面平台棚下的红外谱图

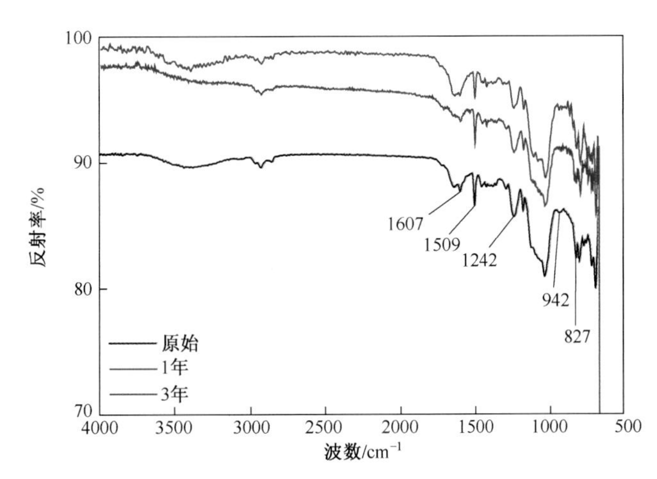

图 2-3-35　H61-83+H61-1 涂层体系暴露于漠河棚下的红外谱图

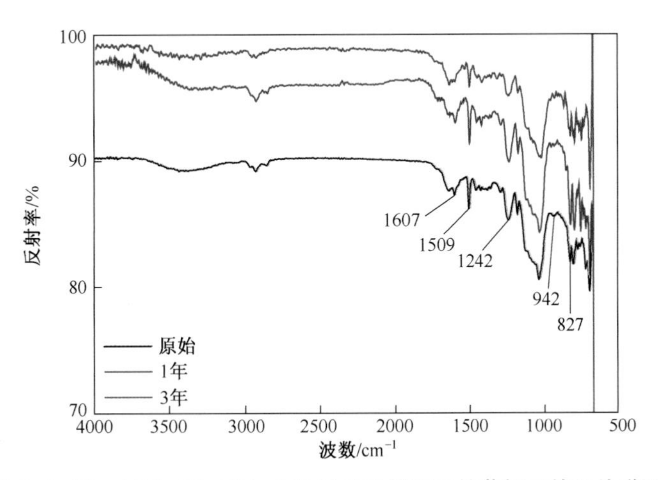

图 2-3-36　H61-83+H61-1 涂层体系暴露于拉萨棚下的红外谱图

4. 使用建议

① H61-83+H61-1 涂层体系具有良好的层间结合力,适用于耐热部位的铝、镁和钛合金的表面防护。该涂层体系在遮蔽条件下防护性能优。

② H61-83+H61-1 涂层体系用于金属表面防护时,应先对金属表面进行阳极氧化或化学氧化等表面处理,增加涂层体系与金属间的结合力。

H06-27+S04-81

1. 概述

H06-27 环氧聚酰胺底漆为双组分涂料,可常温固化,具有良好的物理力学性能和耐介质性能,用于铝合金表面防护。

S04-81 各色聚氨酯磁漆为双组分涂料,可自干。漆膜具有良好的力学性能和耐水、耐湿热、耐盐雾性能及良好的装饰性能[3]。

(1) 工艺名称 H06-27 环氧聚酰胺底漆+S04-81 各色聚氨酯磁漆。

(2) 基本组成 见表 2-3-92。

表 2-3-92 基本组成

牌号	名称	组成
H06-27	环氧聚酰胺底漆	组分一:环氧树脂、颜料、助剂、有机溶剂等; 组分二:聚酰胺树脂
S04-81	各色聚氨酯磁漆	组分一:聚酯树脂、颜料、填料; 组分二:脂肪族异氰酸酯

2. 试验与检测

(1) 试验材料 见表 2-3-93。

表 2-3-93 试验材料

试样类型	涂层体系	干膜厚度/μm	涂层外观
铆接/螺接形式	2A12-T4+微弧氧化+H06-27+S04-81	110~120	灰色

(2) 试验条件 见表 2-3-94。

表 2-3-94 试验条件

试验环境	对应试验站	试验方式
湿热海洋大气环境	海南万宁	海面平台户外
注:试验标准为 GB/T 9276—1996《涂层自然气候曝露试验方法》。		

(3) 检测项目及标准(或方法)　见表 2-3-95。

表 2-3-95　检测项目及标准(或方法)

检测项目	标准(或方法)
外观评级	GB/T 1766—2008《色漆和清漆　涂层老化的评级方法》
光泽	GB/T 9754—2007《色漆和清漆　不含金属颜料的色漆漆膜的 20°、60°、85°镜面光泽的测定》
色差	GB/T 11186.2—1989《涂膜颜色的测量方法　第 2 部分:颜色测量》
附着力	GB/T 9286—1998《色漆和清漆　漆膜的划格试验》
微观形貌	(1) 采用 Quanta200 型环境扫描电镜观察涂层试样的表面微观形貌,扫描电镜的分辨率为 3.0nm,放大倍率为 17 倍~10 万倍,连续可调; (2) 采用 KH-3000VD 三维视频显微系统重点观测涂层试样连接部位和平板腐蚀部位的微观形貌,三维视频放大倍率为 50~3500 倍,景深为 0.2~0.0024mm,工作距离为 14mm

3. 腐蚀特征

H06-27+S04-81 涂层螺铆连接形式在万宁海面平台户外暴露 2 年,连接部位附近涂层出现起泡、脱落及基体腐蚀等现象,平板区域则主要表现为失光、变色和粉化等老化现象,高倍下可观察到大量孔隙等微观缺陷。典型宏观/微观腐蚀形貌见图 2-3-37~图 2-3-39。

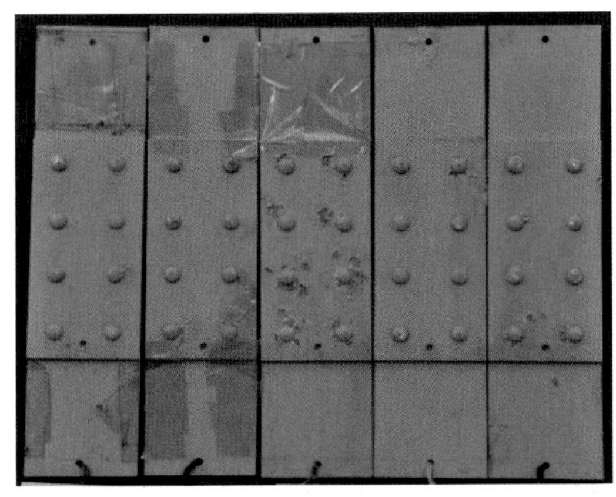

图 2-3-37　H06-27+S04-81 涂层螺铆连接形式在万宁海面平台户外暴露 2 年的宏观形貌(反面)

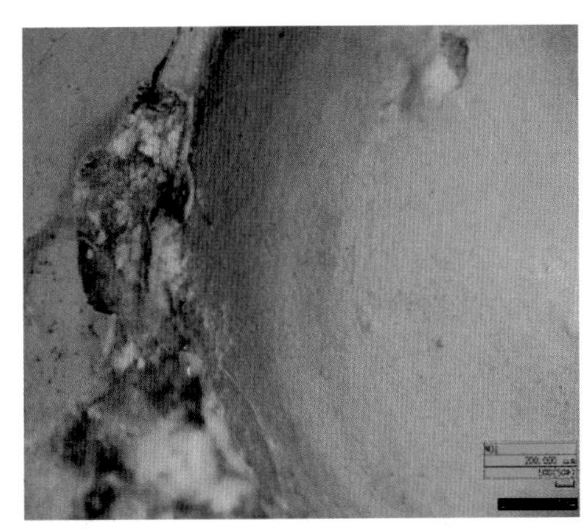

图 2-3-38　H06-27+S04-81 涂层螺铆连接形式在万宁海面平台户外暴露 2 年的三维视频形貌(×50)

(a) 原始

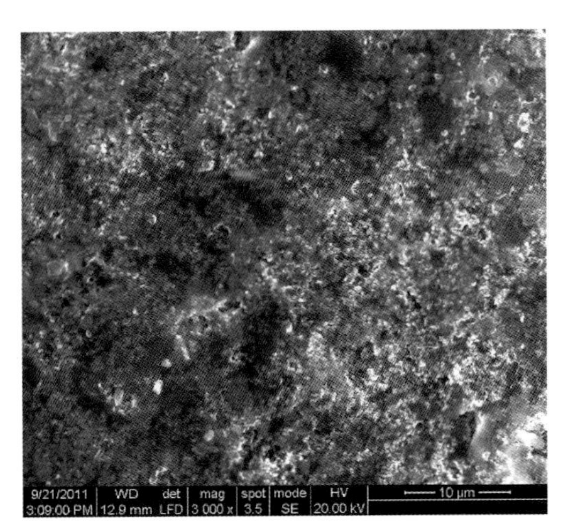

(b) 万宁海面平台户外暴露2年

图 2-3-39　H06-27+S04-81 涂层螺铆连接形式的 SEM 微观形貌

4. 自然环境腐蚀性能

(1) 单项/综合评定等级 H06-27+S04-81 涂层螺铆连接形式平板区域的单项/综合评定等级见表 2-3-96,失光率变化曲线见图 2-3-40,色差变化曲线见图 2-3-41。

表 2-3-96 涂层单项/综合评定等级

试验环境	试验时间/月	单项等级							综合等级
		变色	粉化	开裂	起泡	长霉	生锈	脱落	
万宁海面平台户外	3	1	0	0	0	0	0	0	0
	6	1	0	0	0	0	0	0	0
	8	1	2	0	0	0	0	0	2
	9	2	4	0	0	0	0	0	4
	10	2	5	0	0	0	0	0	5
	12	2	5	0	0	0	0	0	5
	18	2	5	0	0	0	0	0	5
	24	2	5	0	0	0	0	0	5

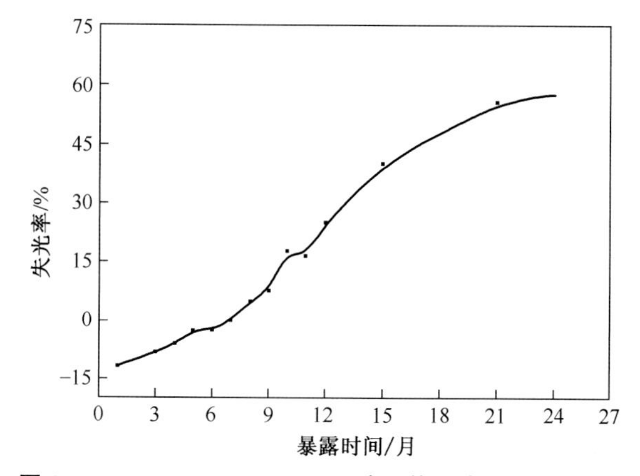

图 2-3-40 H06-27+S04-81 涂层体系失光率变化曲线

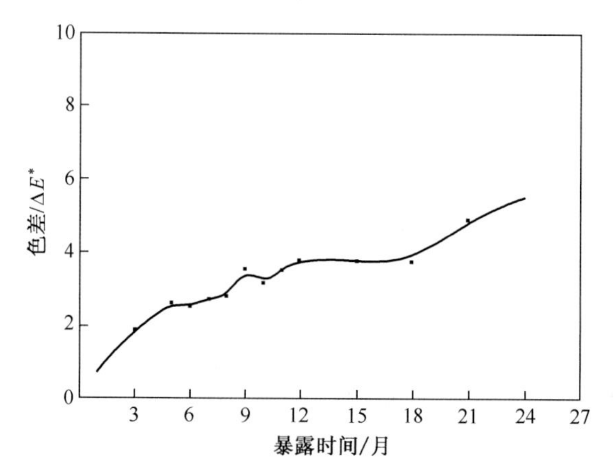

图 2-3-41 H06-27+S04-81 涂层体系色差变化曲线

(2) 附着力 H06-27+S04-81 涂层体系万宁海面平台户外暴露期间的附着力变化数据见表 2-3-97。

表 2-3-97　附着力变化数据

试验环境	涂层体系	暴露时间/月	附着力/级
万宁海面平台户外	2A12-T4+微弧氧化+H06-27+S04-81	0	1
		6	1
		12	2
		18	1

5. 使用建议

① H06-27+S04-81 涂层体系一般用于装备的外部结构防护，在湿热海洋环境中防护性能差，易粉化。

② H06-27+S04-81 涂层体系用于金属表面防护时，应先对金属表面进行阳极氧化或其他氧化等表面处理，增加涂层体系与金属间的结合力。

新型纳米涂层

1. 概述

新型纳米涂层是一种有机-无机杂化纳米涂层，是一种纳米数量级的多相涂层。纳米相与其他相之间通过共价键、配位键、氢键等作用在纳米水平上复合。杂化涂层与金属基体之间通过共价键结合在一起，在金属发生腐蚀时能显著抑制腐蚀反应的进行和腐蚀区域的扩展。新型纳米涂层综合了有机物和无机物各自的优点，实现了有机材料的柔韧性和无机材料的耐磨性、抗老化性、耐候性的有效结合，具有较高的稳定性。新型纳米涂层单层即可达到目前航空涂料两层底漆和一层面漆的防护能力，具有减重、便于外场快速修复等特点。

(1) 工艺名称　新型纳米涂层。

(2) 基本组成　不详。

2. 试验与检测

(1) 试验材料　见表 2-3-98。

表 2-3-98　试验材料

试样类型	涂层体系	干膜厚度/μm	涂层外观
铆接/螺接形式	2A12-T4+硫酸阳极化+新型纳米涂层	53～146	黄色

(2) 试验条件　见表 2-3-99。

表 2-3-99　试验条件

试验环境	对应试验站	试验方式
湿热海洋大气环境	海南万宁	海面平台户外
注：试验标准为 GB/T 9276—1996《涂层自然气候曝露试验方法》。		

(3) 检测项目及标准(或方法)　见表 2-3-100。

表 2-3-100　检测项目及标准(或方法)

检测项目	标准(或方法)
外观评级	GB/T 1766—2008《色漆和清漆　涂层老化的评级方法》
光泽	GB/T 9754—2007《色漆和清漆　不含金属颜料的色漆漆膜的 20°、60°、85°镜面光泽的测定》
色差	GB/T 11186. 2—1989《涂膜颜色的测量方法　第 2 部分:颜色测量》
附着力	GB/T 9286—1998《色漆和清漆　漆膜的划格试验》
微观形貌	(1) 采用 Quanta200 型环境扫描电镜观察涂层试样的表面微观形貌,扫描电镜的分辨率为 3. 0nm,放大倍率为 17 倍~10 万倍,连续可调; (2) 采用 KH-3000VD 三维视频显微系统重点观测涂层试样连接部位和平板腐蚀部位的微观形貌,三维视频放大倍率为 50~3500 倍,景深为 0. 2~0. 0024mm,工作距离为 14mm

3. 腐蚀特征

新型纳米涂层(铆接/螺接)形式在海面平台户外暴露 2 年,连接部位附近涂层出现起泡、脱落及基体腐蚀等现象,平板区域则主要表现为轻微失光、变色,微观下膜层光滑平整,极细小的颜料颗粒弥散分布于树脂基体中。典型宏观/微观腐蚀形貌见图 2-3-42~图 2-3-44。

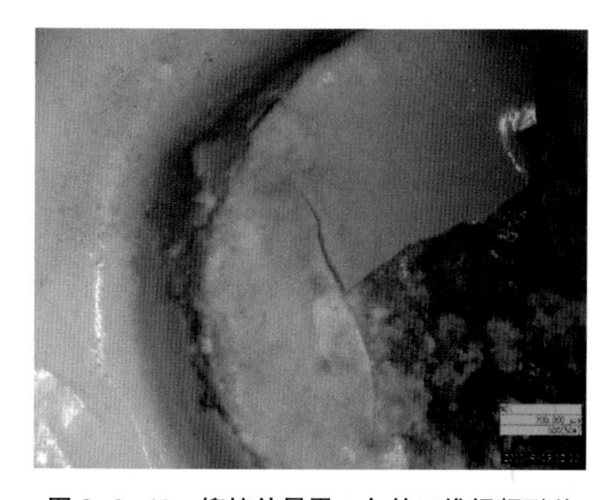

图 2-3-42　铆接件暴露 2 年的三维视频形貌

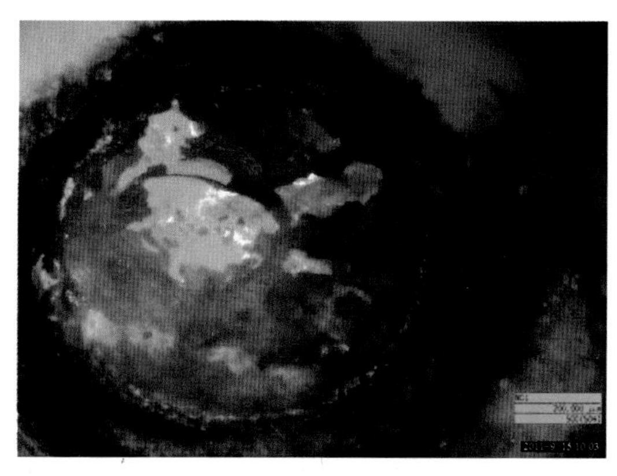

图 2-3-43　螺接件暴露 2 年的三维视频形貌

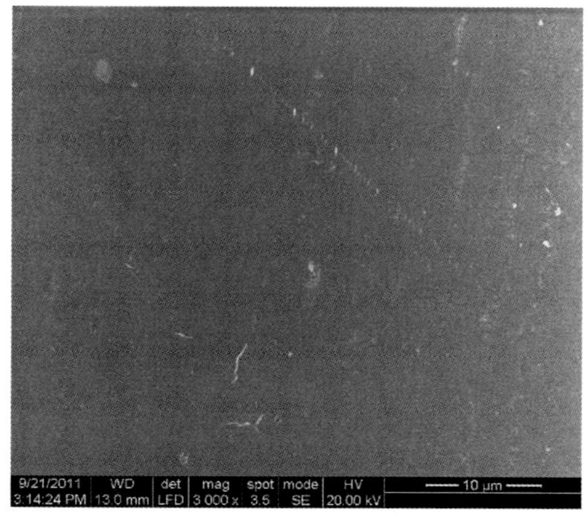

(a) 铆接件在万宁海面平台户外暴露2年

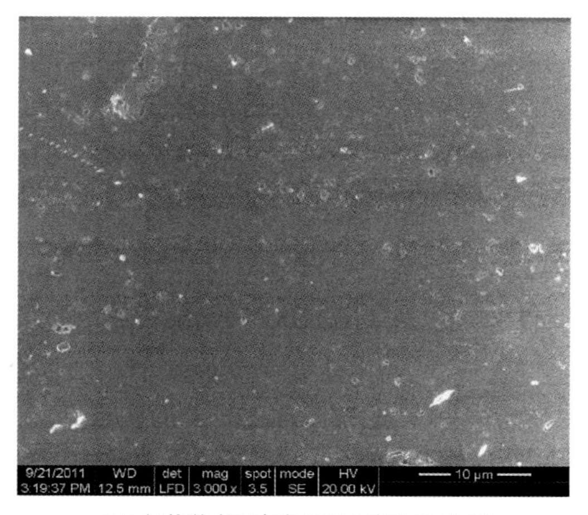

(b) 螺接件在万宁海面平台户外暴露2年

图 2-3-44　新型纳米涂层体系微观形貌

4. 自然环境腐蚀性能

(1) 单项/综合评定等级 新型纳米涂层铆接/螺接形式平板区域的单项/综合评定等级见表2-3-101,失光率变化曲线见图2-3-45,色差变化曲线见图2-3-46。

表2-3-101 涂层单项/综合评定等级

试验环境	试验时间/月	单项等级							综合等级
		变色	粉化	开裂	起泡	长霉	生锈	脱落	
万宁海面平台户外	3	1	0	0	0	0	0	0	0
	6	2	0	0	0	0	0	0	0
	9	2	0	0	0	0	0	0	0
	12	2	0	0	0	0	0	0	0
	18	2	0	0	0	0	0	0	0
	24	2	0	0	0	0	0	0	0

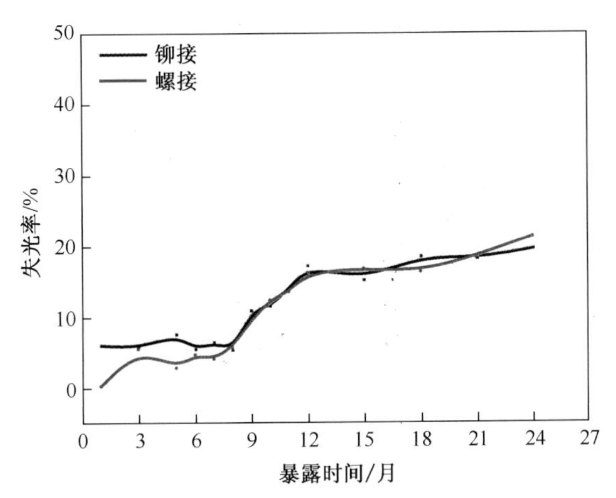

图2-3-45 纳米涂层体系失光率变化曲线

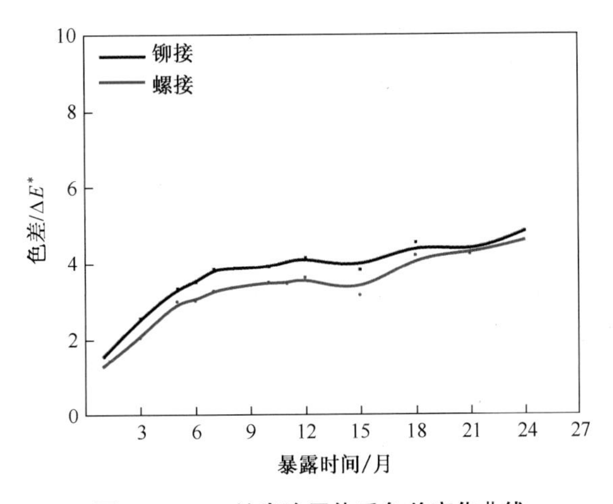

图2-3-46 纳米涂层体系色差变化曲线

(2) 附着力 新型纳米涂层铆接/螺接形式平板区域纳米涂层的附着力变化数据见表2-3-102。

表 2-3-102 附着力变化数据

试验环境	涂层体系	暴露时间/月	附着力/级	
			铆接	螺接
万宁海面平台户外	2A12-T4+硫酸阳极化+新型纳米涂层	0	1	1
		6	1	2
		12	2	2
		18	3	2
		24	2	2

5. 使用建议

新型纳米涂层可用于装备的外部结构防护,具有优良的抗粉化和变色能力,在湿热海洋等严酷环境中的防护性能优。

BMS10-11

1. 概述

BMS10-11-Ⅰ型是双组分的环氧树脂防腐底漆,能耐受溶剂、液压油等化学制品侵蚀,主要用于金属件的腐蚀防护。BMS10-11-Ⅱ型是双组分的环氧树脂防腐面漆。

(1) 工艺名称 BMS10-11。

(2) 基本组成 见表 2-3-103。

表 2-3-103 基本组成[2]

牌号	名称	组成
BMS10-11	环氧树脂防腐漆	Ⅰ型:缓蚀底漆 Ⅱ型:磁漆 A 类:空气或无空气喷涂 B 类:静电喷涂 A 级:挥发物含量为 600~650g/L B 级:Ⅰ型底漆,挥发物含量≤350g/L D 级:Ⅱ型磁漆,挥发物含量≤420g/L E 级:Ⅰ型底漆,挥发物含量≤350g/L

(3) 配套性 BMS10-11-Ⅰ环氧树脂防腐底漆可与 BMS10-60 飞机外蒙皮漆配套使用。

(4) 生产单位 波音公司。

2. 试验与检测

(1) 试验材料 见表 2-3-104。

表 2-3-104 试验材料

涂层体系	干膜厚度/μm	涂层外观
2A12-T4+铬酸阳极化+BMS10-11-Ⅰ	15~22	草绿色

(2) 试验条件 见表 2-3-105。

表 2-3-105 试验条件

试验环境	对应试验站	试验方式
湿热海洋大气环境	海南万宁	海面平台棚下
注:试验标准为 GB/T 9276—1996《涂层自然气候曝露试验方法》。		

(3) 检测项目及标准(或方法) 见表 2-3-106。

表 2-3-106 检测项目及标准(或方法)

检测项目	标准(或方法)
外观评级	GB/T 1766—2008《色漆和清漆 涂层老化的评级方法》
光泽	GB/T 9754—2007《色漆和清漆 不含金属颜料的色漆漆膜的 20°、60°和 85°镜面光泽的测定》
色差	GB/T 11186.2—1989《涂膜颜色的测量方法 第 2 部分:颜色测量》
附着力	GB/T 9286—1998《色漆和清漆 漆膜的划格试验》
力学性能	GB/T 228.1—2010《金属材料 拉伸试验 第 1 部分:室温试验方法》
红外谱图	采用傅里叶变换红外光谱(FTIR)ATR 附件检测,红外光谱测试的光谱扫描范围是 4000~400cm^{-1},扫描精度为 4cm^{-1},扫描次数为 32 次

3. 自然环境腐蚀性能

(1) 单项/综合评定等级 BMS10-11 涂层体系在万宁海面平台棚下暴露主要表现为轻微增光和明显变色等老化现象。涂层单项/综合评定等级见表 2-3-107,失光率变化曲线见图 2-3-47,色差变化曲线见图 2-3-48。

表 2-3-107 涂层单项/综合评定等级

试验环境	试验时间/月	单项等级							综合等级
		变色	粉化	开裂	起泡	长霉	生锈	脱落	
万宁海面平台棚下	3	1	0	0	0	0	0	0	0
	6	2	0	0	0	0	0	0	0
	9	2	0	0	0	0	0	0	0
	12	3	0	0	0	0	0	0	0
	18	3	0	0	0	0	0	0	1
	24	3	0	0	0	0	0	0	1
	30	3	0	0	0	0	0	0	1
	36	4	0	0	0	0	0	0	1
	48	4	0	0	0	0	0	0	2
	60	4	0	0	0	0	0	0	2

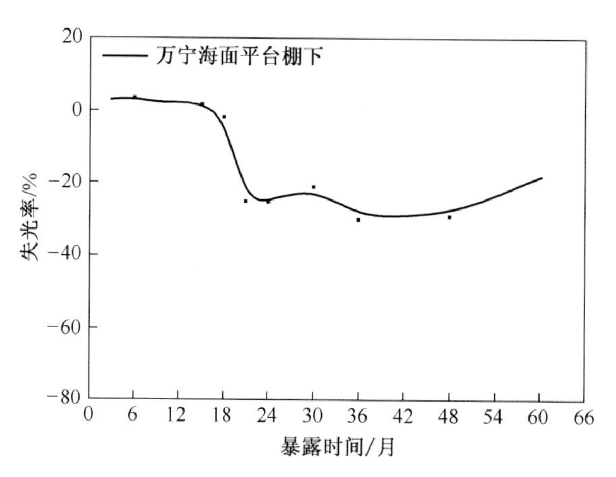

图 2-3-47　BMS10-11 涂层体系失光率变化曲线

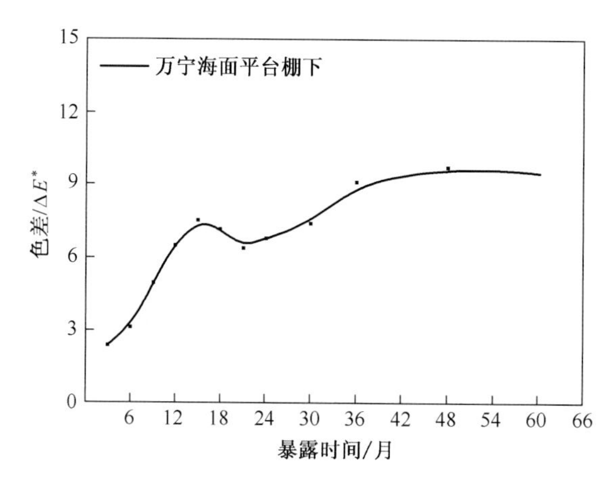

图 2-3-48　BMS10-11 涂层体系色差变化曲线

(2) 附着力　BMS10-11 涂层体系暴露于万宁海面平台棚下的附着力变化数据见表 2-3-108。

表 2-3-108　附着力变化数据

暴露时间/年	万宁海面平台棚下	
	附着力/级	破坏形式
0	0	—
1	0	—
2	0	—
3	0	—
4	0	—
5	0	—

(3) 对基材力学性能的影响　2A12-T4 基材及 2A12-T4+铬酸阳极化+BMS10-11 涂层体系暴露于万宁海面平台棚下的力学性能数据见表 2-3-109。

表 2-3-109　拉伸性能数据

暴露时间/年	试验方式	2A12-T4+铬酸阳极化+BMS10-11								2A12-T4(δ3.0mm,带包铝层,取向为T)							
		F_m				A				F_m				A			
		实测值/kN	平均值/kN	标准差/kN	保持率/%	实测值/%	平均值/%	标准差/%	保持率/%	实测值/kN	平均值/kN	标准差/kN	保持率/%	实测值/%	平均值/%	标准差/%	保持率/%
0	原始	19.66~20.04	19.86	0.2	—	20.0~21.5	21.0	0.7	—	19.95~20.15	20.03	0.1	—	19.5~22.0	21.0	1.0	—
1	万宁海面平台棚下	19.90~20.12	20.02	0.1	101	20.5~25.0	23.0	1.7	110	19.01~19.97	19.63	0.4	98	17.5~17.5	17.5	0.0	84
2		19.73~20.25	20.04	0.2	101	22.5~28.5	26.0	2.3	124	19.08~19.94	19.58	0.3	98	12.0~18.0	15.5	3.0	74
3		19.78~20.37	20.06	0.2	101	17.5~23.0	21.0	2.2	100	19.16~19.68	19.42	0.2	97	10.5~15.0	12.5	1.8	60
4		—	—	—	—	—	—	—	—	19.37~19.73	19.54	0.1	98	13.0~19.5	15.5	2.7	74
5		20.00~20.32	20.11	0.1	101	13.0~23.0	20.0	4.0	95	19.25~19.86	19.50	0.2	97	10.5~13.0	12.0	5.5	57

注:涂层哑铃试样基材平行段原始截面尺寸为15.0mm×3.0mm。

(4) **红外谱图**　BMS10-11 涂层体系暴露于万宁海面平台棚下的红外谱图如图 2-3-49 所示。BMS10-11 环氧树脂防腐漆的特征峰出现在 1742cm^{-1}、1605cm^{-1}、1183cm^{-1}、884cm^{-1}和 831cm^{-1}附近，由于隔绝了太阳辐射的直接作用，棚下暴露过程中，特征峰强度呈现轻微下降趋势。

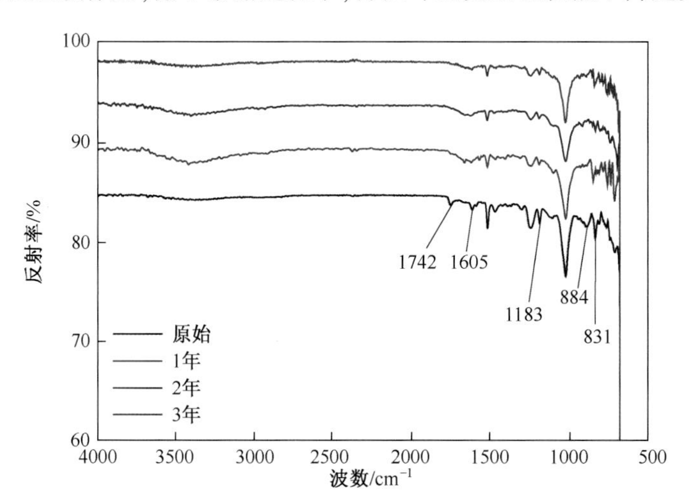

图 2-3-49　BMS10-11 涂层体系暴露于万宁海面平台棚下的红外谱图

4. 使用建议

BMS10-11+BMS10-11 涂层体系与基材的附着力强，是飞机机身内表面非油箱区零件高防腐、长寿命的关键防护层[4]。该涂层体系在湿热海洋遮蔽条件下防护性能良好。

TH52-85+TS55-80

1. 概述

TH52-85 环氧富锌底漆是以改性环氧树脂为主要成膜物的双组分环氧体系涂料，由底漆、固化剂组成。该涂层具有优良的力学性能和防腐性能，与同类产品相比，耐焊接性优良，主要用于地面装备以及贮存库房和发射架等固定设施，以及贮存库房和发射架等固定设施，尤其适用于舰船、沿海通用设备防腐，能有效提高装备和设施的使用寿命。

TS55-80 耐海水系列防腐面漆是针对海洋环境使用装备的防腐要求而研制的高性能防腐涂料。该涂层具有优良的耐候性、耐盐雾性、耐海水性和优异的机械物理性能及装饰功能，能有效解决海水和海洋大气条件下涂层的变色、粉化、起泡、脱落等问题；具有可见光迷彩、近红外迷彩功能，满足 GJB 798—1990 的颜色要求；可自干或低温烘干，应用范围广。

(1) **工艺名称**　TH52-85 环氧富锌底漆+TS55-80 耐海水系列防腐面漆。

(2) **基本组成**　见表 2-3-110。

表 2-3-110　基本组成

牌号	名称	组成
TH52-85	环氧富锌底漆	组分一：改性环氧树脂、锌粉、助剂、有机溶剂等； 组分二：酚醛胺树脂

（续）

牌号	名称	组成
TS55-80	耐海水系列防腐面漆	组分一：丙烯酸树脂、聚氨酯、助剂、有机溶剂等； 组分二：脂肪族异氰酸酯树脂

（3）制备工艺

① 底漆前处理。喷涂 TH52-85 环氧富锌底漆前，应进行如下前处理：

a. 对不需喷涂底漆的部位利用胶带和纸进行遮盖保护处理；

b. 对需喷涂底漆的部位进行吹砂处理；

c. 经表面处理后，保证待喷涂表面无油、无水、无浮尘，清洁干燥。

② 调漆。按原漆：固化剂=20：1 混合，加入适量的稀释剂，搅拌均匀，调整喷涂黏度为 10~25s。

③ 喷涂底漆。TH52-85 环氧富锌底漆涂层的厚度控制在 30~60μm；对配制好的漆液，应在 8h 内使用完。

④ 底漆固化。TH52-85 环氧富锌底漆涂层可在 70~80℃下烘烤 0.5~1h，加热固化实现实干；无加热条件时，也可室温固化，24h 内实现实干。

⑤ 喷涂面漆。底漆实干后，再喷涂 TS55-80 耐海水系列防腐面漆，常温干燥 24h 或 50℃干燥 6h。

（4）配套性　TH52-85 环氧富锌底漆与 TS55-80 耐海水系列防腐面漆具有良好的相容性。

（5）生产单位　中国兵器集团工业第五九研究所。

2. 试验与检测

（1）试验材料　见表 2-3-111。

表 2-3-111　试验材料

涂层体系	干膜厚度/μm	涂层外观
2A12 +硫酸阳极化+TH52-85 +TS55-80	72~131	军绿色

（2）试验条件　见表 2-3-112。

表 2-3-112　试验条件

试验环境	对应试验站	试验方式
湿热海洋大气环境	海南万宁	濒海户外
注：试验标准为 GB/T 9276—1996《涂层自然气候曝露试验方法》。		

（3）检测项目及标准（或方法）　见表 2-3-113。

表 2-3-113　检测项目及标准（或方法）

检测项目	检测标准
外观评级	GB/T 1766—2008《色漆和清漆　涂层老化的评级方法》
光泽	GB/T 9754—2007《色漆和清漆　不含金属颜料的色漆漆膜的 20°、60°、85°镜面光泽的测定》
色差	GB/T 11186.2—1989《涂膜颜色的测量方法　第 2 部分：颜色测量》
红外谱图	采用傅里叶变换红外光谱（FTIR）ATR 附件检测，红外光谱测试的光谱扫描范围是 4000~400cm^{-1}，扫描精度为 4cm^{-1}，扫描次数为 32 次

3. 自然环境腐蚀性能

(1) 单项/综合评定等级 TH52-85 +TS55-80 涂层体系在万宁濒海户外暴露主要表现为失光、变色和粉化等老化现象。涂层单项/综合评定等级见表 2-3-114,失光率变化曲线见图 2-3-50,色差变化曲线见图 2-3-51。

表 2-3-114 涂层单项/综合评定等级

试验环境	试验时间/月	单项等级							综合等级
		变色	粉化	开裂	起泡	长霉	生锈	脱落	
万宁濒海户外	3	1	0	0	0	0	0	0	0
	6	1	0	0	0	0	0	0	0
	9	2	0	0	0	0	0	0	0
	12	2	0	0	0	0	0	0	0
	18	3	1	0	0	0	0	0	1
	24	3	1	0	0	0	0	0	1

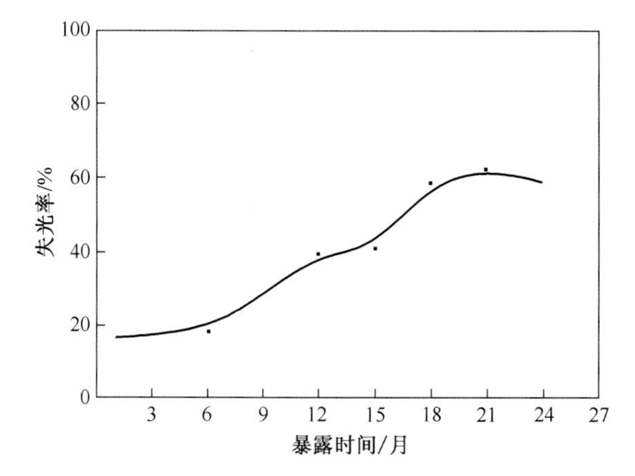

图 2-3-50 TH52-85 +TS55-80 涂层体系失光率变化曲线

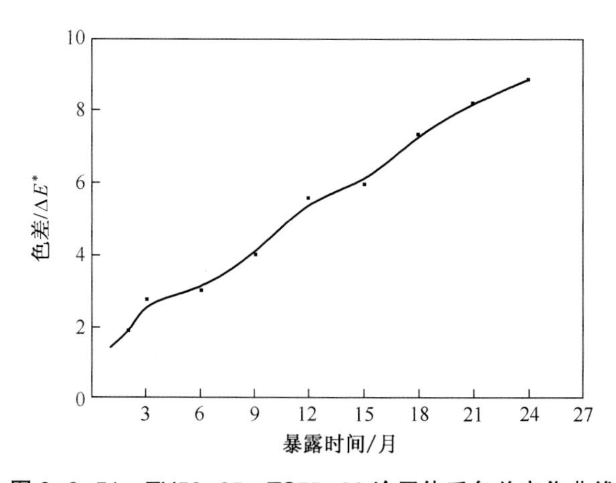

图 2-3-51 TH52-85 +TS55-80 涂层体系色差变化曲线

(2) 红外谱图 TH52-85 +TS55-80 涂层体系暴露于万宁濒海户外的红外谱图如图 2-3-52 所示。TS55-80 耐海水系列防腐面漆的特征峰出现在 1727cm^{-1}、1689cm^{-1} 和 1463cm^{-1} 附近,吸收峰强度随暴露时间延长呈减弱趋势。

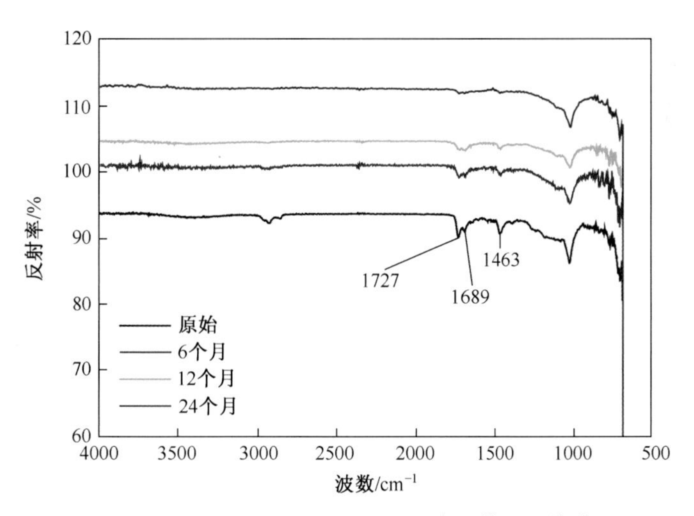

图 2-3-52 TH52-85 +TS55-80 涂层体系红外谱图

4. 使用建议

TH52-85 +TS55-80 涂层体系一般用于装备的外部结构防护,具有可见光迷彩、近红外迷彩功能,抗大气老化性能良好。

WST-206+WST-301

1. 概述

WST-206 环氧富锌底漆由改性环氧树脂、锌粉及胺类固化剂等组成,力学性能好,具有阴极保护作用,通常用作海洋环境下钢表面的防腐底漆,也可用于隐身涂料的配套底漆,用来提高涂层的附着性能和抗腐蚀性能。

WST-301 聚氨酯面漆是以丙烯酸、聚氨酯树脂为基体的双组分交联型涂料,具有良好的柔韧性以及耐盐雾、耐湿热、耐海水性能,可用于舰船、车辆的防腐。

(1) 工艺名称 WST-206 环氧富锌底漆+WST-301 聚氨酯面漆。

(2) 基本组成 见表 2-3-115。

表 2-3-115 基本组成

牌号	名称	组成
WST-206	环氧富锌底漆	环氧树脂、锌粉及胺类固化剂等
WST-301	聚氨酯面漆	丙烯酸树脂、聚氨酯树脂等

(3) 制备工艺 按照配料、预分散、研磨分散、调色、过滤包装的流程进行样品制备。首先按照配比称取配料,将溶剂、各种助剂加入分散缸中,搅拌均匀后加入颜填料进行分散,必要时进行砂磨,使其达到本身的初级粒子,且能保持长期稳定地悬浮在体系中。在分散好的颜料浆中加入基料,充分混匀、消泡、调节黏度,产品检验合格后进行过滤包装。

(4) 配套性

WST-206 环氧富锌底漆与 WST-301 聚氨酯面漆具有较好的相容性。

WST-206+WST-301 涂层体系整体性能优良,广泛应用于装甲钢、装甲铝等金属结构,可与硫酸阳极化等表面工艺配套使用。

(5) 生产单位　中国兵器工业集团第五三研究所。

2. 试验与检测

(1) 试验材料　见表 2-3-116。

表 2-3-116　试验材料

涂层体系	干膜厚度/μm	涂层外观
2A12 +硫酸阳极化+WST-206 +WST-301	119~191	白色

(2) 试验条件　见表 2-3-117。

表 2-3-117　试验条件

试验环境	对应试验站	试验方式
湿热海洋大气环境	海南万宁	濒海户外
注:试验标准为 GB/T 9276—1996《涂层自然气候曝露试验方法》。		

(3) 检测项目及标准(或方法)　见表 2-3-118。

表 2-3-118　检测项目及标准(或方法)

检测项目	标准(或方法)
外观评级	GB/T 1766—2008《色漆和清漆　涂层老化的评级方法》
光泽	GB/T 9754—2007《色漆和清漆　不含金属颜料的色漆漆膜的 20°、60°、85°镜面光泽的测定》
色差	GB/T 11186.2—1989《涂膜颜色的测量方法　第 2 部分:颜色测量》
红外谱图	采用傅里叶变换红外光谱(FTIR)ATR 附件检测,红外光谱测试的光谱扫描范围是 $4000 \sim 400cm^{-1}$,扫描精度为 $4cm^{-1}$,扫描次数为 32 次

3. 环境腐蚀性能

(1) 实验室环境腐蚀性能　WST-301 涂层耐盐雾试验、耐湿热试验、耐油性试验、耐人造海水试验、耐热性试验的环境腐蚀性能见表 2-3-119。

表 2-3-119　环境腐蚀性能

性能	试验条件	试验结果
耐盐雾试验	GB/T 1771—1991《色漆和清漆　耐中性盐雾性能的测定》	≥96h
耐湿热试验	GB/T 1740—1989《漆膜耐湿热测定法》240h	无明显变化
耐油性试验	GB/T 1739—1989《绝缘漆漆膜耐油性测定》240h	无明显变化
耐人造海水试验	GB/T 1763—1989《漆膜耐化学试剂性测定》500h	无明显变化
耐热性试验	100℃,4h	无明显变化

(2) 自然环境腐蚀性能

① 单项/综合评定等级。WST-206 +WST-301 涂层体系在万宁濒海户外暴露主要表现为失光、

变色和粉化等老化现象。涂层单项/综合评定等级见表 2-3-120,失光率变化曲线见图 2-3-53。

表 2-3-120　涂层单项/综合评定等级

试验环境	试验时间/月	单项等级							综合等级
		变色	粉化	开裂	起泡	长霉	生锈	脱落	
万宁濒海户外	3	2	0	0	0	0	0	0	0
	6	1	1	0	0	0	0	0	1
	9	1	1	0	0	0	0	0	1
	12	2	1	0	0	0	0	0	1
	18	2	3	0	0	0	0	0	3
	27	2	4	0	0	0	0	0	4

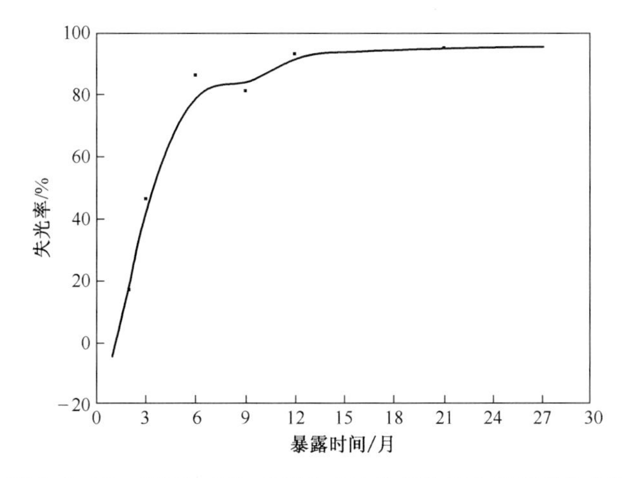

图 2-3-53　WST-206 +WST-301 涂层体系失光率变化曲线

② 红外谱图。WST-206 +WST-301 涂层体系暴露于万宁濒海户外的红外谱图如图 2-3-54 所示。WST-301 聚氨酯面漆的特征峰出现在 $1728cm^{-1}$、$1686cm^{-1}$ 和 $1465cm^{-1}$ 附近,吸收峰强度随暴露时间延长呈减弱趋势。

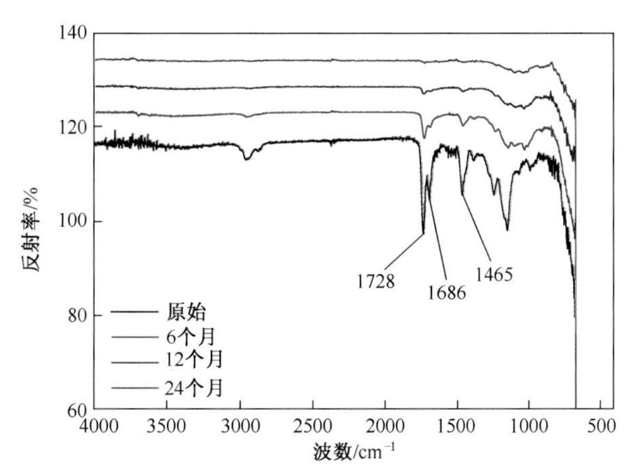

图 2-3-54　WST-206 +WST-301 涂层体系红外谱图

4. 使用建议

WST-206+WST-301 涂层体系一般用于装备的外部结构防护,在海洋大气等严酷环境中的防护性能差。

TH06-27+S04-60

1. 概述

TH06-27 环氧聚酰胺底漆为双组分涂料,可自干,也可烘干。漆膜具有优异的耐水性、耐盐雾性和耐介质性能,以及良好的物理机械性能,可广泛用于钢铁、铝合金、玻璃钢等基体防护,与氟碳涂料、丙烯酸聚氨酯涂料配套性能良好。

S04-60 丙烯酸聚氨酯面漆为双组分涂料,可自干,也可烘干。漆膜硬度高、装饰性能好,具有良好的耐化学试剂性能、高附着力、良好的力学性能,可广泛应用于各类车辆、工程机械、高级仪器设备等的装饰与防护。

(1) 工艺名称 TH06-27 环氧聚酰胺底漆+S04-60 丙烯酸聚氨酯面漆。

(2) 基本组成 见表 2-3-121。

表 2-3-121 基本组成

牌号	名称	组成
TH06-27	环氧聚酰胺底漆	组分一:环氧树脂、颜料、助剂、有机溶剂等; 组分二:聚酰胺树脂
S04-60	丙烯酸聚氨酯面漆	组分一:高级丙烯酸树脂、颜料、助剂、有机溶剂等; 组分二:脂肪族异氰酸酯

(3) 制备工艺 铝合金表面经阳极氧化或化学氧化处理,喷涂 TH06-27 环氧聚酰胺底漆,经彻底干燥后喷涂 S04-60 丙烯酸聚氨酯面漆。采用湿碰湿喷涂时,每道之间时间间隔为 0.5~1h。

(4) 配套性

TH06-27 环氧聚酰胺底漆与硫酸阳极化、硼硫酸阳极化、铬酸阳极化以及化学氧化等表面处理工艺以及 S04-60 丙烯酸聚氨酯面漆等具有较好的相容性,可以配套使用。

TH06-27+S04-60 涂层体系整体性能良好,适用于铝合金、钢铁、复合材料等基体的防护处理。

(5) 生产单位 TH06-27 环氧聚酰胺底漆:天津灯塔涂料有限公司;S04-60 丙烯酸聚氨酯面漆:西安北方慧天化学工业有限公司。

2. 试验与检测

(1) 试验材料 见表 2-3-122。

表 2-3-122 试验材料

涂层体系	干膜厚度/μm	涂层外观
2A12+硫酸阳极化+TH06-27+S04-60	100~120	海灰色
5A06+硫酸阳极化+TH06-27+S04-60	100~120	海灰色
6063+硫酸阳极化+TH06-27+S04-60	100~120	海灰色
7050+硫酸阳极化+TH06-27+S04-60	100~120	海灰色

(2) 试验条件

① 实验室环境试验条件见表 2-3-123。

表 2-3-123　实验室环境试验条件

试验项目	试验条件
湿热海洋大气环境实验室模拟加速试验	太阳辐射子试验→湿热子试验→温度冲击子试验→中性盐雾子试验组成 1 个循环周期,每个周期为 15 天,共 10 个周期
亚湿热工业大气环境实验室模拟加速试验	太阳辐射子试验→湿热子试验→温度冲击子试验→中性/酸性组合盐雾子试验组成 1 个循环周期,每周期 18 天,共 5 个周期

② 自然环境试验条件见表 2-3-124。

表 2-3-124　自然环境试验条件

试验环境	对应试验站	试验方式
湿热海洋大气环境	海南万宁	濒海户外
亚湿热工业大气环境	重庆江津	户外
注:试验标准为 GB/T 9276—1996《涂层自然气候曝露试验方法》。		

(3) 检测项目及标准　见表 2-3-125。

表 2-3-125　检测项目及标准

检测项目	标　准
外观评级	GB/T 1766—2008《色漆和清漆　涂层老化的评级方法》
光泽	GB/T 9754—2007《色漆和清漆　不含金属颜料的色漆漆膜的 20°、60°、85°镜面光泽的测定》
色差	GB/T 11186.2—1989《涂膜颜色的测量方法　第 2 部分:颜色测量》
附着力	GB/T 9286—1998《色漆和清漆　漆膜的划格试验》

3. 环境腐蚀性能

(1) 实验室环境腐蚀性能　TH06-27+S04-60 涂层体系经海洋大气环境实验室模拟加速试验后主要表现为失光、变色、粉化等老化现象,工业大气环境实验室模拟加速试验后主要表现为失光和变色现象。涂层单项/综合评定等级见表 2-3-126,失光率变化曲线见图 2-3-55,色差变化曲线见图 2-3-56。

表 2-3-126　涂层经两种加速试验后的单项/综合评定等级

涂层体系	加速试验类型	循环次数	单项等级							综合等级
			变色	粉化	开裂	起泡	长霉	生锈	脱落	
5A06+硫酸阳极化+TH06-27+S04-60	海洋大气环境模拟加速试验	第一循环	0	0	0	0	0	0	0	0
		第二循环	1	0	0	0	0	0	0	0
		第三循环	1	0	0	0	0	0	0	0
		第四循环	2	0	0	0	0	0	0	0
		第五循环	2	0	0	0	0	0	0	0
		第六循环	2	0	0	0	0	0	0	0
		第七循环	3	1	0	0	0	0	0	1
		第八循环	4	1	0	0	0	0	0	2
		第九循环	4	1	0	0	0	0	0	2
		第十循环	4	2	0	0	0	0	0	2

（续）

涂层体系	加速试验类型	循环次数	单项等级							综合等级
			变色	粉化	开裂	起泡	长霉	生锈	脱落	
6063+硫酸阳极化+TH06-27+S04-60	亚湿热工业大气环境模拟加速试验	第一循环	2	0	0	0	0	0	0	0
		第二循环	2	0	0	0	0	0	0	0
		第三循环	2	0	0	0	0	0	0	0
		第四循环	2	0	0	0	0	0	0	0
		第五循环	3	0	0	0	0	0	0	0
注：加速试验后的试样未清洗直接检测光泽、色差。										

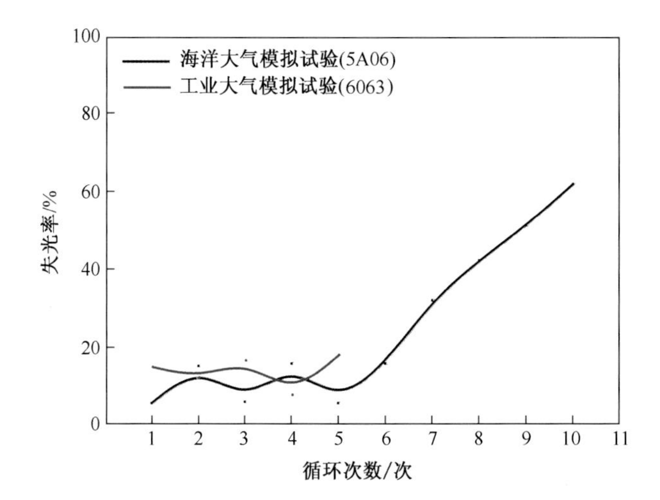

图 2-3-55　TH06-27+S04-60 在两种加速试验条件下的失光率变化曲线

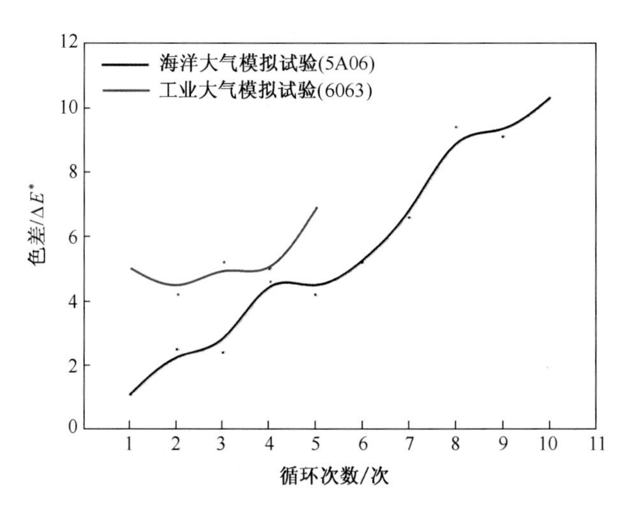

图 2-3-56　TH06-27+S04-60 在两种加速试验条件下的色差变化曲线

（2）自然环境腐蚀性能　TH06-27+S04-60 涂层体系暴露于万宁濒海户外主要表现为失光、变色等老化现象，江津户外仅表现为变色。涂层单项/综合评定等级见表 2-3-127，失光率变化曲线见图 2-3-57，色差变化曲线见图 2-3-58。

表 2-3-127　涂层在两种试验环境下的单项/综合评定等级

试验环境	涂层体系	试验时间/月	单项等级							综合等级
			变色	粉化	开裂	起泡	长霉	生锈	脱落	
万宁濒海户外	2A12+硫酸阳极化+TH06-27 +S04-60	3	0	0	0	0	0	0	0	0
		6	1	0	0	0	0	0	0	0
		9	2	0	0	0	0	0	0	0
		12	2	0	0	0	0	0	0	0
		15	3	0	0	0	0	0	0	1
		18	3	0	0	0	0	0	0	1
	5A06+硫酸阳极化+TH06-27 +S04-60	3	0	0	0	0	0	0	0	0
		6	1	0	0	0	0	0	0	0
		9	2	0	0	0	0	0	0	0
		12	2	0	0	0	0	0	0	0
		15	3	0	0	0	0	0	0	1
		18	3	0	0	0	0	0	0	1
	6063+硫酸阳极化+TH06-27 +S04-60	3	0	0	0	0	0	0	0	0
		6	2	0	0	0	0	0	0	0
		9	2	0	0	0	0	0	0	0
		12	2	0	0	0	0	0	0	0
		15	3	0	0	0	0	0	0	1
		18	3	0	0	0	0	0	0	1
	7050+硫酸阳极化+TH06-27 +S04-60	3	0	0	0	0	0	0	0	0
		6	1	0	0	0	0	0	0	0
		9	2	0	0	0	0	0	0	0
		12	2	0	0	0	0	0	0	0
		15	3	0	0	0	0	0	0	1
		18	3	0	0	0	0	0	0	1
江津户外	6063+硫酸阳极化+TH06-27 +S04-60	3	0	0	0	0	0	0	0	0
		6	1	0	0	0	0	0	0	0
		9	1	0	0	0	0	0	0	0
		12	2	0	0	0	0	0	0	0
		18	2	0	0	0	0	0	0	0

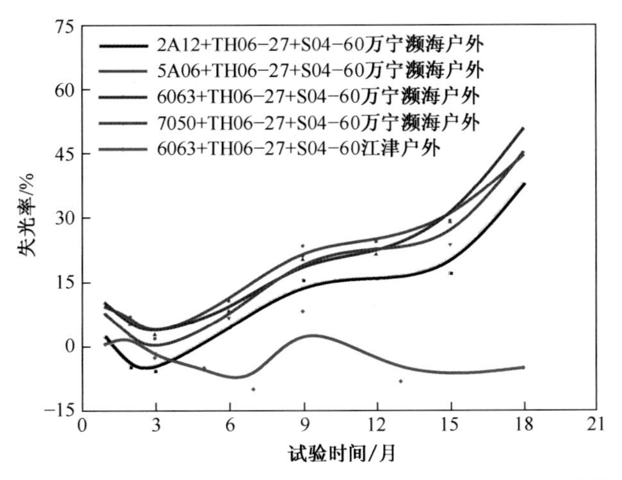

图 2-3-57　TH06-27+S04-60 在两种大气环境下的失光率变化曲线

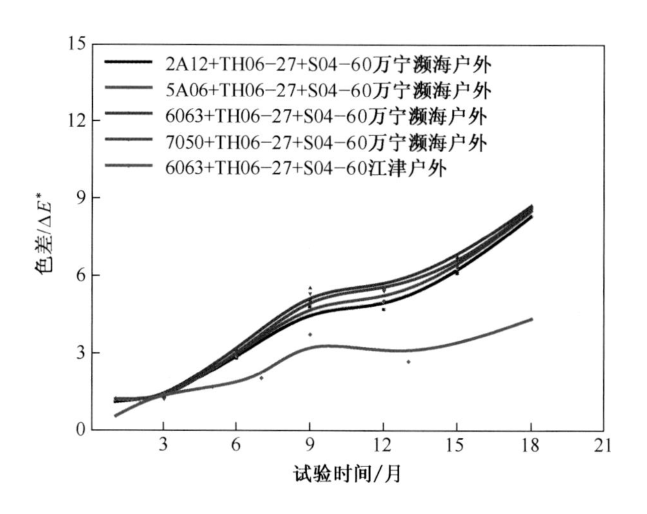

图 2-3-58 TH06-27+S04-60 在两种大气环境下的色差变化曲线

(3) 附着力 不同基材的 TH06-27+S04-60 涂层体系附着力结果见表 2-3-128。

表 2-3-128 附着力

序号	状态	涂层体系	附着力/级
1	原始试样	2A12+硫酸阳极化+TH06-27+S04-60	3
2		5A06+硫酸阳极化+TH06-27+S04-60	1
3		6063+硫酸阳极化+TH06-27+S04-60	1
4		7050+硫酸阳极化+TH06-27+S04-60	2

4. 使用建议

① TH06-27+S04-60 涂层体系既可用于装备的内部结构防护,也可用于装备的外部结构防护,具有良好的防护性能。

② TH06-27+S04-60 涂层体系用于不同基材防护时,附着力可能存在明显差别,选用时应考虑整体匹配性。

TH06-27+TS96-61

1. 概述

TH06-27 环氧聚酰胺底漆为双组分涂料,可自干,也可烘干。漆膜具有优异的耐水性、耐盐雾性和耐介质性能,以及良好的物理机械性能,可广泛用于钢铁、铝合金、玻璃钢等基体上的保护,与氟碳涂料、丙烯酸聚氨酯涂料配套性能良好。

TS96-61 含氟聚氨酯面漆为双组分涂料,可自干,也可烘干。漆膜具有优异的耐候性、力学性能和耐介质性能,主要用于飞机蒙皮迷彩和防护,以及钢结构、机车车辆等表面装饰和防护。

(1) 工艺名称 TH06-27 环氧聚酰胺底漆+TS96-61 含氟聚氨酯面漆。

(2) 基本组成 见表 2-3-129。

表 2-3-129 基本组成

牌号	名称	组成
TH06-27	环氧聚酰胺底漆	组分一:环氧树脂、颜料、助剂、有机溶剂等; 组分二:聚酰胺树脂
TS96-61	含氟聚氨酯面漆	组分一:氟树脂、颜料、助剂、有机溶剂等; 组分二:异氰酸酯

(3) 制备工艺 铝合金表面经阳极氧化或化学氧化处理,喷涂 TH06-27 环氧聚酰胺底漆,经彻底干燥后喷涂 TS96-61 含氟聚氨酯面漆。采用湿碰湿喷涂时,每道漆之间时间间隔为 0.5~1h。

(4) 配套性

TH06-27 环氧聚酰胺底漆与硫酸阳极化、硼硫酸阳极化、铬酸阳极化、化学氧化等表面处理工艺以及 TS96-61 含氟聚氨酯面漆等具有较好的相容性,可以配套使用。

TH06-27+TS96-61 涂层体系整体性能良好,适用于铝合金、钢铁、复合材料等防护处理。

(5) 生产单位 天津灯塔涂料工业有限公司。

2. 试验与检测

(1) 试验材料 见表 2-3-130。

表 2-3-130 试验材料

涂层体系	干膜厚度/μm	涂层外观
2A12+硫酸阳极化+TH06-27+TS96-61	100~120	草绿色
5A06+硫酸阳极化+TH06-27+TS96-61	100~120	草绿色
6063+硫酸阳极化+TH06-27+TS96-61	100~120	草绿色
7075+硫酸阳极化+TH06-27+TS96-61	100~120	草绿色

(2) 试验条件

① 实验室环境试验条件见表 2-3-131。

表 2-3-131 实验室环境试验条件

试验项目	试验条件
湿热海洋大气环境实验室模拟加速试验	太阳辐射子试验→湿热子试验→温度冲击子试验→中性盐雾子试验组成 1 个循环周期,每个周期为 15 天,共 10 个周期
亚湿热工业大气环境实验室模拟加速试验	太阳辐射子试验→湿热子试验→温度冲击子试验→中性/酸性组合盐雾子试验组成 1 个循环周期,每个周期为 18 天,共 5 个周期

② 自然环境试验条件见表 2-3-132。

表 2-3-132 自然环境试验条件

试验环境	对应试验站	试验方式
湿热海洋大气环境	海南万宁	濒海户外
亚湿热工业大气环境	重庆江津	户外
注:试验标准为 GB/T 9276—1996《涂层自然气候曝露试验方法》。		

(3) 检测项目及标准　见表 2-3-133。

表 2-3-133　检测项目及标准

检测项目	标　准
外观评级	GB/T 1766—2008《色漆和清漆　涂层老化的评级方法》
光泽	GB/T 9754—2007《色漆和清漆　不含金属颜料的色漆漆膜的 20°、60°、85°镜面光泽的测定》
色差	GB/T 11186.2—1989《涂膜颜色的测量方法　第 2 部分:颜色测量》
附着力	GB/T 9286—1998《色漆和清漆　漆膜的划格试验》

3. 环境腐蚀性能

(1) 实验室环境腐蚀性能　TH06-27+TS96-61 涂层体系经海洋大气环境和工业大气环境实验室模拟加速试验后仅表现为失光老化现象。涂层单项/综合评定等级见表 2-3-134,失光率变化曲线见图 2-3-59。

表 2-3-134　涂层经两种加速试验后的单项/综合评定等级

涂层体系	加速试验类型	循环次数	单项等级							综合等级
			变色	粉化	开裂	起泡	长霉	生锈	脱落	
5A06+硫酸阳极化+TH06-27+TS96-61	海洋大气环境模拟加速试验	第一循环	0	0	0	0	0	0	0	0
		第二循环	0	0	0	0	0	0	0	0
		第三循环	0	0	0	0	0	0	0	0
		第四循环	0	0	0	0	0	0	0	0
		第五循环	0	0	0	0	0	0	0	0
		第六循环	0	0	0	0	0	0	0	0
		第七循环	0	0	0	0	0	0	0	0
		第八循环	0	0	0	0	0	0	0	0
		第九循环	0	0	0	0	0	0	0	0
		第十循环	0	0	0	0	0	0	0	0
2A12+硫酸阳极化+TH06-27+TS96-61	亚湿热工业大气环境模拟加速试验	第一循环	0	0	0	0	0	0	0	0
		第二循环	0	0	0	0	0	0	0	0
		第三循环	0	0	0	0	0	0	0	0
		第四循环	0	0	0	0	0	0	0	0
		第五循环	0	0	0	0	0	0	0	0
注:加速试验后的试样未清洗直接检测光泽、色差。										

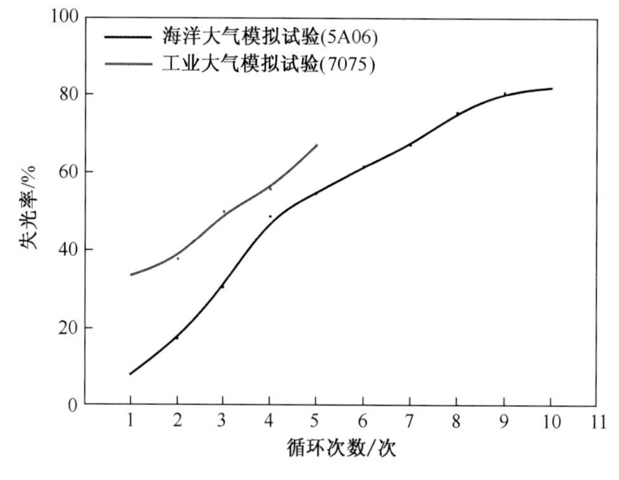

图 2-3-59　TH06-27+TS96-61 在两种加速试验条件下的失光率变化曲线

(2) 自然环境腐蚀性能　TH06-27+TS96-61 涂层体系暴露于万宁濒海户外主要表现为失光、变色和粉化等老化现象，江津户外仅表现为失光和变色现象。涂层单项/综合评定等级见表 2-3-135，失光率变化曲线见图 2-3-60，色差变化曲线见图 2-3-61。

表 2-3-135　涂层在两种试验环境下的单项/综合评定等级

试验环境	涂层体系	试验时间/月	单项等级							综合等级
			变色	粉化	开裂	起泡	长霉	生锈	脱落	
万宁濒海户外	2A12+硫酸阳极化+TH06-27+TS96-61	3	0	0	0	0	0	0	0	0
		6	0	0	0	0	0	0	0	0
		9	0	0	0	0	0	0	0	0
		12	0	0	0	0	0	0	0	0
		15	1	0	0	0	0	0	0	0
		18	2	1	0	0	0	0	0	1
	5A06+硫酸阳极化+TH06-27+TS96-61	3	0	0	0	0	0	0	0	0
		6	0	0	0	0	0	0	0	0
		9	0	0	0	0	0	0	0	0
		12	0	0	0	0	0	0	0	0
		15	1	0	0	0	0	0	0	0
		18	2	1	0	0	0	0	0	1
	6063+硫酸阳极化+TH06-27+TS96-61	3	0	0	0	0	0	0	0	0
		6	0	0	0	0	0	0	0	0
		9	0	0	0	0	0	0	0	0
		12	0	0	0	0	0	0	0	0
		15	1	0	0	0	0	0	0	0
		18	2	1	0	0	0	0	0	1
	7050+硫酸阳极化+TH06-27+TS96-61	3	0	0	0	0	0	0	0	0
		6	0	0	0	0	0	0	0	0
		9	0	0	0	0	0	0	0	0
		12	0	0	0	0	0	0	0	0
		15	1	0	0	0	0	0	0	0
		18	2	1	0	0	0	0	0	1
江津户外	2A12+硫酸阳极化+TH06-27+TS96-61	3	0	0	0	0	0	0	0	0
		6	0	0	0	0	0	0	0	0
		9	0	0	0	0	0	0	0	0
		12	0	0	0	0	0	0	0	0
		18	1	0	0	0	0	0	0	0

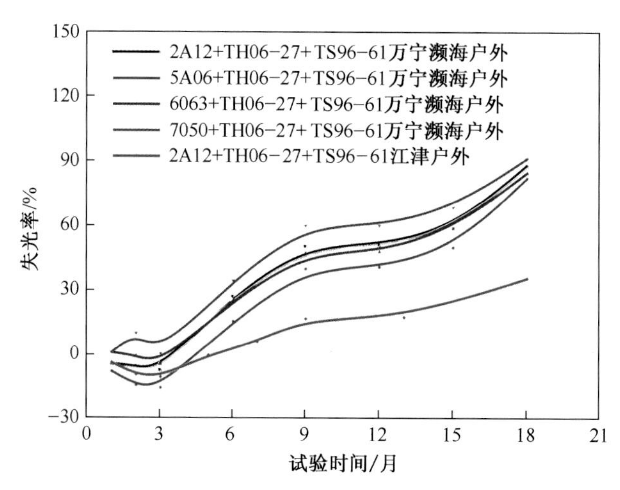

图 2-3-60　TH06-27+TS96-61 在两种大气环境中的失光率变化曲线

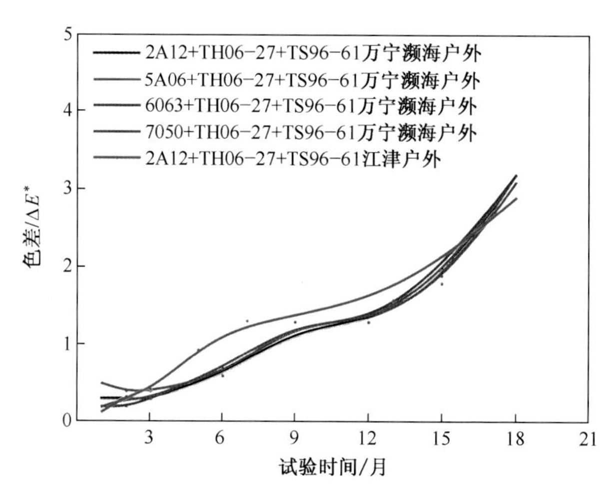

图 2-3-61　TH06-27+TS96-61 在两种大气环境中的色差变化曲线

（3）附着力　不同基材的 TH06-27+TS96-61 涂层体系附着力结果见表 2-3-136。

表 2-3-136　附着力

序号	状态	涂层体系	附着力/级
1	原始试样	2A12+硫酸阳极化+TH06-27+TS96-61	3
2		5A06+硫酸阳极化+TH06-27+TS96-61	1
3		6063+硫酸阳极化+TH06-27+TS96-61	1
4		7075+硫酸阳极化+TH06-27+TS96-61	1

4. 使用建议

① TH06-27+TS96-61 涂层体系既可用于装备的内部结构防护，也可用于装备的外部结构防护，具有良好的防护性能。

② TH06-27+TS96-61 涂层体系用于不同基材防护时，附着力可能存在明显差别，选用时应考虑整体匹配性。

TH52-82+TS04-97

1. 概述

TH52-82 环氧富锌底漆为双组分涂料,可自干,也可烘干。漆膜具有良好的防锈性和耐久性,优异的附着力和耐冲击性,以及良好的耐水性和耐盐水性能,可用作船舶、重型机械、石油化工、矿山机械、桥梁、管道等结构件表面防锈底漆。

TS04-97 聚氨酯面漆为双组分涂料,可自干,也可烘干。漆膜具有优异的物理化学性能,良好的耐磨性、耐老化性、耐盐雾及耐湿热性能,主要适用于金属防腐,如风电设备、桥梁、海面平台等的防护。

(1) 工艺名称 TH52-82 环氧富锌底漆+ TS04-97 聚氨酯面漆。

(2) 基本组成 见表 2-3-137。

表 2-3-137 基本组成

牌号	名称	组成
TH52-82	环氧富锌底漆	组分一:改性环氧树脂、锌粉、助剂、有机溶剂等; 组分二:聚酰胺树脂
TS04-97	聚氨酯面漆	组分二:丙烯酸树脂、颜料、助剂、有机溶剂等; 组分二:聚异氰酸酯树脂

(3) 制备工艺 铝合金表面经阳极氧化或化学氧化处理,喷涂 TH52-82 环氧富锌底漆,经彻底干燥后喷涂 TS04-97 聚氨酯面漆。

(4) 配套性

TH52-82 环氧富锌底漆与硫酸阳极化、硼硫酸阳极化、铬酸阳极化以及化学氧化等表面处理工艺以及 TS04-97 聚氨酯面漆等可以配套使用。

TH52-82+TS04-97 涂层体系整体性能较好,适用于铝合金、钢铁、复合材料等防护处理。

(5) 生产单位 中国兵器工业第五九研究所。

2. 试验与检测

(1) 试验材料 见表 2-3-138。

表 2-3-138 试验材料

涂层体系	干膜厚度/μm	涂层外观
2A12+硫酸阳极化+ TH52-82+TS04-97	110~130	军绿色
5A06+硫酸阳极化+ TH52-82+TS04-97	110~130	军绿色
6063+硫酸阳极化+ TH52-82+TS04-97	110~130	军绿色
7075+硫酸阳极化+ TH52-82+TS04-97	110~130	军绿色

(2) 试验条件

① 实验室环境试验条件见表 2-3-139。

表 2-3-139 实验室环境试验条件

试验项目	试验条件
湿热海洋大气环境实验室模拟加速试验	太阳辐射子试验→湿热子试验→温度冲击子试验→中性盐雾子试验组成1个循环周期,每个周期为15天,共10个周期
亚湿热工业大气环境实验室模拟加速试验	太阳辐射子试验→湿热子试验→温度冲击子试验→中性/酸性组合盐雾子试验组成1个循环周期,每个周期为18天,共5个周期

② 自然环境试验条件见表 2-3-140。

表 2-3-140 自然环境试验条件

试验环境	对应试验站	试验方式
湿热海洋大气环境	海南万宁	濒海户外
亚湿热工业大气环境	重庆江津	户外
注:试验标准为 GB/T 9276—1996《涂层自然气候曝露试验方法》。		

(3) 检测项目及标准 见表 2-3-141。

表 2-3-141 检测项目及标准

检测项目	标准
外观评级	GB/T 1766—2008《色漆和清漆 涂层老化的评级方法》
光泽	GB/T 9754—2007《色漆和清漆 不含金属颜料的色漆漆膜的20°、60°、85°镜面光泽的测定》
色差	GB/T 11186.2—1989《涂膜颜色的测量方法 第2部分:颜色测量》
附着力	GB/T 9286—1998《色漆和清漆 漆膜的划格试验》

3. 环境腐蚀性能

(1) 实验室环境腐蚀性能 TH52-82+TS04-97 涂层体系经海洋大气环境实验室加速试验后主要表现为失光、变色、粉化等老化现象,工业大气环境实验室加速试验后主要表现为失光和变色现象。涂层单项/综合评定等级见表 2-3-142,失光率变化曲线见图 2-3-62,色差变化曲线见图 2-3-63。

表 2-3-142 涂层经两种加速试验后的单项/综合评定等级

涂层体系	加速试验类型	循环次数	单项等级							综合等级
			变色	粉化	开裂	起泡	长霉	生锈	脱落	
2A12+硫酸阳极化+TH52-82+TS04-97	海洋大气环境模拟加速试验	第一循环	0	0	0	0	0	0	0	0
		第二循环	1	0	0	0	0	0	0	0
		第三循环	1	0	0	0	0	0	0	0
		第四循环	1	0	0	0	0	0	0	0
		第五循环	1	0	0	0	0	0	0	0
		第六循环	2	0	0	0	0	0	0	0
		第七循环	2	0	0	0	0	0	0	0
		第八循环	3	1	0	0	0	0	0	1
		第九循环	3	2	0	0	0	0	0	2
		第十循环	4	3	0	0	0	0	0	3

（续）

涂层体系	加速试验类型	循环次数	单项等级							综合等级
			变色	粉化	开裂	起泡	长霉	生锈	脱落	
5A06+硫酸阳极化+TH52-82+TS04-97	亚湿热工业大气环境模拟加速试验	第一循环	2	0	0	0	0	0	0	0
		第二循环	2	0	0	0	0	0	0	0
		第三循环	2	0	0	0	0	0	0	0
		第四循环	2	0	0	0	0	0	0	0
		第五循环	2	0	0	0	0	0	0	0
注：加速试验后的试样未清洗直接检测光泽、色差。										

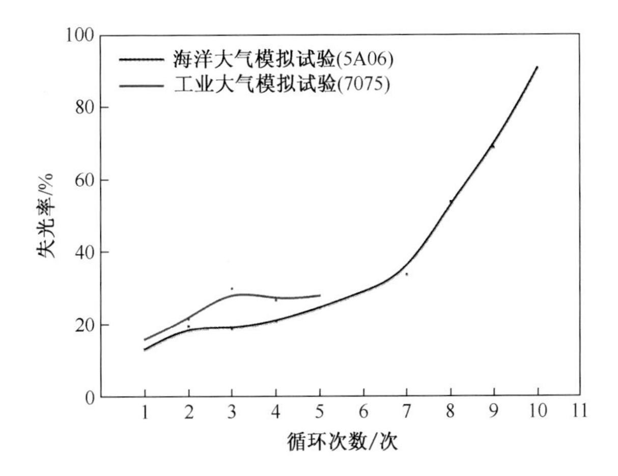

图 2-3-62　TH52-82+TS04-97 在两种加速试验条件下的失光率变化曲线

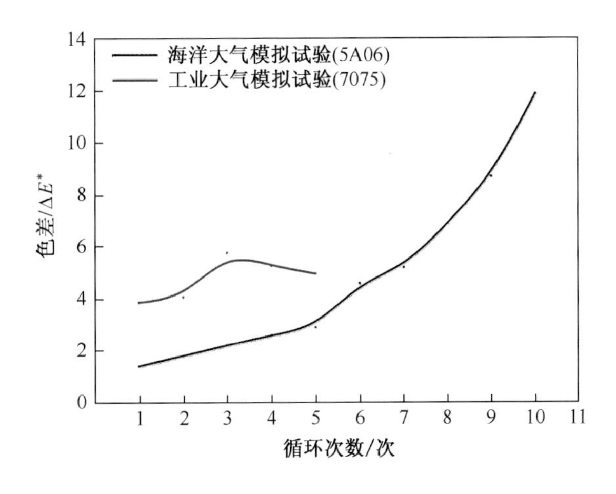

图 2-3-63　TH52-82+TS04-97 在两种加速试验条件下的色差变化曲线

（2）自然环境腐蚀性能　TH52-82+TS04-97 涂层体系暴露于万宁濒海户外主要表现为失光、变色和粉化等老化现象，暴露于江津户外主要表现为失光和变色老化现象。涂层单项/综合评定等级见表 2-3-143，失光率变化曲线见图 2-3-64，色差变化曲线见图 2-3-65。

表 2-3-143 涂层在两种试验环境下的单项/综合评定等级

试验环境	涂层体系	试验时间/月	单项等级							综合等级
			变色	粉化	开裂	起泡	长霉	生锈	脱落	
万宁濒海户外	2A12+硫酸阳极化+TH52-82+TS04-97	3	0	0	0	0	0	0	0	0
		6	1	0	0	0	0	0	0	0
		9	2	0	0	0	0	0	0	0
		12	2	0	0	0	0	0	0	0
		15	3	0	0	0	0	0	0	1
		18	4	1	0	0	0	0	0	2
	5A06+硫酸阳极化+TH52-82+TS04-97	3	0	0	0	0	0	0	0	0
		6	1	0	0	0	0	0	0	0
		9	2	0	0	0	0	0	0	0
		12	2	0	0	0	0	0	0	0
		15	3	0	0	0	0	0	0	1
		18	3	0	0	0	0	0	0	1
	6063+硫酸阳极化+TH52-82+TS04-97	3	0	0	0	0	0	0	0	0
		6	1	0	0	0	0	0	0	0
		9	2	0	0	0	0	0	0	0
		12	2	0	0	0	0	0	0	0
		15	2	0	0	0	0	0	0	0
		18	4	0	0	0	0	0	0	2
	7075+硫酸阳极化+TH52-82+TS04-97	3	0	0	0	0	0	0	0	0
		6	1	0	0	0	0	0	0	0
		9	2	0	0	0	0	0	0	0
		12	2	0	0	0	0	0	0	0
		15	3	0	0	0	0	0	0	1
		18	4	0	0	0	0	0	0	2
江津户外	2A12+硫酸阳极化+TH52-82+TS04-97	3	0	0	0	0	0	0	0	0
		6	1	0	0	0	0	0	0	0
		9	1	0	0	0	0	0	0	0
		12	1	0	0	0	0	0	0	0
		18	2	0	0	0	0	0	0	0

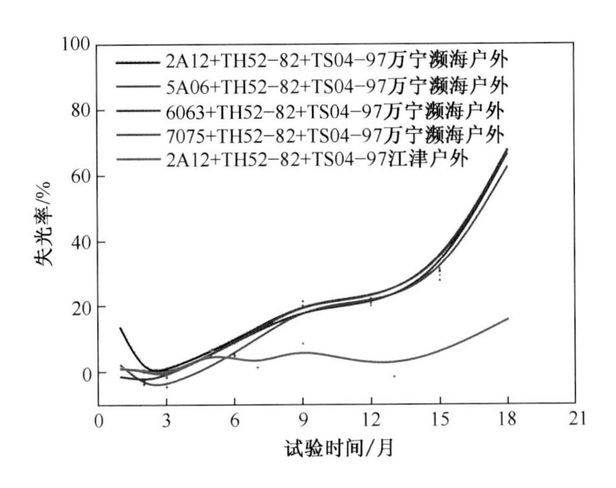

图 2-3-64 TH52-82+TS04-97 在两种大气环境中的失光率变化曲线

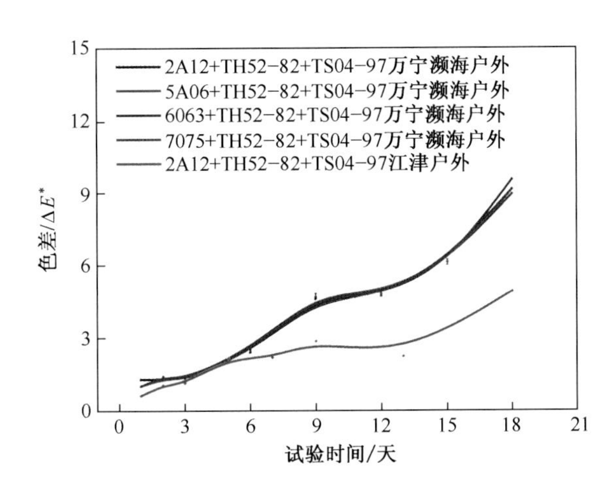

图 2-3-65 TH52-82+TS04-97 在两种大气环境中的色差变化曲线

(3) 附着力 不同基材的 TH52-82+TS04-97 涂层体系附着力结果见表 2-3-144。

表 2-3-144 附着力

序号	状态	涂层体系	附着力/级
1	原始试样	2A12+硫酸阳极化+ TH52-82+TS04-97	4
2		5A06+硫酸阳极化+ TH52-82+TS04-97	2
3		6063+硫酸阳极化+ TH52-82+TS04-97	1
4		7075+硫酸阳极化+ TH52-82+TS04-97	4

4. 使用建议

① TH52-82+ TS04-97 涂层体系既可用于装备的内部结构防护,也可用于装备的外部结构防护,耐大气老化性能中等。

② TH52-82+ TS04-97 涂层体系用于不同基材防护时,附着力可能存在明显差别,选用时应考虑整体匹配性。

S06-N-1+FS-60

1. 概述

S06-N-1聚氨酯厚膜底漆为双组分涂料,可自干,也可烘干。漆膜具有优异的防腐性、防锈性、附着力、柔韧性、抗冲击性以及优良的耐溶剂性、耐化学品性,可显著提高金属结构的抗环境腐蚀能力,主要适用于铝合金、钢制零件以及镀锌层等特殊材质表面的防护。

FS-60氟碳面漆为双组分涂料,可自干,也可烘干。漆膜具有优异的耐候性、持久的耐湿热、耐盐雾、耐霉菌、自洁性以及耐擦伤性,适用于各种车辆、飞机、雷达等装备的表面防护。

(1)工艺名称 S06-N-1聚氨酯厚膜底漆+FS-60氟碳面漆。

(2)基本组成 见表2-3-145。

表2-3-145 基本组成

牌号	名称	组成
S06-N-1	聚氨酯厚膜底漆	组分一:丙烯酸树脂、防腐颜料、体质颜料、助剂、有机溶剂等; 组分二:异氰酸酯树脂
FS-60	氟碳面漆	组分一:氟改性树脂、耐候颜料、体质颜料、助剂、有机溶剂等; 组分二:缩二脲(脂肪族)树脂

(3)制备工艺 铝合金表面经阳极氧化或化学氧化处理,喷涂S06-N-1聚氨酯厚膜底漆,经彻底干燥后喷涂FS-60氟碳面漆。采用湿碰湿喷涂时,每道漆之间间隔为20~30min。

(4)配套性

S06-N-1聚氨酯厚膜底漆与硫酸阳极化、硼硫酸阳极化、铬酸阳极化以及化学氧化等表面处理工艺以及FS-60氟碳面漆等具有较好的相容性,可以配套使用。

S06-N-1+FS-60涂层体系整体性能良好,适用于铝合金、钢铁、复合材料等防护处理。

(5)生产单位 西安北方慧天化学工业有限公司。

2. 试验与检测

(1)试验材料 见表2-3-146。

表2-3-146 试验材料

涂层体系	干膜厚度/μm	涂层外观
5A06+硫酸阳极化+ S06-N-1+FS-60	110~130	军绿色
6063+硫酸阳极化+ S06-N-1+FS-60	110~130	军绿色

(2)试验条件

① 实验室环境试验条件见表2-3-147。

表2-3-147 实验室环境试验条件

试验项目	试验条件
湿热海洋大气环境实验室模拟加速试验	太阳辐射子试验→湿热子试验→温度冲击子试验→中性盐雾子试验组成1个循环周期,每个周期为15天,共10个周期

（续）

试验项目	试验条件
亚湿热工业大气环境实验室模拟加速试验	太阳辐射子试验→湿热子试验→温度冲击子试验→中性/酸性组合盐雾子试验组成1个循环周期，每个周期为18天，共5个周期

② 自然环境试验条件见表2-3-148。

表2-3-148　自然环境试验条件

试验环境	对应试验站	试验方式
湿热海洋大气环境	海南万宁	濒海户外
亚湿热工业大气环境	重庆江津	户外
注：试验标准为GB/T 9276—1996《涂层自然气候曝露试验方法》。		

（3）检测项目及标准　见表2-3-149。

表2-3-149　检测项目及标准

检测项目	标　　准
外观评级	GB/T 1766—2008《色漆和清漆　涂层老化的评级方法》
光泽	GB/T 9754—2007《色漆和清漆　不含金属颜料的色漆漆膜的20°、60°、85°镜面光泽的测定》
色差	GB/T 11186.2—1989《涂膜颜色的测量方法　第2部分：颜色测量》
附着力	GB/T 9286—1998《色漆和清漆　漆膜的划格试验》

3. 环境腐蚀性能

（1）实验室环境腐蚀性能　S06-N-1+FS-60涂层体系经海洋大气环境和工业大气环境实验室加速试验后主要表现为失光、变色老化现象。涂层单项/综合评价等级见表2-3-150，失光率变化曲线见图2-3-66，色差变化曲线见图2-3-67。

表2-3-150　涂层经两种加速试验后的单项/综合评价等级

涂层体系	加速试验类型	循环次数	单项等级							综合等级
			变色	粉化	开裂	起泡	长霉	生锈	脱落	
5A06+硫酸阳极化+S06-N-1+FS-60	海洋大气环境模拟加速试验	第一循环	0	0	0	0	0	0	0	0
		第二循环	0	0	0	0	0	0	0	0
		第三循环	0	0	0	0	0	0	0	0
		第四循环	0	0	0	0	0	0	0	0
		第五循环	1	0	0	0	0	0	0	0
		第六循环	1	0	0	0	0	0	0	0
		第七循环	1	0	0	0	0	0	0	0
		第八循环	2	0	0	0	0	0	0	0
		第九循环	2	0	0	0	0	0	0	0
		第十循环	2	0	0	0	0	0	0	0

（续）

涂层体系	加速试验类型	循环次数	单项等级							综合等级
			变色	粉化	开裂	起泡	长霉	生锈	脱落	
5A06+硫酸阳极化+ S06-N-1+FS-60	亚湿热工业大气环境模拟加速试验	第一循环	0	0	0	0	0	0	0	0
		第二循环	1	0	0	0	0	0	0	0
		第三循环	1	0	0	0	0	0	0	0
		第四循环	1	0	0	0	0	0	0	0
		第五循环	1	0	0	0	0	0	0	0
注：加速试验后的试样未清洗直接检测光泽、色差。										

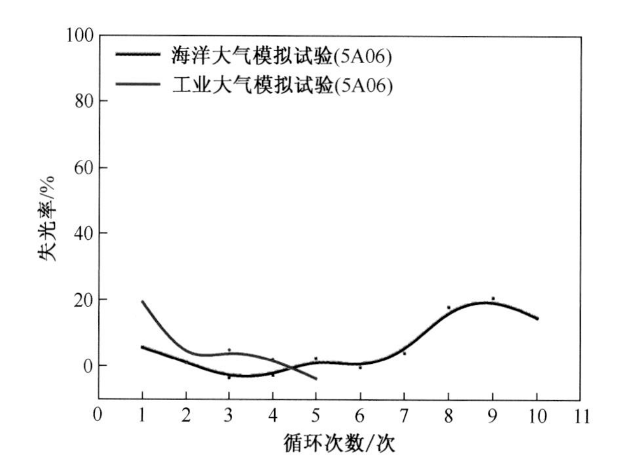

图 2-3-66　S06-N-1+ FS-60 在两种加速试验条件下的失光率变化曲线

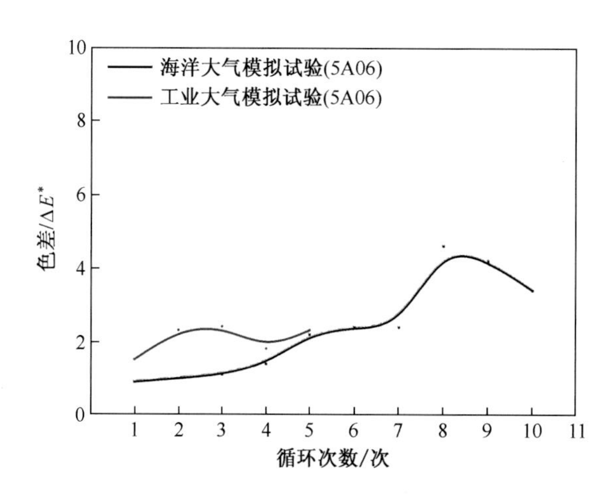

图 2-3-67　S06-N-1+ FS-60 在两种加速试验条件下的色差变化曲线

（2）自然环境腐蚀性能　S06-N-1+FS-60 涂层体系暴露于万宁濒海户外和江津户外仅发生很轻微变色现象。涂层单项/综合评定等级见表 2-3-151，失光率变化曲线见图 2-3-68，色差变化曲线见图 2-3-69。

表 2-3-151　涂层在两种试验环境下的单项/综合评定等级

试验环境	涂层体系	试验时间/月	单项等级							综合等级
			变色	粉化	开裂	起泡	长霉	生锈	脱落	
万宁濒海户外	5A06+硫酸阳极化+S06-N-1+FS-60	3	0	0	0	0	0	0	0	0
		6	0	0	0	0	0	0	0	0
		9	0	0	0	0	0	0	0	0
		12	0	0	0	0	0	0	0	0
		15	1	0	0	0	0	0	0	0
		18	1	0	0	0	0	0	0	0
	6063+硫酸阳极化+S06-N-1+FS-60	3	0	0	0	0	0	0	0	0
		6	0	0	0	0	0	0	0	0
		9	0	0	0	0	0	0	0	0
		12	0	0	0	0	0	0	0	0
		15	1	0	0	0	0	0	0	0
		18	1	0	0	0	0	0	0	0
江津户外	5A06+硫酸阳极化+S06-N-1+FS-60	3	0	0	0	0	0	0	0	0
		6	0	0	0	0	0	0	0	0
		9	1	0	0	0	0	0	0	0
		12	0	0	0	0	0	0	0	0
		18	0	0	0	0	0	0	0	0

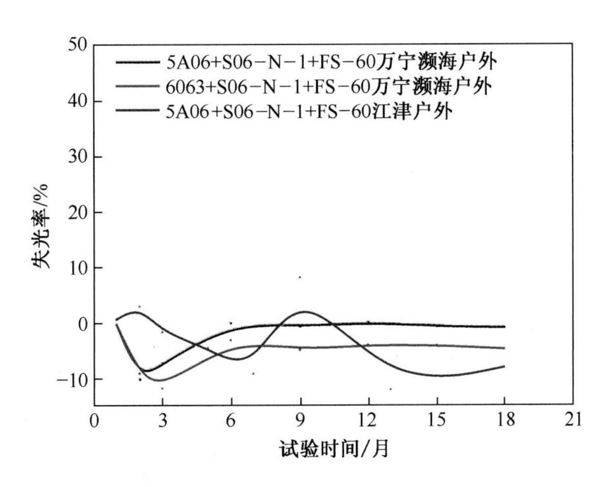

图 2-3-68　S06-N-1+ FS-60 在两种大气环境中的失光率变化曲线

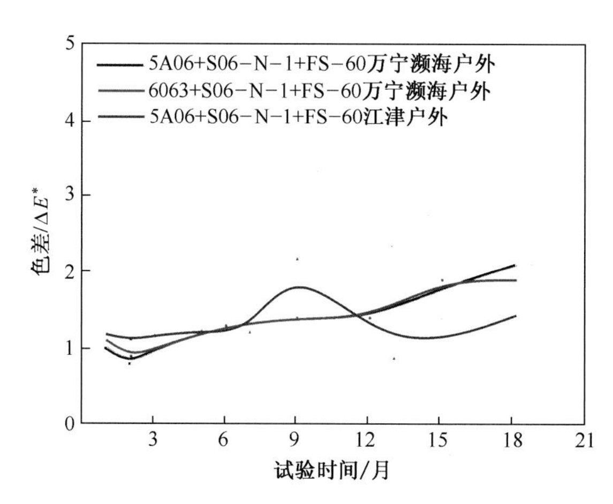

图 2-3-69 S06-N-1+ FS-60 在两种大气环境中的色差变化曲线

(3) 附着力 不同基材的 S06-N-1+ FS-60 涂层体系附着力结果见表 2-3-152。

表 2-3-152 附着力

序号	状态	涂层体系	附着力/级
1	原始试样	5A06+硫酸阳极化+ S06-N-1+FS-60	1
2		6063+硫酸阳极化+ S06-N-1+FS-60	1

4. 使用建议

① S06-N-1+FS-60 涂层体系既可用于装备的内部结构防护,也可用于装备的外部结构防护,具有优良的保光、保色性能,在潮湿和海洋等严酷环境中具有良好的防护性能。

② S06-N-1+FS-60 涂层体系用于铝合金表面防护时,应先对铝合金表面进行阳极氧化或化学氧化等表面处理,提高底漆与基体材料间的结合力。

H06-2+G04-60

1. 概述

H06-2 锌黄环氧底漆为单组分涂料,可自干,也可烘干。漆膜附着力好,坚韧耐久,适用于沿海地区及热带湿热地区铝合金材料的表面防护。

G04-60 过氯乙烯类面漆,漆膜光泽低,在强光下对眼睛刺激性小,适用于金属结构表面防护。

(1) 工艺名称 H06-2 锌黄环氧底漆+ G04-60 过氯乙烯类面漆。

(2) 基本组成 见表 2-3-153。

表 2-3-153 基本组成

牌号	名称	组成
H06-2	锌黄环氧底漆	环氧树脂、颜料、催干剂、二甲苯、丁醇等
G04-60	过氯乙烯类面漆	过氯乙烯树脂、醇酸树脂、增塑剂、颜料和酯、酮、苯类等

(3) 制备工艺 铝合金表面经阳极氧化或化学氧化处理,喷涂 H06-2 锌黄环氧底漆,经彻底

干燥后喷涂 G04-60 过氯乙烯类面漆。

(4) 配套性　H06-2 锌黄环氧底漆与硫酸阳极化、硼硫酸阳极化、铬酸阳极化、化学氧化等表面处理工艺以及 G04-60 过氯乙烯类面漆等可以配套使用。

H06-2+G04-60 涂层体系整体性能一般,可用于铝合金、钢铁等基材防护处理。

(5) 生产单位　H06-2 锌黄环氧底漆:西北永新化工股份有限公司;G04-60 过氯乙烯类面漆:重庆三峡油漆股份有限公司。

2. 试验与检测

(1) 试验材料　见表 2-3-154。

表 2-3-154　试验材料

涂层体系	干膜厚度/μm	涂层外观
2A12+硫酸阳极化+ H06-2+ G04-60	100~120	草绿色
5A06+硫酸阳极化+ H06-2+ G04-60	100~120	草绿色
7075+硫酸阳极化+ H06-2+ G04-60	100~120	草绿色

(2) 试验条件

① 实验室环境试验条件见表 2-3-155。

表 2-3-155　实验室环境试验条件

试验项目	试验条件
湿热海洋大气环境实验室模拟加速试验	太阳辐射子试验→湿热子试验→温度冲击子试验→中性盐雾子试验组成 1 个循环周期,每个周期为 15 天,共 10 个周期
亚湿热工业大气环境实验室模拟加速试验	太阳辐射子试验→湿热子试验→温度冲击子试验→中性/酸性组合盐雾子试验组成 1 个循环周期,每个周期为 18 天,共 5 个周期

② 自然环境试验条件见表 2-3-156。

表 2-3-156　自然环境试验条件

试验环境	对应试验站	试验方式
湿热海洋大气环境	海南万宁	濒海户外
亚湿热工业大气环境	重庆江津	户外
注:试验标准为 GB/T 9276—1996《涂层自然气候曝露试验方法》。		

(3) 检测项目及标准　见表 2-3-157。

表 2-3-157

检测项目	检测标准
外观评级	GB/T 1766—2008《色漆和清漆　涂层老化的评级方法》
光泽	GB/T 9754—2007《色漆和清漆　不含金属颜料的色漆漆膜的 20°、60°、85°镜面光泽的测定》
色差	GB/T 11186. 2—1989《涂膜颜色的测量方法　第 2 部分:颜色测量》
附着力	GB/T 9286—1998《色漆和清漆　漆膜的划格试验》

3. 环境腐蚀性能

(1) 实验室环境腐蚀性能 H06-2+ G04-60 涂层体系经海洋大气环境和工业大气环境实验室加速试验后主要表现为失光、变色、粉化等老化现象。涂层单项/综合评定等级见表 2-3-158,失光率变化曲线见图 2-3-70,色差变化曲线见图 2-3-71。

表 2-3-158 涂层经两种加速试验后的单项/综合评定等级

涂层体系	加速试验类型	循环次数	单项等级							综合等级
			变色	粉化	开裂	起泡	长霉	生锈	脱落	
5A06+硫酸阳极化+H06-2+ G04-60	海洋大气环境模拟加速试验	第一循环	2	0	0	0	0	0	0	0
		第二循环	2	0	0	0	0	0	0	0
		第三循环	3	0	0	0	0	0	0	1
		第四循环	4	1	0	0	0	0	0	2
		第五循环	4	1	0	0	0	0	0	2
		第六循环	4	1	0	0	0	0	0	2
		第七循环	4	2	0	0	0	0	0	2
		第八循环	5	2	0	0	0	0	0	3
		第九循环	5	2	0	0	0	0	0	3
		第十循环	5	2	0	0	0	0	0	3
7050+硫酸阳极化+ H06-2+ G04-60	亚湿热工业大气环境模拟加速试验	第一循环	3	0	0	0	0	0	0	0
		第二循环	3	0	0	0	0	0	0	1
		第三循环	4	1	0	0	0	0	0	2
		第四循环	4	1	0	0	0	0	0	1
		第五循环	4	1	0	0	0	0	0	2
注:加速试验后的试样未清洗直接检测光泽、色差。										

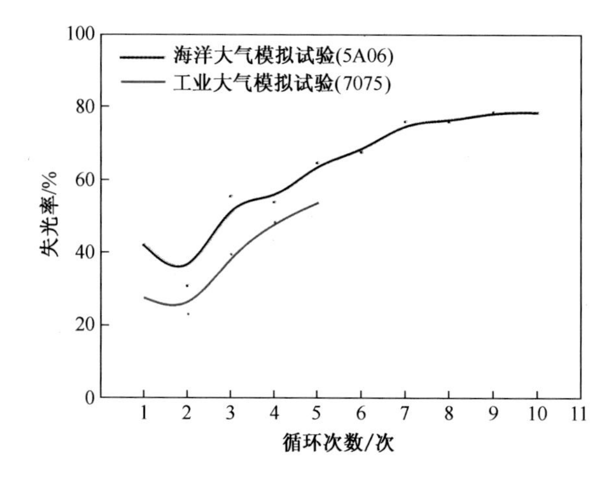

图 2-3-70 H06-2+ G04-60 在两种加速试验条件下的失光率变化曲线

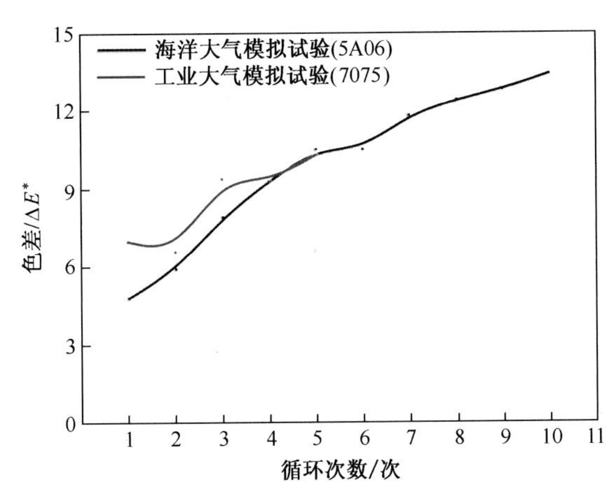

图 2-3-71 H06-2+ G04-60 在两种加速试验条件下的色差变化曲线

(2) 自然环境腐蚀性能 H06-2+ G04-60 涂层体系暴露于万宁濒海户外主要表现为失光、变色和粉化等老化现象，江津户外仅表现为失光和变色老化现象。涂层单项/综合评定等级见表 2-3-159，失光率变化曲线见图 2-3-72，色差变化曲线见图 2-3-73。

表 2-3-159 涂层在两种试验环境下的单项/综合评定等级

试验环境	涂层体系	试验时间/月	单项等级							综合等级
			变色	粉化	开裂	起泡	长霉	生锈	脱落	
万宁濒海户外	2A12+硫酸阳极化+H06-2+G04-60	1	2	0	0	0	0	0	0	0
		2	2	0	0	0	0	0	0	0
		3	2	0	0	0	0	0	0	0
		6	4	0	0	0	0	0	0	2
		9	5	1	0	0	0	0	0	3
		12	5	2	0	0	0	0	0	3
		15	5	2	0	0	0	0	0	3
		18	5	2	0	0	0	0	0	3
	5A06+硫酸阳极化+H06-2+G04-60	1	2	0	0	0	0	0	0	0
		2	2	0	0	0	0	0	0	0
		3	2	0	0	0	0	0	0	0
		6	4	0	0	0	0	0	0	2
		9	4	1	0	0	0	0	0	2
		12	4	2	0	0	0	0	0	2
		15	5	2	0	0	0	0	0	3
		18	4	2	0	0	0	0	0	2
	7075+硫酸阳极化+H06-2+G04-60	1	2	0	0	0	0	0	0	0
		2	2	0	0	0	0	0	0	0
		3	2	0	0	0	0	0	0	0
		6	4	0	0	0	0	0	0	2
		9	5	1	0	0	0	0	0	3
		12	5	2	0	0	0	0	0	3
		15	5	2	0	0	0	0	0	3
		18	5	2	0	0	0	0	0	3

（续）

试验环境	涂层体系	试验时间/月	单项等级							综合等级
			变色	粉化	开裂	起泡	长霉	生锈	脱落	
江津户外	5A06+硫酸阳极化+H06-2+G04-60	1	0	0	0	0	0	0	0	0
		2	1	0	0	0	0	0	0	0
		3	2	0	0	0	0	0	0	0
		6	2	0	0	0	0	0	0	0
		9	3	0	0	0	0	0	0	1
		12	3	0	0	0	0	0	0	1
		18	3	0	0	0	0	0	0	1

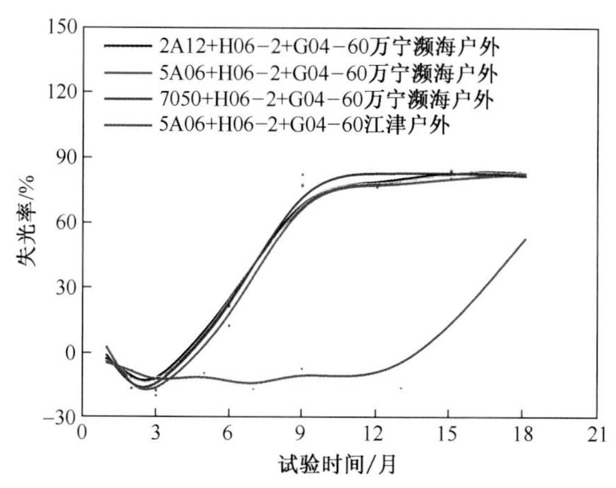

图 2-3-72　H06-2+ G04-60 在两种大气环境中的失光率变化曲线

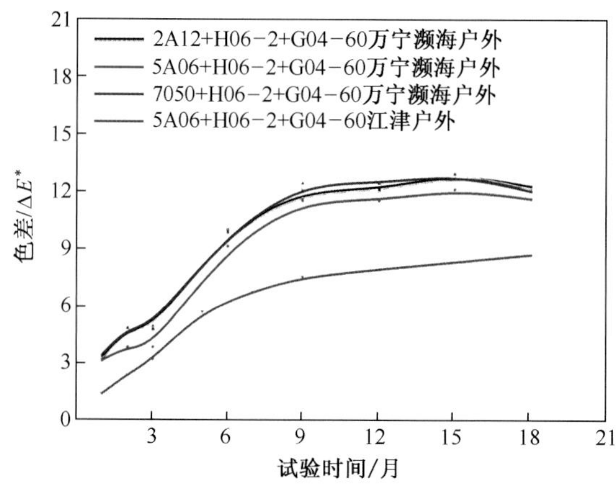

图 2-3-73　H06-2+ G04-60 在两种大气环境中的色差变化曲线

（3）附着力　不同基材的 H06-2+ G04-60 涂层体系附着力结果见表 2-3-160。

表 2-3-160　附着力

序号	状态	涂层体系	附着力/级
1	原始试样	2A12+硫酸阳极化+ H06-2+ G04-60	3
2		5A06+硫酸阳极化+ H06-2+ G04-60	2
3		7075+硫酸阳极化+ H06-2+ G04-60	3

4. 使用建议

H06-2+ G04-60 涂层体系既可用于装备的内部结构防护，也可用于装备的外部结构防护，保光保色性能较差，在潮湿和海洋等严酷环境下防护性能尚可。

H06-QC+H06-Q+B04-A5

1. 概述

H06-QC 低表面能环氧磷酸锌底漆为双组分涂料，可自干，也可烘干。漆膜柔韧，具有极好的附着力、润湿性，以及良好的耐油耐水性、耐摩擦性和耐撞击性。由于含有磷酸锌防锈颜料，漆膜防护性能明显提高，可与环氧涂料、丙烯酸涂料、聚氨酯涂料或乙烯涂料等配套使用。

H06-Q 环氧厚浆中间漆为双组分涂料，可自干，也可烘干。漆膜坚韧，具有良好的润湿性、耐磨性、耐油性、耐水性和耐酸碱性能，既可用作底漆，又可用作重防腐涂层体系的中间漆或面漆。

B04-A5 高固体分丙烯酸聚氨酯半光磁漆为双组分涂料，可自干，也可烘干。漆膜光亮丰满，具有优异的附着力、耐水性、耐油性和耐化学品性能，主要用于汽车、航空、高级工程机械的装饰保护。

（1）工艺名称　H06-QC 低表面能环氧磷酸锌底漆+H06-Q 环氧厚浆中间漆+B04-A5 高固体分丙烯酸聚氨酯半光磁漆。

（2）基本组成　见表 2-3-161。

表 2-3-161　基本组成

牌号	名称	组成
H06-QC	低表面能环氧磷酸锌底漆	组分一：环氧树脂、磷酸锌、颜料、助剂、有机溶剂等； 组分二：聚酰胺类树脂
H06-Q	环氧厚浆中间漆	组分一：环氧树脂、耐腐蚀颜料、助剂等； 组分二：聚酰胺类树脂
B04-A5	高固体分丙烯酸聚氨酯半光磁漆	组分一：丙烯酸树脂、颜料、助剂、有机溶剂等； 组分二：异氰酸酯树脂

（3）制备工艺　铝合金表面经阳极氧化或化学氧化处理，喷涂 H06-QC 低表面能环氧磷酸锌底漆，经彻底干燥后喷涂 H06-Q 环氧厚浆中间漆，经彻底干燥后喷涂 B04-A5 高固体分丙烯酸聚氨酯半光磁漆。采用湿碰湿喷涂时，每道漆之间间隔为 0.5~1h。

（4）配套性　H06-QC 低表面能环氧磷酸锌底漆与硫酸阳极化、硼硫酸阳极化、铬酸阳极化、化学氧化等表面处理工艺以及 H06-Q 环氧厚浆中间漆和 B04-A5 高固体分丙烯酸聚氨酯半光磁漆等可以配套使用。

H06-QC+H06-Q+B04-A5 涂层体系整体性能较好，适用于铝合金、钢铁等基材防护处理。

（5）生产单位　西北永新化工股份有限公司。

2. 试验与检测

（1）试验材料　见表 2-3-162。

表 2-3-162 试验材料

涂层体系	干膜厚度/μm	涂层外观
2A12+硫酸阳极化+ H06-QC +H06-Q+ B04-A5	150~180	白色
5A06+硫酸阳极化+ H06-QC +H06-Q+ B04-A5	150~180	白色
7075+硫酸阳极化+ H06-QC +H06-Q+ B04-A5	150~180	白色

(2) 试验条件

① 实验室环境试验条件见表 2-3-163。

表 2-3-163 实验室环境试验条件

试验项目	试验条件
湿热海洋大气环境实验室模拟加速试验	太阳辐射子试验→湿热子试验→温度冲击子试验→中性盐雾子试验组成 1 个循环周期,每个周期为 15 天,共 10 个周期
亚湿热工业大气环境实验室模拟加速试验	太阳辐射子试验→湿热子试验→温度冲击子试验→中性/酸性组合盐雾子试验组成 1 个循环周期,每个周期为 18 天,共 5 个周期

② 自然环境试验条件见表 2-3-164。

表 2-3-164 自然环境试验条件

试验环境	对应试验站	试验方式
湿热海洋大气环境	海南万宁	濒海户外
亚湿热工业大气环境	重庆江津	户外
注:试验标准为 GB/T 9276—1996《涂层自然气候曝露试验方法》。		

(3) 检测项目及标准 见表 2-3-165。

表 2-3-165 检测项目及标准

检测项目	标 准
外观评级	GB/T 1766—2008《色漆和清漆 涂层老化的评级方法》
光泽	GB/T 9754—2007《色漆和清漆 不含金属颜料的色漆漆膜的 20°、60°、85°镜面光泽的测定》
色差	GB/T 11186. 2—1989《涂膜颜色的测量方法 第 2 部分:颜色测量》
附着力	GB/T 9286—1998《色漆和清漆 漆膜的划格试验》

3. 环境腐蚀性能

(1) 实验室环境腐蚀性能 H06-QC+H06-Q+B04-A5 涂层体系经海洋大气环境实验室加速试验后主要表现为失光和轻微粉化,经工业大气环境实验室加速试验后仅表现为失光现象。涂层单项/综合评定等级见表 2-3-166,失光率变化曲线见图 2-3-74,色差变化曲线见图 2-3-75。

表 2-3-166 涂层经两种加速试验后的单项/综合评定等级

涂层体系	加速试验类型	循环次数	单项等级							综合等级
			变色	粉化	开裂	起泡	长霉	生锈	脱落	
5A06+硫酸阳极化+H06-QC+H06-Q+B04-A5	海洋大气环境模拟加速试验	第一循环	0	0	0	0	0	0	0	0
		第二循环	0	0	0	0	0	0	0	0
		第三循环	0	0	0	0	0	0	0	0
		第四循环	0	0	0	0	0	0	0	0
		第五循环	0	0	0	0	0	0	0	0
		第六循环	0	0	0	0	0	0	0	0
		第七循环	0	0	0	0	0	0	0	0
		第八循环	0	0	0	0	0	0	0	0
		第九循环	0	1	0	0	0	0	0	1
		第十循环	0	2	0	0	0	0	0	2
	亚湿热工业大气环境模拟加速试验	第一循环	0	0	0	0	0	0	0	0
		第二循环	0	0	0	0	0	0	0	0
		第三循环	0	0	0	0	0	0	0	0
		第四循环	0	0	0	0	0	0	0	0
		第五循环	0	0	0	0	0	0	0	0
注:加速试验后的试样未清洗直接检测光泽、色差。										

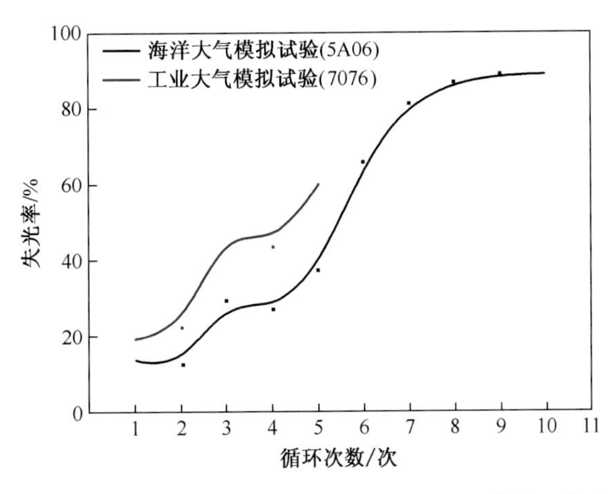

图 2-3-74 H06-QC +H06-Q+ B04-A5 在两种加速试验条件下的失光率变化曲线

(2) 自然环境腐蚀性能 H06-QC+H06-Q+B04-A5 涂层体系暴露于万宁濒海户外主要表现为失光、变色和粉化等老化现象,暴露于江津户外仅表现为失光和变色老化现象。涂层单项/综合评定等级见表 2-3-167,失光率变化曲线见图 2-3-76,色差变化曲线见图 2-3-77。

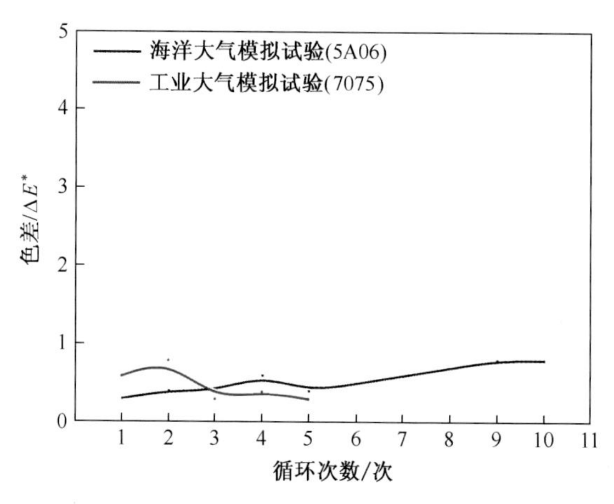

图 2-3-75　H06-QC +H06-Q+ B04-A5 在两种加速试验条件下的色差变化曲线

表 2-3-167　涂层在两种试验环境下的单项/综合评定等级

试验环境	涂层体系	试验时间/月	单项等级							综合等级
			变色	粉化	开裂	起泡	长霉	生锈	脱落	
万宁濒海户外	2A12+硫酸阳极化+H06-QC+H06-Q+B04-A5	3	0	0	0	0	0	0	0	0
		6	0	0	0	0	0	0	0	0
		9	0	1	0	0	0	0	0	1
		12	0	2	0	0	0	0	0	2
		15	0	3	0	0	0	0	0	3
		18	1	3	0	0	0	0	0	3
	5A06+硫酸阳极化+H06-QC+H06-Q+B04-A5	3	0	0	0	0	0	0	0	0
		6	0	0	0	0	0	0	0	0
		9	0	1	0	0	0	0	0	1
		12	0	2	0	0	0	0	0	2
		15	0	2	0	0	0	0	0	2
		18	1	4	0	0	0	0	0	4
	7075+硫酸阳极化+H06-QC+H06-Q+B04-A5	3	0	0	0	0	0	0	0	0
		6	0	0	0	0	0	0	0	0
		9	0	1	0	0	0	0	0	1
		12	0	2	0	0	0	0	0	2
		15	0	3	0	0	0	0	0	3
		18	1	4	0	0	0	0	0	4
江津户外	7075+硫酸阳极化+H06-QC+H06-Q+B04-A5	3	0	0	0	0	0	0	0	0
		6	1	0	0	0	0	0	0	0
		9	1	0	0	0	0	0	0	0
		12	1	0	0	0	0	0	0	0
		18	1	0	0	0	0	0	0	0

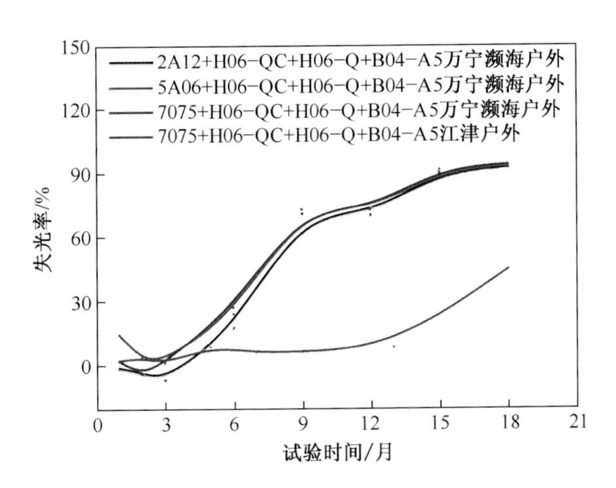

图 2-3-76 H06-QC+H06-Q+B04-A5 在两种大气环境中的失光率变化曲线

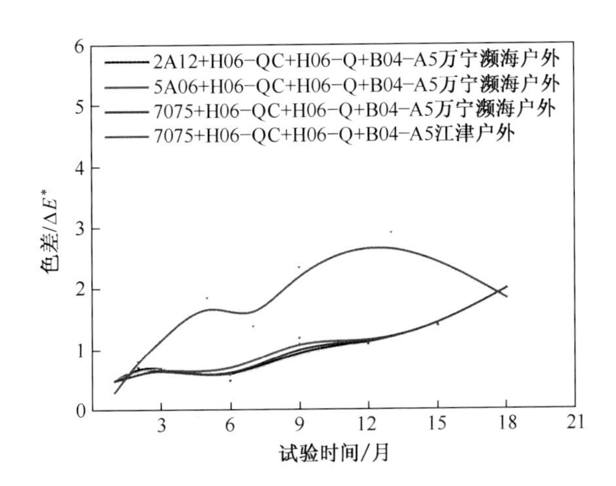

图 2-3-77 H06-QC+H06-Q+B04-A5 在两种大气环境中的色差变化曲线

(3) 附着力 不同基材的 H06-2+ G04-60 涂层体系附着力结果见表 2-3-168。

表 2-3-168 附着力

序号	状态	涂层体系	附着力/级
1	原始试样	2A12+硫酸阳极化+ H06-QC +H06-Q+ B04-A5	1
2		5A06+硫酸阳极化+ H06-QC +H06-Q+ B04-A5	1
3		7075+硫酸阳极化+ H06-QC +H06-Q+ B04-A5	1

4. 使用建议

① H06-QC+H06-Q+B04-A5 涂层体系为重防腐体系，适用于产品外部结构防护，在海洋等严酷环境中保光和抗粉化性能较差，而在内陆工业环境中防护性能良好。

② H06-QC+H06-Q+B04-A5 涂层体系用于铝合金表面防护时，应先对铝合金表面进行阳极氧化或化学氧化等表面处理，提高底漆与基体材料间的结合力。

THB04-86

1. 概述

THB04-86 型多频谱隐身涂料是以丙烯酸聚氨酯和环氧树脂为成膜物的双组分自干型涂料,采用吸波+红外双层结构,不仅在 8mm 和 3mm 波段具有全频吸波特性,且具有可见光、近红外、热红外多波段宽频隐身效能。涂层厚度 0.9~1.0mm,在 26.5~40GHz 全频范围内,雷达波反射衰减均大于 10dB;在 8~14μm 红外波段,最低发射率 0.58,相似漆膜颜色具有不同红外发射率,可实现可见光迷彩与热红外板块的分离。

(1) 工艺名称 THB04-86 型多频谱隐身涂料。

(2) 基本组成 见表 2-3-169。

表 2-3-169 基本组成

牌号	名称	组成
THB04-86	多频谱隐身涂料	红外隐身面漆组成:各色丙烯酸红外隐身涂料浆、异氰酸酯三聚体固化剂、稀料
		雷达吸波底漆组成:环氧吸波涂料浆、聚酰胺固化剂、稀料

(3) 制备工艺

① 喷涂工艺流程。喷涂工艺流程如下:

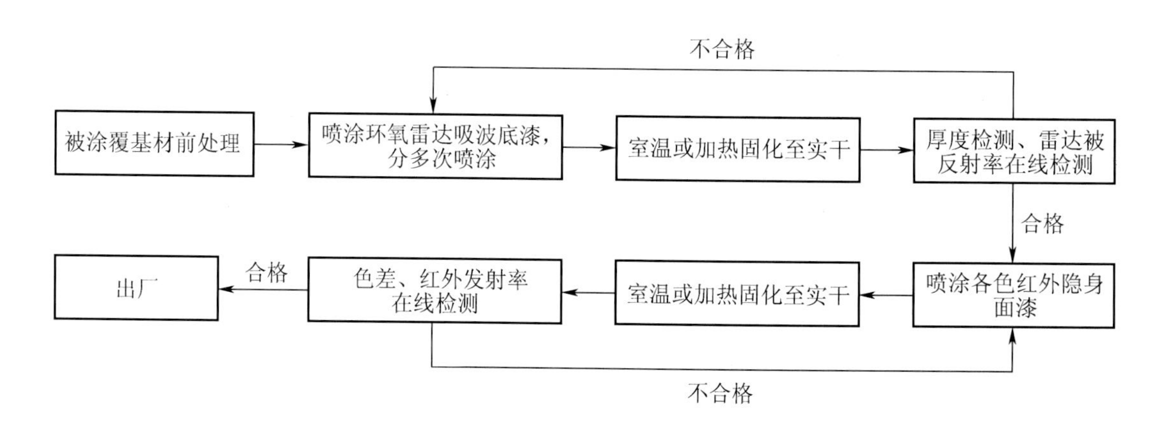

② 喷涂前处理。喷涂前,应进行如下前处理:

a. 对不需喷涂底漆的部位利用胶带和纸进行遮盖保护处理;

b. 对需喷涂底漆的部位进行吹砂处理;

c. 经表面处理后,保证待喷涂表面无油、无水、无浮尘,清洁干燥。

③ 配漆。

a. 雷达吸波底漆:按漆料∶固化剂=10∶1 混合,加入适量的稀释剂,搅拌均匀,调整喷涂黏度为

100~200s。

b. 红外隐身面漆:按漆料:固化剂=(3~4):1 混合,加入适量的稀释剂,搅拌均匀,调整喷涂黏度为 25~40s。

④ 喷涂雷达吸波底漆。按喷涂压力为 0.4~0.8MPa,喷枪喷嘴与物面的距离为 60~100cm 的工艺参数进行喷涂雷达吸波底漆,喷涂时,走枪速度不小于 15cm/s,保持匀速直线移动,不可时快时慢,装备各个部位交替喷涂,喷涂遍数一致,喷涂车身等大物面时选择喷幅大于 15cm 的喷嘴;喷涂炮塔、观瞄镜等复杂构件时选择喷幅在 5~10cm 之间的喷嘴。

单次喷涂厚度约为 200~300μm,分多次喷涂完成,配制好的漆液应在 4h 内使用完。

⑤ 底漆固化。常温下固化 4~6h 或在 60~70℃温度下固化 1~2h。

⑥ 喷涂面漆。雷达吸波底漆经检验合格后,喷涂红外隐身面漆,常温下固化 12h 或在 60~70℃温度下固化 4h。

(4) 生产单位 中国兵器工业集团第五九研究所。

2. 试验与检测

(1) 试验材料 见表 2-3-170。

表 2-3-170 试验材料

涂层体系	干膜厚度/μm	涂层外观
THB04-86	—	军绿色、土黄色、深绿色

(2) 试验条件 见表 2-3-171。

表 2-3-171 试验条件

试验环境	对应试验站	试验方式
湿热海洋大气环境	海南万宁	海面平台户外、濒海户外、近海岸棚下
干热沙漠大气环境	甘肃敦煌	户外
寒温高原大气环境	西藏拉萨	户外
寒冷乡村大气环境	黑龙江漠河	户外、棚下
注:试验标准为 GB/T 9276—1996《涂层自然气候曝露试验方法》。		

(3) 检测项目及标准 见表 2-3-172。

表 2-3-172 检测项目及标注

检测项目	标　　准
外观评级	GB/T 1766—2008《色漆和清漆　涂层老化的评级方法》
附着力	GB/T 9286—1998《色漆和清漆　漆膜的划格试验》
耐冲击性	GB/T 1732—1993《漆膜耐冲击测定法》
红外辐射率	GJB 5892—2006《红外辐射率测量方法》

3. 自然环境腐蚀性能

（1）单项/综合评定等级 THB04-86型多频谱隐身涂层在湿热海洋、干热沙漠、寒温高原、寒冷低温4种大气环境中暴露主要表现为失光、变色和粉化等老化现象，不同颜色涂层在相同环境中的耐老化性能略有差异，单项/综合评定等级见表2-3-173～表2-3-175。

表2-3-173 THB04-86型多频谱隐身涂层（军绿）外观评级[5]

试验方式	试验时间/月	单项等级							综合等级
		变色	粉化	开裂	起泡	长霉	生锈	脱落	
海面平台户外	3	1	2	0	0	0	0	0	2
	6	1	2	0	0	0	0	0	2
	12	1	2	0	0	0	0	0	2
	24	3	3	0	0	0	0	0	3
濒海户外	24	3	3	0	0	0	0	0	3
近海岸棚下	3	0	1	0	0	0	0	0	1
	6	0	1	0	0	0	0	0	1
	12	0	1	0	0	0	0	0	1
	24	1	3	0	0	0	0	0	3
敦煌户外	3	1	2	0	0	0	0	0	2
	6	1	2	0	0	0	0	0	2
	12	1	2	0	0	0	0	0	2
	24	3	3	0	0	0	0	0	3
	36	4	4	0	0	0	0	0	4
	48	5	4	0	0	0	0	0	4
拉萨户外	3	0	2	0	0	0	0	0	2
	6	1	2	0	0	0	0	0	2
	12	2	2	0	0	0	0	0	2
	24	3	3	0	0	0	0	0	3
	36	5	4	0	0	0	0	0	4
	48	5	5	0	0	0	0	0	5
漠河户外	9	0	1	0	0	0	0	0	1
	12	0	1	0	0	0	0	0	1
	18	1	3	0	0	0	0	0	3
	36	3	3	0	0	0	0	0	3
漠河棚下	9	0	1	0	0	0	0	0	1
	12	0	1	0	0	0	0	0	1
	18	1	2	0	0	0	0	0	2
	36	1	2	0	0	0	0	0	2

表 2-3-174　THB04-86 型多频谱隐身涂层(土黄)外观评级[5]

试验方式	试验时间/月	单项等级							综合等级
		变色	粉化	开裂	起泡	长霉	生锈	脱落	
海面平台户外	3	3	2	0	0	0	0	0	2
	6	3	2	0	0	0	0	0	2
	12	3	2	0	0	0	0	0	2
	24	3	3	0	0	0	0	0	3
濒海户外	24	3	3	0	0	0	0	0	3
近海岸棚下	3	1	1	0	0	0	0	0	1
	6	1	1	0	0	0	0	0	1
	12	1	1	0	0	0	0	0	1
	24	2	3	0	0	0	0	0	3
敦煌户外	3	2	2	0	0	0	0	0	2
	6	2	2	0	0	0	0	0	2
	12	2	2	0	0	0	0	0	2
	24	3	3	0	0	0	0	0	3
	36	3	4	0	0	0	0	0	4
	48	3	4	0	0	0	0	0	4
拉萨户外	3	2	2	0	0	0	0	0	2
	6	2	2	0	0	0	0	0	2
	12	2	2	0	0	0	0	0	2
	24	3	3	0	0	0	0	0	3
	36	4	4	0	0	0	0	0	4
	48	4	4	0	0	0	0	0	4
漠河户外	9	2	1	0	0	0	0	0	1
	12	2	1	0	0	0	0	0	1
	18	3	3	0	0	0	0	0	3
	36	3	3	0	0	0	0	0	3
漠河棚下	9	2	1	0	0	0	0	0	1
	12	2	1	0	0	0	0	0	1
	18	3	2	0	0	0	0	0	2
	36	3	2	0	0	0	0	0	2

表 2-3-175　THB04-86 型多频谱隐身涂层(深绿)外观评级[5]

试验方式	试验时间/月	单项等级							综合等级
		变色	粉化	开裂	起泡	长霉	生锈	脱落	
海面平台户外	3	1	1	0	0	0	0	0	1
	6	1	1	0	0	0	0	0	1
	12	1	1	0	0	0	0	0	1
	24	3	3	0	0	0	0	0	3

（续）

试验方式	试验时间/月	单项等级							综合等级
		变色	粉化	开裂	起泡	长霉	生锈	脱落	
濒海户外	24	3	4	0	0	0	0	0	4
近海岸棚下	3	0	0	0	0	0	0	0	0
	6	0	1	0	0	0	0	0	1
	12	0	1	0	0	0	0	0	1
	24	0	1	0	0	0	0	0	1
敦煌户外	3	0	1	0	0	0	0	0	1
	6	0	2	0	0	0	0	0	2
	12	0	2	0	0	0	0	0	2
	24	1	2	0	0	0	0	0	2
	36	3	3	0	0	0	0	0	3
	48	3	3	0	0	0	0	0	3
拉萨户外	3	0	1	0	0	0	0	0	1
	6	0	1	0	0	0	0	0	1
	12	1	2	0	0	0	0	0	2
	24	2	2	0	0	0	0	0	2
	36	4	4	0	0	0	0	0	4
	48	4	4	0	0	0	0	0	4
漠河户外	9	0	1	0	0	0	0	0	1
	12	1	1	0	0	0	0	0	1
	18	1	1	0	0	0	0	0	1
	36	1	1	0	0	0	0	0	1
漠河棚下	9	0	1	0	0	0	0	0	1
	12	1	1	0	0	0	0	0	1
	18	0	1	0	0	0	0	0	1
	36	0	1	0	0	0	0	0	1

(2) 对力学性能的影响 THB04-86型多频谱隐身涂层在不同大气环境中暴露的附着力及耐冲击性能变化数据见表2-3-176~表2-3-178。

表2-3-176 THB04-86型多频谱隐身涂层(军绿)的附着力、耐冲击性能数据[5]

试验方式	试验时间/月	附着力/级		耐冲击性
		划格	划格+胶带	
海面平台户外	3	0	0	50cm高度冲击3个试样全部通过
	6	0	0	50cm高度冲击3个试样全部通过
	12	0	0	—
	24	0	0	—
	36	0	1	—

(续)

试验方式	试验时间/月	附着力/级		耐冲击性
		划格	划格+胶带	
濒海户外	3	0	1	—
	6	0	0	—
	12	1	1	—
	24	1	1	—
	36	1	1	—
近海岸棚下	6	0	0	50cm 高度冲击 3 个试样全部通过
	9	0	0	50cm 高度冲击 3 个试样全部通过
	12	0	0	—
	24	1	1	—
	36	1	1	—
敦煌户外	3	0	0	50cm 高度冲击 3 个试样全部通过
	6	1	1	50cm 高度冲击 3 个试样全部通过
	12	0	0	—
	24	0	0	50cm 高度冲击 3 个试样全部通过
	36	0	0	—
	48	0	0	50cm 高度冲击 3 个试样全部通过
拉萨户外	3	0	0	50cm 高度冲击 3 个试样全部通过
	6	0	0	50cm 高度冲击 3 个试样全部通过
	12	0	0	50cm 高度冲击 3 个试样全部通过
	24	0	0	—
	36	0	0	—
	48	0	0	—
漠河户外	6	—	—	50cm 高度冲击 3 个试样全部通过
	9	0	0	50cm 高度冲击 3 个试样全部通过
	12	0	0	—
	36	0	0	50cm 高度冲击 3 个试样全部通过
漠河棚下	6	0	0	50cm 高度冲击 3 个试样全部通过
	9	0	0	50cm 高度冲击 3 个试样全部通过
	12	0	0	—
	24	0	0	—
	36	0	0	50cm 高度冲击 3 个试样全部通过

表 2-3-177 THB04-86 型多频谱隐身涂层(土黄)的附着力、耐冲击性能数据[5]

试验方式	试验时间/月	附着力/级		耐冲击性能
		划格	划格+胶带	
海面平台户外	3	0	0	50cm 高度冲击 5 个试样 4 个通过
	6	0	0	50cm 高度冲击 3 个试样全部通过
	12	0	0	—
	24	1	1	—
	36	0	0	—

（续）

试验方式	试验时间/月	附着力/级		耐冲击性能
		划格	划格+胶带	
濒海户外	3	0	0	—
	6	0	1	—
	12	1	1	—
	24	1	1	—
	36	1	1	—
近海岸棚下	6	0	0	50cm 高度冲击 3 个试样全部通过
	9	1	1	—
	12	0	0	—
	24	1	1	—
	36	1	1	—
敦煌户外	3	0	0	50cm 高度冲击 3 个试样全部通过
	6	0	0	50cm 高度冲击 3 个试样全部通过
	12	0	0	—
	24	0	0	50cm 高度冲击 3 个试样全部通过
	36	0	0	—
	48	0	0	50cm 高度冲击 3 个试样全部通过
拉萨户外	3	0	0	50cm 高度冲击 4 个试样 3 个通过
	6	0	0	50cm 高度冲击 3 个试样全部通过
	12	0	0	50cm 高度冲击 3 个试样全部通过
	24	0	0	—
	36	0	1	—
	48	0	0	25cm 高度冲击通过,30cm 高度冲击未过
漠河户外	9	0	0	50cm 高度冲击 3 个试样全部通过
	12	0	0	—
	24	0	0	—
	36	0	0	50cm 高度冲击 3 个试样全部通过
漠河棚下	9	0	0	50cm 高度冲击 3 个试样全部通过
	12	0	0	—
	36	0	0	50cm 高度冲击 3 个试样全部通过

表 2-3-178　THB04-86 型多频谱隐身涂层（深绿）的附着力、耐冲击性能数据[5]

试验方式	试验时间/月	附着力/级		耐冲击性能
		划格	划格+胶带	
海面平台户外	3	0	0	50cm 高度冲击 3 个试样全部通过
	6	0	0	50cm 高度冲击 4 个试样全部通过
	12	0	0	—
	24	0	1	—

（续）

试验方式	试验时间/月	附着力/级		耐冲击性能
		划格	划格+胶带	
濒海户外	3	0	1	—
	6	0	1	—
	12	0	1	—
	24	0	1	—
	36	0	1	—
近海岸棚下	6	0	0	50cm 高度冲击 3 个试样均有细小裂纹，45cm 高度冲击 3 个试样 2 个通过，40cm 高度冲击 3 个试样全部通过
	9	0	0	—
	12	0	0	—
	24	0	0	—
	36	0	0	—
敦煌户外	3	0	0	50cm 高度冲击 3 个试样全部通过
	6	0	0	40cm 高度冲击 3 个试样 2 个通过，35cm 高度冲击 3 个试样全部通过
	12	0	0	—
	24	0	0	35cm 高度冲击通过，40cm 高度冲击未过
	36	0	0	—
	48	0	0	50cm 高度冲击 3 个试样全部通过
拉萨户外	3	0	0	—
	6	0	0	45cm 高度冲击 3 个试样 1 个通过，40cm 高度冲击 5 个试样 4 个通过
	12	0	0	20cm 高度冲击 3 个试样全部通过，25cm 高度冲击 3 个试样全部未过
	24	0	1	—
	36	0	0	—
	48	0	0	45cm 高度冲击通过，50cm 高度冲击未过
漠河户外	9	0	0	50cm 高度冲击 3 个试样全部通过
	12	0	0	—
	24	0	0	—
	36	0	0	—
漠河棚下	9	1	1	50cm 高度冲击 3 个试样全部通过
	12	0	0	—
	24	1	1	—
	36	0	0	50cm 高度冲击 3 个试样全部通过

(3) 红外辐射率 THB04-86 型多频谱隐身涂层在不同大气环境中暴露的红外辐射率变化数据见表 2-3-179~表 2-3-181。

表 2-3-179 THB04-86 型多频谱隐身涂层(军绿)的红外辐射率[5]

试验时间/月	红外辐射率					
	海面平台户外	近海岸棚下	敦煌户外	拉萨户外	漠河户外	漠河棚下
3	0.86	0.87	0.85	0.87	—	—
6	0.87	0.87	0.86	0.85	—	—
9	—	—	—	—	0.86	0.86
12	0.91	0.86	0.88	0.88	0.86	0.86

表 2-3-180 THB04-86 型多频谱隐身涂层(土黄)的红外辐射率[5]

试验时间/月	红外辐射率					
	海面平台户外	近海岸棚下	敦煌户外	拉萨户外	漠河户外	漠河棚下
3	0.91	0.89	0.90	0.86	—	—
6	0.91	0.78	0.89	0.86	—	—
9	—	—	—	—	0.90	0.91
12	0.88	0.77	0.88	0.85	0.90	0.91

表 2-3-181 THB04-86 型多频谱隐身涂层(深绿)的红外辐射率[5]

试验时间/月	红外辐射率					
	海面平台户外	近海岸棚下	敦煌户外	拉萨户外	漠河户外	漠河棚下
3	0.95	0.95	0.95	0.95	—	—
6	0.95	0.96	0.96	0.95	—	—
9	—	—	—	—	0.96	0.96
12	0.95	0.96	0.95	0.95	0.95	0.96

4. 使用建议

THB04-86 型多频谱隐身涂料适用于地面装备外部结构隐身与防护,整体隐身效果较好,在海洋、高原等严酷环境中耐大气老化性能尚可。

参考文献

[1] 温斯顿·里维 R. 尤利格腐蚀手册[M]. 北京:化学工业出版社,2005.
[2] Bijlmer P. Adhesive Bonding of Aluminum Alloys[M]. New York:Marcel Dekker,1985:21-39.
[3]《中国航空材料手册》编辑委员会. 中国航空材料手册:第 9 卷[M]. 2 版. 北京:中国标准出版社,2002.
[4]《飞机设计手册》编委会. 飞机设计手册:第三册 材料(上)[M]. 北京:航空工业出版社,1997.
[5] 中国兵器工业第五九研究所. 典型环境下主战装备常用材料环境适应性数据手册[Z]. 2012.

第三篇　钛合金及其防护工艺环境适应性数据

第一章 钛合金的大气腐蚀类型与规律

钛及钛合金具有优异的耐大气和海水腐蚀性能。钛是一种极活泼的金属,其标准电极电位为-1.63V。在大气和许多腐蚀介质中,钛表面极易生成坚固致密且结合力好的氧化膜,因而具有很高的耐腐蚀性。图3-1-1是Ti-H_2O系的电位-pH图[1],可以看出,在TiO_2-H_2O稳定区发生钛的钝化;在$HTiO_3^-$离子稳定区,钛发生腐蚀,但受腐蚀动力学影响钛腐蚀速度不大。

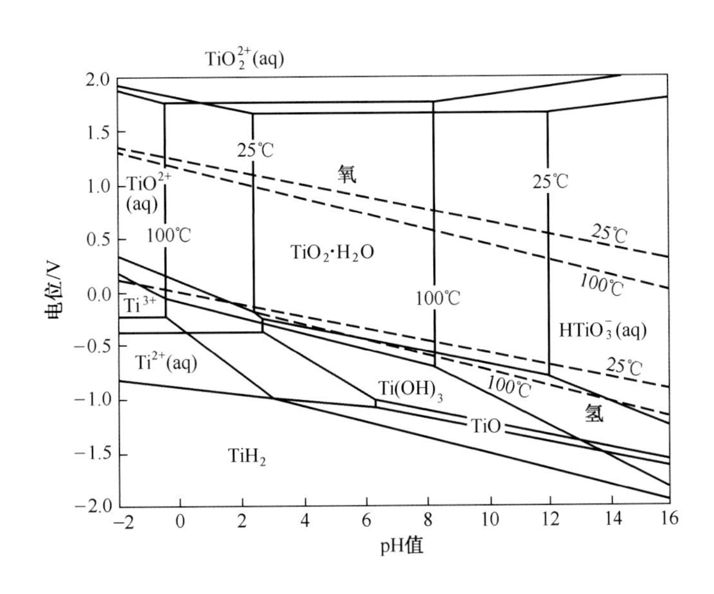

图3-1-1 Ti-H_2O系在25℃和100℃下的电位-pH图

钛的耐腐蚀性与其表面氧化膜的性质和完整性有较大关系。在室温大气中,钛的氧化膜厚度大致为1.2~1.6nm,并随暴露时间的延长而增厚,4年后达到150nm。钛在沿海腐蚀环境中形成的氧化膜厚度变化速率更明显,4年时间会自然增厚到350nm左右,见图3-1-2。钛表面氧化膜通常为多层结构,含氧量从外至内逐渐降低,从TiO_2逐步过渡为Ti_2O_3,直至界面处的TiO。新擦伤的钛表面能立即钝化,生成结晶TiO_2氧化膜,其稳定性大大超过铝和不锈钢表面形成的氧化膜,氯离子也难于破坏,因此钛是目前已知的最耐蚀金属之一。10年大气自然环境试验表明,钛及钛合金在湿热海洋和工业酸雨等各种大气环境中未见明显腐蚀,仅表现为不均匀发黄或棕色斑点,无点蚀、晶间腐蚀倾向,但长期环境腐蚀累积效应对裂纹扩展速率有明显加速作用。钛合金具有氢脆、镉脆敏感性,用于航空发动机部件的钛合金还存在热盐应力腐蚀问题,在设计时应予以考虑。

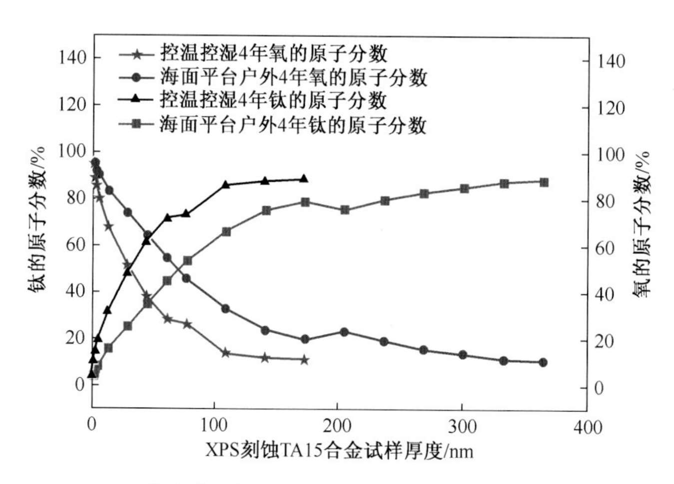

图 3-1-2 TA15 合金在室温和海洋大气环境中暴露 4 年的 XPS 刻蚀曲线

第一节 钛合金的大气腐蚀特征与类型

一、宏观腐蚀特征

钛合金具有优异的耐大气腐蚀性能,尤其在湿热海洋大气环境和亚湿热工业环境中的耐腐蚀性极高。钛合金暴露于大气自然环境中主要表现为表面光泽降低、棕色斑点或不均匀发黄。TC4 合金和 TA15 合金在海洋大气环境中暴露 1 年,表面出现少量浅棕色斑点,并随时间推移演变为表面不均匀发黄。环境作用导致的钛合金表面颜色变化,在微观上并未对钛合金基体产生明显影响(图 3-1-3),也无明显的静态力学性能损失。另外,处于钝化状态的钛合金电极电位较正,当与电位较负的金属连接,如铝合金、结构钢等,会产生严重电偶腐蚀,导致与其连接的低电位金属加速腐蚀。

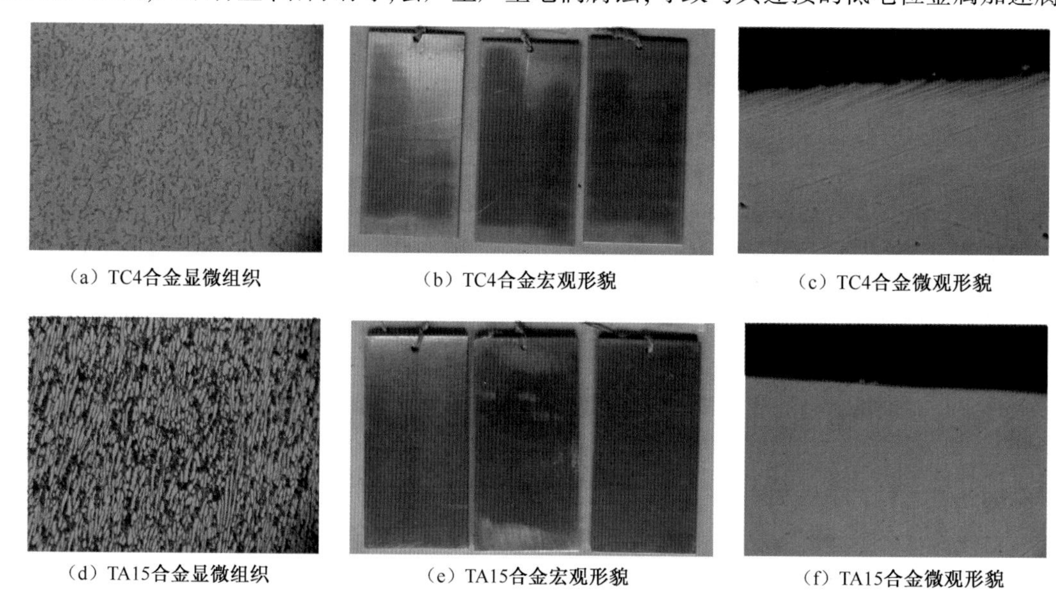

(a) TC4合金显微组织　(b) TC4合金宏观形貌　(c) TC4合金微观形貌

(d) TA15合金显微组织　(e) TA15合金宏观形貌　(f) TA15合金微观形貌

图 3-1-3 TC4 合金和 TA15 合金在海洋大气环境中暴露 6 年的形貌特征

二、缝隙腐蚀

钛合金在含氯化物和硫酸盐的介质中会发生缝隙腐蚀。缝隙腐蚀通常发生于金属与金属连接的密封垫圈处或沉积物堆积处，其腐蚀机理与铝合金一样，也是自催化闭塞电池作用的结果。对钛合金缝隙腐蚀的研究表明[2]，钛发生缝隙腐蚀需要非常窄而深的缝隙，缝隙宽度约0.001cm，深度大于1cm。当水溶液中氯离子浓度大于0.01%就可能引起钛缝隙腐蚀，而增大氯离子浓度将影响潜伏期长短、腐蚀发生的频率及程度[3]。钛合金的缝隙腐蚀首先可通过观察缝隙中有无黏性、灰白色的氧化钛沉积物进行识别，然后采用轻微喷砂去除腐蚀产物或断面金相分析等方法评估腐蚀程度。

三、应力腐蚀破裂

钛合金在NaCl水溶液、熔融NaCl、海水等介质中具有应力腐蚀敏感性。合金成分、相的组织类型及大小等因素对应力腐蚀抗力有明显影响。当稳定α的元素，如Al、Sn、O的含量增加时，应力腐蚀抗力下降。$\alpha-\beta$型两相钛合金中，α相对应力腐蚀敏感，而β相不敏感，因此，含较多β相的两相钛合金具有相对较高的抗应力腐蚀能力[4]。

另外，钛合金高温环境应用中还存在热盐应力腐蚀问题，一般高铝当量的近α型钛合金比$\alpha-\beta$型钛合金具有更高的热盐应力腐蚀倾向性[4]。热盐应力腐蚀的机理与钛在卤化物水溶液中的应力腐蚀相似，断裂过程与氢脆有直接关系。

四、电偶腐蚀

钛合金在大气、海水中具有很高的耐腐蚀性，在电偶电池中大都作为阴极。当偶接的阳极材料面积远大于阴极时，电偶腐蚀很少发生或不发生。选择与钛合金偶接的金属材料时应考虑具体使用的环境。在海洋大气环境中，铝-钛组成的结构件由于铝的加速腐蚀可能导致结构快速破坏，结构钢与钛合金组成电偶对会产生明显的电偶腐蚀效应（图3-1-4），而钛与电位较正的石墨、碳纤维复合材料偶接则是安全的。

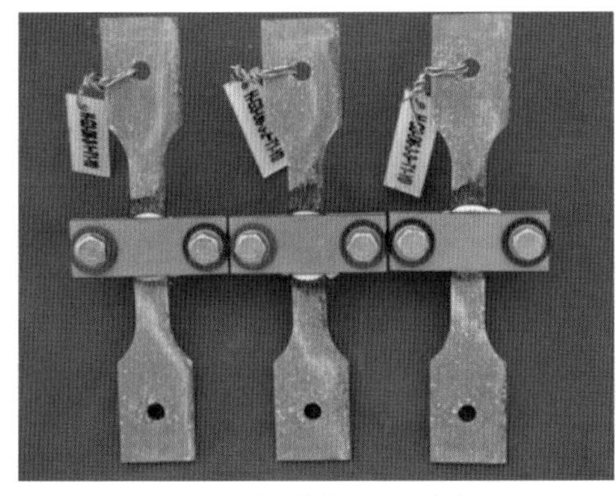

（a）30CrMnSiA镀锌-TC21合金

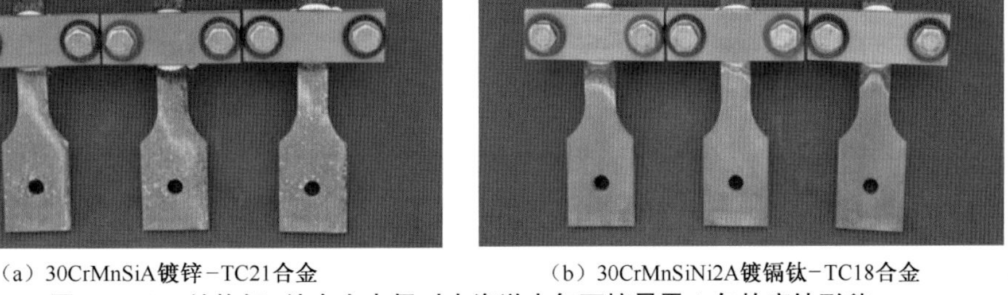

（b）30CrMnSiNi2A镀镉钛-TC18合金

图3-1-4 结构钢-钛合金电偶对在海洋大气环境暴露1年的腐蚀形貌

五、氢脆

钛合金极易吸氢引起氢脆，万分之几的氢含量就可造成钛合金力学性能的严重损失。钛合金中的氢可以来源于冶炼、热处理、焊接、除油、电镀等过程，也可以是使用过程中接触含氢介质或腐蚀反应析出的氢。室温下,氢在 α 相中的溶解度非常低,约为 20~150mg/kg,与压力、应力和合金成分有关[5]。超过此溶解度,就会在金属表面生成氢化物沉淀,使合金脆化,即氢化物氢脆。氢是 β 相稳定剂,因此氢在 β 相中的溶解度很大,大于 9000mg/kg,使得 β 合金对氢脆敏感。试验研究发现,低含量的氢就可使 α 钛合金冲击韧性下降,而 β 和 α-β 钛合金相对好得多[6]。

六、微振磨蚀

钛合金的耐磨性差,在两个对磨的接触表面上容易产生粘接,对微振磨蚀尤其敏感。航空结构的微振磨蚀危害较大,不仅导致活动部件的阻力增加,造成卡滞现象,还会降低结构疲劳寿命,甚至提前发生疲劳断裂故障,增大安全隐患。图 3-1-5 为某 TC4 合金大轴与转动支臂微振磨蚀,部分大轴腐蚀坑深度高达 0.5~0.6mm,造成分解拆卸难度大,使大多数轴承损坏报废。

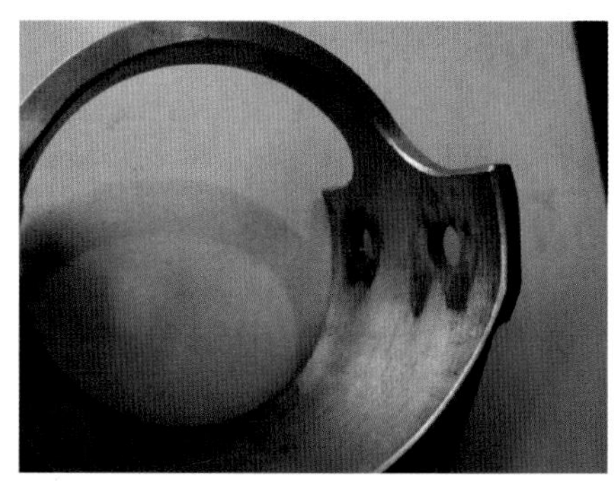

图 3-1-5 某 TC4 合金大轴与转动支臂微振磨蚀

第二节 钛合金的大气腐蚀规律

一、静态拉伸性能

钛合金静态拉伸性能对环境作用不敏感。研究表明,即使是在严酷的海洋大气环境中,大多数钛合金暴露 6 年的抗拉强度和断后伸长率无明显变化,见表 3-1-1。

表 3-1-1 典型钛合金在海洋大气环境暴露过程中的抗拉强度和断后伸长率值

牌号	原始值		暴露 2 年		暴露 4 年		暴露 6 年	
	R_m/MPa	A/%	R_m/MPa	A/%	R_m/MPa	A/%	R_m/MPa	A/%
TC2	852	21.0	847	20.5	832	24.5	843	20.5
TC4	1092	15.5	1104	15.5	1026	21.0	1036	16.5
TA15	972	16.5	1000	15.0	1021	13.0	1007	12.0
TC18	1186	16.5	1156	16.0	1183	14.5	1176	15.5
注:试验方式为海面平台户外暴露。								

二、断裂韧度

腐蚀环境对钛合金断裂韧度有一定影响,见表 3-1-2。以 TA15 合金为例,其断裂韧度随海洋大气环境暴露时间延长呈下降趋势。采用 SEM 观察断口形貌发现,暴露前后,疲劳裂纹起始区均为解理断口,扩展区均为准解理断口,断裂机制未发生明显改变,但随着环境侵蚀作用的深入,疲劳裂纹扩展区的解理面越来越光滑,出现二次裂纹,说明材料脆性有增加的趋势,见图 3-1-6。有文献报道[7],钛合金暴露在含氧环境中,氧由表及里扩散会产生一种近表面效应,导致材料表面变脆,这印证了 TA15 合金断口扫描电镜观察结果。

表 3-1-2　两种钛合金在海洋大气环境暴露过程中的断裂韧度值 K_{IC}

(单位:$MPa \cdot m^{1/2}$)

牌号	原始值	暴露 2 年	暴露 4 年	暴露 6 年
TA15	67.2	69.1	61.7	57.6
TC18	62.9	57.6	58.7	62.3
注:试验方式为海面平台户外暴露。				

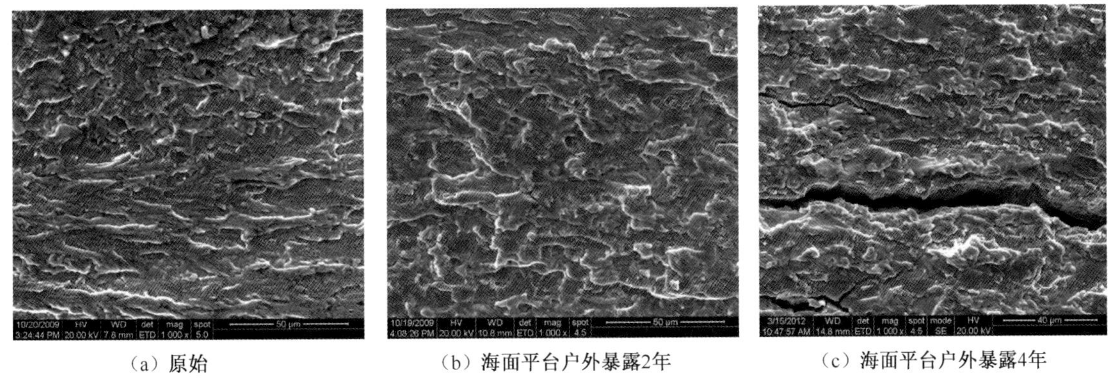

(a) 原始　(b) 海面平台户外暴露2年　(c) 海面平台户外暴露4年

图 3-1-6　TA15 合金断口疲劳裂纹扩展区微观形貌

三、疲劳裂纹扩展速率

腐蚀环境对钛合金疲劳裂纹扩展速率具有一定的加速作用。如图 3-1-7 所示,随着 TA15 合金在海面平台户外暴露时间的延长,其疲劳裂纹扩展速率都不同程度大于暴露前,说明腐蚀作用促进了 TA15 合金疲劳裂纹的扩展,这也可从暴露前后的试验循环次数得到验证,见图 3-1-8。

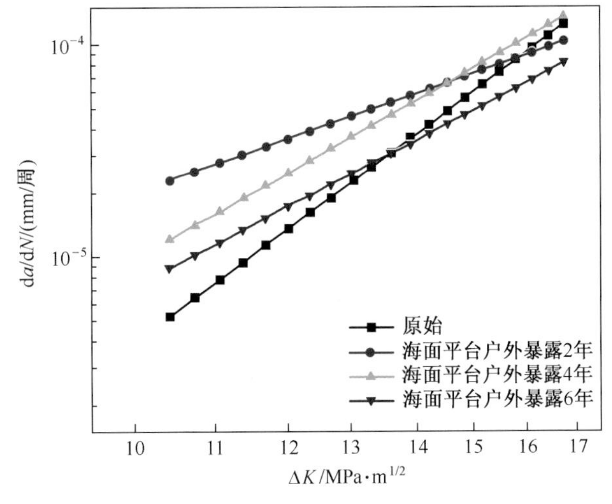

图 3-1-7　TA15 合金暴露不同周期的疲劳裂纹扩展速率与 ΔK 关系曲线

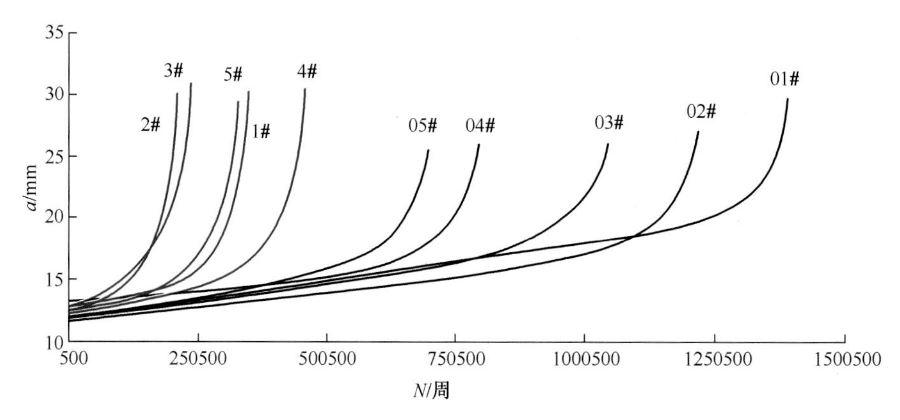

图 3-1-8 TA15 合金暴露前后常温疲劳裂纹扩展的 $a\sim N$ 曲线
(图中:黑色代表暴露前,红色代表暴露后。)

参考文献

[1] 温斯顿·里维 R. 尤利格腐蚀手册[M]. 杨武,等译. 北京:化学工业出版社,2005.

[2] Satoh H, et al. Effect of Gasket Materials on Crevice Corrosion of Titanium[C]//Lutjering G, Zwicker U, Bunk W (Eds.). Titanium—Science and Technology, Deutsche Gesellschaft fur Meallkunde, Oberursel, 1985, 4:2633-2639.

[3] Kobayashi M, et al. Study on Crevice Corrosion of Titanium. [C]//Kimura H, Izumi O(Eds.). Titanium'80 Science and Technology, Warrendale, 1980.

[4] 陶春虎,刘庆瑔,曹春晓,等. 航空用钛合金的失效及其预防[M]. 北京:国防工业出版社,2002.

[5] Paton N E, Williams J C. Effect of Hydrogen on Titanium and its Alloys[C]//Bernstein I M, Thompson A W(Eds.). Hydrogen in Metals, New York, 1974.

[6] 陶春虎,刘庆瑔,曹春晓,等. 航空用钛合金的失效及其预防[M]. 北京:国防工业出版社,2002.

[7] Draper S L, Lerch B A, Locci I E, et al. Effevt of exposure on the mechanical properties of Gamma MET PX[J]. Intermetallics, 2005, 13:1014-1019.

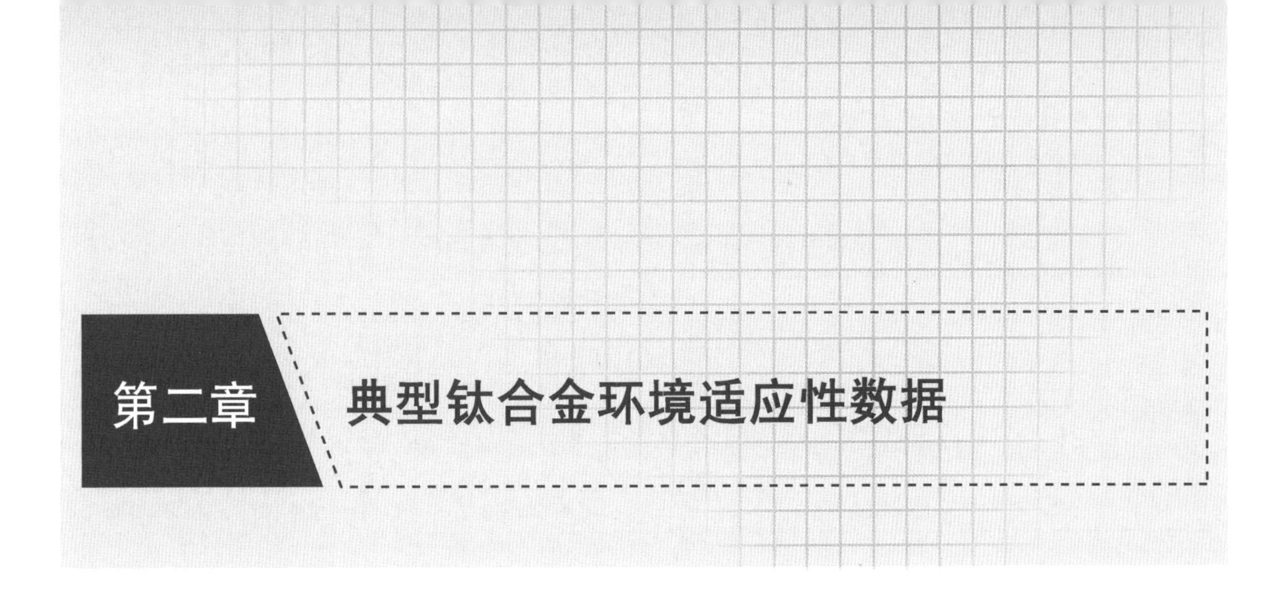

第一节 钛合金的分类

钛合金的密度约为4.5~5.0g/cm^3,仅为钢铁的60%,具有比强度高、耐腐蚀性能好、导热率低以及优良的力学性能,在国防上常用作航天、航空、兵器、船舶等行业武器装备的结构材料,如飞机蒙皮、坦克履带、导弹发动机外壳等。

钛合金按使用领域可分为结构钛合金、耐热钛合金、耐蚀钛合金、低温钛合金以及特殊功能钛合金等;典型的分类是按退火状态组织分为α型钛合金、β型钛合金和α+β型钛合金,分别用TA、TB和TC表示。

(1) α型钛合金和近α型钛合金

α型钛合金是α相固溶体组成的单相合金,广义的α型钛合金还包括在平衡状态下只含很少β相的近α型钛合金,如TC1、TC2。α型钛合金高温性能好,组织稳定,在500~600℃的温度下,仍保持其强度和抗蠕变性能,一般不能进行热处理强化,室温强度不高,如TA15、TA18、TA19等。

(2) β型钛合金和近β型钛合金

β型钛合金是β相固溶体组成的单相合金,广义的β型钛合金还包括在平衡状态下含有较多α相的近β型钛合金。β型钛合金具有良好的变形加工性能,未热处理即具有较高的强度,淬火、时效后合金得到进一步强化,室温强度可达1372~1666MPa,但热稳定性较差,不宜在高温下使用,如TB2、TB3、TB5、TB6等。

(3) α+β型钛合金

α+β型钛合金也称为双相钛合金,具有良好的综合力学性能,强度高于α型钛合金,组织稳定性好,可热处理强化,热压力加工性能好。热处理后的强度约比退火状态提高50%~100%,可在400~500℃的温度下长期工作,其热稳定性次于α型钛合金,如TC4、TC6、TC11等。

第二节 钛合金的耐腐蚀性能指标

钛合金的耐腐蚀性能指标主要指钛合金在大气自然环境、海水自然环境、工况环境等条件下对环境敏感,且影响钛合金使用的性能指标,是设计选材和寿命评估的重要参考指标,见表3-2-1。

表 3-2-1　钛合金耐腐蚀性能表征指标

<table>
<tr><td>指标种类</td><td colspan="7">大气自然环境性能指标</td></tr>
<tr><td>指标名称</td><td>腐蚀增重</td><td>(热盐)应力腐蚀 K_{ISCC}</td><td>断裂韧度 K_{IC}</td><td colspan="2">缺口冲击吸收能量 K</td><td colspan="2">疲劳裂纹扩展速率 da/dN</td></tr>
<tr><td>指标种类</td><td colspan="7">海水自然环境性能指标</td></tr>
<tr><td rowspan="2">指标名称</td><td rowspan="2">平均/最大腐蚀速率</td><td rowspan="2">均匀缝隙腐蚀速率</td><td rowspan="2">海水冲刷腐蚀</td><td colspan="4">电偶腐蚀</td></tr>
<tr><td>电偶电流密度</td><td colspan="2">强度损失增量</td><td>腐蚀率增量</td></tr>
</table>

第三节　本章收录的钛合金牌号

本篇收录的钛合金牌号及主要应用范围参见表 3-2-2。

表 3-2-2　钛合金材料一览表

序号	材料分类	材料牌号	主要(预期)应用范围
1	近 α 型钛合金	TA15	承力构件,如承力框、梁、支臂、长桁、蒙皮、传动接头和壁板等
2	近 α 型钛合金	TC1	飞机蒙皮、腹板、缘条、长桁、系统接头等
3	近 α 型钛合金	TC2	飞机进气道唇口、蒙皮、长桁、框件等
4	α+β 型钛合金	TC4	导弹和航天器的弹体结构、发动机、伺服机构、贮箱、气瓶等,航空发动机的风扇叶片、盘、压气机叶片等,坦克装甲车辆平衡肘等
5	α+β 型钛合金	TC18	承力构件,如起落架、轮叉、扭力臂、翼梁、长桁、弹簧等
6	α+β 型钛合金	TC21	飞机框梁、发动机支架、重要接头、机翼结构、垂尾、后舱结构等

第四节　材 料 牌 号

一、近 α 型钛合金

TA15

1. 概述

TA15 合金的名义成分为 Ti-6.5Al-2Zr-1Mo-1V,是一种高 Al 当量的近 α 型钛合金。该合金具有中等的室温和高温强度、良好的热稳定性和可焊性,工艺塑性稍低于 TC4,主要强化机制是通过 α 稳定元素 Al 的固溶强化,加入中性元素 Zr 和 β 稳定元素 Mo 和 V,以改善工艺性能[1]。合金在退火状态下使用,长期工作温度可达 500℃,适合于制造飞机主承力框、接头、大型整体壁板、蒙皮、板弯型材及焊接承力部件等。

TA15 合金耐腐蚀性能优良，在大气条件和海水中性能稳定，其抗氧化性能与 TC4 合金相近。

（1）材料牌号　TA15。

（2）相近牌号　俄 BT20、俄 BT20Л。

（3）生产单位　宝钛集团有限公司、中国航空工业集团有限公司 3007 厂、中国航空工业集团有限公司 148 厂。

（4）化学成分　GB/T 3620.1—2007 规定的化学成分见表 3-2-3。

表 3-2-3　化学成分　（单位：%（质量分数））

合金元素						杂质					
Ti	Al	Mo	V	Zr	Si	C	Fe	O	N	H	其他杂质总量
基材	5.5~7.1	0.5~2.0	0.8~2.5	1.5~2.5	0.15	≤0.08	≤0.25	≤0.15	≤0.05	≤0.015	≤0.30

（5）热处理制度

① 退火。板材、薄壁型材及其零件退火：700~800℃，15~60min，空冷；棒材、锻件、模锻件、厚壁型材及其零件退火：700~850℃，1~4h，空冷。

② 去应力退火。600~650℃，0.5~8h，空冷。

2. 试验与检测

（1）试验材料　见表 3-2-4。

表 3-2-4　试验材料

材料牌号与热处理状态	品种规格	试样形式	生产单位
TA15，退火	δ3mm 薄板	平板试样	宝钛集团有限公司
		拉伸试样	
	δ55mm 厚板	冲击试样	
		疲劳试样	
		平板试样	
		拉伸试样	
		应力腐蚀 WOL 试样	
		裂纹扩展标准 C(T) 试样	
		断裂韧度紧凑 C(T) 试样	

（2）试验条件　见表 3-2-5。

表 3-2-5　试验条件

试验环境	对应试验站	试验方式
湿热海洋大气环境	海南万宁	海面平台户外、海水飞溅和濒海户外
亚湿热工业大气环境	重庆江津	户外
寒冷乡村大气环境	黑龙江漠河	户外
注：试验标准 GB/T 14165—2008《金属和合金　大气腐蚀试验　现场试验的一般要求》。		

(3) 检测项目及标准 见表 3-2-6。

表 3-2-6 检测项目及标准

检测项目	标　准
微观形貌	GB/T 13298—2015《金属显微组织检验方法》
拉伸性能	GB/T 228—2010《金属材料　室温拉伸试验方法》、GB/T 228.1—2010《金属材料　拉伸试验　第1部分:室温试验方法》
冲击性能	GB/T 229—2007《金属材料　夏比摆锤冲击试验方法》
疲劳性能	GB/T 3075—2008《金属材料　疲劳试验　轴向力控制方法》
断裂韧度	GB/T 4161—2007《金属材料　平面应变断裂韧度 K_{IC} 试验方法》
裂纹扩展	GB/T 6398—2000《金属材料疲劳裂纹扩展速率试验方法》

3. 腐蚀形态

TA15 合金耐腐蚀性能优良,长期暴露于大气环境中主要表现为棕色斑点和不均匀发黄,微观下未见点蚀坑等明显腐蚀现象,见图 3-2-1。

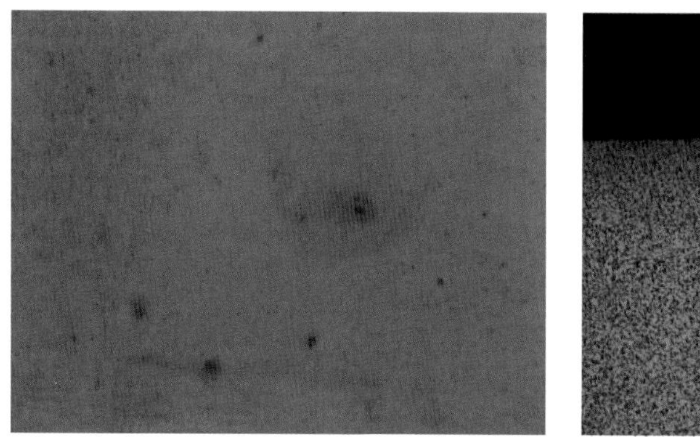
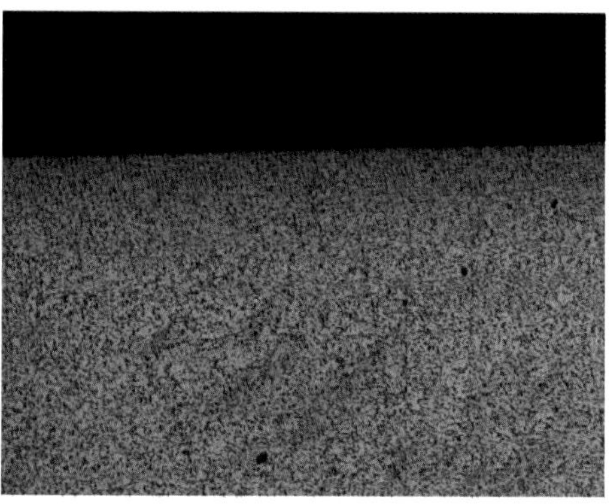

图 3-2-1　TA15 合金在海面平台户外暴露 4 年的腐蚀形貌

4. 腐蚀对力学性能的影响

(1) 技术标准规定的力学性能 见表 3-2-7。

表 3-2-7 技术标准规定的力学性能

技术标准	品种	状态	厚度或直径/mm	取样方向	R_m/MPa	$R_{p0.2}$/MPa	A/%
						大于等于	
XJ/BS 5158—2001	板材	退火	0.8~1.8	L、T	930~1130	855	12
			>1.8~4.0		930~1130	855	10
			>4.0~10.0		930~1130	855	8
			>10.0~70		930~1130	855	6
XJ/BS 5157—2001	棒材	退火	10~110	L	930~1130	855	10
			>110~200		930~1130	855	9
			75~110	T	930~1130	855	8
			>110~200		930~1130	855	8
			>200~300		885~1130	815	8

(2) 拉伸性能 TA15 合金在湿热海洋、亚湿热工业和寒冷乡村等大气环境下暴露不同时间的拉伸性能变化数据见表 3-2-8,典型拉伸应力-应变曲线见图 3-2-2。

表 3-2-8　拉伸性能变化数据

试样牌号	取向	暴露时间/年	试验方式	R_m 实测值/MPa	R_m 平均值/MPa	R_m 标准差/MPa	R_m 保持率/%	A 实测值/%	A 平均值/%	A 标准差/%	A 保持率/%	$R_{p0.2}$ 实测值/MPa	$R_{p0.2}$ 平均值/MPa	$R_{p0.2}$ 标准差/MPa	$R_{p0.2}$ 保持率/%	E 实测值/GPa	E 平均值/GPa	E 标准差/GPa	E 保持率/%
TA15（d=5.0mm）	T	0	原始	945~1010	972	34.0	—	16.0~18.0	16.5	1.2	—	900~950	922	25.7	—	121~128	125	3.5	—
		2	海面平台户外	980~1010	1000	17.3	103	14.0~15.5	15.0	0.8	91	930~975	953	22.5	103	112~127	118	8.2	94
			海水飞溅	971~1007	991	17.0	102	11.0~15.5	13.5	2.0	82	910~955	939	19.0	102	113~130	121	5.9	97
		4	海面平台户外	993~1040	1021	17.8	105	10.0~14.5	13.0	1.8	79	963~1000	981	14.0	106	124~147	129	8.8	103
			海水飞溅	1004~1075	1043	29.5	107	11.0~15.0	13.0	2.0	79	960~1003	987	17.1	107	—	—	—	—
		6	海面平台户外	964~1047	1007	30.4	104	11.0~14.5	12.0	1.4	73	927~994	966	24.4	105	124~129	126	2.2	101
		8		1024~1048	1036	16.6	107	10.0~13.5	12.0	2.5	73	1000~009	1005	6.6	109	123~137	130	9.9	104
		10		996~1022	1010	10.8	104	10.5~13.0	12.0	1.0	73	972~983	978	4.2	106	124~130	126	2.3	101
TA15（δ3.0mm）	T	0	原始	1018~1029	1024	4.2	—	9.0~15.5	12.5	2.6	—	976~1009	963	57.2	—	129~142	135	5.6	—
		2	江津户外	1008~1017	1014	3.5	99	15.5~17.5	16.0	0.9	128	1005~1012	1009	2.6	105	120~124	122	2.3	90
		4		1003~1011	1008	3.8	98	12.5~14.5	13.5	0.7	108	998~1006	1002	3.2	104	117~135	123	7.2	91
		6		1020~1028	1024	2.9	100	12.0~14.5	13.0	1.0	104	1003~1009	1006	3.1	104	121~133	126	5.1	93
		2	漠河户外	1021~1031	1027	3.6	100	14.0~18.0	15.5	1.4	124	1015~1028	1022	6.0	106	120~125	123	2.5	91
		4		1004~1021	1014	6.2	99	12.0~15.0	13.0	1.3	104	993~1011	1005	8.4	104	124~126	125	1.1	93
		6		1018~1032	1024	5.9	100	12.0~14.5	12.5	1.0	100	999~1014	1005	7.4	104	123~134	129	3.9	96
		2	濒海户外	1018~1029	1024	4.4	100	15.5~16.5	16.0	0.4	128	1012~1020	1017	3.3	110	109~120	113	4.7	84
		4		1011~1021	1016	3.6	99	11.5~12.5	12.0	0.4	96	1004~1010	1008	2.5	109	116~130	125	5.5	93
		6		1009~1034	1025	9.5	100	10.5~12.0	11.0	0.6	88	996~1022	*1014	10.6	105	118~126	122	3.0	90

注：TA15 合金棒状哑铃试样原始截面直径为 5mm；TA15 合金板状哑铃试样平行段原始截面尺寸为 15.0mm×3.0mm。

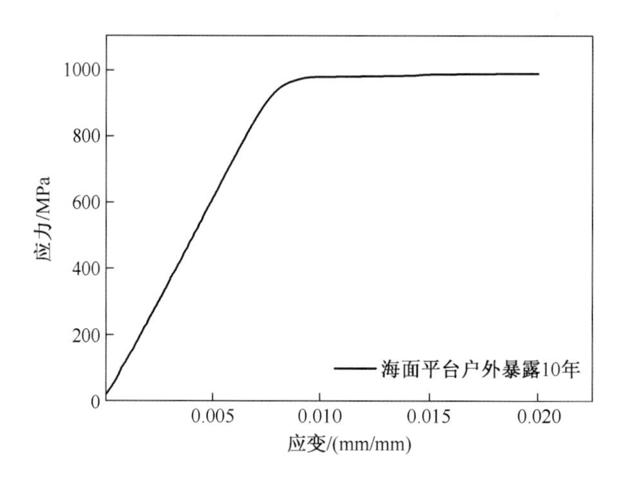

图 3-2-2 TA15 合金厚板在湿热海洋环境下暴露 10 年的拉伸应力-应变曲线

(3) 断裂韧度 TA15 合金在湿热海洋环境下的断裂韧度变化数据见表 3-2-9,典型断口形貌见图 3-2-3。

表 3-2-9 断裂韧度变化数据

材料牌号	取样方向	试验时间/年	试验方式	K_{IC}			
				实测值/MPa·$m^{1/2}$	均值/MPa·$m^{1/2}$	标准差/MPa·$m^{1/2}$	保持率/%
TA15	L-T	原始	—	64.8~72.1	67.2	4.3	—
		2	海面平台户外	63.4~76.9	69.1	5.6	103
			海水飞溅	57.8~63.7	62.4	2.6	93
		4	海面平台户外	58.0~69.2	61.7	3.9	92
			海水飞溅	55.8~62.8	60.2	2.4	90
		6	海面平台户外	54.1~61.6	57.6	2.9	86
		10	海面平台户外	52.0~56.3	54.1	3.1	81

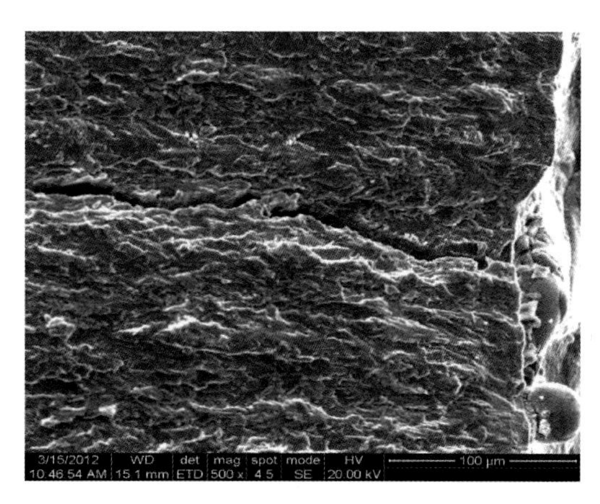

(a) 预制裂纹区

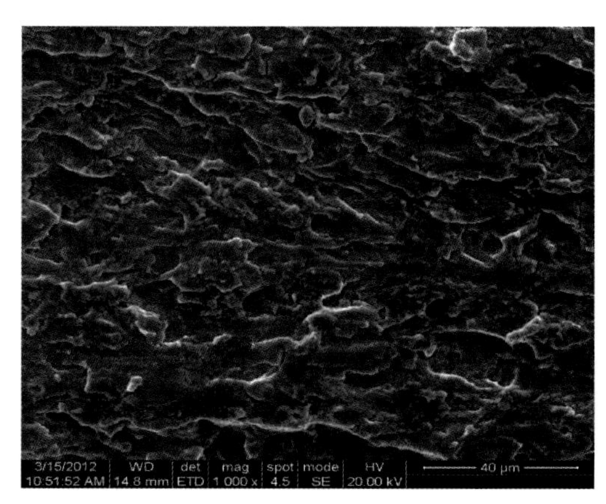

(b) 裂纹扩展区

图 3-2-3 TA15 合金在海面平台户外暴露 4 年的断口形貌

(4) 疲劳裂纹扩展速率 TA15 合金在湿热海洋环境下暴露不同时间的 $da/dN-\Delta K$ 曲线见图 3-2-4~图 3-2-10,典型断口形貌见图 3-2-11。

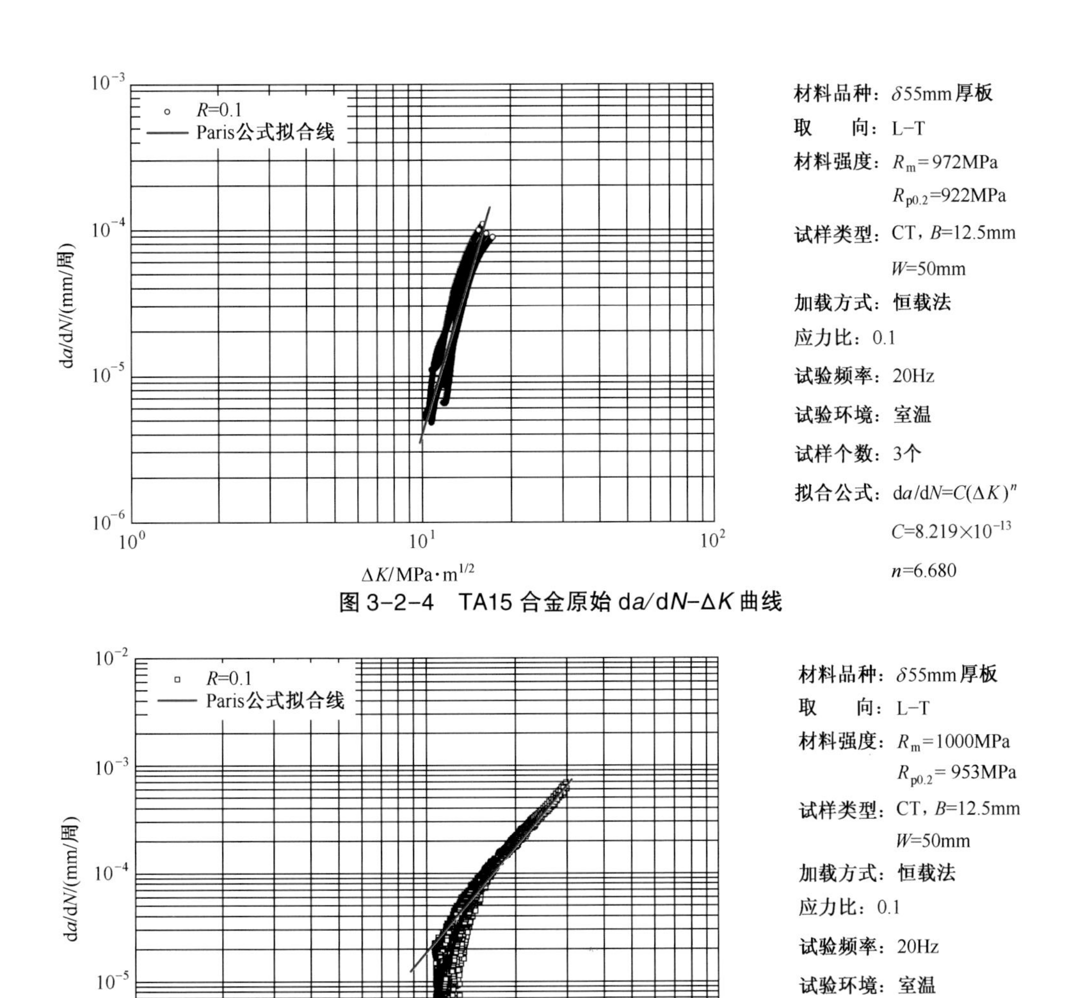

材料品种：δ55mm厚板
取　　向：L-T
材料强度：R_m=972MPa
$R_{p0.2}$=922MPa
试样类型：CT，B=12.5mm
W=50mm
加载方式：恒载法
应力比：0.1
试验频率：20Hz
试验环境：室温
试样个数：3个
拟合公式：$da/dN=C(\Delta K)^n$
$C=8.219\times10^{-13}$
n=6.680

图 3-2-4　TA15 合金原始 $da/dN-\Delta K$ 曲线

10^{-2}
R=0.1
Paris公式拟合线
10^{-3}
10^{-4}
10^{-5}
10^{-6}
da/dN/(mm/周)
10^{0}
10^{1}
10^{2}
ΔK/MPa·$m^{1/2}$

材料品种：δ55mm厚板
取　　向：L-T
材料强度：R_m=1000MPa
$R_{p0.2}$= 953MPa
试样类型：CT，B=12.5mm
W=50mm
加载方式：恒载法
应力比：0.1
试验频率：20Hz
试验环境：室温
试样个数：5个
拟合公式：$da/dN=C(\Delta K)^n$
$C=1.382\times10^{-8}$
n=3.167

图 3-2-5　TA15 合金在海面平台户外暴露 2 年的 $da/dN-\Delta K$ 曲线

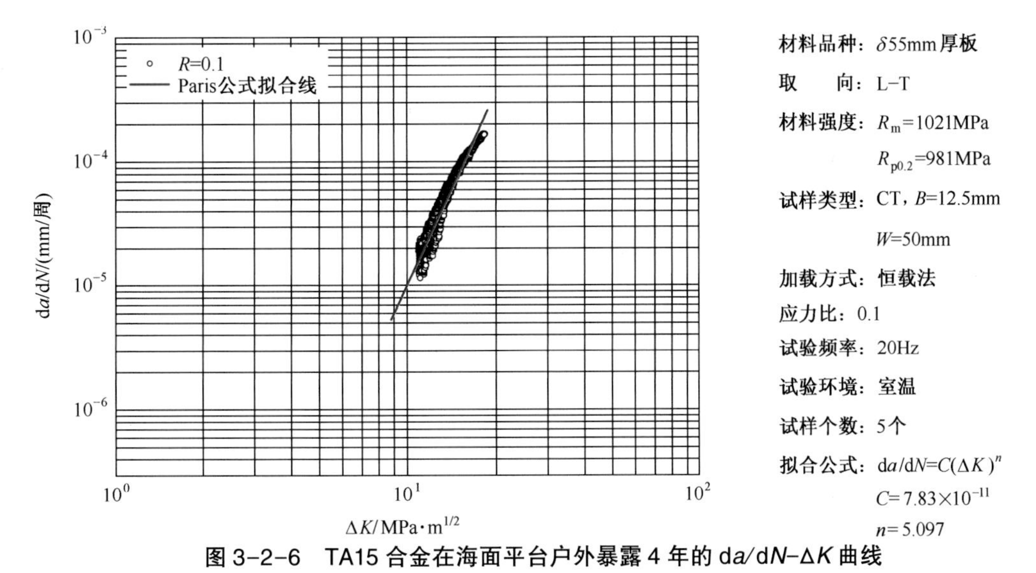

材料品种：δ55mm厚板
取　　向：L-T
材料强度：R_m=1021MPa
$R_{p0.2}$=981MPa
试样类型：CT，B=12.5mm
W=50mm
加载方式：恒载法
应力比：0.1
试验频率：20Hz
试验环境：室温
试样个数：5个
拟合公式：$da/dN=C(\Delta K)^n$
$C=7.83\times10^{-11}$
n= 5.097

图 3-2-6　TA15 合金在海面平台户外暴露 4 年的 $da/dN-\Delta K$ 曲线

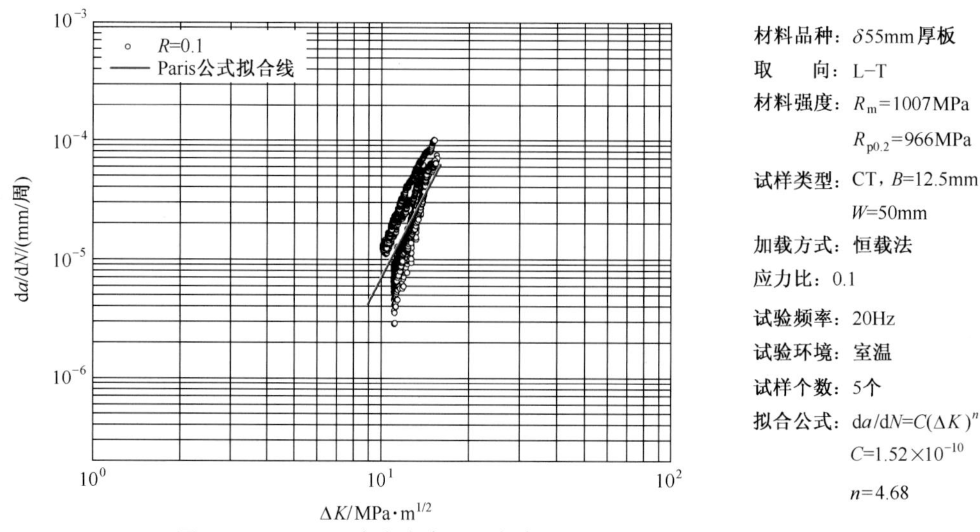

图 3-2-7　TA15 合金在海面平台户外暴露 6 年的 $da/dN-\Delta K$ 曲线

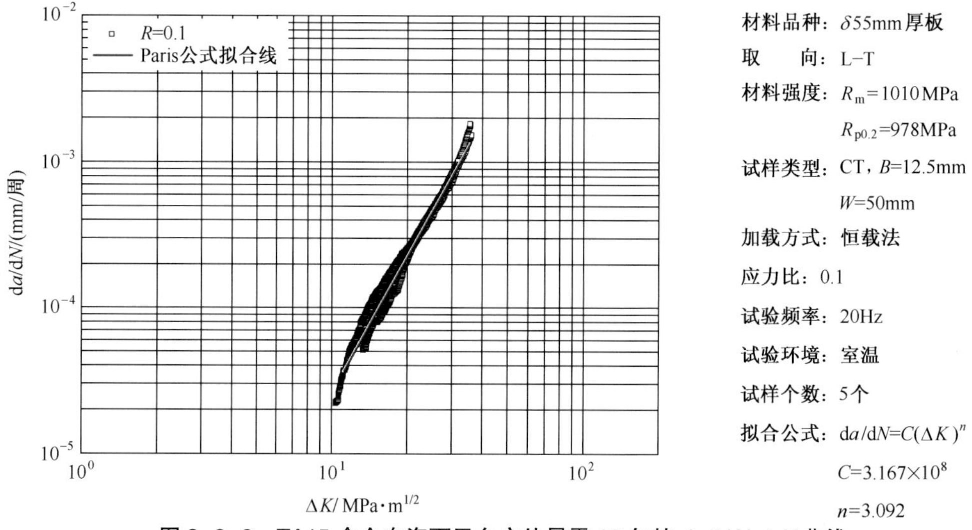

图 3-2-8　TA15 合金在海面平台户外暴露 10 年的 $da/dN-\Delta K$ 曲线

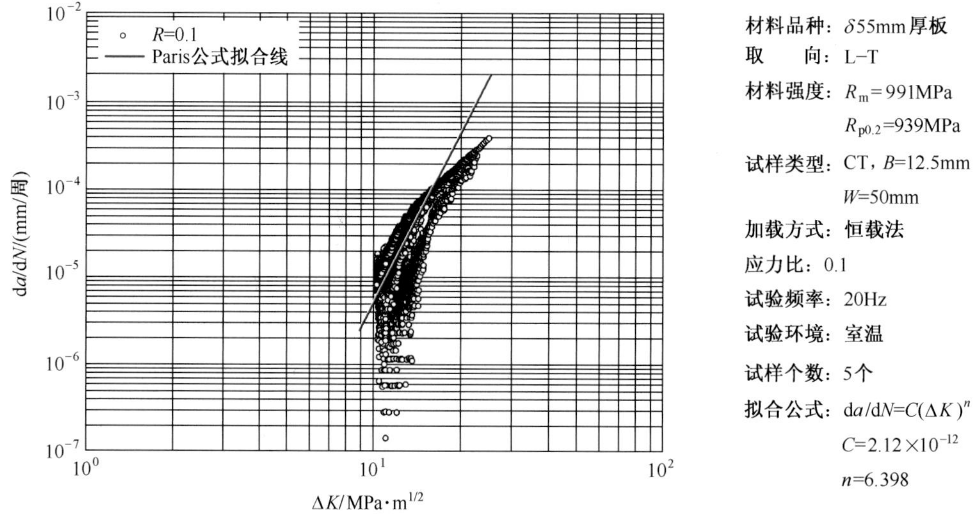

图 3-2-9　TA15 合金在海水飞溅环境暴露 2 年的 $da/dN-\Delta K$ 曲线

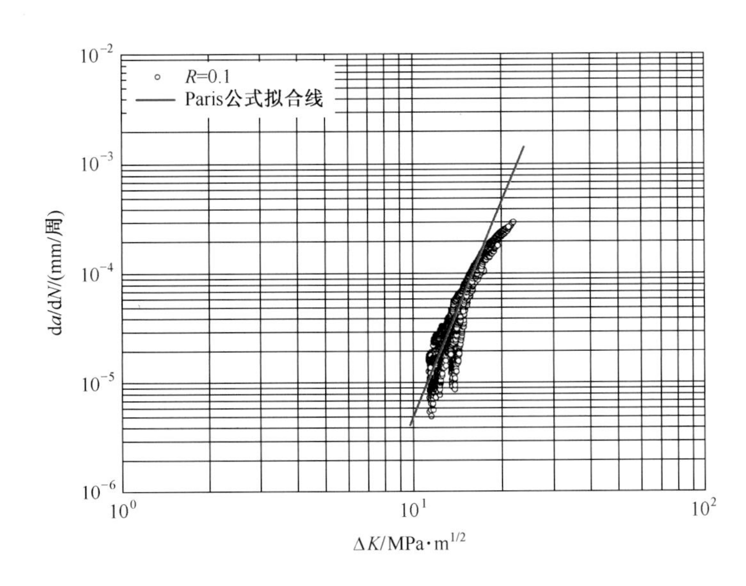

材料品种：δ55mm厚板
取　向：L-T
材料强度：R_m=1043MPa
$R_{p0.2}$=987MPa
试样类型：CT，B=12.5mm
W=50mm
加载方式：恒载法
应力比：0.1
试验频率：20Hz
试验环境：室温
试样个数：5个
拟合公式：$da/dN=C(\Delta K)^n$
$C=1.44\times10^{-12}$
n=6.520

图3-2-10　TA15合金在海水飞溅环境暴露4年的 $da/dN-\Delta K$ 曲线

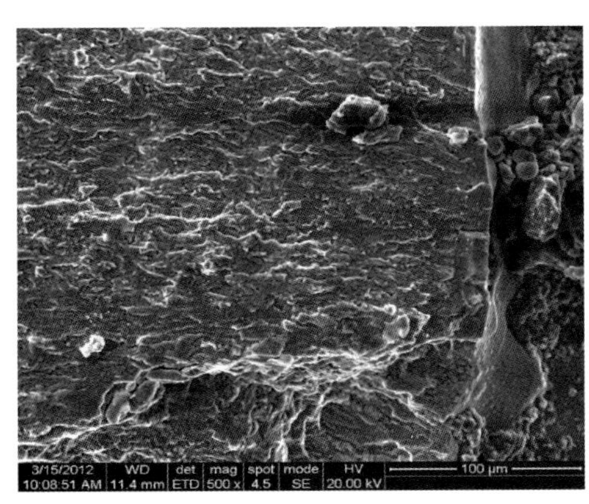

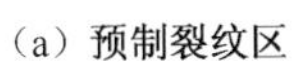
(a) 预制裂纹区

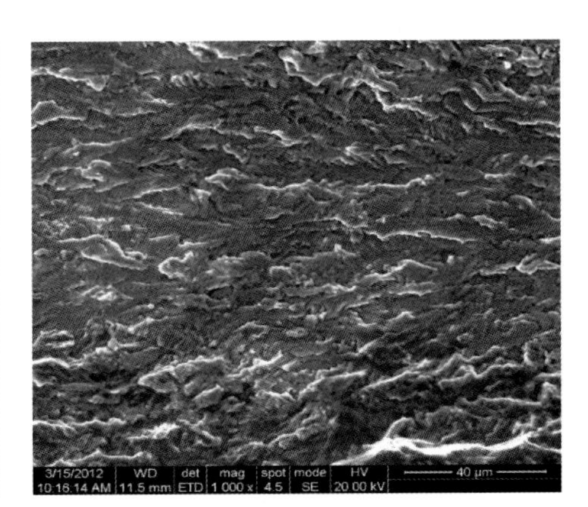

(b) 裂纹扩展区

图3-2-11　TA15合金在海水飞溅环境暴露4年裂纹扩展试样的断口形貌

(5) 应力腐蚀断裂韧度

TA15合金具有良好的韧性,在海洋大气环境下的应力腐蚀断裂韧度见表3-2-10。

表3-2-10　应力腐蚀断裂韧度

试验时间/年	取样方向	试验方式	K_{ISCC}/MPa·m$^{1/2}$			K_{ISCC}/K_{IC}
			实测值	均值	标准差	
0	L-T	—	53.9~61.1	57.0	3.2	0.85
2		海面平台户外	51.4~61.0	57.4	5.2	0.83

(6) 冲击性能　TA15合金在湿热海洋、亚湿热工业和寒冷乡村3种大气环境下的冲击性能变化数据见表3-2-11。

表 3-2-11 冲击性能变化数据

材料牌号	取样方向	试验时间/年	试验方式	V 型缺口冲击吸收能量			
				实测值/J	均值/J	标准差/J	保持率/%
TA15	L	原始	—	27~97	58	26.6	—
		2	万宁濒海户外	22~104	55	30.1	95
		4		23~101	52	32.1	90
		6		22~56	41	16.4	71
		2	江津户外	24~88	46	26.2	79
		4		21~102	61	38.5	105
		6		27~96	60	27.2	103
		2	漠河户外	44~102	75	26.3	129
		4		26~98	65	30.7	112
		6		44~90	58	18.6	100

5. 电偶腐蚀性能

TA15 合金自腐蚀电位为 0.092V(SCE)，见图 3-2-12。TA15 合金自腐蚀电位较正，与铝合金、钢等金属偶接易发生电偶腐蚀。TA15 合金不同偶对的电偶电流测试结果见表 3-2-12。建议结构设计时，综合应用表面处理、涂层、密封、电绝缘等多种防护方法，以有效控制电偶腐蚀。

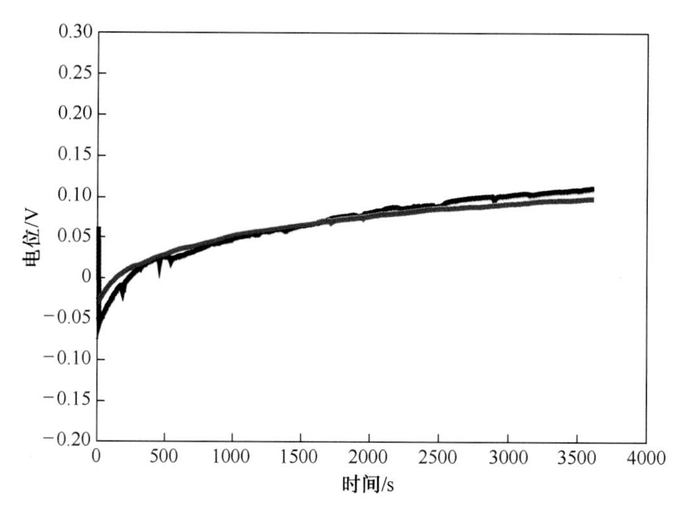

图 3-2-12 TA15 合金自腐蚀电位曲线

表 3-2-12[2] TA15 合金不同偶对的电偶电流测试结果

偶 对	试验条件	平均电偶电流密度/(μA/cm²)	敏感性等级
TA15-30CrMnSiA/Ni	30±1℃，3.5 % NaCl 水溶液	0.04	A
TA15-30CrMnSiA/Cd(钝化)		0.44	B
TA15-30CrMnSiA/Zn(钝化)		7.32	D
TC2 阳极化-镀镉磷化 30CrMnSiA		1.02	C

6. 防护措施建议

TA15 合金在大气环境中具有优良的耐腐蚀性能，与铝合金、结构钢等材料偶接时，往往作为阴极加速其他偶接金属的腐蚀破坏，可采用阳极化或有机涂层等表面技术进行有效隔离，或减小电位差。

TC1

1. 概述

TC1 合金名义成分为 Ti-2Al-1.5Mn，属于近 α 型钛合金。该合金具有良好的工艺塑性、焊接性能和热稳定性，主要半成品是板材、带材、棒材、管材、锻件、型材和丝材等。合金在退火状态下使用，不能采用固溶时效热处理进行强化，适合于制造板材冲压与焊接的零件[1]。

（1）材料牌号　TC1。

（2）相近牌号　俄 OT4-1。

（3）生产单位　中国航发北京航空材料研究院、北京有色金属研究总院、宝钛集团有限公司。

（4）化学成分　GB/T 3620.1—2007 规定的化学成分见表 3-2-13。

表 3-2-13　化学成分　（单位：%（质量分数））

主要成分			杂　质						
Ti	Al	Mn	Fe	O	C	N	H	其他元素	
								单一	总和
基体	1.0~2.5	0.7~2.0	≤0.30	≤0.15	≤0.08	≤0.05	≤0.012	≤0.10	≤0.40

（5）热处理制度

① 退火。板材和板材零件退火：580~750℃，0.5~2h，空冷；棒材和锻件退火：700~850℃，1~2h，空冷。

② 真空退火。600~700℃，0.5~2h，炉冷至 200℃以下允许出炉空冷，炉内绝对压强应不大于 9×10^{-2}Pa。

③ 去应力退火。去除零件冲压成形、焊接和机械加工时形成的内应力退火：520~560℃，0.5~2h，空冷。

2. 试验与检测

（1）试验材料　见表 3-2-14。

表 3-2-14　试验材料

材料牌号与热处理状态	品种	δ/mm	试样形式	生产单位
TC1，退火	薄板	2.0	平板试样	宝钛集团有限公司
			拉伸试样	

(2)试验条件 见表 3-2-15。

表 3-2-15 试验条件

试验环境	对应试验站	试验方式
湿热海洋大气环境	海南万宁	濒海户外
亚湿热工业大气环境	重庆江津	户外
寒冷乡村大气环境	黑龙江漠河	户外
注:试验标准为 GB/T 14165—2008《金属和合金 大气腐蚀试验 现场试验的一般要求》。		

(3)检测项目及标准 见表 3-2-16。

表 3-2-16 检测项目及标准

检测项目	标 准
微观形貌	GB/T 13298—2015《金属显微组织检验方法》
拉伸性能	GB/T 228.1—2010《金属材料 拉伸试验 第 1 部分:室温试验方法》

3. 腐蚀形态

TC1 合金耐腐蚀性能优良,长期暴露于大气环境中主要表现为棕色斑点和不均匀发黄,微观下未见点蚀坑等明显腐蚀现象,见图 3-2-13。

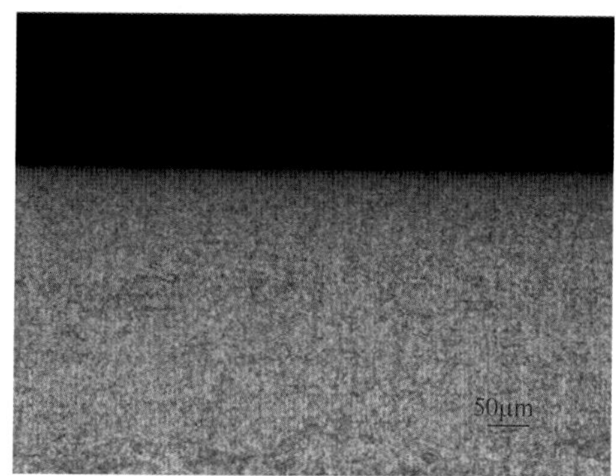

图 3-2-13 TC1 合金在濒海户外暴露 2 年的腐蚀形貌

4. 腐蚀对力学性能的影响

(1)技术标准规定的力学性能 见表 3-2-17。

表 3-2-17 技术标准规定的力学性能

技术标准	品种	状态	δ 或 d/mm	取样方向	R_m/MPa	$R_{p0.2}$/MPa	A/%
						大于等于	
GB/T 3621—2007	板材	退火	0.5~1.0	T	590~735	—	25
			1.1~2.0			—	25
			2.1~5.0			—	20
			5.1~10.0			—	20
GB/T 2965—2007	棒材	退火	8~90	L	≥585	460	15

(2)拉伸性能

TC1 合金在湿热海洋、亚湿热工业和寒冷乡村 3 种大气环境下暴露不同时间的拉伸性能变化数据见表 3-2-18,典型拉伸应力-应变曲线见图 3-2-14。

表 3-2-18 拉伸性能变化数据

试样	取向	暴露时间/年	试验方式	R_m				A				$R_{p0.2}$				E			
				实测值/MPa	平均值/MPa	标准差/MPa	保持率/%	实测值/%	平均值/%	标准差/%	保持率/%	实测值/MPa	平均值/MPa	标准差/MPa	保持率/%	实测值/GPa	平均值/GPa	标准差/GPa	保持率/%
TC1(δ2.0mm)	T	0	原始	743~770	753	10.9	—	26.0~29.0	27.5	1.3	—	732~769	746	14.7	—	128~143	136	6.7	—
		2	江津户外	753~764	759	4.1	101	22.0~23.5	22.5	0.8	82	739~753	747	5.5	100	121~125	123	1.8	90
		4		742~752	748	4.5	99	22.5~27.0	25.5	1.8	93	725~747	737	9.0	99	118~190	136	30.5	100
		6		730~758	748	12.6	99	21.0~23.0	22.5	1.0	82	710~752	738	17.3	99	123~130	125	3.1	92
		2	漠河户外	754~775	762	8.5	101	22.0~24.0	23.0	0.8	84	748~764	755	6.6	101	123~127	124	1.6	91
		4		749~762	756	4.7	100	24.5~27.0	26.0	0.9	95	743~755	748	5.1	100	127~147	137	8.4	101
		6		733~752	743	7.2	99	24.5~26.5	25.5	0.7	93	723~741	735	7.2	99	121~131	126	4.2	93
		2	濒海户外	749~771	765	9.1	102	22.5~25.0	24.0	1.1	87	740~765	757	10.2	101	—	—	—	—
		4		746~764	756	6.5	100	24.5~26.5	26.0	0.9	95	724~754	740	10.9	99	119~147	131	12.1	96
		6		745~775	760	12.4	101	23.0~25.5	24.5	1.0	89	734~766	746	13.6	100	119~129	124	3.5	91

注：TC1 合金板状哑铃试样平行段原始截面尺寸为 15.0mm×2.0mm。

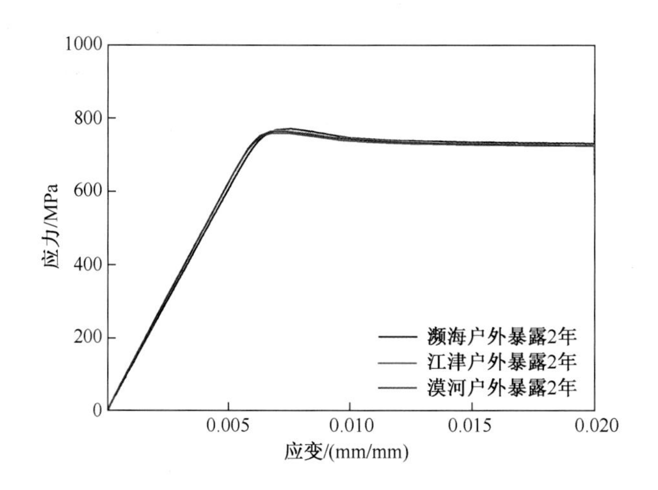

图 3-2-14 TC1 合金在 3 种环境下暴露 2 年的拉伸应力-应变曲线

5. 电偶腐蚀性能

TC1 合金自腐蚀电位较正,与铝合金、钢等金属偶接易发生电偶腐蚀。

6. 防护措施建议

TC1 合金在大气环境中具有优良的耐腐蚀性能,与铝合金、结构钢等材料偶接时,往往作为阴极加速其他偶接金属的腐蚀破坏,可采用阳极化或有机涂层等表面技术进行有效隔离,或减小电位差。

TC2

1. 概述

TC2 合金的名义成分为 Ti-4Al-1.5Mn,是一种具有中等强度和较好塑性的近 α 型钛合金。该合金具有较好的工艺塑性、焊接性和热稳定性能,在航空工业中获得广泛应用[1]。该合金不能进行热处理强化,一般在退火状态下使用,长期工作温度可达 350℃,适合于制造蒙皮、长桁、半管等钣金成形与焊接的零件,还可用于制造发动机油路和通风系统、防火系统用管材,以及承力不大的锻件半成品。

TC2 合金具有良好的耐腐蚀性能,其耐腐蚀性能和抗氧化性能与工业纯钛相近。

(1) 材料牌号 TC2。

(2) 相近牌号 俄 OT4。

(3) 生产单位 中国航发北京航空材料研究院、宝钛集团有限公司。

(4) 化学成分 GB/T 3620.1—2007 规定的化学成分见表 3-2-19。

表 3-2-19 化学成分 (单位:%(质量分数))

主要成分			杂质						
Ti	Al	Mn	Fe	O	C	N	H	其他元素	
								单一	总和
基体	3.5~5.0	0.8~2.0	≤0.30	≤0.15	≤0.08	≤0.05	≤0.012	≤0.10	≤0.40

(5) 热处理制度

① 退火。板材和板材零件退火:660~710℃,15~60min,空冷或更慢冷;棒材、锻件和管材退火:740~790℃,1~2h,空冷。

② 去应力退火。545~585℃,0.5~6h,空冷或炉冷。

2. 试验与检测

(1) 试验材料　见表 3-2-20。

表 3-2-20　试验材料

材料牌号与热处理状态	品种	δ/mm	试样形式	生产单位
TC2,退火	薄板	1.5	平板试样	宝钛集团有限公司
			拉伸试样	

(2) 试验条件　见表 3-2-21。

表 3-2-21　试验条件

试验环境	对应试验站	试验方式
湿热海洋大气环境	海南万宁	海面平台户外、海水飞溅
注:试验标准为 GB/T 14165—2008《金属和合金　大气腐蚀试验　现场试验的一般要求》。		

(3) 检测项目及标准　见表 3-2-22。

表 3-2-22　检测项目及标准

检测项目	标　准
平均腐蚀速率	HB 5257—1983《腐蚀试验结果的质量损失测定和腐蚀产物的清除》
微观形貌	GB/T 13298—2015《金属显微组织检验方法》
拉伸性能	GB/T 228.1—2010《金属材料拉伸试验　第 1 部分:室温试验方法》

3. 腐蚀形态

TC2 合金耐腐蚀性能优良,长期暴露于海洋大气环境中主要表现为光泽下降,表面均布棕黄色斑点,微观下未见点蚀坑等明显腐蚀现象,见图 3-2-15。

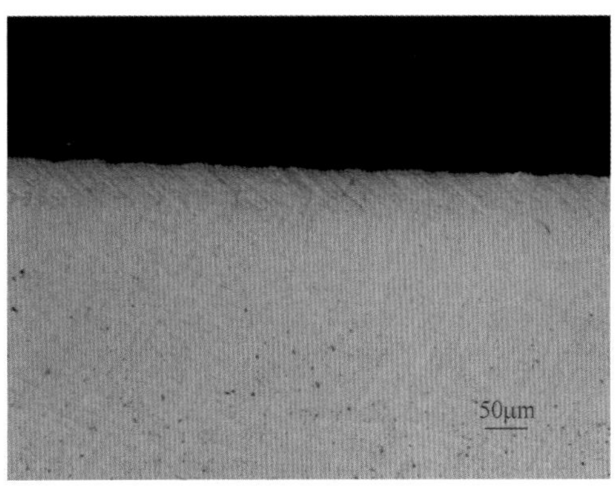

图 3-2-15　TC2 合金在海面平台户外大气暴露 6 年的腐蚀形貌

4. 平均腐蚀速率

试样尺寸 100.0mm×50.0mm×1.5mm，通过增重法得到的平均腐蚀速率见表 3-2-23。

表 3-2-23 平均腐蚀速率 (单位：μm/年)

品种规格	状态	试验方式	暴露时间				
			2 年	4 年	6 年	8 年	10 年
δ1.5mm 薄板	裸材	海面平台户外	0.0581	0.0309	0.0231	0.0192	—

5. 腐蚀对力学性能的影响

(1) 技术标准规定的力学性能 见表 3-2-24。

表 3-2-24 技术标准规定的力学性能

技术标准	品种	状态	δ 或 d/mm	取样方向	R_m/MPa	$R_{p0.2}$/MPa	A/%
						大于等于	
GB/T 3621—2007	板材	退火	0.5~1.0	T	≥685	—	25
			1.1~2.0			—	15
			2.1~5.0			—	12
			5.1~10.0			—	12
GB/T 2965—2007	棒材	退火	8~90	L	≥685	560	12

(2) 拉伸性能 TC2 合金在海洋大气环境中暴露不同时间的拉伸性能变化数据见表 3-2-25，典型拉伸应力-应变曲线见图 3-2-16。

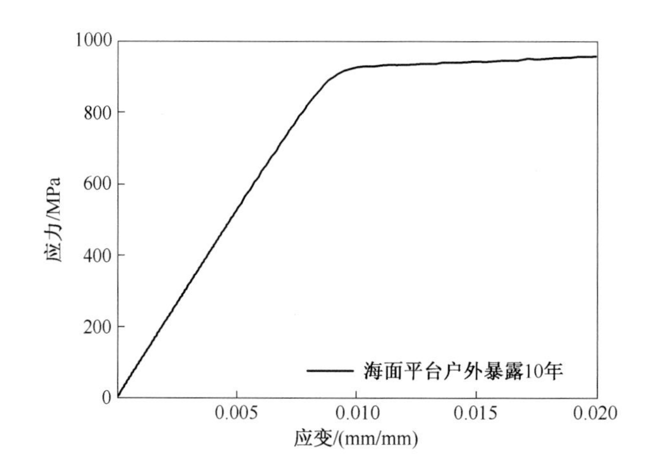

图 3-2-16 TC2 合金在海面平台户外暴露 10 年的拉伸应力-应变曲线

表 3-2-25 拉伸性能变化数据

试样	取向	试验时间/年	试验方式	R_m				A				$R_{p0.2}$				E			
				实测值/MPa	平均值/MPa	标准差/MPa	保持率/%	实测值/%	平均值/%	标准差/%	保持率/%	实测值/MPa	平均值/MPa	标准差/MPa	保持率/%	实测值/GPa	平均值/GPa	标准差/GPa	保持率/%
TC2 (δ1.5mm)	L	0	原始	845~860	852	5.7	—	19.5~22.0	21.0	1.1	—	—	—	—		—	—	—	
		2	海面平台户外	835~870	847	14.4	99	19.0~23.5	20.5	1.9	98	—	—	—	—	—	—	—	—
			海水飞溅	823~836	828	5.0	97	23.0~24.0	23.5	0.4	112	—	—	—	—	—	—	—	—
		4	海面平台户外	815~862	832	18.4	98	21.5~26.5	24.5	2.2	117	726~856	758	55.1	—	102~115	110	5.0	—
			海水飞溅	786~843	821	21.2	96	22.5~26.5	25.0	1.6	119	702~754	732	19.2	—	113~120	116	3.2	—
		6	海面平台户外	825~873	843	19.0	99	19.5~22.5	21.0	1.1	100	748~793	764	17.8	—	114~117	115	1.5	—
		8		841~875	858	13.7	101	19.0~23.0	21.0	1.5	100	759~788	773	12.5	—	118~122	120	1.9	—
		10		799~818	810	7.2	95	20.0~21.0	20.5	0.3	98	721~736	729	6.9	—	108~112	111	1.9	—

注:TC2 板状哑铃试样平行段原始截面尺寸为 15.0mm×1.5mm。

6. 电偶腐蚀性能

TC2 合金自腐蚀电位为 0.013V(SCE)，见图 3-2-17。TC2 合金自腐蚀电位较正，与铝合金、结构钢等金属材料偶接易发生电偶腐蚀。TC2 合金不同偶对的电偶电流测试结果见表 3-2-26。建议结构设计时，综合应用表面处理、涂层、密封、电绝缘等多种防护方法，以有效控制电偶腐蚀。

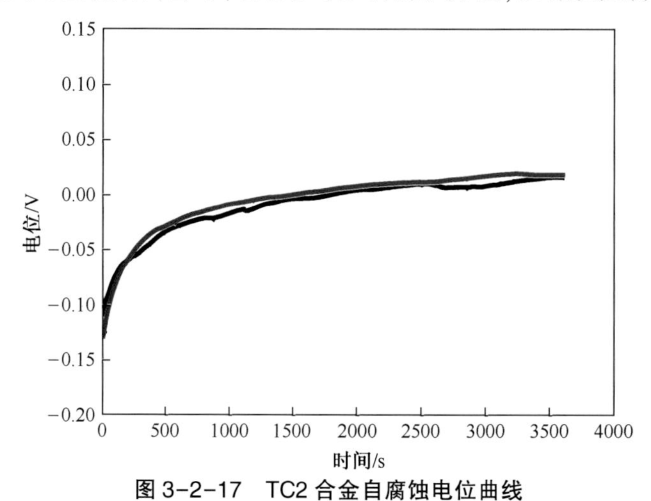

图 3-2-17 TC2 合金自腐蚀电位曲线

表 3-2-26 TC2 合金不同偶对的电偶电流测试结果[3]

电偶对	试验条件	平均电偶电流密度/(μA/cm²)	敏感性等级
TC2-LY12 阳极化	30℃，3.5%NaCl 水溶液	5.68	D
TC2-LY4 阳极化		8.39	D
TC2 阳极化-30CrMnSiA		0.46	B
TC2 阳极化-30CrMnSiA 镀镉磷化		1.02	C

7. 防护措施建议

TC2 合金在大气环境中具有优良的耐腐蚀性能，与铝合金、结构钢等材料偶接时，往往作为阴极加速其他偶接金属的腐蚀破坏，可采用阳极化或有机涂层等表面技术进行有效隔离，或减小电位差。

二、α+β 型钛合金

TC4

1. 概述

TC4 合金的名义成分为 Ti-6Al-4V，是一种中等强度的 α+β 型钛合金。该合金综合性能优异，具有良好的工艺塑性和超塑性，适合于各种压力加工成形，可采用各种方式的焊接和机械加工，在航空航天工业中获得了最广泛的应用[1]。合金主要在退火状态下使用，也可采用固溶时效热处理，但淬透截面厚度一般不超过 25mm，长期工作温度可达 400℃，适用于制造发动机的风扇、压气机盘及叶片，以及飞机的梁、接头、隔框、紧固件等承力构件。

TC4 合金在大气环境和海水中均具有优良的耐腐蚀性能。合金在 430℃以下长时间加热，表面会形成一层薄且具有保护性的氧化膜，随着加热温度的升高，氧化膜增厚，防护性能变差。

(1) **材料牌号**　TC4。

(2) **相近牌号**　美 Ti-6Al-4V、英 IMI318、俄 BT6、德 TiAl6V4。

(3) **生产单位**　中国航发北京航空材料研究院、宝钛集团有限公司、西部超导材料科技股份有限公司、中国第二重型机械集团公司。

(4) **化学成分**　GB/T 3620.1—2007 规定的化学成分，见表 3-2-27。

表 3-2-27　化学成分　　(单位：%(质量分数))

主要成分			杂质						
Ti	Al	V	Fe	O	C	N	H	其他元素	
								单一	总和
基体	5.5~6.75	3.5~4.5	≤0.30	≤0.08	≤0.05	≤0.015	≤0.20	≤0.10	≤0.40

(5) **热处理制度**

① 退火。板材退火：700~850℃，0.5~2h，空冷；棒材和锻件退火：700~800℃，1~2h，空冷。

② 真空退火。700~800℃，0.5~2h，炉冷至 200℃以下允许出炉空冷，炉内绝对压强应不大于 9×10^{-2}Pa。

③ 固溶处理 。910~940℃，0.5~2h，水淬。

④ 时效。520~550℃，2~4h，空冷。

⑤ 去应力退火。完全去应力退火：600~650℃，1~4h，空冷；不完全去应力退火：500~600℃，0.5~3h，空冷。去应力退火可以在空气炉或真空炉中进行。

2. 试验与检测

(1) **试验材料**　见表 3-2-28。

表 3-2-28　试验材料

材料牌号与热处理状态	品种规格	试样形式	生产单位
TC4，退火	δ1.5mm 薄板	平板试样	宝钛集团有限公司
		拉伸试样	
	190mm×130mm×1270mm 锻件	平板试样	中国第二重型机械集团公司
		拉伸试样	

(2) **试验条件**　见表 3-2-29。

表 3-2-29　试验条件

试验环境	对应试验站	试验方式
湿热海洋大气环境	海南万宁	海面平台户外、濒海户外
寒温高原大气环境	西藏拉萨	户外
干热沙漠大气环境	甘肃敦煌	户外
寒冷乡村大气环境	黑龙江漠河	户外
注：试验标准为 GB/T 14165—2008《金属和合金　大气腐蚀试验　现场试验的一般要求》。		

(3) **检测项目及标准**　见表 3-2-30。

表 3-2-30　检测项目及标准

检测项目	标准
平均腐蚀速率	HB 5257—1983《腐蚀试验结果的质量损失测定和腐蚀产物的清除》
微观形貌	GB/T 13298—2015《金属显微组织检验方法》
拉伸性能	GB/T 228.1—2010《金属材料　拉伸试验　第 1 部分：室温试验方法》

3. 腐蚀形态

TC4 合金耐腐蚀性能优良，长期暴露于大气环境中主要表现为不均匀发黄及少量棕色斑点，微观下未见明显腐蚀现象，见图 3-2-18。

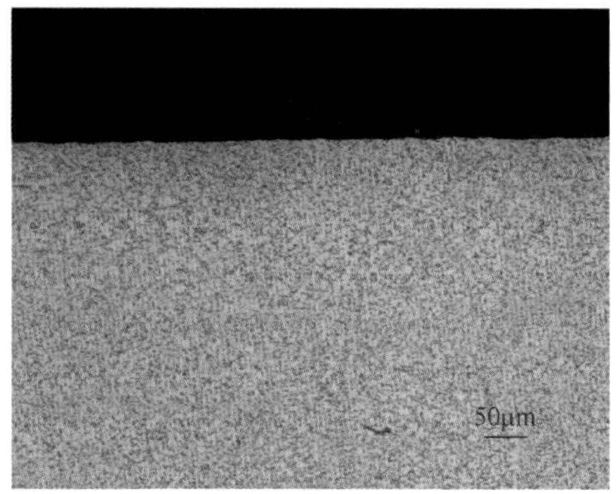

图 3-2-18 TC4 合金在海面平台户外大气暴露 6 年的腐蚀形貌

4. 平均腐蚀速率

试样尺寸 100.0mm×50.0mm×1.5mm。通过增重法得到的平均腐蚀速率见表 3-2-31。

表 3-2-31 平均腐蚀速率 （单位：μm/年）

品种规格	状态	试验方式	暴露时间			
			2 年	4 年	6 年	8 年
δ1.5mm 薄板	裸材	海面平台户外	0.0000	0.0055	0.0057	0.0035

5. 腐蚀对力学性能的影响

(1) 技术标准规定的力学性能 见表 3-2-32。

表 3-2-32 技术标准规定的力学性能

技术标准	品种	状态	厚度或直径/mm	取样方向	R_m/MPa	$R_{p0.2}$/MPa	A/%
						大于等于	
GB/T 3621—2007	板材	退火	0.8~2.0	T	895	830	12
			2.1~5.0			830	10
			5.1~10.0			830	10
GB/T 2965—2007	棒材	退火	8~90	L	895	825	10
GJB 1538—2008	棒材	退火	21~100	L	930	860	12
			>50~75	L	895	825	10
			>75~100	L	895	825	10
				T	895	825	9.5
			>100~150	L	895	825	10
				T	895	825	9
			>150~220	L	895	825	10
				T	895	825	8

(2) 拉伸性能 TC4 合金不同批次在湿热海洋、寒温高原、干热沙漠及寒冷乡村 4 种典型大气环境中不同暴露时间的拉伸性能变化数据见表 3-2-33，典型拉伸应力-应变曲线见图 3-2-19。

表 3-2-33 拉伸性能变化数据

试样	取向	暴露时间/年	试验方式	R_m				A				$R_{p0.2}$				E			
				实测值/MPa	平均值/MPa	标准差/MPa	保持率/%	实测值/%	平均值/%	标准差/%	保持率/%	实测值/MPa	平均值/MPa	标准差/MPa	保持率/%	实测值/GPa	平均值/GPa	标准差/GPa	保持率/%
TC4 (δ1.5mm)	L	0	—	1040~1190	1092	57.2	—	14.0~17.0	15.5	1.1	—	—	—	—	—	—	—	—	—
		2	海面平台户外	980~1190	1104	87.3	101	14.5~16.5	15.5	0.8	100	—	—	—	—	—	—	—	—
			海水飞溅	1004~1025	1020	9.1	93	18.5~20.0	19.5	0.8	126	938~958	952	8.1	—	106~110	108	2.2	—
		4	海面平台户外	1010~1037	1026	10.3	94	16.0~23.0	21.0	2.8	135	944~965	955	7.8	—	94~119	106	9.9	—
			海水飞溅	1000~1030	1016	12.8	93	17.5~22.0	20.0	1.8	129	935~959	948	11.6	—	97~112	106	6.0	—
		6	海面平台户外	1009~1046	1036	15.7	95	16.0~17.0	16.5	0.4	106	950~986	976	15.5	—	—	—	—	—
		8		1034~1057	1045	10.4	96	15.0~18.0	17.0	1.1	110	972~1000	986	12.0	—	111~113	112	0.8	—
		10		989~1004	996	6.3	91	16.0~17.5	16.5	0.7	106	930~944	935	6.1	—	105~107	106	0.8	—
TC4 (d=5.0mm)	L	0	—	—	—	—	—	—	—	—	—	—	—	—	—	—	—	—	—
		1	万宁濒海户外	862~955	917	36.1	—	13.5~14.0	14.0	0.3	—	844~894	862	19.5	—	109~128	122	7.5	—
		2		890~928	913	15.8	—	14.0~16.0	15.5	0.9	—	836~860	843	10.0	—	103~116	112	5.2	—
		5		899~945	924	20.4	—	12.5~16.5	14.0	1.9	—	845~866	855	8.0	—	107~114	110	3.3	—
		1	漠河户外	935~979	954	22.7	—	12.0~14.5	13.5	1.0	—	795~862	829	33.5	—	132~168	149	13.8	—
		2		899~925	915	10.7	—	15.5~19.5	17.0	1.7	—	817~855	832	14.8	—	104~131	119	10.6	—
		5		908~954	923	18.0	—	13.0~16.0	14.0	1.2	—	859~878	869	7.4	—	107~116	111	3.4	—
		1	敦煌户外	905~933	921	11.9	—	13.5~16.5	15.0	1.1	—	735~801	773	26.8	—	149~208	171	21.9	—
		2		915~938	928	9.6	—	16.0~16.5	16.0	0.3	—	827~876	846	18.6	—	107~135	120	11.4	—
		5		902~945	922	15.4	—	11.5~15.0	13.5	1.4	—	850~884	871	12.8	—	108~128	116	7.4	—
		1	拉萨户外	919~962	935	17.2	—	13.5~17.0	15.0	1.4	—	772~923	830	57.8	—	124~178	152	20.4	—
		2		893~949	930	22.3	—	13.5~16.5	14.5	1.1	—	844~862	859	11.4	—	110~127	122	7.0	—
		5		910~965	935	21.2	—	11.5~14.0	13.0	1.0	—	822~866	841	18.3	—	108~127	116	7.8	—

注:TC4 合金板状哑铃试样平行段原始截面尺寸为 15.0mm×1.5mm,TC4 合金棒状哑铃试样原始截面直径为 5.0mm。

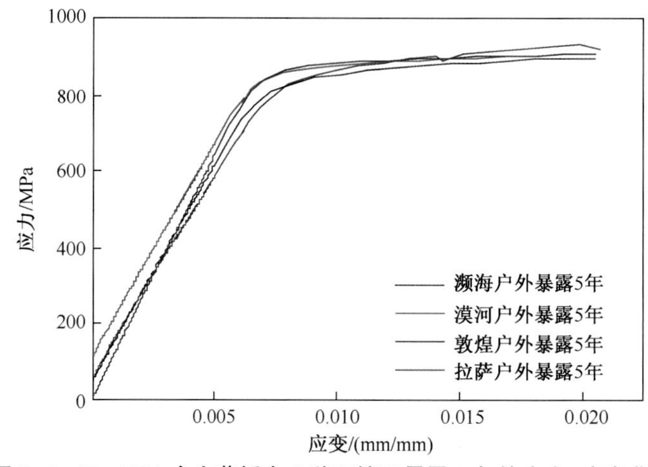

图 3-2-19 TC4 合金薄板在 4 种环境下暴露 5 年的应力-应变曲线

(3) 应力腐蚀 热盐应力腐蚀性能见表 3-2-34。

表 3-2-34 热盐应力腐蚀性能[1]

试验条件			盐脆标准	盐脆应力
盐浓度/(mg/cm^2)	θ/℃	t/h	$(\Psi_0-\Psi)/\Psi_0$/%	σ/MPa
0.1	250	100	≥25	677
	300	100	≥25	628
	350	100	≥25	363
	350	200	≥25	343
	400	100	≥25	约为 216

注：Ψ_0 为常温断面收缩率，Ψ 为某个温度试验 t 小时后的断面收缩率。

6. 电偶腐蚀性能

TC4 合金自腐蚀电位为 0.107V(SCE)，见图 3-2-20。TC4 合金自腐蚀电位较正，与铝合金、结构钢等金属偶接易发生电偶腐蚀。实验室 3.5%氯化钠水溶液中的电偶腐蚀性能见表 3-2-35。典型大气自然环境中不同电偶对电偶腐蚀出现时间见表 3-2-36。

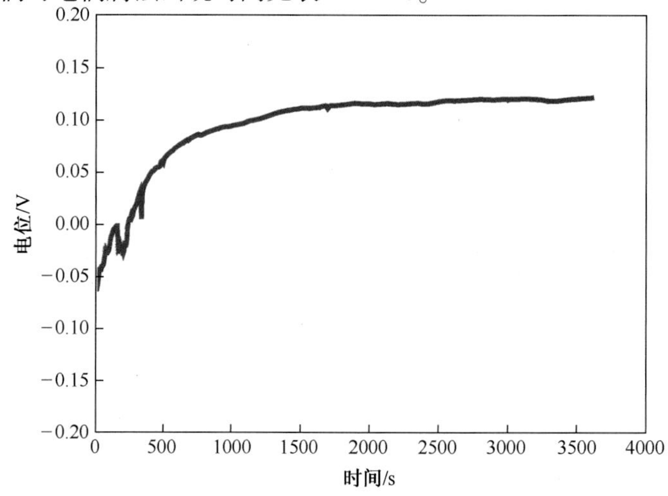

图 3-2-20 TC4 合金自腐蚀电位曲线

表 3-2-35　电偶腐蚀性能[3]

试验条件			阳　极		
介质	θ/℃	t/月	材料	表面状态	强度损失/%
3.5%NaCl水溶液	35	5	30CrMnSiA	无防护涂层	92.2
			30CrMnSiNi2A	氰化镀锌钝化	10.2
		12	LY12CZ	氰化镀锌钝化并涂 H61-1 耐热漆	1.4

表 3-2-36　不同电偶对电偶腐蚀出现时间

电偶对		电偶腐蚀出现时间			
阳极	阴极	万宁濒海户外	漠河户外	敦煌户外	拉萨户外
7050-T7451 硼硫酸阳极化	TC4	9 个月	>5 年	>5 年	>5 年
7050-T7451 硼硫酸阳极化	TC4 阳极化	9 个月	>5 年	>5 年	>5 年
6061-T651 硼硫酸阳极化	TC4	3 个月	>5 年	>5 年	>5 年
6061-T651 硼硫酸阳极化	TC4 阳极化	9 个月	>5 年	>5 年	>5 年
30CrMnSiA 镀锌	TC4	3 个月	27 个月	>5 年	>5 年
30CrMnSiA 镀锌	TC4 阳极化	6 个月	30 个月	>5 年	5 年
30CrMnSiNi2A 镀镉钛	TC4	3 个月	3 年	>5 年	>5 年
30CrMnSiNi2A 镀镉钛	TC4 阳极化	9 个月	30 个月	>5 年	>5 年

7. 防护措施建议

TC4 合金在大气环境中具有优良的耐腐蚀性能，与铝合金、结构钢等材料偶接时，往往作为阴极加速其他偶接金属的腐蚀破坏，可采用阳极化或有机涂层等表面技术进行有效隔离，亦可采取加垫防接触腐蚀胶布等防护措施。

TC18

1. 概述

TC18 合金的名义成分为 Ti-5Al-4.75Mo-4.75V-1Cr-1Fe，属于 α+β 型钛合金。该合金具有高强韧、高淬透、可焊性好等突出优点，锻造工艺性能良好，可采用各种方式的焊接和机械加工，长期工作温度可达 350℃。该合金一般在退火状态下使用，也可采用固溶时效强化处理，在空气介质中的淬透截面厚度可达 250mm，适用于制造飞机起落架、拦阻钩、接头、框和梁等关键承力构件。

TC18 合金具有优良的耐腐蚀性能，在结构设计和制造中应防止与其他材料接触时产生电偶腐蚀，加剧与之接触负电性金属材料的腐蚀。

(1) 材料牌号 TC18。

(2) 相近牌号 俄 BT22。

(3) 生产单位 中国航发北京航空材料研究院、宝钛集团有限公司、宝钢集团上海五钢有限公司、中国第二重型机械集团公司。

(4) 化学成分 GB/T 3620.1—2007 规定的化学成分见表 3-2-37。

表 3-2-37 化学成分 (单位:%(质量分数))

合金元素								杂质					
Ti	Al	Mo	V	Cr	Si	Fe	Zr	O	C	N	H	其他元素	
												单一	总和
基材	4.4~5.7	4.0~5.5	4.0~5.5	0.5~1.5	≤0.15	0.5~1.5	≤0.30	≤0.18	≤0.08	≤0.05	≤0.015	≤0.10	≤0.30

(5) 热处理制度

① 普通退火。720~780℃,1~2h,随炉冷至 400℃,出炉空冷。

② 双重退火。820~850℃,1~3h,随炉冷至 740~760℃,1~3h,空冷+500~650℃,2~6h,空冷。

③ 固溶时效。700~760℃,1h,水冷+500~560℃,8~16h,空冷。

④ 去应力退火。600~680℃,0.5~2h,空冷。

2. 试验与检测

(1) 试验材料 见表 3-2-38。

表 3-2-38 试验材料

材料牌号与热处理状态	品种规格	试样形式	生产单位
TC18,退火	160mm×70mm×820mm 锻件	平板试样	中国第二重型机械集团公司
		拉伸试样	
	δ55mm 锻件	平板试样	中国第二重型机械集团德阳万行模锻有限公司
		拉伸试样	
		冲击试样	
		裂纹扩展标准 C(T)试样	
		断裂韧度紧凑 C(T)试样	

(2) 试验条件 见表 3-2-39。

表 3-2-39 试验条件

试验环境	对应试验站	试验方式
湿热海洋大气环境	海南万宁	海面平台户外、海水飞溅、濒海户外
寒温高原大气环境	西藏拉萨	户外
干热沙漠大气环境	甘肃敦煌	户外
寒冷乡村大气环境	黑龙江漠河	户外
注:试验标准为 GB/T 14165—2008《金属和合金 大气腐蚀试验 现场试验的一般要求》。		

(3) 检测项目及标准　见表 3-2-40。

表 3-2-40　检测项目及标准

检测项目	标　准
微观形貌	GB/T 13298—2015《金属显微组织检验方法》
拉伸性能	GB/T 228.1—2010《金属材料　拉伸试验　第 1 部分:室温试验方法》
冲击性能	GB/T 229—2007《金属材料夏比摆锤冲击试验方法》
断裂韧度	GB/T 4161—2007《金属材料平面应变断裂韧度 K_{IC} 试验方法》
裂纹扩展	GB/T 6398—2000《金属材料疲劳裂纹扩展速率试验方法》

3. 腐蚀形态

TC18 合金耐腐蚀性能优良,长期暴露于大气环境中主要表现为金属光泽下降和轻微发黄,微观下未见点蚀坑等明显腐蚀现象,见图 3-2-21。

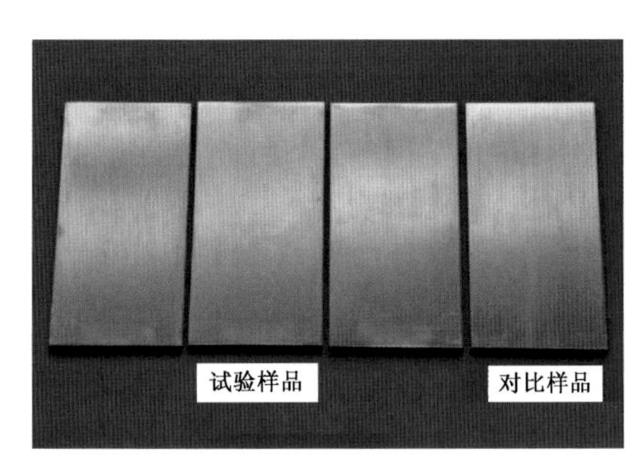

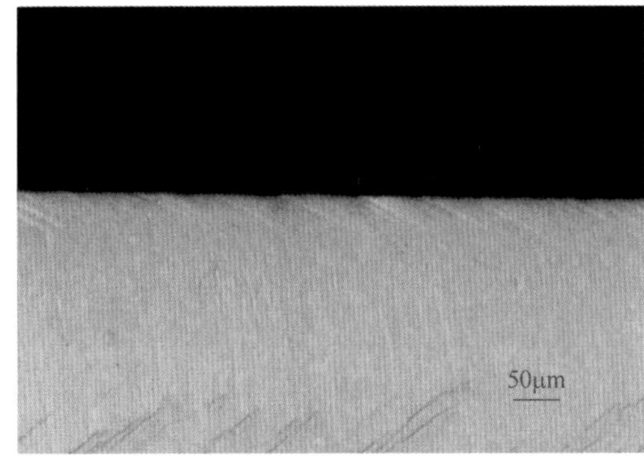

图 3-2-21　TC18 合金在海面平台户外暴露 6 年的腐蚀形貌

4. 腐蚀对力学性能的影响

(1) 技术标准规定的力学性能　见表 3-2-41。

表 3-2-41　技术标准规定的力学性能[1]

规格	取向	R_m/MPa	$R_{p0.2}$/MPa	Z/%
—	—	≥1149	≥1099	≥61.1

(2) 拉伸性能　TC18 合金不同批次在不同大气自然环境下暴露不同时间的拉伸性能变化数据见表 3-2-42,典型拉伸应力-应变曲线见图 3-2-22。

表 3-2-42　拉伸性能变化数据

材料牌号	取向	试验时间/年	试验方式	R_m				A				$R_{p0.2}$				E			
				实测值/MPa	平均值/MPa	标准差/MPa	保持率/%	实测值/%	平均值/%	标准差/%	保持率/%	实测值/MPa	平均值/MPa	标准差/MPa	保持率/%	实测值/GPa	平均值/GPa	标准差/GPa	保持率/%
TC18 (d=5.0 mm)	L	0	原始	1170~1200	1186	11.4	—	13.5~18.0	16.5	1.8	—	1100~1150	1124	18.2	—	—	122	—	—
		2	海面平台户外	—	1156	—	97	—	16.0	—	97	—	1120	—	100	—	116	—	95
			海水飞溅	—	1175	—	99	—	17.5	—	106	—	1145	—	102	—	115	—	94
		4	海面平台户外	1164~1195	1183	11.5	100	13.0~16.0	14.5	1.3	88	1130~1155	1142	10.3	102	113~119	117	3.0	96
			海水飞溅	1154~1233	1186	30.0	100	11.5~15.0	14.0	1.6	85	1122~1175	1140	2.1	101	117~121	118	1.7	97
		6		1150~1198	1176	18.7	99	13.0~16.5	15.5	1.5	94	1126~1159	1145	13.8	102	112~118	115	2.4	94
		8	海面平台户外	1161~1193	1176	11.9	99	15.0~18.0	16.0	1.2	97	1143~1167	1152	9.8	102	115~122	117	3.0	96
		10		1155~1170	1165	6.1	98	13.0~19.0	16.0	2.7	97	1072~1135	1112	25.2	99	110~114	112	1.7	92
TC18 (d=5.0mm)	L	0①	原始	1100~1100	1100	0.0	—	9.0~14.0	11.5	3.5	—	1050~1050	1050	0.0	—	—	—	—	—
		1	敦煌户外	1092~1148	1121	20.3	102	14.5~20.5	17.0	2.2	148	1065~1129	1095	23.8	104	107~116	113	3.5	—
		2		1042~1128	1085	31.4	99	15.5~19.5	17.5	1.5	152	1010~1052	1029	20.0	98	110~133	123	9.6	—
		5		1065~1141	1118	31.3	102	9.0~17.0	14.5	3.4	126	1038~1110	1089	30.3	104	106~117	113	4.3	—
		1	漠河户外	1121~1171	1151	18.3	105	7.5~12.5	9.5	1.9	83	946~1025	987	33.9	94	88~144	118	32.8	—
		2		1133~1160	1146	11.9	104	8.0~18.0	12.0	3.8	104	996~1011	1006	5.8	96	117~125	122	3.3	—
		5		1125~1157	1140	14.4	104	8.5~13.0	11.0	1.8	96	985~1127	1059	50.6	101	110~119	115	4.1	—
		1	拉萨户外	1150~1179	1160	11.2	105	7.5~13.5	10.5	2.1	91	978~1130	1045	64.0	100	158~224	189	25.9	—
		2		1113~1147	1127	13.1	102	10.0~14.5	12.0	2.2	104	968~1031	997	26.3	95	106~136	124	11.4	—
		5	拉萨户外	1131~1155	1144	9.3	104	6.0~8.5	7.0	0.9	61	973~1034	1004	23.6	96	114~122	116	3.8	—
		1	濒海户外	1119~1154	1138	13.4	103	7.0~12.0	9.5	2.2	83	811~1146	994	119.3	95	115~131	122	8.1	—
		2		1109~1142	1122	13.5	102	8.5~12.0	11.0	1.5	96	961~1021	985	25.2	94	111~116	114	2.3	—
		5		1097~1159	1126	25.1	102	10.0~12.5	11.0	1.0	96	975~1063	1017	32.3	97	108~124	116	6.0	—

注：1. 上标①表示该组仅有两个有效数据；
2. TC18 合金棒状哑铃试样原始截面直径为 5.0mm。

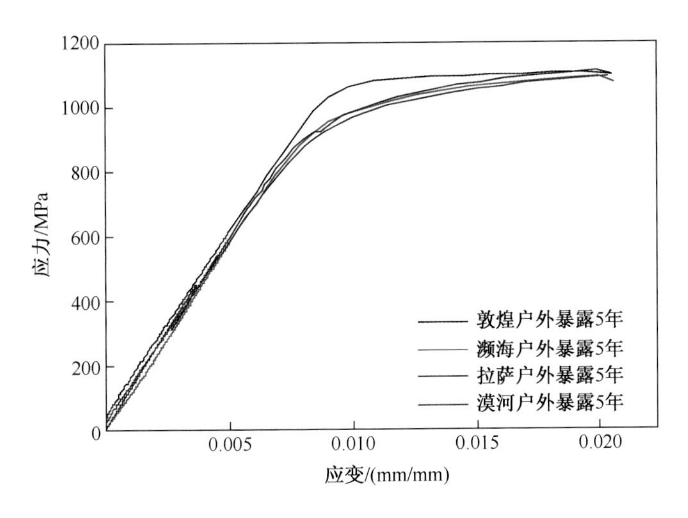

图 3-2-22 TC18 合金锻件在 4 种环境下暴露 5 年的拉伸应力-应变曲线

(3) 冲击性能 TC18 合金在湿热海洋大气环境中的冲击性能变化数据见表 3-2-43。

表 3-2-43 冲击性能变化数据

材料牌号	取样方向	试验时间/年	试验方式	V 型缺口冲击吸收能量			
				实测值/J	均值/J	标准差/J	保持率/%
TC18	L	原始	—	26~28	27	5.4	—
		2	海面平台户外	—	26	—	96
			海水飞溅	—	25	—	93
		4	海面平台户外	20~34	27	5.7	100
			海水飞溅	24~38	30	3.7	111
		6	海面平台户外	24~33	28	3.7	104
		8	海面平台户外	25~28	26	1.5	96

(4) 断裂韧度 TC18 合金在湿热海洋大气环境中的断裂韧度变化数据见表 3-2-44,典型断口形貌见图 3-2-23。

表 3-2-44 断裂韧度变化数据

材料牌号	取样方向	试验时间/年	试验方式	K_{IC}			
				实测值/MPa · $m^{1/2}$	平均值/MPa · $m^{1/2}$	标准差/MPa · $m^{1/2}$	保持率/%
TC18	LT	原始	—	54.3~70.5	62.9	5.8	—
		2	海面平台户外	54.3~62.1	57.6	3.9	92
			海水飞溅	50.0~60.8	54.9	3.9	87
		4	海面平台户外	54.4~63.9	58.7	3.5	93
		6	海面平台户外	60.3~75.1	64.9	6.2	103
		8	海面平台户外	49.9~60.4	55.8	4.6	89
		10	海面平台户外	53.4~62.4	57.4	4.0	91

（a）裂纹源区

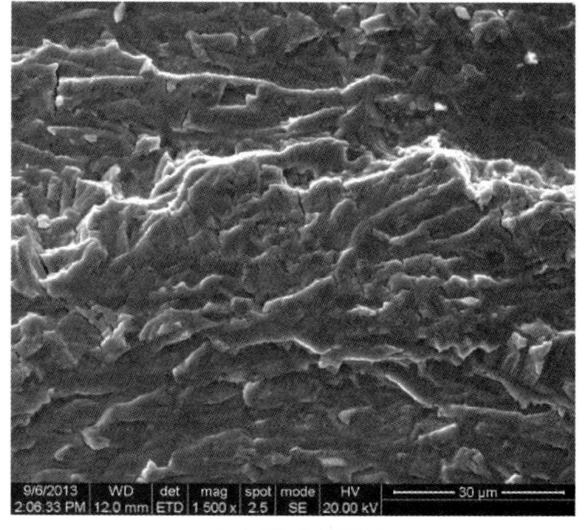

（b）裂纹扩展区

图 3-2-23　TC18 合金在海面平台户外暴露 4 年的断口形貌

(5) 疲劳裂纹扩展速率　TC18 合金在湿热海洋大气环境中暴露不同时间的 da/dN-ΔK 曲线见图 3-2-24～图 3-2-30，典型断口形貌见图 3-2-31。

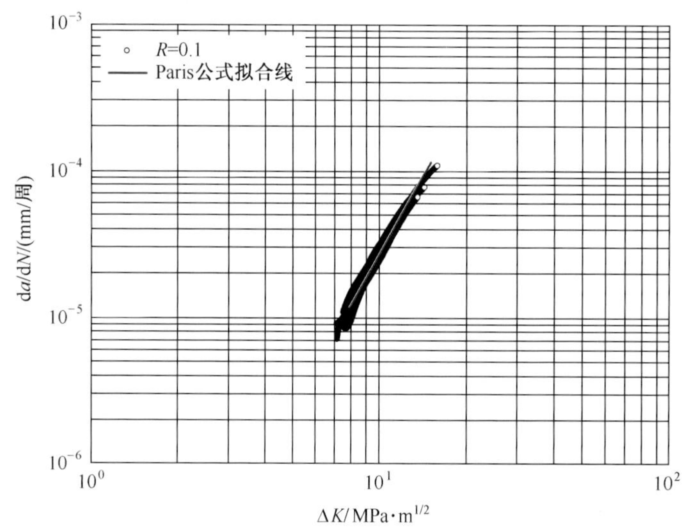

材料品种：δ55mm锻件
取　　向：L-T
材料强度：R_m=1186MPa
$R_{p0.2}$=1124MPa
试样类型：CT，B=12.5mm
W=50mm
加载方式：恒载法
应力比：0.1
试验频率：20Hz
试验环境：室温
试样个数：5个
拟合公式：da/dN=$C(\Delta K)^n$
C=8.263×10^{-9}
n=3.516

图 3-2-24　TC18 合金原始 da/dN-ΔK 曲线

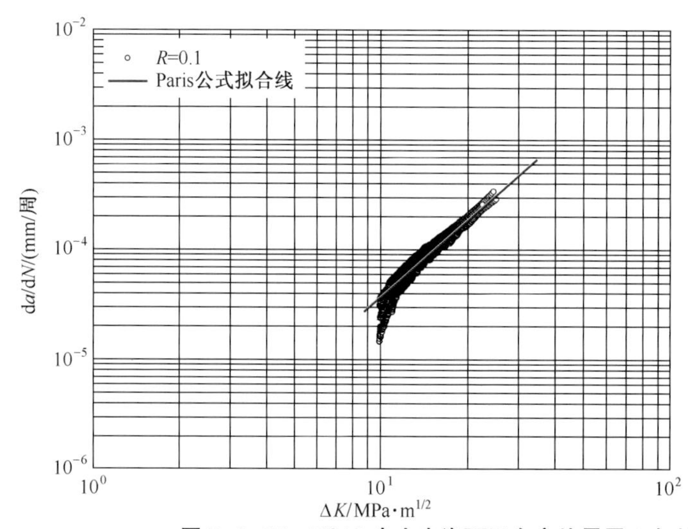

材料品种：δ55mm锻件
取　　向：L-T
材料强度：R_m=1156MPa
$R_{p0.2}$=1120MPa
试样类型：CT，B=12.5mm
W=50mm
加载方式：恒载法
应力比：0.1
试验频率：20Hz
试验环境：室温
试样个数：5个
拟合公式：da/dN=$C(\Delta K)^n$
C=1.77×10^{-7}
n=2.320

图 3-2-25　TC18 合金在海面平台户外暴露 2 年的 da/dN-ΔK 曲线

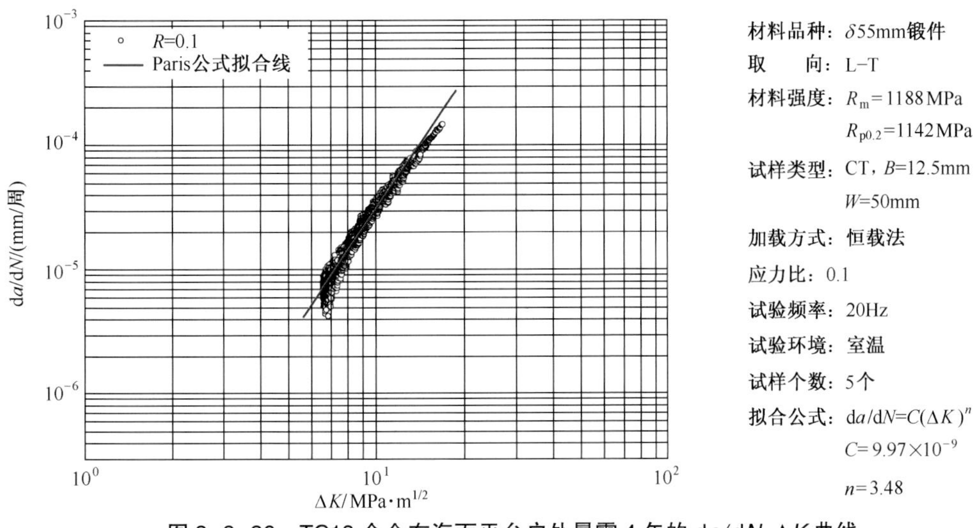

图 3-2-26　TC18 合金在海面平台户外暴露 4 年的 da/dN-ΔK 曲线

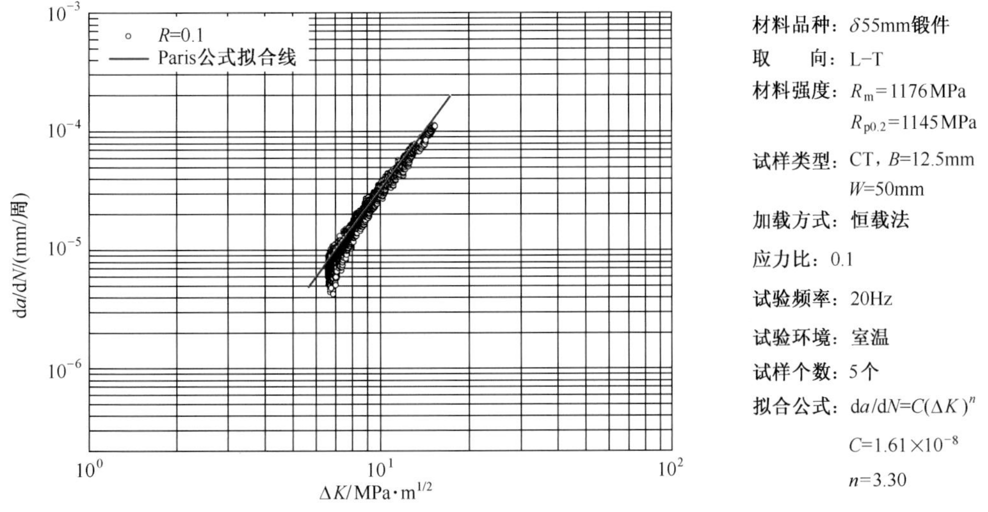

图 3-2-27　TC18 合金在海面平台户外暴露 6 年的 da/dN-ΔK 曲线

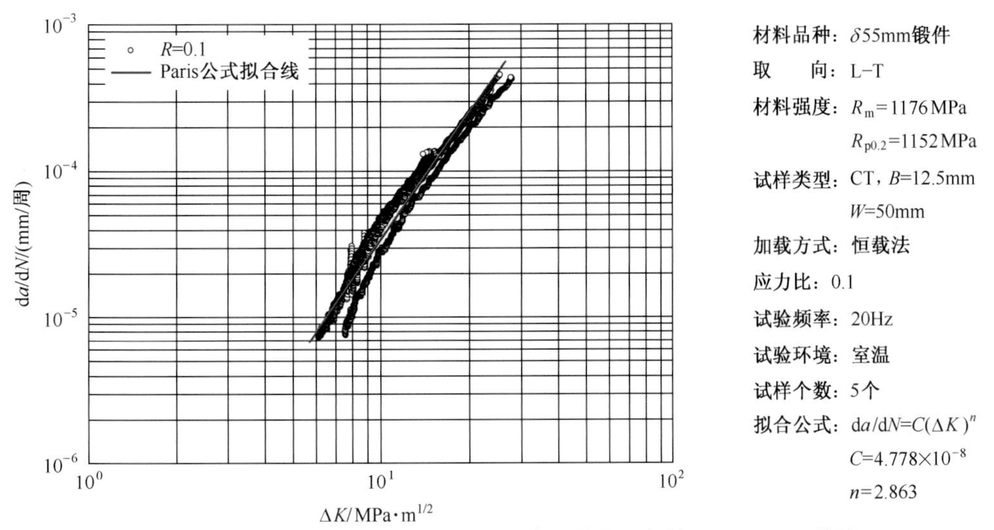

图 3-2-28　TC18 合金在海面平台户外暴露 8 年的 da/dN-ΔK 曲线

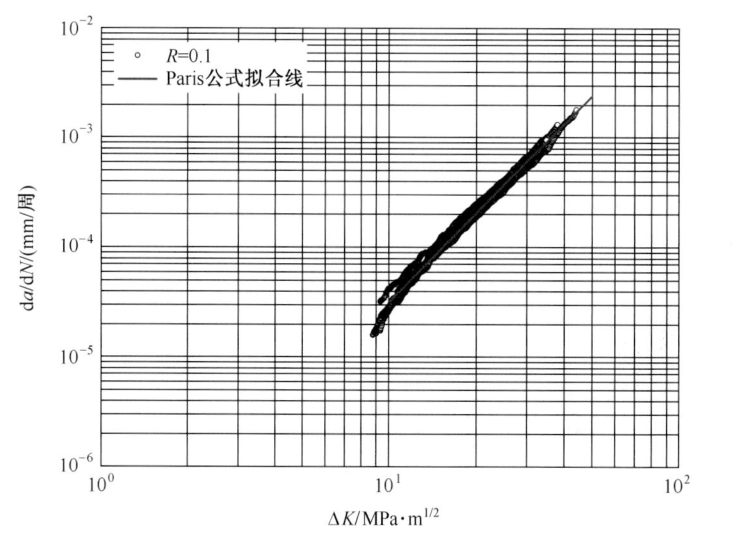

材料品种：δ55mm锻件

取　　向：L-T

材料强度：R_m=1176MPa

$R_{p0.2}$=1152MPa

试样类型：CT，B=12.5mm

W=50mm

加载方式：恒载法

应力比：0.1

试验频率：20Hz

试验环境：室温

试样个数：5个

拟合公式：$da/dN=C(\Delta K)^n$

$C=6.622\times10^{-8}$

n=2.681

图 3-2-29　TC18 合金在海面平台户外暴露 10 年的 $da/dN-\Delta K$ 曲线

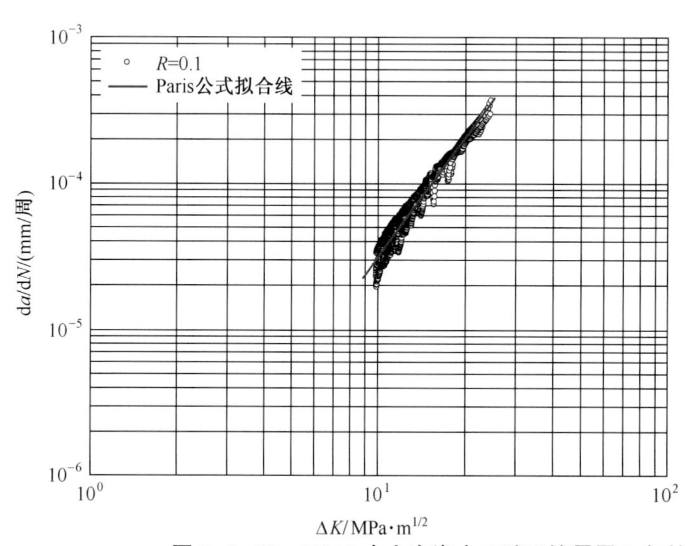

材料品种：δ55mm锻件

取　　向：L-T

材料强度：R_m=1175MPa

$R_{p0.2}$=1145MPa

试样类型：CT，B=12.5mm

W=50mm

加载方式：恒载法

应力比：0.1

试验频率：20Hz

试验环境：室温

试样个数：5个

拟合公式：$da/dN=C(\Delta K)^n$

$C=6.43\times10^{-8}$

n=2.691

图 3-2-30　TC18 合金在海水飞溅环境暴露 2 年的 $da/dN-\Delta K$ 曲线

（a）裂纹源区

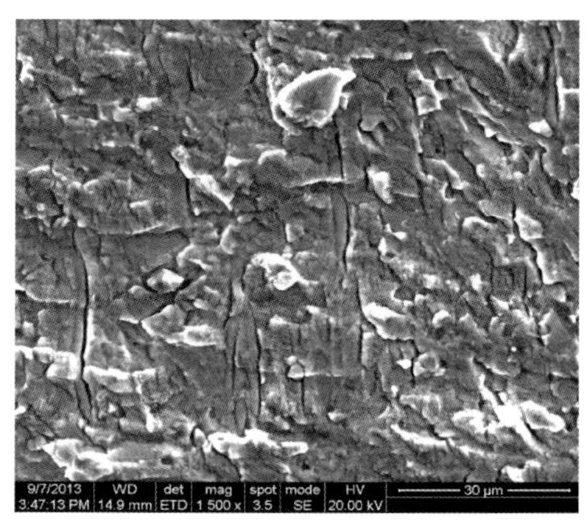

（b）裂纹扩展区

图 3-2-31　TC18 合金在海面平台户外暴露 6 年裂纹扩展试样的断口形貌

5. 电偶腐蚀性能

TC18 合金自腐蚀电位为 0.134V(SCE),见图 3-2-32。TC18 合金自腐蚀电位较正,与铝合金、结构钢等金属偶接易发生电偶腐蚀。实验室 3.5%氯化钠水溶液中的电偶腐蚀性能见表 3-2-45。典型大气自然环境中不同电偶对电偶腐蚀出现时间见表 3-2-46。

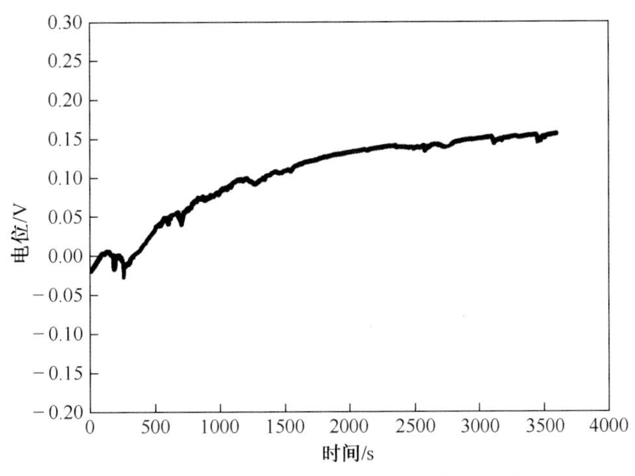

图 3-2-32　TC18 合金自腐蚀电位曲线

表 3-2-45　电偶腐蚀性能[4]

电　偶　对	试验条件	平均电偶电流密度/(μA/cm^2)	敏感性等级
TC18-30CrMnSiNi2A 镀镉	30℃,3.5%NaCl 水溶液	4.17	D
TC18-30CrMnSiNi2A 镀铬		1.08	C
TC18-30CrMnSiNi2A 镀镉钛		3.36	D
TC18-40CrMn2Si2MoVA 镀镉钛		2.68	C
TC18 镀铬-30CrMnSiNi2A 镀镉		0.61	B
TC18 镀铬-30CrMnSiNi2A 镀铬		0.35	B
TC18 镀铬-40CrMn2Si2MoVA 镀镉钛		0.54	B
TC18 阳极化-40CrMn2Si2MoVA 镀镉钛		1.35	C

表 3-2-46　不同电偶对电偶腐蚀出现时间

电偶对		电偶腐蚀出现时间			
阳极	阴极	万宁濒海户外	漠河户外	敦煌户外	拉萨户外
7050-T7451 硼硫酸阳极化	TC18	9 个月	>5 年	>5 年	>5 年
7050-T7451 硼硫酸阳极化	TC18 阳极化	9 个月	>5 年	>5 年	>5 年
6061-T651 硼硫酸阳极化	TC18	3 个月	>5 年	>5 年	>5 年
6061-T651 硼硫酸阳极化	TC18 阳极化	9 个月	>5 年	>5 年	>5 年
30CrMnSiA 镀锌	TC18	3 个月	33 个月	>5 年	>5 年
30CrMnSiA 镀锌	TC18 阳极化	6 个月	30 个月	>5 年	5 年
30CrMnSiNi2A 镀镉钛	TC18	3 个月	3 年	>5 年	>5 年
30CrMnSiNi2A 镀镉钛	TC18 阳极化	9 个月	30 个月	>5 年	>5 年

6. 防护措施建议

TC18 合金在大气环境中具有优良的耐腐蚀性能，与铝合金、结构钢等材料偶接时，往往作为阴极加速其他偶接金属的腐蚀破坏，可采用阳极化或有机涂层等表面技术进行有效隔离，也可以采取加垫防接触腐蚀胶布等防护措施。

TC21

1. 概述

TC21 合金名义成分为 Ti-6Al-2Sn-2Zr-2.5Mo-1.7Cr-2Nb-0.1Si，属于 α+β 型钛合金，是我国具有自主知识产权的损伤容限型钛合金。该合金具有高强、高韧、高模、高损伤容限（$K_{IC}\geqslant 70\text{MPa}\cdot\text{m}^{1/2}$）、可焊性好等优良综合性能，在 450℃以下具有良好的热强性能，变形抗力小，塑性高，可锻性优异，可采用各种方式的焊接和机械加工，长期工作温度可达 400℃以上。该合金一般在退火状态下使用，适用于制造飞机结构件的梁、接头和隔框等关键承力构件，也适用于制造有一定温度要求的发动机附近承力构件、飞机刹车装置等零件。

TC21 合金耐腐蚀性能优良，应防止与铝合金、结构钢等零件接触时产生电偶腐蚀。

（1）材料牌号　TC21。

（2）相近牌号　Ti-62222S。

（3）生产单位　中国航发北京航空材料研究院、西北有色金属研究院、西部超导材料科技股份有限公司。

（4）化学成分　GB/T 3620.1—2007 规定的化学成分见表 3-2-47。

表 3-2-47　化学成分　（单位：%（质量分数））

主要成分							杂质						
Ti	Al	Sn	Mo	Cr	Zr	Nb	Fe	O	C	N	H	其他元素	
												单一	总和
基材	5.2~6.8	1.6~2.5	2.2~3.3	0.9~2	1.6~2.5	1.7~2.3	≤0.15	≤0.15	≤0.08	≤0.05	≤0.015	≤0.10	≤0.40

2. 试验与检测

（1）试验材料　见表 3-2-48。

表 3-2-48　试验材料

材料牌号与热处理状态	品种规格	试样形式	生产单位
TC21，退火	570mm×260mm×80mm 锻件	平板试样	西部超导材料科技股份有限公司
		拉伸试样	

（2）试验条件　见表 3-2-49。

表 3-2-49　试验条件

试验环境	对应试验站	试验方式
湿热海洋大气环境	海南万宁	濒海户外

（续）

试验环境	对应试验站	试验方式
寒温高原大气环境	西藏拉萨	户外
干热沙漠大气环境	甘肃敦煌	户外
寒冷乡村大气环境	黑龙江漠河	户外
注：试验标准为 GB/T 14165—2008《金属和合金　大气腐蚀试验　现场试验的一般要求》。		

（3）检测项目及标准　见表 3-2-50。

表 3-2-50　检测项目及标准

检测项目	标　准
微观形貌	GB/T 13298—2015《金属显微组织检验方法》
拉伸性能	GB/T 228.1—2010《金属材料　拉伸试验　第 1 部分：室温试验方法》

3. 腐蚀形态

TC21 合金耐腐蚀性能优良，长期暴露于大气环境中主要表现为金属光泽下降，表面发暗，微观下未见点蚀坑等明显腐蚀现象，见图 3-2-33。

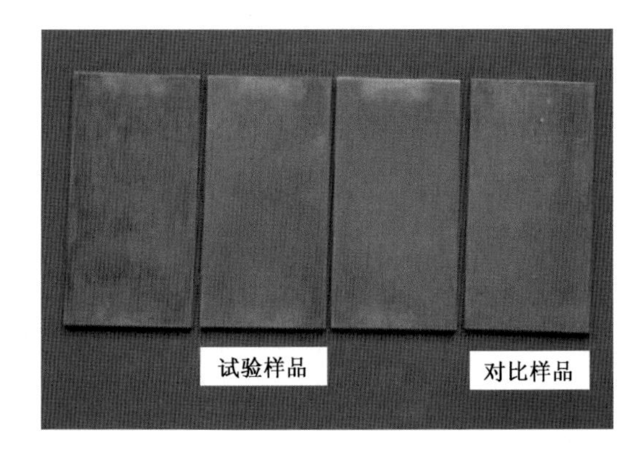

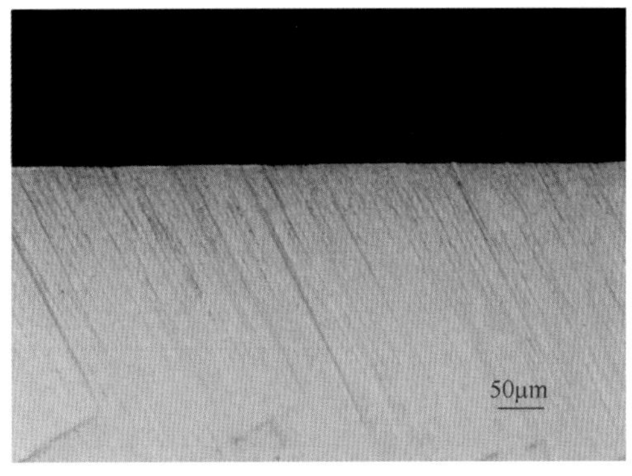

图 3-2-33　TC21 合金在濒海户外大气暴露 2 年的腐蚀形貌

4. 腐蚀对力学性能的影响

（1）技术标准规定的力学性能　见表 3-2-51

表 3-2-51　技术标准规定的力学性能[1]

R_m/MPa	$R_{p0.2}$/MPa	A/%	Z/%
≥1070	≥970	≥8.0	≥15

（2）拉伸性能　TC21 合金在湿热海洋、寒温高原、干热沙漠及寒冷乡村 4 种大气环境下暴露不同时间的拉伸性能变化数据见表 3-2-52，典型拉伸应力-应变曲线见图 3-2-34。

表 3-2-52 拉伸性能变化数据

试样	取向	暴露时间/年	试验方式	R_m				A				$R_{p0.2}$				E			
				实测值/MPa	平均值/MPa	标准差/MPa	保持率/%	实测值/%	平均值/%	标准差/%	保持率/%	实测值/MPa	平均值/MPa	标准差/MPa	保持率/%	实测值/GPa	平均值/GPa	标准差/GPa	保持率/%
TC21 (d=5.0mm)	L	0①	原始	1100~1130	1113	15.3	—	16.0~17.0	16.5	0.6	—	1030~1070	1047	20.8	—	—	—	—	—
		1	万宁濒海户外	1012~1151	1076	51.6	97	16.0~18.5	17.0	1.1	103	925~1112	1028	67.9	98	98~121	112	8.4	—
		2		1039~1134	1088	34.5	98	14.5~17.5	16.5	1.1	100	1005~1076	1049	27.2	100	102~113	107	4.1	—
		5		1073~1128	1104	22.2	99	14.5~17.5	16.5	1.2	100	1044~1104	1078	23.0	103	114~126	118	4.6	—
		1	漠河户外	1052~1163	1116	56.0	100	12.0~14.5	13.5	1.0	82	987~1124	1062	62.1	101	80~149	115	31.0	—
		2		1052~1122	1078	27.7	97	16.0~18.5	17.5	1.0	106	1007~1085	1035	30.1	99	97~117	110	9.0	—
		5		1113~1149	1138	14.5	102	15.0~17.5	16.5	1.0	100	1093~1125	1114	13.1	106	110~116	112	2.5	—
		1	敦煌户外	1139~1182	1156	15.9	104	16.5~19.5	18.0	1.3	109	949~1045	978	40.1	93	92~223	159	47.8	—
		2		1111~1156	1130	17.5	102	15.5~19.5	17.5	1.5	106	975~1030	998	20.2	95	117~137	125	7.6	—
		5		1127~1170	1143	18.4	103	9.5~16.0	12.5	2.6	76	997~1052	1019	22.8	97	110~139	122	11.9	—
		1	拉萨户外	1067~1123	1093	25.9	98	13.0~18.0	15.9	1.9	96	982~1067	1018	37.2	97	118~167	141	17.8	—
		2		1077~1140	1120	26.2	101	13.5~20.5	17.1	2.5	104	1033~1113	1083	29.8	103	114~129	122	5.5	—
		5		1073~1156	1115	30.3	100	15.0~18.5	16.5	1.7	100	1041~1128	1075	33.9	103	108~115	113	3.5	—

注：1. 上标①表示该组仅有三个有效数据；

2. TC21 合金棒状哑铃试样原始截面直径为 5.0mm。

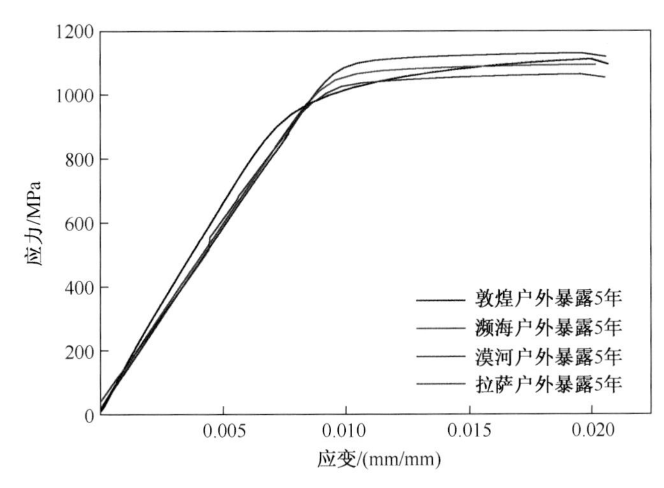

图 3-2-34　TC21 合金在 4 种环境下暴露 5 年的拉伸应力-应变曲线

5. 电偶腐蚀性能

TC21 合金自腐蚀电位为 0.019V(SCE),见图 3-2-35。TC21 合金自腐蚀电位较正,与铝合金、结构钢等金属偶接易发生电偶腐蚀。实验室 3.5%氯化钠水溶液中的电偶腐蚀性能见表 3-2-53。典型大气自然环境中不同电偶对电偶腐蚀出现时间见表 3-2-54。

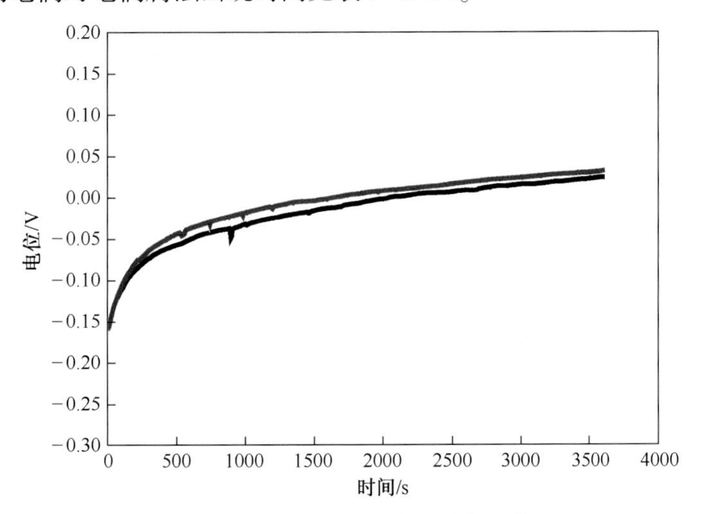

图 3-2-35　TC21 合金自腐蚀电位曲线

表 3-2-53　电偶腐蚀性能[5]

电偶对	试验条件	平均电偶电流密度 /($\mu A/cm^2$)	敏感性等级
TC21-2A12	30℃,3.5%NaCl 水溶液	3.95	D
TC2-LD7		5.91	D
TC21-7B04		6.33	D
TC21 阳极化-2A12 阳极化		0.313	B
TC21 阳极化-LD7 阳极化		0.313	B
TC21 阳极化-7B04 阳极化		0.257	A

表 3-2-54 不同电偶对电偶腐蚀出现时间

电偶对		电偶腐蚀出现时间			
阳极	阴极	万宁濒海户外	漠河户外	敦煌户外	拉萨户外
7050-T7451 硼硫酸阳极化	TC21	9 个月	4 年	>5 年	>5 年
7050-T7451 硼硫酸阳极化	TC21 阳极化	9 个月	4 年	>5 年	>5 年
6061-T651 硼硫酸阳极化	TC21	6 个月	>5 年	>5 年	>5 年
6061-T651 硼硫酸阳极化	TC21 阳极化	6 个月	4 年	>5 年	>5 年
30CrMnSiA 镀锌	TC21	3 个月	33 个月	>5 年	>5 年
30CrMnSiA 镀锌	TC21 阳极化	6 个月	30 个月	>5 年	>5 年
30CrMnSiNi2A 镀镉钛	TC21	3 个月	57 个月	>5 年	>5 年
30CrMnSiNi2A 镀镉钛	TC21 阳极化	9 个月	30 个月	>5 年	57 个月

6. 防护措施建议

TC21 合金在大气环境中具有优良的耐腐蚀性能，与铝合金、结构钢等材料偶接时，往往作为阴极加速其他偶接金属的腐蚀破坏，可采用阳极化或有机涂层等表面技术进行有效隔离，亦可采取加垫防接触腐蚀胶布等防护措施。

参考文献

[1]《中国航空材料手册》编辑委员会．中国航空材料手册：第 4 卷　钛合金 铜合金[M]．2 版．北京：中国标准出版社，2001.

[2] 刘建华，吴昊，李松梅，等．不同镀层的 30CrMnSiA 高强钢-TA15 钛合金电偶腐蚀行为[J]．腐蚀与防护，2007，28(1)：340-344.

[3] 刘建华，吴昊，李松梅，等．表面处理对 TC2 钛合金电偶腐蚀的影响[J]．腐蚀科学与防护技术，2003，15(1)：13-17.

[4] 张晓云，汤智慧，孙志华，等．钛合金的电偶腐蚀与防护[J]．材料工程，2011，11：74-78.

[5] 张晓云，赵胜华，汤智慧，等．表面处理对 TC21 钛合金和铝合金和钢电偶腐蚀行为的影响[J]．材料工程，2016，12：40-46.

第三章 钛合金典型防护工艺环境适应性数据

第一节 钛合金防护工艺分类

钛合金具有优异的抗环境腐蚀能力，一般使用条件下不需要采用表面防护。但是，处于钝化状态的钛合金电极电位很高，与铝合金、结构钢等其他金属偶接时，会产生严重的电偶腐蚀，加速阳极金属的腐蚀破坏。因此，钛合金在实际使用中不允许与电极电位较负的异种金属材料直接接触，应采取合理有效的绝缘或表面防护措施，以实现物理隔离，或减小与偶接金属（导电非金属）之间的电位差。例如，钛合金阳极化、离子镀铝后与其他金属接触，可降低电偶电流，减缓电偶腐蚀效应。必要时，亦可采用涂漆防护。

一、钛合金阳极氧化

钛合金硫酸阳极氧化膜颜色呈蓝色至紫罗兰色，膜层均匀致密，湿热海洋、干热沙漠、寒温高原和寒冷乡村 4 种典型大气环境中暴露 5 年，仅表现为颜色的变化，未见明显腐蚀现象。

二、钛合金离子镀铝

钛合金离子镀铝层为灰白色，致密性处理后呈银白色，铬酸盐处理后为彩虹、金黄至黄褐色，镀层结晶致密均匀，耐腐蚀性能相当于纯铝，腐蚀形式主要为点蚀。湿热海洋大气环境下暴露 1 个月，镀铝层出现轻微、细小蚀点，暴露至 1 年，细小点蚀遍布整个镀层，表面粗糙，有灰白色腐蚀产物附着，保护/外观等级降为 10/3 m E。干热沙漠环境下暴露 5 个月，镀层局部出现极轻微点蚀，而在腐蚀相对温和的寒温高原环境和寒冷乡村环境中，离子镀铝层表现出良好的耐腐蚀性能，暴露 5 年膜层颜色变浅，未见明显腐蚀现象。

第二节 本章收录的防护工艺种类

本章收录的钛合金防护工艺种类及主要应用范围参见表 3-3-1。

表 3-3-1 钛合金防护工艺种类及主要应用范围

序号	工艺分类	工艺牌号	主要(预期)应用范围
1	表面处理	钛合金阳极氧化	钛合金结构表面防护
2	表面处理	离子镀铝	钛合金结构表面防护

第三节 工艺牌号

钛合金阳极氧化

1. 概述

钛合金在相应的电解液中和特定的工艺条件及外加电流的作用下,在工件表面上形成一层氧化膜的过程,称为钛合金阳极氧化(简称钛合金阳极化)[1]。钛合金阳极氧化膜的厚度取决于终止电压和氧化时间,同时受电解液成分、温度和操作方法的影响。膜层黏附性好,可以提高油漆及其他涂层的结合力,且具有良好的耐磨性、耐热性和耐腐蚀性,可用于转动配合中耐磨、耐擦伤的表面,或用于腐蚀性气氛中防止渗氢。膜层可以呈现各种颜色,是较理想的装饰层和保护层。

(1) 工艺名称 钛合金阳极氧化。

(2) 基本组成 TiO_2。

(3) 制备工艺 装挂→碱除油→酸洗→硫酸阳极氧化→阳极氧化的后处理→检验→包装保护。

(4) 配套性 可用于钛合金零件的表面防护和装饰,并与其他涂层防护体系配套使用。

2. 试验与检测

(1) 试验材料 见表 3-3-2。

表 3-3-2 试验材料

基材牌号	膜层厚度/μm	膜层外观
TC21	—	紫罗兰色
TC4	—	紫罗兰色

(2) 试验条件 见表 3-3-3。

表 3-3-3 试验条件

试验环境	对应试验站	试验方式
湿热海洋大气环境	海南万宁	濒海户外
干热沙漠大气环境	甘肃敦煌	户外
寒温高原大气环境	西藏拉萨	户外
寒冷乡村大气环境	黑龙江漠河	户外
注:试验标准为 GB/T 14165—2008《金属和合金 大气腐蚀试验 现场试验的一般要求》。		

(3) 检测项目及标准　见表 3-3-4。

表 3-3-4　检测项目及标准

检测项目	检　测　标　准
保护/外观评级	GB/T 6461—2002《金属基体上金属和其他无机覆盖层　经腐蚀试验后的试样和试件的评级》
拉伸性能	GB/T 228.1—2010《金属材料　拉伸试验　第 1 部分:室温试验方法》

3. 腐蚀特征

钛合金阳极氧化膜耐腐蚀性优良,在湿热海洋、干热沙漠、寒温高原和寒冷乡村 4 种典型环境中暴露 5 年仅表现为颜色变化,表面无明显腐蚀现象。其典型腐蚀形貌见图 3-3-1。

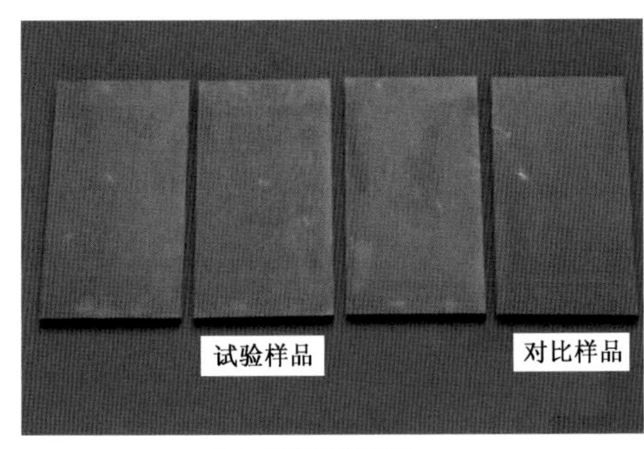

(a) 湿热海洋环境

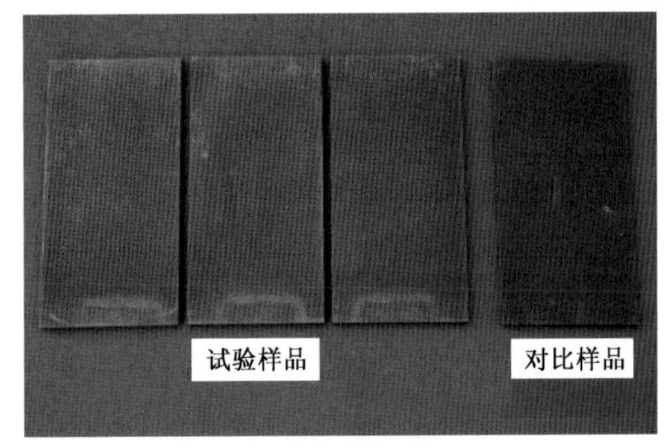

(b) 寒冷乡村环境

图 3-3-1　TC4 钛合金阳极氧化膜暴露 2 年的腐蚀形貌

4. 自然环境腐蚀性能

(1) 保护/外观等级　不同牌号钛合金硫酸阳极氧化处理后在 4 种典型环境中的防护性能差异不大,见表 3-3-5。

表 3-3-5　钛合金硫酸阳极氯化保护/外观等级

基材牌号	试验时间/月	湿热海洋环境 R_P/R_A	干热沙漠环境 R_P/R_A	寒冷乡村环境 R_P/R_A	寒温高原环境 R_P/R_A
TC21	1	10/9 vs A	10/10	10/10	10/10
	6	10/6 vs A	10/10	10/10	10/10
	12	10/6 vs A	10/10	10/10	10/10
	24	10/0 vs A	10/10	10/8 vs A	10/10
	36	10/0 s A	10/5 vs A	10/8 vs A	10/1 m A
	48	10/0 s A	10/3 vs A	10/0 vsA	10/0 m A
	60	10/0 m A	10/0 vs A	10/0 s A	10/0 m A
TC4	1	10/10	10/10	10/10	10/10
	6	10/10	10/10	10/10	10/10
	12	10/10	10/10	10/10	10/10
	24	10/10	10/10	10/10	10/10
	36	10/0 s A	10/6 vs A	10/0 s A	10/10
	48	10/0 s A	10/5 vs A	10/0 s A	10/3 s A
	60	10/0 m A	10/3 vs A	10/0 s A	10/0 m A

(2) 对基材力学性能的影响 TC21 和 TC4 钛合金带阳极氧化膜在湿热海洋环境、干热沙漠环境、寒冷乡村环境和寒温高原环境中暴露不同时间的拉伸性能数据见表 3-3-6。

表 3-3-6 拉伸性能数据

基材牌号	暴露时间/年	试验环境	R_m				$R_{p0.2}$				A			
			实测值/MPa	平均值/MPa	标准差/MPa	保持率/%	实测值/MPa	平均值/MPa	标准差/MPa	保持率/%	实测值/%	平均值/%	标准差/%	保持率/%
TC21 (d=5.0mm)	0①	原始	1100~1130	1113	15.3	—	1030~1070	1047	20.8	—	16.0~17.0	16.5	0.6	—
	1	湿热海洋	1139~1154	1146	6.4	103	987~1030	1004	18.0	96	7.0~12.5	9.5	2.3	58
	2		1114~1175	1148	22.6	103	971~1053	1018	31.4	97	8.5~11.5	10.0	1.4	61
	5		1094~1162	1130	26.2	102	969~1052	1008	37.4	96	8.5~11.0	10.0	1.2	61
	1	干热沙漠	1118~1190	1155	35.0	104	916~1012	967	44.5	92	7.5~10.5	9.0	1.2	55
	2		1129~1156	1142	11.5	103	991~1040	1015	25.1	97	9.0~17.0	13.5	3.2	82
	5		1102~1133	1120	12.4	101	977~1007	994	12.9	95	6.0~11.5	8.0	2.3	48
	1	寒冷乡村	1067~1169	1133	39.4	102	915~970	937	26.1	89	9.5~11.0	10.5	0.7	64
	2		1125~1176	1148	22.6	103	979~1061	1009	33.6	96	10.0~16.0	13.0	2.2	79
	3		1114~1152	1136	14.9	102	1004~1076	1038	31.5	99	8.5~11.5	10.0	1.1	61
	1	寒温高原	1134~1194	1163	23.3	104	947~1031	983	32.0	94	7.0~13.5	11.0	2.5	67
	2		1116~1147	1133	12.9	102	984~1036	1005	21.7	96	10.0~14.5	12.0	1.6	73
	5		1119~1151	1139	14.2	102	1018~1056	1054	45.7	101	9.0~11.0	10.0	0.9	61
TC4 (d=5.0mm)	1	湿热海洋	909~948	925	17.4	—	852~885	865	14.6	—	11.0~15.5	13.5	1.9	—
	2		897~935	913	13.8	—	821~856	837	14.5	—	14.0~18.5	16.5	1.6	—
	5		913~952	929	20.4	—	863~899	876	13.9	—	12.5~16.0	14.5	1.3	—
	1	干热沙漠	915~981	947	26.4	—	796~935	844	64.8	—	13.5~17.5	15.0	1.5	—
	2		909~945	927	14.3	—	842~891	859	18.8	—	13.0~17.0	16.0	1.8	—
	5		887~937	917	19.3	—	844~875	860	12.0	—	13.0~15.5	14.5	0.9	—
	1	寒冷乡村	922~976	947	23.5	—	813~874	834	24.8	—	13.0~16.0	14.5	1.1	—
	2		906~951	932	19.2	—	821~874	846	22.3	—	15.0~18.0	16.0	1.2	—
	5		913~949	928	15.2	—	864~887	877	10.4	—	12.0~15.5	14.0	1.6	—
	1	寒温高原	920~931	924	4.7	—	765~854	826	35.9	—	14.0~14.5	14.5	0.2	—
	2		915~962	931	19.0	—	818~887	854	25.5	—	14.0~17.5	16.0	1.4	—
	5		907~973	935	25.6	—	821~885	849	24.7	—	11.5~14.0	13.0	1.0	—

注:1. 上标①表示该组数据来源于 TC21 钛合金裸材试样数据,且仅有三个有效数据;
2. TC21 和 TC4 钛合金棒状哑铃试样原始截面直径为 5.0mm。

5. 使用建议

阳极氧化处理可单独用于钛合金表面防护,亦可与涂层配套使用,提高与其他金属接触的阻隔效果。

钛合金离子镀铝

1. 概述

钛合金离子镀铝是通过离子镀的方法在钛合金表面涂覆一层厚度均匀,结合力良好的纯铝层。离子镀铝层与铝构件电偶相容性良好,可用于控制与钛合金接触零件的电偶腐蚀,且不会引起基体疲劳性能下降,对基体材料的力学性能不会产生不利影响,并具有无毒和环保的特点[2]。因此,离子镀铝特别适合于与铝合金接触的钛合金零件的防护。

(1) 工艺名称　离子镀铝。

(2) 基本组成　Al。

(3) 制备工艺　预清洗→吹砂→装挂→真空离子镀铝→致密化处理→铬酸盐处理→产品检验→包装。

(4) 配套性　可用于钛合金零件的表面处理。

2. 试验与检测

(1) 试验材料　见表 3-3-7。

表 3-3-7　试验材料

基材牌号	膜层厚度/μm	膜层外观
TC21	—	黄褐色
TC4	—	黄褐色

(2) 试验条件　见表 3-3-8。

表 3-3-8　试验条件

试验环境	对应试验站	试验方式
湿热海洋大气环境	海南万宁	濒海户外
干热沙漠大气环境	甘肃敦煌	户外
寒温高原大气环境	西藏拉萨	户外
寒冷乡村大气环境	黑龙江漠河	户外
注:试验标准为 GB/T 14165—2008《金属和合金　大气腐蚀试验　现场试验的一般要求》。		

(3) 检测项目及标准　见表 3-3-9。

表 3-3-9　检测项目及标准

检测项目	标　　准
保护/外观评级	GB/T 6461—2002《金属基体上金属和其他无机覆盖层经腐蚀试验后的试样和试件的评级》
拉伸性能	GB/T 228.1—2010《金属材料　拉伸试验　第 1 部分:室温试验方法》

3. 腐蚀特征

钛合金离子镀铝层在环境侵蚀作用下,主要表现为颜色发暗、点蚀,伴随灰白色腐蚀产物等。在湿热海洋大气环境中，钛合金离子镀铝层暴露1个月即出现点蚀，随暴露时间延长，四周边缘腐蚀程度明显大于中心区域，表现出电偶腐蚀特征；在干热沙漠环境中暴露5个月局部出现少量非常轻微点蚀；而在寒温高原和寒冷乡村环境中暴露5年仅表现为中度变色，无明显腐蚀现象。其典型腐蚀形貌见图3-3-2。

(a) 湿热海洋环境暴露2年

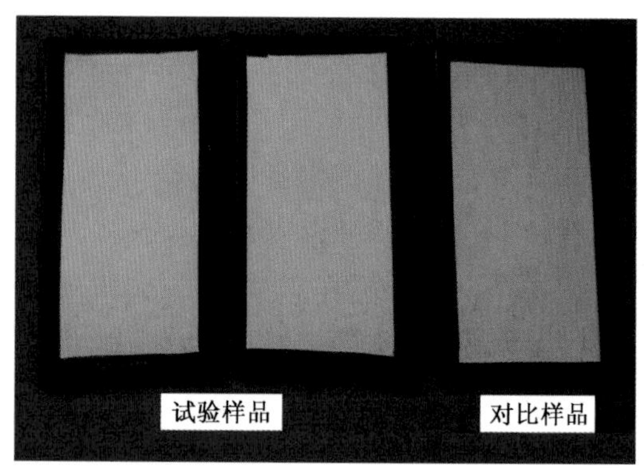

(b) 寒冷乡村环境暴露2年

(c) 湿热海洋环境暴露5年

(d) 寒冷乡村环境暴露5年

图3-3-2　TC4钛合金离子镀铝层暴露过程的典型腐蚀形貌

4. 自然环境腐蚀性能

(1) 保护/外观等级　不同牌号钛合金离子镀铝处理后在4种典型环境中的防护性能差异不大，见表3-3-10。

表3-3-10　钛合金离子镀铝保护/外观等级

基材牌号	试验时间/月	湿热海洋环境 R_P/R_A	干热沙漠环境 R_P/R_A	寒冷乡村环境 R_P/R_A	寒温高原环境 R_P/R_A
TC21	1	10/5 m E	10/10	10/10	10/10
	6	10/5 m E	10/7 vs E	10/10	10/10
	12	10/3 m E	10/7 vs E	10/10	10/10
	24	10/3 m E	10/0 m A ,7 vs E	10/0 s A	10/0 m A
	36	10/2 m E	10/0 m A , 9 s E	10/0 m A	10/0 m A
	48	10/2 m E	10/0 m A , 9 s E	10/0 m A	10/0 m A
	60	10/1m E	10/0 m A , 9 s E	10/0 m A	10/0 m A

（续）

基材牌号	试验时间/月	湿热海洋环境 R_P/R_A	干热沙漠环境 R_P/R_A	寒冷乡村环境 R_P/R_A	寒温高原环境 R_P/R_A
TC4	1	10/7 m E	10/10	10/10	10/10
	6	10/5m E	10/5 vs E	10/10	10/10
	12	10/5m E	10/5 vs E	10/10	10/10
	24	10/4 m E	10/0 m A ,5 vs E	10/0 s A	10/0 m A
	36	10/2 m E	10/0 m A ，9 s E	10/0 m A	10/0 m A
	48	10/2 m E	10/0 m A ，9 s E	10/0 m A	10/0 m A
	60	10/1 m E	10/0 m A ，9 s E	10/0 m A	10/0 m A

（2）对基材力学性能的影响　TC21 和 TC4 钛合金离子镀铝后在湿热海洋环境、干热沙漠环境、寒冷乡村环境和寒温高原环境中暴露不同时间的拉伸性能数据见表 3-3-11。

表 3-3-11　拉伸性能数据

基材牌号	暴露时间/年	试验环境	R_m				$R_{p0.2}$				A			
			实测值/MPa	平均值/MPa	标准差/MPa	保持率/%	实测值/MPa	平均值/MPa	标准差/MPa	保持率/%	实测值/%	平均值/%	标准差/%	保持率/%
TC21（d=5.0mm）	0①	原始	1100～1130	1113	15.3	—	1030～1070	1047	20.8	—	16.0～17.0	16.5	0.6	—
	1	湿热海洋	1024～1134	1087	53.4	98	991～1105	1055	53.4	101	14.5～19.0	16.0	1.8	97
	2		1031～1128	1089	37.4	98	1002～1089	1055	32.9	101	14.0～17.0	15.0	1.3	91
	5		982～1106	1067	50.1	96	963～1077	1040	47.2	99	14.5～18.0	16.5	1.6	100
	1	干热沙漠	1130～1177	1149	17.3	103	932～988	968	21.9	92	9.0～14.5	11.0	2.3	67
	2		1104～1144	1117	16.2	100	971～1024	995	19.8	95	9.0～16.0	13.0	2.9	79
	5		1098～1137	1115	14.1	100	1002～1032	1021	13.0	98	8.5～12.0	10.5	1.4	64
	1	寒冷乡村	1071～1158	1119	36.2	101	1021～1090	1052	24.9	100	14.0～17.0	15.0	1.3	91
	2		1070～1114	1098	17.6	99	1025～1065	1052	15.8	100	16.5～20.0	18.0	1.3	109
	3		1050～1148	1122	41.0	101	1014～1129	1094	47.0	104	12.5～17.0	15.0	2.0	91
	1	寒温高原	1082～1135	1116	20.7	100	977～1081	1046	41.7	100	12.0～17.5	15.5	2.3	94
	2		1035～1128	1084	41.1	97	986～1095	1053	52.6	101	16.5～20.5	18.0	1.6	109
	5		1039～1127	1083	33.9	97	1015～1088	1053	28.8	101	15.0～20.5	18.0	2.0	109
TC4（d=5.0mm）	1	湿热海洋	858～924	884	27.0	—	821～848	835	10.7	—	12.0～16.5	14.5	1.9	—
	2		858～910	888	20.7	—	793～834	816	16.1	—	12.5～16.0	14.5	1.4	—
	5		879～927	903	17.0	—	820～851	836	13.7	—	14.0～15.5	15.0	0.7	—
	1	干热沙漠	921～1017	950	41.1	—	873～976	897	44.4	—	12.0～16.0	15.0	1.6	—
	2		899～939	917	16.9	—	833～869	846	14.5	—	14.5～17.0	15.5	1.0	—
	5		879～933	907	22.4	—	843～878	860	15.3	—	11.5～16.0	14.0	1.7	—
	1	寒冷乡村	932～970	947	17.7	—	826～870	854	18.1	—	14.0～15.5	14.5	0.6	—
	2		895～928	910	15.5	—	808～838	826	11.6	—	14.5～16.0	15.5	0.7	—
	5		908～937	923	13.0	—	846～861	856	5.9	—	13.5～16.0	15.0	1.0	—
	1	寒温高原	922～961	936	15.1	—	801～916	856	56.8	—	12.5～14.0	13.5	0.7	—
	2		912～921	917	3.3	—	815～843	833	12.7	—	15.5～18.0	17.0	1.1	—
	5		909～940	921	11.8	—	823～852	836	14.4	—	13.0～15.0	14.0	0.9	—

注：1. 上标①表示该组数据来源于 TC21 钛合金裸材试样数据，且仅有三个有效数据；

2. TC21 和 TC4 钛合金棒状哑铃试样原始截面直径为 5.0mm。

5. 使用建议

离子镀铝可单独用于钛合金表面防护,如使用环境恶劣或要求在严酷的海洋大气环境下工作,还可进行喷丸和化学氧化等后处理以提高铝镀层耐腐蚀性能[2]。

参考文献

[1] 朱湘宁,张晓峰,文钰,等. 钛合金零件阳极化腐蚀原因分析[J]. 轻金属,2016(7):48-52.
[2] 汤智慧,宇波,高玉魁,等. 后处理对离子镀铝涂层腐蚀性能的影响研究[J]. 装备环境工程,2007,4(2):27-31.

附录 环境试验

1. 试验目的

环境试验是将装备产品暴露于特定的环境中,确定环境对其影响的试验,是考核、验证和评价装备产品环境适应性的重要手段。环境试验包括实验室环境试验、自然环境试验、自然环境加速试验和使用环境试验四大类,一般应用于装备全寿命期的不同阶段,四者相辅相成,并行发展。另外,为支撑装备设计选材和寿命预测,有必要预先掌握装备用材料在预期使用环境中的环境适应性,而环境试验也是可靠获取材料环境适应性数据的有效手段。从装备环境工程角度出发,开展环境试验的主要目的如下:

① 验证装备与合同要求的符合性。

② 评价装备暴露于全寿命期可能遭遇的环境作用下的环境适应性。

③ 查找装备设计、选材、制造、包装和维修方法可能存在的不足、错误或缺陷。

④ 积累材料工艺、元器件、零部件、组件、系统/分系统等不同层级产品环境适应性数据,为装备环境适应性设计提供科学依据。

⑤ 针对某一特定环境筛选环境适应性相对最好的材料、工艺和器件。

⑥ 评定或预测特定环境中材料的使用寿命,即暴露于某一个特定环境中,材料在满足关键性能指标允差要求前提下能可靠使用的时间。

⑦ 支撑涂料配方和工艺参数优化。

⑧ 支撑新材料研制,如为优化成分和组织结构等进行对比筛选试验。

⑨ 大气腐蚀严酷度分类分级。

⑩ 基础理论和应用研究。

2. 实验室环境试验

(1) 简介

实验室环境试验是在实验室内按规定的环境条件和负载条件进行的试验[1]。实验室环境试验一般采用尺寸较小的标准试样、元器件和小型零部件,在试验箱或试验容器的模拟环境中试验,具有试验条件可控、复现性好,试验加速性明显、时间短,可快速激发查明缺陷的特点。现行实验室环境试验方法标准主要有 MIL-STD-810H《环境工程考虑和实验室试验》、NATO STANAG 4370《环境试验》、DEF STAN 00-35《国防装备环境手册》和 GJB 150A《军用装备实验室环境试验方法》等,以单因素、两因素试验为主,多因素组合或综合试验标准相对较少。目前,常用的实验室环境试验主要分为气候环境试验、力学环境试验和特殊环境试验三类。

(2) 气候环境试验

气候环境试验主要考核评估温度、湿度、温度冲击、盐雾、霉菌、湿热、低气压、太阳辐射、淋雨等环境因素的单独或综合对装备的影响。我国已形成了以 GJB 150A《军用装备实验室环境试验方法》和 GB/T 2423《电工电子产品环境试验》为代表的试验方法标准。附表 1 列出了 GJB 150A 标准规定的 16 项气候环境试验项目。

附表 1 GJB 150A 标准规定的气候环境试验

序号	试验方法	序号	试验方法
第 2 部分	低气压(高度)试验	第 11 部分	盐雾试验
第 3 部分	高温试验	第 12 部分	砂尘试验
第 4 部分	低温试验	第 13 部分	爆炸性大气试验
第 5 部分	温度冲击试验	第 14 部分	浸渍试验
第 7 部分	太阳辐射试验	第 21 部分	风压试验
第 8 部分	淋雨试验	第 22 部分	积冰/冻雨试验
第 9 部分	湿热试验	第 26 部分	流体污染试验
第 10 部分	霉菌试验	第 28 部分	酸性大气试验

随着基于环境当量的加速试验谱设计理念向多因素耦合效应模拟转变,进一步促进了实验室环境试验由单因素向多因素综合/组合试验技术的发展。美国空军针对 F-18 等飞机在亚热带沿海地区服役的环境条件,建立了适用于飞机结构涂层考核评估的加速试验谱(CASS 谱),包括湿热、紫外线辐射、热冲击、低温疲劳和盐雾五个环境谱块。ASTM D5894—2005《涂漆金属的盐雾/紫外循环暴露试验规程》提供了一种紫外光辐射和盐雾试验的循环加速试验方法。我国针对具体产品的功能/性能和实际使用环境,研究建立了多种组合加速试验谱,更为真实反映了主要环境因素耦合对产品的影响。附图 1 是一种典型外用涂层湿热海洋大气环境加速试验谱,综合考虑了高温、高湿、强太阳辐射、酸性盐雾、持续干湿交替的耦合效应。

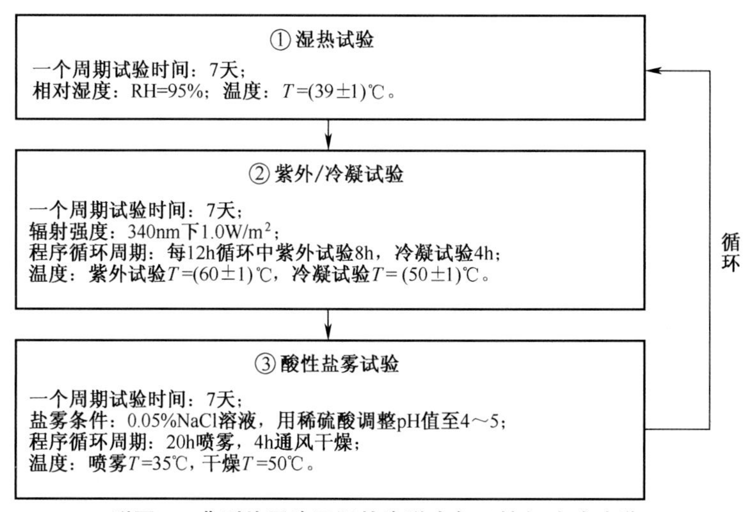

附图 1 典型外用涂层湿热海洋大气环境加速试验谱

(3) 力学环境试验

力学环境试验主要考核评估装备抵抗振动、冲击、碰撞、恒加速度、摇摆、跌落与倾倒等力学效应的能力。DEF STAN 00-35 标准提出了力学环境试验 19 项，NATO STANAG 4370 标准中的 AECTP-400 标准包含力学环境试验 22 项，我国 GJB 150A 标准规定了 11 项，见附表 2。

附表 2　GJB 150A 标准规定的力学环境试验

序号	试验方法	序号	试验方法
第 15 部分	加速度试验	第 16 部分	振动试验
第 17 部分	噪声试验	第 18 部分	冲击试验
第 20 部分	炮击振动试验	第 23 部分	倾斜和摇摆试验
第 24 部分	温度-湿度-振动-高度试验	第 25 部分	振动-噪声-温度试验
第 27 部分	爆炸分离冲击试验	第 29 部分	弹道冲击试验
第 30 部分	舰船冲击试验		

（4）特殊环境试验

① 剥离腐蚀试验。剥离腐蚀试验用于考核评定金属材料在不同环境下发生剥离腐蚀的倾向与剥蚀程度，目前主要参照 ASTM G85《改进盐雾试验方法》中附录 A2：循环酸性盐雾试验和 ASTM G34《2 系和 7 系铝合金剥离腐蚀敏感性的标准测试方法（EXCO 试验）》开展试验。附图 2 为两种方法的试验情况。

（a）ASTM G85规定条件的剥离腐蚀试验

（b）ASTM G34规定条件的剥离腐蚀试验

附图 2　剥离腐蚀试验

② 晶间腐蚀试验。晶间腐蚀试验是为了考核评定金属材料在不同环境中发生晶间腐蚀的倾向以及敏感程度，主要参照 GB/T 7998《铝合金晶间腐蚀测定方法》、HB 5255《铝合金晶间腐蚀及晶间腐蚀倾向的测定》和 ASTM G110《氯化钠和过氧化氢溶液中可热处理铝合金抗晶间腐蚀能力评价的标准方法》开展试验。金相分析是晶间腐蚀的重要评判依据。

③ 应力腐蚀试验。应力腐蚀试验是为了考核评定金属材料在使用环境中的应力腐蚀敏感性和行为。试验类型主要有恒载荷、恒位移和慢应变速率应力腐蚀试验。根据金属或合金的规格及预期使用条件，制备不同形式的受力试验样品，常用试验方法包括单轴加载拉伸应力腐蚀试验、C 型环应力腐蚀试验、预裂纹应力腐蚀试验和弯梁应力腐蚀试验等，主要参照 GB/T 15970《金属和合金的腐蚀　应力腐蚀试验》、HB 5254《变形铝合金拉伸应力腐蚀试验方法》、HB 5294《高强度铝合金双悬臂试样应力腐蚀试验方法》、HB 5293《楔形加载的 WOL 预裂纹试样 K_{ISCC} 试验方法》等开展试验。附表 3 列出了常用试验方法的适用范围。

附表3 常用应力腐蚀试验方法和适用范围

试验方法		适用范围
单轴加载拉伸应力腐蚀试验		主要适用于镁合金、铝合金、钢、钛合金等的板材、棒材等
C型环试验样品应力腐蚀试验		主要适用于铝合金等管材、棒材和厚板
预裂纹试验样品应力腐蚀试验	双悬臂梁(DCB)试验样品	主要适用于铝合金等棒材、厚板及锻件
	楔形张开加载(WOL)试验样品	主要适用于钢及钛合金棒材、厚板及锻件
弯梁试验样品应力腐蚀试验		主要适用于能方便地提供具有矩形截面带材、板材等

④ 电偶腐蚀试验。电偶腐蚀试验目的是为了考核评定异种金属或金属与非金属导体(碳纤维复合材料)偶接产生电偶腐蚀的倾向、腐蚀速率及防护措施的有效性等,预测腐蚀影响程度和空间分布。电偶腐蚀非常复杂,涉及材料因素、环境因素和几何因素。电化学方法可用于测量偶接或非偶接条件下金属的电位或电偶电流,以定量表征电偶腐蚀程度,主要参照 GB/T 15748《船用金属材料电偶腐蚀试验方法》和 HB 5374《不同金属电偶电流测定方法》开展试验。大气环境中的电偶腐蚀主要采用失重、力学损失等腐蚀增量指标来评估,可参照 GB/T 19747《金属和合金的腐蚀　双金属室外暴露腐蚀试验》、ASTM G116《大气电流腐蚀用绕线螺栓试验》。

⑤ 腐蚀疲劳试验。腐蚀疲劳引起的损伤几乎总是大于由腐蚀和疲劳单独作用引起的损伤之和,会显著降低金属材料的疲劳寿命和疲劳极限。实验室条件下一般采用预腐蚀疲劳试验,即先通过溶液浸泡或腐蚀试验箱使试样发生腐蚀,然后在标准疲劳试验机上进行疲劳试验,实现腐蚀与疲劳载荷的叠加作用,这与腐蚀疲劳协同作用是有区别的。其中,疲劳试验可参照 GJB 1997《金属材料轴向腐蚀疲劳试验方法》、GB/T 3075《金属材料疲劳试验轴向力控制方法》、GB/T 4337《金属材料　疲劳试验　旋转弯曲方法》等。

3. 自然环境试验

(1) 简介

自然环境试验是将装备(产品)长期暴露于自然环境中,确定自然环境对其影响的试验,包括大气环境试验、海水环境试验和土壤环境试验[1]。自然环境试验具有真实性、基础性和公益性的特点,是贴近实际服役条件研究评价装备(产品)环境适应性的重要手段,也是设计和评估实验室模拟加速试验方法有效性的重要基准,一般选择典型或极端自然环境条件开展试验。下面主要介绍与本手册中环境适应性数据采集相关的大气自然环境试验和海水自然环境试验,常用试验方法见附图3。2017年颁布实施的 GJB 8893《军用装备自然环境试验方法》成体系提出了户外大气、棚下大气、库内大气、表层海水和海水长尺五种自然环境试验方法,全面规定装备开展自然环境试验的试验设施、试验样品、环境条件及环境因素监测、试验时间、试验过程、试验记录、数据处理及结果表述和试验报告等技术内容,为装备(产品)全寿命周期有序开展自然环境试验提供了标准依据。

(2) 大气自然环境试验

① 户外大气自然环境试验。户外大气自然环境试验对应武器装备露天执勤或露天遮蔽贮存状态,包括户外大气暴露试验和户外大气贮存试验两种方式,见附图4。

户外大气暴露试验是指非包装状态下的试验样品直接暴露于户外大气环境条件下的自然环境试验。一般静态暴露的试验样品主暴露面朝向赤道,金属材料推荐与水平面成45°角,非金属材料推荐当地纬度角暴露;大、中型零部件、整机级试验样品通常水平放置,亦可根据实际状态确定暴露方向和

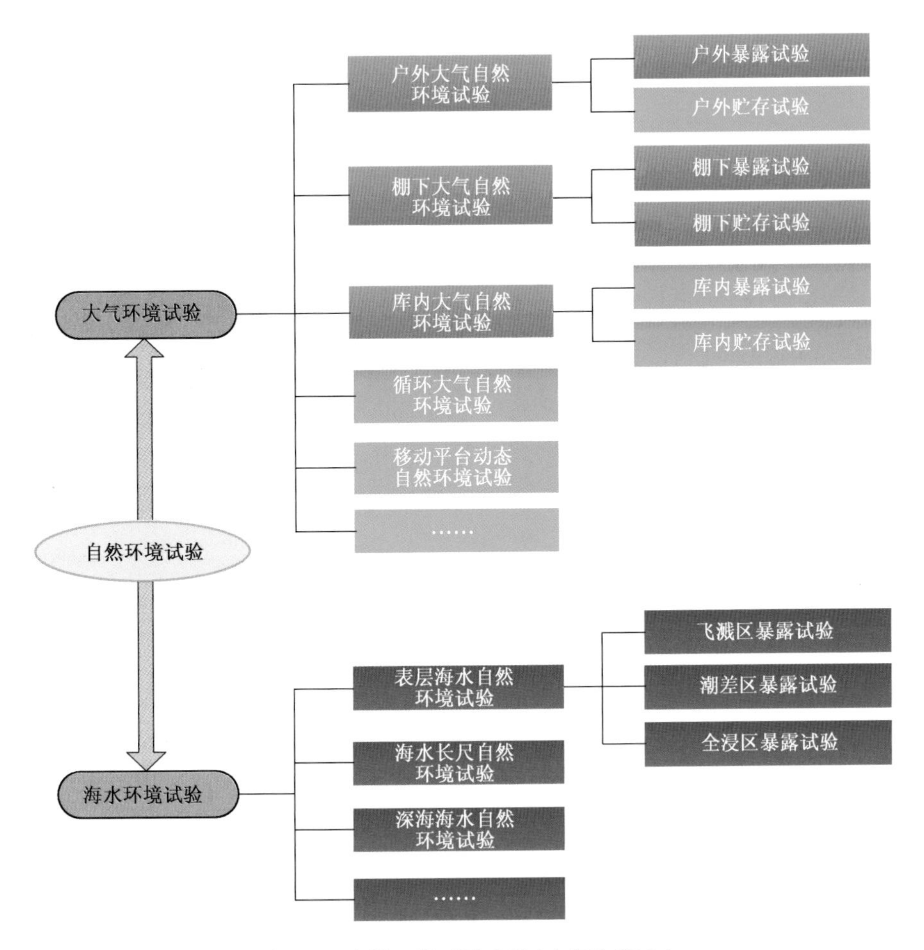

附图 3 自然环境试验方法(大气和海水)

(a) 户外暴露　(b) 户外贮存

附图 4 户外大气自然环境试验

角度。为了模拟装备的实际使用情况,可开展通电状态或在工作状态下的动态暴露试验。

户外大气贮存试验是指封存或包装状态下的试验样品存放在户外大气环境条件下,并盖上遮盖物,不直接接受太阳辐射和雨淋作用的自然环境试验。贮存试验的样品一般不考虑方位,有堆码要求的箱式装备,其堆码高度、间距等应符合相关技术文件规定。

② 棚下大气自然环境试验。棚下大气自然环境试验对应武器装备的战备值班或简易库存状态,包括棚下大气暴露试验和棚下大气贮存试验两种方式,见附图 5。根据所形成的微气候环境条件的差

异,试验棚主要分为百叶箱式试验棚和简易试验棚。百叶箱式试验棚的墙壁和门做成百叶窗式,里层设置有铁丝网,内部大气可与外界大气自由流通;简易试验棚仅顶棚遮盖,四周敞开,与露天遮蔽贮存的环境条件相似。

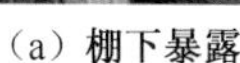

(a) 棚下暴露

(b) 棚下贮存

附图5 棚下大气自然环境试验

棚下大气暴露试验是指试验样品直接暴露于有顶棚遮盖的大气环境条件下,不直接接受太阳辐射和雨淋作用,评价其环境适应性的自然环境试验。小型试验样品推荐垂直放置,大型或重型零部件、整机级试验样品推荐水平放置。

棚下大气贮存试验是指封存或包装状态下的试验样品贮存在有顶棚遮盖的大气环境条件下,评价其贮存性能的自然环境试验。箱式装备采用堆码方式,堆码排列应稳固、整齐,贮存期间应按照由上倒下、由下倒上、由里倒外、由外倒里的原则进行定期的翻堆倒垛。

③ 库内大气自然环境试验。库内大气自然环境试验对应武器装备后勤各级仓库贮存状态,包括库内大气暴露试验和库内大气贮存试验两种方式,见附图6。试验库主要分为地面库、半地下库和地下库三类,其中地面库因其建设、维护方便,是目前使用最广泛的试验库类型。根据内部环境条件的控制情况,地面库又分为温湿度达标地面库(也称国库条件)和温湿度非达标地面库。

(a) 库内暴露

(b) 库内贮存

附图6 库内大气自然环境试验

库内大气暴露试验是指试验样品直接暴露于温湿度可控或不控气候参数的库房内,评价其环境适应性的试验。库内大气暴露试验主要针对材料工艺、元器件样品,推荐垂直或水平放置。

库内大气贮存试验是指封存或包装状态下的试验样品贮存在温湿度可控或不控气候参数的库房内,评价其贮存性能的试验。需要强调的是,弹药、火工品、火炸药等危险品贮存时应按有关规范要求分类分区存放,不相容的危险品应分库存放,其堆码高度、层数应满足有关安全规范要求。贮存试验过程中有维护要求的试验样品应按使用维护细则定期进行维护保养。

④ 循环大气自然环境试验。循环大气自然环境试验可真实再现装备寿命期内跨地域服役可能遭遇的多种气候环境的叠加效应,包括多种自然环境循环试验和多种试验类型循环试验两种方式。

多种自然环境循环试验是指根据寿命期环境剖面确定需要考虑的环境类型和时序,将试验样品按一定的时间比例在选择的每种自然环境中循环进行暴露,考核验证多种环境叠加效应对其性能/功能影响的试验,见附图 7。采用不同的试验顺序和试验时间比例势必产生不同的试验结果,应根据具体试验目的有针对性设计试验条件。一般来说,为了验证产品及材料预期服役过程的环境适应能力,宜按照寿命期环境剖面中相应环境应力实际出现的次序安排试验顺序;为了最大限度地显示环境因素的叠加效应,宜从最严酷的环境开始试验。

多种试验类型循环试验是指根据寿命期任务剖面确定需要考虑的试验类型和时序,如停放-训练剖面,库房贮存-挂飞剖面等,将试验样品按一定的时间比例在某一指定自然环境的户外、棚下和(或)库内条件下循环进行暴露,考核验证多种环境叠加效应对其性能/功能影响的试验,见附图 8。

附图 7　湿热海洋-干热沙漠两种自然环境循环试验

附图 8　湿热海洋环境下户外暴露-棚下暴露循环试验

⑤ 移动平台动态自然环境试验。移动平台动态自然环境试验是指将试验样品直接安装于可移动平台上,考核验证平台服役期间可能遇到的各种环境对其性能/功能影响的试验。可移动平台主要分为舰船、地面车辆、飞机三大类,平台装备及材料不仅会遭遇复杂自然环境,还会受到严酷诱发环境的作用。美军为了快速准确考核评估舰船材料的环境适应性,在航母上开展了一系列动态自然环境试验,获得了良好的效果,见附图 9。近年来,国内也相继开展了船舶、车辆等移动平台动态自然环境试验研究,为相关标准制订提供了技术储备,见附图 10。

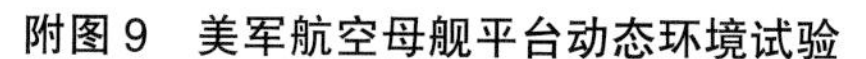

附图 9 美军航空母舰平台动态环境试验

附图 10 我国车辆平台动态环境试验

相比传统自然环境试验,移动平台动态自然环境试验更贴近实战环境,能够更真实地反映装备全天候、全地域、跨空域、跨海域服役的实际情况,能够在较短时间内复现自然环境和诱发环境累积效应的影响,获得环境应力急速变化条件下材料、器件、零部件的环境损伤规律,弥补静态暴露试验的不足。

(3) 海水自然环境试验

① 表层海水自然环境试验。表层海水自然环境试验包括在海水飞溅区、潮差区、全浸区开展的暴露试验,见附图 11。飞溅区是指海水最高潮位以上且海水能够溅射到的区域,潮差区是海水潮汐平均中潮位±0.3m 之间的区域,全浸区是指最低潮位下 0.2~2m 或距水平面不小于 0.2m,且距海底不小于 0.8m 的区域。

(a) 飞溅区

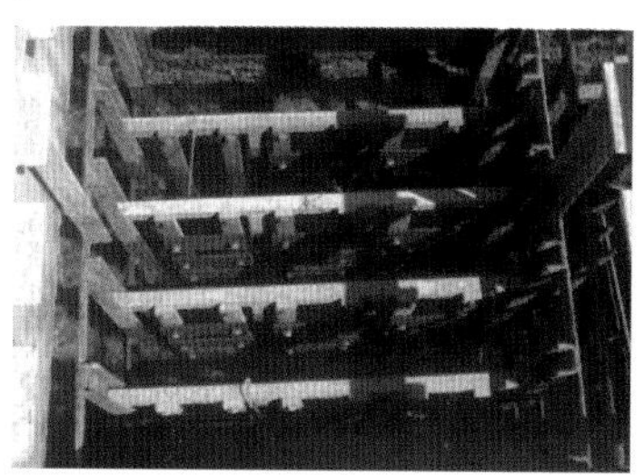

(b) 潮差区

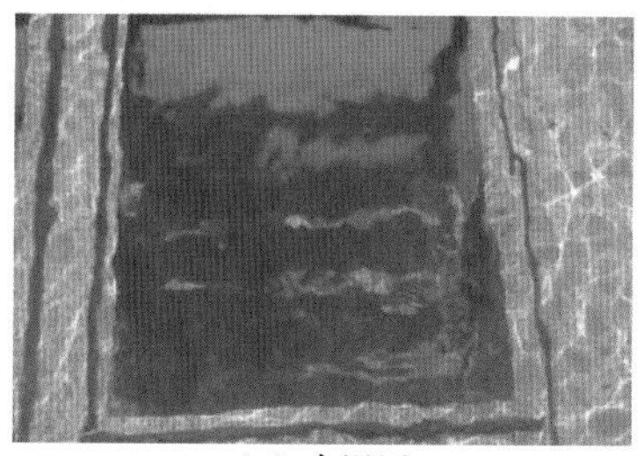

(c) 全浸区

附图 11 表层海水自然环境试验

② 海水长尺自然环境试验。海水长尺自然环境试验是将通过电连接组成的长尺试验样品投放于贯穿三个或三个以上海洋区带的特殊自然环境中,考察其耐海水腐蚀性能的试验,如海泥区、海水全浸区、潮差区、飞溅区和海面大气区等。典型长尺试验见附图 12。

③ 深海海水自然环境试验。深海环境一般指 200m 以下的海洋环境。相比表层海水,深海环境的光照、温度、压力、溶解氧、pH 值、海水流速等因素具有独特性,会对材料和产品产生特殊的环境效应。采用专用装置和技术手段,将材料和产品置于一定深度的海水环境中暴露,研究深海海水环境对其性能的影响规律,获取深海环境适应性数据,可为深海环境中运行的装备提供设计依据。附图 13 是一种深海试验框架。

4. 自然环境加速试验

(1) 简介

自然环境加速试验是在户外自然环境条件下采用设备或装置对某些自然环境因素进行强化或控

制的加速试验[1]。针对不同材料及结构件的服役特点和环境作用机理，以敏感环境因素作为强化因子，我国已相继开发了光、热、腐蚀介质、干湿循环等多种强化机制的自然环境加速试验技术，形成周期喷淋、黑箱暴露、玻璃框下暴露、跟踪太阳反射聚能暴露、跟踪太阳(盐)雾综合暴露、环境-工况载荷协同等系列化自然环境加速试验方法体系。

附图 12　典型长尺试验样品及试验

附图 13　深海试验试样架

自然环境加速试验具有比传统自然环境试验高的加速性，同时具有比实验室模拟加速试验高的模拟性，一直是世界各国竞相研究的热点，在环境试验技术中占有重要地位。为了适应产品研发进度，人们总是追求更高的加速倍率，然而加速性过高，可能引入实际使用过程中不会发生的损伤模式，导致试验结果的置信度降低，因此，自然环境加速试验技术的发展目标是在加速性和模拟性之间寻求最佳平衡，以更短的时间获取更可靠的结果。附图 14 给出了自然环境试验、自然环境加速试验和实验室模拟加速试验三者之间的加速性和可信度对比关系。

(2) 强化光热效应的自然环境加速试验

① 跟踪太阳暴露试验。跟踪太阳暴露试验是在大气环境中，采用人工或自动跟踪系统控制暴露架随太阳转动，以强化太阳辐射的光和热效应，加速暴露面上试验样品老化速度的试验，包括单轴跟踪太阳暴露试验、双轴跟踪太阳暴露试验和跟踪太阳反射聚能暴露试验等方式，具体试验方法见GB/T 24516.2—2009《金属和合金的腐蚀　大气腐蚀　跟踪太阳暴露试验方法》。跟踪太阳暴露试验适用于对光老化敏感的高分子材料，为了有效缩短暴露时间，推荐在强紫外辐射的高原等地区开展试验。

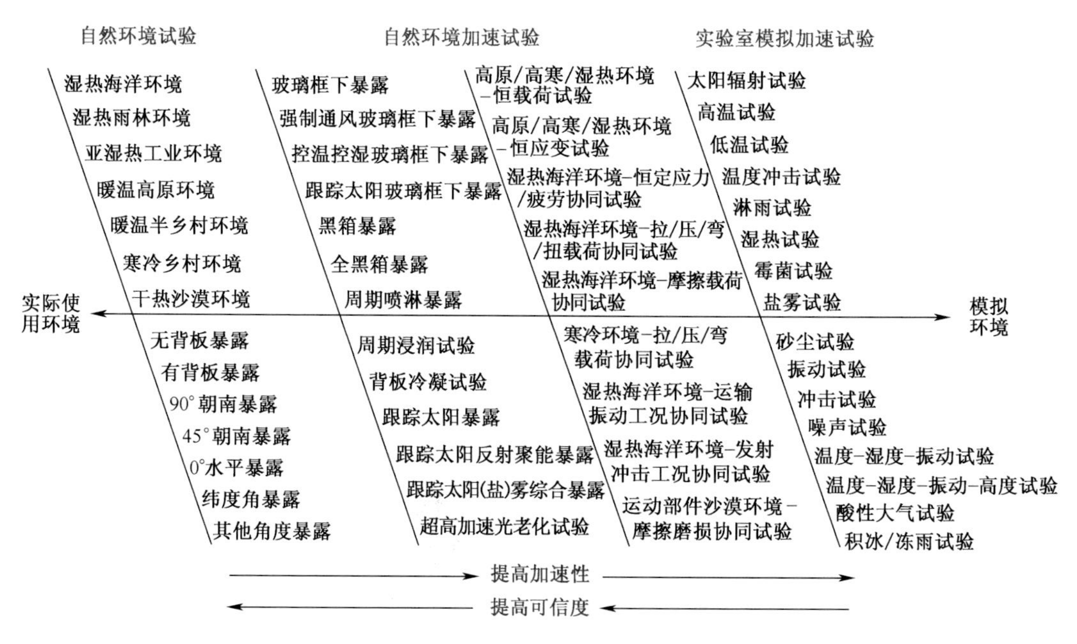

附图 14　三种环境试验的加速性和可信度的对比关系

单轴跟踪太阳暴露试验仅进行太阳方位角跟踪,装置带有人工高度调节杆,可根据太阳高度的季节性变化进行调节,暴露架角度任意可调,推荐采用当地纬度角或45°角。双轴跟踪太阳暴露试验可同时跟踪太阳的方位角和高度角,保证装置运转时太阳光始终以近垂直角度照射暴露架。

跟踪太阳反射聚能暴露试验是在双轴跟踪太阳暴露试验的基础上,增加菲涅耳反射镜系统,10 块平面镜以模拟抛物面相切的方式排列,确保将入射太阳光均匀反射到安装在目标区内的试验样品上,增大样品表面接受的太阳辐射量,并配备有鼓风和喷水系统,将大幅加快试验样品的老化损伤进程。研究发现[2],反射镜系统对太阳总辐射量的强化倍率可达 8 倍以上,即试验样品等同于会受到 8 个太阳的光辐射作用。聚碳酸醋塑料的验证试验结果表明,相比户外静态暴露,老化加速倍率的 6 倍[3]。其试验装置见附图 15。

附图 15　跟踪太阳反射聚能加速暴露试验装置

② 跟踪太阳(盐)雾综合暴露试验。跟踪太阳(盐)雾综合暴露试验是在大气环境中,采用双轴自动跟踪太阳提高试验样品表面接受的辐射强度,利用智能喷盐(酸)雾强化干湿循环和腐蚀效应,加速样品腐蚀或老化进程的试验,具体试验方法见联合行业标准 EJ/QJ/HB/CB/WJ/SJ 30029—2018《跟踪太阳(盐)雾综合暴露自然环境加速试验方法》。

跟踪太阳(盐)雾综合暴露试验适用于海洋大气环境(沿海、岛礁和舰载)和工业酸雨大气环境下使用的材料工艺、中小型零部件和小型整机的快速环境适应性考核与评估。试验验证结果表明[4],相比户外朝南 45°暴露,钢、铝、铜、锌四种标准金属的加速倍率分别为 11.8 倍、11.5 倍、9.3 倍和 3.7 倍,秩相关系数为 0.8,说明该综合暴露试验方法较好地兼顾了加速性和模拟性,能够快速准确地试验和评价产品环境适应性。其试验装置见附图 16。

附图 16　跟踪太阳(盐)雾综合暴露试验装置

(3) 强化湿热效应的自然环境加速试验

① 黑箱暴露试验。黑箱暴露试验是指将试验样品放置于黑色封闭箱体表面,通过黑色箱体的聚热作用,强化太阳辐射产生的热效应,加速试验样品老化进程的试验,具体试验方法见 GB/T 31317—2014《金属和合金的腐蚀　黑箱暴露试验方法》。黑箱是一种外表面涂成黑色的长方形金属箱,上表面开口,由试验样品封闭,在太阳辐射的长期作用下,箱体内部会诱发出高温环境,模拟了装备使用过程中,由于光照和外壳聚热作用对外用材料的影响。

黑箱暴露试验适用于车辆、飞机等装备外用涂层、复合材料、塑料等有机非金属材料环境适应性的快速考核与评估。其试验装置见附图 17。

在黑箱暴露试验装置的基础上,针对机舱、船舱、车辆内、包装箱内仪器设备所处的局部微环境条件,开发了全黑箱暴露试验装置,见附图 18。全黑箱暴露试验隔绝了太阳辐射、雨、雪、灰尘的直接作用,箱体聚热效率高于开口黑箱。相比库内暴露,电子元器件和推进剂全黑箱暴露的加速倍率约为 3~5 倍[5],在平台内用产品加速试验考核方面具有广阔的应用前景。

② 玻璃框下暴露试验。玻璃框下暴露试验是指将试验样品暴露于玻璃过滤日光下,利用光照、温度、湿度的耦合作用,模拟和(或)强化地面车辆、舰船、飞机等装备和建筑物内的环境条件,加速试验样品老化进程的试验。玻璃框下暴露试验包括普通、强制通风、控温控湿三种玻璃框下暴露试验方式,具体试验方法见联合行业标准 EJ/QJ/HB/CB/WJ/SJ 30028—2018《玻璃框下暴露自然环境加速试验方法》。

附图 17　黑箱暴露试验装置

附图 18　全黑箱暴露试验装置

玻璃框下暴露试验适用于地面车辆、舰船、飞机等装备和建筑物内使用的高分子材料、中小型零部件、电子元器件在玻璃过滤日光下的加速暴露试验与评估。试验装置由箱体和支架两部分组成，箱体分为普通玻璃框、强制通风玻璃箱和控温控湿玻璃箱三种，支架分为固定角度支架、变角度支架和跟踪太阳支架三种，见附图 19。在同一试验场所，普通玻璃框、强制通风玻璃箱和控温控湿玻璃箱的试验严酷度逐步增强；固定角度支架、变角度支架和跟踪太阳支架的试验严酷度逐步增强。通过箱体和支架的不同组合，可以满足不同试验强度要求。

（4）强化干湿循环效应的自然环境加速试验

本部分重点介绍周期喷淋暴露试验。周期喷淋暴露试验是指将试验样品直接暴露于户外大气环境中，采用喷淋装置将试验溶液周期喷洒于试验样品表面，强化干湿循环和腐蚀效应的加速试验，具体试验方法见 GB/T 24517—2009《金属和合金的腐蚀　户外周期喷淋暴露试验方法》。

周期喷淋暴露试验模拟了自然降雨、海水飞溅对金属材料及表面覆盖层的影响，适用于金属及其合金、金属覆盖层、阳极氧化膜和化学转化膜的环境适应性快速考核与评估。根据需要，试验溶液可采用盐和酸溶液，亦可采用人造海水或过滤海水，通过增加试验样品表面的干湿循环和腐蚀介质浓度，达到加速腐蚀的目的。其试验装置见附图 20。

（a）普通玻璃框

（b）强制通风玻璃箱

（c）控温控湿玻璃箱

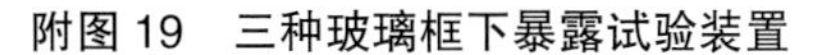

附图 19　三种玻璃框下暴露试验装置

附图 20　周期喷淋暴露试验装置

(5) 自然环境-工况载荷协同试验

自然环境-工况载荷协同试验是在自然环境中，模拟产品实际受载情况，按照一定的时间比例，对试验样品施加拉伸、拉压、压缩、弯曲、扭转、摩擦或恒定应力，实现环境因素和载荷因素耦合作用的试验。自然环境-工况载荷协同试验能够真实再现结构材料、结构件实际服役条件下的损伤模式和演变规律，是验证评价受力产品环境适应性的一种新的自然环境加速试验技术[6]。

根据产品经受的主要载荷类型，自然环境-工况载荷协同试验包括自然环境-拉伸、自然环境-拉压、自然环境-恒定/疲劳、自然环境-压缩、自然环境-弯曲、自然环境-扭转和自然环境-摩擦等试验方式。为了获得置信度高的试验结果，合理设计载荷试验谱是关键。另外，在工程可实施范围内，尽可能选择较短的交替循环周期，如 1 周、1 个月或 3 个月，以充分实现环境与载荷的耦合效应。几种典型自然环境-工况载荷协同试验装置见附图 21。

（a）湿热海洋环境-拉伸、压缩、弯曲载荷

（b）湿热海洋环境-摩擦载荷

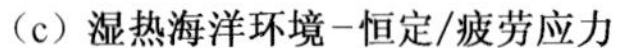

（c）湿热海洋环境-恒定/疲劳应力

（d）寒冷乡村环境-拉伸、压缩、弯曲载荷

附图 21　自然环境-工况载荷协同试验装置

参考文献

[1] 中国人民解放军总装备部. 装备环境工程术语:GJB 6117—2007[S]. 2007.

[2] 苏艳,何德洪,张伦武,等. 跟踪太阳反射聚能自然加速试验光热强化效应和相关性研究[J]. 中国腐蚀与防护学报,2008,28(5):311-315.

[3] 宣卫芳,胥泽奇,肖敏,等. 装备与自然环境试验——提高篇[M]. 北京:航空工业出版社,2011.

[4] 杨晓然,袁艺,李迪凡,等. 高加速自然环境试验系统的研制[J]. 腐蚀科学与防护技术,2012,24(6):489-493.

[5] 魏小琴,吴护林,张伦武,等. HTPB 推进剂自然环境加速老化试验方法研究[J]. 装备环境工程,2018,15(12):104-108.

[6] 符朝旭,黎小锋,李景育,等. 一种海洋气候环境-扭转疲劳试验设备的研制[J]. 装备环境工程,2019,16(4):55-58.